普通高等教育"十一五"国家级规划教材

建筑施工技术

（第2版）

王士川　主编

北　京
冶　金　工　业　出　版　社
2022

内 容 提 要

本书详细阐述了建筑施工技术的基本原理及建筑施工全过程的主要工种、工程的施工工艺与方法，其主要内容包括：土方工程，桩基础工程，混凝土结构工程，预应力混凝土工程，脚手架工程，砌筑工程，混凝土结构吊装工程，建筑防水工程，建筑装饰工程，钢结构工程等。本书理论联系实际，具有很强的实践性。

本书可供高等学校建筑类、工程管理类专业教学使用，也可供相关专业的工程技术人员和管理人员参考，还可供企业培训之用。

图书在版编目（CIP）数据

建筑施工技术/王士川主编. —2 版. —北京：冶金工业出版社，2009. 11（2022. 1 重印）

普通高等教育“十一五”国家级规划教材

ISBN 978-7-5024-4974-2

Ⅰ. 建…　Ⅱ. 王…　Ⅲ. 建筑工程—工程施工—施工技术—高等学校—教材　Ⅳ. TU74

中国版本图书馆 CIP 数据核字（2009）第 191900 号

建筑施工技术（第 2 版）

出版发行	冶金工业出版社	**电　话**	（010）64027926
地　址	北京市东城区嵩祝院北巷 39 号	**邮　编**	100009
网　址	www. mip1953. com	**电子信箱**	service@ mip1953. com

责任编辑　杨　敏　宋　良　美术编辑　彭子赫　版式设计　张　青

责任校对　刘　倩　责任印制　李玉山

北京中恒海德彩色印刷有限公司印刷

2004 年 5 月第 1 版，2009 年 11 月第 2 版，2022 年 1 月第 9 次印刷

787mm × 1092mm　1/16；21 印张；560 千字；322 页

定价 42. 00 元

投稿电话　（010）64027932　投稿信箱　tougao@cnmip. com. cn

营销中心电话　（010）64044283

冶金工业出版社天猫旗舰店　yjgycbs. tmall. com

（本书如有印装质量问题，本社营销中心负责退换）

第2版前言

“建筑施工技术”是高等工科学校建筑工程专业的一门主干专业课，主要介绍建筑施工技术的基本原理和建筑施工全过程的主要工种、工程的施工工艺及方法，具有很强的实践性。学习本课程的目的，在于使学生能运用本学科的基本理论和专业知识去解决工程实践中的各种具体问题，培养学生独立分析问题和解决问题的能力。

本书按照我国现行标准、施工规范进行编写，力求内容系统、完整，理论联系实际，具有可操作性。为科学地反映近年来建筑施工技术发展的新成果，本书在第1版的基础上，增加了部分内容，如增加了“脚手架工程”一章，在桩基础工程一章中增加了“挤扩支盘成孔”一节，在钢结构工程一章中增加了“轻型钢结构安装”一节等。增加这些内容后，本书的内容更加系统和完善。

全书共有10章，分别为土方工程、桩基础工程、混凝土结构工程、预应力混凝土工程、脚手架工程、砌筑工程、混凝土结构吊装工程、建筑防水工程、建筑装饰工程、钢结构工程。每章末均附有复习思考题，便于学生学习掌握书中的内容。

本书由西安建筑科技大学王士川担任主编。西安建筑科技大学胡长明编写第1章、第5章、第6章、第8章，王士川编写第3章、第4章、第7章、第10章，西安建筑科技大学王建平编写第2章和第9章。全书由王士川统稿。

本书编写过程中参考了有关文献，在此对文献作者表示衷心的感谢!

由于编者水平有限，书中不足之处在所难免，恳请广大读者、专家和同行批评指正。

作　者

2009年2月于西安

第 1 版前言

“建筑施工技术”是建筑工程专业的一门主干专业课。

本课程研究建筑施工技术的基本原理，介绍建筑施工全过程的主要工种、工程的施工工艺和方法。书中所介绍的内容实践性强，涉及的专业知识面广，反映了近年来的技术发展成果。

学习本课程的目的在于使学生综合运用有关学科的基本理论和专业知识，采用现代科学技术成果，去解决工程实践中的各种问题，培养学生独立分析问题和解决问题的能力。近年来建筑施工的新技术、新工艺不断涌现，并且取得了十分丰富的经验。本书按照我国现行标准、施工规范进行编写，力求系统完整，紧密结合实际，具可操作性，反映了国内外建筑施工技术的先进水平。为便于学生学习，每章末都附有复习思考题。

西安建筑科技大学王士川担任本书主编并编写第三、四、六章，西安建筑科技大学胡长明编写第一、五、七章，山西工程职业技术学院王治宪编写第二、八章、河南科技大学史轶珺编写第九章。由于编者水平有限，书中不足和错误之处在所难免，恳请读者指正。

在编写过程中，参考了大量同行的有关文献资料；得到了西安建筑科技大学继续教育学院领导的大力支持与帮助，李哲、陈冬虎为本书的校稿做了许多的工作，在此深表谢意。

编　者

2003 年 12 月于西安

目　　录

1 土方工程

土方工程包括土的开挖、运输和填筑等施工过程,有时还要包括排水、降水和土壁支撑等准备工作。在建筑工程中,最常见的土方工程有:场地平整、基坑(槽)开挖、地坪填土、路基填筑及基坑回填土等。

1.1 概　　述

1.1.1 土方工程的施工特点

土方工程的施工具有如下特点:

(1) 面大量大、劳动繁重、工期长。有些大型建设项目的场地平整,土方施工面积可达数平方千米,甚至数十平方千米;有些大型基坑的开挖深度达 20 ~ 30m;在场地平整和大型基坑开挖中,土方工程量可达几万立方米甚至几百万立方米。

(2) 施工条件复杂。土方工程施工多为露天作业,土、石是一种天然物质,成分较为复杂,施工中直接受到气候、水文和地质、地上和地下环境的影响,难以确定的因素较多。因此,施工条件有时极为复杂。

根据上述特点,在组织土方工程施工前,应详细分析和核对各项技术资料(如实测地形图、工程地质、水文地质勘察资料,原有地下管线和地下构筑物资料及土方工程施工图等),进行现场调查并根据现有施工条件,制订出技术上可行、经济上合理,既能保证工程质量,又能保证施工安全的方案。

1.1.2 土的工程分类

土的种类繁多,分类方法也有多种,例如按颗粒级配、塑性指数、沉积年代与工程特性等分类,但在土方工程施工中,一般按开挖难易程度(即土的坚实程度)对土进行分类,并分为八类十六个级别,如表 1-1 所示,据以确定施工手段和制定土方工程劳动定额。

表 1-1　土的工程分类

土的级别	土的分类	土 的 名 称	开挖方法
Ⅰ	一类土(松软土)	砂、粉土,冲积砂土层,疏松的种植土、泥炭(淤泥)	能用锹、锄头挖掘
Ⅱ	二类土(普通土)	粉质黏土,潮湿的黄土,夹有碎石、卵石的砂,粉土混卵(碎)石,种植土、填土	用锹、锄头挖掘,少许用镐翻松
Ⅲ	三类土(坚土)	软及中等密实黏土,重粉质土,粗砾石,干黄土及含碎石,卵石的黄土、粉质黏土,压实的填筑土	主要用镐,少许用锹、锄头挖掘,部分用撬棍
Ⅳ	四类土(松软土)	坚硬密实的黏土及含碎石,卵石的黏土,粗卵石,密实的黄土,天然级配砂石,软泥灰岩及蛋白石	整个先用镐、撬棍,然后用锹挖掘,部分用楔子及大锤
Ⅴ ~ Ⅵ	五类土(普通土)	硬质黏土,中等密实的页岩、泥灰岩、白垩土,胶结不紧的砾岩,软的石灰岩	用镐或撬棍、大锤挖掘,部分使用爆破方法

续表 1-1

土的级别	土的分类	土的名称	开挖方法
Ⅶ～Ⅸ	六类土(坚土)	泥岩、砂岩、砾岩,坚实的页岩、泥灰岩,密实的石灰岩、风化花岗岩、片麻岩	用爆破方法,部分用风镐
Ⅹ～ⅩⅢ	七类土(坚石)	大理石,辉绿岩、玢岩,粗、中粒花岗石,坚实的白云岩、砂岩、砾岩、片麻岩、石灰岩,风化痕迹的安山岩、玄武岩	用爆破方法
ⅩⅣ～ⅩⅥ	八类土(特坚石)	安山岩,玄武岩,花岗片麻岩,坚实的细粒花岗岩、闪长岩、石英岩、辉长岩、辉绿岩、玢岩、角闪岩	用爆破方法

1.1.3 土的可松性

土的工程性质对土方工程的施工有直接影响,这里仅介绍土的可松性。

自然状态下的土经开挖后土粒松散,体积增大,如再将其全部用以回填,虽经压实但仍不能恢复至与原状土相同的体积。土的这种经扰动而体积改变的性质称为土的可松性。土的可松性程度用可松性系数表示,即

$$K_s = \frac{V_2}{V_1}, K'_s = \frac{V_3}{V_1} \tag{1-1}$$

式中 K_s——最初可松性系数;

K'_s——最后可松性系数;

V_1——自然状态下土(原状土)的体积;

V_2——土经开挖后的松散体积;

V_3——土经回填压实后的体积。

各种土的可松性系数如表 1-2 所示。

表 1-2 各种土的可松性参考值

土的类别	体积增加百分数/%		可松性系数	
	最初	最后	K_s	K'_s
一类(种植土除外)	8～17	1～2.5	1.08～1.17	1.01～1.03
一类(植物性土、泥炭)	20～30	3～4	1.20～1.30	1.03～1.04
二类	14～28	2.5～5	1.14～1.28	1.02～1.05
三类	24～30	4～7	1.24～1.30	1.04～1.07
四类(泥灰岩、蛋白石除外)	26～32	6～9	1.26～1.32	1.06～1.09
四类(泥灰岩、蛋白石)	33～37	11～15	1.33～1.37	1.11～1.15
五类～七类	30～45	10～20	1.30～1.45	1.10～1.20
八类	45～50	20～30	1.45～1.50	1.20～1.30

土的可松性是一个非常重要的工程性质。它对于场地平整、土方调配、土方的开挖、运输和回填,以及土方挖掘机械的运输机械的数量、斗容量的确定,都有很大影响。应注意式(1-1)中 V_1、V_2、V_3的密实性不同,自然状态下的体积 V_1的密度最大,土经开挖后的松散体积 V_2的密度最小,土经回填压实后的体积 V_3的密度介于两者之间。

工程场地内挖填土方的调配,一般原则是移挖做填。当场地的挖方量不敷平整填筑时,需要

从场外运入差量，称其为借土；如场内的挖方量经利用后仍有余额需要运出场外，称其为弃土。在计算借土或弃土量时，应注意运用上述可松性系数。

$$弃土量 = \left(V_w - V_t \frac{1}{K'_s}\right) K_s \tag{1-2}$$

$$借土量 = (V_t - V_w K'_s) \frac{K_s}{K'_s} \tag{1-3}$$

式中　V_w——场内的全部挖土体积，m^3；

V_t——场内的全部填方体积，m^3。

1.2　土方量计算

土方工程施工之前，需要先算出土方工程量，以便确定工程造价，拟订施工方案，安排施工计划。各种土方工程的外形有时很复杂，一般情况下，都将其假设或划分成为一定的几何形状，并采用具有一定精度而又和实际情况近似的方法进行计算。

1.2.1　基坑、基槽土方量计算

1.2.1.1　基坑

当自然地面比较平整时，可按几何中拟柱体（见图1-1）体积公式计算，即

$$V = \frac{h}{6}(A_1 + 4A_0 + A_2) \tag{1-4}$$

$$V = \frac{h}{3}(A_1 + \sqrt{A_1 A_2} + A_2) \tag{1-5}$$

式中　V——基坑土方体积；

A_1，A_2——基坑上下两底面积；

A_0——基坑中部横截面面积；

h——基坑深度。

如果自然地面不为水平面，尤其是当开挖大型基坑，各角的高差较大时，则取基坑的平均深度，按拟柱体的体积计算其近似值。

1.2.1.2　基槽和路堤

纵向延伸较长的基础槽或路堤（见图1-2）的土方量计算，常用断面法。当地面不平时，先沿长度方向分段，各段的长短是按长度方向的地形变化特点及要求计算精度而定，取10m或20m不等。然后根据地形图或现场实测标高，分别绘制各段的两端断面图，逐一计算出断面面积和各段土方量体积，即得总土方量

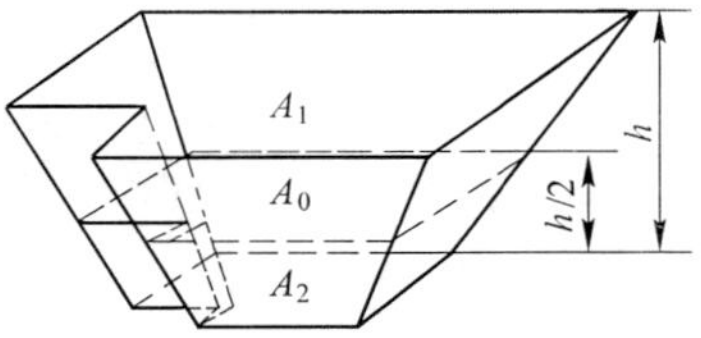

图1-1　基坑土方量计算

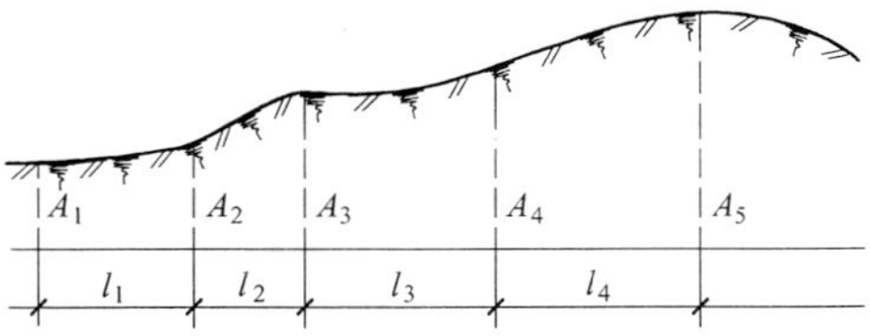

图1-2　基槽或路堤纵断面

$$V = V_1 + V_2 + \cdots + V_{n-1}$$
$$= \frac{A_1 + A_2}{2}l_1 + \frac{A_2 + A_3}{2}l_2 + \cdots + \frac{A_{n-1} + A_n}{2}l_{n-1} \quad (1\text{-}6)$$

式中　V——基槽或路堤的土方总体积；
$V_1, V_2, \cdots, V_{n-1}$——基槽或路堤各段的土方体积；
$A_1, A_2, \cdots, A_n$——各段端部的横断面面积；
$l_1, l_2, \cdots, l_{n-1}$——各段的长度。

例 1-1　某矩形基坑底面积为 30m × 15m，基坑深度 10m，土质为黏性土，边坡坡度为 1∶0.33，土的可松性系数 $K_s = 1.24$，$K'_s = 1.05$，试求：

（1）基坑的挖方土方量？

（2）使用斗容量为 $3m^3$ 的汽车将土外运，需多少车次？

（3）若将全部土方填于 50m × 50m 的场地上，其填筑高度（不考虑放坡）是多少？

解：（1）利用公式（1-4）计算，其中

底部面积　$A_2 = 30 \times 15 = 450m^2$

中部横截面积　$A_0 = (30 + 2 \times 10 \times 0.33) \times (15 + 10 \times 0.33) = 609.39m^2$

上口面积　$A_1 = (30 + 2 \times 10 \times 0.33) \times (15 + 2 \times 10 \times 0.33) = 790.56m^2$

挖方量为　$V = \frac{10}{6} \times (790.65 + 609.39 + 450) = 6130.20m^3$

（2）利用公式（1-1）计算松散土体积

$$V_2 = VK_s = 6130.20 \times 1.24 = 7601.448m^3$$

需用汽车的车次为 $n = \frac{V_2}{3} = 2534$（车次）

（3）设填筑高度为 x，挖填的虚土体积相等，则

$$V \cdot K_s = \frac{50 \times 50 \times x}{K'_s} \cdot K_s$$

$$x = \frac{V \cdot K'_s}{50 \times 50} = \frac{6130.20 \times 1.05}{50 \times 50} = 2.57m$$

若将全部土方填于 50m × 50m 的场地上，其填筑高度（不考虑放坡）是 2.57m。

1.2.2　场地平整的土方量计算

场地平整就是将天然地面改造成工程上所要求的设计平面，由于场地平整时全场地兼有挖和填，而挖和填的体形常常不规则，所以一般采用方格网方法分块计算解决，其计算步骤如下所述。

1.2.2.1　划分方格网

划分方格网的步骤是：

（1）在地形图上将施工区域画出方格网，如图 1-3 所示；

（2）根据地形变化程度及要求的计算精度来确定方格网的边长，一般取 10 ~ 40m；

（3）在各方格的左上逐一标出其角点的编号。

1.2.2.2　计算各角点的地面标高

角点的地面标高也称为角点的自然地面标高，可根据地形图上相邻两等高线的高程，用插入法求得。

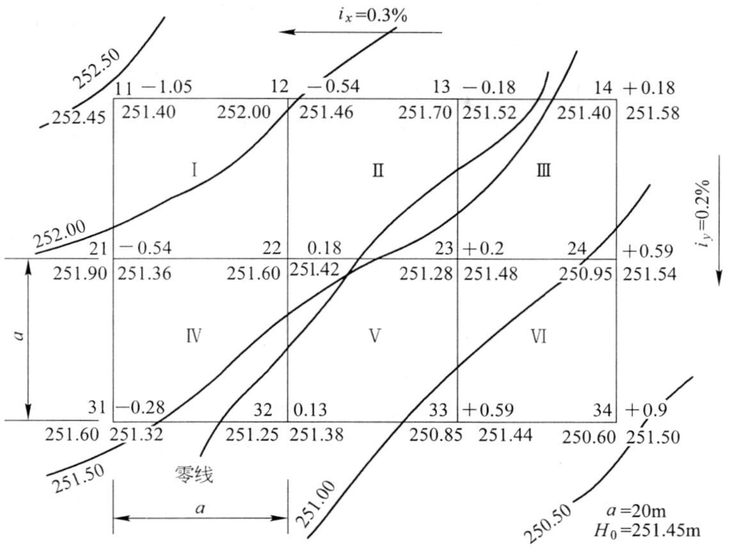

图 1-3 场地平整方格网法计算图

1.2.2.3 计算各角点的设计标高

首先,确定场地设计标高。场地设计标高一般由设计单位按竖向规划给定或根据城市排水总管标高确定,抑或施工单位自行确定。单纯平整性的场地设计标高确定原则,一般是按场内挖填平衡计算,如图 1-3 所示。设场地方格网数为 N,各角点的自然地面标高分别为 $H_{11}, H_{12}, \cdots$,方格网边长为 a,则场地平整前从自然地面标高计算至海平面的土方体积总和为

$$V = \left(\frac{H_{11} + H_{12} + H_{21} + H_{22}}{4}\right)a^2 + \left(\frac{H_{12} + H_{13} + H_{22} + H_{23}}{4}\right)a^2 + \cdots$$
$$= \left(\frac{\sum H_{1-i} + 2\sum H_{2-i} + 3\sum H_{3-i} + 4\sum H_{4-i}}{4}\right)a^2 \tag{1-7}$$

场地平整后,从场地设计标高 H_0计算至海平面的土方总体积为

$$V' = H_0 a^2 N \tag{1-8}$$

因为挖填平衡,所以 $V = V'$,即

$$H_0 = \left(\frac{\sum H_{1-i} + 2\sum H_{2-i} + 3\sum H_{3-i} + 4\sum H_{4-i}}{4N}\right) \tag{1-9}$$

式中,$H_{1-i}, \cdots, H_{4-i}$分别表示在各方格网中所共有的角点地面标高。

其次,考虑泄水坡度对角点设计标高的影响,当按以上确定的设计标高 H_0进行场地平整时,则整个场地表面均处于同一水平面。但实际上由于排水的要求,场地表面需有一定的泄水坡度,一般取 0 ~ 0.005。因此,还需要根据场地泄水坡度的要求,计算出场地内各方格角点实际施工所用设计标高。

以 H_0作为场地中心点的标高,则场地任意点的设计标高为

$$H'_n = H_0 \pm l_x i_x \pm l_y i_y \tag{1-10}$$

式中 l_x, l_y——分别为计算角点至场地中心线 $y-y$ 和 $x-x$ 的距离;

i_x, i_y——分别为 $x-x$、$y-y$ 方向的泄水坡度;

式中的 ± 号,视坡度方向高低位置而定。

如 i_x 或 i_y 为零，则场地为单向泄水坡度；如 i_x、i_y 均不为零，则场地为双向泄水坡度；如 i_x、i_y 均为零，则 $H'_n = H_0$。

1.2.2.4 计算各角点的施工高度

角点施工高度即角点需要挖或填方的高度，由角点的设计标高减去地面标高而得，即

$$h_n = H'_n - H_n \tag{1-11}$$

式中 h_n——角点施工高度（即挖填高度），以"+"为填，"-"为挖；

H'_n——角点的设计标高；

H_n——角点的自然地面标高。

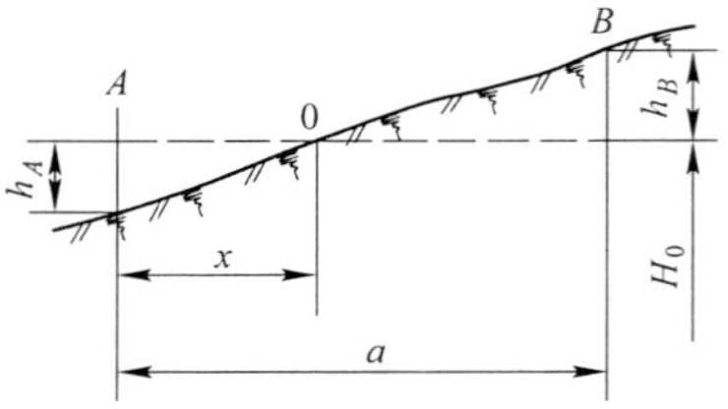

图 1-4 零点位置

1.2.2.5 计算零点及绘出零线

在场地某方格的某边上相邻的两个角点的施工高度出现"+"与"-"时，则表示该边从填至挖的全长中存在一个不挖不填的点，称为零点或不挖不填点，如图 1-4 所示。零点的位置可按下式计算：

$$x = \frac{ah_A}{h_A + h_B} \tag{1-12}$$

式中 x——零点到计算基点的距离；

a——方格边长；

h_A, h_B——分别为方格相邻两角点 A 与 B 的填挖施工高度，以绝对值代入。

将方格网中的各零点连接起来，即形成不挖不填的零线（见图 1-3）。零线将整个场地分为挖方区域和填方区域。

1.2.2.6 计算方格内的挖或填方体积

A 场地土方量计算

由图 1-3 中方格网各角点的施工高度可知，各方格挖或填的土方量，一般可按下述四种不同类型（见图 1-5）进行计算：

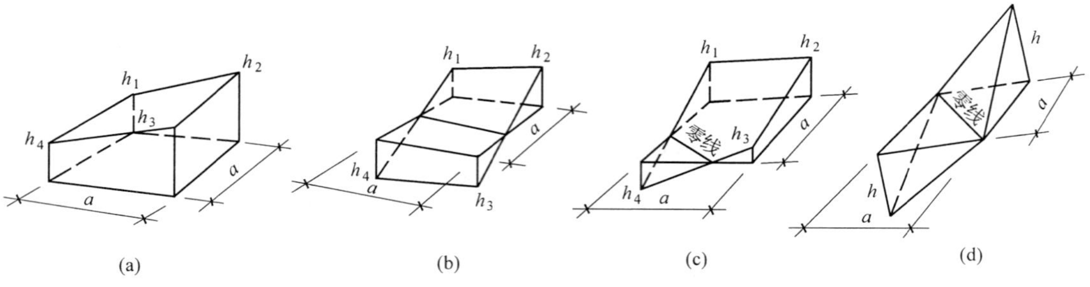

图 1-5 由方格网与零线分割成挖或填的土方四种几何形状

（a）全挖（全填）；（b）两挖两填；（c）三挖一填（或三填一挖）；（d）一挖一填

（1）方格四个角点全部为挖或全部为填，如图 1-5a 所示，其土方量

$$V_i = \frac{a^2}{4}(h_1 + h_2 + h_3 + h_4) \tag{1-13}$$

式中 V_i——挖方或填方体积；

h_1, h_2, h_3, h_4——各方格角点挖填高度（用绝对值）；

a——方格边长。

（2）方格的相邻两个角点为挖方，另两个角点为填方，如图 1-5b 所示，其挖方部分的土方量

$$V_{wi} = \frac{a^2}{4}\left(\frac{h_1^2}{h_1 + h_4} + \frac{h_2^2}{h_2 + h_3}\right) \tag{1-14}$$

填方部分的土方量

$$V_{ti} = \frac{a^2}{4}\left(\frac{h_3^2}{h_2 + h_3} + \frac{h_4^2}{h_1 + h_4}\right) \tag{1-15}$$

(3) 方格的一个角点为挖方(或填方),另三个角点为填方(或挖方),如图 1-5c 所示,其填方部分的土方量

$$V_{ti} = \frac{a^2}{6} \times \frac{h_4^3}{(h_1 + h_4)(h_3 + h_4)} \tag{1-16}$$

挖土部分的土方量

$$V_{wi} = \frac{a^2}{6}(2h_1 + h_2 + 2h_3 - h_4) + V_{ti} \tag{1-17}$$

(4) 方格的一个角点为挖方,相对的角点为填方,另两个角点为零点时(零线为方格的对角线),如图 1-5d 所示,其挖(填)方土方量

$$V_i = \frac{a^2}{6}h \tag{1-18}$$

B 场地边坡土方量计算

场地平整时,还要计算边坡土方量(见图 1-6),其计算步骤如下:

(1) 标出场地四个角点 A、B、C、D 填挖高度和零线位置;

(2) 根据土质确定填、挖方边坡的系数 m_1 和 m_2;

(3) 计算四角点的放坡宽度,如图 1-6 中,A 点的放坡宽度为 $m_1 h_a$,D 点的放坡宽度为 $m_2 h_d$;

(4) 绘出边坡边线平面示意图,如图 1-6 所示;

(5) 计算边坡土方量体积。

A、B、C、D 四个角点的土方量,近似地按正方锥体计算,如 A 点土方量

$$V_A = \frac{1}{3}(m_1 h_a)^2 h_a = \frac{1}{3}m_1^2 h_a^3 \tag{1-19}$$

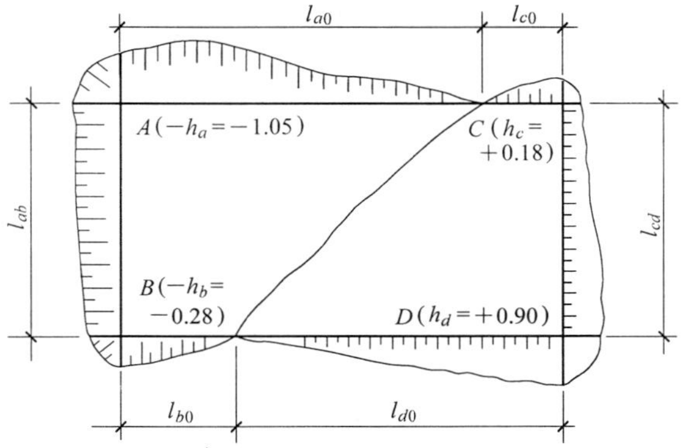

图 1-6 场地边坡土方量计算

AB、CD 两边土方量按平均断面法计算,如 AB 边的土方量

$$V_{ab} = \frac{F_a + F_b}{2} l_{ab} = \frac{m_1}{4}(h_a^2 + h_b^2) l_{ab} \tag{1-20}$$

AC、BD 两边分段按三角锥体计算,如 AC 边 l_{a0} 段的土方量

$$V_{a0} = \frac{1}{3}\left(\frac{m_1 h_a^2}{2} l_{a0}\right) = \frac{1}{6} m_1 h_a^2 l_{a0} \tag{1-21}$$

1.2.2.7 统计挖、填土方量

将计算的场地方格中挖、填方体积分别相加,即得全场地的总挖方量和总填方量

$$V_w = \sum V_{wi}, V_t = \sum V_{ti} \tag{1-22}$$

1.2.2.8　调整设计标高

按移挖做填、挖填平衡的原则所确定的场地设计标高 h_0，实质上仅为一理论值，并未考虑土的可松性（一般填土会有多余），以及场内有高筑或深挖的要求等，会使土方量增加或减少，一般均以调整设计标高解决。

由于土具有可松性，需相应的拉高设计标高。如图 1-7 所示，设 Δh 为土的可松性引起设计标高的增加值，则设计标高调整后的总挖方体积

$$V'_w = V_w - F_w \Delta h \tag{1-23}$$

总填方体积

$$V'_t = V'_w K'_s = (V_w - F_w \Delta h) K'_s \tag{1-24}$$

此时，填方区的标高也应与挖方一样，提高 Δh，即

$$\Delta h = \frac{V'_t - V_t}{F_t} = \frac{(V_w - F_w \Delta h) K'_s - V_t}{F_t} \tag{1-25}$$

当 $V_t = V_w$ 时，有

$$\Delta h = \frac{V_w - (K'_s - 1)}{F_t + F_w K'_s} \tag{1-26}$$

式中，F_w、F_t 分别为理论设计标高计算的挖方区、填方区总面积。

所以，考虑土的可松性后，场地设计标高调整值为

$$h'_0 = h_0 + \Delta h \tag{1-27}$$

由于场地内有高筑或深挖，从经济观点比较，将部分挖方就近弃于场外，或将部分填方就近在场外取土等，都会引起挖填方量的变化。必要时，也需要重新调整设计标高。

为了简化计算，场地设计标高的调整值 h'_0 可按下列近似公式确定：

$$h'_0 = h_0 \pm \frac{Q}{Na^2} \tag{1-28}$$

式中，Q 为根据 h_0 平整后多余或不足的土方量。

图 1-7　设计标高调整示意
（a）理论设计标高；（b）调整设计标高

例 1-2　某土方工程场地，等高线和各方格角点自然地面标高如图 1-3 所示，方格网边长为 20m，试确定场地设计标高、各方格角点的设计标高、施工高度，画出零线并计算挖填方体积。

解：（1）按场内挖填平衡计算场地设计标高，根据式（1-9）有：

$$H_0 = [(252.45 + 251.40 + 251.60 + 250.6) + 2 \times (252.00 + 251.70 + 251.90 + 250.95 + 251.25 + 250.85) + 4 \times (251.60 + 251.28)] \div (4 \times 6) = 251.45\text{m}$$

（2）由式（1-10）确定各角点的设计标高

$$H'_{11} = 251.45 - 30 \times 0.3\% + 20 \times 0.2\% = 251.40\text{m}$$

同理，其他各角点的设计标高如图 1-3 所示。

（3）由式（1-11）确定各角点的施工高度

$$h_1 = H'_1 - H_1 = 251.40 - 252.45 = -1.05\text{m}$$

其他各角点的施工高度如图 1-3 所示。

(4) 由式(1-12)确定零点为

$$x_{22,23}=\frac{ah_{22}}{h_{22}+h_{23}}=\frac{20\times0.18}{0.18+0.20}=9.47\text{m}$$

同理求出各零点,把各零点连接起来,形成零线,如图1-3所示。

(5) 计算场地挖填方量,由式(1-13)~式(1-17)得:

$$V_{\text{w I}}=\frac{20^2}{4}(1.05+0.45+0.54+0.18)=231\text{m}^3$$

$$V_{\text{w II}}=\frac{20^2}{6}(2\times0.18+0.54+2\times0.18-0.2)+\frac{20^2}{6}\times\frac{0.2^3}{(0.18+0.2)\times(0.18+0.2)}$$

$$=74.36\text{m}^3$$

$$V_{\text{w III}}=\frac{20^2}{6}\times\frac{0.18^3}{(0.2+0.18)\times(0.18+0.18)}=2.84\text{m}^3$$

$$V_{\text{w IV}}=\frac{20^2}{6}(2\times0.18+0.54+2\times0.28-0.13)+\frac{20^2}{6}\times\frac{0.13^3}{(0.18+0.13)\times(0.28+0.13)}$$

$$=89.82\text{m}^3$$

$$V_{\text{w V}}=\frac{20^2}{6}\times\frac{0.18^3}{(0.13+0.18)\times(0.2+0.18)}=3.30\text{m}^3$$

总挖方量 $V_{\text{w}}=\sum V_{\text{w}i}=231+74.36+2.84+89.82+3.30=401.32\text{m}^3$

$$V_{\text{t II}}=\frac{20^2}{6}\times\frac{0.2^3}{(0.18+0.2)\times(0.18+0.2)}=3.69\text{m}^3$$

$$V_{\text{t III}}=\frac{20^2}{6}\times(2\times0.18+0.59+2\times0.2-0.18)+V_{\text{w III}}$$

$$=80.84\text{m}^3$$

$$V_{\text{t IV}}=\frac{20^2}{6}\times\frac{0.13^3}{(0.18+0.13)\times(0.28+0.13)}=1.15\text{m}^3$$

$$V_{\text{t V}}=\frac{20^2}{6}(2\times0.2+0.59+2\times0.13-0.18)+V_{\text{w V}}$$

$$=74.63\text{m}^3$$

$$V_{\text{t VI}}=\frac{20^2}{4}(0.2+0.59+0.59+0.9)=228\text{m}^3$$

总填方量 $V_{\text{t}}=\sum V_{\text{t}i}=3.69+80.84+1.15+74.63+228=388.31\text{m}^3$

因 V_{w} 和 V_{t} 较接近,所以不需对场地设计标高进行调整。

1.3 基坑(槽)土方开挖准备与降排水

场地平整以后,应进行建(构)筑物的定位放线、基坑排水与降水、土方边坡及土壁支撑,基础工程完工后,再进行回填与压实。

1.3.1 定位放线

1.3.1.1 龙门板的设置

当建(构)筑物角桩位置定好后,应把角桩之间的轴线位置,引测到主基坑(槽)以外的龙门板上,如图1-8所示,以便在基础开挖后把龙门板上的各轴线投到基坑(槽)的底部或基础面上。设置龙门板的步骤和要求如下:

(1) 在建(构)筑物四角与其内纵、横两端基槽开挖边线以外约1~1.5m(根据土质情况和挖槽深度确定)处钉设龙门桩,龙门桩要钉得竖直、牢固,木桩侧面与基坑(槽)边平行。

(2) 根据建(构)筑物场地水准点,在每个龙门桩上测设±0.000(或0.5~1.0)m标高线,并沿此线钉龙门板。龙门板顶面标高在一个水平面上。

(3) 根据轴线桩,用经纬仪将墙、柱的轴线投到龙门板顶面上,钉上小钉标明,并在轴线的延长线上钉挖控制柱,如图1-9所示。

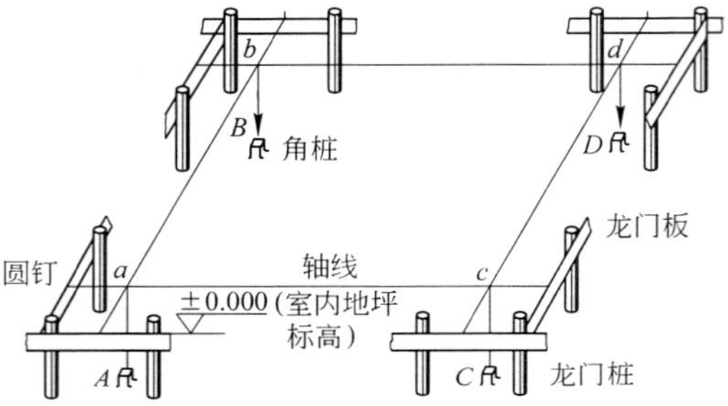

图1-8 龙门板的设置

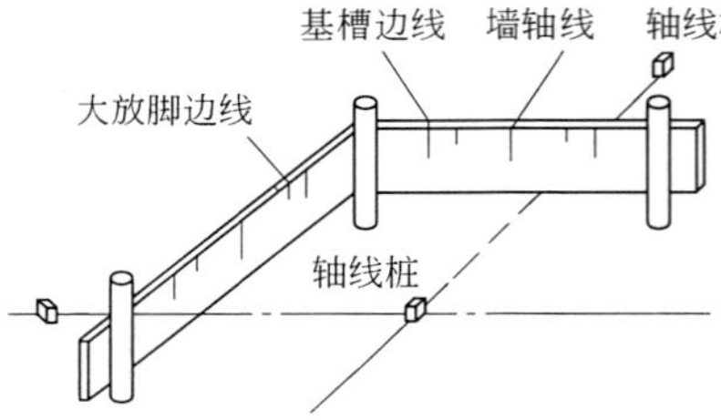

图1-9 龙门板与控制桩

(4) 用钢尺沿龙门板顶面检查轴线钉的间距,其相对误差不超过1/2000,经检查合格后,将墙和基坑(槽)宽度标在龙门板上,最后根据基槽上口宽度拉线撒出基坑(槽)开挖灰线。

1.3.1.2 基坑(槽)的放线

依据龙门板标定的基础底面尺寸、埋置深度、土质和地下水位情况及施工要求,确定挖土边线,进行基坑(槽)的放线。

当基坑不放坡不加支撑时,基础底面尺寸就是放灰线尺寸;当不放坡加支撑和留工作面时,基底每边应留出工作面的宽度,一般为30~60cm,每边加10cm为支撑所需尺寸;放坡时,应考虑工作面宽度及放坡上口放线宽度,在地面上撒出灰线,并标出基坑(槽)挖土的界线。

1.3.2 集水坑降水

集水坑降水法是当基坑挖至接近地下水位时,先在坑底四周挖排水沟和集水坑,使地下水渗至排水沟流入集水坑,然后用水泵抽走。如图1-10所示,抽出的水应予引开,以防倒流。排水沟与集水坑是随基底挖土逐层加深的,三者间的深差始终保持在一定范围。

排水沟宽一般不小于0.3m,泄水坡不小于1%。集水坑应设置在基础范围外,地下水走向上游。集水坑的数量则取决于地下水量大小、基坑平面形状及水泵的抽水能力等,一般每隔20~40m设置一个,其直径或宽度为0.6~0.8m,深度要保持低于挖土面0.7~1.0m,坑壁可用竹框、木框等简易加固,以防坍塌。当基坑挖至设计标高后,集水坑应低于基坑底1~2m,并铺设碎石滤水层,以免在抽水时间较长时将泥砂带走,防止集水坑底的土被搅动。

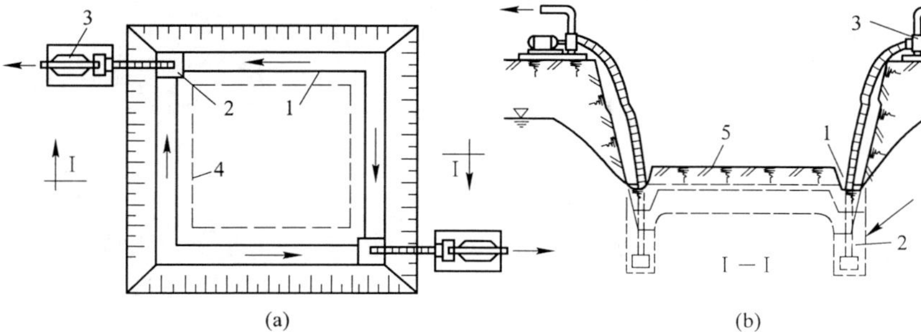

图 1-10　集水坑降水
1—排水沟;2—集水坑;3—水泵;4—基础外缘线;5—地下水位线

集水坑降水的方法简单,但只适于土质较好,地下水位不高的土层中。由于排水沟是随基底土挖掘而逐层加深,所以只适用于人工分层开挖。

1.3.3　井点降水

开挖土质不好且地下水位较高的深基坑(槽)时,应采用井点降水的方法,即在基坑开挖前,预先在基坑四周埋设一定数量的滤水管(井),在基坑(槽)开挖前和开挖过程中,从管(井)内不间断抽水排出,使其四周地下水位下降而形成水位降落漏斗;漏斗的竖向外缘线称为水位降落曲线。当各管(井)所形成的水位降落曲线互相衔接时,大面积的水位即降落至基底以下(见图 1-11)。这样,可使所挖的土始终保持干燥状态,从根本上防止了流砂的发生,改善了工作条件;同时土内水分排除后,边坡可改陡,减少了挖土量。此外,由于水压力向下作用,可以加速地基土的固结,防止基底隆起,以利于提高工程质量。

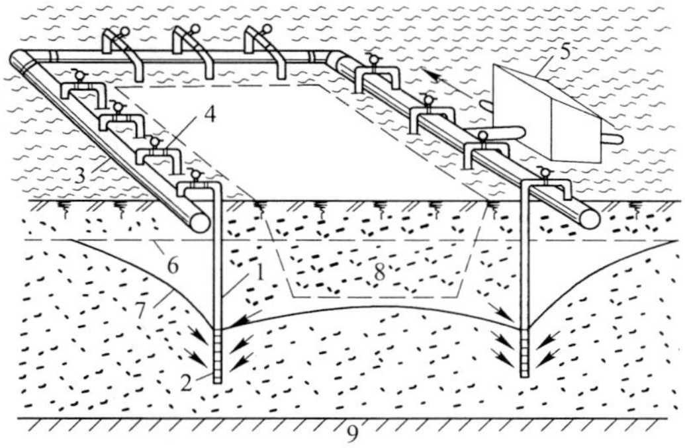

图 1-11　轻型井点系统降低地下水位示意图
1—井点管;2—滤管;3—总管;
4—弯联管;5—水泵房;6—原地下水位线;
7—降低后的地下水位线;8—基坑;9—不透水层

井点降水方法按其系统的设置、吸水方法和原理的不同,可以分为轻型井点、喷射井点、电渗井点、管井井点和深井井点等。各种井点的适用范围,可根据土的渗透系数、降低水位的深度、工程特点及设备条件等,参考表 1-3 选用。在各类井点中,轻型井点属于基本类型,且应用较广,故做重点阐述。

表 1-3　各类井点的适用范围

井点类别	土层渗透系数/$m \cdot d^{-1}$	降低水位深度/m
单层轻型井点	0.5 ~ 50	3 ~ 6
多层轻型井点	0.5 ~ 50	6 ~ 12(由井点层数而定)
喷射井点	0.1 ~ 2	8 ~ 20
电渗井点	<0.1	根据选用的井点确定
管井井点	20 ~ 200	3 ~ 5
深井井点	5 ~ 250	>15

1.3.3.1 轻型井点

轻型井点就是沿基坑的四周将井点管以一定间距埋至基坑底面以下含水层内，在地面上用总管将各井点管连接起来，并在一定位置设置抽水设备，经过一定时间的抽水，即可将地下水位降低至坑底以下所要求的深度(见图1-11)。

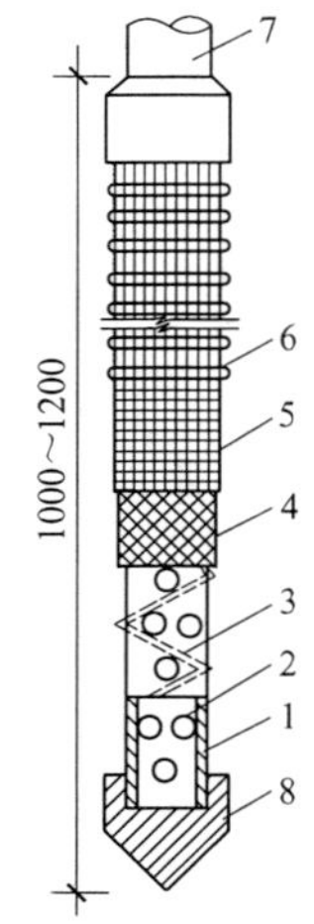

图1-12 滤管构造

1—钢管；2—吸水孔；3—塑料管；4—细滤管；5—粗滤网；6—粗铁丝保护网；7—井点管；8—铸铁头

A 轻型井点设备

轻型井点设备是由管路系统和抽水设备组成。

(1) 管路系统。管路系统主要包括滤管、井点管、弯联管及总管。

滤管是地下水的吸入口，长度为1.0~1.2m，直径为38mm或51mm的无缝钢管，管壁上钻有直径为13~19mm的按梅花状排列的小圆孔，其总面积为滤管表面积的20%~25%，管外包裹两层滤网，如图1-12所示。为使吸水流畅，避免吸水孔淤塞，在管壁与滤网间用塑料管或铁丝绕成螺旋形，使两者隔开一定间隙；在滤网的最外面，再绕一层粗铁丝保护网；滤管的上端与井管相连，在插入土层过程中下端的铸铁头阻止泥砂进入。

井管直径为38mm或51mm、长5~7m，可以是整根的或是分节组成的。井点管的上端用弯联管与总管相连。弯联管宜用透明塑料管或用橡胶软管，每个弯联管上装有阀门，便于调节或检修。

总管采用直径为100~127mm的钢管，每节长度为4m，其上每隔0.8m或1.2m设有一个与井点管连接的短接头。

(2) 抽水设备。抽水设备由真空泵、离心泵和水气分离器等组成，其工作原理如图1-13所示。抽水时先开动真空泵13，使水气分离器6及以下的管路系统中产生一定程度的真空度，土壤中的水和气受真空吸力作用被吸入滤管，经管路系统向上跳流到水气分离器中；此时开动离心泵14，将抽出的地下水由排水管16排走，空气则集中在水气分离器上部由真空泵排出。水气分离器中浮筒7的作用是，当系统中水的吸入量大于排出量时，水气分离器中蓄水增高，浮筒上升，使阀门9关闭，避免水进入真空泵而导致故障。至于空气中所含

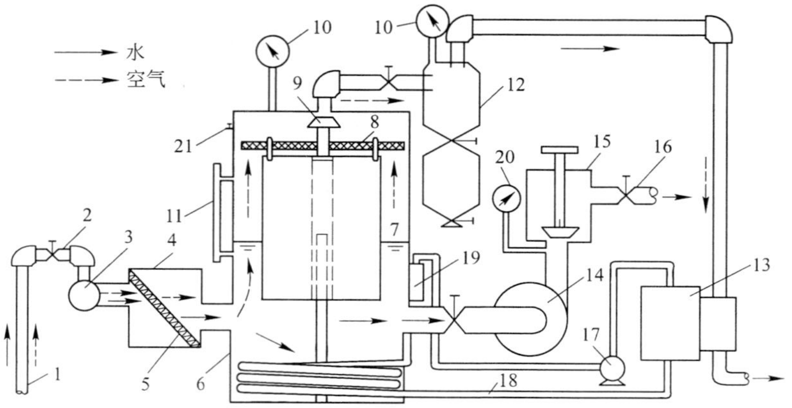

图1-13 轻型井点抽水设备工作简图

1—井点管；2—弯联管；3—总管；4—过滤箱；5—过滤网；6—水气分离器；7—浮筒；8—挡水板；9—阀门；10—真空表；11—水位计；12—副水气分离器；13—真空泵；14—离心泵；15—压力箱；16—排水管；17—冷却循环水泵；18—冷却水管；19—冷却水箱；20—压力表；21—真空调节阀

的少量水汽,则由副水气分离器12滤清。为对真空泵进行冷却,设有一个冷却循环水泵17。

B 轻型井点布置

布置轻型井点应根据基坑大小与深度、土质、地下水位高低与流向、降水深度要求而定。布置时主要考虑其平面和高程两个方面。

(1) 平面布置。当基坑(槽)宽度小于6m,且降水深度不超过5m时,一般可用单排井点,布置在地下水的上游一侧,其两端延伸长度一般不小于该坑(槽)的宽度为宜,如图1-14所示;如基坑宽度大于6m或土质不良,则宜采用双排井点。当基坑面积较大时,宜采用环形井点,如图1-15所示。为便于挖土机械和运土车辆出入基坑,环形井点也可在地下水的下游保留一段不设井管,而形成不封闭的布置。井管与坑壁距离不宜小于1m,以防止坑壁产生泄漏而影响抽水系统的真空度。井管间距应根据土质、降水深度,工程性质按计算或经验确定,一般为0.8~1.6m。靠近河流处与总管四角部位,井管应适当加密。

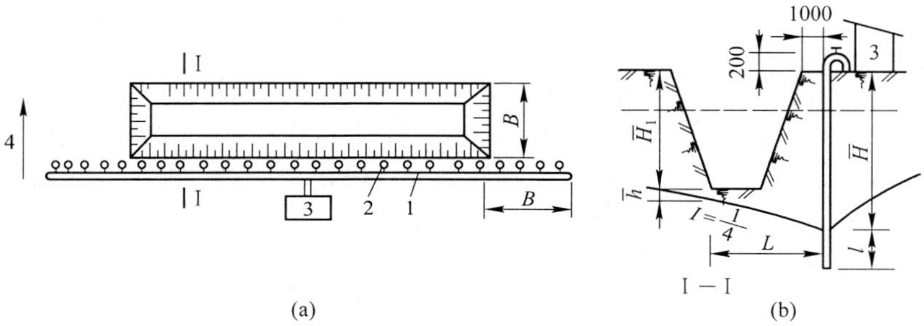

图1-14 单排井点布置

(a)平面布置;(b)高程布置

1—总管;2—井点管;3—水泵房;4—地下水流向

(2) 高程布置。高程布置即是井点系统的竖向布置,取决于基坑(槽)的开挖深度,地下水位高度、降水深度等条件。井管的埋设深度$\bar{H}$(不包括滤管)可按下式计算(见图1-14b和图1-15b):

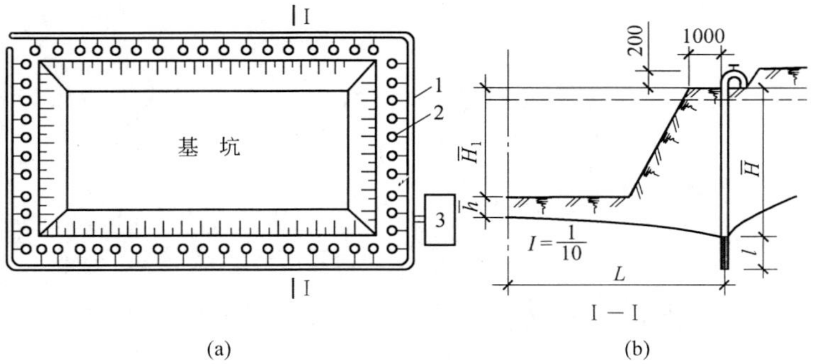

图1-15 环形井点布置

(a)平面布置;(b)高程布置

1—总管;2—井点管;3—抽水设备

$$\bar{H} \geqslant \bar{H}_1 + \bar{h} + IL \tag{1-29}$$

式中 $\bar{H}_1$——总管平台面至基坑(槽)底的距离,m;

$\bar{h}$——坑（槽）底面至拟将降低的地下水位的距离，一般取0.5～1.0m；

I——水力坡度，可取实测或经验值；环形井点取$I=1/10$，单排井点取$I=1/4$；

L——单排井点时为井管至坑（槽）底的另一边缘水平距离，双排或环形井点时为井管至基坑中心的水平距离，两者的方向均为坑（槽）的宽度方向。

由于轻型井点系统中的真空泵的实际真空度一般不能达到理论值，以及管路系统的水头损失和可能的局部漏水等都会影响有效吸水深度，因此按上式计算出的埋设深度$\bar{H}$不大于6m。如计算出的$\bar{H}_1$稍大于6m时，应降低井管的埋设面以减小井管的埋设深度，常采用降低总管的办法。为使井管与总管连接方便，井管上端露出地面0.2～0.3m，加进$\bar{H}$值，即为应配用的井管全长。

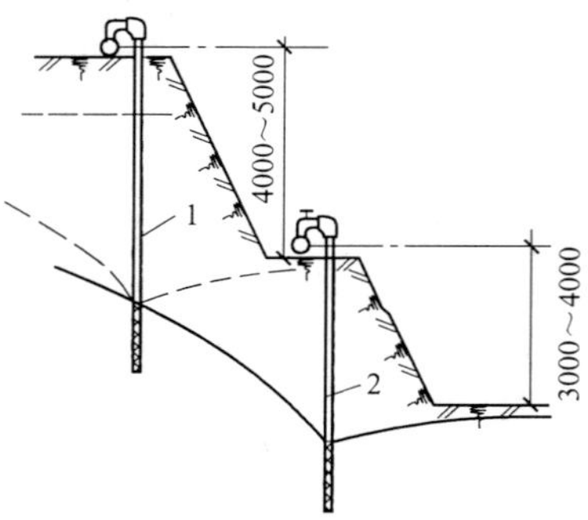

图1-16 两层轻型井点
1—第一层井点；2—第二层井点

当一层轻型井点达不到降水深度要求时，根据土质情况，可应用前述集水坑降水法，将地下水位先降至一定的深度，然后将总管安装在原有地面以下，以增加降水深度；或采用两层轻型井点（见图1-16），即先进行第一层井点降水和挖土，然后在其底部埋设第二层井点。

C 轻型井点的计算

轻型井点的平面和高程布置方案初步确定后，就可进行井点系统的涌水量计算、井管数量和井距的确定、抽水设备的选用等。

a 涌水量的计算

目前一般是运用以达西定律为基础的裘布依水井理论求其近似值，其中水井的类别不同，反映在计算公式中的参数有所差别。水井根据地下有无压力分为无压井和承压井。当水井布置在具有潜水自由面的含水层中时（即地下水面为自由水面），称为无压井（见图1-17a、b）；当水井布置在承压含水层中时（含水层中的地下水充满在两层不透水层间，含水层中的地下水面具有一定水压），称为承压井（见图1-17c、d）。另外，根据井底是否达到不透水层，可将水井分为完整井和非完整井，达到者为完整井（见图1-17a、c），否则为非完整井（见图1-17b、d）。在实际工程中，以无压非完整井为多见。

（1）无压完整井的单井涌水量。在无压完整井内抽水时，水位变化如图1-17a所示。当抽水一定时间后，井周围水面最后降落成渐趋稳定的漏斗状曲面，称为降落漏斗。水井中心至漏斗外缘的水平距离称为抽水影响半径R。

根据达西定律，无压完整井的涌水量Q（m^3/d）为

$$Q = KI\omega \tag{1-30}$$

式中 K——土壤渗透系数，m/d；

I——水力坡度，距井中心x处为$I=\frac{dy}{dx}$；

ω——距井中心x处水流的过水断面面积，可近似地看成是铅直线绕井中心旋转的旋转面面积，即

$$\omega = 2\pi xy$$

代入并推导得无压完整井的单井涌水量

$$Q = 1.364K\frac{H^2 - h^2}{\lg R - \lg r} \tag{1-31}$$

式中 H——含水层厚度，m；

h——井内水深，m；

R——抽水影响半径,m;

r——水井半径,m。

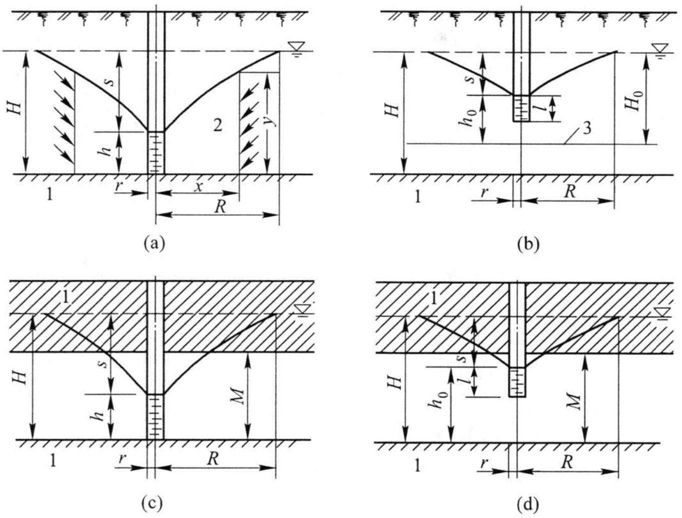

图 1-17 水井的分类

(a)无压完整井;(b)无压非完整井;(c)承压完整井;(d)承压非完整井

1—不透水层;2—距井轴 x 处的渗流面;3—抽水影响深度线

(2) 无压完整井的群井涌水量。实际井点系统是由许多单井组成的。各井点同时抽水时,由于各个单井相互距离都小于两倍抽水影响半径,因而各个单井水位降落漏斗彼此干扰,其涌水量比单独抽水时要小,所以群井的总涌水量不等于各个单井涌水量之和。

根据群井的相互干扰作用,可推导出无压完整井的群井涌水量计算公式:

$$Q = 1.364K\frac{H^2 - y^2}{\lg R - \frac{1}{n}\lg(x_1 \cdot x_2 \cdots x_n)} \qquad (1\text{-}32)$$

式中 y——群井范围内任意点 o 降低后的地下水位高度,m;

$x_1, x_2, \cdots, x_n$——群井范围内任意点 o 至各井中心的距离,m;

n——单井个数。

(3) 无压完整井的环形井点涌水量。设环形布置的群井范围内任意点 o 距各井中心距离为 $x_1 = x_2 = \cdots = x_n = x_0$,即各单井布置在等半径的圆周上,则式(1-32)可简化为:

$$Q = 1.364K\frac{(2H - s)s}{\lg R - \lg x_0} \qquad (1\text{-}33)$$

式中 s——群井中心水位降低值,$s = H - y$。

实际工程中的基坑多为矩形,其井点也按矩形布置。为方便计算,常将矩形面积按等值圆计算并求出其假想半径 x_0:

$$x_0 = \sqrt{\frac{A}{\pi}} \qquad (1\text{-}34)$$

式中 A——环形井点系统所包围的面积,m^2。

应用式(1-33)计算涌水量时,必须满足其限制条件,即矩形基坑平面的长宽比不大于 5,或基坑宽度不大于两倍的抽水影响半径。否则需要先将基坑分块以满足上述条件，然后逐块计算涌水量再相加，即为总涌水量。

应用上述公式时，需要事先确定式中的 K 和 R 两个参数。

测定土的渗透系数 K 的方法有现场抽水试验和试验室测定两种。对于重大的工程，宜采用现场抽水试验的方法。其方法是在现场设置抽水井，在距抽水井为 x_1 和 x_2 处设置两孔观测井，三井在同一直线上，待抽水稳定后，测出两观测井内水位降落值 s_1、s_2 和抽水井相应的抽水量 Q，则

$$K = 0.73Q\frac{\lg x_2 - \lg x_1}{(2H - s_1 - s_2)(s_1 - s_2)} \tag{1-35}$$

抽水影响半径 R，与土的渗透系数、含水层厚度、水位降低值及抽水时间等因素有关。工程中常用库萨金公式来确定抽水影响半径：

$$R = 1.95s\sqrt{HK}$$

式中符号意义同前。该公式系经验公式，欠准确，所以现场仍以做抽水试验的方法确定抽水影响半径 R。将试验所测得的值代入下式，即可得比较符合实际的 R：

$$\lg R = \frac{s_1(2H - s_1)\lg x_2 - s_2(2H - s_2)\lg x_1}{(s_1 - s_2)(2H - s_1 - s_2)} \tag{1-36}$$

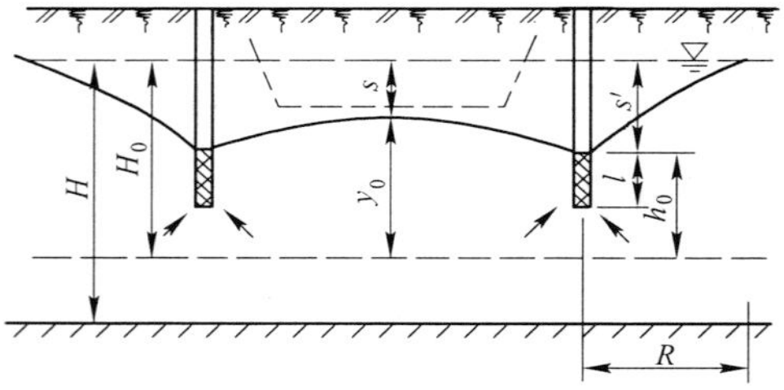

图 1-18 无压不完整井的环形点计算简图

(4)无压非完整井的环形井点涌水量。无压非完整井的环形井点系统如图 1-18 所示。其涌水量的计算较为复杂，为了简化计算，仍可采用无压完整井的环形井点涌水量计算公式，只是式中的 H 应换成抽水影响深度 H_0（当井底距不透水层的距离很大时，抽水时扰动显然不能影响至下层），H_0 值系经验值，可查表 1-4 选用。当算得的 H_0 大于实际含水层厚度 H 时，则仍取 H 值。

对于承压井，工程中不多见，在此从略。

表 1-4 抽水影响深度 H_0 值

$\frac{s'}{s'+l}$	0.2	0.3	0.5	0.8
H_0/m	$1.3(s'+l)$	$1.5(s'+l)$	$1.7(s'+l)$	$1.85(s'+l)$

b 井管数量与井距的确定

首先根据地下水在土中的渗透速度、滤管的构造与尺寸，确定单根井管的最大出水量 q（m^3/d），即

$$q = \pi dlv = 65\pi dl^3\sqrt{K} \tag{1-37}$$

式中 d——滤管的直径，m；

l——滤管的长度，m；

v——地下水的渗透速度，m/d；

K——土壤的渗透系数，m/d。

然后根据井点系统总涌水量 Q 和单根井管最大出水量 q，确定井管的最少根数 n：

$$n = 1.1\frac{Q}{q} \tag{1-38}$$

式中,1.1 为考虑井管堵塞等因素的备用系数。

根据井点系统布置方式,确定井管的最大间距 D_0(m),即

$$D_0 = \frac{L_0}{n} \tag{1-39}$$

实际采用的井管间距 D 应当与总管上接头尺寸相适用,即选取与计算值相近的标准距 0.8m、1.2m、1.6m 或 2.0m,而且以 $D < D_0$ 为宜,这样就需对 n 做调整。有时用环形井点做不封闭布置时,也需要按经验对 D_0 和 n 做调整。调整后,应对井点系统范围内某一不利点的降水深度进行校核,可用下式检查其是否满足要求。

$$s_i = H - y_i = H - \sqrt{H^2 - \frac{Q}{1.364K}\left[\lg R - \frac{1}{n}\lg(x_1 \cdot x_2 \cdots x_n)\right]} \tag{1-40}$$

如果核算结果不能满足降水要求,则可调整井管的埋深或增加井管数量等,直至满足要求为止。

c 抽水设备的选择

常用的抽水设备有真空泵和水泵两种。

(1) 真空泵。其类型有干式(往复式)和湿式(旋转式)两种。由于干式真空泵排气量大,在轻型井点降水中采用较多;湿式真空泵具有重量轻、振动小、允许水分渗入等优点,但排气量小,宜在粉砂土和黏性土中使用。

干式真空泵的型号有 W_4、W_5、W_6、W_7 等,选择时,除要求其所产生的真空度满足规定外,还要根据计算中的井管数和总管长度来选择相应的型号。根据经验,W_4 型可负担 60 ~ 70 根井管,带动总管长约 80m,W_5 带动总管长约 100m,W_6 带动总管长约 120m。个别地区采用 W_7 型时,总管长度可大于 120m。

真空泵的真空度,根据力学性能,最大可达 99.8kPa。真空泵在抽水过程中所需的最低真空度 h_k,根据降水深度及各项水头损失,可按下式计算:

$$h_k = 10(\overline{H} + \Delta h) \tag{1-41}$$

式中 $\overline{H}$——井管的抽水管深即井管的长度,m;

Δh——水头损失,包括进入滤管的水头损失、管路阻力损失及漏气损失等,常近似取 1.0 ~ 1.5m。

(2) 水泵。常用离心泵,其型号见表 1-5。选择时应根据井点系统总涌水量和井管吸水深度而定。由于抽水初始的涌水量较稳定时的涌水量大,所以对于水泵流量,应比计算出的井点系统总涌水量大 10% ~ 20%。水泵的吸水扬程主要应能克服水气分离器中的真空吸力,也就是要大于或等于抽水深度加各项水头损失,即

表 1-5 B 型离心泵性能

水泵型号	流量/$m^3 \cdot h^{-1}$	总扬程/m	吸水扬程/m	电动机功率/kW
$1\frac{1}{2}$B17	6 ~ 14	20.3 ~ 14	6.6 ~ 6.0	1.5
2B19	11 ~ 25	21 ~ 16	8.0 ~ 6.0	2.2
2B31	10 ~ 30	34.5 ~ 15.6	8.2 ~ 5.7	4.0
3B19	32.4 ~ 52.2	21.5 ~ 15.6	8.2 ~ 5.7	4.0
3B33	30 ~ 55	35.5 ~ 28.8	6.7 ~ 3.0	7.5
3B57	30 ~ 70	62 ~ 44.5	7.7 ~ 4.7	17.0
4B15	54 ~ 99	17.6 ~ 10	5	5.5
4B35	65 ~ 120	65 ~ 120	6.7 ~ 3.3	17.0

$$吸水扬程 \geqslant h_k = 10(\bar{H} + \Delta h) \tag{1-42}$$

D　轻型井点系统的安装与使用

轻型井点系统的安装程序是，先排放总管，再埋设井点管，用弯联管将井管与总管连接，然后安装抽水设备。

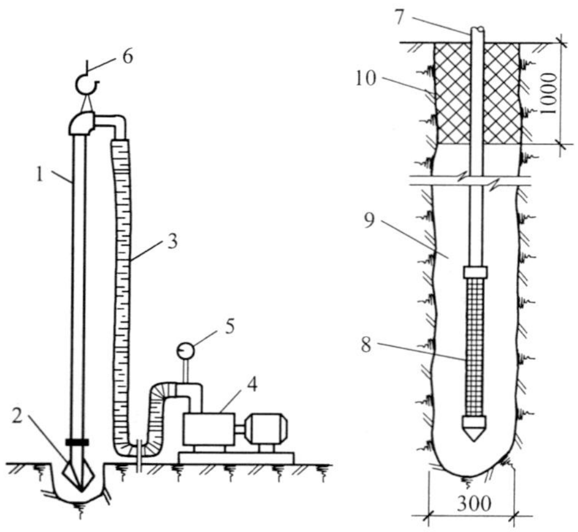

(a)　　(b)

图 1-19　井管的埋设

(a)冲孔；(b)埋管与封口

1—冲管；2—冲头喷嘴；3—胶皮管；4—高压水泵；5—压力表；6—起重机吊钩；7—井管；8—滤管；9—砂过滤层；10—黏土封口

井管的埋设一般用水冲法进行，如图 1-19 所示，分为冲孔、埋管与封口三个施工过程。

冲孔时，先用起重设备将冲管吊起并插在井管的位置上，然后开动高压水泵，将土冲松，冲管则边冲边沉。冲孔直径不小于 300mm，以保证井管四周有一定厚度的砂滤层，冲孔深度宜比滤管底深 0.5m 左右，以防冲管拔出时，部分土颗粒沉于底部而触及滤管底部。

井孔冲成后，立即拔出冲管，居中铅直插入井管，并在井管与孔壁之间迅速填灌砂滤层，以防孔壁塌土和堵塞滤网。砂滤层的填灌质量是保证轻型井点顺利抽水的关键，一般宜选用干净粗砂均匀填灌，并填至滤管顶上 1 ~ 1.5m，以保证水流畅通。

井点填砂后，须用黏土封口并捣实，以防漏气。

井点系统全部安装完毕后，需进行试抽，以检查有无漏气现象。开始应连续抽水，避免时抽时停，否则会抽出大量的泥砂，使水混浊，造成滤管堵塞或附近地面下沉，有时会引起邻近建筑物开裂。因此抽水一经开始，就应持续进行至全部基础工作完成后为止。

正常的排水是细水长流，出水澄清。抽水时需要经常检查井点系统工作是否正常，并检查、观测井中水位下降情况，如果有较多井点管发生堵塞，影响降水效果时，应逐根用高压水反向冲洗或拔出重埋。

采用井点降水时，应对附近的地面及其上的建筑物进行沉降观测，以便采取防护措施。

1.3.3.2　喷射井点

当开挖的基坑(槽)深度较大，且地下水位较高时，若布置一层轻型井点则不能满足降水深度要求，如采用多层轻型井点布置，则在技术经济上又不合理，因此，当降水深度超过 6m，土层渗透系数为 0.1 ~ 2.0m/d 的弱水层时，可采用喷射井点，降水深度可达 20m。

喷射井点按其工作时喷射的介质不同，可分为喷气井点与喷水井点。常用喷水井点主要由喷射井管、高低压水泵和管路系统组成，如图 1-20 所示。喷射井管 1 由内管 8 和外管 9 组成，在内管下端装有喷射扬水器(升水装置)与滤管 2 相连(见图 1-20b)。在高压水泵 5 作用下，高压水经进水总管 3 进入井管的内外管间的环形空间，并经扬水器以侧孔流向喷嘴 10。由于喷嘴截面的突然缩小，流速急剧增加，压力水由此以很高的流速喷入混合室 11，混合室的截面又骤然扩大再逐渐缩小，高速水流将喷嘴周围空气吸入并带走，使混合室形成一定的真空度。地下水因喷射扬水器所造成的负压，自滤管吸入混合室，并与高速水流汇合，经扩散管 12 时，由于其截面逐步扩大，流速逐减而转变成高压，沿内管上升经排水总管 4 排于集水池 6 内。此池内的水，一部分用低压泵抽出排除，另一部分作为高压泵输入喷射扬水器中的循环水。

喷射井点的平面布置：当基坑宽度小于 10m 时，井点可采用单排布置；当基坑宽度大于 10m

时,可采用双排布置;当基坑面积较大时,宜采用环形布置(见图1-20c),井点间距一般取2~3m。涌水量计算与井管的埋设,与一般轻型井点相同。

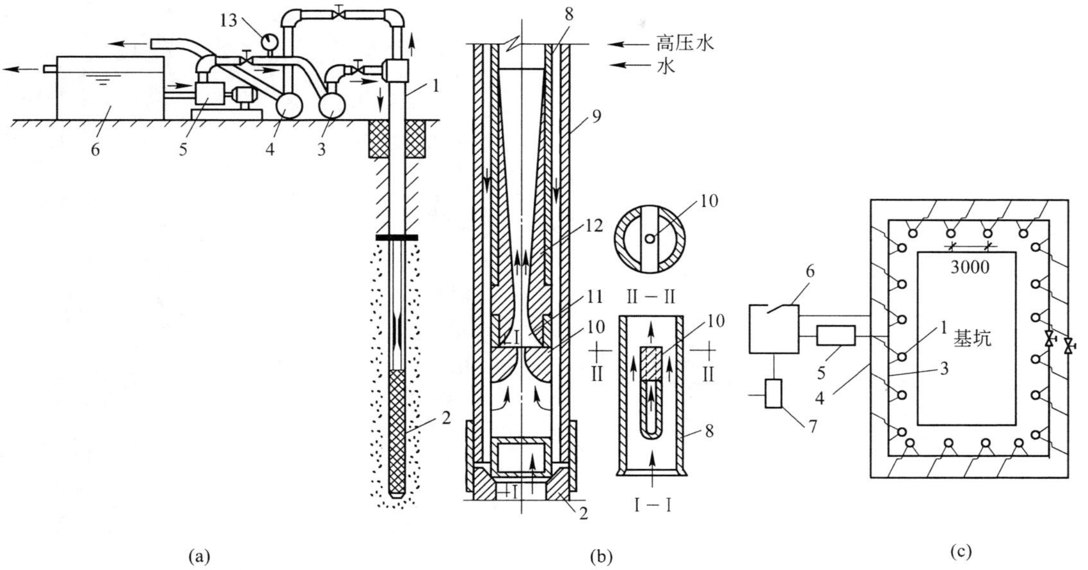

图1-20 喷射井点设备及平面布置简图

(a)喷射井点系统的组成;(b)喷射扬水器详图;(c)喷射井点平面布置

1—喷射井管;2—滤管;3—进水总管;4—排水总管;5—高压水泵;6—集水池;7—低压水泵;8—内管;9—外管;10—喷嘴;11—混合室;12—扩散管;13—压力表

1.3.3.3 电渗井点

在深基坑施工中,有时会遇到渗透系数小于0.1m/d的土质,这类土含水量大,压缩性高,稳定性差。由于土粒间微小孔隙的毛细管作用,将水保持在孔隙内,单靠用真空吸力的降水方法效果已不大,此时,常采用电渗井点降水。

在饱和黏土中插入两根电极,通入直流电时,黏土粒即能沿电力线向阳极移动,称为电泳;而水分子则向阴极移动,称为电渗。电渗井点就是运用上述电渗现象,将一般轻型井点或喷射井点的井管作为阴极,并在其内侧相距约1.2m处增设对应的垂直阳电极。阳极可用钢筋或其他金属材料插入,通电后土层中的水分子即能迅速渗至井管周围,便于抽出排水,如图1-21所示。

1.3.3.4 管井井点与深井井点

在土的渗透系数为20~200m/d、地下水含量丰富的土层中降水,宜采用管井或深井井点。

管井井点就是在基坑四周每隔10~50m钻孔成井,然后放入钢管或钢筋混凝土管,其底部设置一段滤水管,每个井管用一台水泵不断抽水,以使水位降低,如图1-22所示。在土质较好的黏土层中,也可不设井管而直接在井孔中抽水。抽水所采用的泵有离心泵或潜水泵,若用离心泵,则泵体置于井上,吸水扬程为6~7m;若用潜水泵,则泵体置于井水中,最大扬程可达25m。由于这种井点的井距设置较大,因而有效降水深度较小。

深井井点与管井井点基本相同,只是井较深,井内用深井泵抽水。深井泵的扬程可达100m,故当要求降水深度很大,采用管井井点已不能满足要求时,则用深井井点。

管井井点和深井井点的设备简单,工程上应用较多,其涌水量计算参考轻型井点计算。

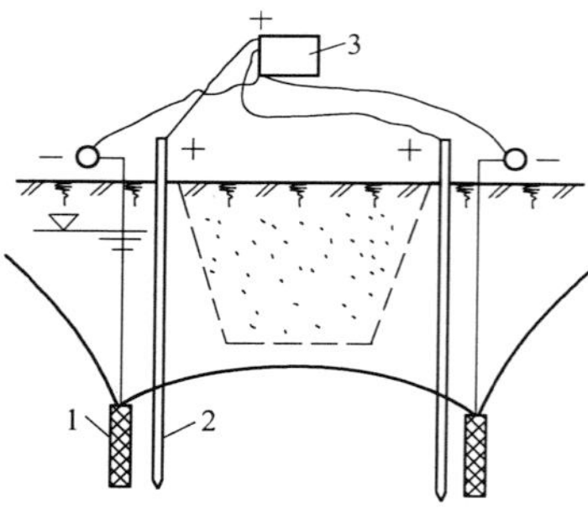

图 1-21　电渗井点

1—井点管；2—电极；3—直流电源（24～48V）

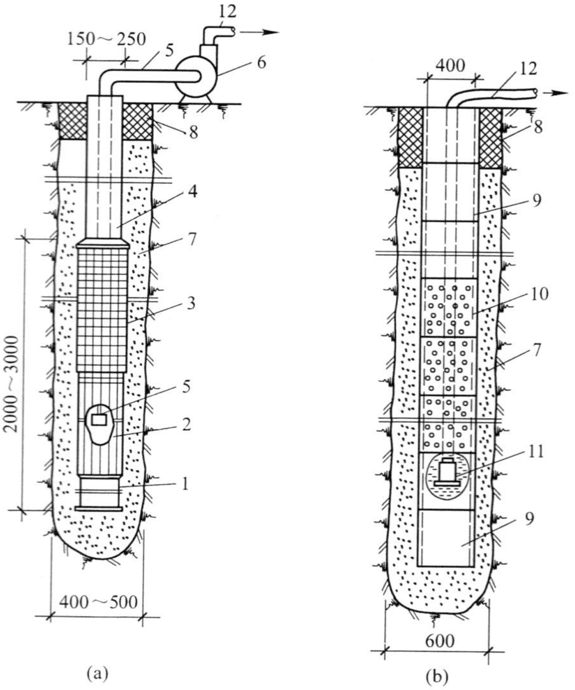

图 1-22　管井井点

（a）钢管管井；（b）混凝土管管井

1—沉砂管；2—钢筋焊接骨架；3—滤网；4—管身；5—吸水管；6—离心泵；7—小砾石过滤层；8—黏土封口；9—混凝土实管；10—混凝土过滤管；11—潜水泵；12—出水管

1.4　土方边坡与土壁支护

在基坑（槽）施工过程中，发生边坡塌方与流砂，将会影响工程正常进行，延误工期，甚至造成人身事故，所以需要采取相应的防治措施。

1.4.1　边坡塌方

在土方工程中挖或填成倾斜的自由面称为边坡。边坡的稳定，主要是由土体内摩擦阻力和粘结力来保持的。一旦土体失稳，边坡就会塌方。

1.4.1.1　边坡塌方的原因

影响边坡稳定的因素主要有以下几点：

（1）开挖太深，填筑过高，边坡太陡，使边坡内的土体自重增大，从而引起塌方；

（2）雨水、地下水渗入基坑（槽），使土体泡软，土的容重增大，内聚力减小，抗剪强度降低，这是造成塌方的主要因素；

（3）基坑（槽）的边坡顶面临近坡缘大量堆土或停放施工机具、材料或由于动荷载作用，使边坡土体中的剪应力增大，从而使之塌方。

综上所述，边坡塌方的原因主要是边坡内土体中的剪应力超过其抗剪强度。

1.4.1.2 防治塌方的措施

防治边坡塌方的措施是：

（1）既需注意防止边坡内浸水，又应尽量避免在边坡顶缘附近有附加荷载，否则要加大边坡坡度。

（2）选择合宜的边坡坡度。土方边坡坡度用土坡高度 h 与其水平投影宽度 B 之比来表示（见图 1-23a）：

$$\tan\alpha = \frac{h}{B} = \frac{1}{B/h} = \frac{1}{m} \tag{1-43}$$

式中，$m = B/h$ 称为坡度系数。

合宜的边坡系数既应保证边坡稳定，又不应增多土方量。有时，为减少土方量，按地层土质情况，也可做成折线形或踏步形边坡，如图 1-23b、c 所示。土方边坡坡度的留设还应考虑土的种类、密实性、含水量、挖深或筑高、施工方法、地下水位、坡顶荷载与保留时间等因素，因此难以用计算方法确定应设坡度的大小。土质边坡坡度允许值应根据经验，按工程类比的原则并结合已有稳定边坡坡度值分析确定。当无经验，且土质均匀良好，地下水贫乏，无不良地质现象和地质环境条件简单时，一般按表 1-6 确定。

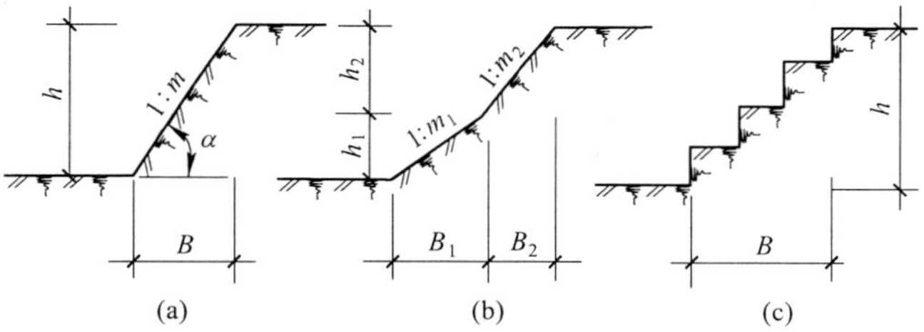

图 1-23 土方边坡

（a）直线形；（b）折线形；（c）踏步形

表 1-6 土质边坡坡度允许值

边坡土体类别	状 态	边坡坡度允许值（高度比）	
		坡高小于 5m	坡高 5 ~ 10m
碎石土	密 实	1:0.35 ~ 1:0.50	1:0.50 ~ 1:0.75
	中 密	1:0.50 ~ 1:0.75	1:0.75 ~ 1:1.00
	稍 密	1:0.75 ~ 1:1.00	1:1.00 ~ 1:1.25
黏性土	坚 硬	1:0.75 ~ 1:1.00	1:1.0 ~ 1:1.25
	硬 塑	1:1.00 ~ 1:1.25	1:1.25 ~ 1:1.50

注：1. 表中碎石土的充填为坚硬或硬塑状态的黏性土；

2. 对于砂石土或充填物为砂土的碎石，其边坡坡度允许值应按自然休止角确定。

在地下水位低于基底，湿度正常的土层中开挖基坑（槽）时，如敞露时间不长，可挖成立壁不加支撑，但挖方深度不宜超过下述规定：

密实、中密的砂土和碎石类土（填充物为砂土）	1.00m
硬塑、可塑的粉质黏土及粉土	1.25m
硬塑、可塑的黏土和碎石（填充物为黏性土）	1.50m
坚硬的黏性土	2.00m

外倾软弱的结构面的岩质边坡，土质软弱的边坡，坡顶边缘附近有较大荷载的边坡，坡高超过表 1-6 范围的边坡，其坡度的允许值应通过稳定性分析计算确定。土质边坡稳定性计算应考虑拟建工程项目和边坡整治对地下水运动等水文地质条件的影响，以及由此而引起的边坡稳定性的影响。

(3) 加设支撑护壁。当开挖基坑(槽)受地质或场地条件的限制而不能放坡，或为减少放坡土方量，以及有防止地下水渗入基坑(槽)要求时，均可采用加设支撑的方法，以保证施工的顺利和安全，并减少原相邻已有建筑物的不利影响。支撑方法有多种，一般按基坑(槽)开挖的宽度、深度或土质情况来选择。

1.4.2　土壁支护

1.4.2.1　横撑式支撑

如图 1-24 所示，横撑式支撑多用于开挖较窄的基槽，根据挡土板的不同，分为水平断续式和连续式两种。湿度小的黏性土挖土深度小于 3m 时，可用断续式水平挡土板支撑；松散、湿度大的土壤可用连续式水平挡土板支撑，挖土深度可达 5m。对松散和湿度很高的土壤可用垂直挡土板支撑，由于垂直挡土板是在深开挖前将挡土板打入土层中，然后随挖随加设横撑，所以挖土深度不限，但应注意横撑的刚度。

1.4.2.2　锚桩式支撑

当开挖宽度较大的基坑时，如用横撑会因其自由长度大而稳定性差，此时可用锚桩式支撑，如图 1-25 所示。打入坑底以下的桩柱间距一般取 1.5 ~ 2m，锚桩必须设置在土坡破坏范围以外。

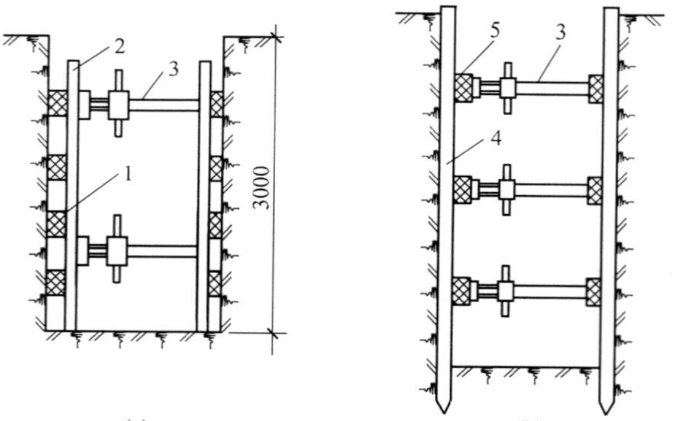

(a)　　(b)

图 1-24　横撑式支撑

(a)断续式水平挡土板支撑；(b)垂直挡土板支撑

1—水平挡土板；2—立柱；3—工具式横撑；4—垂直挡土板；5—横楞木

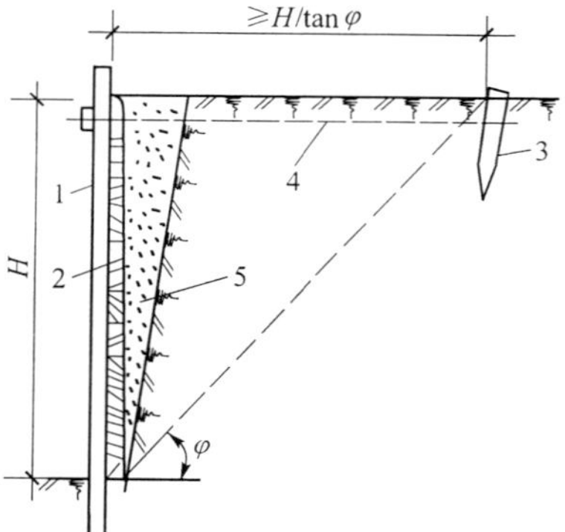

图 1-25　锚桩式支撑

1—桩柱；2—挡土板；3—锚桩；
4—拉杆；5—回填土

1.4.2.3　板桩支撑

在土质差、地下水位高的情况下，开挖深且大的基坑时，常采用板桩作为土壁的支护结构。它既可挡土也可挡水，又可避免流砂的产生，防止临近地面下沉。板桩结构为板桩墙与拉杆(见图 1-26)两部分。板桩墙常用的材料有型钢和钢筋混凝土，少量采用木材。

钢筋混凝土板墙为预制的，用后不再拔出。常用的钢板桩有 U 形、Z 形和平板形(见图 1-27)。钢板桩通过锁口互相连接，形成一道连续的板墙。钢板桩两侧带有锁口，其坚实牢固并有足够的挡水能力，波浪式板桩截面抗弯能力较好，截面积较小，易于打入。

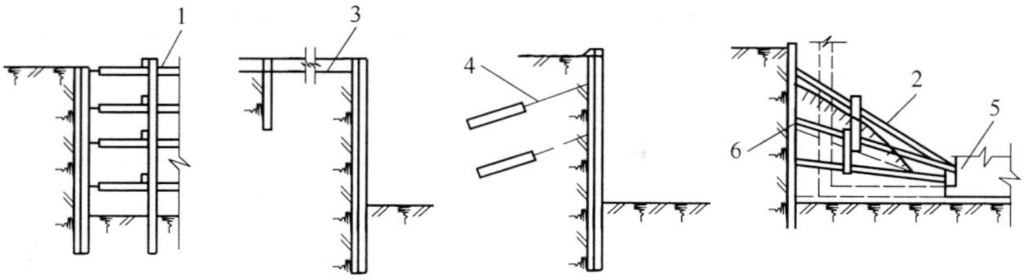

图 1-26 板桩结构

1—钢构架；2—斜撑；3—拉杆；4—土锚杆；5—先施工的基础；6—板桩墙

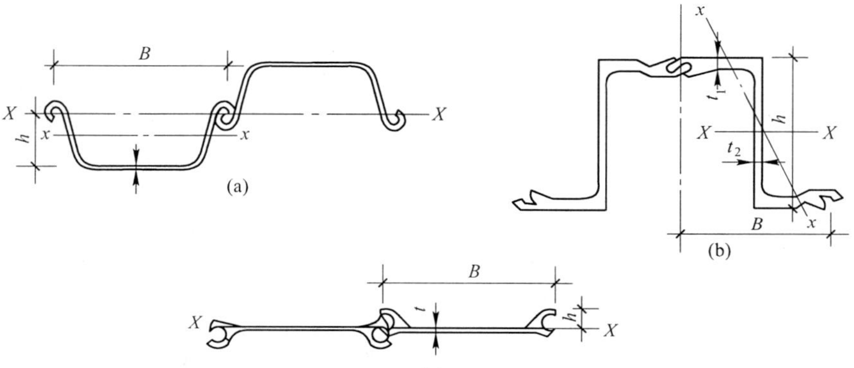

图 1-27 常用的钢板桩断面形状

(a)U 形断面；(b)Z 形断面；(c)平板形断面

系杆有柔性系杆和刚性系杆两种，前者是指设在板墙后的拉锚，常用钢索、土锚杆等；后者是指设在板墙前的支撑，常用大型型钢、钢管等。一般情况下，根据板墙的高度及截面性能，设一道或多道系杆；如果板墙较低，也可不设拉锚或支撑，而成为悬臂式板墙。

单锚板桩失稳的原因主要有三个方面：

(1) 板桩的入土深度不够，在土压力作用下，板桩下部走动而出现坑壁滑坡(见图 1-28a)；

(2) 拉锚的强度不够，使板桩在土压力作用下失稳(见图 1-28b)，或长度不足，锚桩失去作用而使土体滑动(见图 1-28c)；

(3) 板桩本身刚度不够，在土压力作用下失稳而弯曲(见图 1-28d)。

为此，将入土深度、锚杆拉力和截面弯矩称为板桩设计的“三要素”。在闹市或邻近有建筑物或管道的地区施工，还应防止板桩变形过大而引起板墙背后土体沉降(见图 1-28e)，必要时，应进行板桩变形和地面沉降的计算。

1.4.2.4 排桩式支护

排桩式支护结构常用的构件有型钢桩、混凝土或钢筋混凝土灌注桩和预制桩，支撑方式有钢及钢筋混凝土内支撑和锚杆支护。排桩式支护的布置形式有稀疏排桩支护、连续排桩支护和框架排桩支护。

(1) 型钢桩支护。用作基坑护壁桩的型钢主要是工字钢、槽钢或 H 型钢。型钢护壁桩主要适用于地下水位低于基坑底面标高的黏性土、碎石类等稳定性好的土层。土质好时，在桩间可以

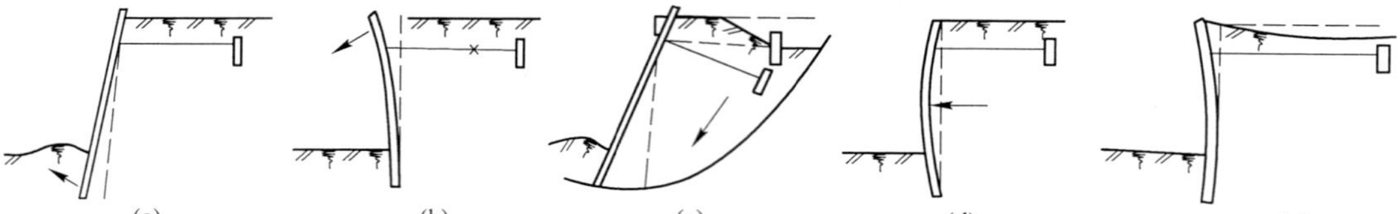

图 1-28 板桩的工程事故

(a)板桩下部走动;(b)拉锚破坏;(c)拉锚长度不足;(d)板桩失稳弯曲;(e)板桩背后土体沉降过大

不加挡板,桩的间距根据土质和挖深等条件而定。当土质比较松散时,在型钢间需加挡土板,以防止砂土流散。

当地下水位较高时,要与降低地下水位措施配合使用。

(2) 钢筋混凝土排桩支护结构。钢筋混凝土排桩支护结构采用灌注桩,具有布置灵活、施工简单、成本低、无振动影响等特点,应用广泛。

排桩的布置形式与土质情况,土压力大小、地下水位高低有关,分一字相间排列、一字相接排列、交错相接排列、交错相间排列等,见图 1-29。

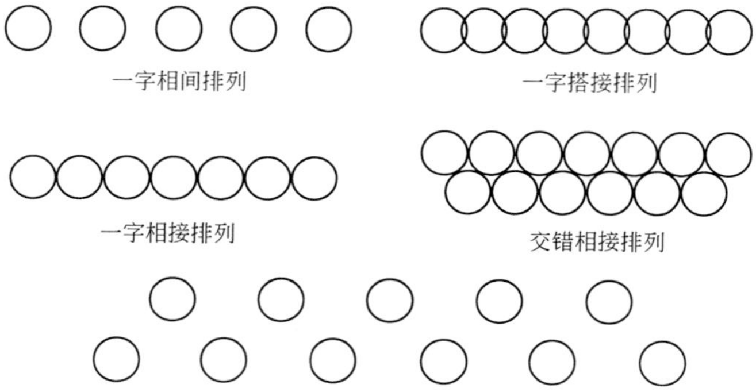

图 1-29 钢筋混凝土灌注桩排布置形式

1.4.2.5 土层锚杆支护

开挖更深的大型基坑时,为减少土压力对钢板桩或排桩所引起的较大弯矩,常采用增设单层或多层土层锚杆的方法。土层锚杆是埋杆在土层深处的受拉杆体,由设置在钻孔内的钢绞线或钢筋与注浆体组成。钢绞线或钢筋一端与支护结构相连,另一端伸入稳定土层中承受由土压力和水压力产生的拉力,维护支护结构稳定。土层锚杆按使用要求分为临时性锚杆和永久性锚杆,按承载方式分为摩擦承载锚杆和支压承载锚杆,按施工方式分为钻孔灌浆锚杆(一般灌浆锚杆,高压灌浆锚杆)和直接插入式锚杆以及预应力锚杆。

土层锚杆由锚头、拉杆和锚固体组成。锚头由锚具、承压板、横梁和台座组成;拉杆采用钢筋、钢绞线制成;锚固体是由水泥浆或水泥砂浆将拉杆与土体连接成一体的抗拔构件,见图 1-30。

锚杆以土的主动滑动面为界,分为非锚固段(自由段)和锚固段。非锚固段处在可能滑动的不稳定土层中,可以自由伸缩,其作用是将锚头所承受的荷载传递到主动滑动面外的锚固段。锚固段处在稳定土层中,与周围土层牢固结合,将荷载分散到稳定土体中去。非锚固段长度不宜小于 5m,锚固段长度由计算确定。

锚杆的埋置深度要使最上层锚杆上面的覆土厚度不小于4m，以避免地面出现隆起现象。锚杆的层数根据基坑深度和土压力大小设置一层或多层。锚杆上下层垂直间距不宜小于2m，水平间距不宜小于1.5m，避免产生群锚效应而降低单根锚杆的承载力。锚杆的倾角宜为10°~25°，但不应大于45°。在允许的倾角范围内，根据地层结构，应使锚杆的锚固置于较好的土层中。

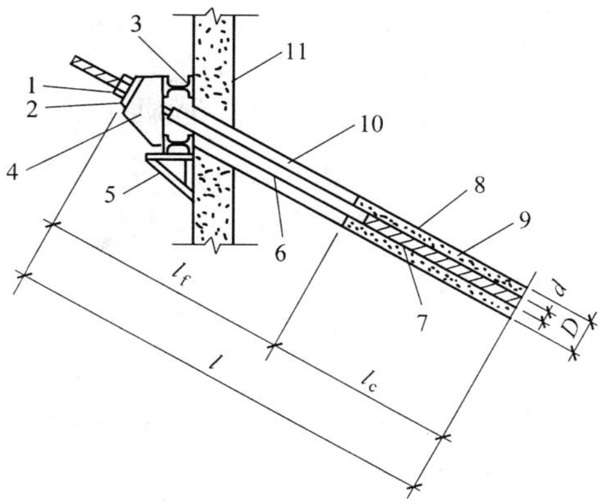

图1-30　土层锚杆构造图

1—锚具；2—承压板；3—横梁；4—台座；5—承托支架；6—套管；7—钢拉杆；8—砂浆；9—锚固体；10—钻孔；11—挡墙；l_f—非锚固段（自由段）长度；l_c—锚固段长度；l—锚杆

土层锚杆是锚固在土层中的受拉杆体，其承载力是由拉杆强度、拉杆与锚固体间的握裹力（粘结力）、锚固体与土壁间的摩擦阻力确定的。土层锚杆的锚固段受力时，首先通过拉杆与周边浆体的握裹力将力传递给水泥砂浆，再通过浆体将力传递给周围土体。随着荷载增加，拉杆与浆体的握裹力逐渐发展到锚固段下端，达到最大握裹力时，拉杆将与土体发生相对位移，产生拉杆与土体间的摩擦阻力。当拉杆与土体间的摩擦阻力达到极限状态时，土层锚杆进入破坏阶段。

土层锚杆施工工艺为：定位→钻孔→安放拉杆→注浆→张拉锚固。

锚杆施工又分为干作业和湿作业，湿作业是在干作业上增加水冲钻孔。钻孔要求孔壁顺直，不得坍塌和松动。常用清水循环钻法，适用于较硬土层。拉杆应平直并进行防腐处理。安放拉杆要防止扭曲扰动孔壁。灌浆管宜与拉杆绑在一起放入孔内，一次注浆管距孔底宜为100~200mm，二次注浆应进行可灌密封处理。

注浆是土层锚杆施工的重要工序，分一次注浆法和二次注浆法。一次注浆法宜先用灰砂比1:1~1:2、水灰比0.38~0.45的水泥砂浆，水灰比0.45~0.5的水泥浆。二次注浆法宜使用水灰比0.45~0.55的水泥浆，采用高压注浆，压力宜控制在2.5~5.0MPa。一次注浆法用一根注浆管，二次注浆法用两根注浆管，第一次注浆的浆体达到5MPa后进行第二次高压注浆。由于高压注浆，使浆液冲破第一次的浆体向锚固体与土的接触面间扩散，提高了锚杆的承载力。

预应力锚杆张拉锚固应在锚固段强度大于15MPa并达到设计强度等级的75%后方可进行。张拉顺序应考虑对邻近锚杆的影响，采取分级加载，取设计拉力值的10%~20%预张拉1~2次，使各部位接触紧密，锚筋平直，张拉至设计拉力值的0.9~1.0倍，按设计要求锁定。锚杆的张拉控制应力不应超过锚杆杆体强度标准值的0.75倍。

土层锚杆锚固段采用水泥砂浆封闭防腐，拉杆周围保护层厚度不小于10mm，自由段涂润滑油或防腐漆，外包塑料布，锚头采用沥青防腐。

1.4.2.6　土钉支护

土钉支护是以土钉作为主要受力构件的边坡支护技术，它由密集的土钉群、被加固的原位土体、喷射的混凝土面层和必要的防水系统组成，又称土钉墙。土钉是用作加固或同时锚固原位土体的细长杆件。通常采取土层中钻孔，置入变形钢筋并沿孔全长注浆的方法做成。土钉依靠与土体之间界面粘结力或摩擦力，在土体发生变形的条件下被动受力，主要是受拉力作用。

土钉支护由土钉、面层和防水系统组成：

土钉采用直径16~32mm的螺纹钢筋，与水平面夹角一般为5°~20°；长度在非饱和土中宜为基坑深度的0.6~1.2倍，软塑黏性土中宜为基坑深度的1.0倍；水平间距和垂直间距相等且乘积应不大于$6m^2$，非饱和土中为1.2~1.5m，坚硬黏土或风化岩中可为2m，软土中为1m；土钉孔径为70~120mm，注浆强度不低于10MPa。面层采用喷射混凝土，强度等级不低于C20，厚度80~200mm，配置的钢筋网采用直径6~10m钢筋，间距150~300mm。土钉与混凝土面层必须有效地连接成整体，混凝土面层应深入基坑底部不少于0.2m。

土钉支护具有以下特点：材料用量和工程量少，施工速度快；施工设备和操作方法简单：施工操作场地较小，对环境干扰小，适合在城市地区施工；土钉与土体形成复合土体，提高了边坡整体稳定性和承受坡顶荷载能力，增强了土体破坏的延性，利于安全施工；土钉支护位移小，对相邻建筑物影响小；经济效益好。土钉支护适用于地下水位以上或经过降水后的砂土、粉土、黏土等土体中。

土钉支护作用机理：土钉墙是由土钉锚体与基坑侧壁土体形成的复合体，土钉锚体由于本身具有较大的刚度和强度，并在其分布的空间内与土体组成了复合体的骨架，起到约束土体变形的作用，弥补了土体抗拉强度低的缺点，与土体共同作用，可显著提高基坑侧壁的承载能力和稳定性。土钉与基坑侧壁土体共同承受外荷载和自重应力，土钉起着分担作用。土钉具有较高的抗拉、抗剪强度和抗弯刚度。当土体进入塑性状态后，应力逐渐向土钉转移；当土体开裂时，土钉内出现弯剪、拉剪等复合应力，最后导致土钉锚体碎裂，钢筋屈服。由于土钉的应力分担，应力传递与扩散作用，增强了土体变形的延性，降低了应力集中程度，从而改善了土钉墙复合体塑性变形和破坏状态。喷射混凝土面层对坡面变形起约束作用，约束力取决于土钉表面与土的摩擦阻力，摩擦阻力主要来自复合土体开裂区后面的稳定复合土体。土钉墙体是通过土钉与土体的相互作用实现其对基坑侧墙的支护作用的。

土钉支护的施工工艺为：定位→钻机就位→成孔→插钢筋→注浆→喷射混凝土。

成孔钻机可采用螺旋钻机、冲击钻机、地质钻机，按规定进行钻孔施工。土钉支护应按设计规定的分层开挖深度按顺序施工，在完成上层作业面的土钉与喷射混凝土以前，不得进行下一层的开挖。插入孔中的11级以上的螺纹钢筋必须除锈，保持平直。注浆可采用重力、低压(0.4~0.6MPa)或高压(1~2MPa)方法，水平孔应采用低压或高压注浆方法。注浆用水泥砂浆其配合比为1:1或1:2，用水泥浆则水灰比为0.45~0.5。

喷射混凝土的强度等级不低于C20，水灰比为0.4~0.45，砂率为45%~55%，水泥与砂石质量比为1:4.5~1:4，粗骨料最大粒径不得大于12mm。喷射混凝土顺序应自下而上，喷射分两次进行。第一次喷射后铺设钢筋网，并使钢筋网与土钉采用各种方法连接牢固。喷射第二层混凝土，要求表面湿润、平整，无干斑或滑移流淌现象，待混凝土终凝后2h，浇水养护7天。

1.4.2.7 地下连续墙

在地质、水文条件不良的地区或在城市开挖很深的基坑时，放坡受到限制，如用直壁开挖(如用钢板桩支护)和井点降水的方法，打钢板桩会使邻近地面受到震动而增大地基荷载；井点降水会使水中的孔隙水排出，孔隙水压力下降或消散，都能产生地面的附加沉降。而地下连续墙既可挡土护壁，截水防渗，也可用作承受上部结构荷载。地下连续墙作为临时性支护措施不经济，常用作永久性结构，目前在高层建筑或地下结构的深基础工程中选用较多。

1.4.3 流砂

粒径很小的非黏性土，在动水压力作用下，土颗粒极易失去稳定，而随地下水一起流动涌入坑内，这种现象称为流砂，也称为管涌冒砂。发生流砂现象时，地基完全失去承载力，工人难以立足，施工条件恶化；土边挖边冒，难以达到设计深度；引起边坡塌方，使附近建筑物下沉、倾斜，甚至倒塌；拖延工期，增加施工费用。因此，在施工前，必须对工程地质资料和水文资料进行详细调查研究，采用有效措施来防治流砂现象。

1.4.3.1 流砂的成因

产生流砂的原因有外因和内因。外因取决于外部水位条件，内因取决于土的性质。

A 产生流砂的外因

地下水的渗流对单位土体内的土颗粒产生的压力称为动水压力，用力 p_D 表示，它与单位土体渗流水受到土颗粒的阻力 T 大小相等、方向相反。如图 1-31 所示，水在土体内从 A 向 B 流动，沿水流方向任取一土柱体 AB，其长度为 L，横断面积为 S，两端点 A、B 之间的水头差为 $H_A - H_B$。计算动水压力时，考虑到地下水的渗流加速度很小（$a \approx 0$），因而忽略惯性力。

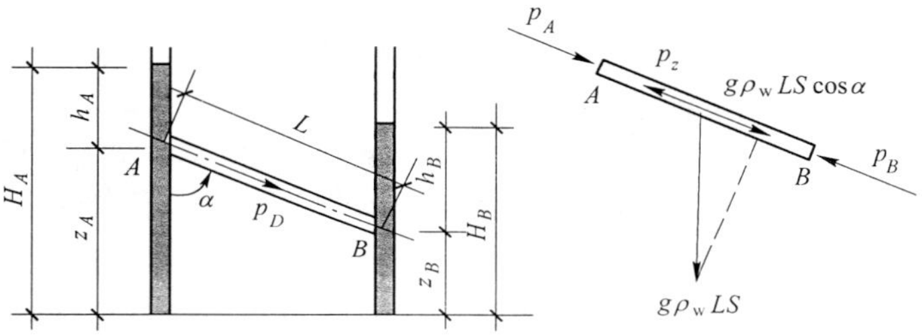

图 1-31 饱和土体中动水压力的计算

作用于 AB 土方上的力有：

A、B 两端的静水压力 p_A、p_B，$p_A = g\rho_w h_A S$，$p_B = g\rho_w h_B S$；其中 g 为重力加速度，ρ_w 为水的体积质量，S 为截面面积；

土柱体内水的重量（等于饱和土柱中孔隙水的重量与土颗粒所受浮力的反力之和）$g\rho_w LS$；

土柱体中的颗粒对渗流水的总阻力 p_z，$p_z = TLS$，T 为土体的阻力。

根据静力平衡条件，得

$$p_A - p_B - p_z + g\rho_w LS\cos\alpha = 0$$

将 $\cos\alpha = \dfrac{z_A - z_B}{L}$ 代入上式可得

$$T = g\rho_w \frac{(h_A + z_A) - (h_B + z_B)}{L} = h\rho_w \frac{H_A - H_B}{L} = Ig\rho_w \tag{1-44}$$

式中，$I = \dfrac{H_A - H_B}{L} = \dfrac{\Delta H}{L}$，称为水力坡度（或水力坡降）。

根据作用力与反作用力定律知，土粒对渗流水作用阻力 T，则渗流水对土粒作用动水压力 p_D，其大小相等，方向相反，即

$$p_D = -T = -I\gamma_w \tag{1-45}$$

由此式可知：动水压力与水力坡度成正比；动水压力的作用方向与水流方向相同。

由于动水压力与水流方向一致，所以当水在土中渗流的方向改变时，加大土粒的压力。如水

流从下向上，则动水压力与重力方向相反，减小土粒间压力，也就是土粒除了受水的浮力外，还要受到动水压力向上举的趋势。如果动水压力等于或大于土的有效重度 γ'，即

$$p_D \geqslant \gamma' \tag{1-46}$$

此时，土粒即可能失去自重，在动力压力作用下处于悬浮状态，随着渗流的水一起流动，即出现所谓流砂。

B 产生流砂的内因

由土的三相比例指标换算公式可知，土的有效重度与孔隙比的关系：

$$\gamma' = \gamma_{sat} - \gamma_w = \frac{d_s - 1}{1 + e}\gamma_w \tag{1-47}$$

式中 γ_{sat}——土的饱和重度；

d_s——土的相对密度；

e——土的孔隙比。

所以，土粒愈细，孔隙比愈大，有效重度愈小，就愈容易产生流砂。黏性土的粒径虽小，但有粘结力，若将土粒互相粘结为整体，即可提高抵抗动水压力的能力。

根据经验，流砂一般容易发生在粉质黏土、细砂、粉砂和淤泥中。所以，为避免施工过程出现流砂，施工前即应了解工程场地的地质、水文情况，以便预先采取措施防治。

1.4.3.2 流砂的防治措施

防治流砂的途径有：一是减少或平衡动水压力；二是设法使动水压力方向向下；三是截断地下水流。其具体措施有：

（1）枯水期施工。因地下水位低，坑内外水位差和动水压力小，因此不易产生流砂。

（2）抛大石块法。在施工过程中如发生局部的或轻微的流砂，可组织人力分段抢挖，使挖土速度超过冒砂速度，挖至标高后，立即铺设芦席并抛大石块，增加土的压重，以平衡动水压力。

（3）打钢板桩法。将板桩沿基坑周围打入坑底面一定深度，增加地下水从坑外流入坑内的渗流路线，从而减小水力坡度，降低动水压力，防止流砂发生。

（4）水下挖土法。就是不排水施工，使坑内外的水压相平衡，不致形成动水压力。

（5）人工降低地下水位法。如采用轻型井点、喷射井点及管井井点等。地下水的渗流向下，使动水压力的方向也朝下，增大土粒间的压力，从而有效地制止流砂的产生。

（6）地下连续墙法。沿基坑四周筑起一道连续的钢筋混凝土墙，截止地下水流入基坑内。

以上流砂防治的各种方法，需视工程条件选定，但还要权衡其技术经济效果。通常以用井点降水方法为多，并可与钢板桩配合使用。

1.5 土方工程机械化施工

在前面已经介绍过，土方工程具有施工条件复杂，面大量大，劳动繁重，工期长等特点。因此，土方工程应尽可能采用机械化施工，以减轻繁重的体力劳动，提高劳动生产效率，加速施工进度。

选择土方机械时，应根据现场的地形、水文地质、土质、工程量、工期、机械供应等条件进行技术经济比较合理地选用。土方工程施工机械种类繁多，其中推土机、铲运机、单斗挖土机最为常用。本节仅介绍这几种土方机械的工作特点、适用范围和施工方法。

1.5.1 推土机

推土机是在履带式拖拉机的前方安装推土铲刀(推土板)而成。按铲刀的操纵机构不同,推土机分为钢索式和液压式两种。钢索式推土机的铲刀借助本身的自重切土,在硬土中的切土深度较小;液压式推土机的铲刀借助油压的作用力强制切土,切土深度较大。同时,液压推土机的铲刀还可以调整角度,具有更大的灵活性。推土机能单独完成挖土、运土和卸土工作,具有操纵灵活、动转方便、所需工作面较小、行驶速度较快等特点。其主要适用于一类至三类土的浅挖短运,如场地清理或平整,开挖深度不大的基坑以及回填,推筑高度不大的路基等。此外,还可以牵引其他无动力的土方机械,如拖式铲运机、松土器、羊足碾等。推运土方的运距,一般不超过100m。运距过长,土将从铲刀两侧流失过多,影响其工作效率。最为有效的运距为30~60m。铲刀刨土长度一般是6~10m。推土机的技术性能见表1-7。

表1-7 推土机技术性能

项 次	工作项目	单 位	机 型			
			T2-60	T1-100	T2-100	T2-120
1	操纵方式		液压	钢索	液压	液压
2	推土板尺寸(宽×高)	mm×mm	2280×788	3030×1100	3800×860	3760×1000
3	最大切土深度	mm	290	180	650	300
4	发动机功率	kW	55.5	66.6	66.6	88.8

推土机的生产率取决于铲刀前推运土的体积,以及铲刀切土、推运、回程等工作的循环时间。为提高推土机的生产率,可采用以下几种施工方法。

(1) 下坡推土。在不大于15°的斜坡上,推土机顺坡向下切土、推运,借助机械本身的重力作用,增大切土深度,缩短铲土时间,可提高生产率30%左右。

(2) 并列推土。平整大面积的场地时,为了增大铲刀前土壤的体积,一般采用2台推土机并列推土,如图1-32所示。这样可以减少土的散失,提高生产率,并可增大推土量15%~30%。两台推土机刀片间距保持30~50cm,平均运距不宜超过50~75m,不宜小于20m。

(3) 槽形推土。如图1-33所示,利用已推过的土槽再次推土,可以减少铲刀前土的散失。当土槽推到一定程度,再推土埂。一般推土量可提高10%~30%。这种方法适宜于挖土层较厚、运距较远的工程。

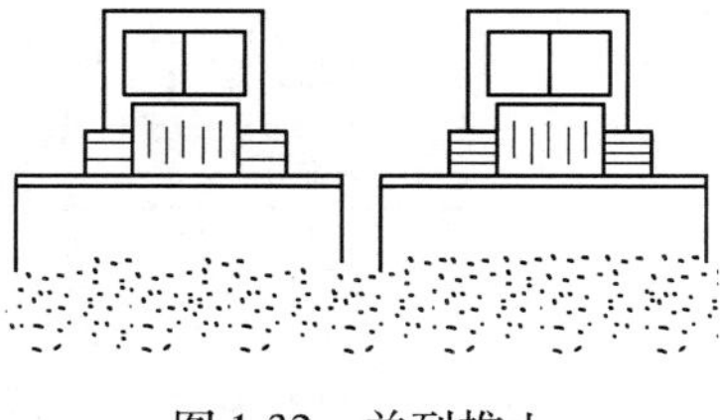

图1-32 并列推土

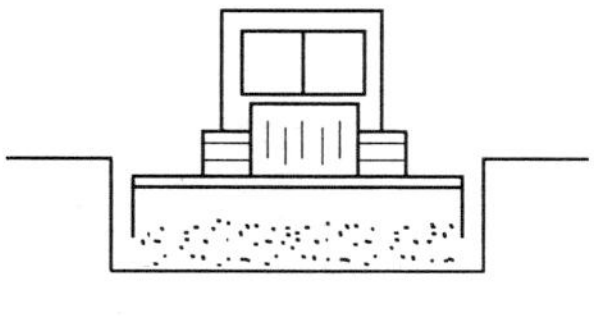

图1-33 槽形推土

(4) 分批集中,一次推送。当推运距离较远且土质又较坚硬时,由于铲刀切土深度较小,可将铲起的少量土先集中在几个中间地点,再一次推送,以便在铲刀前保持满载,有效地利用推土机的功率,缩短推运时间。

(5) 附加侧板。在铲刀两侧设置挡土板,增加铲刀前土的体积,以减少土的散失,提高生产率。

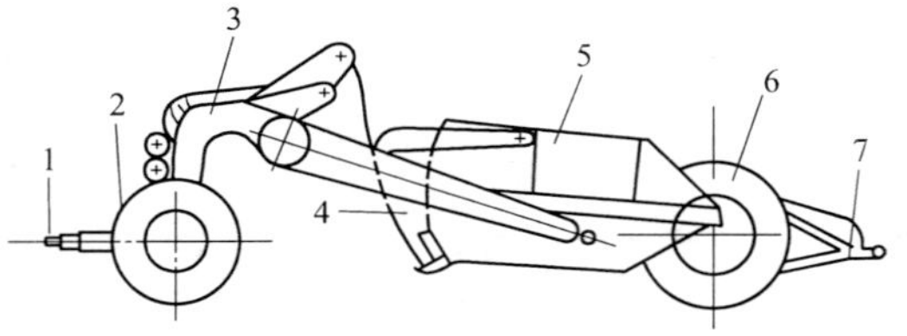

图 1-34 C5-6 型拖拉式铲运机

1—拖把;2—前轮;3—辕架;4—斗门;5—铲斗;6—后轮;7—尾架

1.5.2 铲运机

铲运机是一种能综合完成挖、装、运、填的机械,对行驶道路要求较低,操纵灵活,生产率较高。按行走机构可将铲运机分为拖拉机式铲运机(见图 1-34)和自行式铲运机两种(见图 1-35);按铲斗操纵方式,又可将铲运机分为钢索式和液压式两种。

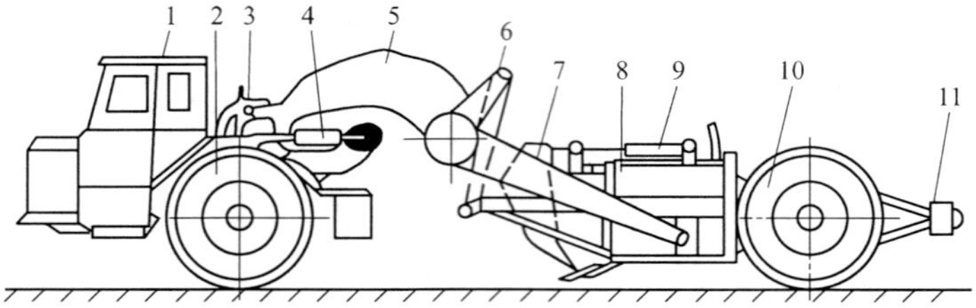

图 1-35 C4-7 型自行式铲运机

1—驾驶室;2—前轮;3—中央枢架;4—转向油缸;5—辕架;6—提斗油缸;7—斗门;8—铲斗;9—斗门油缸;10—后轮;11—尾架

铲运机一般适用于含水量不大于 27% 的一类至三类土的直接挖运,常用于坡度在 20°以内的大面积场地平整,大型基坑的开挖,堤坝和路基的填筑等。不适于砾石层、冻土地带和沼泽地区使用。坚硬土开挖时要用推土机助铲或用松土器配合。拖拉式铲运机的运距以不超过 800m 为宜,当运距在 300m 左右时效率最高;自行式铲运机的行驶速度快,可适用于稍长距离的挖运,其经济运距为 800 ~ 1500m,但不宜超过 3500m。常用的铲运机工作性能见表 1-8。

表 1-8 常用铲运机的型号与工作性能

项　目	铲运机型号				
	C1-6	C3-6	C4-7	C5-6	C6-2.5
铲斗容量/m^3	6.4	6	7	6	2.5
铲刀宽度/mm	1800	2600	2700	2600	1900
最大铲土深度/mm	350	300	300	300	150
牵引装置	拖拉式	自行式	自行式	拖拉式	拖拉式
发动机功率/kW	123	89.5	119.3	75	44.7
铲斗操纵系统	液压	钢索	液压	钢索	液压

1.5.2.1 铲运机的开行路线

铲运机由挖至卸运行的循环路线称为开行路线。开行路线合理与否,将直接影响生产效率,所以要预先根据挖填方区的分布合理地组织。开行路线一般有以下两种形式:

(1) 环形路线。对于地形起伏不大,而施工地段又较短(50 ~ 100m)和填方不高(0.1 ~ 0.5m)的路堤、基坑及场地平整宜采用图 1-36a 所示的环形路线,环形路线每一循环只完成一次铲土和卸土。当挖土和填土交替,且相互之间的距离又不大时,可采用图 1-36b 所示的大循环路线,此循环可进行多次铲土和卸土,减少了铲运机转弯次数,相应提高了工作效率。

采用环形路线时,铲运机定向转弯造成机械单侧磨损,所以长久使用时,需要定时变换铲运机的运行方向,以便减小这种不利的影响。

(2) 8 字形路线。在地形起伏较大,施工地段狭长的情况下,宜采用图 1-37 所示的 8 字形路线。这种开行路线的铲、卸轮流在两个工作面上进行,铲运机在上下坡时是斜向行驶,可减小坡度影响,而且一个循环能完成两次铲土和卸土,各转弯一次,转向不同,所以 8 字形比环形运行时间短,可提高生产率,机械的磨损也比较均匀。

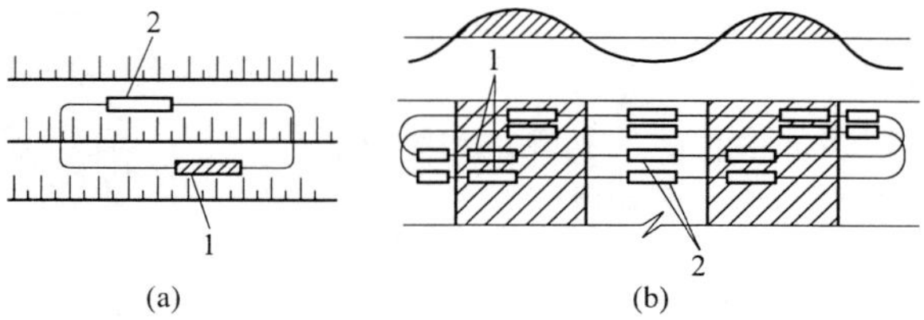

图 1-36 环形路线
(a)环形路线;(b)大循环路线
1—铲土;2—卸土

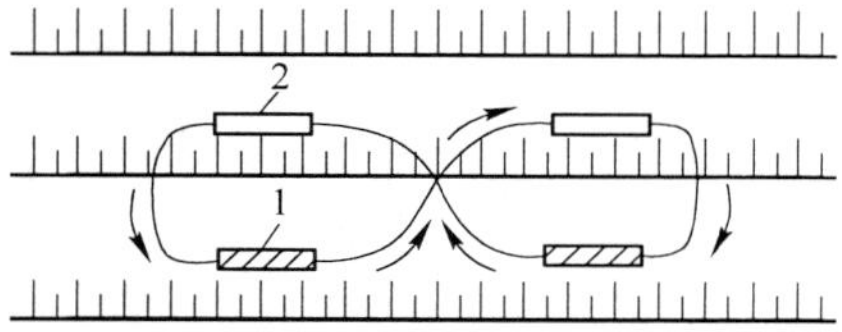

图 1-37 8 字形路线
1—铲土;2—卸土

铲运机应避免在转弯时铲土,否则,铲刀受力不均易引起翻车事故。因此,在设计开行路线时,铲运机直线行驶的最短距离应能保证铲土装满土斗。该最短距离称之为最小铲土长度,它取决于铲刀宽、铲土深及土斗容量,可以计算出或由经验确定。

1.5.2.2 提高铲运机生产率的措施

铲运机的生产率取决于铲土满斗、运土、卸土、回程等的工作循环时间。为了提高其生产率,除了合理地组织开行路线外,还可采取以下几种方法。

(1) 下坡铲土。借助机械本身自重的作用,来加大切土深度和缩短铲土时间。但纵坡不得超过 25°,横坡不得超过 6°;铲运机不能在陡坡上急转弯,以免翻车。

(2) 推土机助铲。在较硬的土层中用推土机在铲斗后助推,可加大铲刀切削力、切土深度和铲土速度。推土机在助铲的空隙时间可兼做松土或平整工作,为铲运机创造工作条件。

(3) 双联铲运法。当拖拉式铲运机的牵引力有富余时,可在拖拉机后面串联两个铲斗进行双联铲运。如果土质较硬,可用双联单铲操作,即先将一个土斗铲满,再铲第二个土斗;对于松软的土,则用双联双铲,即两个土斗同时推土。

1.5.3 单斗挖土机

单斗挖土机是在一种通用机械的主机上变换相应的工作装置而成,在土方工程施工中应用较广。按其移动方式不同,可分为履带式、轮胎式两类;按其工作装置不同,分为正铲、反铲、拉铲和抓铲四种;按其传动方式不同,又可分为机械传动和液压传动两种。

1.5.3.1 正铲

A 正铲的性能及适用范围

正铲挖土机工作特点是土斗自下向上强制切土,随挖掘的进程向前开行。所以正铲挖土机一般开挖停机面以上的土壤,需配备运输车辆运土;其挖掘力大,生产率高,只适宜于开挖土质较好,无地下水位区域的一类至四类土。图 1-38所示为液压传动正铲挖土机工作尺寸与开挖断面之间的关系。表 1-9则为主要技术性能。

表 1-9 正铲液压挖土机的主要技术性能

技术参数	符 号	单 位	WY-100	WY-60
铲斗容量	q	m^3	1.5	0.6
最大挖土半径	R	m	7.9	7.78
最大挖土高度	H	m	7.0	6.34
最大挖土深度	h	m	2.9	4.36
最大卸土高度	H_1	m	2.5	4.05

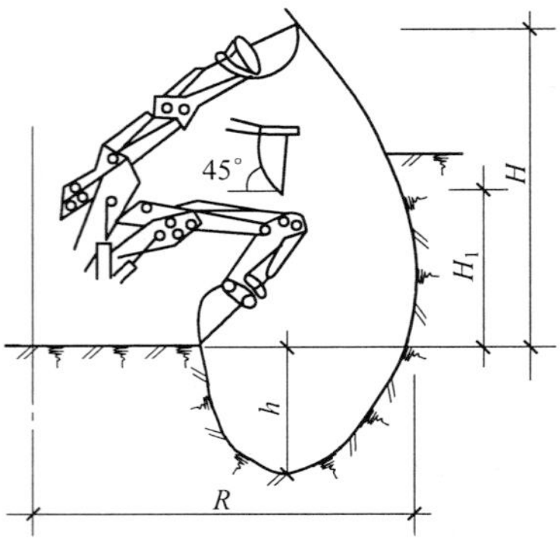

图 1-38 液压正铲工作尺寸

B 正铲挖土和卸土的方式

根据正铲挖土机与运输汽车的相对位置不同，正铲挖土和卸土方式有以下两种：

（1）正向挖土、后方卸土。如图 1-39 所示，挖土机向前进方向挖土，运输车辆停在它的后面装土。这种方法可以左右对称挖土，挖土面较大，但运输车辆要倒车进入坑道，挖土机卸土时动臂回转角度大，生产率低，故一般很少使用。只有在开挖大型基坑的第一个坑道或窄而深的基槽时才使用这种方式。

（2）正向挖土、侧向卸土。如图 1-40 所示，挖土机向前进方向挖土，运输车辆停在侧面装土。这种方法挖掘面左右不对称，开挖出坑道的宽度较小，只能满足运输车辆停于挖土机一侧装土。这样可避免倒车，减小运输循环时间，同时挖土机卸土时的动臂转角也小，因此其生产率高。这种方式按其运输车辆停车待装的地面高差，又可分为高侧卸土（见图 1-40a）和平侧卸土（见图 1-40b）。平侧卸土对运输车辆驶向待装点的灵活性较好。

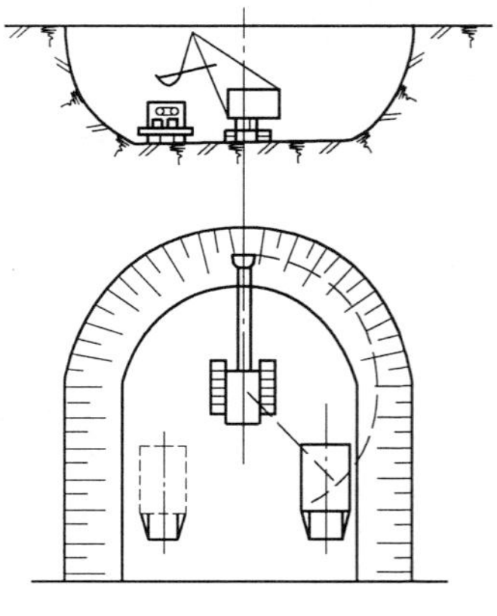

图 1-39 正铲挖土机正向挖土后方卸土

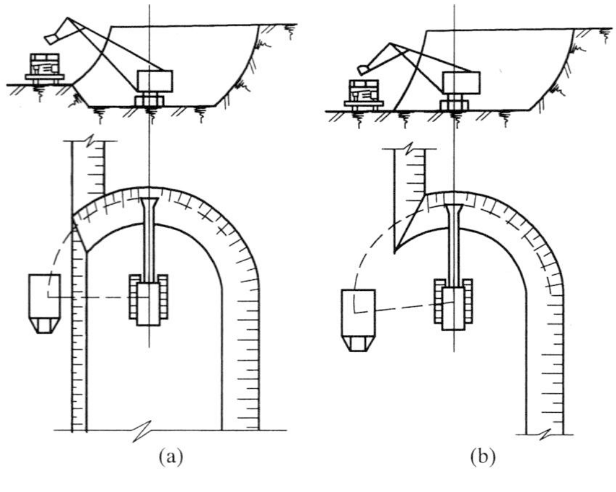

图 1-40 正铲挖土机正向挖土侧向卸土
（a）高侧卸土；（b）平侧卸土

C 正铲挖土机的工作面及开行通道

挖土机挖掘出的土方的几何断面称为工作面，也叫掌子面。工作面的大小和形状，一般根据机械的性能、挖土和卸土的方式以及土壤的性质等因素来确定。根据工作面的大小和基坑的断面,即可布置挖土机的开行通道。当基坑开挖的深度小而面积大时,只布置一层通道,如图1-41所示。第一次开行采用正向挖土、后方卸土,第二、三次都可用正向挖土、侧向卸土,一次挖到底。出入口通道的位置可设在坑的两端,其坡度一般为1∶8。当基坑的深度较大时,则通道可布置成多层。基底需要保留约300mm的保护层,以后用人工开挖,以免开挖时破坏基底原状土结构。

1.5.3.2　反铲

A　反铲挖土机的性能及适用范围

反铲挖土机的工作特点是土斗自上向下强制切土,随挖随行或后退,主要用于开挖停机面以下的土壤,不需设置进出口通道。其挖土深度和宽度取决于动臂与斗柄长,挖掘力比正铲小,适用于直接开挖一类至二类土,常用于开挖深度不大的沟槽和基坑以及水下挖土。图1-42为反铲液压挖土机工作示意图,表1-10为常用反铲液压挖土机的主要工作性能。

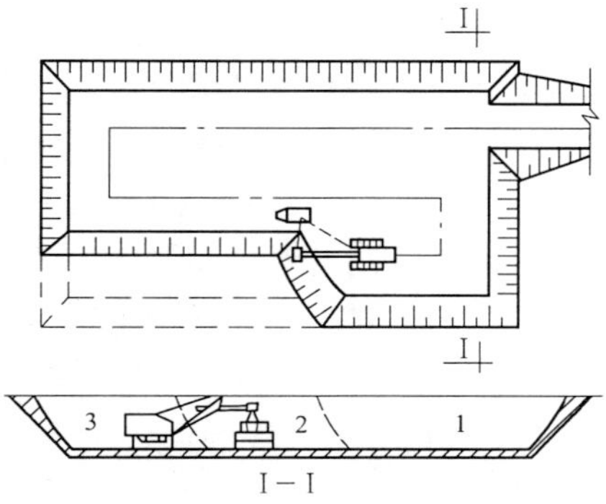

图1-41　正铲开挖基坑

1～3—通道断面及开挖顺序

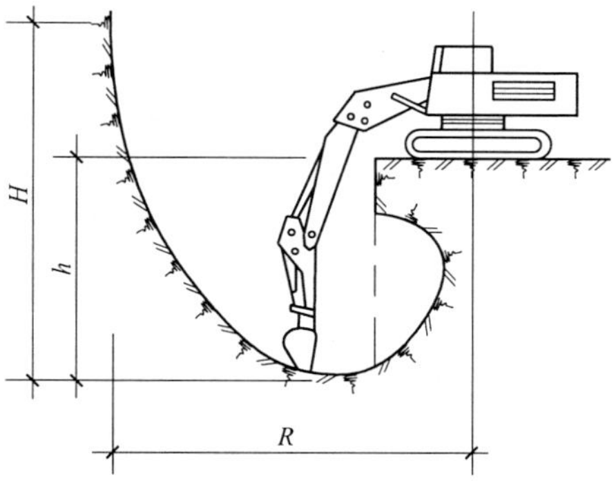

图1-42　液压反铲工作示意图

表1-10　反铲液压挖土机的主要工作性能

技术参数	符　号	单　位	机械型号	
			WY-40	WY-60
铲斗体积	V	m^3	0.4	0.6
最大挖土半径	R	m	6.9	8.2
最大挖土深度	h	m	4.0	5.3
最大挖土高度	H	m	5.1	6.02
最大卸土高度	H_1	m	3.8	4.48

B　反铲挖土机的开行方式及施工方法

反铲挖土机的开行方式有沟端开行和沟侧开行两种。

(1)沟端开行。如图1-43a所示,挖土机位于基槽一端挖土,随挖随退,后退方向与基槽开挖方向一致。其优点是挖土方便,开挖的深度和宽度都较大。反铲挖土机如能在基槽两侧卸土,其最大挖土宽度为1.7倍挖土机的有效挖土半径。如基坑宽度超过1.7倍挖土机的有效挖土半径时,则可将基坑分条平行开挖,如图1-43b所示。

(2)沟侧开行。如图1-43c所示,挖土机位于基槽一侧挖土,随挖随平行于基槽移动。由于挖土机移动方向与挖土方向相垂直,所以机身稳定性较差,开挖的深度和宽度均较小,最大宽度为0.8

倍挖土机的有效挖土半径,但可就近卸土堆置。一般在场地宽敞的临时性窄沟开挖中采用。

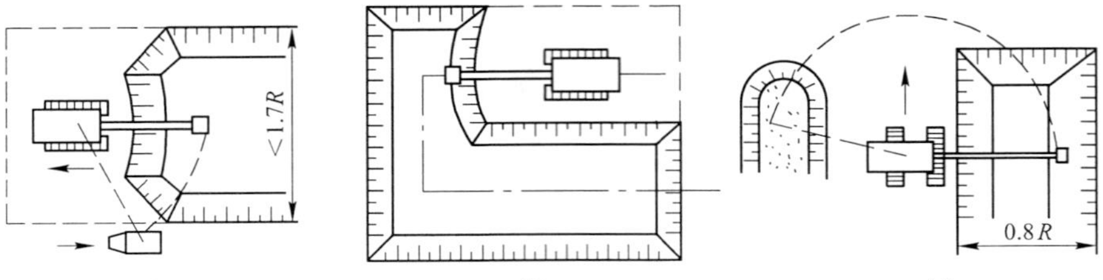

图 1-43 反铲的开行方式

(a)沟端开行;(b)宽基坑分条沟端开行;(c)沟侧开行

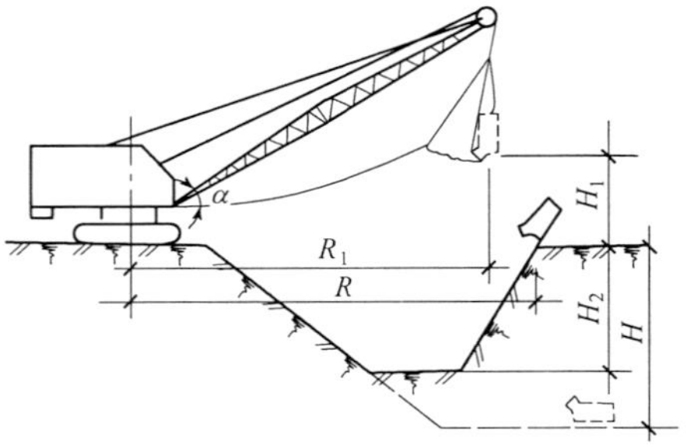

图 1-44 拉铲挖土机

1.5.3.3 拉铲

拉铲挖土机的工作特点是利用土斗自重及拉索拉力切土,随挖随行或后退,主要用以开挖停机面以下的土壤。由于其土斗悬吊在钢丝绳下而无刚性的斗柄,动臂又较长,施放土斗切土时,可利用土斗的惯性将其甩出动臂半径范围外,所以其挖土宽度和深度较大,一般用于开挖一类至三类土的基坑(槽),也可用于开挖水下土。图 1-44 所示为拉铲挖土机外形及工作状况,表 1-11为常用拉铲挖土机的工作性能。其开行方式与反铲挖土机相同,有沟端开行和沟侧开行两种。

表 1-11 常用拉铲挖土机的工作性能

工作参数	单 位	机械型号							
		W1-50				W1-100			
铲斗体积	m^3	0.5				1.0			
动臂长度	m	10		13		13		16	
动臂倾角 α	(°)	30	45	30	45	30	45	30	45
最大卸土高度 H_1	m	3.5	5.5	5.3	8.0	4.2	6.9	5.7	9.0
最大卸土半径 R_1	m	10.0	8.3	12.5	10.4	12.8	10.8	15.4	12.9
最大挖土半径 R	m	11.1	10.2	14.3	13.2	14.4	13.2	17.5	16.2
最大挖土深度 H_2	m	4.4	3.8	6.6	5.9	5.8	4.9	8.0	7.1
正面挖土深度 H	m	7.3	5.6	10.0	7.8	8.5	7.4	12.2	9.6

1.5.3.4 抓铲

抓铲挖土机的工作特点是土斗直上直下,借助土斗的自重切土抓取,用以开挖停机面以下的土壤。其挖掘力较小,只能直接开挖一类至二类土。由于其工作幅度小、移动频繁而影响效率,故一般用于开挖窄而深的独立柱的基坑、沉井等,特别适用于水下挖土。

如图 1-45 所示,抓铲挖土机一般由正、反铲挖土机更换工作装置而成,或由履带式起重机改装。其挖掘半径取决于主机型号、动臂长及仰角,可挖深度取决于所用的钢索长度。

1.5.4 土方机械的选择

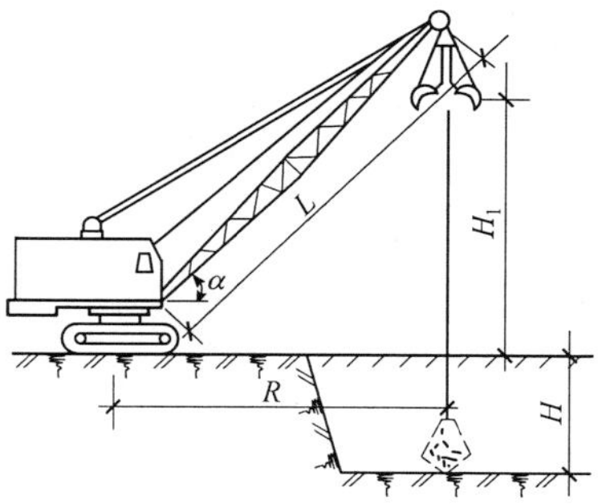

图 1-45 履带式抓铲挖土机

在大型土方工程施工中，应合理地选择土方机械，使各种机械的施工配合协调，充分发挥机械效率，加快施工进度，保证施工质量，降低工程成本。

1.5.4.1 选择土方机械的依据

（1）土方工程的类型及规模。土方工程的类型包括场地平整、基坑（槽）开挖、大型地下室土方开挖等。土方工程的施工各有其特点，应根据开挖或填筑的深度及宽度、工程范围大小、工程量多少来选择土方机械。

（2）施工现场周围环境及水文地质情况。即依据施工现场障碍物、土的类别、土的含水量、地下水位等情况来选择土方机械。

（3）现有机械设备条件。即依据现有土方机械的种类、数量及性能来选择土方机械。

（4）工期要求。不同种类和型号的挖土机的生产率不同，最终影响到工程的工期。

1.5.4.2 土方机械与运输车辆的配合

当挖土机挖出的土方需运输车辆外运时，生产率不仅取决于挖土机的技术性能，而且还取决于所选的运输工具是否与之协调。

挖土机的数量

$$N = \frac{Q}{P} \times \frac{1}{T \cdot C \cdot K} \tag{1-48}$$

式中 Q——挖方土量，m^3；

P——挖土机生产率，m^3/（台 · 班）；

T——要求工期，d；

C——每天工作班数；

K——时间利用系数，$K = 0.8 \sim 0.9$。

当挖土机数量已定，工期 T 按下式确定：

$$T = \frac{Q}{N \cdot P \cdot C \cdot K} \tag{1-49}$$

挖土机生产率

$$P = \frac{8 \times 3600}{t} \cdot q \cdot \frac{K_c}{K_s} \cdot K_b \tag{1-50}$$

式中 t——挖土机每次作业循环延续时间，s，W1-100 正铲挖土机为 25 ~ 40s，W1-100 拉铲挖土机为 45 ~ 60s；

q——挖土机斗容量，m^3；

K_s——土的最初可松性系数；

K_c——土斗的充盈系数，可取 0.8 ~ 1.1；

K_b——工作时间利用系数，一般为 0.7 ~ 0.9。

为了充分发挥挖土机的生产能力，应使运土车辆载重量 Q' 与挖土机的每斗土重保持一定的倍率关系；为了保证挖土机能不间断地作业，还要有足够数量的车辆。载重量大的汽车虽然需要的辆数减少，挖土机等待汽车调车的时间也减少，但是，载重量大的汽车其台班费用高，所需总费用不一定经济合理。最合适的车辆载重量应当是使土方施工单价为最低，可以通过核算确定。

根据经验,所选汽车的载重量以取 3 ~5 倍挖土机铲斗中的土重为宜。

运土车辆的数量

$$N' = \frac{T'}{t_1} \tag{1-51}$$

式中 T'——汽车每一工作循环延续时间,min,由装车、重车运输、卸车、空车返回及等待时间组成,即

$$T' = t_1 + \frac{2L}{v_c} + t_2 + t_3$$

L——运距,m;

v_c——重车与空车的平均速度,m/min,一般取 20 ~30km/h;

t_1——汽车每次装车时间,min,即

$$t_1 = nt$$

t_2——卸车时间,一般为 1min;

t_3——操纵时间(包括停放待装,等车、让车等),取 2 ~3min。

n——汽车每车装土次数,其计算为

$$n = \frac{Q'}{q \cdot \frac{K_c}{K_s} \cdot \rho}$$

ρ——土的重力密度,一般取 17kN/m³;

为了减少车辆的调头、等待、让车和装土时间,装车场地必须考虑调头方法及停车位置。

1.6 土方的填筑与压实

土方的填筑一般都要求压实,压实的目的在于迅速保证填土的强度和稳定性。对于地基填土,要求能够保证或改善该地基的承载能力。对于填土质量的基本要求是:保证一定的密实性和稳定性,符合设计和规范的有关规定。

1.6.1 影响填土压实因素

填土压实质量的好坏经常用土的干密度 ρ_d 来衡量,干密度越大,其密实度越大,其地基的允许承载力也越大。影响填土压实的因素主要有土的类别、含水量、压实功和铺土厚度等。

(1) 土的类别的影响。根据颗粒级配或塑性指数,土可分为黏性土和非黏性土(砂土和碎石类土)。黏性土由于其颗粒小($d<0.005$mm),孔隙比和压缩性大,颗粒间的间隙又小,透气排水困难,所以压实过程慢,较难压实。而砂土由于其颗粒粗($d=0.005$ ~2mm),孔隙比和压缩性小,颗粒间的间隙大,透气排水性好,所以较容易压实。对这两类土施加相同的压实功后,砂土所获得的干密度大于黏性土所获得的干密度。

(2) 含水量的影响。填土中的含水量是影响压实效果的重要因素。土粒间含有适量的自由水,可在压实过程中起润滑作用,减小土粒间相对移动的阻力,因而易于压实;若土粒间含水量很小,在压实过程中不足以产生润滑作用,需要较大的压实功才能克服土粒间的阻力,所以难压实;如果土粒间含水量过大,土体处于饱和状态,而水又是不可压缩的,施加的压实功的一部分为水所承受,则土体不可能压实。当压实功一定时,变化含水量至某一值,可使填土压实后获得某一最大干密度,该含水量称为最佳含水量,如图 1-46所示。

(3) 压实功的影响。由试验知,在同类土中施加不同的压实功,可得到若干条相应的含水量 w 与干密度 ρ 的关系曲线如图 1-47a 所示。从图中可以看出:1)当填土中的含水量较小时,若要求压实效果相同,含水量不同,需要施加的压实功不同,即当要求压实效果相同时,干土要比湿土多消耗压实功;2)当填土中的含水量增大至某一限度时,压实功的增加也不能改善压实效果;3)当填土的含水量在某一适当值时,开始压实,土的干密度会急剧增加;等到接近土的最大干密度时,压实功虽增加许多,而土的干密度则没有多大变化,如图 1-47b 所示。由此可以看出,盲目增大压实功不仅不能增加压实效果,反而降低了压实功效。此外,大面积松土不宜用重型碾压机械直接滚压,否则土层有强烈起伏现象,压不实。如果先用轻型碾压实,再用重型碾压实,就会取得较好效果。

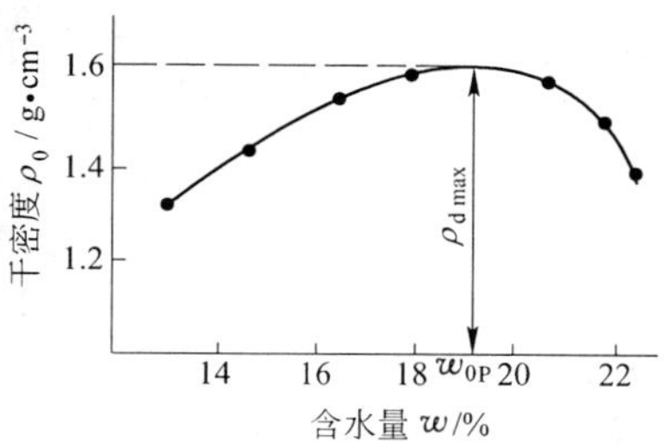

图 1-46 干密度与含水量的关系

(4) 铺土厚度的影响。土层在压实功的作用下,其压应力随深度增加而逐渐减小(见图 1-48),因而土层经压实后,表层的密实度增加最大,超过一定深度后,则增加较小或没有增加。其影响深度与压实机械、土的性质和含水量等有关。铺土厚度应小于压实机械的影响深度,铺得过厚,需要的压实功则大,铺得过薄,则需增加总压实遍数。最优铺土厚度既能使土层压实又能使压实功耗费最少的铺土厚度。

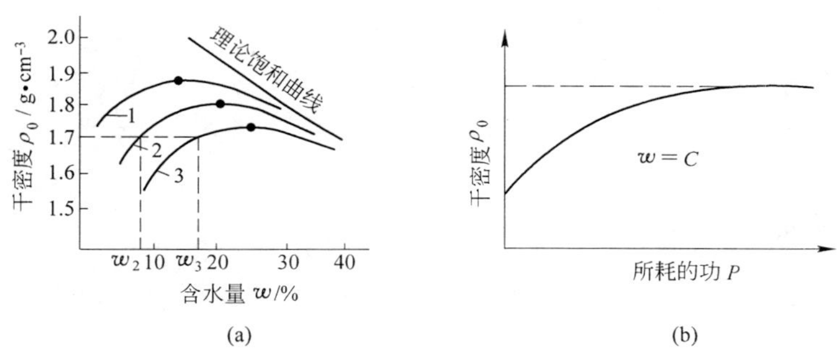

图 1-47 压实功对填土压实的影响

(a)不同压实功对压实效果的影响;(b)压实功与干密度关系曲线

1,2—压实功较大的机械夯实曲线;3—压实功较小的人工夯实曲线

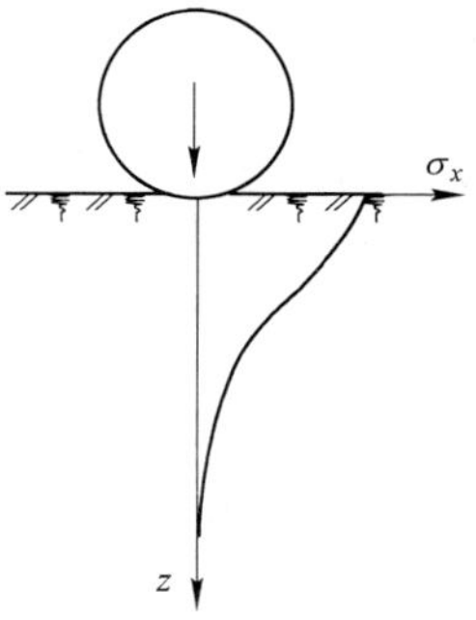

图 1-48 压实作用沿深度的变化

1.6.2 填土压实的质量控制

为了保证填土达到密实性和稳定性的基本要求,施工时应控制以上分析的影响填土压实质量的各种因素。

1.6.2.1 选择好填土的土料

(1) 碎石类土、砂土和爆破石碴(粒径不大于每层铺厚的 2/3)可用做表面以下的填料。级配良好的砂土,经压实后得到很高的干密度。

(2) 含水量符合压实要求的黏性土,可用做各层填料。淤泥、耕土、冻土、膨胀性土以及有机质含量大于 5% 的土都不能作为有压实要求的填土,因为这些土日久会出现渗出含水或有机物腐蚀或被水侵蚀溶解等弊端,均能产生较大的沉陷。

(3) 填方中采用两种透水性不同的土料时,需分层铺填,不能混杂使用,以避免由于混杂不匀而在压实的土层中形成水囊（水囊中的水渗透扩散后，同样会发生沉陷）。一般要求下层铺筑透水性较大的土料，上层填筑透水性较小的土料，填方基土表面应做成适当的排水坡度以便泄水。边坡不得用透水性较小的填料封闭。

1.6.2.2 控制适宜的含水量

黏性土填料施工含量的控制范围，应在填土的干密度-含水量关系曲线中根据设计干密度确定。如无击实试验条件，设计压实系数为 0.9 时，施工含水量与最优含水量之差可控制在 −4% ~ +2% 范围内，也可参考有关资料，见表 1-12。经验认为，最优含水量大约为该类土塑限 w_p（即 w_p+2）。如含水量偏高，可采用翻松、晾晒或均匀掺入干土、碎砖、生石灰等吸水性填料，乃至换选填料；如含水量偏低，可采用预先洒水润湿。增加压实遍数或使用大功能压实机械等措施。填料为碎石类土（充填物为砂土）时，碾压前宜充分洒水湿透，以提高压实效果。

表 1-12　各类土的最优含水量及其最大干密度范围参考值

项　次	土的种类	变动范围	
		最优含水量/%	最大干密度/g · cm^{-3}
1	砂　土	8 ~ 12	1.80 ~ 1.88
2	粉　土	16 ~ 22	1.61 ~ 1.80
3	粉质黏土	12 ~ 15	1.85 ~ 1.95
4	黏　土	19 ~ 23	1.58 ~ 1.70

1.6.2.3 确定适宜的铺土厚度与压实遍数

适宜的铺土厚度应该是功能消耗少（即碾压遍数或夯击次数少），工作效率高，即以压实的填土单位厚度中功能消耗最小者为好。填方每层铺土厚度和压实遍数应根据土质、压实系数和机具性能确定或按表 1-13 选用。在表 1-13 给出的范围内，轻型压实机械取小值，重型的取大值。

表 1-13　填方每层的铺土厚度和压实遍数

压实机具	每层铺土厚度/mm	每层压实遍数
平　碾	250 ~ 300	6 ~ 8
振动压实机	250 ~ 350	3 ~ 4
柴油打夯机	200 ~ 250	3 ~ 4
人工打夯	不大于 200	3 ~ 4

1.6.2.4 填土压实的质量要求和检验

填土压实要达到一定密实的要求。填土的密实度和质量指标常用压实系数表示。压实系数是填土的设计控制干密度与该土的最大干密度的比值，即

$$\lambda_c = \frac{\rho_d}{\rho_{dmax}} \tag{1-52}$$

式中　λ_c——压实系数；

ρ_d——设计控制干密度；

ρ_{dmax}——土的最大干密度，宜采用击实试验确定。如无试验资料时，可按下式计算。

$$\rho_{dmax} = \eta \frac{\rho_w d_s}{1 + 0.01 w_{op} d_s}$$

η——经验系数，黏土取 0.95，粉质黏土取 0.96，粉土取 0.97；

ρ_w——水的密度；

d_s——土的密度；

w_{op}——最优含水量，%。

压实系数一般由设计根据工程结构性质、使用要求以及土的性质确定；如未作规定，可参考表1-14。

表1-14 压实填土的质量控制

结构类型	填土部位	压实系数 λ_c	控制含水量/%
砌体承重结构和框架结构	在地基主要受力范围内	≥0.97	$w_{op}+2$
	在地基主要受力层范围以下	≥0.95	
排架结构	在地基主要受力层范围内	≥0.96	
	在地基主要受力范围以下	≥0.94	

注：1. 压实系数 λ_c 为压实填土的控制干密度 ρ_d 与最大干密度值 ρ_{dmax} 的比值，w_{op} 为最优含水量；

2. 地平垫层以下及基础底面标高以上的压实填土，压实系数不应小于0.94。

施工前，应按 $\rho_d=\lambda_c\rho_{dmax}$ 确定设计控制干密度，作为检查施工质量的依据。

检查压实后土的实际干密度，可采用环刀法取样。试样取出后，先称量出土的密度并测定其含水量，然后用下式计算土的实际干密度 ρ_0：

$$\rho_0=\frac{\rho}{1+0.01w} \tag{1-53}$$

式中 ρ——土的密度，g/cm^3；

w——土的含水量，%。

填土压实后所测得土的实际干密度。ρ_0 不应小于设计控制干密度 ρ_{d0} 否则，应采取相应措施，提高压实质量。

1.6.3 填土的压实方法

填土的压实方法按其所用的机具不同可以分为碾压、夯击和振动三种，一般是随所取填土的类别、工程规模和性质加以选定。

1.6.3.1 碾压

碾压的机械有平碾和羊足碾，它们都是利用滚轮的压力压实土壤的。

平碾主要用于大面积的填土，如场地平整、大面积的地基填土和修筑道路等。平碾适用于碾压黏性和非黏性土壤。按重量大小平碾可分为轻型(5t以下)、中型(8t以下)和重型(8t以上)三种。轻型平碾压实土层的厚度不大，但土层上部可压得比较密实，当用轻型初碾后再用重型碾压，就会取得较好的效果。如直接用重型平碾碾压松土，则由于有强烈的起伏现象，其碾压效果较差。用平碾压实时，每层虚铺土厚一般为20～30cm，从两侧向中心分条进行碾压，否则填土也会向两侧扩散，影响压实效果。为防止漏压，每条都应重叠搭接，搭接宽度不小于20cm或取半个轮宽。分段填筑时，接缝处应做成斜坡形，上下层还需要错缝。

在平碾上附加振动装置构成振动平碾，它是一种碾压和振动同时作用的高效能压实机械，比一般平碾提高工效1～2倍，可节省动力30%。振动平碾适用于填料为爆破石碴、碎石类土、杂填土或粉质黏土的大型填方。使用8～15t的振动平碾压实爆破石碴或碎石类土时，虚铺厚度一般为0.6～1.5m，宜先静压，然后振压，碾压遍数由现场试验确定，一般为6～8遍。

羊足碾虽然与土接触面积小，但对土的单位面积的碾压力大，适用于黏性土，但不适于砂类土，因为砂粒受羊足的较大压力会向四周移动，破坏了原结构，使砂土反而处于不稳定的状态。

1.6.3.2 夯击

夯击是利用夯锤自由下落的冲击力来夯实土壤，主要用于小面积的回填土。夯实机具的类

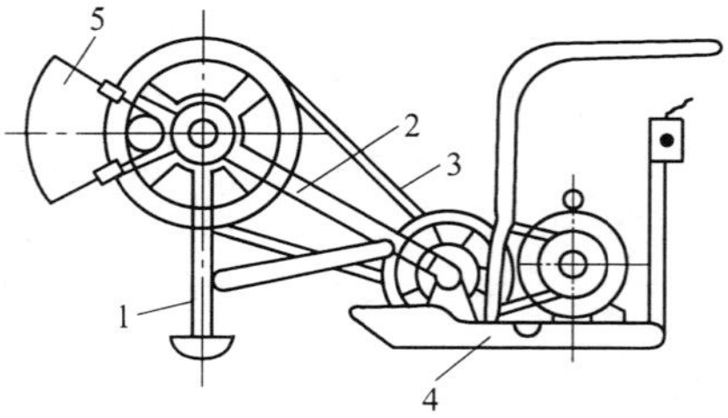

图1-49 蛙式打夯机
1—夯头;2—夯架;3—三角胶带;
4—拖盘;5—偏心块

型较多,有蛙式夯、重锤夯以及木夯、石夯、飞硪等。

蛙式夯轻巧灵活、构造简单、操作简便,在小型土方工程中应用最广。它由电动机带动皮带轮使偏心块旋转,偏心块旋转时所产生的离心力使夯板做上下运动而夯击土层,夯头架即随之牵引拖盘做蛙跃式前移,如图1-49所示。其虚铺土厚一般为20~25cm,可用丁砖做控制。夯打时每夯衔接不留空隙,依次进行,夯打遍数则按填土的类别和含水量确定。

重锤夯是借助起重机将重为1.5~3.0t的重锤提升至2.5~4.5m高,然后自由下落夯击。其夯击功能大,土层的压实效果好,夯实厚度可达1.5~2.0m,但是费用较高,可用于压实地下水位以上稍湿的黏性土、砂砾土、湿陷性黄土、杂填土和分层填土的施工。

1.6.3.3 振动

振动密实土层的方法是利用振动机械作用的振动力,使土粒随振动的过程破坏其间的摩擦力和黏聚力,从而使土粒相对移动以趋向紧密稳定状态。这种方法只适用于密实砂土和碎石类土。振动使土体获得密实的效果取决于振源的频率。

1.7 土方工程的质量标准与安全技术措施

1.7.1 土方开挖施工中的质量控制要点

1.7.1.1 对定位放线的控制

控制内容主要为复核建筑物的定位桩、轴线、方位和几何尺寸。

根据规划红线或建筑物方格网,按设计总平面图复核建筑物的定位桩。可采用经纬仪及标准钢卷尺进行检查校对。按设计基础平面图对基坑(槽)的灰线进行轴线和几何尺寸的复核,并检查方向是否符合图纸的朝向。工程轴线控制桩设置离建筑物的距离一般应大于两倍的挖土深度;水准点标高可引测在已建成的沉降已稳定的建(构)筑物上,或在建筑物稍远的地方设置水准点并妥善保护。挖土过程中要定期进行复测,校验控制桩的位置和水准点标高。

1.7.1.2 对土方开挖的控制

控制内容主要为检查挖土标高、截面尺寸、放坡和排水。

土方开挖一般应按从上往下分层分段依次进行,随时做成一定的坡势。如用机械挖土,深5m以内的浅基坑可一次开挖。在接近设计坑底标高或边坡边界时应预留200~300mm厚的土层,用人工开挖和修整,边挖边修坡,以保证不扰动土和标高符合设计要求。遇标高超深时,不得用松土回填,应用砂、碎石或低强度等级混凝土填压(夯)实到设计标高;当地基局部存在软弱土层,不符合设计要求时,应与勘察、设计、建设部门共同提出方案进行处理。

挖土边坡坡度应符合规范要求,截面尺寸应按龙门板上标出的中心轴线和边线进行,经常检查挖土的宽度、检查可用经纬仪或挂线吊线锤进行。

挖土必须做好地表和坑内排水、地面截水和地下降水,地下水位应保持低于开挖面500mm以下。

1.7.1.3 基坑(槽)验收

基坑开挖完毕应由施工单位、设计单位、监理单位或建设单位、质量监督部门等有关人员共同到现场进行检查,鉴定验槽,核对地质资料,检查地基土与工程地质勘察报告、设计图纸要求是否相符合，有无破坏原状土结构或发生较大的扰动现象。一般用表面检查验槽法，必要时采用钎探或洛阳铲探检查，经检查合格，填写基坑（槽）验收、隐蔽工程记录，及时办理交接手续。

1.7.1.4 土方开挖工程质量检验标准

土方开挖工程质量检验应符合表1-15的规定。

表1-15 土方开挖工程质量检验标准 （mm）

项目类型	序号	项目	允许偏差或允许值					检验方法
			柱基基坑基槽	挖方场地平整		管沟	地（路）面基层	
				人工	机械			
主控项目	1	标高	-50	±30	±50	-50	-50	水准仪
	2	长度、宽度（由设计中心线向两边量）	+200 -50	+300 -150	+500 -150	+100	—	经纬仪，用钢尺量
	3	边坡	按设计要求					观察或用坡度尺检查
一般项目	1	表面平整度	20	20	50	20	20	用2m靠尺和楔形塞尺检查
	2	基底土性	按设计要求					观察或土样分析

注：地（路）面基层的偏差只适用于直接在挖、填方上做地（路）面的基层。

1.7.2 填土的质量控制与检验

（1）填土施工过程中应检查排水措施，每层填筑厚度、含水量控制和压实程序。

（2）对有密实度要求的填方，在夯实或压实之后，要对每层回填土的质量进行检验，一般采用环刀法（或灌砂法）取样测定土的干密度，求出土的密实度，或用小型轻便触探仪直接通过锤击来检验干密度和密实度，符合设计要求后，才能填筑土层。

（3）基坑和室内填土，每层按100～500m^2取样一组；场地平整填方，每层按400～900m^2取样一组；基坑和管沟回填每20～50m取样一组，但每层均不少于一组，取样部位在每层压实后的下半部。用灌砂法取样应为每层压实后的全部深度。

（4）填土压实后的干密度应有90%以上符合设计要求，其余10%的最低值与设计值之差，不得大于0.08g/cm^3，且不应集中。

（5）填方施工结束后应检查标高、边坡坡度、压实程度等，检验标准见表1-16。

表1-16 填土工程质量检验标准 （mm）

项目类型	序号	项目	允许偏差或允许值					检验方法
			柱基基坑基槽	挖方场地平整		管沟	地（路）面基层	
				人工	机械			
主控项目	1	标高	-50	±30	±50	-50	-50	水准仪
	2	分层压实系数	按设计要求					按规定方法
一般项目	1	回填土料	按设计要求					取样检查或直观鉴别
	2	分层厚度及含水量	按设计要求					水准仪及抽样检查
	3	表面平整度	20	20	50	20	20	用靠尺或水准仪

1.7.3 土方开挖与回填安全技术措施

（1）基坑开挖时，两人操作间距应大于2.5m。多台机械开挖，挖土机间距应大于10m。在挖土机工作范围内，不许进行其他作业。挖土应由上而下，逐层进行，严禁先挖坡脚或逆坡挖土。

（2）挖土方不得在危岩，孤石的下边或贴近未加固的危险建筑物的下面进行。

（3）基坑开挖应严格按要求放坡。操作时应随时注意土壁的变动情况，如发现有裂纹或部分坍塌现象，应及时进行支撑或放坡，并注意支撑的稳固和土壁的变化。当采取不放坡开挖，应设置临时支护，各种支护应根据土质及基坑深度经计算确定。

（4）机械多台同时开挖时，应验算边坡的稳定，挖土机离边坡应有一定的安全距离，以防塌方，造成翻机事故。

（5）在有支撑的基坑（槽）中使用机械挖土时，应防止碰坏支撑。在坑（槽）边使用机械挖土时，应计算支撑强度，必要时应加强支撑。

（6）基坑（槽）回填土时，下方不得有人，所使用的打夯机等要检查电路线路，防止漏电、触电。停机时要关闭电闸。

（7）拆除护壁支撑时，应按照回填顺序，从下而上逐步拆除；更换支撑时，必须先安装新的，再拆除旧的。

复习思考题

1-1　何谓土的可松性，土的可松性系数在土方工程中有哪些具体应用？

1-2　试述场地平整的土方量计算步骤。

1-3　试述影响边坡稳定的因素有哪些，并说明原因。

1-4　说明基坑护壁有几种方式，各自的适用范围。

1-5　井点降水有何作用？

1-6　简述流砂产生的机理及防治途径。

1-7　试述轻型井点计算的步骤。

1-8　轻型井点系统有几种形式，各有什么特点，适用于哪些范围？

1-9　单斗挖土机有几种形式，各有什么特点，适用于哪些范围？

1-10　土方填筑应注意哪些问题？叙述影响填土压实的主要因素。

1-11　试述填土和压实常用的机械和各自的适用范围。

2 桩基础工程

当天然地基的强度和变形不能满足工程要求时,需要对地基进行人工处理以满足工程建设的需要。而当天然地基的土质不良或上部结构对变形与稳定的要求较高或有特殊要求时,则必须采用深基础。常用的深基础有桩基础、墩基础、沉井基础、沉箱基础、地下连续墙等。其中以桩基础应用最为广泛。

桩按照受力情况分为摩擦桩和端承桩两类。摩擦桩是指桩身穿过并支承在各种压缩性土层中,桩上的荷载主要依靠桩侧土层的摩擦力来承受。端承桩是指桩身穿过软弱土层支撑在坚硬土层或基岩上,桩上的荷载主要靠桩端土层抗力来承受。

按桩的施工方法,桩分为预制桩和灌注桩两类。预制桩是在工厂或施工现场制作的各种材料和形式的桩,如钢筋混凝土桩、钢管桩、型钢桩等。然后用沉桩设备将桩沉入土中。灌注桩是在施工现场的设计桩位就地成孔,然后在孔中安放钢筋笼再浇筑混凝土成桩。

2.1 钢筋混凝土预制桩施工

钢筋混凝土预制桩有实心方桩和离心管桩两种类型。它可根据需要制作成各种断面及长度,承载能力较大,施工速度快,沉桩工艺简单,不受地下水位高低变化的影响,因而在建筑工程中应用较广。

实心方桩边长一般为200~450mm,离心管桩是在工厂以离心法成型的空心圆柱断面,其直径一般为ϕ400、ϕ500等。钢筋混凝土预制桩所用混凝土强度等级不宜低于C30,主筋根据桩断面大小及吊装验算确定。单桩的最大长度取决于打桩架的高度,一般在27m以内,如桩长超过30m则需将桩分段制作,在打桩过程中逐段接长。

钢筋混凝土预制桩施工,包括桩的制作、起吊、运输、堆放、沉桩、接桩等过程。

2.1.1 钢筋混凝土预制桩的制作、起吊、运输、堆放

2.1.1.1 桩的制作程序

首先,整平、压实制桩场地,并将场地地坪做成三七灰土垫层或浇筑混凝土,然后支桩模板,绑扎钢筋骨架、安设吊环;最后,浇筑桩身混凝土成桩。

2.1.1.2 桩的制作方法

(1) 预制桩可在工厂或施工现场预制。较短的桩(10m以下)多在预制厂(场)预制。较长的桩,一般情况下在打桩现场附近设置露天预制场进行预制。现场预制多采用工具式木模或钢模板,支承在坚实平整的地坪上,模板应平整牢靠,尺寸准确。叠浇预制桩的层数不宜超过4层,上下层之间、邻桩之间、桩与底模和模板之间应用塑料薄膜、油毡、水泥袋纸或涂刷废机油、滑石粉等隔离剂隔开。

(2) 桩内钢筋应严格保证位置正确,桩尖应对准纵轴线。钢筋骨架的主筋连接宜采用对焊或电弧焊,主筋接头在同一截面内的数量不得超过50%,相邻两根主筋接头截面的距离应不大于35d(d为主筋直径),并不小于500mm。纵向钢筋顶部保护层不应过厚。

(3) 粗骨料用5~40mm碎石或卵石,用机械拌制混凝土坍落度不大于6cm。

（4）桩的混凝土浇筑应由桩顶向桩尖方向连续浇筑，严禁中断。上层桩或邻桩的浇筑，应在下层桩或邻桩混凝土达到设计强度等级的30%以后方可进行。桩的接头处要平整，使上下桩能相互贴合对准，浇筑完毕应覆盖洒水养护不少于7天；如用蒸汽养护，在蒸养后，尚应适当自然养护30天后方可使用。

2.1.1.3 桩的起吊、运输和堆放

钢筋混凝土预制桩应在桩身混凝土强度达到设计强度标准值的70%后方可起吊。如提前起吊，必须作强度和抗裂度验算，并采取必要措施。

桩起吊时，吊点位置应符合设计规定。若设计无规定且无吊环时，绑扎点的位置和数量根据桩长确定，并应符合起吊弯矩最小的原则。起吊前在吊索与桩之间应加衬垫，起吊时应平稳提升，采取措施保护桩身质量，防止桩身撞击和受震动。图2-1所示为几种不同吊点的合理位置。

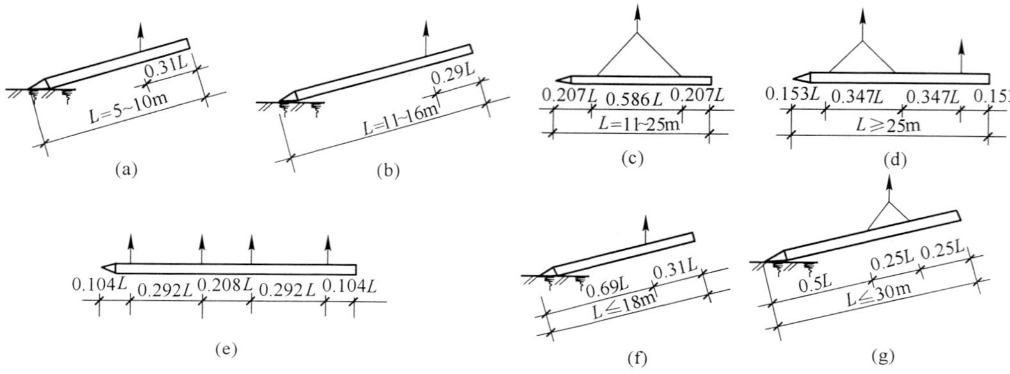

图2-1 预制桩吊点合理位置

（a），（b）一点吊法；（c）二点吊法；（d）三点吊法；（e）四点吊法；
（f）预应力管桩一点吊法；（g）预应力管桩两点吊法

桩运输时，其强度应达到设计强度标准值的100%，并应根据打桩进度和打桩顺序确定。一般情况下，采用随打随运的方法以减少二次搬运。长桩运输应采用平板拖车、平板挂车或汽车后拖小炮车运输。短桩运输也可采用载重汽车，现场运距较近也可采用平板车运输。装载时，应将桩放平稳并垫实，绑扎牢固，以防运输中晃动或滑动，使桩受到损坏。

堆放场地应平整坚实，排水良好。桩应按规格、桩号分层叠置，支承点应设在吊点或近旁处，上下垫木应在同一直线上，并支承平稳，堆放层数不宜超过4层。

2.1.2 打（沉）桩的准备

2.1.2.1 施工准备

（1）清除障碍物、平整场地。打桩前应认真清除桩基施工范围内高空、地上和地下的障碍物。场地应平整压实，使地面承载力满足施工要求，并应排水通畅。

（2）材料机具准备，接通现场施工水、电源等。施工前应妥善布置水、电线路，准备好足够的填料及运输设备。

（3）检查桩的质量，将施工用的桩按平面布置图堆放在打桩机附近。

（4）按图纸布置进行测量放线，定出桩基轴线，测出每个桩位的实际标高。

（5）准备好桩基工程施工记录和隐蔽工程验收记录表格，并安排好记录人员。

（6）进行打桩试验。其目的是检验打桩设备及工艺是否符合要求，了解桩的贯入深度、持力

层强度及桩的承载力，以确定打桩方案。

2.1.2.2　打（沉）桩顺序

为了使桩能顺利地达到设计标高，保证质量及进度，减少因桩打入对邻桩造成的挤压和变位，防止周围建筑物破坏，打桩前应根据桩的规格、入土深度、桩的密集程度和桩架在场地内的移动方便来拟定打桩顺序。图 2-2 为打桩顺序对土体的挤密情况。

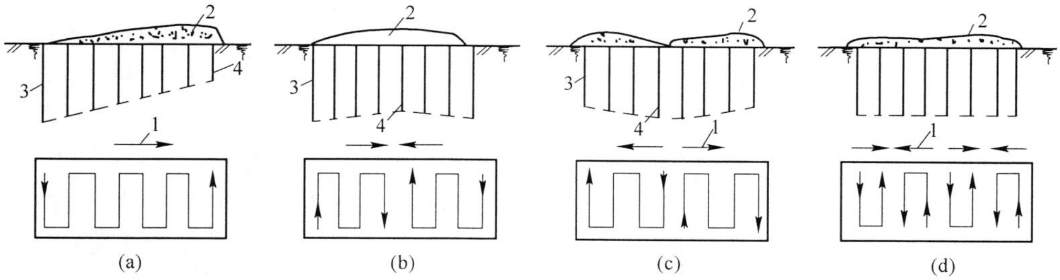

图 2-2　打桩顺序和土体挤密情况

（a）逐排单向打设；（b）两侧向中心打设；（c）中部向两侧打设；（d）分段相对打设

1—打设方向；2—土壤挤密情况；3—沉降量小；4—沉降量大

当基坑不大时，打桩应逐排打设或从中间开始分头向周边或两边进行。但打桩应避免自外向内，或从周边向中间进行，以避免中间土体被挤密，桩难以打入，或虽勉强打入，却使邻桩侧移或上冒。

对基础标高不同的桩，宜先打深桩后打浅桩；对不同规格的桩，宜先大后小，先长后短，以使土层挤密均匀，防止位移或偏斜。在粉质黏土及粉土地区，应避免打桩时朝一个方向进行，使土方向一边挤压，造成桩入土深度不一。当桩距大于或等于 4 倍桩径时，则与打桩顺序无关。

2.1.3　打（沉）桩施工

钢筋混凝土预制桩的沉桩方法有：锤击法、静力压桩法、振动法和水冲法等，以锤击法应用最为普遍。

2.1.3.1　锤击沉桩

锤击沉桩也称打入桩，是利用桩锤下落产生的冲击能量将桩沉入土中的一种沉桩方法。锤击沉桩是预制钢筋混凝土桩最常用的沉桩方法，该法施工速度快、机械化程度高、适用范围广，现场文明程度高，但施工时有噪声污染和振动等公害。

A　沉桩设备

打（沉）桩机具主要包括：桩锤、桩架及动力装置三部分。

（1）桩锤是将桩打入土中的主要机具。桩锤的类型，应根据施工现场的情况、机具设备的条件及工作方式和工作效率等进行选择，常用的桩锤有：落锤、单动汽锤、双动汽锤和柴油锤、振动锤。

落锤一般由生铁铸成，利用锤本身的重量自高处落下产生的冲击力将桩打入土中。锤重 10～50kN，落锤构造简单，使用方便，提升高度可随意调整。每分钟打击速度约为 6～12 次，效率较低。适用于在一般土层及黏土和含有砾石的土层中打桩。

蒸汽锤分单动式锤和双动式锤两种形式。它是利用蒸汽或压缩空气的压力将桩锤上举，然后自由下落冲击桩顶沉桩，其冲击部分为汽缸。单动汽锤重 15～150kN，落距较小，不易损坏桩头，每分钟打击次数为 20～80 次，打桩速度和冲击力均较落锤大，效率较高，适用于各种桩在各类土中施工。双动汽锤重 6～60kN，打桩速度快，每分钟锤击次数为 100～120 次，适于打各种材料、种类的桩，使用压缩空气时，可用于水下打桩。还可用于拔桩。

柴油锤是利用燃油爆炸产生的力推动活塞上下往复运动进行沉桩的，分为导杆式和筒式两种（见图 2-3）。其冲击部分是沿导杆或缸体上下活动的活塞。首先利用机械能将活塞提升到一定高度，然后迅速自由下落，这时汽缸中的空气被压缩，温度剧增，同时柴油通过喷嘴喷入汽缸中点燃爆炸，其作用力将活塞上抛，反作用力将桩击入土中。这样，活塞不断下落、上抛，循环进行将桩沉入土中。柴油锤的特点是整机质量轻，体积小，使用安装方便，不需外部能源及动力设备，可用于打木桩、板桩、钢板桩和钢筋混凝土桩，但施工中有噪声、污染和振动。另外这种桩锤不适于在松软土中打桩。

振动锤又称激振器（见图 2-4），安装在桩头，用夹桩器将桩与振动箱固定。在电机的带动下，使振动锤中的偏心重锤相向旋转，其横向偏心力相互抵消，而垂直离心力则叠加，使桩产生垂直的上下振动，这时桩及桩周土体处于强迫振动状态，从而使桩周土体强度显著降低和桩尖处土体挤开，破坏了桩与土体间的粘结力，桩周土体对桩的摩擦阻力和桩尖处土体抗力大大减少，桩在自重和振动力的作用下克服惯性阻力而逐渐沉入土中。

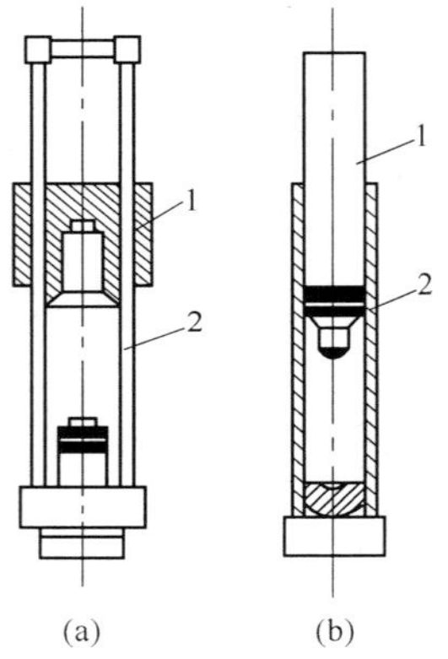

图 2-3 柴油锤类型示意图

(a)杆式柴油锤；(b)筒式柴油锤

1—活塞；2—汽缸

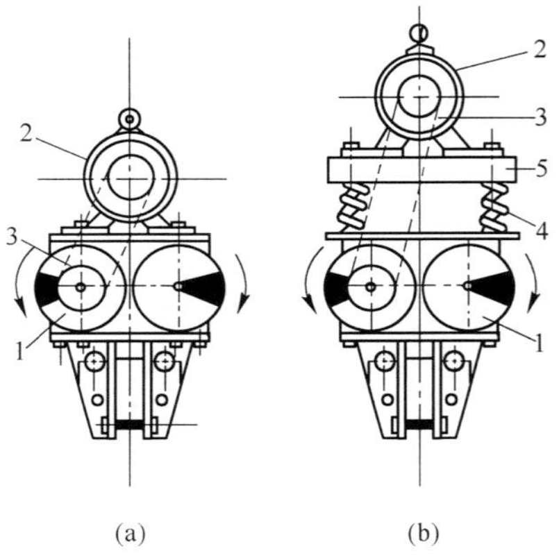

图 2-4 振动锤构造示意图

(a)刚性式；(b)柔性式

1—激振器；2—电动机；3—传动带；

4—弹簧；5—加荷板

振动锤按振动频率大小可分为低频型（15～20Hz）、中高频型（20～60Hz）、高频型（100～150Hz）和超高频型（1500Hz）等。低频振动锤振幅很大（7～25mm），能破坏桩与土体间的粘结力，可用于下沉大口径管桩、钢筋混凝土管桩。中高频振动锤振幅较小（3～8mm），在黏性土中显得能量不足，故仅适用于松散的冲积层和松散、中密的砂层。高频振动锤是使强迫振动与桩体共振，利用桩产生的弹性波对土体产生高速冲击，冲击能量将显著减小土体对桩体的贯入阻力，因而沉桩速度较快。超高频振动锤是一种高速微振动锤，它振动频率极高，但振幅极小，对周围土体的振动影响范围极小，常用于对噪声和公害限制较严的桩基础施工中。

桩锤的类型，应根据施工现场的情况、机具设备的条件及工作方式和工作效率进行选择，然后根据现场工程地质条件、桩的类型、密集程度及施工条件来选择桩锤重。锤重可参考表 2-1 选取。

表 2-1　选择锤重参考表

锤　型		柴油锤/kN					蒸汽锤(单动)/kN		
		18	25	32	40	70	30～40	70	100
锤型资料	冲击部分重	18	25	32	46	72	30～40	55	90
	锤总重	42	65	72	96	180	35～45	67	110
锤冲击力		2000	1800～2000	3000～4000	4000～5000	6000～10000	约 2300	约 3000	3500～4000
常用冲程/m		1.8～2.3					0.6～0.8	0.5～0.7	0.4～0.6
适用桩的规格	预制方桩、管桩的边长或直径/cm	30～40	35～45	40～50	45～55	55～60	35～45	40～45	40～50
	钢管桩直径/cm	$\phi40$			$\phi60$	$\phi90$			
黏性土	一般进入深度/m	1～2	1.5～2.5	2～3	2.5～3.5	3～5	1～2	1.5～2.5	2～3
	桩尖可达到静力触探 p_2 平均值/MPa	3	4	5	>5	>5	3	4	5
砂土	一般进入深度/m	0.5～1	0.5～1	1～2	1.5～2.5	2～3	0.5～1	1～1.5	1.5～2
	桩尖可达到标准贯入击数 N 值	15～25	20～30	30～40	40～45	50	15～25	20～30	30～40
岩石(软质)	桩尖可进入深度/m　强风化		0.5	0.5～1.0	1～2	2～3		0.5	0.5～1
	桩尖可进入深度/m　中等风化			表层	0.5～1	1～2			表层
每 10 击锤的常用控制贯入度/cm		2～3			3～5	4～8	3～5		
设计单桩极限承载力/kN		400～1200	800～1600	1600～2000	3000～5000	5000～10000	600～1400	1500～3000	2500～4000

注:1. 适用于预制桩长度 20～40m,钢管桩长度 40～60m,且桩尖进入硬土层一定深度。不适用于桩尖位于软土层的情况。
2. 标准贯入击数 N 值为未修正的数值。
3. 本表仅供选锤参考,不能作为设计确定贯入度和承载力的依据。

(2) 桩架的作用是吊装就位,悬吊桩锤、打桩时引导桩身方向并保证桩锤能沿着所要求方向冲击。桩架稳定性要好,锤击落点准确,机动性和灵活性好,工作效率高。常用桩架有两种形式:一种是沿着轨道或滚杠行走移动的多能桩架,另一种是装在履带式底盘上可自由行走的桩架。

多能桩架(见图 2-5),由立柱、斜撑、回转工作台、底盘及传动机构等组成。它的机动性和适应性较大,在水平方向可作 360°回转,导架可伸缩和前后倾斜。底盘下装有铁轨,可在轨道上行走。这种桩架可用于各种预制桩和灌注桩施工。缺点是机构较庞大,现场组装、拆卸和转运较困难。

履带式桩架(见图 2-6),以履带式起重机为底盘,增加了立柱、斜撑、导杆等。其行走、回转、起升的机动性好,使用方便,适用范围广,也称履带式打桩机。可适应各种预制桩和灌注桩施工。

滚筒式桩架(见图 2-7)其行走靠两根钢滚筒在垫木上滚动。优点是结构简单、制作容易,但平面转弯、调头不够灵活,操作人员较多,其适用于预制桩的打设和灌注桩的施工。

(3) 动力设备。打桩机械的动力装置及辅助设备主要根据选定的桩锤种类而定。落锤以电源为动力,再配以电动卷扬机、变压器、电缆等。蒸汽锤以高压饱和蒸汽为驱动力,配置蒸汽锅炉、蒸汽绞盘等。汽锤以压缩空气为动力源,需配置空气压缩机、内燃机等。柴油锤以柴油为能源,桩锤本身有燃烧室,不需外部动力设备。

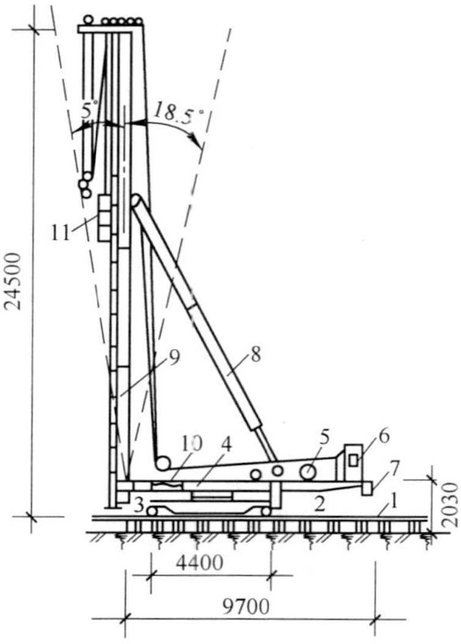

图 2-5　多能桩架

1—枕木;2—钢轨;3—底盘;4—回转平台;5—卷扬机;6—司机室;7—平衡重;8—撑杆;9—挺杆;10—水平调整装置;11—桩锤和桩帽

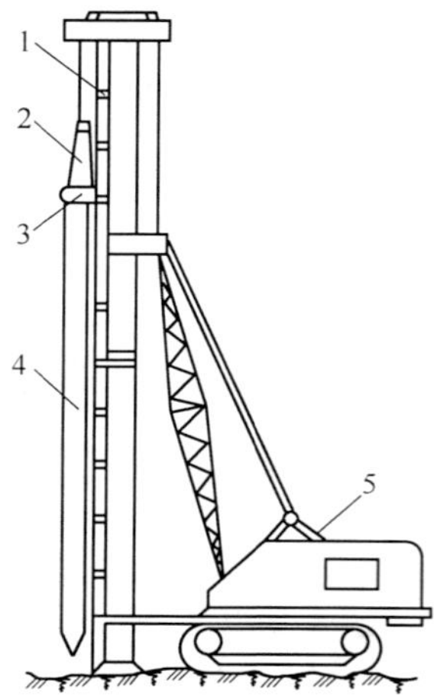

图 2-6　履带式桩架

1—导架;2—桩锤;3—桩帽;4—桩身;5—车体

（4）衬垫材料。为提高打桩效率和施工质量,保护桩锤安全使用和桩顶免遭破坏,应在桩顶加设桩帽(见图 2-8),并根据桩锤和桩帽类型、桩型、地质条件及施工条件等因素,合理选用垫材。桩帽上部与桩锤之间的衬垫称为锤垫,也起保护桩头的作用。常选用橡木、桦木等硬木按纵纹受压使用,有时也可采用钢索盘绕而成。也有使用层状板及化塑型缓冲垫材,对重型桩锤可采

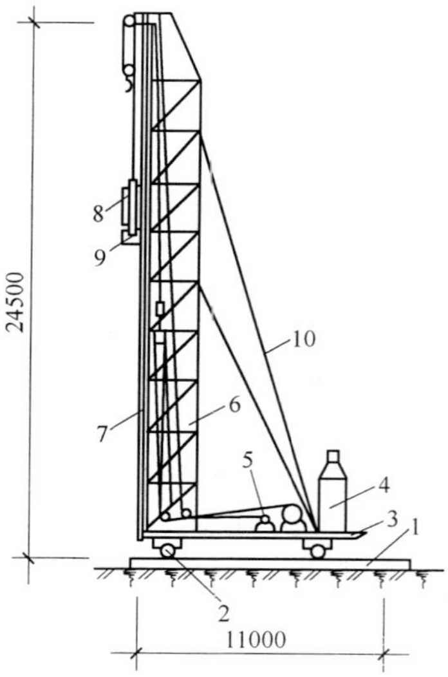

图 2-7　滚筒式桩架

1—枕木;2—滚筒;3—底座;4—锅炉;5—卷扬机;6—桩架;7—龙门;8—蒸汽锤;9—桩帽;10—缆绳

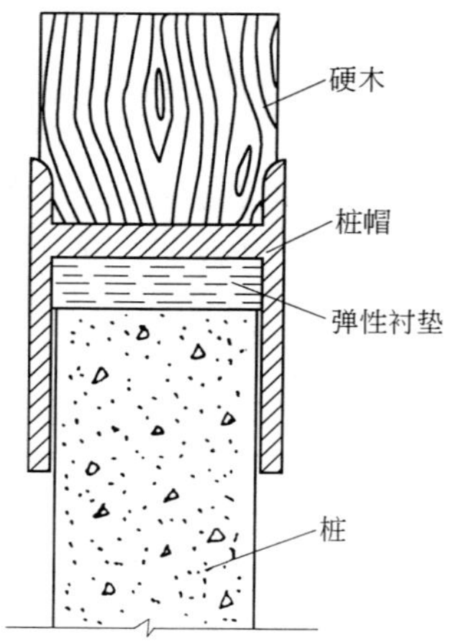

图 2-8　桩帽

用压力箱式或压力弹簧式新型结构锤垫。锤垫太薄桩容易被击碎;锤垫过厚,锤击能量损失大。锤垫厚度宜取15~20cm。桩帽与桩头之间的弹性垫材称为桩垫。桩垫常选用松木横纹拼合板、草垫、麻布片等。要求厚度均匀且锤击压实后保持在12~15cm为宜,打桩期间应经常检查,及时更换或补充。

B 打(沉)桩施工

打(沉)桩施工包括定锤吊桩和打桩施工。

(1) 定锤吊桩。定锤是打桩机就位后,将桩锤和桩帽吊起固定在桩架上,使锤底高度高于桩顶,便于吊桩。吊桩是用桩架上的钢丝绳和卷扬机将桩提升就位。桩提升到垂直状态后,送入桩架导杆内,稳住桩顶后,先使桩尖对准桩位,扶正桩身,然后将桩下放插入土中,这时桩的垂直度偏差不得超过0.5%。定锤吊桩完成后即可开始打桩。

桩就位后,在桩顶放上弹性衬垫,扣上桩帽,待桩稳定后,即可脱去吊钩,再将桩锤缓慢放在桩帽上。这时要求桩锤底面、桩帽上下面及桩顶应保持水平;桩锤、桩帽(桩)和桩身中心线应在同一轴线上,在锤重作用下,桩将沉入土中一定深度,待下沉稳定后,再次校正桩位和垂直度后,即可开始打桩。

(2) 打桩施工。打桩时宜采用重锤低击。重锤低击桩锤对桩头的冲击小,动量大,因而桩身反弹小,桩头不易损坏。其大部分能量用以克服桩身摩擦力和桩尖阻力,因此桩能较快地打入土中。此外,由于重锤低击的落距小,因而可提高锤击频率,打桩速度快、效率高,对于较密实的土层,如砂或黏土,能较容易穿过。打桩初始阶段,宜采用小落距,以便使桩能正常沉入土中,当桩入土到一定深度后,桩尖不易发生偏移时,再适当增大落距,正常施打。

打桩时速度应均匀,锤击间歇时间不宜过长,应随时观察桩锤的回弹情况。如桩锤经常回弹较大,桩的入土速度慢,说明桩锤太轻,应更换桩锤;如桩锤发生突发的较大回弹,说明桩尖遇到障碍,应停止锤击,找出原因后进行处理。如果继续施打,贯入度突增,说明桩尖或桩身受到破坏。打桩时还要随时注意贯入度的变化。打桩施工是隐蔽工程,为确保工程质量,施工中应对每根桩做好原始记录。

(3) 打桩的质量控制。打桩质量包括两个方面的要求:一是桩的位置偏差是否在允许范围之内。钢筋混凝土预制桩打设后桩位允许偏差,应符合表2-2的规定。二是能否满足贯入度及桩尖标高或入土深度要求。按标高控制的桩,桩顶标高的允许偏差为-50~+100mm。

表2-2 预制桩位置的允许偏差

序 号	项 目	允许偏差/mm
1	单排或双排桩条形桩基:	
	1. 垂直于条形桩基纵轴方向;	100
	2. 平行于条形桩基纵轴方向	150
2	桩数为1~3根桩基中的桩	100
3	桩数为4~16根桩基中的桩	1/3桩径或1/3边长
4	桩数大于16根桩基中的桩:	
	1. 最外边的桩;	1/3桩径或1/3边长
	2. 中间桩	1/2桩径或1/2边长

注:由于降水、基坑开挖和送桩深度超过2m等原因产生的位移偏差不在此表内。

打桩的控制原则是:桩端(指桩的全断面)位于一般土层时,以控制桩端设计标高为主,贯入度可作参考。桩端位于坚硬、硬塑的黏土、中密以上粉土、砂土、碎石类土、风化岩石时，以贯入度控制为主，桩端标高可作参考；当贯入度已达到而桩端标高未达到时，应继续锤击3阵，按每阵10击的贯入度不大于设计规定的数值加以确认，必要时施工控制贯入度应通过试验与有关单位会商确定。当桩端位于一般土层时，以控制桩端设计标高为主，贯入度可作参考。

贯入度是指每锤击一次桩的入土深度。在打桩过程中常指最后贯入度，即最后一击桩的入土深度。实际施工中一般是采用最后10击桩的平均入土深度作为其最后贯入度。

振动法沉桩是以振动箱代替桩锤，其质量控制是以最后三次振动（加压），每次10min或5min，测出每分钟的平均贯入度，以不大于设计规定的数值为合格。

（4）送桩。桩基础一般采用低承台，即承台底标高位于地面以下。为了减短预制桩的长度可用送桩的办法将桩打入到地面以下一定深度处（见图2-9）。送桩深度一般不宜超过2m。

（5）接桩。钢筋混凝土预制长桩，因受运输条件和打（沉）桩架高度限制，一般分成数节制作，分节打入，现场接桩。常用接头方式有焊接法接桩、法兰接桩和硫磺胶泥接桩法等几种。

焊接法接桩一般在距地面1m左右时进行。接桩时，钢板宜采用低碳钢，焊条宜用E43。首先将上节桩用桩架吊起，对准下节桩头，用仪器校正垂直度，中心线偏差不得大于10mm，节点弯曲矢高不得大于桩长的0.1%。若接头间隙不平，可用铁片垫实焊牢，然后用点焊将四角连接角钢与预埋钢板临时焊接，再次检查平面位置及垂直度后即采取对角对称施焊，焊缝应连续、饱满，如图2-10所示。

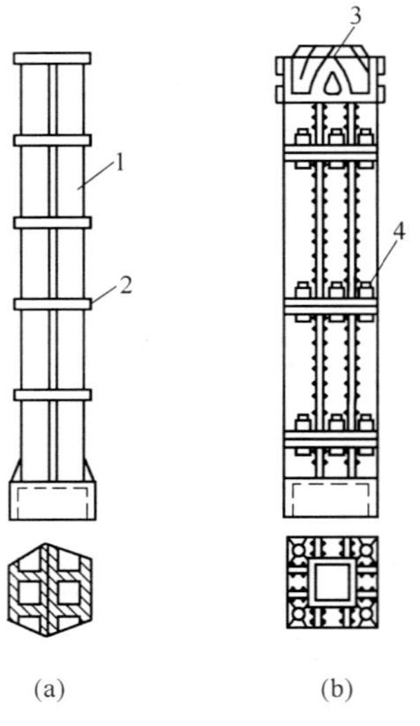

图2-9 钢制送桩的构造

（a）钢轨送桩；（b）钢板送桩

1—钢轨；2—12mm厚钢板箍；

3—硬木垫；4—连接螺栓

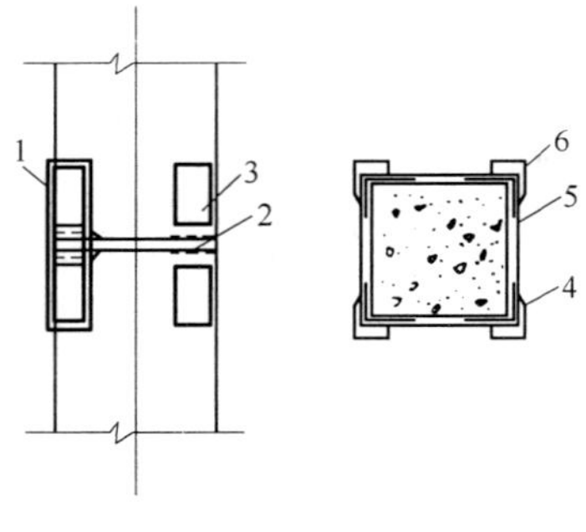

图2-10 焊接接桩接点

1—连接角钢；2—预埋垫板；3—主筋；

4，6—角钢；5—钢板

硫磺胶泥锚接法又称浆锚法。硫磺胶泥是一种热塑冷硬性胶结材料，是由胶结材料、细骨料、填充料和增韧剂熔融搅拌混合而成。可以在现场配制直接使用，也可以在专业加工厂加工成固体半成品。制桩时，在上节桩下端伸出四根锚筋，下节桩上端预留四个锚筋孔。接桩时，首先将上节桩的锚筋插入下节桩的锚孔（直径为锚筋直径的2.5倍），上下桩间隙200mm左右，此时安设好施工夹箍（由四块木板，内侧用人造革包裹40mm厚的树脂海绵块而成），将熔化的硫磺胶泥注满锚筋孔内并使之溢出桩面，然后使上节桩下落，当硫磺胶泥冷却并拆除施工夹箍后，即可继续压桩或打桩，图 2-11 所示为硫磺胶泥锚接节点。

为保证硫磺胶泥接桩质量，应使钢锚筋刷清并调直；锚筋孔内应有完好的螺纹，无积水、杂物和油物；接桩时接点的平面和锚孔内应灌满胶泥，灌注时间不得超过 2min；灌注后停歇时间应满足表 2-3 的要求。

表 2-3 硫磺胶泥灌注后需停歇的时间 (min)

桩截面 /mm × mm	不同气温下的停歇时间									
	0 ~ 10℃		11 ~ 20℃		21 ~ 30℃		31 ~ 40℃		41 ~ 50℃	
	打入桩	静压桩	打入桩	静压桩	打入桩	静压桩	打入桩	静压桩	打入桩	静压桩
400 × 400	6	4	8	5	10	7	13	9	17	12
450 × 450	10	6	12	7	14	9	17	11	21	14
500 × 500	13	—	15	—	18	—	21	—	24	—

法兰接桩主要用于离心法成型的钢筋混凝土管桩中。法兰盘是在桩制作时，焊接在主钢筋上的预埋件，施工时用螺栓连接。接桩时，上下节桩之间用石棉或纸板衬垫，垂直度检查无误后，在法兰盘的钢板孔中穿入螺栓，用扳手拧紧螺帽，锤击数次后，再拧紧一次，并焊死螺帽，如图 2-12所示。

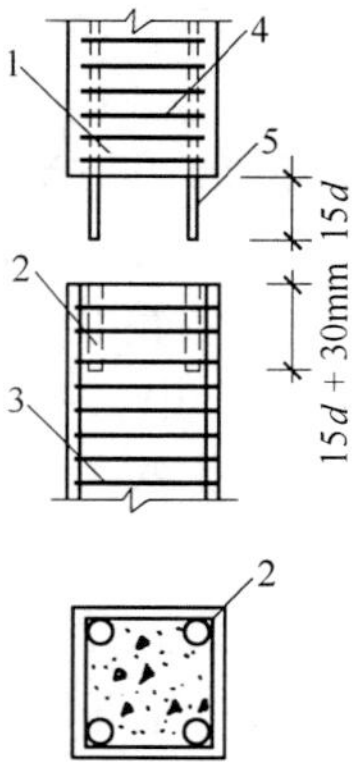

图 2-11 硫磺胶泥锚接桩节点
1—上段桩；2—锚筋孔；3—下段桩；
4—箍筋；5—螺纹钢筋

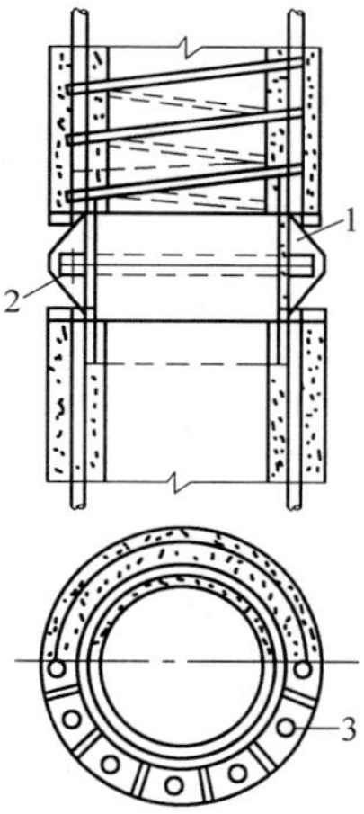

图 2-12 管桩法兰接点构造
1—法兰盘；2—螺栓；3—螺栓孔

（6）截桩头。当桩头露出地面并影响后续桩施工时，应立即截桩头，如桩顶在地面以下不影响后续桩施工时，可结合凿桩头进行。

截桩头前应测量桩顶标高，后将桩头多余部分截除。预制钢筋混凝土桩可用人工或风动工具（如风镐）截除桩头；混凝土空心管桩宜用人工截除。无论采用哪种方法均不得把桩身混凝土打裂，并保持桩身主筋伸入承台内的锚固长度，粘结在主筋上的混凝土碎块必须清除干净。

钢管桩可用长柄氧 - 乙炔内切割器伸入管内进行粗割，使管顶出设计标高 150 ~ 200mm，并用临时钢盖板覆盖管口。混凝土垫层浇筑后，进行钢管桩的精割。先用水准仪在每根钢管桩上按设计标高定三点，然后按照水平标高固定一环作为割刀的支承点，切割整平后放上配套桩盖焊牢,再在钢管桩顶端焊与基础锚固的钢筋。

（7）打桩控制贯入度计算。当无试验资料或设计无规定时,控制贯入度可按式(2-1)计算:

$$S = \frac{nAQH}{mP(mP + nA)} \times \frac{Q + 0.2q}{Q + q} \tag{2-1}$$

式中　S——桩的控制贯入度,mm;

Q——锤重力,N;

H——锤击高度,mm;

q——桩及桩帽重力,N;

A——桩的横截面积,mm^2;

P——桩的安全(或设计)承载力,N;

m——安全系数。对永久工程取2,对临时工程取1.5;

n——桩材料及桩垫有关系数。钢筋混凝土桩用麻垫时,$n=1$;钢筋混凝土桩用橡木垫时,$n=1.5$;木桩加桩垫时,$n=0.8$;木桩不加垫时,$n=1.0$。

2.1.3.2　静力压桩施工

静力压桩是利用压桩机桩架自重和配重的静压力将预制桩压入土中的沉桩方法。它适用于软土、淤泥质土,桩截面一般小于40cm×40cm,桩长30~35m的钢筋混凝土桩或空心管桩。

静力压桩法施工时,无噪声、无振动、无冲击力,施工应力小,可以减小打桩振动对地基和邻近建筑物的影响,桩顶不易损坏,不易产生偏心,节约制桩材料和降低工程成本,且能在沉桩施工中测定沉桩阻力,为设计、施工提供参数,并能预估和验证桩的承载能力。静力压桩机有机械式和液压式两种。

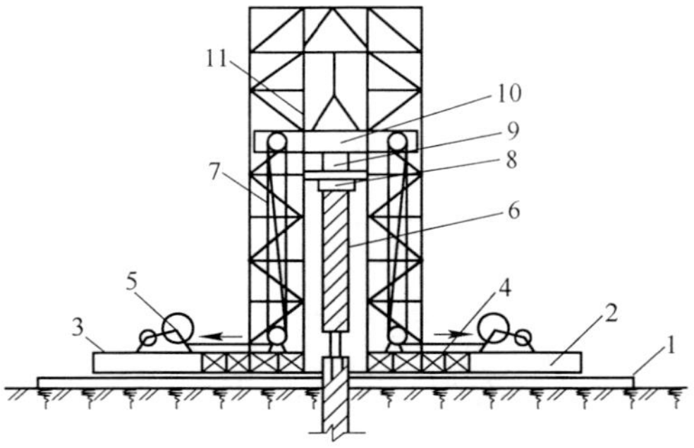

图2-13　机械静力压桩机

1—垫板;2—底盘;3—操作平台;4—加重物仓;5—卷扬机;6—上段桩;7—加压钢丝绳;8—桩帽;9—油压表;10—活动压梁;11—桩架

机械式静力压桩机(见图2-13)是利用钢桩架及附属设备重量、配重,通过卷扬机的牵引,由钢丝绳滑轮及压梁将整个压桩机重量传至桩顶,将桩段逐节压入土中。压桩架一般高16~20m,静压力400~800kN。接头采用焊接法或硫磺胶泥锚接法。

压桩时,由卷扬机牵引,使压桩架就位,吊首节桩至压桩位置,桩顶由桩架固定,下端由滑轮夹持,开动卷扬机,将桩压入土中至露出地面2m左右,再将第二节桩接上,要求接桩的弯曲度不大于1%,然后继续压入,如此反复操作至全部桩段压入土中。

液压式静力压桩机(见图2-14)由压桩机构、行走机构及起吊机构三部分组成。压桩时,先用起吊机构将桩吊入到压桩机主机压桩部位后,用液压夹桩器将桩头夹紧,开动压桩油缸将桩压入土中,接着回程再吊上第二节桩,用硫磺胶泥接桩后,继续压入,反复操作至全部桩段压入土中。然后开动行走机构,移至下一个桩位继续压桩。液压式静力压桩机的静压力为800~1600kN。

静压预制桩的施工程序为:测量定位→桩机就位→吊桩插桩→桩身对中调直→静压沉桩→接桩→再静压沉桩→终止压桩→截桩头。

静压法沉桩施工要点:

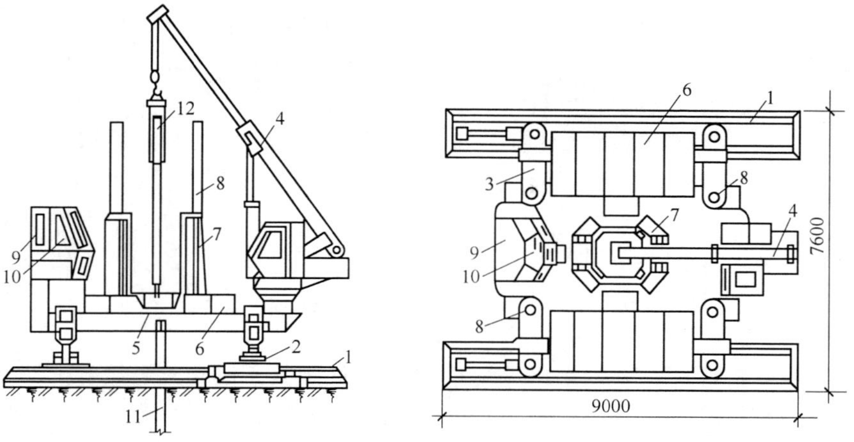

图 2-14 液压式静力压桩机

1—长船行走机构;2—短船行走及回转机构;3—支腿式底盘结构;4—液压起重机;
5—夹持与压桩机构;6—配重铁块;7—导向架;8—液压系统;9—电控系统;
10—操纵室;11—已压入下节桩;12—吊入上节桩

(1) 沉桩施工前应掌握现场的土质情况,做好设备的检查和调试。桩的制作质量应满足设计要求,沉桩时应保证压桩机垂直压桩,注意保持桩处于轴心受压状态,如有偏移应及时纠正,以免发生桩顶破碎和断桩质量事故。

(2) 压桩应连续进行,当下一节桩压到露出地面 0.8 ~ 1.0m 时,开始接桩,用硫磺胶泥接桩间歇时间不宜过长(正常气温下为 10 ~ 18min);接桩面应保持干净,浇筑时间不应超过 2min;上下桩中线应对齐,偏差不大于 10mm;节点矢高不得大于 0.1% 桩长。

(3) 压桩应控制好终止条件,对纯摩擦桩,终压时的设计桩长为控制条件;对长度超过 21m 的端承摩擦型静压桩,应以设计桩长控制为主,终压力值作对照;对设计承载力较高的工程桩,终压力值宜尽量接近压桩机满载值;对端承型短桩(桩长 14 ~ 21m),应以终压力达满载值为终压控制条件;对桩周土质较差且设计承载力较高的桩,宜复压 1 ~ 2 次;对长度小于 14m 的桩,宜连续多次复压。

2.2 混凝土灌注桩施工

混凝土灌注桩是直接在施工现场桩位上利用机械或人工等方法成孔,然后在孔内安放钢筋笼,浇筑混凝土成桩。按成孔的方法有泥浆护壁成孔灌注桩、干作业成孔灌注桩、套管成孔灌注桩、人工挖孔灌注桩、爆扩孔灌注桩等。

泥浆护壁钻孔灌注桩适用于地下水位以下的黏性土、粉土、砂填土、碎(砾)石土及风化岩层,以及地质情况复杂、夹层多、风化不均、软硬变化较大的岩层;冲孔灌注桩除适应以上地质情况外,还能穿透旧基础、大孤石等障碍物,但在岩溶发育地区应慎重使用。

干作业成孔灌注桩适用于地下水位以上的黏性土、粉土、填土、中等密实以上的砂土、风化岩层。

套管成孔灌注桩适用于黏性土、粉土、淤泥质土、砂土及填土。在厚度较大、灵敏度较高的淤泥和流塑状态的黏性土等软弱土层中采用时,应制定质量保证措施,并经工艺试验成功后方可实施。

人工挖孔灌注桩在地下水位较高,特别是有承压水的砂土层、滞水层、厚度较大的高压缩性淤泥层和流塑淤泥质土层中施工时,必须有可靠的技术措施和安全措施。

灌注桩成孔的控制深度应符合以下要求:

(1) 摩擦型桩。摩擦桩以设计桩长控制成孔深度;端承摩擦桩必须保证设计桩长及桩端进入持力层深度;当采用锤击沉管法成孔时,桩管入土深度控制以标高为主,以贯入度控制为辅;

(2) 端承型桩。当采用钻(冲)、挖掘成孔时,必须保证桩孔进入设计持力层的深度;当采用锤击沉管法成孔时,沉管深度控制以贯入度为主,设计持力层标高对照为辅。

钢筋笼的制作除符合设计要求外,还应符合下列规定:

分段制作的钢筋笼,其接头宜采用焊接,主筋间距必须大于混凝土粗骨料粒径 3 倍以上;加劲箍宜设在主筋外侧,主筋一般不设弯钩,根据施工工艺要求所设弯钩不得向内圆伸露,以免妨碍导管工作;钢筋笼的内径应比导管接头处外径大 100mm 以上。钢筋笼搬运和吊装时,应防止变形,安放要对准孔位,避免碰撞孔壁,就位后应立即固定。允许偏差见表 2-4。

表 2-4 钢筋笼制作允许偏差

项 次	项 目	允许偏差/mm	项 次	项 目	允许偏差/mm
1	主筋间距	±10	3	钢筋笼直径	±10
2	箍筋间距或螺旋螺距	±20	4	钢筋笼长度	±50

灌注桩所用混凝土应按试验确定的配合比进行配制。粗骨料可选用卵石或碎石,其最大粒径对于沉管灌注桩不宜大于 50mm,并不得大于钢筋间最小净距的 1/3;对于素混凝土桩,不得大于桩径的 1/4,并不宜大于 70mm。细骨料应选用级配合理、质地坚硬、洁净的中、粗砂。所用水泥的强度等级不宜低于 32. 5#,每立方米混凝土的水泥用量不少于 350kg,为改善混凝土的性能,混凝土中掺入外加剂。

2. 2. 1 泥浆护壁成孔灌注桩

2. 2. 1. 1 施工工艺

泥浆护壁成孔是指采用泥浆保护孔壁排出土后成孔。在施工中要制备泥浆、埋设护筒、安放钢筋笼和浇筑水下混凝土。泥浆护壁成孔方法有:正(反)循环回转钻成孔、正(反)循环潜水钻成孔、冲击成孔、冲板成孔等,其施工工艺流程如图 2-15 所示。

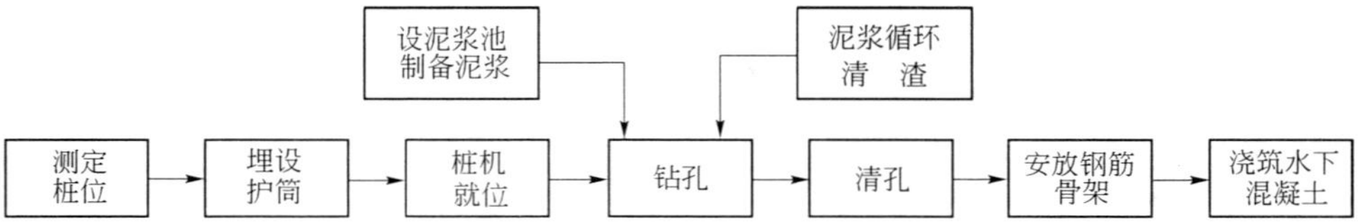

图 2-15 钻孔灌注桩施工工艺流程图

A 埋设护筒

护筒是埋设在钻孔口的钢板制作的圆筒,其作用是保证钻机沿桩位垂直方向顺利钻孔,防止孔口坍塌和提高桩孔内泥浆水头。护筒与孔壁间的缝隙应用黏土填实,以防止漏水。护筒内径应比钻头直径大 200mm;它的埋设深度,在砂土中不宜小于 1. 5mm,在黏土中不小于 1m,上口高出地面 30～40cm，防止地面水流入，并应保持孔内泥浆液面高出地下水位 2m 以上。

B　泥浆制备

泥浆在成孔过程中所起的作用是：护壁、携碴、冷却和润滑，其中以护壁作用最为重要。

泥浆具有一定的密度，当孔内泥浆液面高出地下水位一定高度，就对孔壁就产生一定的静水压力，相当于一种液体支撑，可以稳固土壁，防止塌孔。泥浆还能将钻孔内不同土层中的空隙渗填密实，形成一层透水性很低的泥皮，避免孔内壁漏水并保持孔内有一定水压，有助于维护孔壁的稳定。泥浆还具有较高的黏性，通过泥浆循环可将切削破碎的土石碴屑悬浮起来，随同泥浆排出孔外，起到携碴、排土的作用。由于泥浆循环作冲洗液，因而对钻头有冷却和润滑作用，减轻钻头的磨损。

在黏土和粉土层中成孔时，泥浆密度可取 1.1～1.3t/m^3。在砂和砂砾等容易塌孔的土层中成孔时，必须使泥浆密度保持在 1.3～1.5t/m^3。在不含黏土或粉土的纯砂层中成孔时，还需在贮水槽和贮水池中加入黏土，并搅拌成适当比例的泥浆。成孔过程中，孔内泥浆要保持一定的密度。

C　安放钢筋笼

当钻孔到设计深度后，即可安放钢筋笼。钢筋骨架应预先在施工现场制作，保护层厚 4～5cm，在骨架外侧绑扎水泥垫块控制。直径 1m 以上的钢筋骨架，箍筋与主筋间应间隔点焊，以防止变形。

吊放钢筋笼应注意勿碰孔壁，并防止坍孔或将泥土杂物带入孔内；如钢筋笼长度在 8m 以上，可分段绑扎、吊放。钢筋笼放入后应校正轴线位置、垂直度。定位完成后，应在 4h 内浇筑混凝土，以防坍孔。

D　浇筑水下混凝土

泥浆护壁成孔灌注桩混凝土的浇筑是在泥浆中进行的，故称为水下混凝土浇筑。浇筑水下混凝土不能直接将混凝土倾倒于水中，必须在与周围环境水隔离的条件下进行。水下浇筑混凝土最常用的是导管法。导管作为水下混凝土的灌注通道，混凝土倾落时沿竖向导管下落，使混凝土不与环境水接触，导管的底部以适当的深度埋在灌入的混凝土内，导管内的混凝土在一定的落差压力作用下，压挤下部管口的混凝土在已浇的混凝土层内部流动、扩散，以完成混凝土的浇筑工作，形成连续的密实的混凝土桩身（见图 2-16）。

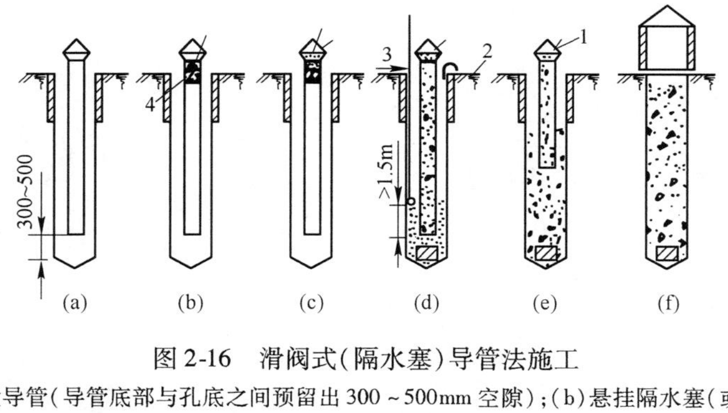

图 2-16　滑阀式（隔水塞）导管法施工

（a）安设导管（导管底部与孔底之间预留出 300～500mm 空隙）；（b）悬挂隔水塞（或滑阀），使其与导管水面紧贴；（c）灌入混凝土；（d）剪断铁丝，隔水塞（或滑阀）下落孔底；（e）连续灌注混凝土，上提导管；（f）混凝土灌注完毕，拔出护筒

1—漏斗；2—灌注混凝土过程中排水；3—测绳；4—隔水塞（或滑阀）

导管直径一般为 200～250mm，用不小于 3mm 厚钢板卷焊而成，每节长 2～2.5m，并配几节 1～1.5m 的调节长度用的短管，由管端粗丝扣或法兰螺栓连接，接头处用橡胶垫圈密封防漏水。

使用前应试拼装、试压,试验压力为 0.6 ~ 1.0MPa。导管顶部设有漏斗和储料斗、应有足够的容量以储存混凝土,以保证首批灌入的混凝土能达到要求的埋管深度。

导管法浇筑混凝土时,先将安装好的导管沉入桩孔内,导管顶部高于泥浆液面 3 ~ 4m,导管底端到孔底的距离为 0.3 ~ 0.5m。用铁丝将一隔水塞吊放在导管内,并使其与导管内水面紧贴,然后向导管内浇入混凝土,当隔水塞以上的导管和储料斗装满混凝土后,即可剪断悬吊隔水塞的铁丝,在混凝土自重压力作用下,隔水塞下落,混凝土冲出导管下口,由于混凝土的相对密度较泥浆的相对密度大,这样,混凝土下沉,泥浆上浮,混凝土则在导管下部包围住导管,形成混凝土堆。浇筑时混凝土导管应埋入混凝土中 2 ~ 4m,最小埋深不小于 1.5m,且不宜大于 6m,避免导管提升过快造成混凝土脱空现象或导管提升过慢而造成埋管拔不出的事故。浇筑过程不断地将混凝土通过储料斗浇入导管内,导管外混凝土面便不断被挤上升,随着导管外混凝土面的上升,相应地逐渐提升导管并拆除上部导管,桩孔内的泥浆逐渐被混凝土置换而排出孔外,流入泥浆池。

混凝土的配合比除须满足设计强度要求外,还应考虑导管法在泥浆中浇筑混凝土的特点,要求混凝土和易性好,有足够的可塑性、黏性,易于在导管中流动又不易离析,混凝土初凝时间应满足浇筑及施工工艺要求。混凝土施工坍落度宜为 180 ~ 220mm,一般采用硅酸盐水泥或普通硅酸盐水泥,水泥的强度等级不小于 32.5,单位水泥用量不少于 360kg/m^3,水灰比不大于 0.6,粗骨料宜用卵石,最大粒径不大于导管内径的 1/6 和钢筋最小净距的 1/4,且不大于 40mm,如使用碎石,粗径宜为 0.5 ~ 20mm;砂宜用中粗砂,含砂率为 40% ~45% 。

2.2.1.2　成孔方法

泥浆护壁成孔方法有:冲击钻成孔法、回转钻成孔法、潜水电钻成孔法和挤扩支盘成孔法等。

A　回转钻成孔

回转钻成孔灌注桩又称为正、反循环成孔灌注桩(见图 2-17 和图 2-18),是用一般的地质钻机,在泥浆护壁条件下,慢速钻进排渣成孔,灌注混凝土成桩,为国内最为常用和应用范围较广的成桩方法之一。

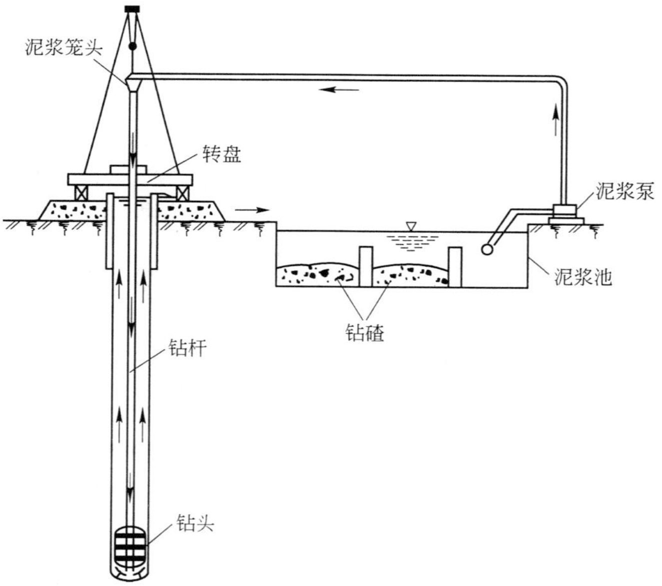

图 2-17　正循环旋转钻机

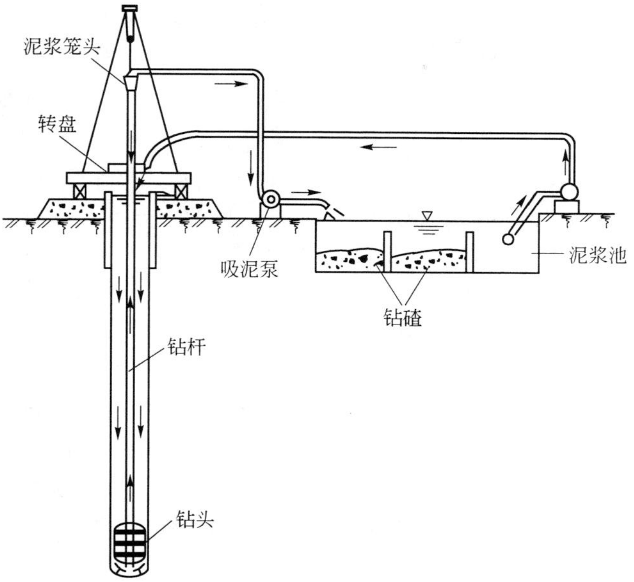

图 2-18 反循环旋转钻机

回转钻成孔的特点是：可利用常规地质钻机，适用于各种地质条件，各种大小孔径和深度，护壁效果好，成孔质量可靠，施工无噪声、无震动、无挤压；操作方便，费用较低。但成孔速度慢，效率低，泥浆排量大，污染环境，扩孔率较难控制。适用于地下水位较高的软、硬土层，如淤泥、黏性土、砂土、软质岩层。

施工要点：施工前平整场地，铺好枕木并用水平尺校正，保证钻机平稳、牢固；成孔一般多采用正循环工艺，对于孔深大于 30m 的端承桩宜用反循环工艺成孔；钻进时应根据土质情况加压，开始应轻压力、慢转速，逐步转入正常；钻孔完成后，应采用空气压缩机清孔，也可采用泥浆置换方法进行清孔；清孔符合要求后吊放钢筋笼，进行隐蔽工程验收，合格后浇筑水下混凝土。

B 冲击钻成孔

冲击钻成孔（见图 2-19）是利用卷扬机悬吊冲击锤连续下落的冲击力，将硬质土层，或岩层破碎成孔，部分碎渣和泥浆挤入孔壁，大部分用掏渣筒掏出。适用于有孤石的砂卵石层、坚实土层、岩层等成孔，也适合在流砂层中成孔。所成孔壁较坚实、稳定、坍孔少。缺点是：掏泥渣较费工费时，不能连续作业，成孔速度较慢。

冲击钻孔机有钢丝式和钻杆式两种，前者钻头为锻制或铸钢，式样有十字形和三翼形，锤重 5 ~ 30kN，用钢桩架悬吊，卷扬机作动力，钻孔径有 800mm、1000mm、1200mm 等几种；后者钻头带钻杆，钻孔孔径较小，效率低，较少使用。钻头形式见图 2-20。

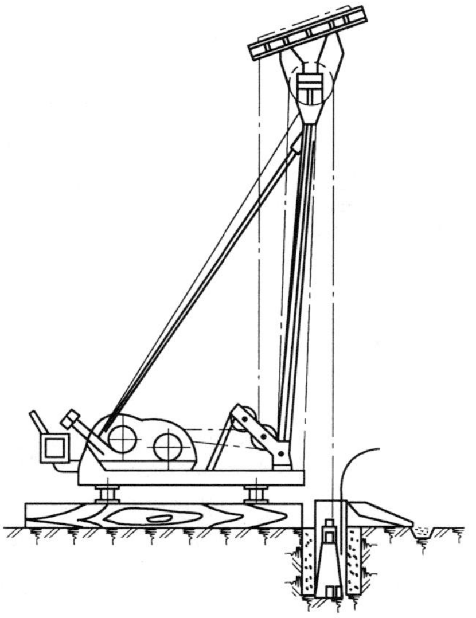

图 2-19 冲击钻机

冲击钻成孔灌注桩施工工艺流程如下：

场地平整→桩位放线→开挖浆池、浆沟→护筒埋设→钻机就位、孔位校正→冲击造孔，泥浆循环、清除废浆、泥渣，清孔换浆→终孔验收→下钢筋笼和导管→灌注水下混凝土→成桩养护。

C　潜水钻成孔灌注桩

潜水电钻成孔法是利用潜水电钻机构中密封的电动机、变速机构，直接带动钻头在泥浆中旋转削土，同时用泥浆泵压送高压泥浆（或用水泵压送清水），使其从钻头底端射出与切碎的土颗粒混合，然后不断由孔底向孔口溢出，或用砂石泵或空气吸泥机采用反循环方式排出泥渣，如此连续钻进、排出泥渣、直至形成所需深度的桩孔，浇筑混凝土成桩。潜水钻机见图2-21。

该法具有设备定型、体积小、移动灵活、维修方便、无噪声、无振动、钻孔深、成孔精度和效率高、劳动强度低等特点。但需设备较复杂，施工费用较高。适用于地下水位较高的软硬土层、淤泥、黏土、粉质黏土、砂土、砂夹卵石及风化页岩层中等，不得用于漂石。

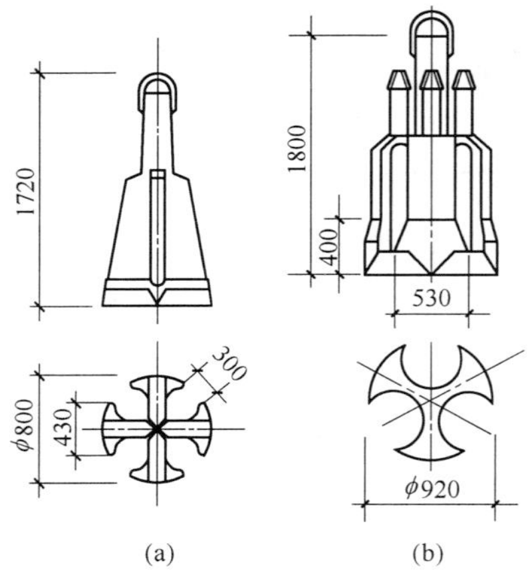

图2-20　冲击钻钻头形式
（a）十字钻头；（b）三翼钻头

D　挤扩支盘成孔

挤扩支盘灌注桩是一种新型变截面桩，它是在普通灌注桩基础上，按承载力要求和工程地质条件的不同，在桩身不同部位设置分支和承力盘或仅设置承力盘而成。这种桩由主桩、分支、承力盘和在它周围被挤密压实的固结料组成，是一种介于摩擦桩和端承桩之间的变截面桩型。图2-22所示为液压挤扩支盘成型器结构构造。

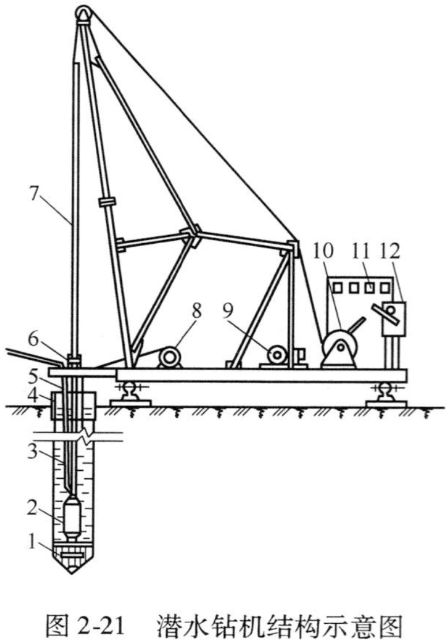

图2-21　潜水钻机结构示意图
1—钻头；2—潜水钻机；3—电缆；4—护筒；5—水管；6—滚轮支点；7—钻杆；8—电缆盘；9—卷扬机；10—控制箱；11—电流电压表；12—启动开关

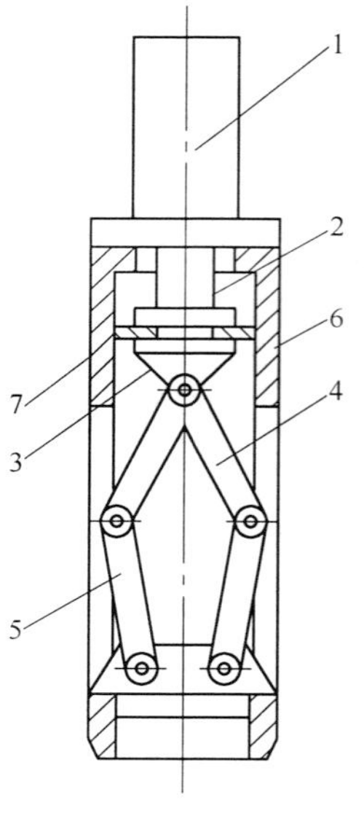

图2-22　液压挤扩支盘成型器结构构造
1—液压缸；2—活塞杆；3—压头；4—上弓臂；5—下弓臂；6—机身；7—导向块

挤扩支盘灌注桩适用于黏性土、细砂土、砂中含少量姜结石及软土等多种土层中应用。不适合于淤泥质土、中粗砂层、砾石层以及液化砂土层中分支和成盘。

挤扩支盘桩施工工艺流程为：桩定位放线→挖桩坑、设钢板套→钻机就位→钻孔至设计深度→钻机移位至下一桩位钻孔→第一次清孔→将支盘成型器吊入已钻孔内→在设计位置压分支、承力盘→下钢筋笼→下导管→二次清孔→水下灌注混凝土→清理桩头→拆除导管、护筒。图2-23为挤扩多分支承力盘灌注桩成桩工艺示意图。

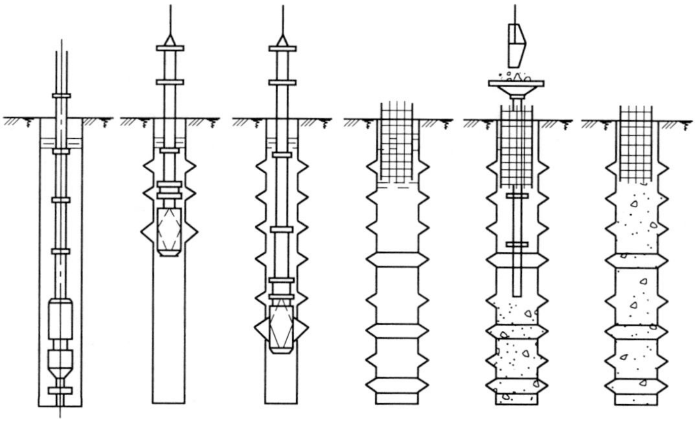

图2-23 挤扩多分支承力盘灌注桩成桩工艺
(a)钻孔;(b)分支;(c)成盘;(d)放钢筋笼;(e)浇筑混凝土;(f)成桩

E 冲抓锥成孔

冲抓锥成孔是利用卷扬机悬吊冲抓锥,钻头内有压重铁块和活动抓片。下落时,叶瓣抓片张开,钻头下落冲入土中,然后提升钻头,抓片闭合抓土,提升至地面将土卸去,依次循环作业直至形成要求的桩孔。冲抓锥斗如图2-24所示。其成孔直径一般为450~600mm,成孔深度为5~20m。该设备简单,所成孔壁完整,施工操作简便,生产效率高,无噪声和振动影响,但也存在现场泥泞、污染环境等问题。

适用于一般较松软黏土、粉质黏土、砂土、砂砾层以及软质岩层成孔。

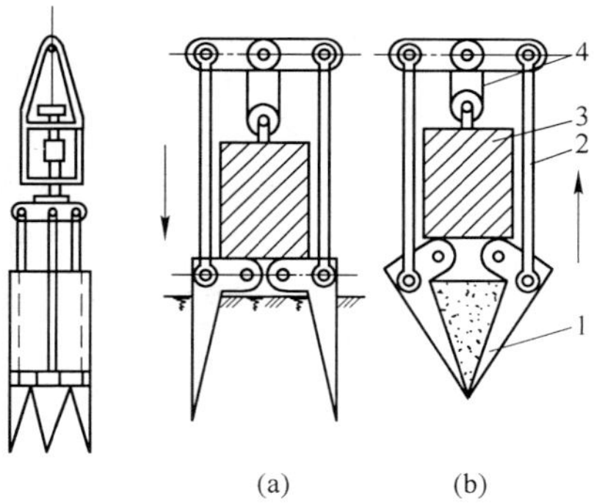

图2-24 冲抓锥头
(a)抓土;(b)提土
1—抓片;2—连杆;3—压重;4—滑轮组

2.2.2 干作业螺旋成孔灌注桩

干作业螺旋钻孔灌注桩是指不用泥浆和套管护壁情况下,用螺旋钻机在桩位处钻孔,然后在孔中放入钢筋笼,再浇筑混凝土成桩。这类桩具有施工时无噪声,无震动,对环境无泥浆污染,机具设备简单,施工速度快,降低施工成本等优点。

干作业螺旋钻成孔适用于地下水位以上的填土层、黏性土层、粉土层、砂土层和粒径不大的砾砂层。按成孔方法可分为短螺旋钻孔灌注桩和长螺旋钻孔灌注桩。

短螺旋钻成孔是用短螺旋钻孔机的螺旋钻头,在桩位处就地切削土层,使被切土块钻屑随钻头旋转,沿着带有数量不多的螺旋叶片的钻杆上升,积聚在短螺旋叶片上,形成"土柱",此后靠提钻、反转、甩土、将钻屑散落在孔周。短螺旋钻孔优点是省去了长孔段输送土块钻屑的功能消耗,回转阻力矩小。缺点是升降钻具等辅助作业时间长,钻进效率不如长螺旋钻机高。适宜在大直径或深桩孔的情况下施工。短螺旋钻机构造如图2-25所示。

长螺旋钻成孔施工法是用长螺旋钻孔机的螺旋钻头，在桩位处就地切削土层，被切土块钻屑随钻头旋转，沿着带有长螺旋叶片的钻杆上升，输送到出土器后自动排出孔外，然后装卸到小型机动翻斗车（或手推车）中运走。国产长螺旋钻孔机的钻孔直径为 300 ~ 800mm，成孔深度在 26m 以下。长螺旋钻机如图 2-26 所示。

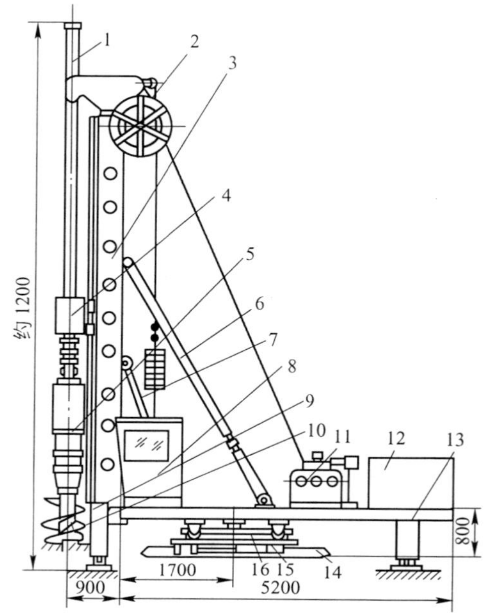

图 2-25　液压步履式短螺旋钻孔机

1—钻杆；2—电缆卷筒；3—臂架；4—导向架；5—主机；6—斜撑；7—起架油缸；8—操纵室；9—前支腿；10—钻头；11—卷扬机；12—液压系统；13—后支腿；14—履靴；15—中盘；16—上盘

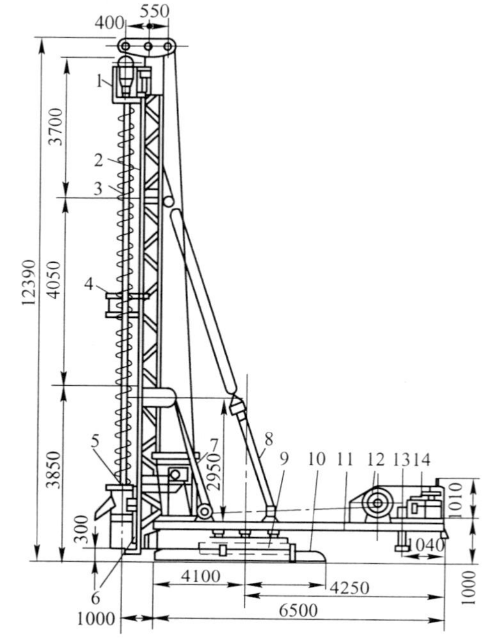

图 2-26　液压步履式长螺旋钻孔机

1—减速箱总成；2—臂架；3—钻杆；4—中间导向套；5—出土装置；6—前支腿；7—操纵室；8—斜撑；9—中盘；10—下盘；11—上盘；12—卷扬机；13—后支腿；14—液压系统

2.2.3 套管成孔灌注桩

套管成孔灌注桩是目前采用较为广泛的一种灌注桩，该法又称为沉管灌注桩。按其成孔方法不同，可分为振动沉管灌注桩和锤击沉管灌注桩。沉管灌注桩适用于一般黏性土、粉土、淤泥质土、淤泥、松散至中密的砂土及人工填土等，不宜用于标准贯入击数 $N>12$ 的砂土，$N>15$ 的黏性土及碎石土。

2.2.3.1 锤击沉管灌注桩

锤击沉管灌注桩又称打拔管灌注桩，是用锤击沉桩设备将桩管打入到地基土中成孔。桩尖（也称桩靴）常使用预制混凝土桩尖。图 2-27 所示为锤击沉管灌注桩成桩工艺。

锤击沉管灌注桩施工时，首先将桩机就位，吊起桩管使其对准预埋在桩位的预制钢筋混凝土桩尖，将桩管连同桩尖一起压入土中，桩管上部扣上桩帽，并检查桩管、桩尖与桩锤是否在同一垂直线上，垂直度偏差应小于 0.5% 桩管高度。

锤击沉管灌注桩的施工工艺可分为单打法和复打法。对于单打法施工，初打时应低锤轻击，当桩管无偏移时方可正常施打。当桩管打入至要求的贯入度或标高后，用吊砣检查管内有无泥

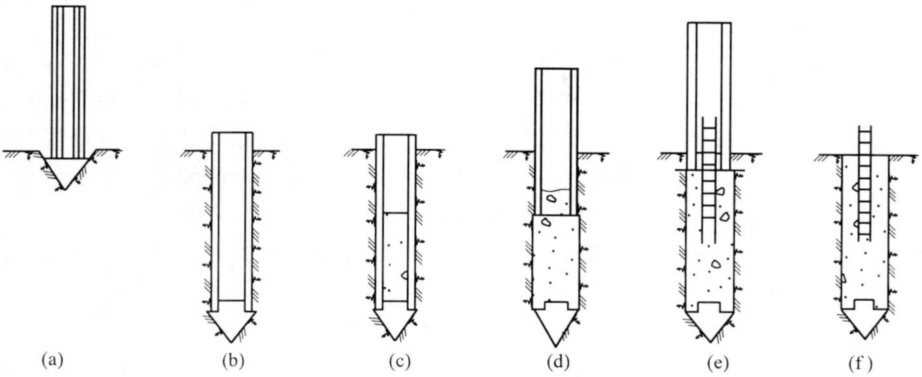

图 2-27 锤击沉管灌注桩成桩工艺
(a)桩基就位;(b)沉管;(c)上料;(d)拔管;(e)下钢筋笼;(f)成型

浆或渗水,并测量孔深,符合要求后,即可将混凝土通过灌注漏斗灌入桩管内。待混凝土灌满桩管后,开始拔管,拔管过程应保持对桩管进行连续低锤密击,保证浇注的混凝土密实。拔管速度不宜过快,对一般土层以 1.0m/min 为宜。拔管高度不宜过高,第一次拔管高度应控制在能容纳第二次所需要灌入的混凝土量为限。同时,应保证管内混凝土高度不少于 2m,在拔管过程中应用侧锤或浮标检查管内混凝土面的下降情况。灌入桩管内的混凝土,从搅拌到最后拔管结束不得超过混凝土的初凝时间。复打法是在单打施工完毕,拔出桩管后,及时清除粘附在管壁和散落在地面上的泥土,在原桩位上第二次安放桩尖,以后的施工过程则与单打灌注桩相同。复打沉管灌注桩施工时应注意,复打施工必须在第一次灌注的混凝土初凝以前全部完成,桩管在第二次打入时应与第一次的轴线相重合,且第一次灌注的混凝土应达到自然地面,不得少灌。

锤击沉管灌注桩的特点是:可用小桩管打较大截面桩,承载力大;有套管护壁,可防止坍孔、缩孔、断桩,桩质量可靠;可采用普通锤击打桩机施工,速度快,效率高,操作简便,费用较低。

2.2.3.2 振动沉管灌注桩

振动沉管灌注桩通常利用振动锤作为动力,施工时以激振力和冲击力的联合作用将桩管沉入土中。在达到设计的桩端持力层后,向管内灌注混凝土,然后边振动桩管、边上拔桩管而形成灌注桩。图 2-28 所示为振动沉管灌注桩成桩过程。

图 2-28 振动沉管灌注桩成桩过程
(a)桩基就位;(b)沉管;(c)上料;(d)拔出桩管;(e)混凝土顶部插入短钢筋

振动沉管灌注桩的施工工艺可分为单振法、复振法和反插法三种。

单振法施工时，在桩管灌满混凝土后，开动振动器，先振动 5 ~ 10s，再开始拔管。应边振边拔，每拔 0.5 ~ 1m，停拔 5 ~ 10s，但保持振动，如此反复，直至桩管全部拔出。复振法是在单振法施工完成后，再把活瓣桩尖闭合起来，在原桩孔混凝土中第二次沉下桩管，将未凝固的混凝土向四周挤压，然后进行第二次灌注混凝土和振动拔管。复振法适用于饱和黏土层。反插法是在桩管灌满混凝土后，先振动再开始拔管，每次拔管高度 0.5 ~ 1.0m，反插深度 0.3 ~ 0.5m，在拔管过程中分段添加混凝土，保持管内混凝土面始终不低于地表面或高于地下水位 1.0m 以上，拔管速度应小于 0.5m/min。如此反复进行，直至桩管拔出地面。反插法能使混凝土的密实性增加，宜在较差的软土地基施工中采用。

2.2.3.3 沉管灌注桩常见质量问题及预防措施

套管成孔灌注施工时常发生断桩、缩颈桩、吊脚桩、夹泥桩、桩尖进水、进泥等问题；

（1）断桩。指桩身裂缝呈水平或略有倾斜且贯通全截面。常见于地面以下 1 ~ 3m 不同软硬土层交接处。产生断桩的主要原因是桩距过小，桩身混凝土终凝不久，强度低，邻桩沉管时使土体隆起和挤压，产生横向水平力和竖向拉力使混凝土桩身断裂。

避免断桩的措施是：布桩不宜过密，桩间距以不小于 3.5d 为宜；当桩身混凝土强度较低时，可采用跳打法施工；合理制定打桩顺序和桩架行走路线以减少振动的影响。

（2）缩颈桩。也称瓶颈。是指桩身局部直径小于设计直径。缩颈常出现在饱和淤泥质土中。产生的主要原因是在含水量高的黏性土中沉管时，土体受到强烈扰动挤压，产生很高的孔隙水压力，桩管拔出后，超孔隙水压力作用在所浇筑的混凝土桩身上，使桩身局部直径缩小；施工过程中拔管速度过快，管内形成真空吸力，且管内混凝土量少和易性差，使混凝土扩散性差，导致缩颈；桩间距过小，施工时受邻桩挤压使混凝土桩身缩小。

施工过程中应经常检查管内混凝土的下落情况，严格控制拔管速度，采取"慢拔密振"或"慢拔密击"的方法。在可能产生缩颈的土层施工时，采用反插法或复打法可避免缩颈。

（3）吊脚桩。指桩底部的混凝土悬空或混入泥沙在桩底部形成松软层。产生吊脚桩的主要原因是：活瓣桩尖被周围土压实而不张开，拔至一定高度时才张开，而此时孔底部已被孔壁回落土充填而形成吊脚桩；预制桩尖强度不足，在沉管时破损，被挤入桩管内，拔管时振动冲击未能将桩尖压出，拔管至一定高度时，桩尖才落下但又被硬土层卡住，未落到孔底而形成吊脚桩；振动沉管时，桩管入土较深并进入低压缩性土层，灌完混凝土开始拔管时，形成空隙。

避免出现吊脚桩的措施是：严格检查预制桩尖的强度和规格，防止桩尖打碎或压入桩管；采用"密振慢抽"方法，开始拔管 50cm，可将桩管反插几下，然后再正常拔管；混凝土应保持良好的和易性，坍落度应不小于 5 ~ 7cm。如已发现吊脚现象，应将桩管拔出，桩孔回填后重新沉入桩管。

（4）桩尖进水、进泥砂。在含水量大的淤泥、粉砂土层中沉入桩管时，往往有水或泥砂进入桩管内，这是由于活瓣桩尖合拢后有较大的间隙，或预制桩尖与桩管接触不严密，或桩尖打坏所致。

预防措施是，预制桩尖的尺寸和配筋均应符合设计要求，混凝土强度等级不得低于 C30；在桩尖与桩管接触处缠绕麻绳或垫衬；对缝隙较大的活瓣桩尖应及时修复或更换；当地下水量大时，桩管沉至接近地下水位，可灌注 0.05 ~ 0.1m^3 封底混凝土，将桩管底部的缝隙用混凝土封住，灌 1m 高的混凝土后，再继续沉管。

2.2.4 人工挖孔灌注桩

人工挖孔灌注桩是指在桩位处采用人工挖土成孔，然后安放钢筋笼，灌注混凝土成桩。挖孔扩底灌注桩，是在挖孔灌注桩的基础上，扩大桩底尺寸而成。人工挖孔灌注桩的优点是：成孔机具简单，作业时无振动、无噪声，当施工场地狭窄，邻近建筑物密集时尤为适用；对施工现场周围的原有建筑物影响小，施工速度快，可按施工进度要求确定同时开挖桩孔的数量，必要时各桩孔可同时施工；开挖过程便于检查孔壁及孔底，可以核实桩孔地层土质情况，便于清底，施工质量可靠；桩径和桩身可随承载力的情况而变化，桩端可以人工扩大而获得较大的承载力，满足一柱一桩的要求。

2.2.4.1　施工机具

人工挖（扩）孔灌注桩施工用的机具比较简单，主要有：

（1）电动葫芦（或手摇辘轳）和提土桶。用于材料和弃土的垂直运输以及供施工员上下工作使用。

（2）护壁钢模板（国内常用）或波纹模板（日本在人工挖孔桩时使用）。

（3）潜水泵。用于抽出桩孔中的积水。

（4）鼓风机和送风管。用于向桩孔中强制送入新鲜空气。

（5）镐、锹、土筐等挖运土工具。若遇到硬土或岩石，尚需准备风镐。

（6）插捣工具。用于插捣护壁混凝土。

（7）应急软爬梯。

（8）照明灯、对讲机、电铃等。

2.2.4.2　施工工艺

为确保人工挖（扩）孔灌注桩施工过程的安全，必须采用支护措施防止土体坍滑。支护的方法很多，可采用现浇混凝土护壁、喷射混凝土护壁、波纹钢模板工具式护壁等。下面主要叙述常用的现浇混凝土分段护壁。

现浇混凝土分段护壁施工工艺流程：

（1）放线定位。按设计图纸要求放线、定桩位。

（2）开挖土方。采取分段开挖，每段高度取决于土壁保持直立状态的能力，一般以0.8～1.0m为一施工段。挖土由人工从上到下逐段进行，同一段内挖土次序为先中间后周边；扩底部分采取先挖桩身圆柱体，再按扩底尺寸从上到下削土修成扩底形。在地下水位以下施工时应及时用吊桶将泥水吊出，当遇大量渗水时，则需在孔底一侧挖集水坑，用高扬程潜水泵将水排出孔外。

（3）测量控制。桩位轴线采取在地面设十字控制网、基准点。安装提升设备时，使吊桶的钢丝绳中心与桩孔中心线一致，以作挖土时粗略控制中心线用。

（4）支设护壁模板。模板高度取决于开挖土方施工段的高度，一般为1m，由4块或8块活动钢模板组合而成。护壁支模中心线控制，系将桩控制轴线、高程引到第一节混凝土护壁上，每节以十字线对中、吊大线锤控制中心点位置，用尺杆找圆周，然后由基准点测量孔深。

（5）设置操作平台。在模板顶放置操作平台，平台可用角钢和钢板制成半圆形，两个合起来即为一个整圆，用来临时放置混凝土拌和料和灌注护壁混凝土用。

（6）浇筑护壁混凝土。护壁通常为素混凝土，混凝土强度等级为C25或C30，厚度由地下最深段护壁所受的土压力及地下水的侧压力确定，一般取100～150mm。当桩径、桩长较大，或土质较差，有渗水时应在护壁中配筋，上下护壁的主筋应搭接。第一节混凝土护壁宜高出地面200mm，便于挡水和定位。护壁混凝土要注意捣实，因它起着护壁与防水双重作用，上下护壁间搭接50～75mm，护壁分为外齿式和内齿式两种。外齿式作为施工用的衬体，抗塌孔的作用更好，便于人工用钢钎捣实混凝土，增大桩侧摩擦阻力。

(7) 拆除模板继续下一段的施工。当护壁混凝土达到一定的强度后(一般在常温情况下约24h)便可拆除模板,再开挖下一段土方,然后继续支模灌注护壁混凝土,如此循环,直至挖至设计要求的深度。

(8) 钢筋笼沉放,即钢筋笼就位。对质量1000kg以内的小型钢筋笼,可用带有小卷扬机和活动木搭的小型吊运机具,或用汽车式起重机吊放入孔内就位。对直径、长度、重量大的钢筋笼,可用履带式起重机或大型汽车式起重机进行吊放。

(9) 排除孔底积水,灌注桩身混凝土。灌注桩身混凝土前,应先吊放钢筋笼,并再次测量孔底虚土高度,并按要求进行清除。混凝土坍落度一般为8~10cm。灌注混凝土可用混凝土吊斗、翻斗车或手推车运输向桩孔内灌注,混凝土下料要用串桶,使混凝土垂直灌入孔内。混凝土应连续分层浇筑,每层高度不得大于1.5m。对直径较小的挖孔桩,距地面6m以下利用混凝土的大坍落度和下冲力使之密实;6m以内的混凝土应分层振捣密实;再分层灌注桩身,分层捣实,直至桩顶。

人工挖孔灌注桩适宜在地下水位以上施工,可用于人工填土层、黏土层、粉土层、砂土层、碎石土层和风化岩层施工,也可在黄土、膨胀土和冻土中使用,适应性较强。在覆盖层较深且具有起伏较大基岩面的山区和丘陵地区,采用不同深度的挖孔灌注桩,技术可靠,受力合理。

人工挖孔灌注桩的桩身直径除了能满足设计承载力的要求外,还应考虑施工操作的要求,故桩径不宜小于800mm,一般为800~2000mm,国内已施工的最大直径为3500mm。桩端可采用扩底或不扩底两种方法。根据桩端土的情况,扩底直径一般为桩身直径的1.3~2.5倍,最大扩底直径可达4500mm。当采用现浇混凝土护壁时,人工挖孔桩的构造如图2-29所示。护壁厚度一般为$(d/10)+5$(cm)(其中d为桩径),护壁内等距放置8根直径为6~8mm,长1m的直钢筋插入下层护壁内,使上下护壁有钢筋拉结,以避免某段护壁出现流砂、淤泥而造成护壁因自重而沉裂的现象。

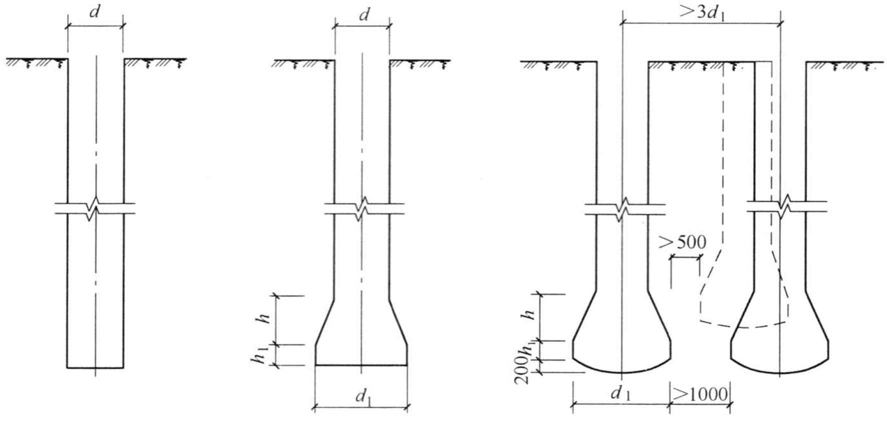

图2-29 人工挖孔和挖孔扩底灌注桩截面形式
(a)圆柱形;(b)扩底桩;(c)扩底桩群布置

2.2.4.3 施工中的注意事项

(1) 安全措施。人工挖孔桩施工的安全措施是:操作工人必须经健康检查和井下、高空、用电及简单机械操作等安全作业培训且考核合格后,方可进入施工现场;施工时施工人员必须戴安全帽,穿绝缘胶鞋,孔内有人时,孔口必须有人监督防护;孔周围要设置安全防护栏,每孔必须设置安全绳及应急软爬梯；在施工图会审和桩孔挖掘前，要认真研究钻探资料，分析地质情况，对可能出现流砂、管涌、涌水以及有害气体等情况应制定有针对性的安全防护措施；孔下照明要用安全电压；使用潜水泵必须有防漏电装置；设置鼓风机，以便向孔内强制输送清洁空气、排除有害气体等。

（2）桩孔质量保证措施。开挖前，应从桩中心位置向桩四周引出4个桩心控制点，施工过程必须用桩心点来校正模板位置，并应设专人严格校核中心位置及护壁厚度，桩孔中心平面位置偏差要求不宜超过20mm，桩的垂直度偏差要求不超过1%，桩径不得小于设计直径。

桩孔开挖后应尽快灌注护壁混凝土，且必须当天一次灌注完毕；护壁混凝土拌和料中宜掺入早强剂；护壁模板拆除后，如发现护壁有蜂窝、漏水现象应及时加以堵塞和导流，防止孔外水通过护壁流入桩孔内。

（3）注意防止土壁坍落及流砂事故。在开挖过程中，如遇到特别松软的土层，流动性淤泥或流砂时，为防止土壁坍落及流砂，可减少每节护壁的高度（可取0.3～0.5m）或采用钢护筒、预制混凝土沉井等作为护壁，待穿过松软土层或流砂层后，再按一般方法边挖掘、边灌注混凝土护壁。对于流砂现象严重的桩孔，可采用井点降水法先进行降水。

2.3 桩基施工的安全技术措施与验收

2.3.1 桩基施工的安全技术措施

桩基施工前，应对邻近施工范围内的原有建筑物，地下管线等进行检查，对有可能对其产生影响的工程，应采取有效的加固措施或隔振措施，以确保施工安全；机具进场时要注意危桥、陡坡、陷地和防止碰撞电杆、房屋等，以免造成事故；桩机行走的道路必须平整、坚实、场地四周应挖排水沟以利排水，保证移动桩机时的安全，在基坑和围堰内沉桩时，要配备足够的排水设备；打桩施工前应全面检查机械设备，并进行试运行，严禁带病作业，打桩过程中遇有地坪隆起或下陷时，应随时对机架及路轨调平或垫平，并经常注意机械运输的情况，发现异常情况要及时纠正。要防止机械倾斜、倾倒，桩锤不工作时突然下落等事故的发生。

桩锤安装时应将桩锤运到桩架正前方2m以内，不得远距离斜吊。吊桩就位时，必须在桩上拴好溜绳，起吊要慢，拉着溜绳，防止桩头冲击桩架，撞坏桩身。打桩时桩头垫料严禁用手拨正，不允许在桩锤未打到桩顶起锤或过早刹车，以免损坏桩机设备。遇有大雨、雪、雾和六级以上大风等恶劣气候，应停止作业。当风速超过七级或有强台风警报时，应将桩机顺风停置，并增加缆风绳，必要时，应将桩架平放到地面上。施工现场电器设备外壳必须保护接零。开关箱与用电设备实行一机一闸一保险。

钻孔灌注桩在已钻成的孔尚未浇筑混凝土前，必须用盖板封严；预制混凝土桩送桩入土后的桩孔，必须及时用砂子或其他材料填灌，以免发生人身事故。冲抓锥或冲抓锤操作时，不准任何人进入落锤区施工范围内，以防砸伤。成孔钻机操作时注意钻机平稳，防止气架突然倾倒或钻具突然下落而发生事故。

人工挖孔法施工时，井下应设通风设施，操作人员下井时应携带有害气体测定仪，电气设备要装安全漏电保护开关等。井下照明必须使用36V安全照明电压。对易坍孔土层应采取可靠的护壁措施，并经常检查桩孔护壁施工质量和变形情况。井口护圈应高出井口面200mm，并防止物件掉入桩孔砸伤井下人员。

2.3.2 桩基验收

验收桩基工程，应检验是否符合设计要求和施工质量验收规范的规定，在验收前，不得截去混凝土预制桩和灌注桩的桩顶。验收时，应提交下列资料：

（1）工程地质勘察报告、桩基施工图、图纸会审纪要、设计变更及材料代用通知单等；

（2）桩位测量放线图，包括工程桩位线复核签证单；

（3）制作桩的材料试验记录、成桩质量检查报告；

（4）单桩承载力检测报告；

（5）基坑挖至设计标高的基础竣工平面图及桩顶标高图。

桩基工程的桩位验收，除设计有规定外，应按下述要求进行：当桩顶设计标高与施工场地标高相同时，或桩基施工结束后，有可能对桩位进行检查时，桩基工程的验收应在施工结束后进行。当桩顶设计标高低于施工场地标高，送桩后无法对桩位进行检查时，对打入桩可在每根桩桩顶沉至场地标高时，进行中间验收，待全部桩施工结束，承台或底板开挖到设计标高后，再做最终验收。对灌注桩可对护筒位置做中间验收。

工程桩应进行承载力检验。对于地基基础设计等级为甲级或地质条件复杂，或成桩质量可靠性低的灌注桩，应采用静载荷试验的方法进行检验，检验桩数不应少于总数的1%，且不应少于3根；当总数少于50根时，不应少于2根。

桩身质量应进行检验。对设计等级为甲级或地质条件复杂，成桩质量可靠性低的灌注桩，抽检数量不应少于总数的30%，且不应少于20根；其他桩基工程的抽检数量不应少于总数的20%，且不应少于10根；对混凝土预制桩及地下水位以上且终孔后经过核验的灌注桩、检验数量不应少于总桩数的10%，且不得少于10根。每个柱子承台下不得少于1根。

复习思考题

2-1 何谓预制桩、灌注桩，其各自的特点是什么，施工中应如何控制？

2-2 桩架的作用是什么，如何确定桩架的高度？

2-3 桩锤的种类及特点是什么，如何选择桩锤？

2-4 为什么要确定打桩顺序，合理的打桩顺序有哪几种，如何确定打桩顺序？

2-5 什么是打桩施工的贯入度、最后贯入度，施工中应在什么条件下测定最后贯入度？

2-6 打桩的质量要求及保证质量的措施有哪些？

2-7 简述接桩的方法有哪些，各适用于什么情况。

2-8 灌注桩的成孔方法有哪些，各适用于什么情况？

2-9 泥浆在泥浆护壁成孔灌注桩施工中有什么作用，对泥浆有何要求？

2-10 水下浇筑混凝土的施工特点和对混凝土的要求是什么？

2-11 人工挖孔灌注桩施工中应注意哪些安全问题，如何防范？

2-12 如何进行桩基工程的验收？

3 混凝土结构工程

混凝土结构工程在建筑施工中占有重要的地位,它对整个工程的工期、成本、质量都有极大的影响。混凝土结构工程由模板工程、钢筋工程和混凝土工程三部分组成,在施工中三个工种之间要密切配合,合理组织施工,才能确保工程质量和工期。

混凝土结构工程按施工方法分为现浇混凝土结构工程和装配式混凝土结构工程。

现浇混凝土结构工程是在施工现场,在结构构件的设计位置架设模板,绑扎钢筋,浇筑混凝土,振捣成型,经过养护,待混凝土达到拆模强度时拆除模板,制成结构构件。现浇混凝土结构整体性好,抗震性好,施工时不需大型起重机械。但模板消耗量大,劳动强度高,施工受气候条件影响较大。

装配式混凝土结构工程是在施工现场或预制构件厂预先制作好结构构件,后在施工现场用起重机械把预制构件放到设计位置。除运输不便的大型混凝土构件需在施工现场预制外,大量的中、小型构件均在预制工厂制作。在预制构件厂进行工厂化生产构件,可节约大量模板,且所生产的构件质量较好,与现浇混凝土结构相比,装配式混凝土结构施工速度较快,但结构耗钢量大,且施工时一般需要较大型的起重机械。

混凝土结构工程的施工工艺过程如图 3-1 所示。

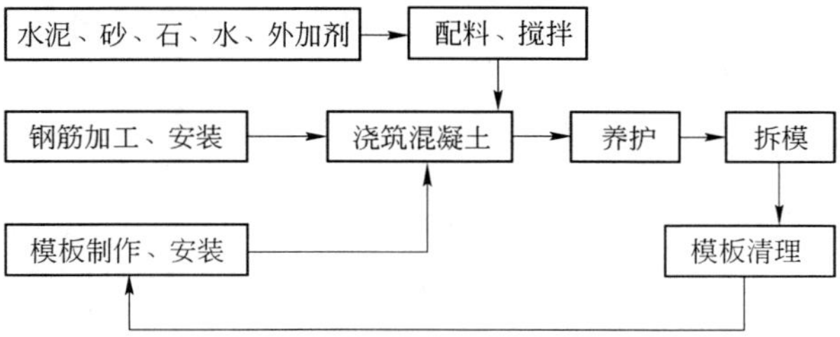

图 3-1 混凝土结构工程施工工艺

3.1 模板工程

模板结构由模板和支撑两部分构成。

模板是新浇混凝土结构或构件成型的模型,使硬化后的混凝土具有设计所要求的形状和尺寸;支撑部分的作用是保证模板形状和位置,并承受模板和新浇筑混凝土的重量以及施工荷载。

尽管模板结构是钢筋混凝土工程施工时所使用的临时结构物,但它对钢筋混凝土工程的施工质量和工程成本影响很大。因此,在钢筋混凝土结构施工中,对模板结构有以下基本要求:

(1) 应保证结构和构件各部分形状、尺寸和相互位置正确。

(2) 具有足够的强度、刚度和稳定性,并能可靠地承受新浇混凝土的自重荷载、侧压力以及施工过程中的施工荷载。

(3) 构造简单,装拆方便,并便于钢筋的绑扎和安装,有利于混凝土的浇筑及养护,能多次周转使用。

（4）模板接缝严密，不得漏浆。

（5）对清水混凝土工程及装饰混凝土工程，应能达到设计效果。

模板的种类很多，按材料分，可分为木模板、钢模板、胶合板模板、钢木模板、塑料模板、铝合金模板等。最常用的是木模板、钢模板等。

按结构的类型分为：基础模板、柱模板、楼板模板、楼梯模板、墙模板、壳模板和烟囱模板等多种。

按施工方法分类，有现场装拆式模板、固定式模板和移动式模板。现场装拆式模板是按照设计要求的结构形式、尺寸和空间位置在现场组装，当混凝土达到拆模强度后即拆除模板。现场装拆式模板多用定型模板和工具式支撑；固定式模板多用于制作预制构件，是按构件的形状、尺寸于现场或预制厂制作，涂刷隔离剂，浇筑混凝土，当混凝土达到规定的强度后，即脱模、清理模板，再重新涂刷隔离剂，继续制作下一批构件。各种胎模（土胎模、砖胎模、混凝土胎模）属于固定式模板；移动式模板是随着混凝土的浇筑，模板可沿垂直方向或水平方向移动，如烟囱、水塔、墙柱混凝土浇筑采用的滑升模板、爬升模板、提升模板、大模板以及高层建筑楼板采用的飞模，筒壳混凝土浇筑采用的水平移动式模板等。

木模板是传统的方式，它加工容易，装拆方便，一次投资少。虽然目前大量使用定型组合钢模板，但一些地区还有相当数量的工程使用木模板。为节约木材，模板和支撑最好由加工厂或木工棚加工成基本拼板，然后在现场进行拼装。同时应加大力度研究和推广钢框竹（木）胶合板模板和以胶合板或钢板为面板的工具式墙、柱模板。依据结构特点，还应继续发展台模、筒子模、隧道模等专业模板。

钢模板的一次投资较大，但周转次数多。特别是组合钢模板，可以拼装成适应各种结构形式的多种尺寸，且构造合理，浇筑成型的混凝土构件表面光滑，棱角整齐，装拆方便，得到了广泛使用。

3.1.1 组合钢模板

组合钢模板是由一定模数的平面模板、角模板、支承件和连接件组成，是一种工具式模板。组合钢模板的特点是通用性强，可以组拼成不同形状、不同尺寸的结构模板，施工中装拆方便，既可以现场直接拼装，也可以预拼成大模板、台模等再用起重机吊运安装。

组合钢模板的部件主要由钢模板、连接件和支承件三部分组成。

3.1.1.1 钢模板的类型及规格

钢模板主要包括平面模板（见图 3-2）和转角模板等（见图 3-3）。

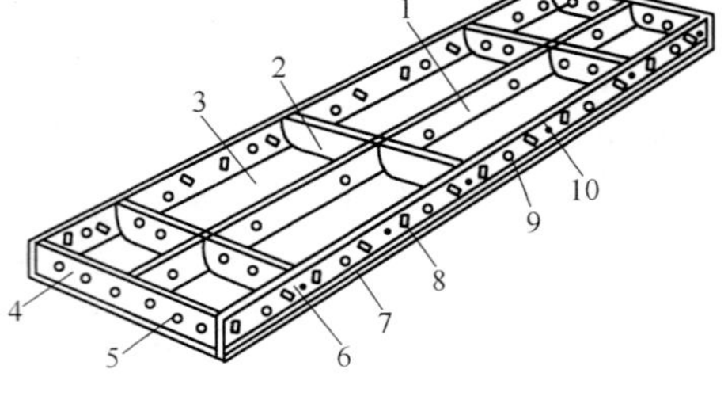

图 3-2 平面模板

1—中纵肋；2—中横肋；3—面板；4—横肋；5—插销孔；6—纵肋；7—凸棱；8—凸鼓；9—U 形卡孔；10—钉子孔

钢模板面板厚度一般为 2.3mm 或 2.5mm，肋板厚度一般为 2.8mm。肋板上设有 U 形卡孔。钢模板采用模数制设计。

平面模板宽度以 100mm 为基础，以 50mm 为模数进级；长度以 450mm 为基础，以 150mm 为模数进级；肋板高 55mm。平面模板利用 U 形卡和 L 形插销等可拼装成大块模板。U 形卡孔两边设凸鼓，以增加 U 形卡的夹紧力。边肋倾角处有 0.3mm 的凸棱，可增强模板的刚度并使拼缝严密。平面模板的规格长度有：450mm、600mm、750mm、900mm、1200mm、1500mm；宽度有：100mm、150mm、200mm、250mm、300mm；高度为 55mm。

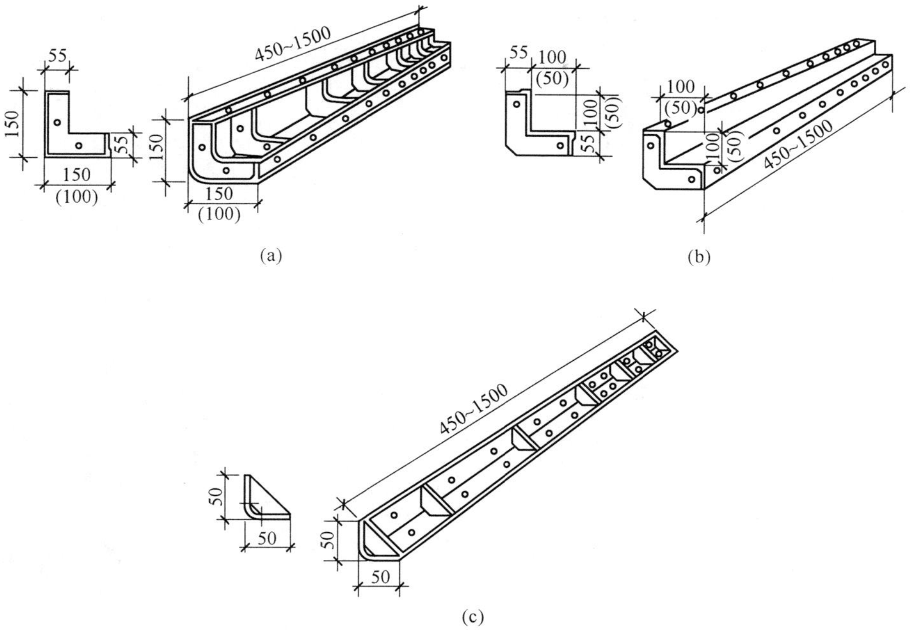

图 3-3 转角模板
(a)阴角模板;(b)阳角模板;(c)连接角模板

转角模板有阴角模板、阳角模板和连接角模板三种,主要用于结构的转角部位。转角模板的长度与平面模板相同,其中阴角模板的宽度有 150mm × 150mm、100mm × 150mm 两种;阳角模板的宽度有 100mm × 100mm、50mm × 50mm 两种;连接角模板的宽度为 50mm × 50mm。

钢模板的规格编码如表 3-1 所示。

表 3-1 钢模板规格编码表

模板名称			模板长度/mm											
			450		600		750		900		1200		1500	
			代号	尺寸	代号	尺寸	代号	尺寸	代号	尺寸	代号	尺寸	代号	尺寸
平面模板(代号P)	宽度/mm	300	P3004	300 × 450	P3006	300 × 600	P3007	300 × 750	P3009	300 × 900	P3012	300 × 1200	P3015	300 × 1500
		250	P2504	250 × 450	P2506	250 × 600	P2507	250 × 750	P2509	250 × 900	P2512	250 × 1200	P2515	250 × 1500
		200	P2004	200 × 450	P2006	200 × 600	P2007	200 × 750	P2009	200 × 900	P2012	200 × 1200	P2015	200 × 1500
		150	P1504	150 × 450	P1506	150 × 600	P1507	150 × 750	P1509	150 × 900	P1512	150 × 1200	P1515	150 × 1500
		100	P1004	100 × 450	P1006	100 × 600	P1007	100 × 750	P1009	100 × 900	P1012	100 × 1200	P1015	100 × 1500
阴角模板(代号 E)			E1504	150 × 150 × 450	E1506	150 × 150 × 600	E1507	150 × 150 × 750	E1509	150 × 150 × 900	E1512	150 × 150 × 1200	E1515	150 × 150 × 1500
			E1004	100 × 150 × 450	E1006	100 × 150 × 600	E1007	100 × 150 × 750	E1009	100 × 150 × 900	E1012	100 × 150 × 1200	E1015	100 × 150 × 1500
阳角模板(代号 Y)			Y1004	100 × 100 × 450	Y1006	100 × 100 × 600	Y1007	100 × 100 × 750	Y1009	100 × 100 × 900	Y1012	100 × 100 × 1200	Y1015	100 × 100 × 1500
			Y0504	50 × 50 × 450	Y0506	50 × 50 × 600	Y0507	50 × 50 × 750	Y0509	50 × 50 × 900	Y0512	50 × 50 × 1200	Y0515	50 × 50 × 1500
连接角模板(代号 J)			J0004	50 × 50 × 450	J0006	50 × 50 × 600	J0007	50 × 50 × 750	J0009	50 × 50 × 900	J0012	50 × 50 × 1200	J0015	50 × 50 × 1500

3.1.1.2　组合钢模板连接配件

组合钢模板的连接件包括：U 形卡、L 形插销、钩头螺栓、对拉螺栓、紧固螺栓和扣件等，如图 3-4所示。

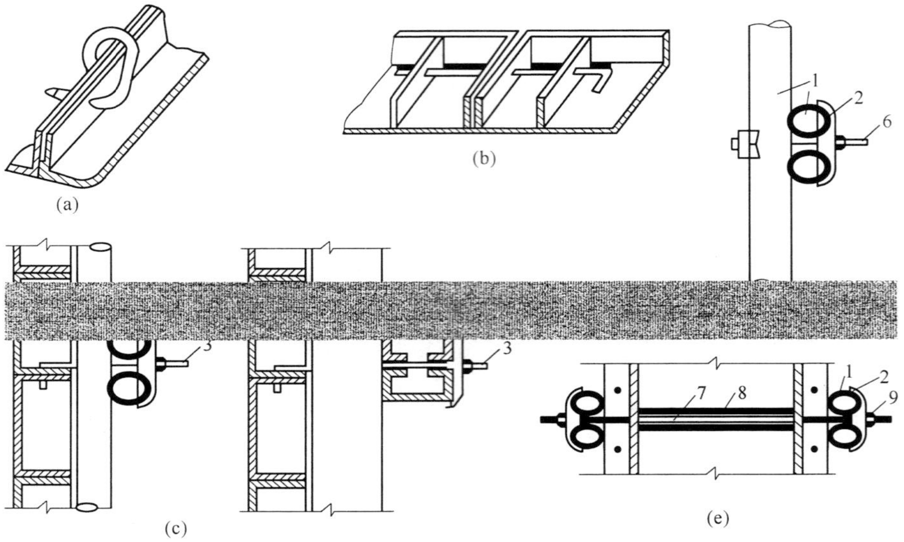

图 3-4　钢模板连接件

(a)U 形卡连接；(b)L 形插销连接；(c)钩头螺栓连接；(d)紧固螺栓连接；(e)对拉螺栓连接

1—圆钢管楞；2—“3”形扣件；3—钩头螺栓；4—内卷边槽钢钢楞；5—蝶形扣件；

6—紧固螺栓；7—对拉螺栓；8—塑料套管；9—螺母

U 形卡用于相邻模板的连接，其安装距离不大于 300mm，即每隔一孔卡插一个，安装方向一顺一倒相互交错，以抵消因打紧 U 形卡可能产生的位移；

L 形插销用于插入钢模板端板端部横肋的插销孔内，以加强两相邻模板接头处的刚度和保证接头处板面平整；

钩头螺栓用于钢模板与内外钢楞的加固，安装间距一般不大于 600mm，长度应与采用的钢楞尺寸相适应；

紧固螺栓用于紧固内外钢楞，长度应与采用的钢楞尺寸适应；

对拉螺栓用于连接墙壁两侧模板，保持模板与模板之间的设计厚度，并承受混凝土侧压力及水平荷载，使模板不致变形；

扣件用于钢楞与钢楞或与钢模板之间的扣紧。按钢楞的不同形状，分别采用蝶形扣件和“3”形扣件。

3.1.1.3　组合钢模板的支承件

组合钢模板的支承件包括钢楞、柱箍、梁卡具、钢管架、扣件式钢管脚手架、平面可调桁架等。

钢楞又称龙骨，主要用于支承钢模板并提高其整体刚度。钢楞的材料有钢管、矩形钢管、内卷边槽钢、槽钢、角钢等。

柱箍用于直接支承和夹紧各类柱模的支承件，有扁钢(见图 3-5)、角钢、槽钢等多种形式。

梁卡具又称梁托架，是一种将大梁、过梁等钢模板夹紧固定的装置，并承受混凝土的侧压力，其种类较多。图 3-6 所示为扁钢与钢管组合梁卡具。

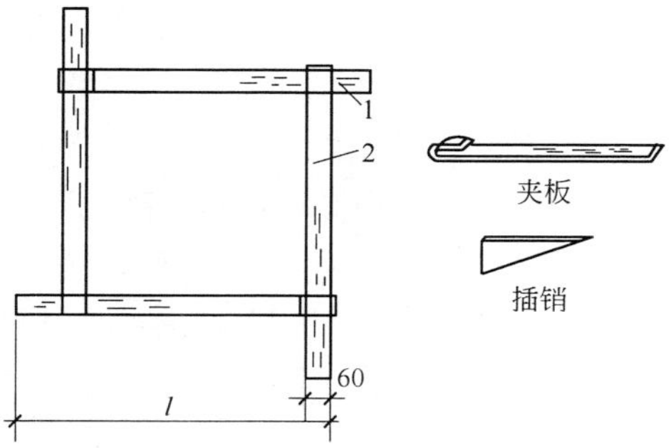

图 3-5 扁钢型柱箍图
1—插销;2—夹板

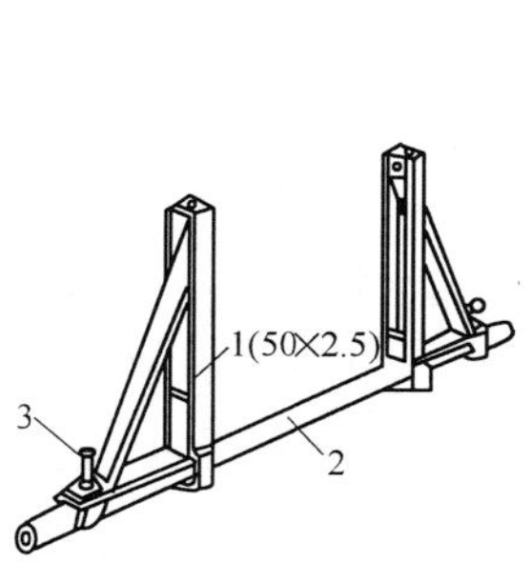

图 3-6 扁钢和圆钢管组合梁工具
1—三角架;2—底座;3—固定螺栓

钢管架又称钢支撑,用于大梁、楼板等水平模板的垂直支撑。钢管支柱由内外两节钢管组成,可以伸缩以调节支柱高度。其规格形式较多,目前常用的 CH 型和 YJ 型两种(见图 3-7)。

扣件式钢管脚手架主要用做层高较大的梁、板等水平模板的支架,由钢管、扣件、底座和调节杆等组成。

钢管一般采用外径 ϕ48mm、壁厚 3.5mm 的焊接钢管,长度有 2000mm、3000mm、4000mm、5000mm、6000mm 几种。另配 200mm、400mm、600mm、800mm 长的短钢管,供接长调距使用。

扣件是连接固定钢管脚手架的重要部件,按用途的不同可分为直角扣件、回转扣件和对接扣件等。

底座安装在主杆的下部,起着将荷载传至基础的作用,有可调式和固定式两种。

调节杆用于调节支架的高度,可调高度为 100 ~ 350mm;分螺栓调节杆和螺管调节杆两种。

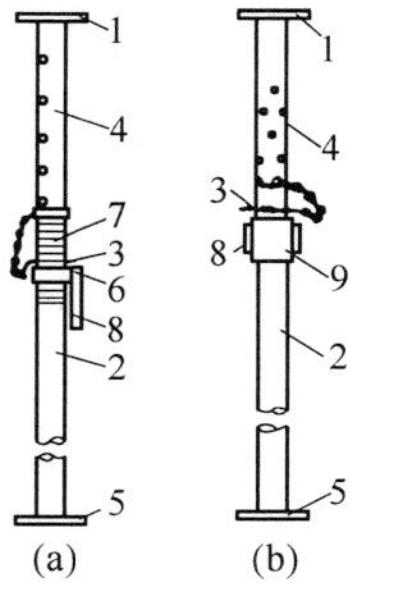

图 3-7 钢管架
(a) CH 型;(b) YJ 型
1—顶板;2—套管;3—插销;4—插管;5—底座;6—转盘;7—螺管;8—手柄;9—螺旋套

平面可调桁架是一种用于楼板、梁等水平模板的支架,可取代水平模板下的立柱,扩大施工楼层内的空间,为加快施工进度提供了可能性。平面可调桁架目前采用的类型较多,荷载较小时,可用钢筋焊成;跨度或荷载较大时,可用角钢或钢管制成。也可以制成两个半榀,再拼装成整体。图 3-8 所示为用角钢、扁钢和圆钢筋焊制的轻型桁架。两榀桁架组合后,其跨度可调范围为 2100 ~ 3500mm。梁的跨度大时,可以连续安装桁架,在桁架中间加设支柱。桁架两端可以支承在墙上、工具式立柱上或钢管立架上。

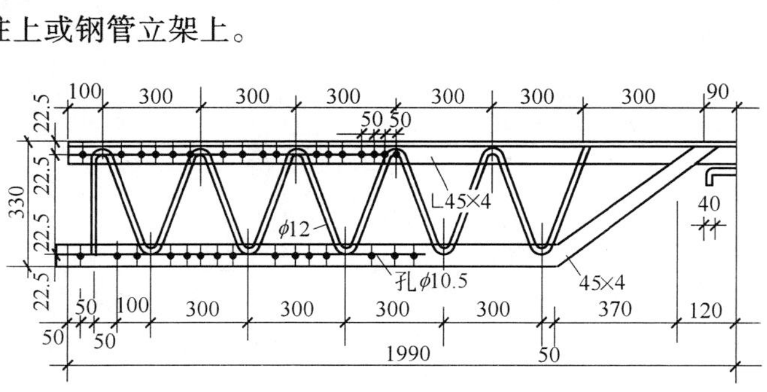

图 3-8 轻型桁架

3.1.2 模板的构造及安装

3.1.2.1 基础模板

阶梯式基础模板的构造如图3-9所示，所选钢模板的宽度最好与阶梯高度相同。基础阶梯高度如不符合钢模板宽度的模数时，可加镶木板。上层阶梯外侧模板较长，需用两块钢模板拼接。除用两根L形插销外，上下可加扁铁并用U形卡连接。上层阶梯内侧模板长度应与阶梯等长，与外侧模板拼接处上下应加T形扁钢板连接；下层阶梯钢模板的长度最好与下层阶梯等长，四角用连接角模拼接。

杯形基础杯口处应在模板的顶部中间装杯芯模板。

基础模板一般在现场拼装。

3.1.2.2 柱模板

柱模板的构造如图3-10所示，由四块拼板围成，四角由连接角模连接。每块拼板由若干块钢模板组成，柱的顶部与梁相接处需留出与梁模板连接的缺口，用钢模板组合往往不能满足要求，该接头部分常用木板镶拼。当柱较高时，可根据需要在柱中部设置混凝土浇筑孔，浇筑孔的盖板可用钢模板或木板镶拼。柱模板下端也应留垃圾清理孔。

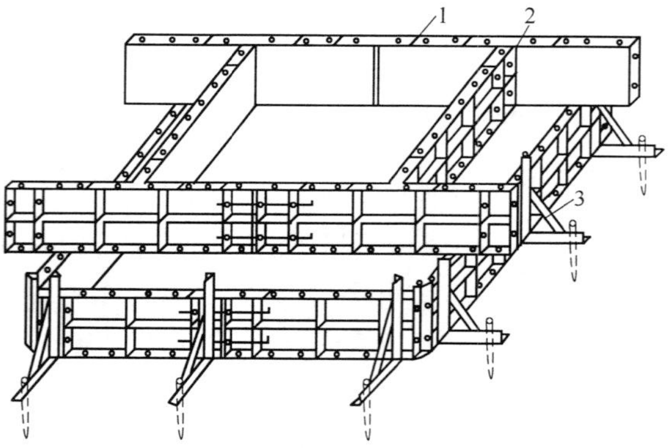

图3-9 基础模板

1—扁钢连接件；2—T形连接件；3—角钢三角撑

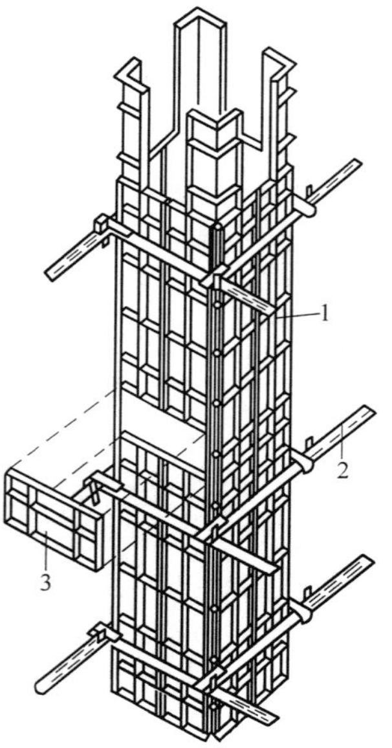

图3-10 柱模板

1—平面钢模板；2—柱箍；3—浇筑孔盖板

柱模板安装有现场拼装和场外预拼装后到现场安装两种形式。现场拼装是根据已弹好的柱边线按配板图从下向上逐圈安装，直至柱顶，校正垂直度后即可装设柱箍等支撑杆件以保证柱模板的稳定。场外预拼装就是在场外设置钢模板拼装平台，可预拼成四片然后运到现场就位，用连接角模连成整体，最后安设柱箍。也可在平台上拼装成整体，上好柱箍等加固杆，运到现场整体安装。

3.1.2.3 梁、楼板模板

梁模板由底模板及两片侧模组成。底模与两侧模间用连接角模连接，侧模顶部则用阴角模板与楼板相接。梁侧模承受混凝土侧压力,可根据需要在两侧模间设对拉螺栓或设卡具。整个梁模板用支柱(或钢管架)支承(见图3-11)。

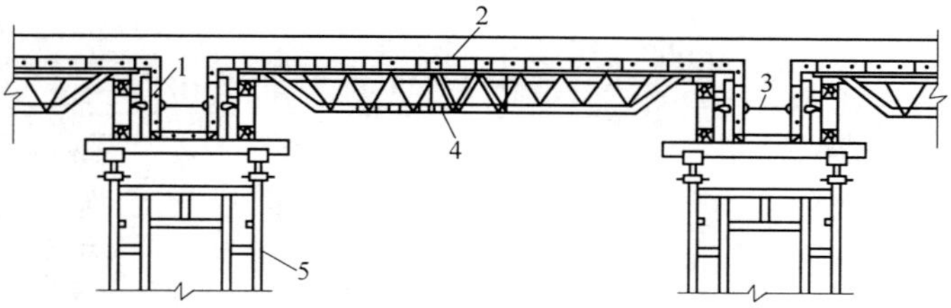

图3-11 梁、楼板模板

1—梁模板;2—楼板模板;3—对拉螺栓;4—伸缩式桁架;5—门式支架

梁模板一般在拼装平台上按配板图拼成三片,用钢楞加固后运到现场安装。安装底模前,应先立好支柱(或钢管架),调整好支柱顶标高,并以水平及斜向拉杆加固,然后将梁底模板安装在支柱顶上,最后安装梁侧模板。

梁模板也可在拼装平台上将三片钢模板用钢楞、对拉螺栓等加固后,运到现场整体吊装就位。

楼板模板由平面钢模拼装而成,用支柱(或钢管架)支承。为减少支柱用量,扩大板下施工空间,可用平面可调桁架支承。楼板模板的安装可以散拼,也可以整体安装。其周边用阴角模板与梁或墙模板相连接。

3.1.2.4 墙模板

墙模板由两片模板组成,每片模板由若干块平面模板拼成(见图3-12)。这些平面模板可以横拼或竖拼,外面用竖、横钢楞加固,并用斜撑保持稳定,用对拉螺栓保持两片模板之间的距离(墙厚)并承受浇筑时混凝土的侧压力。

墙模板可以散拼,即按配板图由一端向另一端,由下向上逐层拼装。也可以在拼装平台上预拼成整片后安装。

墙的钢筋可以在模板安装前绑扎,也可以在安装好一边的模板后再绑扎钢筋,最后安装另一边的模板。

3.1.2.5 楼梯模板

图3-13所示为一整体浇筑钢筋混凝土楼梯模板。安装时,在楼梯间的墙上按设计标高画出楼梯段,楼梯踏步及平台板、平台梁的位置。先立平台梁、平台板的模板,然后在楼梯基础侧板上钉托木,楼梯模板的斜楞钉在基础梁和平台梁侧板外的托木上。在斜楞上面铺钉楼梯底模。下面设杠木和斜向顶撑,用拉杆拉结。再沿楼梯边立外帮板,用外帮板上的横挡木、斜撑和固定夹木将外帮板钉固在杠木上。再在靠墙的一面把反三角板立起,反三角板的两端可钉于平台梁和梯基的侧板上,然后在反三角板与外帮板之间逐块钉上踏步侧板,踏步侧板一头钉在外帮板的木档上,另一头钉在反三角板上的三角木块(或小木条)侧面上。如果梯段较宽,应在梯段中间再加反三角板,以免发生踏步侧板凸肚现象。为了确保梯板符合要求的厚

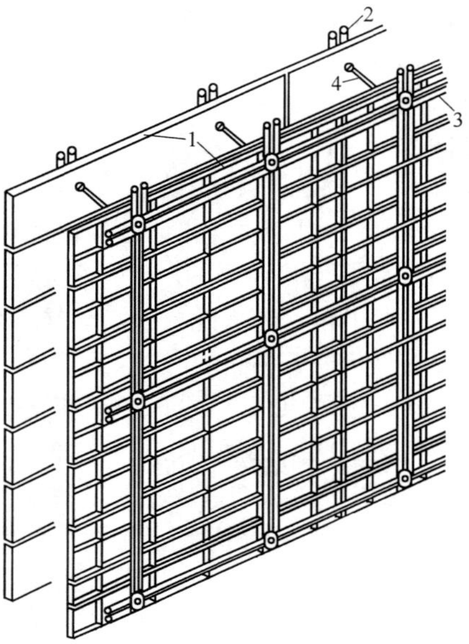

图3-12 墙模板

1—墙模板;2—竖楞;3—横楞;4—对拉螺栓

度，在踏步侧板下面可以垫若干小木块，在浇筑混凝土时随时取出。

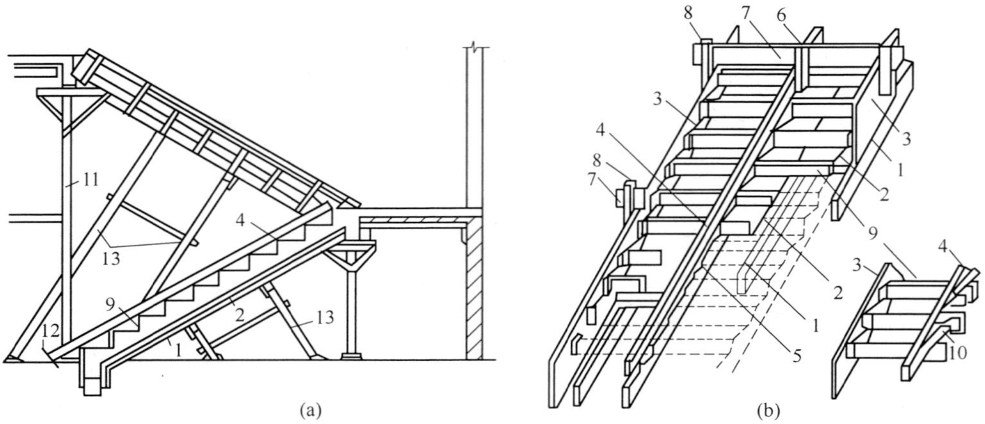

图 3-13 整体浇筑钢筋混凝土楼梯模板示意图

1—楞木；2—底模；3—边侧模；4—反扶梯基；5—三角木；6—吊木；7—横楞；8—立木；9—踢脚板；10—顶木；11—立柱；12—木桩；13—斜撑

特种楼梯的模板，如旋转梯、悬挑梯等，要进行专门的设计。

3.1.2.6 组合钢模板配板设计

为了保证模板架设工程质量，做好组合钢模板施工准备工作，在施工前应进行配板设计，并画出模板配板图，以指导安装。

模板配板设计要求：

(1) 绘制模板放线图。模板放线图就是每层模板安装完毕后的平面图。图中应根据施工时模板放线的需要，将各有关施工图中对模板施工有用的尺寸综合起来，绘在同一个图中。对比较复杂的结构如楼梯，尚需画出剖面图。图 3-14 所示为某一框架结构一个角部的模板放线图。图中标高均是以下一层楼面的装饰层顶面标高为 ±0.00 的相对标高，实线为结构模板的边线。

(2) 根据模板放线图画出各构件的模板展开图。展开图的画法，一般是从结构平面图的左下角开始，以逆时针方向将构件模板面展开，以箭头表示展开方向。图 3-15 所示为一个阶梯基础模板展开图。

(3) 绘制模板配板图。根据已画出的模板展开图，选用最适当的各种规格的钢模板布置在模板展板展开图上。

配板的原则是：在选择钢模板规格及配板时，尽量选用大尺寸的钢模板，以减少安装及拆除模板的工作量；配板时，宜尽量横排，也可以纵排。端头拼接时，可采用错缝拼接，也可以齐缝拼接(见图 3-16)；构造比较复杂的构件接头部位或无适当的钢模板可配置时，宜用木板镶拼，但数量应尽量减少；使用 U 形卡拼接的钢模板，连接孔需对齐；配板图上应注明预埋件、预留孔、对拉螺栓位置。

(4) 根据配板图进行支承件的布置。首先根据结构形式、跨度、支模高度、荷载及施工条件等确定支模方案，然后可根据模板配板图进行支承件的布置，如柱箍的间距、对拉螺栓布置、钢楞间距、支柱或支承桁架的布置等。

(5) 列出模板和配件的规格和数量清单。

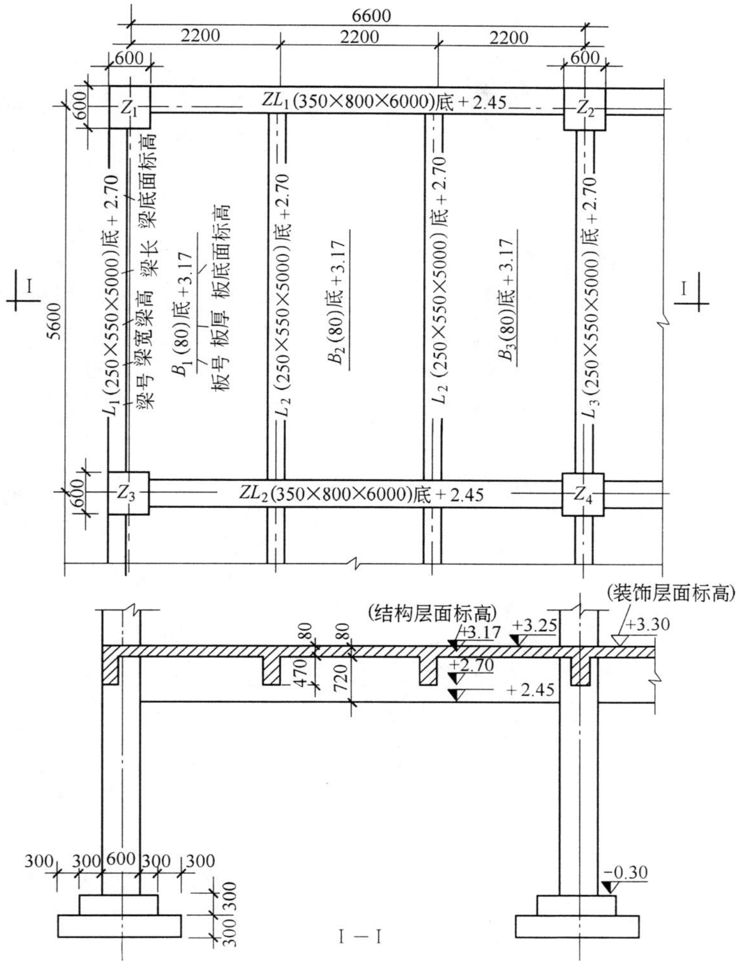

图 3-14　框架结构模板放线图(L_2、L_3长度为 5375)

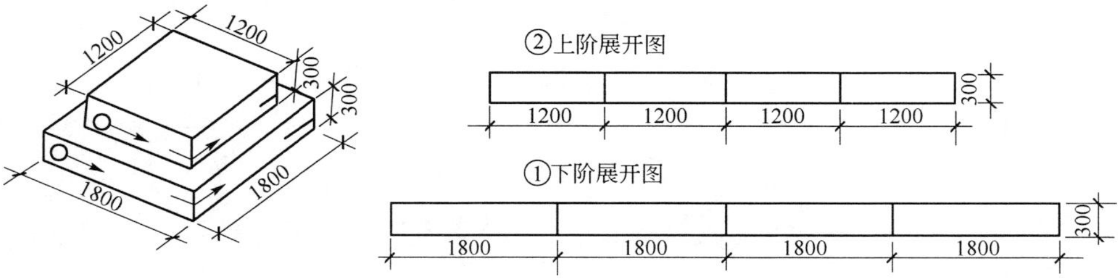

图 3-15　阶梯形基础模板展开图

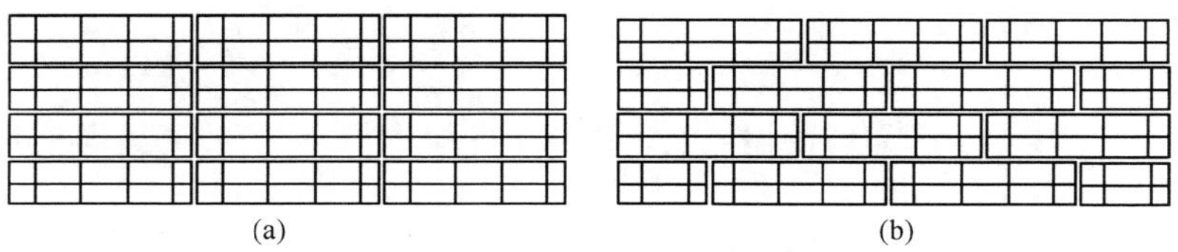

图 3-16　钢模板的齐缝拼接与错缝拼接

(a)齐缝拼接;(b)错缝拼接

3.1.3 大模板

大模板(即大面积模板、大块模板)技术是建造高层建筑特别是高层住宅和高层旅馆的重要手段,其特点是采用工具式大型模板,以工业化方法,在施工现场按照设计位置浇筑混凝土承重墙体。

大模板区别于其他模板的主要标志是:高度相当于楼层的净高;宽度根据建筑平面、模板类型和起重能力而定,一般相当于房间的净宽。

对大模板的基本要求是:有足够的强度和刚度,周转次数多,维护费用少;板面光滑平整,每平方米板面重量较轻,每块模板的重量不得超过起重机能力;支模、拆模、运输、堆放能做到安装方便;尺寸构造尽可能做到标准化、通用化;一次投资较省,摊销费用较少。

大模板通常由面板、骨架、支撑系统和附件组成,如图3-17所示。

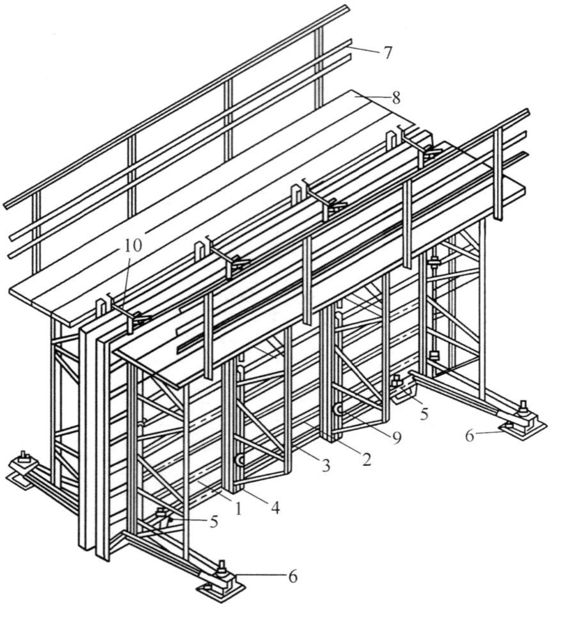

图3-17 大模板构造示意图

1—面板;2—水平加劲肋;3—支撑桁架;4—竖楞;5—调整水平度的螺旋千斤顶;6—调整垂直度的螺旋千斤顶;7—栏杆;8—脚手板;9—穿墙螺栓;10—固定卡具

面板的作用是使混凝土墙面形成具有设计所要求的外观。可选用钢、木、竹、塑料等多种材料。常采用厚4~5mm钢板拼焊或厚为12mm、15mm或18mm的多层胶合板。

骨架的作用是固定面板,保证其刚度,并将所受到的荷载传递到支撑系统。通常由薄壁型钢或槽钢、扁钢、钢管等做成的加劲肋(可做成水平肋或垂直肋)和竖楞组成。在采用木面板时,也可以用木楞做骨架。

支撑系统的作用是将荷载传递到楼板、地面或下一层的墙体上,并调整面板到设计位置;在堆放时,用以保证模板的稳定。

附件包括操作平台、爬梯、穿墙螺栓、上口卡板等。

目前采用大模板施工的工程主要有三种结构类型:第一种是全现浇结构,即内外墙全部用大模板现浇混凝土,而楼板、隔墙板、楼板、阳台等均预制吊装;第二种是内浇外挂结构,即纵、横内墙采用大模板现浇混凝土，外墙则采用装配式预制墙板；第三种是内浇外砌结构，即纵、横内墙采用大模板现浇混凝土，外墙则采用砖砌体。

大模板的平面组合方案取决于结构体系。

大角模方案也就是无角模方案。一块墙面采用一块平模，其构造如图 3-18 所示。由于墙角处没有角模，纵横墙需分别施工或者外墙和内纵墙采用预制墙板。

大角模方案为房间墙角的内模由四个大角模组合而成，自成一个封闭体系。外模可用平模或外墙采用预制墙板。大角模是由两块平模组成的，在组成角模的两块平模连接部分装上四个大合页，使一侧平模以另一侧平模为支点，以合页为圆心转动，如图 3-18 所示。

小角模方案是在纵横墙一起浇筑的施工方案中，在纵横墙相交的阴角处采用 100mm × 10mm 的角钢作为转角模板，使每个房间内模仍成为一个封闭支撑体系。小角模构造主要有两种：一种是在平模上带合页角钢，能自由转动和装拆（见图 3-19a）；另一种是小角模不带合页，采用以大平模压小角钢的办法（见图 3-19b）。为避免小角模拆模困难和减轻搬运的劳动强度，也可将角钢改为方木（80mm × 90mm），形成方木角模。

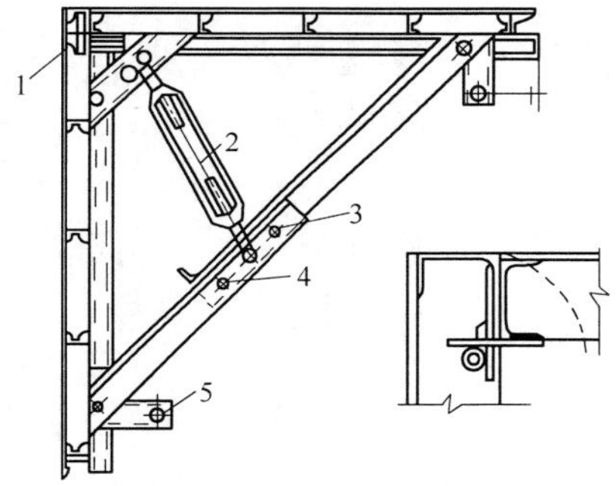

图 3-18　大角模构造示意图

1—合页；2—花篮螺栓；3—固定销子；

4—活动销子；5—调整用螺旋千斤顶

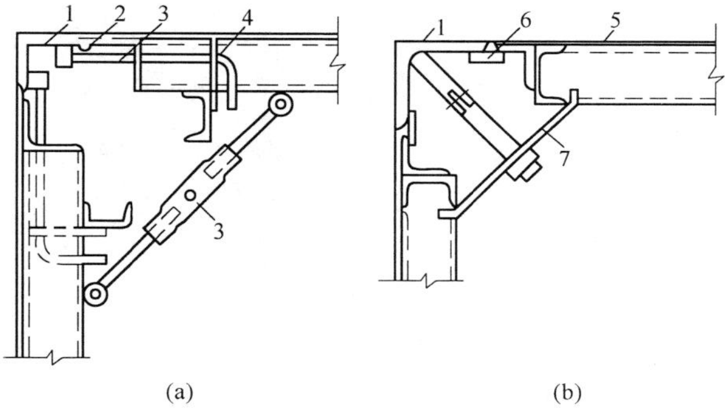

图 3-19　小角模构造示意图

（a）带合页的小角模；（b）不带合页的小角模

1—小角模；2—合页；3—花篮螺栓；4—转动铁拐；

5—平模；6—扁铁；7—压板

筒形模方案是将一个房间内各面墙体的独立的大模板通过挂轴悬挂在钢架上，墙角用小角钢拼接起来形成一个整体（见图 3-20）。采用筒形模时，外墙面常采用大型预制墙板。

3.1.4 滑升模板

滑升模板（又称滑动模板）施工是现浇混凝土工程中机械化施工程序较高的工艺之一。

滑升模板的施工是按照建筑物的平面布置，从地面开始沿墙、柱、梁等构件的周边，一次装设高为 1.2m 左右的模板，随着在模板内不断浇筑混凝土和绑扎钢筋，利用提升设备将模板不断向上提升。由于出模的混凝土自身强度能承受本身的重量和上部新浇混凝土的重量，所以能保持其已获得的形状而不会塌落和变形。这样，随着滑升模板的不断上升，在模板内分层浇筑混凝土，连续成型，逐步完成建筑物构件的混凝土浇筑。滑升模板装置如图 3-21 所示。

滑升模板施工从 20 世纪初创始以来，主要用于筒壁构筑物（烟囱、水塔等）施工。随着技术的进步，这项工艺应用的范围也不断扩大。滑升结构物的类型，已由构筑物发展到高层和超高层建筑物；滑升结构的截面形式，也由等截面发展到变截面，又由变截面发展到变坡变径。

滑升模板系统主要由模板系统、操作平台系统和提升系统三大部分组成。

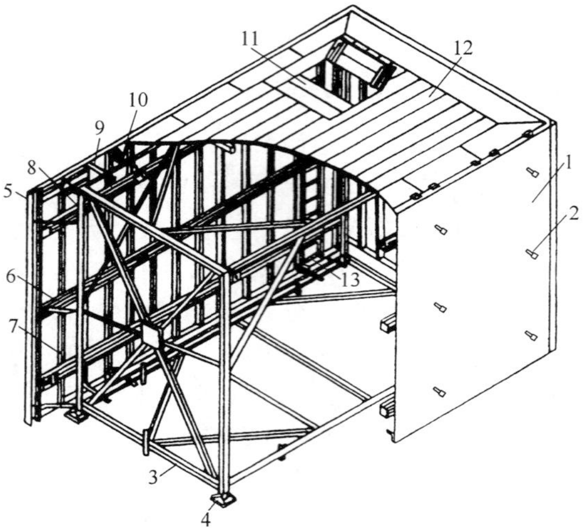

图 3-20 筒形模构造示意图

1—墙面模板；2—穿墙螺栓；3—钢架；4—调整螺栓；5—小角模；6—横肋；7—竖肋；8—吊轴；9—拉杆；10—支杆；11—出入门；12—操作平台；13—爬梯

（1）模板系统包括模板、围圈、提升架等。

模板的作用是确保混凝土按照设计要求的结构形体尺寸准确成型，并承受新浇筑混凝土的侧压力、冲击力和在滑升时混凝土对模板产生的摩擦阻力；另外，还要保证结构内的配筋、门窗洞口模板、预埋管线等能顺利地从模板上口安装施工。

模板可用钢材、木材或钢木混合材料制成。目前使用的模板以钢模板为多。

为了减少滑升时模板与混凝土的摩擦阻力，便于脱模，模板安装后其内外模板应形成上口小下口大的锥度，并使模板高在下口以上 1/4 ~1/2 高度处的净间距为结构截面的设计厚度。单边模板的锥度为 0.3% ~0.5%（见图 3-22）。

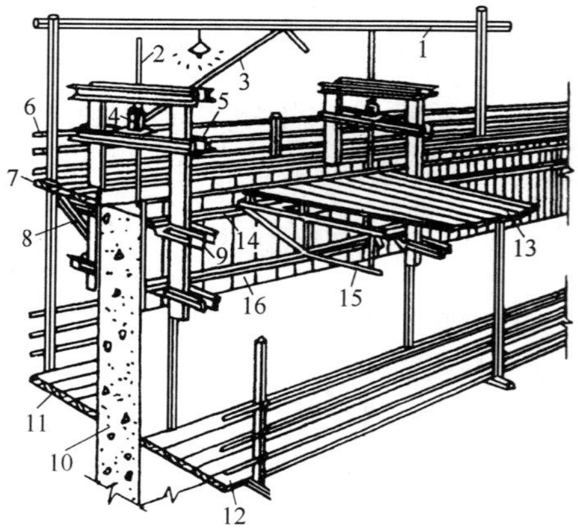

图 3-21 滑升模板装置示意图

1—支架；2—支撑杆；3—油管；4—千斤顶；5—提升架；6—栏杆；7—外平台；8—外挑架；9—收分装置；10—混凝土墙；11—外吊平台；12—内吊平台；13—内平台；14—上围圈；15—桁架；16—横板

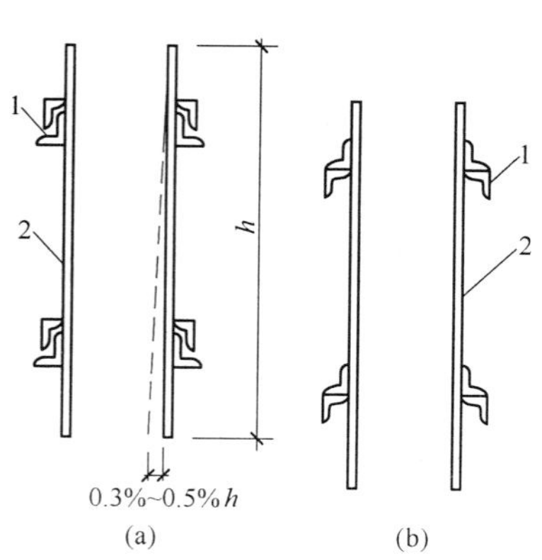

图 3-22 模板安装锥度和围圈连接示意图

（a）模板柱在围圈上；（b）模板搁置在围圈上

1—围圈；2—模板；h—模板高度

模板支承在围圈上,与围圈的连接一般有两种方法:一种是模板挂在围圈上;另一种是模板搁置在围圈上。前者装拆稍费事,后者装拆方便,但需有相应措施固定。

围圈在模板外侧横向布置,一般上下各布置一道,分别支承在提升架的立柱上。

围圈的作用是固定模板的位置,保证模板所构成的几何形状不变,承受由模板传来的水平力(新浇筑混凝土的侧压力、冲击力和风荷载)和垂直力(一般为滑升时的摩擦阻力),有时,围圈还可能承受操作平台及挑平台传递的荷载。围圈把模板和提升架联系在一起,构成模板系统,当提升架提升时,通过围圈带动模板,使模板随之向上滑升。

围圈可用角钢、槽钢或工字钢制作。

提升架的作用是固定围圈的位置,防止模板的侧向变形;承受作用于整个模板上的竖向荷载;将模板系统和操作平台系统连成一体,并将模板系统和操作平台的全部荷载传递给千斤顶和支撑杆。因此,提升加在模板系统中是个关键的部件。

提升架由立柱、横梁、支承围圈的支托和支承操作平台的支托等各部件组成。为了适应墙(柱)截面尺寸的变化,提升架宜采用拼装式。立柱可做成单肢式、格构式或桁架式。横梁有单横梁(一般称"II"型架)和两横梁(一般称"开"型架)两种。立柱与横梁的连接方式有两种,一是全部采用螺栓连接,二是一端采用焊接另一端采用螺栓连接。提升架见图3-23。

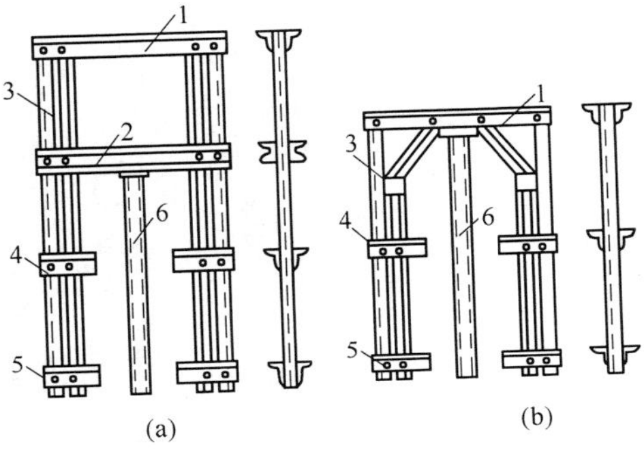

图 3-23　钢提升架示意图
(a)两横梁;(b)单横梁
1—上横梁;2—下横梁;3—立柱;4—上围圈支托;
5—下围圈支托;6—套管

(2) 操作平台又称工作平台,主要包括主操作平台、外挑操作平台、吊脚手架等。在施工需要时,还可设置上辅助平台(见图3-24)。它是供材料、工具、设备堆放和施工人员进行操作的场所。其承载大,要求具有足够的强度和刚度。

(3) 提升系统是承担全部滑升模板装置、设备及施工荷载向上滑升的动力装置,由支承杆、千斤顶、液压控制系统和油路等组成。

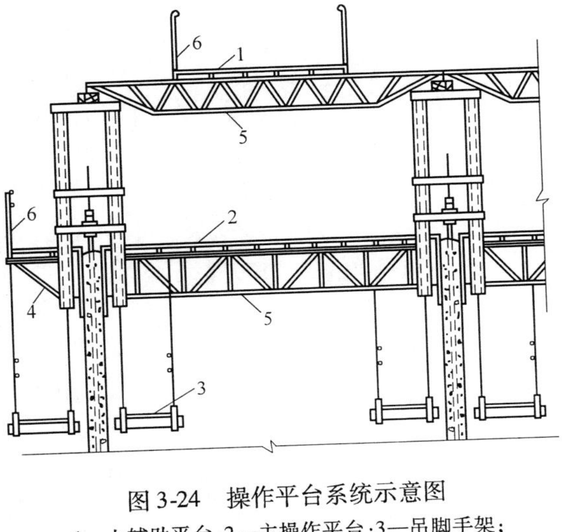

图 3-24　操作平台系统示意图
1—上辅助平台;2—主操作平台;3—吊脚手架;
4—三角挑架;5—承重桁架;6—防护栏杆

液压滑升模板施工所用的千斤顶为专用穿心式千斤顶,按其卡头形式的不同可分为钢珠式(见图3-25)和楔块式(见图3-26),目前以小型液压千斤顶应用最为广泛。

以钢珠式液压千斤顶为例说明液压千斤顶的工作原理,见图3-27。

施工时,液压千斤顶安装在提升横梁上,支撑杆插入千斤顶的中心孔内。提升时,利用油泵,通过控制阀门和输油管,把油液从千斤顶的进油口压入活塞和缸盖之间进行加压(见图3-27a)。加压时,由于上卡头(与活塞连成一体)内的小钢珠与支撑杆产生自销作用,使上卡头与支撑杆锁紧,因此活塞不能下行。于是在油压力作用下,缸筒连带底座和下卡头便被向上顶起,相应地带动提升架等整个滑升模板上升。当上升到下卡头紧靠上卡头时，即完成一个工作行程（见图 3-27b）。这时排油弹簧处于压缩状态，上下卡头承受着滑升模板的荷载。当油泵停止供油，进行回油时，油压力被解除，在排油弹簧的弹力作用下，把活塞推举向上，油便从进油口排出。在排油开始的瞬间，下卡头由于小钢珠和支撑杆的自锁作用，与支撑杆锁紧，使缸筒和底座不能下降，接替支撑着卡头所承受的荷载（见图 3-27c）。当活塞上升到上止点后，排油工作也即完毕，这时千斤顶便完成一次上升的工作循环。一个工作循环千斤顶只上升一次，行程约 3cm。排油时千斤顶既不上升，也不下降。通过不断地进油、排油，重复工作循环，上下卡头先后交替地销紧支撑杆，千斤顶不断向上爬升，模板也就被带着不断向上滑升。

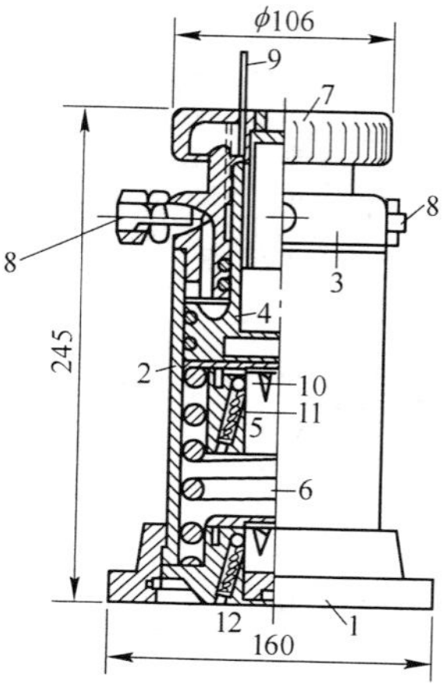

图 3-25　钢珠式液压千斤顶

1—底座；2—缸筒；3—缸盖；4—活塞；5—上卡头；6—排油弹簧；7—行程调整帽；8—油嘴；9—行程指示杆；10—钢珠；11—卡头小弹簧；12—下卡头

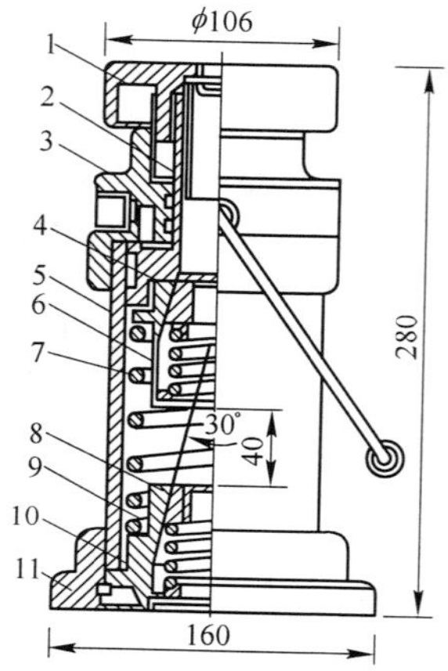

图 3-26　楔块式液压千斤顶

1—行程调整帽；2—活塞；3—缸盖；4—上卡头块；5—缸筒；6—上卡块座；7—排油弹簧；8—下卡头块；9—弹簧；10—下卡块座；11—底座

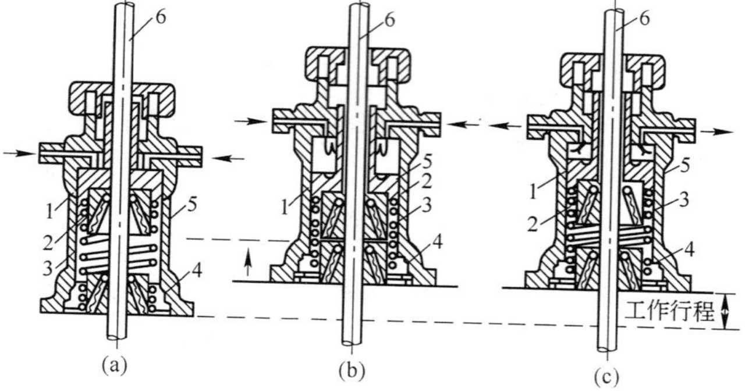

图 3-27　液压千斤顶工作原理

（a）进油；（b）上升；（c）排油

1—活塞；2—上卡头；3—排油弹簧；4—下卡头；5—缸筒；6—支撑杆

支撑杆又称爬杆，是千斤顶向上爬升的轨道，又是滑升模板装置的承重支柱，承受着施工过程中的全部荷载。

支撑杆一般采用直径为 25mm 的 HPB235 级圆钢筋，钢筋要经过冷拉调直，其冷拉率不宜大于

4%。当采用楔块式千斤顶时,也可用螺纹钢筋。螺纹钢筋冷拉调直时,其冷拉率不宜大于1%。

支撑杆连接的方式有三种,见图3-28。

(1)焊接连接。即将上下支撑杆轴线对准,接头采用单面或双面坡口焊牢,然后锉平焊口即可。其优点是接口加工简单,但现场焊接量大。

(2)榫接连接。即将接头的两端加工成榫套,连接时将短钢销插入下面支撑杆的榫套上,再将上面的支撑杆套在短钢销上。榫接连接的另一种方式是将上下两支撑杆分别加工成母子榫。榫接连接施工方便,但受力性能较差,加工精度要求较高,在滑升过程中易被千斤顶卡头带起,一般不宜采用。

(3)丝扣连接。即在上下支撑杆接头的两端分别加工成螺丝头和螺丝孔,连接时,将上支撑杆的螺丝头旋入下支撑杆的螺丝孔内。丝扣连接操作简单、安全可靠、效果较好,但要用管钳拧紧。

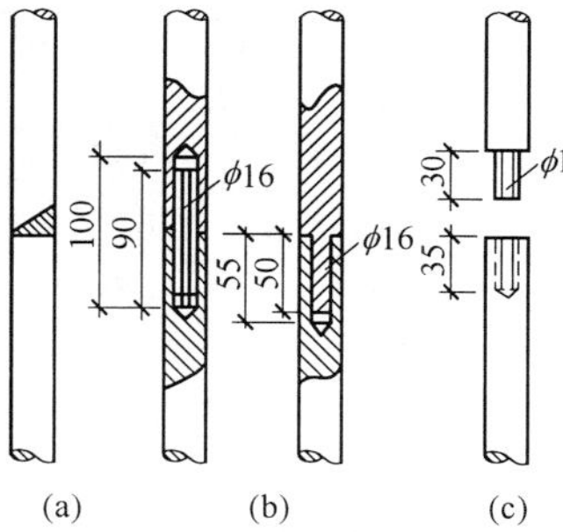

图3-28 支撑杆的连接方式

(a)焊接连接;(b)榫接连接;(c)丝扣连接

液压控制装置又称液压控制台,是整套滑模装置的控制中心,主要由电动机、油泵、换向阀、溢流阀、液压分配器和油箱等组成。

3.1.5 台模

台模又称飞模、桌模。是现浇钢筋混凝土楼板的一种大型工具式模板。一般是一个房间一块台模,在施工中可以整体脱模和转运,利用起重机从浇筑完的楼板下吊出,转移至上一楼层。台模适用于各种结构的现浇混凝土楼板的施工,单座台模面板的面积一般为2~6m^2,大的可达60m^2以上。台模的优点是整体性好,混凝土表面容易平整,施工进度快。

台模由台面、支架、支腿与调节装置、走道板、安全栏杆及配合套附件等组成(见图3-29)。台面可用木板、胶合板或钢板制成。台模的支架有立柱式、桁架式、悬架式等,不论采用何种形式的支架,均要求有良好的整体性。支承支架的支腿上要有螺旋或液压调节装置,以便调节台模的高度,满足支模及拆模的需要。支腿应能折起,使支架上的附着滚轮落地,以使台模能沿楼地面滚动。

图3-29所示为桁架式台模。为便于在拆模后将支架从窗洞中运出,台面设计成两边可折式。

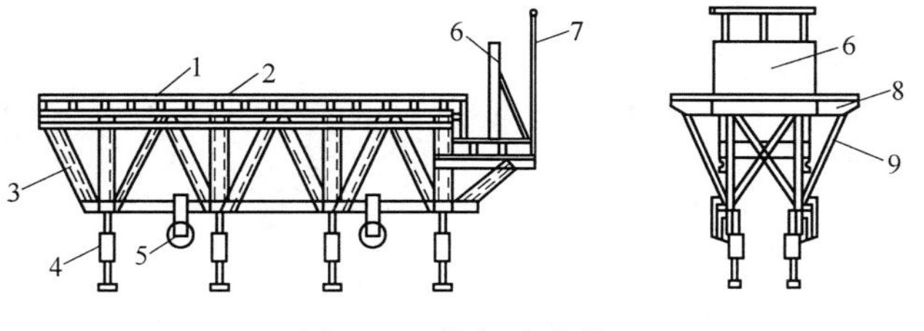

图3-29 桁架式台模

1—台面;2—小楞;3—桁架式支架;4—支腿调节装置;5—滚轮;6—加梁模板;7—栏杆;8—可折式台面模板;9—拆模临时支撑

台模的安装、拆除及转移施工过程如图3-30所示。

3.1.6 隧道模

隧道模是用于同时整体浇筑墙体和楼板的大型工具式模板,相当于将台模和大模板组合起来,能将各开间沿水平方向逐段逐间整体浇筑。故施工的建筑物整体性好,施工速度快,但模板

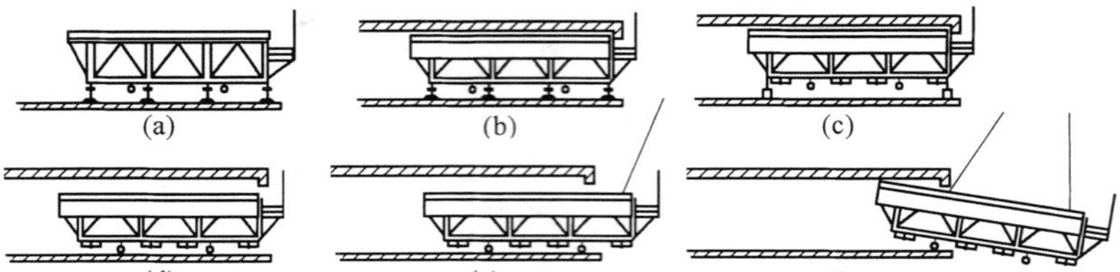

图 3-30　台模的施工过程示意图

(a)安装就位,支好边梁外侧模板;(b)浇筑的混凝土达到拆模强度后,放下两边可折式模板,拆去边梁外侧模板,放松支腿和台面模板;(c)用千斤顶临时支承台模,折上支腿;(d)用千斤顶降低台模,使滚轮落在楼板上,移去千斤顶;(e)将台模推出约三分之一长度,用起重机吊索吊住支架的一端吊点;(f)推出台模约三分之二长度,用起重机吊索吊住支架另一端的吊点,然后将台模全部推出,由起重机将台模吊至上一层楼面重新安装就位浇筑混凝土

的一次投资大,模板的起吊和转运需要较大的起重设备。

隧道模有全隧道模(整体式隧道模)和双拼式隧道模两种。整体式隧道模自重大,推移时多需铺设轨道,目前已较少应用;双拼式隧道模应用较广泛,特别在内浇外挂和内浇外砌的高、多层建筑中应用较多。

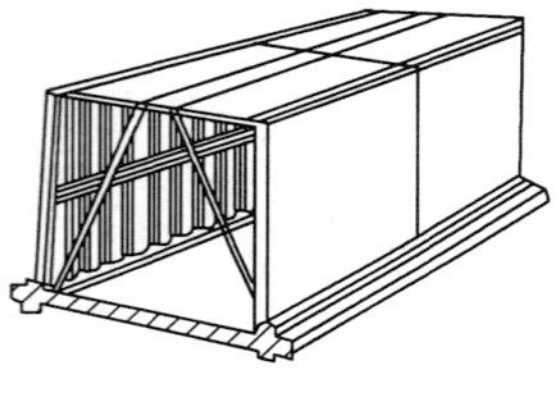

图 3-31　隧道模

双拼式隧道模由两个半隧道模对拼而成。两个半隧道模的宽度可以不同,再增加一块插板,即可组合成各种开间需要的宽度(见图 3-31)。半隧道模的竖向墙模板和水平楼板模板之间用斜撑连接。在半隧道模下部设置行走装置,在模板长度方向,沿墙模板设两个行走轮,在模板宽度方向设一个行走轮。在墙模板的两个行走轮附近设置两个千斤顶,模板就位后,这两个千斤顶将模板顶起,使行走轮离开楼板,施工荷载全部由千斤顶承担。脱模时,松动两个千斤顶,半隧道模在自重作用下,下降脱模,行走轮落到楼板上。

混凝土浇筑后,待强度达到 $7N/mm^2$ 左右,即可先拆除半边的隧道模,推出墙面放在临时挑台上,再用起重机转运至上层或其他施工段。楼板临时用竖撑加以支撑,待养护混凝土强度达到 $20N/mm^2$ 以上时,再拆除另一半的隧道模。但保留中间的竖撑,以减少施工期间楼板的弯矩。

3.1.7　爬升模板

爬升模板的构造主要包括:爬模、爬升支架和爬升设备三部分,如图 3-32 所示。

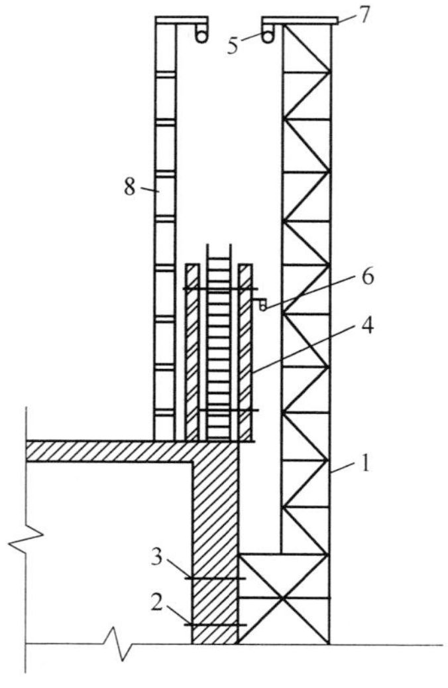

图 3-32　爬升模板

1—爬架;2—穿墙螺栓;3—预留爬架孔;4—爬模;5,6—爬架提升装置;7—爬架挑横梁;8—内爬架

爬模的构造与大模板中的平模相似。高度一般为层高加 100 ~ 300mm,其长出部分用来与下层墙搭接。模板下口需装有防止漏浆的橡皮衬垫。模板的宽度在可能的条件下越宽越好,可以减少模板间的拼接和提高墙面的平整度。

爬升支架(简称爬架)的作用是悬挂和爬升模板。爬架由支撑架、附墙架、挑横梁、爬升爬架的千斤顶(或吊环)等组成。它是格构式钢架。支撑架由四根角钢组成,一般做成两个标准节,使用时再拼装。为保证操作人员在支撑架内上下的安全，支撑架的尺寸不应小于650mm×650mm。附墙架由附墙螺栓与墙体相连，作为爬架的支撑体。螺栓的位置应尽量与模板的穿墙螺栓孔相符，这样可以减少墙上的留孔数目，附墙架的位置若在窗洞口处，也可利用窗台作支撑。爬架顶端一般要超过上一层楼层0.8~1.0m，而下端附墙架应在拆模层的下一层，爬架的总高度为3~3.5个楼层高度。挑横梁、千斤顶架的位置要与模板上相应装置处于同一竖线上，以便千斤顶爬杆或环链呈竖直，使模板或爬架能竖直爬升，提高安装精度。

爬升设备有手动葫芦、单作用液压千斤顶、双作用液压千斤顶和专用爬模千斤顶。当使用千斤顶设备时，在模板和爬架上分别增设爬杆，以便使千斤顶带着模板或爬架上下爬动。

3.1.8 钢框胶合板模板

钢框胶合板模板以钢材或铝材为框架，木胶合板或竹胶合板为面板，亦称板块组合式模板。支撑其板面的框架均在工厂铆焊定型，施工现场使用时，只进行板块式模板单元之间的组合。

板块式模板的框架一般为矩形，在框架上镶入板面后像一扇门。习惯上把在结构上起大梁作用的框架周边称作边框，而把边框内起小梁作用的肋条称作横肋或竖肋，见图3-33。

板块式组合模板依据其模板单元面积和重量的大小，可分为轻型和重型两种。在结构构造上，这两种模板的主要区别是边框的截面形状不同。轻型边框是板式实心截面，而重型边框是箱形空心截面。

3.1.8.1 轻型板块组合式模板

轻型板块组合式模板的横、竖肋，常见有一字形、T形、L形、Z形等。不同产品的模板主要区别是其边框的截面形状和模板单元之间的组合卡具。

边框的截面高度有55mm、63mm、65mm、70mm、75mm或80mm几种，边框高度越大，整块模板的结构刚度也越大。厚度一般为3~5mm。边框上开设许多用于组合卡具穿插的孔洞，常见有圆孔、矩形孔、蝶形孔或椭圆孔。图3-34所示为几种常见的边框截面。这些边框上部都带有与胶合板周边形状相吻合的L形台阶（或称板面密封线），板面周边密封采用弹性密封胶。

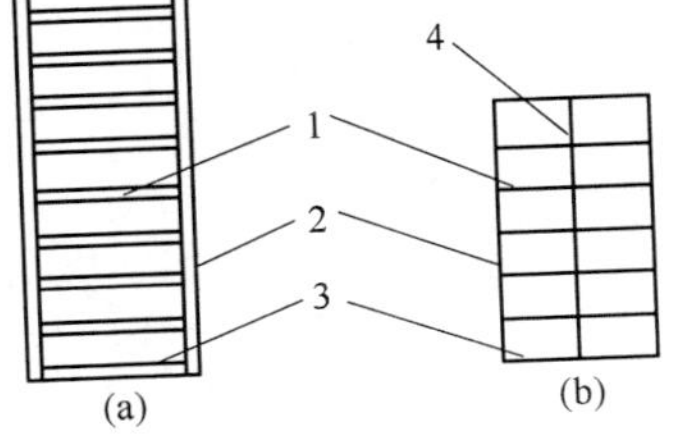

图3-33 板块组合模板单元简图
(a)重型；(b)轻型
1—横肋；2—边框；3—板面；4—竖肋

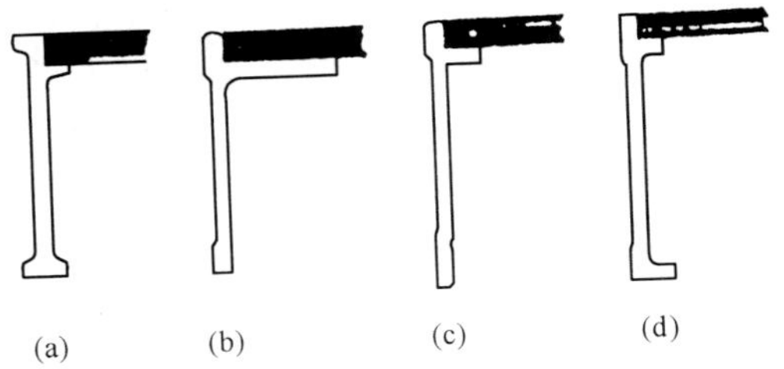

图3-34 几种常见的边框截面

组合卡具有U形卡、插销式和插板式组合卡具等，U形卡具与组合钢模板使用的卡具相同。插板式和插销式组合卡具除了具有连接模板的功能外，还能穿插安装模板之间的对穿拉杆，承受新浇混凝土的侧压力。

3.1.8.2 重型板块组合式模板

重型板块组合式模板单元的边框为箱形空心截面，一般没有竖肋。横肋面也比较简单，常见的有口形、_⊓_ 形和[形等。板面用胶合板,厚度一般为 15 ~ 21mm。

重型板块式模板单元的强度高,刚度大,许可侧压力都在 60kN/m^2 以上。在组合时,组合卡具用量很少。重型板块式模板既有梁板式模板板面接缝少、整体刚度大的特点,又具有轻型板块模板灵活通用的优点,是国外较受关注的一种模板形式。

3.1.9 早拆模板体系

早拆模板原理是基于短跨支撑早期拆模思想。利用柱头、立柱和可调支座组成竖向支撑,支撑于上下层楼板之间,使原设计的楼板跨度处于短跨(立柱间距小于 2m)受力状态,在混凝土楼板的强度达到规定标准强度的 50%(常温下 3 ~ 4 天),即可拆除梁、板模板及部分支撑。柱头、立柱及可调支座仍保持支撑状态。当混凝土强度增大到足以在全跨条件下承受自重和施工荷载时,再拆去全部竖向支撑。

3.1.9.1 早拆模板体系构造

早拆模板体系柱头为精密铸钢件,柱头顶板(50mm × 150mm)可直接与混凝土接触,两侧梁托可挂住梁头,梁托附着在方形管上,方形管可上下移动 115mm,方形管在上方时,可通过支承板锁住,用锤敲击支承板则梁托随方形管下落(见图 3-35)。

模板主梁是薄壁空腹结构,上端带有 70mm 的凸起,与混凝土直接接触(见图 3-36)。当梁的两端梁头挂在柱头的梁托上时,将梁支起,即可自锁而不脱落。模板梁悬臂部分(见图 3-37)挂在柱头的梁托上支起后,能自锁而不脱落。

可调支座插入立柱的下端,与地面(楼面)接触,用于调节立柱的高度,可调范围为 0 ~ 50mm(见图 3-38)。

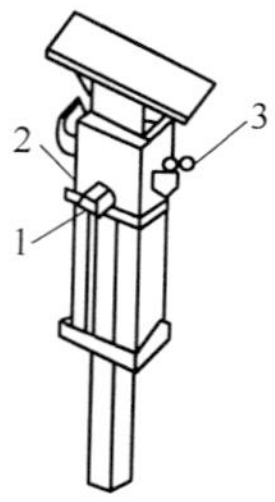

图 3-35 早拆柱头
1—支承板;2—方形管;3—梁托

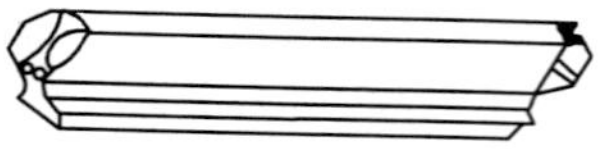

图 3-36 模板主梁

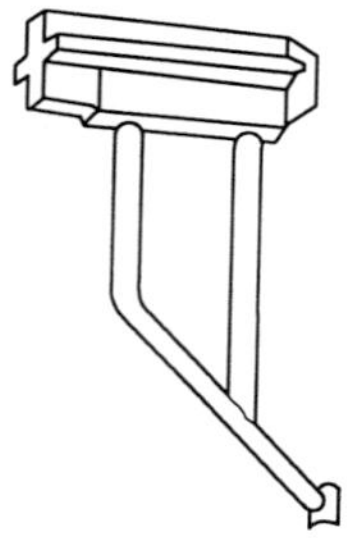

图 3-37 模板悬臂梁

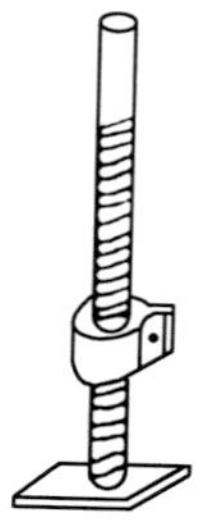

图 3-38 可调支座

支撑可采用碗扣式或扣件式钢管支撑。模板可用钢框胶合板模板或其他模板,模板边框高度为 70mm。

3.1.9.2 早拆模板体系的安装与拆除

先立两根立柱,套上早拆柱头和可调支座,加上一根主梁架起一门架,然后再架起另一门架,用横撑临时固定,依次把周围的梁和立柱架起来,再调整立柱高度和垂直度,并锁紧碗扣接头,最后在模板主梁间铺放模板即可。图 3-39 为安装好的早拆模板体系示意图。

模板拆除时,只需用锤子敲击早拆柱头上的支承板,则模板和模板梁将随同方形管下落 115mm,模板和模板梁便可卸下来,保留立柱支撑梁板结构(见图 3-40)。当混凝土强度达到后,调低可调支座,解开碗扣接头,即可拆除立柱和柱头。采用早拆模板体系可加快模板与支撑的周转,节省模板和支撑,具有良好的经济效益。

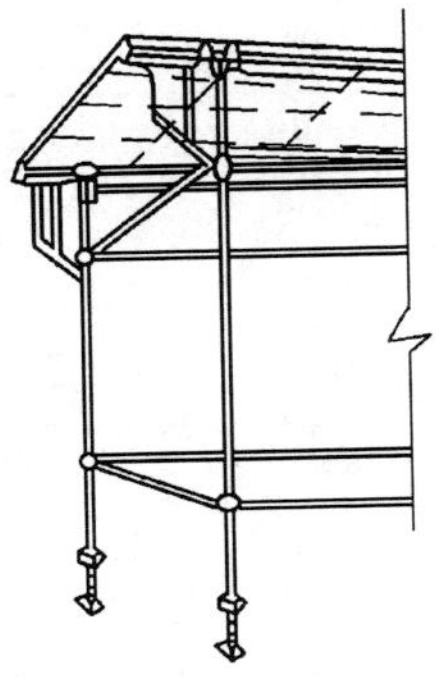

图 3-39 早拆模板体系示意图

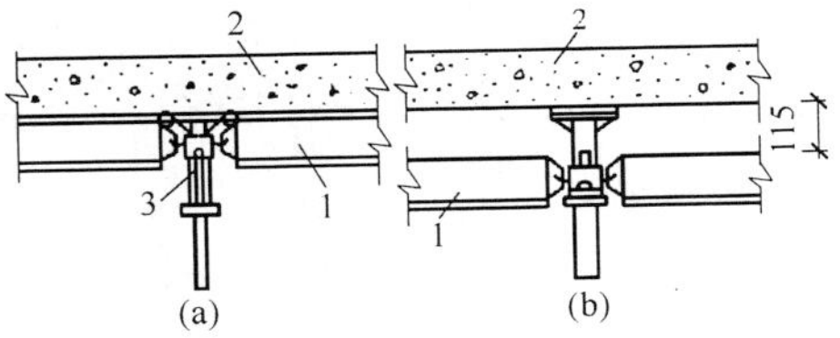

图 3-40 早期拆模方法

(a)支模状态;(b)拆模状态

1—横板主梁;2—现浇楼板;3—早拆柱头

3.1.10 模板安装的质量要求

组合钢模板安装完毕后,应按照规范的有关规定,进行全面质量检查,合格验收后,方可进行下一道工序,检查的主要内容如下:

(1) 检查组合钢模板的布局和施工顺序是否符合施工设计要求;

(2) 检查各种连接件、支承件的规格、数量、质量是否符合施工设计要求,特别是紧固情况、支承情况是否牢固;

(3) 各种预埋件、预留孔洞的规格、位置、数量、质量及其固定情况是否符合设计要求。

现浇结构模板安装的偏差应符合表 3-2 的规定。

表 3-2 现浇结构模板安装的允许偏差与检验方法

项目		允许偏差/mm	检验方法
轴线位置		5	钢尺检查
底模上表面标高		±5	水准仪或拉线、钢尺检查
截面内部尺寸	基础	±10	钢尺检查
	柱、墙、梁	+4,−5	钢尺检查
层高垂直度	不大于 5m	6	经纬仪或吊线、钢尺检查
	大于 5m	8	经纬仪或吊线、钢尺检查
相邻两板表面高低差		2	钢尺检查
表面平整度		5	2m 靠尺和塞尺检查

注:检查轴线位置时,应沿纵、横两个方向量测,并取其中的较大值。

3.1.11 模板的拆除

3.1.11.1 拆除模板时的混凝土强度

现浇结构的模板及其支架拆除时的混凝土强度,应符合设计要求;当设计无具体要求时,应满足下列要求:

(1) 侧模。在混凝土强度能保证其表面及棱角不因拆除模板而受损坏后,方可拆除;

(2) 底模。在混凝土强度符合表 3-3 中的规定后,方可拆除。

表 3-3 底模拆模时所需混凝土强度

结构类型	结构跨度/m	按设计的混凝土立方体抗压强度标准值的百分率计/%
板	≤2	≥50
	>2，≤8	≥75
	>8	≥100
梁、拱、壳	≤8	≥75
	>8	≥100
悬臂构件		≥100

已拆除模板及其支架的结构，在混凝土强度符合设计的混凝土强度等级的要求后，方可承受全部使用荷载；当施工荷载所产生的效应比使用荷载的效应更为不利时，必须经过核算，加设临时支撑。

3.1.11.2 模板拆除的顺序和方法

模板的拆除顺序一般是先拆非承重模板，后拆承重模板；先拆侧模板，后拆底模板。

框架结构模板的拆除顺序一般是：柱→楼板→梁侧板→梁底板。

拆除大型结构的模板时，必须事前制订详细方案。

3.1.12 模板结构设计

在建筑工程施工过程中，常用的木拼板模板和定型组合钢模板，在其经验适用范围内一般不需进行设计验算。对重要结构的模板、特殊形式的模板或超出经验适用范围的一般模板，应进行设计或验算，以确保工程质量和施工安全，防止浪费。

模板结构的设计包括模板结构形式以及模板材料的选择、模板及支撑系统各部件规格尺寸的确定以及节点设计等。模板系统是一种特殊的工程结构、模板及其支撑应根据工程结构形式、荷载大小，地基土类别、施工设备和材料供应等条件进行设计。

3.1.12.1 荷载计算

（1）模板及支架的自重标准值。可根据模板设计图纸计算确定。肋形楼板及无梁楼板的自重标准值可参考表 3-4 确定。

表 3-4 楼板模板及其支架自重标准值 （kN/m^3）

模板构件	木模板	定型组合钢模板
平板模板及小楞自重	0.30	0.50
楼板模板自重（包括梁模板）	0.50	0.75
楼板模板及其支架自重（楼层高度 4m 以下）	0.75	1.10

（2）新浇筑混凝土自重标准值。普通混凝土为 $24kN/m^3$，其他混凝土根据实际重力密度确定。

（3）钢筋的自重标准值。根据工程图纸确定，一般梁板结构每立方米钢筋混凝土的钢筋用量，楼板 $1.1kN/m^3$，梁 $1.5kN/m^3$。

（4）施工人员及施工设备荷载标准值。计算模板及直接支承模板的小楞时，均布活荷载为 $2.5kN/m^2$，另应以集中荷载 2.5kN 再行验算，比较两者所得的弯矩值取其大者；计算直接支承小楞的构件时，均布活荷载为 $1.5kN/m^2$；计算支架立柱及其他支承结构构件时，均布活荷载为 $1.0kN/m^2$。

对大型浇筑设备如上料平台、混凝土泵等按实际情况计算。混凝土堆集料高度超过 100mm

以上时，按实际高度计算。模板单块宽度小于150mm时，集中荷载可分布在相邻的两块板上。

（5）振捣混凝土时产生的荷载标准值。水平面模板为2.0kN/m²；垂直面模板（作用范围在新浇筑混凝土侧压力的有效压头高度之内）为4.0kN/m²。

（6）新浇筑混凝土对模板的侧压力标准值。影响新浇筑混凝土侧压力的因素很多，如混凝土的捣实方法、浇筑速度、混凝土温度、混凝土配合比和坍落度、水泥品种、外加剂的种类、集料的种类和级配、模板的材料和构造、结构断面尺寸等。混凝土浇筑速度愈快，则侧压力愈大；混凝土温度增高，凝结速度快，则侧压力变小；混凝土密度与坍落度愈大，侧压力也愈大；掺有缓凝作用的外加剂，会使侧压力增大；机械捣实比手工捣实所产生的侧压力要大。

当采用内部振捣器时，当混凝土浇筑速度在6m/h以下时，新浇筑的普通混凝土作用于模板的最大侧压力可按下列两式计算（取其中的较小值）：

$$F = 0.22\gamma_c t_0 \beta_1 \beta_2 v^{1/2} \tag{3-1}$$

$$F = \gamma_c H \tag{3-2}$$

式中 F——新浇筑混凝土对模板的侧压力，kN/m²；

γ_c——混凝土的重力密度，kN/m³；

t_0——新浇筑混凝土的初凝时间，h；可按实测确定，当缺乏试验资料时，可采用 $t_0 = 200/(T+15)$ 计算（T 为混凝土的温度，℃）；

v——混凝土的浇筑速度，m/h；

H——混凝土侧压力计算位置处至新浇筑混凝土顶面的总高度，m；

β_1——外加剂影响修正系数，不掺外加剂时取1.0，掺具有缓凝作用的外加剂时取1.2；

β_2——混凝土坍落度影响修正系数，当坍落度小于30mm时，取0.85；当坍落度为50～90mm时，取1.0；当坍落度为110～150mm时，取1.15。

混凝土侧压力的计算分布图形如图3-41所示，图中 h 为有效压头高度。

$$h = \frac{F}{\gamma_c} \tag{3-3}$$

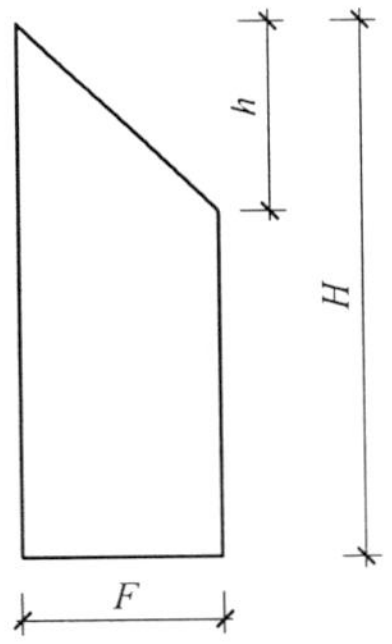

图3-41 混凝土侧压力的计算分布图形

（7）倾倒混凝土时对垂直面模板产生的水平荷载标准值按表3-5采用。

表3-5 倾倒混凝土时产生的水平荷载标准值 （kN/m²）

项 次	向模板内供料方法	水平荷载
1	用溜槽、串桶或导管	2.0
2	用容量小于0.2m³及小0.2m³的运输器具倾倒	2.0
3	用容量0.2～0.8m³的运输器具倾倒	4.0
4	用容量大于0.8m³的运输器具倾倒	6.0

注：作用范围在有效压头高度以内。

上述各项荷载应根据不同的结构构件，按表3-6中的规定进行荷载组合。

计算模板及其支撑时的荷载设计值，应采用荷载标准值乘以相应的荷载分项系数求得。荷载分项系数应按表3-7采用。

表 3-6 计算模板及其支架时的荷载组合

项 次	计算模板结构的类型	荷载组合	
		计算承载能力	验算刚度
1	平板及薄壳的模板和支架	(1)+(2)+(3)+(4)	(1)+(2)+(3)
2	梁和拱模板的底板和支架	(1)+(2)+(3)+(5)	(1)+(2)+(3)
3	梁、拱、柱(边长≤300mm)、墙(厚≤100mm)的侧面模板	(5)+(6)	(6)
4	厚大结构、柱(边长>300mm)、墙(厚>100mm)的侧面模板	(6)+(7)	(6)

注:表中荷载(1)、(2)、(3)项为恒荷载标准值;(4)、(5)、(6)、(7)项为活荷载标准值,荷载名称见模板荷载的标准值的相应编号。

表 3-7 荷载分项系数

项 次	荷 载 类 别	γ_1
1	模板及支撑自重	1.2
2	新浇筑混凝土自重	
3	钢筋自重	
4	施工人员及施工设备荷载	1.4
5	振捣混凝土时产生的荷载	
6	新浇筑混凝土对模板侧面的压力	1.2
7	倾倒混凝土时产生的荷载	1.4

3.1.12.2 模板结构设计有关技术规定

计算模板和支架的强度时,考虑到模板是一种临时性结构,可根据相应结构设计规范中规定的安全等级为第三级的结构构件来考虑。计算钢模板、木模板及支架时,都应遵守相应结构的设计规范。

计算模板刚度时,允许的变形值为:结构表面外露的模板,为模板构件计算跨度的 1/400;结构表面隐蔽的模板,为模板构件计算跨度的 1/250;模板支架的压缩变形值或弹性挠度,为相应的结构计算跨度的 1/1000。

为防止模板及其支架在风荷载作用下倾覆,应从构造上采取有效的防倾覆措施。当验算模板及支架在自重和风荷载作用下的抗倾覆稳定性时,应符合有关规定。

3.2 钢 筋 工 程

钢筋的种类很多,建筑工程中常用的普通钢筋按轧制外形可分为光圆钢筋、变形钢筋(螺纹、人字纹)等。按生产工艺分为热轧钢筋和冷加工钢筋(冷轧带肋钢筋、冷轧扭钢筋、冷拔螺纹钢筋)等。按化学成分可分为碳素钢钢筋和普通低合金钢钢筋。碳素钢钢筋按含碳量多少,又可分为:低碳钢(含碳量低于 0.25%)、中碳钢(含碳量 0.25% ~0.7%)和高碳钢(含碳量大于 0.7%)钢筋。

钢筋进场应具有产品合格证、出厂试验报告,每捆(盘)均应有标牌。进场时必须进行验收,合格后方可使用,验收内容包括查对标牌,全数的外观检查及根据进场批次和产品的抽样检验方案抽取试件作力学性能检验。钢筋在加工过程中,发现脆断、焊接性能不良或力学性能显著不正常等现象时,应对该批钢筋进行化学成分检验或其他专项检验。

钢筋的外观检查要求钢筋平直,无损伤,表面不得有裂纹、油污、颗粒状或片状老锈。

钢筋的力学性能指标有:屈服点、抗拉强度、伸长率及冷弯性能。屈服点和抗拉强度是钢筋的强度指标;伸长率和冷弯性能是钢筋的塑性指标。

热轧钢筋应按批进行检查和验收。每批由同一牌号、同一炉罐号、同一规格的钢筋组成,重量不大于60t。允许由同一牌子、同一冶炼方法、同一浇筑方法的不同炉罐号组成混合批,但各炉罐号含碳量之差不得大于0.02%,含锰量之差不大于0.15%。其力学性能检验从每批钢筋中任选两根钢筋,每根取两个试件分别进行拉伸试验(包括屈服点、抗拉强度和伸长率)和冷弯试验。如有一项试验结果不合格,则从同一批中另取双倍数量的试件重做各项试验。如仍有一个试件不合格,则该批钢筋为不合格品。

冷轧带肋钢筋应按批进行检查和验收,每批由同一钢号、同一规格和同一级别的钢筋组成,重量不大于50t。其力学性能应逐盘、逐捆进行检验。从每盘或每捆取两个试件,一个做拉伸试验,一个做冷弯试验。试验结果如有一项指标不合格,则该盘钢筋判为不合格,对每捆钢筋,尚可加倍取样复验判定。

冷轧扭钢应分批进行检查和验收。每批由同一钢厂、同一牌号、同一规格的钢筋组成,重量不大于10t。其力学性能应从每批钢筋中随机抽取3根钢筋,各取一个试件。其中两个试件做冷拉试验,一个试件做冷弯试验,试件长度宜取偶数倍节距,且不应小于4倍节距,同时不小于500mm,试验结果如有一项指标不合格,则应加倍取样复验判定。

3.2.1 钢筋连接

钢筋连接方式有焊接连接、机械连接和绑扎连接。

3.2.1.1 焊接连接

钢筋采用焊接代替绑扎,可节约钢材,改善结构受力性能,提高工效,降低成本。

热轧钢筋的对接连接,应采用闪光对焊、电弧焊、电渣压力焊或气压焊;钢筋骨架和钢筋网片的交叉焊接,宜采用电阻点焊;钢筋与钢板的T形连接,宜采用电弧焊成埋弧压力焊。电渣压力焊应用于柱、墙、烟囱等现浇混凝土结构中竖向受力钢筋的连接;不得用于梁、板等结构中水平钢筋的连接。

钢筋的焊接效果与钢材的可焊性和焊接工艺有关。在相同焊接工艺条件下,能获得良好焊接质量的钢材,则称之为在这种焊接工艺条件下的可焊性好。钢筋的可焊性与其含碳量及合金元素数量有关,含碳量增加,则可焊性降低;含锰量增加,也影响焊接效果;而含适量的钛,可改善焊接性能。当环境温度低于-5℃,即为钢筋低温焊接,这时应调整钢筋焊接工艺参数,使焊缝和热影响区缓慢冷却。当风力超过4级时,应有挡风措施。当环境温度低于-20℃时,不得进行焊接。

A 闪光对焊

闪光对焊广泛应用于钢筋纵向连接及预应力钢筋与螺丝端杆的焊接。热轧钢筋的焊接宜优先采用闪光对焊,不可能时才用电弧焊。

闪光对焊的原理是利用对焊机使两段钢筋接触,通以低电压的强电流,把电能转化为热能(见图3-42)。待钢筋被加

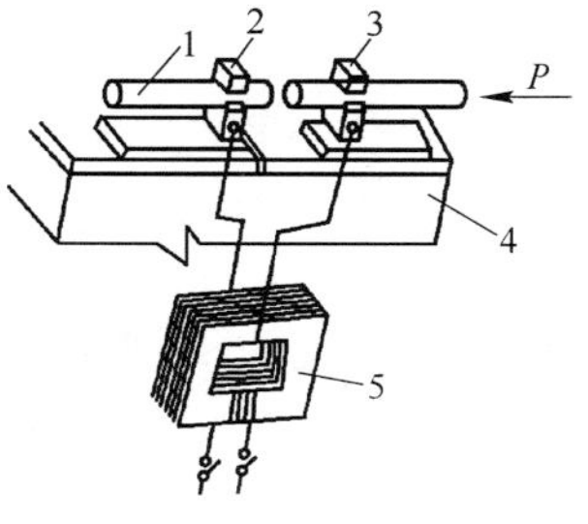

图3-42 闪光对焊原理图

1—钢筋;2—固定电极;3—可动电极;4—机座;5—焊接变压器

热到一定温度后，即施加轴向压力挤压（称为顶锻），便形成对焊接头。

（1）闪光对焊工艺。钢筋闪光对焊工艺有连续闪光焊、预热闪光焊和闪光-预热-闪光焊三种工艺。

1）连续闪光焊先将钢筋夹入对焊机的两电极中，闭合电源，然后使钢筋两端面轻微接触。这时即有电流通过。因钢筋端面不平，接触面很小，故电流密度和接触电阻很大，因此接触点很快熔化，形成"金属过梁"。过梁进一步加热，使熔化金属的微粒自钢筋两端面的间隙中喷出，产生金属蒸气飞溅，形成闪光现象。闪光一开始，即徐徐移动钢筋，形成连续闪光过程。待钢筋烧化到规定的长度后，以适当的压力进行顶锻，使两根钢筋焊牢。

2）预热闪光焊。预热闪光焊是在连续闪光焊前增加一次预热过程，以达到均匀加热的目的。其焊接工艺是先闭合电源，然后使两钢筋端面交替接触和分离。这时钢筋端面的间隙即发出断续的闪光而形成预热过程。当钢筋烧化到规定的预热留量后，随即进行连续闪光和顶锻使钢筋焊牢。该工艺能先使大直径钢筋预热后，再连续闪光烧化，进行加压顶锻。

3）闪光-预热-闪光焊。这种工艺是在预热闪光焊前加一次闪光过程，目的是先进行连续闪光，使钢筋端部烧化平整，再使接头部位进行预热，接着再连续闪光，最后顶锻，完成整个焊接过程。闪光-预热-闪光焊适于焊接直径大于25mm且端面不平整的钢筋。

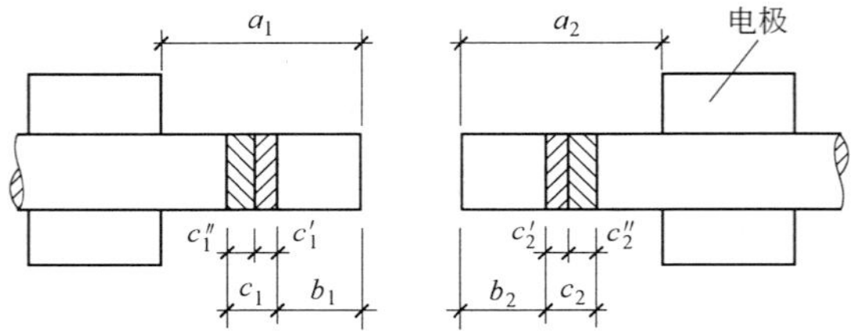

图 3-43 调伸长度及留量

a_1，a_2—左右钢筋的调伸长度；b_1，b_2—烧化留量；c_1，c_2—顶锻留量；c_1'，c_2'—有电顶锻留量；c_1''，c_2''—无电顶锻留量

（2）闪光对焊参数。钢筋闪光对焊质量与焊接参数有关。闪光对焊参数包括调伸长度、闪光留量、预热留量、闪光速度、顶锻留量、顶锻速度、顶锻压力及变压器级次等，如图3-43所示。

1）调伸长度。调伸长度是焊接前两端钢筋端部从电极钳口伸出的长度，与钢筋的品种和直径有关，应使接头能均匀加热，并使顶锻时钢筋不致产生旁弯。一般HPB235级钢筋为0.75～1.25d；HRB335级与HRB400级钢筋为1.0～1.5d，d为钢筋直径。

2）闪光留量、闪光速度。闪光留量是钢筋在闪光过程中由于金属烧化所消耗的钢筋长度。闪光留量的选择应使烧化结束时，钢筋端部能均匀加热，并达到足够的温度。连续闪光焊的闪光留量等于两根钢筋切断时严重压伤部分之和另加8mm；闪光留量为8～10mm；采用闪光－预热－闪光焊时，一次闪光留量等于两根钢筋切断时刀口严重压伤部分之和，二次烧化留量为8～10mm。

闪光速度是指闪光过程的快慢，随钢筋直径增大而降低。在闪光过程中，闪光速度由慢到快，开始时近于零，而后约1mm/s，终止时约1.5～5mm/s。

3）预热留量。是指采用预热闪光焊或闪光-预热-闪光焊时，预热过程所烧化的钢筋长度，预热闪光焊时的预热留量为4～7mm；采用闪光-预热-闪光焊时，预热留量为2～7mm。

4）顶锻留量、顶锻速度与顶锻压力。顶锻留量是指在闪光结束，将钢筋顶锻压紧时，因接头处挤出金属而缩短的钢筋长度。顶锻留量的选择，应使钢筋焊口完全密合并产生一定的塑性变形。顶锻留量宜取4～6mm，级别高或直径大的钢筋取大值，其中有电顶锻留量约占1/3，无电顶锻留量约占2/3，焊接时必须控制得当。

顶锻速度是指在挤压钢筋接头时的速度，顶锻速度应该越快越好，特别是在顶锻开始的0.1s内应将钢筋压缩2～3mm，使焊口迅速闭合不致氧化，而后断电并以6mm/s的速度继续顶锻至终止。

顶锻压力应足以将全部的熔化金属从接头内挤出，而且还要使邻近接头处（约10mm）的金属产生适当的塑性变形。

5）变压器级次。用以调节焊接电流的大小，应根据钢筋的直径来选择。钢筋的级别高或直径大时，其级次要高。

焊接时应合理选择焊接参数，以保证焊口闭合良好，且焊接接头处有适当的镦粗变形。

（3）焊接质量检查。对焊接头的外观检查，每批抽查10%的接头，且不得少于10个。力学性能试验包括拉伸试验和弯曲试验，应从每批成品中切取6个试件，3个进行拉伸试验，3个进行弯曲试验。

外观检查时，接头表面不得有横向裂纹；与电极接触处的钢筋表面不得有明显的烧伤；接头的弯折不得大于4°；钢筋轴线偏移不得大于钢筋直径的1/10，同时不大于2mm。

拉伸试验时三个试件的抗拉强度均不得低于该级别钢筋的抗拉强度标准值；试样应呈塑性断裂并至少有两个试件断于焊缝之外。

冷弯试验时应将受压面的金属毛刺和镦粗变形部分除去，与母材的外表齐平。弯曲试验时，焊缝应处于弯曲的中心，弯心直径见表3-8。弯曲至90°时，至少有两个试件不得发生破断。

表3-8 钢筋对接接头弯曲试验指标

钢筋级别	弯心直径/mm	弯曲角/(°)
HPB235级	$2d$	90
HRB335级	$4d$	90
HRB400级	$5d$	90

B 电阻点焊

钢筋骨架或钢筋网中交叉钢筋的焊接宜采用电阻点焊。

电阻点焊的工作原理如图3-44所示。施焊时，将已除锈的钢筋的交叉点放在点焊机的两电极间，使钢筋通电发热至一定温度后，加压使焊点金属焊合。当钢筋交叉点焊时，由于接触点只有一点，而在接触处有较大的接触电阻，因此在接触的瞬间，电流产生的热量都集中在这一点上，使金属很快地受热达到熔化连接的温度，同时在电极加压下使焊点金属得到焊合。

为了保证点焊质量，应根据钢筋级别、直径及焊机性能等合理选择变压器级数、焊接通电时间、电极压力焊接工艺参数。在焊接过程中应保持一定的预压时间和锻压时间。

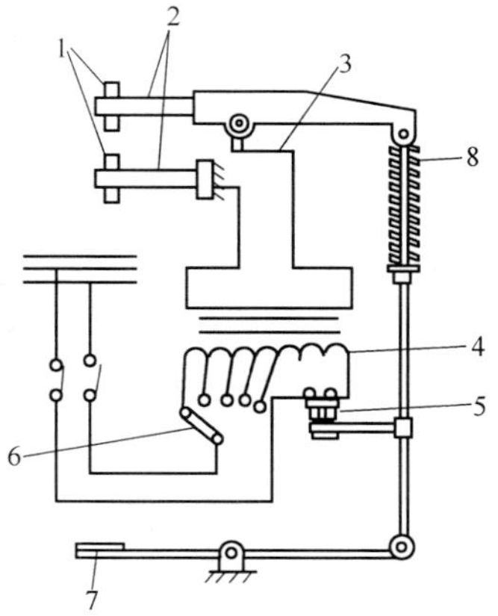

图3-44 点焊机工作原理示意图
1—电极；2—电极臂；3—变压器的次级线圈；4—变压器的初级线圈；5—断路器；6—变压器调节级数开关；7—踏板；8—压紧机构

点焊的质量检查包括外观检查和强度检查。外观抽样检查包括：检查焊点有无脱落、漏焊、气孔、裂缝、空洞及明显的烧伤现象，点焊制品尺寸误差及焊点压入深度均应符合有关规定，焊点处应挤出饱满的熔化金属等；强度检验应抽样做剪力试验，对冷加工钢筋制成的点焊制品还应抽样做拉力试验，试验结果应符合有关规定。

C　电弧焊

电弧焊是利用弧焊机使焊条与焊件之间产生高温电弧，使焊条和高温电弧范围内的焊件金属熔化。熔化的金属凝固后，便形成焊缝和焊接接头。电弧焊广泛应用在钢筋的搭接接长、钢筋骨架的焊接、钢筋与钢板的焊接、装配式结构接头的焊接和各种钢结构的焊接。

钢筋电弧焊的接头形式有搭接焊接头、帮条焊接头、坡口焊接头和熔槽帮条焊接头。

搭接接头适用于焊接直径 10～40mm 的 HPB235、HRB335、HRB400 级钢筋。焊接前钢筋宜预弯，以保证两钢筋的轴线在一直线上（见图 3-45）。

帮条焊接头适用于焊接直径 10～40mm 的 HPB235 级、HRB335 级和 HRB400 级钢筋，帮条宜采用与主筋同级别、同直径的钢筋制作（见图 3-46）。

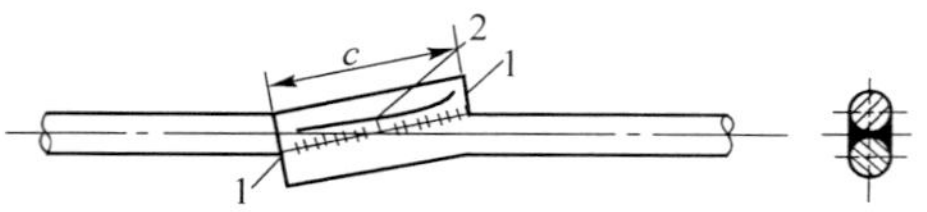

图 3-45　搭接焊接头形式

1—定位焊缝；2—弧坑拉出方位；c—搭接长度

HPB235 级钢筋，$c=4d$；HRB335 级钢筋，$c=5d$；

HRB400 级钢筋，$c=5d$

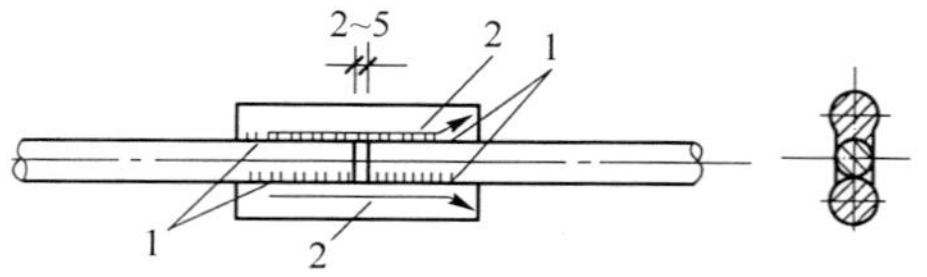

图 3-46　帮条焊

1—定位焊缝；2—弧坑拉出方位

坡口焊接头适用于在现场焊接装配现浇式构件接头中直径 18～40mm 的 HPB235 级、HRB335 级和 HRB400 级钢筋，这种接头比上两种接头节约钢材。按焊接位置不同可分为平焊与立焊。施焊前应先将钢筋端部剖成坡口（见图 3-47）。

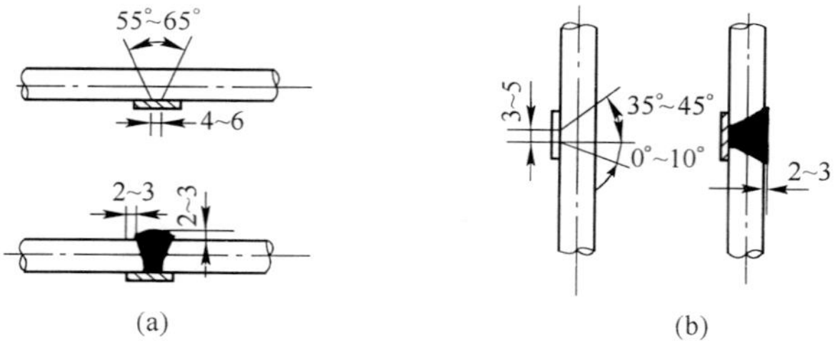

图 3-47　坡口形式

（a）钢筋坡口平焊接头；（b）钢筋坡口立焊接头

熔槽帮条焊接头适用于直径大于 25mm 钢筋的现场安装焊接。施焊时应加边长为 40～60mm 的角钢作垫模，同时起帮条作用（见图 3-48）。

预埋件 T 形接头电弧焊分贴角焊和穿孔塞焊两种（见图 3-49）。采用贴角焊时，焊缝的焊脚 k 对 HPB235 级钢筋不得小于 0.5d，对 HRB335 级钢筋不得小于 0.6d。采用穿孔塞焊时，钢板的孔洞应做成喇叭口，其内口径应比钢筋直径 d 大 4mm，倾斜角度为 45°，钢筋缩进 2mm。施焊中，电流不宜过大，不得使钢筋咬边和烧伤。

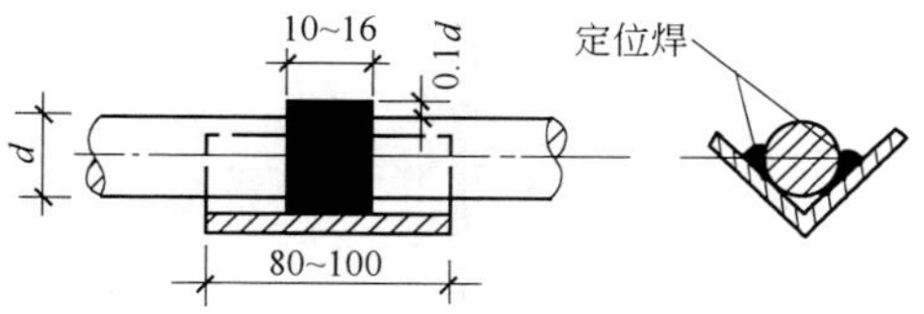

图 3-48　钢筋熔槽帮条焊接头

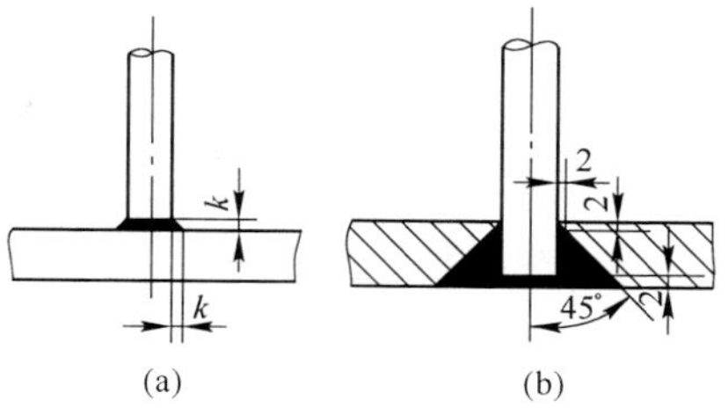

图 3-49　预埋件 T 形接头
(a)贴角焊;(b)穿孔塞焊

D　电渣压力焊

电渣压力焊是将两根钢筋安放成竖向对接形式,利用焊接电流通过两根钢筋端面间隙,在焊剂层下形成电弧过程和电渣过程,产生弧热和电阻热熔化钢筋,加压完成的一种压焊方法。这种焊接方法比电弧焊节省钢材,工效高、成本低。多用于现浇钢筋混凝土结构中竖向钢筋的连接。

电渣压力焊可用手动电渣压力焊机或自动压力焊机施焊。手动电渣压力焊机由焊接变压器、夹具及控制箱等组成,如图 3-50 所示。

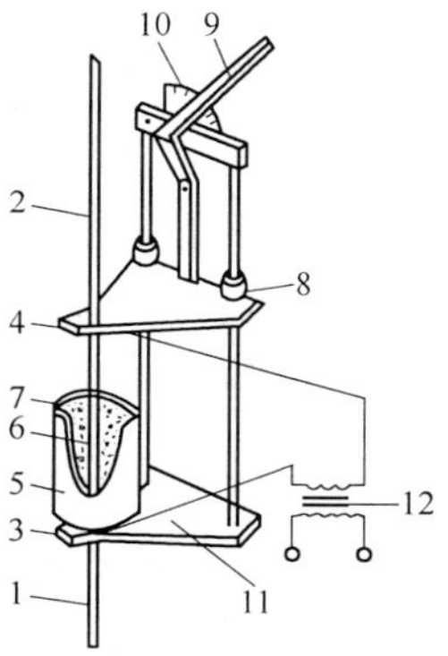

图 3-50　电渣压力焊示意图
1,2—钢筋;3—固定电极;4—滑动电极;5—焊剂盒;6—导电剂;7—焊剂;8—滑动架;9—操纵杆;10—标尺;11—固定架;12—变压器

施焊前将钢筋端部 120mm 范围内的锈渣刷净,用夹具夹紧钢筋,在两根钢筋接头处放一铁丝小球(22 号铁丝绕成直径 10 ~ 15mm 的紧密小球)或导电剂(当钢筋直径较大时),并在焊剂盒内装满焊剂。施焊时接通电源引弧,使导电剂(或小球)、钢筋端部及焊剂熔化,形成渣池,数秒钟后,操纵手柄使上部钢筋缓缓下送。当稳弧达到规定时间、熔化量达到规定值时(可用标尺控制),切断电源,并用力迅速顶锻,挤出熔渣及熔化金属,形成接头。冷却一定时间后,即可拆除药盒,回收焊剂,拆除夹具,清除焊渣。

电渣压力焊的工艺参数为焊接电流、渣池电压和通电时间。可根据钢筋直径选择,当焊接的钢筋直径不同时,根据较小直径的钢筋选择参数。电渣压力焊的接头,也需进行外观检查和试件拉伸试验。

E　气压焊

钢筋气压焊是采用一定比例的氧气和乙炔焰为热源,对需要焊接的两钢筋端部接缝处进行加热烘烤,使其达到热塑状态,同时对钢筋施加足够的轴向压力,使钢筋顶锻在一起。这种焊接方法属于固相焊接,其机理是在还原性气体的保护下,使钢筋发生塑性流变后相互紧密接触,促使端面金属晶体相互扩散渗透,再结晶、再排列,形成牢固的对焊接头。

气压焊不仅适用于竖向钢筋的连接,也适用于各种方向布置的钢筋连接。适用于直径 40mm 以下的 HPB235 级、HRP335 级的钢筋连接,当不同直径钢筋焊接时,两钢筋直径差不得大于 7mm。

钢筋气压焊设备主要包括氧气和乙炔供气装置、加热器、加压器及钢筋卡具等(见图 3-51)。辅助设备有用于切割钢筋的砂轮锯、磨平钢筋端头的角向磨光机等。

施焊前,钢筋应用砂轮锯下料并用磨光机打磨,边棱要适当倒角,端面要平,端面附近50 ~ 100mm范围内的铁锈、油污等必须清除干净,然后将两钢筋安装于夹具上夹紧,并对钢筋轴向施

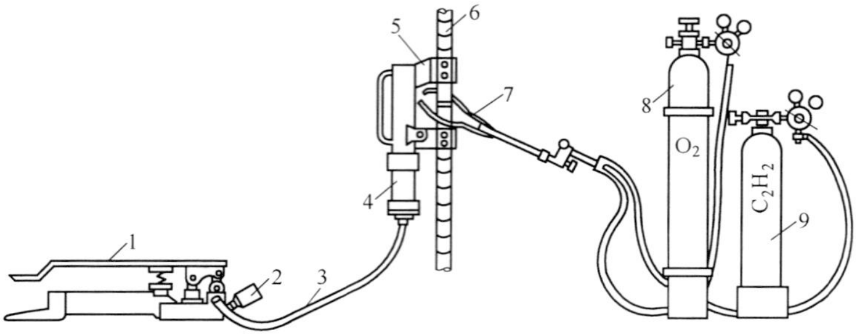

图 3-51 气压焊设备工作示意图

1—脚踏液压泵;2—压力表;3—液压胶管;4—油缸;5—钢筋卡具;
6—被焊接钢筋;7—多火口烤枪;8—氧气瓶;9—乙炔瓶

加 5 ~ 10N/mm^{2}的初压力。钢筋之间的缝隙不得大于 3mm。

施焊开始阶段,宜用碳化焰对准两钢筋接缝处集中加热,并使淡白色羽状内焰包住缝隙或伸入缝隙内,并始终不离开接缝,以防止压焊面产生氧化。待接缝处钢筋呈黄色,随即施加顶锻压力(初期压力),直到焊口缝隙完全闭合。在确认两钢筋的缝隙完全粘合后,应改用中性焰在压焊面中心 1 ~2 倍钢筋直径长度范围内,均匀摆动往返加热,使其达到合适的压接温度(1150 ~1300℃)。当钢筋表面变成白炽色,氧化物聚集成泡沫状并随加热器的摆动方向移动时,则可边加热边加压,先慢后快,达到 30 ~400N/mm^2,使接缝处隆起直径为母材直径的 1.4 ~1.6 倍,变形长度为母材直径 1.2 ~1.5 倍的鼓包。此时可停止加热、加压,待焊点的红色消失(即温度为 600 ~650℃时),才取下夹具。

气压焊接的质量检查包括外观检查和力学性能检验。外观检查的项目要求:焊接部位钢筋轴线偏心应小于钢筋直径的 1/10(焊接不同直径钢筋时偏心应小于小直径钢筋直径的 1/10,且小直径钢筋不得超出大直径的钢筋范围),焊接处隆起的直径不小于钢筋直径的 1.4 倍,隆起的变形长度不小于钢筋直径的 1.3 ~1.5 倍;焊接接头隆起形状,不应有显著的凸出和塌陷,不应有裂缝过烧现象;焊接钢筋轴线夹角不得大于 4°。力学性能检验要求:钢筋气压焊接头,三个试件的抗拉强度均不得低于该级别钢筋的抗拉强度标准值,全部试件断于焊缝之外并呈塑性断裂。

3.2.1.2 机械连接

钢筋机械连接的方法分类及适用范围见表 3-9。

表 3-9 钢筋机械连接方法及分类

机械连接方法		适用范围	
		钢筋级别	钢筋直径/mm
钢筋套筒挤压连接		HRB335,HRB400,RRB400	16 ~40
钢筋锥螺纹套筒连接		HRB335,HRB400,RRB400	16 ~40
钢筋全效粗直螺纹套筒连接		HRB335,HRB400	16 ~40
钢筋滚压直螺纹套筒连接	直接滚压	HRB335,HRB400	16 ~40
	挤肋滚压		16 ~40
	剥肋滚压		16 ~50

钢筋机械连接是通过连接件的机械咬合作用或钢筋端面的承压作用,使两根钢筋能够传递

力的连接方法。钢筋机械连接头质量可靠,现场操作简单,施工速度快,无明火作业,不受气候影响,适应性强,而且可用于可焊性较差的钢筋。

在应用钢筋机械连接时,应有由技术提供单位提交有效的形式检验报告。钢筋连接工程开始前及施工过程中,应对每批进场钢筋进行接头工艺检验。

常用的机械连接接头有挤压套筒接头、锥螺纹套筒接头和直螺纹套筒接头等。

A 钢筋挤压套筒连接

钢筋挤压套筒连接是在常温下采用特别钢筋连接机,通过挤压力使连接用的钢套筒发生塑性变形,与带肋钢筋紧密咬合在一起,从而形成连接接头。如图 3-52 所示。

B 钢筋锥螺纹套筒连接

钢筋螺纹连接是通过钢筋端头特制的锥形螺纹和锥螺纹套管,按规定的力矩值将两根钢筋咬合在一起的连接方法。适用于直径为 16 ~ 40mm 的 HRB335 级、HRB400 级和 RRB400 级钢筋的连接。

锥螺纹套筒是工厂在专用机床上加工,钢筋套丝在钢筋套丝机上进行,钢筋锥螺纹丝头的锥度、牙形、螺距等必须与连接套筒的锥度、牙形、螺距一致。

钢筋锥螺纹连接是在加工钢筋套丝时按规定的力矩值拧上锥螺纹连接套,施工时再对正轴线将另外一端钢筋拧入连接套,用力矩扳手按规定的力矩值拧紧,见图 3-53。接头拧紧力矩值见表 3-10,不得超拧。

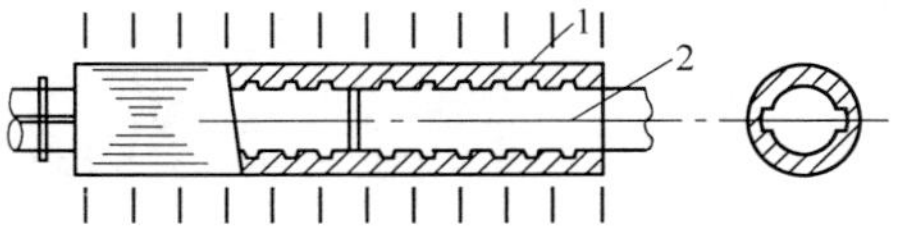

图 3-52 钢筋冷压接头工艺原理

1—钢套筒;2—钢筋

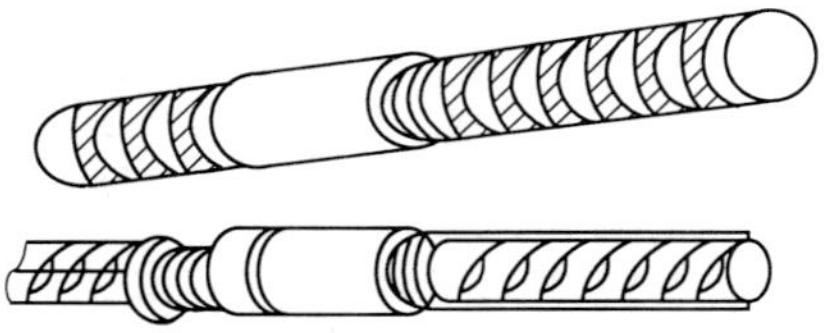

图 3-53 锥螺纹连接钢筋示意图

表 3-10 钢筋锥螺纹接头拧紧力矩值

钢筋直径/mm	16	18	20	22	25 ~ 28	32	36 ~ 40
拧紧力矩/N · m	118	145	177	216	275	314	343

C 钢筋直螺纹套筒连接

钢筋直螺纹套筒连接是通过钢筋端头特制的直螺纹和直螺纹套管,将两根钢筋咬合在一起。与钢筋锥螺纹套筒连接的技术原理相比,相同之处都是通过钢筋端头螺纹与套筒内螺纹合成钢筋接头,主要区别在钢筋等强技术效应上。钢筋等强直螺纹套筒连接有两种形式:一种是在钢筋端头先采用对辊滚压,使钢筋端头应力大增,而后采用冷压螺纹(滚丝)工艺加工成钢筋直螺纹(螺纹应力二次增强)端头,套筒采用快速成孔切削成内螺纹钢套筒,简称为滚压直螺纹接头或滚压切削直螺纹接头;另一种是在钢筋端头先采用设备顶压增径(镦头),使钢筋端头应力大增,而后采用套丝工艺加工成等直径螺纹端头,套筒采用快速成孔切削成内螺纹钢套筒,简称为镦头直螺纹接头或镦粗切削直螺纹端头,无论采用滚压还是采用镦粗工艺使接钢筋的端头均匀地预加应力,这两种方法都能有效地增强钢筋端头母材强度,可等同于钢筋母材强度而设计的直螺纹接头。这种接头形式使结构强度的安全度和地震情况下的延性具有更大的保证,钢筋混凝土截面对钢筋接头百分率可放宽,大大地方便了设计与施工;等强直螺纹接头施工仅采用普通扳手旋紧即可，对丝扣少旋1～2扣不影响接头强度，省去了锥螺纹力矩扳手检测和疏密质量检测的繁杂程序，可提高施工工效；套筒丝距比锥螺纹套筒丝距少，可节省套筒钢材；此外，还有设备简单、经济合理、应用范围广等优点。

等强直螺纹连接套筒的类型有：标准型（用于HRB335级、HRB400级带肋钢筋）、扩口型（用于钢筋难于对接的施工）、变径型（用于钢筋变径时的施工）、正反丝扣型（用于钢筋不能转动时的施工）。套筒的抗拉设计强度不应低于钢筋抗拉设计强度的1.2倍。为确保接头强度大于现行国家标准中A级标准，接头抗拉设计强度应取钢筋母材实测抗拉强度（f_{st}^0），或取钢筋母材标准抗拉强度的1.10倍（$1.10f_{tk}$）。

D 机械连接接头的现场检验

机械连接接头的现场检验按验收批进行。对于同一施工条件下采用同一批材料的同等级、同形式、同规格的接头，以500个为一个检验批，不足500个也作为一个检验批。对每一个检验批，必须随机截取3个试件做单向拉伸试验，按设计要求的接头性能A、B、C等级进行检验和评定。

3.2.1.3 绑扎连接

纵向钢筋的绑扎连接是采用20～22号铁丝（火烧丝）或镀锌铁丝（铅丝），其中22号铁丝只用于绑扎直径12mm以下的钢筋，将两根满足规定搭接长度要求的纵向钢筋绑扎连接在一起。钢筋绑扎连接时，用铁丝在搭接部分的中心和两端扎牢。

纵向受拉钢筋的最小搭接长度见表3-11。

表3-11 纵向受拉钢筋的最小搭接长度

钢筋类型		混凝土强度等级			
		C15	C20～C25	C30～C35	≥C40
光圆钢筋	HRB235级	$45dv$	$35dv$	$30dv$	$25dv$
带肋钢筋	HRB335级	$55dv$	$45dv$	$35dv$	$30dv$
	HRB400级、RRB400级		$55dv$	$40dv$	$35dv$

注：1. d为钢筋直径，两根直径不同钢筋的搭接长度，以较细钢筋的直径计算。
2. 当纵向受拉钢筋搭接接头面积百分率不大于25%时，$v=1.0$；
当纵向受拉钢筋搭接接头面积百分率大于25%但不大于50%时，$v=1.2$；
当纵向受拉钢筋搭接接头面积百分率大于50%时，$v=1.35$。
3. 当带肋钢筋的直径大于25mm时，其最小搭接长度应按表中数值乘以系数1.1取用。
4. 对环氧树脂涂层的带肋钢筋，其最小搭接长度应按表中数值乘以系数1.25取用。
5. 当在混凝土凝结过程中受力钢筋易受扰动时（如滑模），其最小搭接长度应按表中数值乘以系数1.1取用。
6. 对末端采用机械锚固措施的带肋钢筋，其最小搭接长度可按表中数值乘以系数0.7取用。
7. 当带肋钢筋的混凝土保护层厚度大于搭接钢筋直径的3倍且配有箍筋时，其最小搭接长度可按表中数值乘以系数0.8取用。
8. 对有抗震设防要求的结构构件，其受力钢筋的最小搭接长度：对一、二级抗震等级应按表中数值乘以系数1.15取用；对三级抗震等级应按表中数值乘以系数1.05取用。
9. 在任何情况下，受拉钢筋的搭接长度不应小于300mm。

纵向受压钢筋搭接时，其最小搭接长度应按上述纵向搭接钢筋最小搭接长度数值乘以系数0.7取用。同时，在任何情况下，受压钢筋的搭接长度不应小于200mm。

绑扎连接也可用于钢筋骨架和钢筋网片交叉点。

3.2.1.4 钢筋连接的要求

纵向受力钢筋的连接方式应符合设计要求，同一根纵向受力钢筋不宜设置两个及两个以上接头。钢筋的接头宜位于受力较小处，而且接头末端至钢筋弯起点的距离不应小于钢筋直径的10倍。

当纵向受力钢筋采用焊接接头或机械连接接头时，设置在同一构件内的接头宜相互错开。在长度为35d（d为被连接的纵向受力钢筋中较大的直径）且不小于500mm的连接区段内，纵向受力钢筋的接头面积百分率应符合设计要求；如设计无具体要求，应符合下列规定：

（1）在受拉区不宜大于50%；

（2）接头不宜设置在有抗震设防要求的框架梁端、柱端的箍筋加密区；当无法避开时，对等强度高质量机械连接接头，不应大于50%；

（3）直接承受动力荷载的结构构件中，不宜采用焊接接头；当采用机械连接接头时，不应大于50%，如图3-54所示。

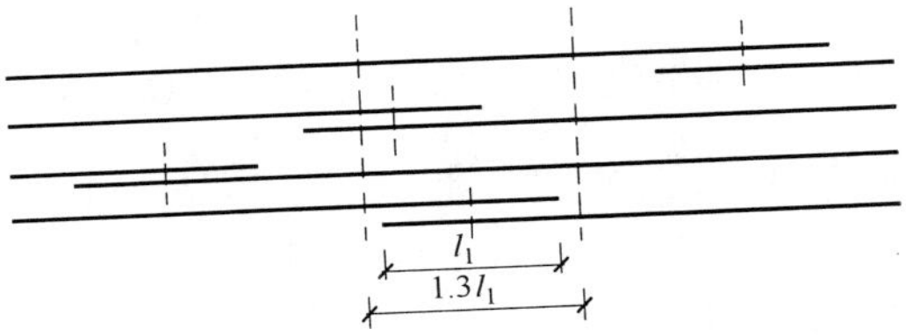

图3-54 钢筋绑扎搭接接头连接区段及接头面积百分率

（注：图中所示搭接接头同一连接区段内的搭接钢筋为两根，当各钢筋直径相同时，接头面积百分率为50%）

当纵向受力钢筋采用绑扎搭接接头时，设置在同一构件内相邻纵向受力钢筋的绑扎搭接接头宜相互错开。在长度为1.3l_1（l_1为搭接长度）连接区段内，纵向受力钢筋的接头面积百分率应符合设计要求；如设计无具体要求，应符合下列规定：

（1）对梁类、板类及墙类构件，不宜大于25%；

（2）对柱类构件，不宜大于50%；

（3）当工程中确有必要增大接头面积百分率时，对梁类构件，不应大于50%；对其他构件，可根据实际情况放宽。

3.2.2 钢筋配料

钢筋配料是根据构件配筋图计算构件各钢筋的直线下料长度、总根数及钢筋总重量，然后编制钢筋配料单，作为备料加工的依据。

设计图中注明的钢筋尺寸（不包括弯钩尺寸）是钢筋的外轮廓尺寸，称为钢筋的外包尺寸。外包尺寸的大小是根据构件尺寸、钢筋形状及保护层厚度（见表3-12）确定的。

表3-12 钢筋的混凝土保护层厚度 （mm）

环境与条件	构件名称	混凝土强度等级		
		低于C25	C25、C30	高于C30
室内正常环境	板、墙、壳	15		
	梁和柱	25		
露天或室内高湿度环境	板、墙、壳	35	25	15
	梁和柱	45	35	25

续表 3-12

环境与条件	构件名称	混凝土强度等级		
		低于 C25	C25、C30	高于 C30
有垫层	基　础	35		
无垫层		70		

注:1. 轻骨料混凝土的钢筋保护层厚度应符合国家现行标准《轻集料混凝土结构设计规程》的规定；
2. 处于室内正常环境由工厂生产的预制构件,当混凝土强度等级不低于 C20 且施工质量有可靠保证时,其保护厚度可按表中规定减少 5mm,但预制构件中的预应力钢筋(包括冷拔低碳钢丝)的保护层厚度不应小于 15mm;处于露天或室内高湿度环境的预制构件,当表面另作水泥砂浆抹面层且有质量保证措施时,保护层厚度可按表中室内正常环境中构件的数值采用;
3. 钢筋混凝土受弯构件,钢筋端头的保护层厚度一般为 10mm,预制的肋形板,其主肋的保护层厚度可按梁考虑;
4. 板、墙、壳中分布钢筋的保护层厚度不应小于 10mm,梁柱中箍筋和构造钢筋的保护层厚度不应小于 15mm。

钢筋加工前直线下料时,如果下料长度按外包尺寸的总和来计算,则加工后钢筋尺寸大于设计要求的外包尺寸,要么使弯钩太长造成浪费,要么造成保护层厚度不够而影响施工质量。原因是钢筋弯曲时外皮伸长、内皮缩短,只有轴线长度不变。因此,按外包尺寸下料是不准确的,只有按轴线长度下料加工,才能使钢筋形状、尺寸符合设计要求。

外包尺寸与轴线长度之间存在一个差值,这一差值称为“量度差值”,其大小与钢筋的直径以及弯曲的角度等因素有关。

钢筋下料时,其下料长度等于各段外包尺寸之和减去弯曲处的量度差值,再加上末端弯钩的增长值。

3.2.2.1 钢筋弯钩下料长度及钢筋弯折量度差值

(1) 180°弯钩下料长度。HPB235 级钢筋末端需作 180°弯钩,其圆弧弯曲直径 D 不应小于钢筋直径 d 的 2.5 倍,平直部分长度不宜小于钢筋直径 d 的 3 倍。用于轻骨料混凝土结构时,其弯曲直径 D 不应小于钢筋直径 d 的 3.5 倍。

当弯曲 180°(见图 3-55b)时:

$$AE' = \widehat{ABC} + CE = \frac{\pi}{2}(D + d) + 3d$$

当 D(弯曲直径)$=2.5d$,代入上式,$AE'=8.5d$

$$AF = \frac{D}{2} + d = 2.25d$$

故每个弯钩应加长度为:$AE'-AF=8.5d-2.25d=6.25d$

结论:HPB235 级钢筋作 180°弯钩时,每个下料长度加 $6.25d$。

(2) 90°弯折的量度差值。90°弯折时,HPB235 级钢筋圆弧弯曲直径 $D=2.5d$,HRB335 级与 HRB400 级钢筋弯曲直径 $D=4d$。

HPB235 级钢筋 90°弯折时的量度差值如图 3-55a 所示。

中心线长:$\widehat{ACB} = \frac{\pi}{4}(D+d) = 2.75d$

量度长度:$A'C' + C'B' = 2\left(\frac{D}{2} + d\right) = 4.5d$

量度差值:$4.5d - 2.75d = 1.75d \approx 2d$

同理，HPB335 级与 HRB400 级钢筋 90°弯折时的量度差值为 $2d$。

结论是 HPB235 级、HRB335 级与 HRB400 级钢筋 90°弯折时，均扣除量度差值 $2d$。

（3）45°弯折的量度差值。弯起钢筋中间部位弯折时，弯曲直径 $D=5d$，如图 3-55c 所示。

中心线长：$\widehat{ACB}=\frac{\pi}{8}(D+d)=2.36d$

量度长度：$A'C'+C'B'=2A'C'=2\left(\frac{D}{2}+d\right)\tan22°30'=2.87d$

量度差值：$2.87d-2.36d=0.51d\approx0.5d$

结论是每个 45°弯折时的扣除量度差值为 $0.5d$。

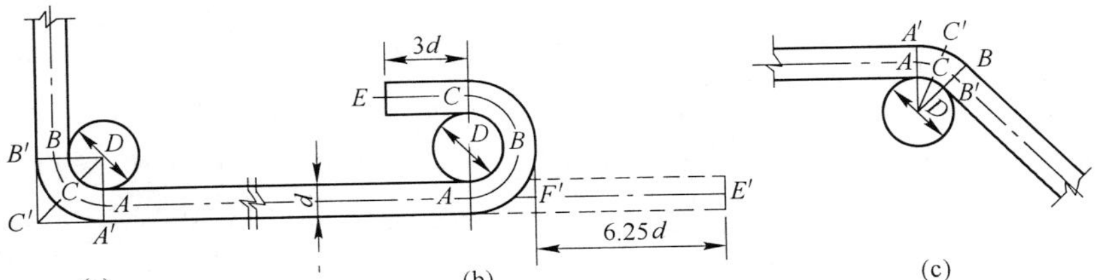

图 3-55 钢筋弯钩及弯曲后尺寸图

（a）弯 90°；（b）弯 180°；（c）弯 45°

同上方法可推得圆弧弯曲直径 $D=5d$ 时，钢筋 135°、60°、30°弯折时扣除量度差值分别为 $3d$、$0.9d$、$0.3d$。

（4）对钢箍下料长度的计算，多数仍按与其他钢筋相同的方法，注外包尺寸。箍筋多用较细的钢筋弯成，箍筋的弯钩形式，如设计无要求时，可按图 3-56b、c 加工；有抗震要求的结构，应按图 3-56a 加工。其弯钩实际应增加长度各施工现场有所不同。表 3-13 中的数据可供计算参考。

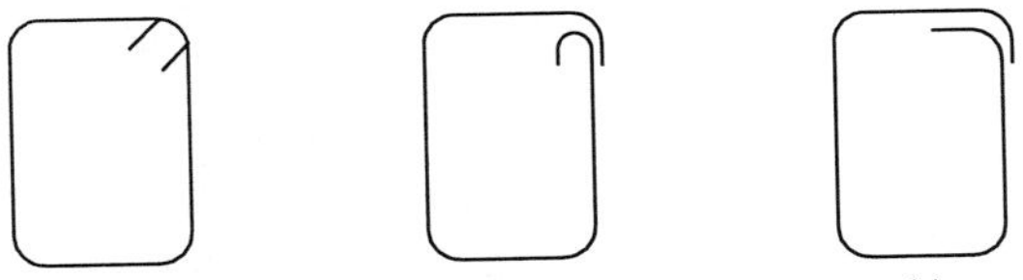

图 3-56 箍筋示意图

（a）135°/135°；（b）90°/180°；（c）90°/90°

表 3-13 箍筋两个弯钩增加长度 （mm）

受力钢筋直径	箍筋直径				
	5	6	8	10	12
10 ~ 25	80	100	120	140	180
28 ~ 32		120	140	160	210

3.2.2.2 配料单

例 3-1 某建筑物第一层共有 5 根 L_1 梁，梁的配筋如图 3-57 所示。L_1 梁的配料单如表 3-14 所示。

解：表中钢筋下料长度计算方法如下：

① 号钢筋端头保护层厚 10mm，则钢筋外包尺寸为：

$$6000-2\times10=5980\text{mm}$$

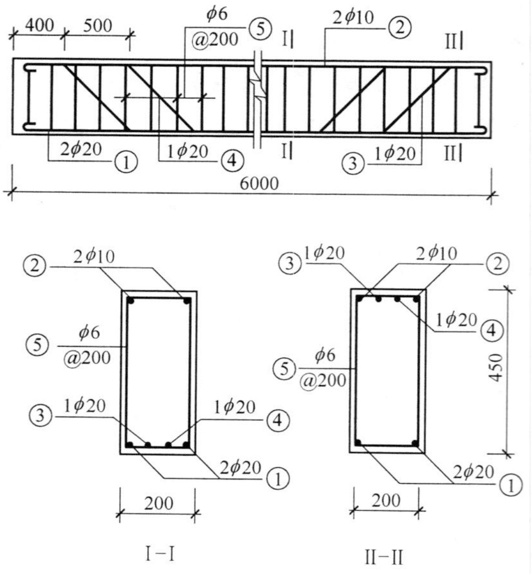

图 3-57　L_1 梁钢筋详图

下料长度为：

$$5980+2\times6.25d=6230\text{mm}$$

④ 号钢筋端头平直段长度为 900 － 10 = 890mm；斜段长为（梁高 － 2 倍保护层）× 1.41 =（450 － 2 × 25）× 1.41 = 564mm；中间直线段长为：6000 － 2 × 900 － 2 × 400 = 3400mm。实际工作中，③号与④号钢筋常并为一种规格（端头平直段改为一端 890mm，另一端 390mm），调头绑扎，④号钢筋下料长度为（890 + 564）× 2 + 3400 － 4 × 0.5d + 2 × 6.25d = 6518mm。

⑤ 号钢筋的外包尺寸，其宽度为梁宽减两个保护层厚，再加两个箍筋的直径，即 200 － 2 × 25 + 2 × 6 = 162mm；其高度为 450 － 2 × 25 + 2 × 6 = 412mm，⑤号钢的下料长度为（162 + 412）× 2 － 3 × 2d + 100 = 1212mm。

据此，编制配料单，便可进行备料加工。

表 3-14　钢筋配料单

构件名称	钢筋编号	简　图	直径/mm	钢号	下料长度/mm	单位根数	合计根数	质量/kg
L_1梁（共 5 根）	①	5980	20	ϕ	6230	2	10	154
	②	5980	10	ϕ	6110	2	10	37.6
	③	390　564　4400　564　390　400　400	20	ϕ	6520	1	5	80
	④	890　564　3400　564　890	20	ϕ	6520	1	5	80
	⑤	412　162	6	ϕ	1210	31	155	41.7

注：合计 ϕ6：41.7kg；ϕ10：37.6kg；ϕ20：314kg。

钢筋加工前，根据图纸按不同构件提出配料单，作为钢筋加工的依据，同时也是签发工程任务单和限额提料的依据。

为了加工方便，每一编号钢筋都要写一块加工牌，如图 3-58 所示。牌中应注明工程名称、构件编号、钢筋规格、总加工根数、下料长度及简图尺寸。钢筋加工完毕后，应将加工牌扎在钢筋上，以便识别。

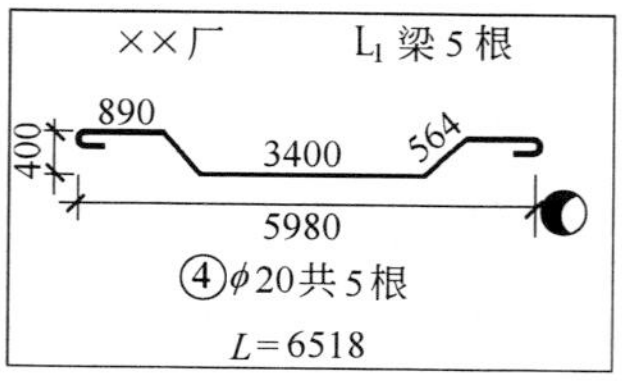

图 3-58　钢筋加工牌

3.2.3　钢筋的加工

钢筋加工的形状、尺寸必须符合设计要求。钢筋表面应洁净、无损伤，油渍、漆污和铁锈等应在使用前清除干净。带有颗粒状或片状老锈的钢筋不得使用。

钢筋的加工包括调直、除锈、剪切、弯曲等工作。

钢筋的调直可采用冷拉调直，调直机调直，锤直和扳直等方法。直径 4 ~ 14mm 的钢筋可采用调直机进行调直。当采用冷拉方法调直钢筋时，HPR235 级钢筋的冷拉率不宜大于 4%；

HRB335 级、HRB400 级和 RRB400 级钢筋的冷拉率不宜大于 1%。

钢筋除锈，如钢筋经过冷拉或经调直机调直则已完成除锈工作；如未经冷拉或调直或保管不妥而锈蚀的钢筋，可采用钢丝刷或机动钢丝刷除锈或喷砂除锈，要求较高时还可采用酸洗除锈。

钢筋剪切可采用钢筋剪切机或手动剪切器。手动剪切器一般只用于剪切直径小于 12mm 的钢筋。钢筋剪切机可剪切直径小于 40mm 的钢筋。直径大于 40mm 的钢材需要用氧－乙炔焰或电弧切割。

钢筋弯曲宜采用弯曲机。弯曲机可将直径 6～40mm 的钢筋弯成各种形状与角度。在缺乏机具的条件下，也可采用手摇扳手弯曲钢箍，用卡盘与扳头弯制粗钢筋。

钢筋加工的允许偏差应符合表 3-15 的要求。

表 3-15 钢筋加工的允许偏差 (mm)

项 目	允许偏差
受力钢筋顺长度方向全长的净尺寸	±10
弯起钢筋的弯折位置	±20
箍筋内净尺寸	±5

3.2.4 钢筋的绑扎与安装

钢筋绑扎和安装之前，先熟悉施工图纸，核对成品钢筋的级别、直径、形状、尺寸和数量是否与配料单、料牌相符，研究钢筋安装和有关工种的配合顺序，准备绑扎用的铁丝、绑扎工具、绑扎架等。

为了缩短钢筋安装的工期，减少钢筋施工中的高空作业，在运输、起重等条件的允许下，钢筋网和钢筋骨架的安装应尽量采用先预制绑扎，后安装的方法。

钢筋绑扎程序是：画线→摆筋→穿箍→绑扎→安装垫块等。画线时应注意间距、数量，标明加密箍筋位置。板类摆筋顺序一般先排主筋后排副筋；梁类一般先排纵筋。排放有焊接接头和绑扎接头的钢筋应符合规范规定。有变截面的箍筋，应事先将箍筋排列清楚，然后安装纵向钢筋。

钢筋绑扎应符合下列规定：

(1) 钢筋的交点须用铁丝扎牢。

(2) 板和墙的钢筋网片，除靠外周两行钢筋的相交点全部扎牢外，中间部分的相交点可相隔交错扎牢，但必须保证受力钢筋不发生位移。双向受力的钢筋网片，须全部扎牢。

(3) 梁和柱的钢筋，除设计有特殊要求外，箍筋应与受力筋垂直设置。箍筋弯钩叠合处，应沿受力钢筋方向错开设置。对于梁，箍筋弯钩在梁面左右错开 50%；对于柱，箍筋弯钩在柱四角相互错开。

(4) 柱中的竖向钢筋搭接时，角部钢筋的弯钩应与模板成 45°(多边形柱为模板内角的平分角；圆形柱应与柱模板切线垂直)；中间钢筋的弯钩应与模板成 90°；如采用插入式振捣器浇筑小型截面柱时，弯钩与模板的角度最小不得小于 15°。

(5) 板、次梁与主梁交叉处，板的钢筋在上，次梁的钢筋居中，主梁的钢筋在下；当有圈梁或垫梁时，主梁的钢筋在上。

控制混凝土的保护层可用水泥砂浆垫块或塑料卡等。水泥砂浆垫块的厚度应等于保护层厚度。制作垫块时，应在垫块中埋入 20 号铁丝，以便使用时把垫块绑在钢筋上。常用的塑料卡形状有塑料垫块和塑料环圈两种，如图 3-59 所示。塑料垫块用于水平构件（如梁、板），在两个方向均有槽，以便适应两种保护层厚度；塑料环圈用于垂直构件（如柱、墙），在两个方向均有凹槽，以便适应两种保护层厚度。使用时钢筋从卡嘴进入卡腔，由于塑料环圈有弹性，可使卡腔的大小能适应钢筋直径的变化。

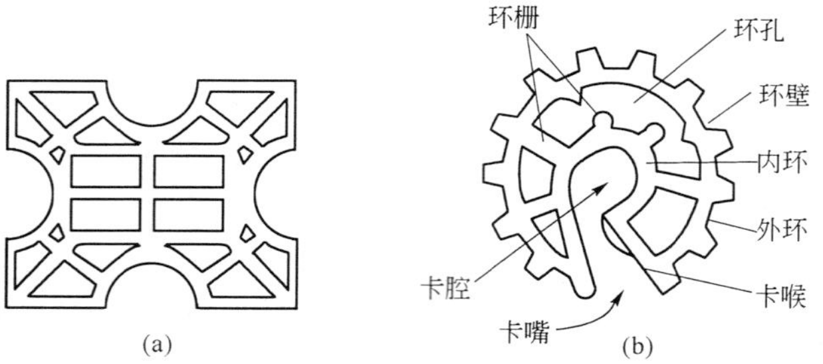

图 3-59　控制混凝土保护层用的塑料卡
（a）塑料垫块；（b）塑料环圈

钢筋安装完毕后应进行检查验收，其位置偏差应符合表 3-16 的要求。

表 3-16　钢筋安装位置的允许偏差和检验方法

项　目			允许偏差/mm	检 验 方 法
绑扎钢筋网	长、宽		±10	钢尺检查
	网眼尺寸		±20	钢尺量连续三档，取最大值
绑扎钢筋骨架	长		±10	钢尺检查
	宽、高		±5	钢尺检查
受力钢筋	间　距		±10	钢尺量两端、中间各一点，取最大值
	排　距		±5	
	保护层厚度	基础	±10	钢尺检查
		柱、梁	±5	钢尺检查
		板、墙、壳	±3	钢尺检查
绑扎钢筋、横向钢筋间距			±20	钢尺量连续三档，取最大值
钢筋弯起点位置			20	钢尺检查
预埋件	中心线位置		5	钢尺检查
	水平高差		+3，0	钢尺和塞尺检查

在施工过程中，当施工单位缺乏设计所要求的钢筋品种、级别或规格时，可进行钢筋代换。为了保证对设计意图的理解不产生偏差，当需要做钢筋代换时，应办理设计变更文件，以确保满足原结构设计的要求，明确钢筋代换由设计单位负责。

3.3　混凝土工程

混凝土工程的施工过程有混凝土的制备、混凝土的运输、混凝土的浇筑和混凝土的养护等。混凝土工程质量的优劣直接影响钢筋混凝土结构的承载能力、耐久性和整体性。要保证混凝土工程的质量，关键是保证混凝土工程各施工工艺过程的质量。

配制混凝土常用的水泥有:硅酸盐水泥、普通硅酸盐水泥、矿渣硅酸盐水泥、火山灰质硅酸盐水泥、粉煤灰硅酸盐水泥和复合硅酸盐水泥。

水泥进场时应对其品种、级别、包装或散装仓号、出厂日期等进行检查,并应对其强度、安定性及其他必要的性能指标进行复验。其质量必须符合现行国家标准的规定。当在使用中对水泥质量有怀疑或水泥出厂超过三个月(快硬硅酸盐水泥超过一个月)时,应进行复验,并按复验结果使用。

钢筋混凝土结构、预应力混凝土结构中,严禁使用含氯化物的水泥。

普通混凝土所用的粗、细骨料的质量应符合国家现行标准的规定。

混凝土中掺用矿物掺和料的质量应符合国家现行标准的规定,矿物掺和料的掺量应通过试验确定。

拌制混凝土宜采用饮用水。当采用其他水源时,水质应符合国家现行标准的规定。

3.3.1 混凝土的制备

3.3.1.1 混凝土配合比

混凝土的制备就是根据混凝土的配合比,把水泥、砂、石和水通过搅拌的手段使其成为均质的混凝土。

混凝土的施工配合比,应根据结构设计的混凝土强度等级、质量检验及施工对混凝土和易性的要求确定,并应符合合理使用材料和经济的原则,必要时还应符合抗冻性、抗渗性等要求。

混凝土制备之前应按下式确定施工配制强度,以保证混凝土的实际施工强度不低于结构设计所要求的强度等级。

$$f_{cu,o}=f_{cu,k}+1.645\sigma \tag{3-4}$$

式中 $f_{cu,o}$——混凝土的配制强度,MPa;

$f_{cu,k}$——设计的混凝土立方体抗压强度标准值,MPa;

σ——混凝土强度标准差,MPa。

当施工单位具有30组以上近期的同一品种混凝土强度资料时,其混凝土强度标准差σ应按下式计算:

$$\sigma=\sqrt{\frac{\sum_{i=1}^{N}f_{cu,i}^{2}-N\mu_{f_{cu}}^{2}}{N-1}} \tag{3-5}$$

式中 $f_{cu,i}$——统计周期内同一品种混凝土第i组试件的强度值,MPa;

$\mu_{f_{cu}}$——统计周期内同一品种混凝土N组试件强度的平均值,MPa;

N——统计周期内同一品种混凝土试件总组数,$N\geqslant 25$。

混凝土强度标准差σ应根据强度等级相同且生产工艺和配合比基本相同的混凝土标准试件的强度统计求得。对预拌混凝土厂和预制混凝土构件厂,统计周期可取为一个月;对现场拌制混凝土的施工单位,统计周期可根据实际情况确定,但不宜超过三个月。考虑到目前混凝土生产单位的质量管理水平,因而确定了强度标准差计算值的下限。即当混凝土强度等级为C20或C25时,如计算得到的$\sigma<2.5$MPa,取$\sigma=2.5$MPa;当混凝土强度等级等于或高于C30时,如计算得到的$\sigma<3.0$MPa,取$\sigma=3.0$MPa。

当施工单位不具有近期的同一品种混凝土强度资料时,其混凝土强度标准差σ可按表3-17取用。

表 3-17 σ 值 (N/mm^2)

混凝土强度等级	低于 C20	C20 ~ C35	高于 C35
σ	4.0	5.0	6.0

注：在采用本表时，施工单位可根据实际情况，对 σ 作适当调整。

施工配料是保证混凝土质量的重要环节之一，施工配料时影响混凝土质量的因素主要有两方面：一是计量误差，二是未按砂、石骨料实际含水率的变化进行施工配合比的换算。

原材料的计量精度得到保证，才能使所拌制的混凝土的强度、耐久性和工作性能满足设计和施工所提出的要求。试验表明：当水计量波动 ±1.0% 时，混凝土强度将相应波动约 ±3%；水泥计量波动 ±1.0% 时，混凝土强度波动约 ±1.7%。如计量时，水和水泥误差各为 +2.0% 和 -2.0% 时，由于水灰比的变化，混凝土的强度将降低 8.9%；因此，为了保证混凝土的质量，原材料的计量应以重量计。骨料的含水率应经常测定，特别是在雨天施工时，更应增加测定次数，以调整和控制加水量。施工现场或混凝土预拌厂所使用的称料衡器应定期检验，保持计量准确。

各种原材料计量的允许偏差不得超过表 3-18 的规定。

表 3-18 混凝土原材料称量的允许偏差 (%)

材料名称	允许偏差
水泥、混合材料	±2
粗、细骨料	±3
水、外加剂	±2

注：1. 各种衡器应定期校验，每次使用前应进行零点校核，保持计量准确；
2. 当遇雨天或含水率有显著变化时，应增加含水率检测次数，并及时调整水和骨料的用量。

在施工中，为了确保拌制混凝土的质量，必须及时进行施工配合比的换算。

施工现场的砂、石含水率随季节、气候不断变化。如果不考虑现场砂、石含水率而按实验室配合比投料，其结果是改变了实际砂、石用量和用水量而造成各种原材料用量间的比例不符合原来配合比的要求。为保证混凝土工程的质量，保证按配合比投料，施工时要按砂、石实际含水率对实验室配合比进行修正。调整以后的配合比称为施工配合比。

设原实验室配合比为水泥：砂：石子 $= l:x:y$，水灰比为 $\frac{W}{C}$。

现场测得砂含水率为 W_x，石子含水率为 W_y。

则施工配合比为水泥：砂：石子 $= l:x(1+W_x):y(1+W_y)$。

例 3-2 混凝土实验室配合比为 1:2.28:4.47，水灰比 $\frac{W}{C}=0.63$，每立方米混凝土水泥用量 $C=285\text{kg}$，现场实测砂含水率 3%，石子含水率 1%。

解：施工配合比为

$$
\begin{aligned}
& 1:x(1+W_x):y(1+W_y) \\
&= 1:2.28\times(1+0.03):4.47\times(1+0.01) \\
&= 1:2.35:4.51
\end{aligned}
$$

按施工配合比，每立方米混凝土各组成材料用量为：

水泥 $C' = C = 285\text{kg}$

砂 $G'_{砂} = 285\times2.35 = 669.75\text{kg}$

石 $G'_{石} = 285\times4.51 = 1285.35\text{kg}$

用水量 $W' = W - G_{砂}W_x - G_{石}W_y$（$G_{砂}$、$G_{石}$为按实验室配合比计算每立方米混凝土砂、石用量）

$$W' = 0.63 \times 285 - 2.28 \times 285 \times 0.03 - 4.47 \times 285 \times 0.01$$
$$= 179.55 - 19.49 - 12.74 = 147.32\text{kg}$$

施工水灰比为0.52。

3.3.1.2 混凝土搅拌机

混凝土搅拌机按其工作原理，可分为自落式和强制式两大类，见表3-19。

表3-19 搅拌机的分类

分 类	鼓 筒 式	锥形反转出料式	双锥形倾翻出料式
自落式	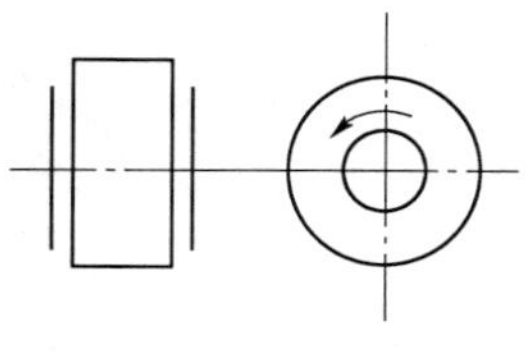	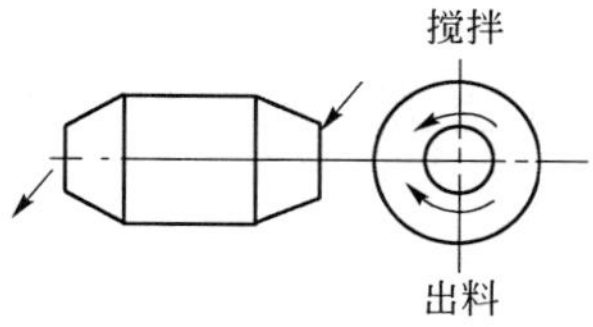	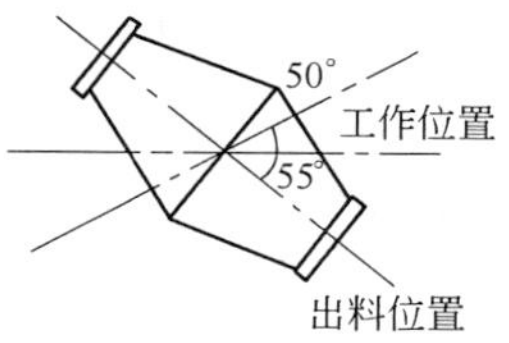
强制式	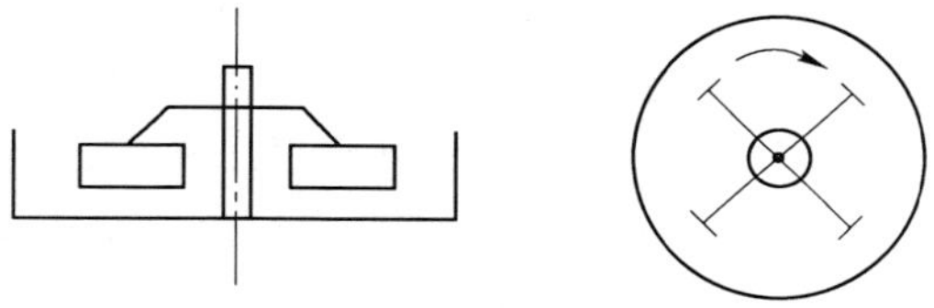		

自落式搅拌机由内壁装有叶片的旋转鼓筒组成，其工作原理为重力交流掺和机理。当搅拌筒绕水平轴旋转时，装入筒内的物料被叶片提升到一定高度后自由落下，物料下落时具有较大的动能，且各物料颗粒下落的时间、速度、落点和滚动距离不同。从而使物料颗粒相互穿插、渗透、扩散，最后达到均匀混合的目的。

自落式混凝土搅拌机适用于搅拌塑性混凝土。自落式搅拌机按搅拌筒的形状和出料方式的不同，可分为鼓筒式、双锥式等若干种。双锥式又分为反转出料式和倾翻出料式两种。鼓筒式搅拌机已列为淘汰产品。双锥反转出料式搅拌机是自落式搅拌机中较好的一种，它的搅拌筒由两个截头圆锥组成，搅拌筒每转一周，物料在筒中的循环次数比鼓筒式搅拌机多，效率较高，且叶片布置较合理，物料被提升后一方面靠自落进行拌和，另一方面又迫使物料沿轴向左右窜动，搅拌作用强烈。它正转搅拌，反转出料，构造简单，制造容易。双锥倾翻出料式搅拌机结构简单、出料快，适用于大容量、大骨料、大坍落度的混凝土搅拌，多用于预拌混凝土厂、混凝土构件厂等。

强制式混凝土搅拌机主要是根据剪切机理设计的。这种搅拌机中有转动叶片，这些不同角度和位置的叶片转动时通过物料，克服了物料的惯性、摩擦力和黏滞力，强制其产生环向、径向、竖向运动。而叶片通过后的空间又由翻越叶片的物料所充满。这种由叶片强制物料产生剪切位移而达到均匀混合的机理，称为剪切搅拌机理。

强制性搅拌机的搅拌作用比自落式搅拌机强烈，宜于搅拌干硬性混凝土和轻骨料混凝土。

强制式搅拌机分为立轴式与卧轴式。卧轴式有单轴、双轴之分，而立轴式又分为涡桨式和行星式两种。卧轴式搅拌机具有适用范围广、搅拌时间短、搅拌质量好等优点，是目前国内外大力发展的机型。这种搅拌的水平搅拌轴上装有搅拌叶片，搅拌筒内的物料在搅拌叶片的带动下，作相互切翻运转和按螺旋形轨迹交替运动，得到强烈的搅拌。

选择搅拌机时要根据工程量大小、混凝土的坍落度、骨料尺寸等而定。既要满足技术上的要求，又要考虑经济效果及节约能源。

搅拌机的主要工艺参数为工作容量。工作容量可以用进料容量或出料容量表示。

进料容量又称为干料容量，是指该型号搅拌机可装入的各种材料体积的总和。搅拌机每次搅拌出混凝土的体积，称为出料容量。出料容量与进料容量之比称为出料系数。即

$$出料系数 = \frac{出料容量}{进料容量}$$

出料系数一般取0.65。

例如J_1-400A型混凝土搅拌机，进料容量为400L，出料容量为260L，即每次可装入干料体积400L，每次可搅拌出混凝土260L，即$0.26m^3$。

3.3.1.3　搅拌制度

为了拌制出均匀优质的混凝土，除合理地选择搅拌机外，还必须正确地确定搅拌制度，即一次投料量、搅拌时间和投料顺序等。

A　一次投料量

不同类型的搅拌机都有一定的进料容量。搅拌机不宜超载过多，如自落式搅拌机超载10%，就会使材料在搅拌筒内无充分的空间进行掺和，影响混凝土拌和物的均匀性，并且在搅拌过程中混凝土会从筒中溅出。故一次投料量宜控制在搅拌机的额定容量以下。但也不可装料过少，否则会降低搅拌机的生产率。施工配料就是根据施工配合比以及施工现场搅拌机的型号，确定现场搅拌时原材料的一次投料量。搅拌时一次投料量要根据搅拌的出料容量来确定。

按上例，已知条件不变，采用400L混凝土搅拌机，求搅拌时的一次投料量。

400L混凝土搅拌机每次可搅拌混凝土：

$$400 \times 0.65 = 260L = 0.26m^3$$

则搅拌时一次投料量为：

水泥：　$285 \times 0.26 = 74.1kg$（取75kg）

砂：　$75 \times 2.35 = 176.25kg$

石子：　$75 \times 4.51 = 338.25kg$

水：　$75 \times 0.63 - 75 \times 2.28 \times 0.03 - 75 \times 4.47 \times 0.01 = 47.25 - 5.13 - 3.35 = 38.77kg$

搅拌混凝土时，根据计算出的各组成材料的一次投料量，按重量投料。混凝土原材料每盘称量的偏差不得超过表3-18中允许偏差的规定。

B　搅拌时间

从原材料全部投入搅拌筒时起到开始卸出时止所经历的时间称为搅拌时间。为获得混合均匀、强度和工作性能都能满足要求的混凝土，所需的最短搅拌时间称为最小搅拌时间。一般情况下，混凝土的匀质性是随着搅拌时间的延长而增加，因而混凝土的强度也随着提高。但搅拌时间超过某一限度后，混凝土的匀质性便无显著的改进了，混凝土的强度也增加很少。故搅拌时间过长，不但会影响搅拌机的生产率，而且对混凝土强度的提高也无益处。甚至由于水分的蒸发和较软弱骨料颗粒经长时间的研磨破碎变细，还会引起混凝土工作性能的降低，影响混凝土的质量。混凝土搅拌的最短时间与搅拌机的类型和容量等因素有关，应符合表3-20的规定。该最短时间是按一般常用搅拌机的回转速度确定的，不允许用超过混凝土搅拌机说明书规定的回转速度进行搅拌以缩短搅拌延续时间。原因是当自落式搅拌机搅拌筒的转速达到某一极限时，筒内物料所受的离心力等于其重力，物料就粘在筒壁上不会落下而不能产生搅拌作用。混凝土搅拌的最短时间见表3-20。

表 3-20 混凝土搅拌的最短时间

混凝土坍落度/mm	搅拌机机型	搅拌机出料量/L		
		<250	250 ~ 500	>500
≤30	强制式	60	90	120
	自落式	90	120	150
>30	强制式	60	60	90
	自落式	90	90	120

注:1. 掺有外加剂时,搅拌时间应适当延长。
2. 全轻混凝土宜采用强制式搅拌机搅拌,轻砂混凝土可用自落式搅拌机搅拌,搅拌时间均应延长 60 ~ 90s。
3. 轻骨料宜在搅拌前预湿。采用强制式搅拌机搅拌的加料顺序是:先加粗细骨料和水泥搅拌 60s,再加水继续搅拌;采用自落式搅拌机的加料顺序是:先加 1/2 的用水量,然后加粗细骨料和水泥,均匀搅拌 60s,再加剩余用水量继续搅拌。
4. 当采用其他形式搅拌设备时,搅拌的最短时间应按设备说明书的规定或经试验确定。

C 投料顺序

确定原料投入搅拌筒内的顺序应从提高搅拌质量、减少机械的磨损和混凝土的粘罐现象、减少水泥飞扬、降低电耗以及提高生产率等方面综合考虑。按照原材料加入搅拌筒内的投料顺序的不同,常用的有一次投料法和两次投料法等。

一次投料法是将砂、石、水泥装入料斗,一次投入搅拌机内,同时加水进行搅拌。为了减少水泥的飞扬和粘罐现象,对自落式搅拌机,常采用的投料顺序是:先倒砂子(或石子),再倒水泥,然后倒入石子(或砂子),将水泥夹在砂、石之间,最后加水搅拌。

两次投料法又分为预拌水泥砂浆法和预拌水泥净浆法。预拌水泥砂浆法是先将水泥、砂和水加入搅拌筒内进行搅拌,成为均匀的水泥砂浆后,再加入石子搅拌成均匀的混凝土。预拌水泥净浆法是先将水泥和水充分搅拌成均匀的水泥净浆后,再加入砂和石子搅拌成混凝土。试验表明,两次投料法的混凝土与一次投料法相比,混凝土强度可提高约 15%。在强度相同的情况下,要节约水泥 15% ~ 20%。

水泥裹砂法又称 SEC 法,是日本研究的混凝土搅拌工艺。采用这种方法拌制的混凝土称 SEC 混凝土,又称造壳混凝土。该法的搅拌程序是:先加一定量的水,将砂表面的含水量调节到某一规定的数值后,再将石子加入与湿砂拌匀,然后将全部水泥投入,与润湿后的砂、石拌和,使水泥在砂、石表面形成一层低水灰比的水泥浆壳(此过程称为“成壳”),最后将剩余的水和外加剂加入,搅拌成混凝土。试验表明,采用 SEC 法制备的混凝土与一次投料法相比较,强度可以提高 20% ~ 30%,混凝土不易产生离析现象,泌水少,工作性好。

我国科研人员经过研究和实践,在 SEC 法的基础上,研究成功了“裹砂石法混凝土搅拌工艺”。它分两次加水,两次搅拌。用这种工艺搅拌时,先将全部的石子、砂和 70% 的拌和水倒入搅拌机,拌和 15s 使骨料湿润,再倒入全部水泥进行造壳搅拌 30s 左右,然后加入 30% 的拌和水再进行糊化搅拌 60s 左右即完成。与普通搅拌工艺相比,用裹砂石法搅拌工艺可使混凝土强度提高 10% ~ 20%,或节约水泥 5% ~ 10%。在我国推广这种新工艺,有巨大的经济效益。

3.3.2 混凝土的运输

3.3.2.1 对混凝土运输的要求

混凝土由拌制地点运往浇筑地点有多种运输方法。选用时应根据建筑物的结构特点,混凝土的总运输量与每日所需的运输量,水平及垂直运输的距离,现有设备的情况以及气候、地形与道路条件等因素综合考虑。不论采用何种运输方式,都应满足下列要求:

(1) 在运输过程中应保持混凝土的均匀性,避免产生分离、泌水、砂浆流失、流动性减小等现象。混凝土运至浇筑地点,应符合浇筑时规定的坍落度(见表3-21)。当有离析现象时,必须在浇筑前进行二次搅拌。

表3-21　混凝土浇筑时的坍落度　(mm)

结构种类	坍落度
基础或地面等的垫层、无配筋的大体积结构(挡土墙、基础等)或配筋稀疏的结构	10~30
板、梁和大型及中型截面的柱子等	30~50
配筋密列的结构(薄壁、斗仓、筒仓、细柱等)	50~70
配筋特密结构	70~90

注:1. 本表系采用机械振捣混凝土时的坍落度,当采用人工捣实混凝土时其值可适当增大;
2. 当需要配制大坍落度混凝土时,应掺用外加剂;
3. 曲面或斜面结构混凝土的坍落度应根据实际需要另行选定;
4. 轻骨料混凝土的坍落度,宜比表中数值减少10~20mm。

(2) 混凝土应以最少的转载次数和最短的时间,从搅拌地点运至浇筑地点,使混凝土在初凝前浇筑完毕。

(3) 混凝土的运输应保证混凝土的灌筑量。对于采用滑升模板施工的工程和不允许留施工缝的大体积混凝土的浇筑,混凝土的运输必须保证其浇筑工作能连续进行。

3.3.2.2　混凝土的运输方法

混凝土运输分为地面运输、垂直运输和楼地面运输三种情况。

混凝土地面运输如果采用预拌(商品)混凝土,运输距离较远时,多采用自卸汽车或混凝土搅拌运输车。混凝土如来自工地搅拌站,则多用载重1t的小型机动翻斗车,近距离也用双轮手推车,有时也用皮带运输机。

混凝土垂直运输,多采用塔式起重机,混凝土泵、快速提升斗和井架等。用塔式起重机时,混凝土多放在吊斗中,这样可直接浇筑。

混凝土楼面运输,一般以双轮手推车为主。也可用小型机动翻斗车,如用混凝土泵,则用布料杆布料。

常用的双轮手推车容积为0.07~0.1m^3,载重约200kg。当用于楼面水平运输时,由于已立好模板,扎好钢筋,因此需铺设手推车行走的跳板。跳板应用木制或钢制马凳架空,以免压弯钢筋,跳板的布置应与混凝土浇筑的方向相配合,应使小车尽可能达到楼面各点,一面浇筑,一面拆迁,直到整个楼面混凝土浇完为止。

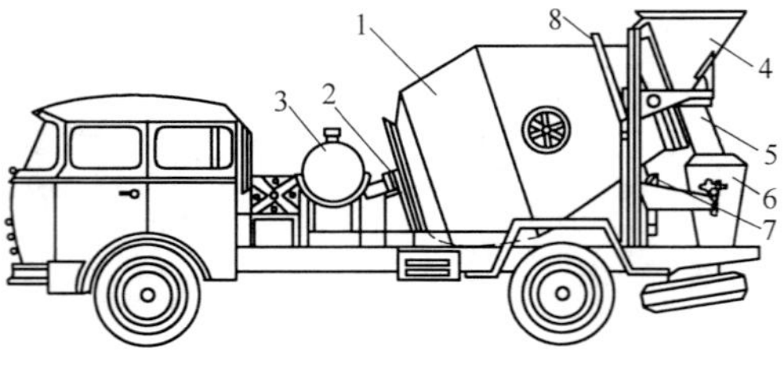

图3-60　混凝土搅拌输送车外形示意图
1—搅拌筒;2—轴承座;3—水箱;4—进料斗;5—卸料槽;6—引料槽;7—托轮;8—轮圈

混凝土搅拌运输车是长距离运输混凝土的工具(见图3-60)。它实际上是在载重汽车或专用运输底盘上安装混凝土搅拌筒的组合机械,兼有载送和搅拌混凝土的双重功能,可以在运送混凝土的同时对其进行搅拌或扰动,从而保证了所运送的混凝土的均匀性,并可适当地延长运距(或运输时间)。搅拌筒斜卧放置,其轴线倾角为15°~

18°。筒体中部为圆柱形，两端为截圆锥形，用4~5mm厚的钢板制成。筒内设有用厚度为4.5~5mm的耐磨及耐腐蚀高强合金钢板制成的对数曲线压型螺旋状搅拌叶片。在运输过程中慢速转动进行拌和。运至浇筑地点后，搅拌筒反转即可卸出混凝土。它的用途有：

(1) 运送拌和好的、质量符合施工要求的混凝土拌和物（通称湿料或熟料）。在运输途中，搅拌筒进行低速转动（1~4r/min），以防混凝土离析和与筒壁粘结，保证混凝土浇筑的施工质量。

(2) 装运由配料站按设计配合比配合好的干料（水泥、砂、石子的混合物），在将要到达施工地点之前，按要求在搅拌筒中注入定量搅拌水并使搅拌筒按搅拌要求的转速转动，在途中完成混凝土的搅拌全过程，到达工地后可立即卸出并进行浇筑。

(3) 运送半干料。即由搅拌站按设计配合好的水泥、砂、石子及部分拌和物（半熟料），在运输途中，搅拌筒以低速转动，同时在筒中补充添加所需要的剩余拌和水，待搅拌筒的总转数达到70~100转时，便可认为已完成必需的搅拌过程。

干料运输和半干料运输主要应用于运输距离长、浇筑作业面分散的工程，以免由于运输时间过长而对混凝土质量产生不利的影响。

塔式起重机既能完成混凝土的垂直运输，又能完成一定的水平运输，在其工作幅度内，能直接将混凝土从装料地点吊升到浇筑地点送入模板内，中间不需转运，在现浇混凝土工程施工中应用广泛。用塔式起重机运输混凝土时，应配以混凝土浇灌料斗（见图3-61）联合使用，浇灌料斗的形式多样，按其形状分有圆形、圆弧形和方形；按装料时的工作方式分有立式和卧式。确定料斗容量大小时，应考虑到机动翻斗车或混凝土搅拌运输车的容量、混凝土的浇筑速度等因素，结合目前施工现场常用混凝土搅拌机的容量和塔式起重机的起重能力（最大幅度时的起重量）等，常配有容量为0.4m³、0.8m³、1.2m³、1.6m³四种料斗。要求斗门的开关必须灵活方便，斗门敞开的大小可自由调节，以便控制混凝土的出料数量。

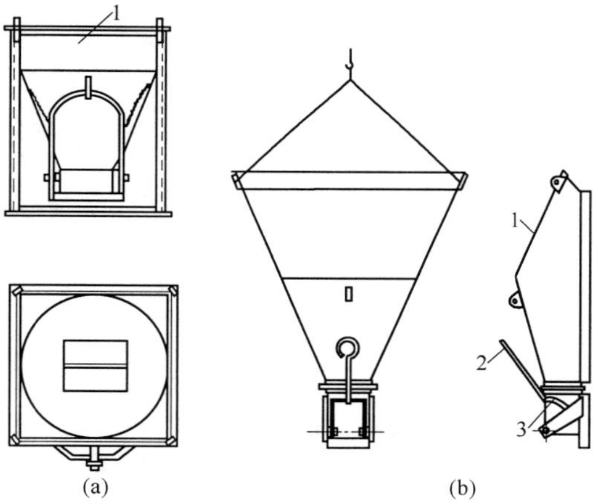

图3-61 混凝土浇灌料斗
(a)立式料斗；(b)卧式料斗
1—入料口；2—手柄；3—卸料口的扇形口

采用井架作垂直运输时，常把混凝土装在双轮手推车内推送到井架升降平台上（每次可装2~4台手推车），提升到楼层上，再将手推车沿铺在楼面上的跳板推到浇筑地点。

3.3.2.3 混凝土泵运输

混凝土泵是在压力推动下沿管道输送混凝土的一种设备。它能一次连续完成混凝土的水平运输和垂直运输，配以布料杆还可以进行混凝土的浇筑。它具有工效高、劳动强度低，施工现场文明等特点，是发展较快的一种混凝土运输方法。

A 泵送混凝土的主要设备

(1) 混凝土泵。混凝土泵按其机动性，可分为固定式泵、装有行走轮胎可牵引转移的混凝土泵（拖式混凝土泵）和装在载重汽车底盘上的汽车式混凝土泵。目前一般采用液压柱塞式混凝土泵，如图3-62所示。液压柱塞式混凝土泵主要由两个液压油缸、两个混凝土缸、分配阀、料斗、Y形连通管及液压系统组成。通过液压控制系统的操纵作用，使两个分配阀交替启闭。液压油缸与混凝土缸相连通，通过液压油缸活塞杆的往复作用，以及分配阀的密切协同动作，使两个混凝土缸轮流交替完成吸入和压送混凝土冲程。在吸入冲程时，混凝土缸筒由料斗吸入混凝土拌和物；在压送冲程时，把混凝土送入Y形连通管内，并通过输送配管压送至浇筑地点，因而使混凝土泵能连续稳定地运行。

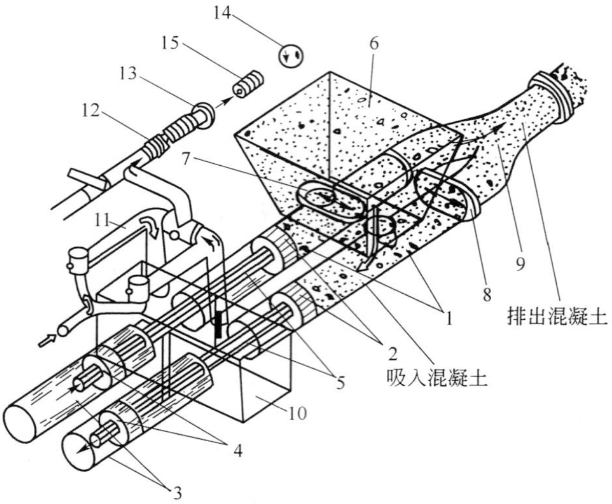

图3-62 柱塞式混凝土泵工作原理图

1—混凝土缸；2—混凝土活塞；3—液压缸；4—液压活塞；5—活塞杆；6—受料斗；7—吸入端水平片阀；8—排出端竖直片阀；9—Y形输送管；10—水箱；11—水洗装置换向阀；12—水洗用高压软管；13—水洗用法兰；14—海绵球；15—清洗活塞

（2）混凝土输送管。输送管是混凝土泵送设备的重要组成部分。管道配置与敷设是否合理，直接影响到泵送效率，有时甚至影响泵送作业的顺利完成。泵送混凝土的输送管道由耐磨锰钢无缝钢管制成，包括直管、弯管、接头管及锥形管（过渡管）等各种管件，有时在输送管末端配有软管，以利于混凝土浇筑和布料。管径有ϕ100、ϕ125、ϕ150、ϕ180等数种，直管的长度有3.0m、2.0m、1.0m等数种。弯管的角度有15°、30°、45°、60°、90°5种，以适应管道改变方向的需要。当两种不同管径的输送管需要连接时，中间则用锥形管过渡。锥形管的长度有1.0m、1.1m、1.5m、2.0m等数种。为使管道便于装拆，相邻输送管之间的连接都采用快速管接头。常用的管接头有压杆式管接头和螺栓式管接头。

（3）混凝土布料杆。布料杆是完成输送、布料、摊铺混凝土入模的最佳机具。它具有能使劳动消耗量减少、生产效率提高、劳动强度降低和浇筑施工速度加快等特点。

混凝土布料杆可分为汽车式布料杆（混凝土泵车布料杆）和独立式布料杆两种。

1）汽车式布料杆是把混凝土泵和布料杆都装在一台汽车的底盘上（见图3-63）。特点是转移灵活，工作时不需另铺管道。布料杆本身是由薄钢板焊成的箱形断面折叠式臂架与薄壁无缝钢管制成的泵送管道组成。根据壁的总长度，布料杆可由2、3或4节臂架铰接而成。混凝土泵送管道通过一些悬挑结构固定于箱形壁架的一侧胶板上，最末一节泵送管端则可套装一节橡胶管。因此，通过布料杆各节臂架的俯、仰、屈、伸，能将混凝土泵送到臂架有效幅度范围内的任意一点。

2）独立式布料杆种类较多。大致分为移置式布料杆、管柱式布料杆或塔架式布料杆，以及附装在塔吊上的布料杆。目前在高层建筑施工中应用较多的是移置式布料杆，其次是管柱式布料杆。

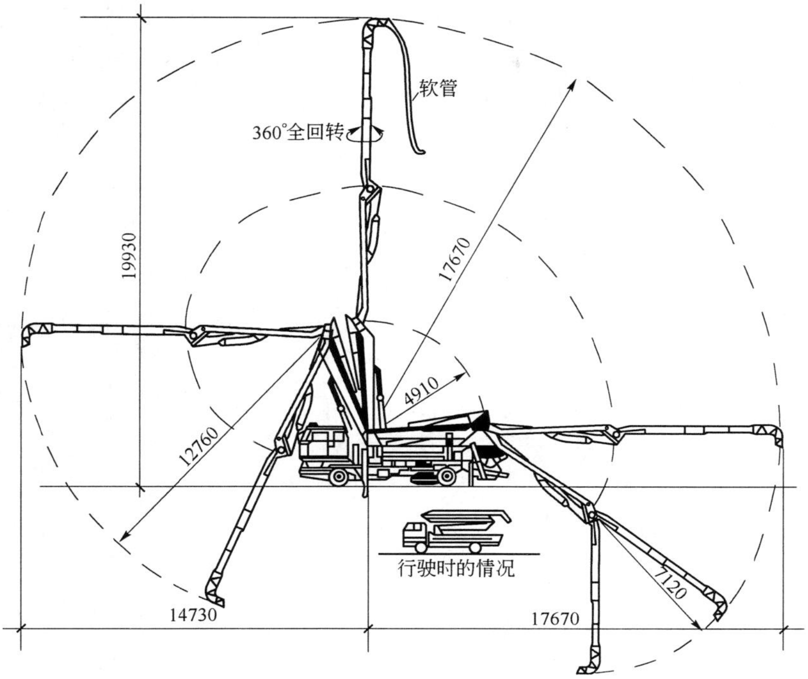

图 3-63　三折叠式布料杆泵车浇筑范围示意图

移置式布料杆是一种两节式布料杆，由底架支腿、转台、平衡臂、平衡重、臂架、水平管、弯管等组成（见图 3-64）。两根水平管Ⅰ和Ⅱ既是臂架结构的组成部分，同时也是混凝土泵送管道。这种两节式布料杆最大工作幅度为 9.5m，有效工作面积为 300m^2，可放置在楼面或模板上使用。整个布料杆可用人力推动做 360°回转，其中第Ⅱ节泵管还可用手推动，以第Ⅰ节管端弯管为轴心做 360°回转。可将混凝土直接输送到其工作幅度范围内的任何浇筑点。其特点是构造简单，加工容易，安装方便，转运迅速，操作灵活，维修简便，可用塔吊随着楼层施工升运和转移。

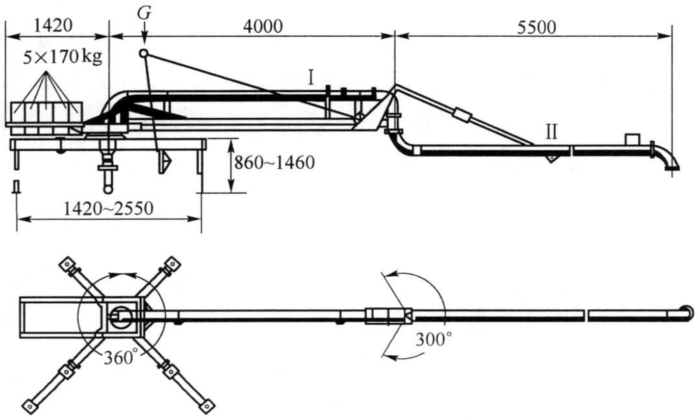

图 3-64　移置式布料杆

管柱式布料杆是由多节钢管组成的立柱、三节式臂架、泵管、转台、回转机构、操作平台、爬梯、底座等构成（见图 3-65）。这种布料杆可做 360°回转，最大工作幅度为 17m，最大垂直输送高度为16m(三节臂直立时),有效布料作业面积为900m²。在钢管立柱的下部设有液压爬升机构,借助爬升套架梁,可在楼层预留孔筒中逐层向上爬升。其特点是节省劳动力,劳动强度低;采用液压系统操纵布料杆的屈伸,机动性强,就位准确,浇筑入模精度高,物料流失量小;按钮控制,操纵容易,工效高。

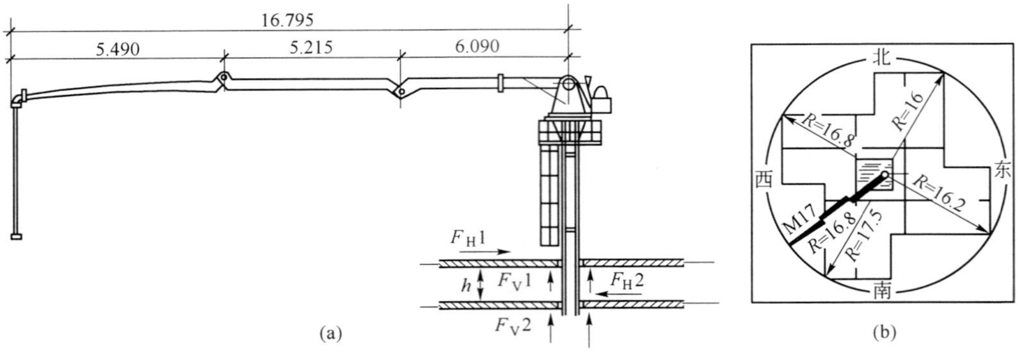

图3-65　M17-125型管柱式机动布料杆示意图(单位:m)
(a)布料杆示意图;(b)布料杆工作范围图
F_H—水平反力;F_V—垂直反力;h—楼层高度

B　混凝土泵送设备和管道的布置

混凝土泵的布置场地应平整坚实,道路通畅,供料方便,其位置应靠近浇筑地点,方便布管,接近排水设施。保证供水、供电方便。在混凝土泵的作业范围内,不得有高压线等障碍物。

混凝土输送管应根据工程和施工场地特点、混凝土浇筑方案进行布置。管线长度宜短,少用弯管和软管,以减少压力损失。输送管的铺设应保证安全施工、便于清洗管道、排除故障和装拆维修。

在同一条管线中,应采用相同管径的混凝土输送管。

在垂直向上配管时,为防止管中混凝土在重力作用下产生反流现象,应在混凝土泵和垂直管之间设置一段地面水平管,其长度不小于垂直管长度的四分之一,且不宜小于15m,或遵守产品说明书的规定。在泵机Y形管出料口3~6m处的输送管根部尚应设置截止阀。

向地下泵送混凝土时,混凝土在重力作用下向下移动,容易产生离析,堵塞管道。所以,泵送施工地下结构物时,地上水平管轴线应与Y形管出料口轴线垂直。在倾斜向下配管时,应在斜管上端设排气阀,当高差大于20m时,应在斜管下端设5倍高差长度的水平管;如条件限制,可增加弯管或环形管,满足5倍高差长度的要求。

布料设备应根据结构平面尺寸,配管情况和布料杆长度进行布置,要求覆盖整个结构平面,并能均匀、迅速布料。

混凝土泵送的配管整体水平换算长度应不超过混凝土泵的最大水平输送距离,如表3-22所示。

表3-22　混凝土输送管的水平换算长度

类　型	单　位	规　格	水平换算长度/m
向上水平管	1/m	100mm	3
		125mm	4
		150mm	5

续表 3-22

类型	单位	规格	水平换算长度/m
锥形管	1/根	175～150mm	4
		150～125mm	8
		125～100mm	16
弯管	1/根	90° $R=0.5$m	12
		$R=1.0$m	9
软管	每 5～8m 长的 1 根		20

注:1. R 为曲率半径;

2. 弯管的弯曲角度小于 90°时,需将表列数值乘以该角度与 90°角的比值;

3. 垂直向下管,其水平换算长度等于其自身长度;

4. 斜向配管时,根据其水平及垂直投影长度,分别按水平、垂直配管计算。

C 泵送混凝土对原材料及配合比的要求

泵送混凝土时,混凝土拌和物在泵的推力作用下将沿输送管流动。混凝土是在与管壁产生摩擦的情况下沿管壁滑移。这时,沿其流动方向将由管壁与混凝土表面的摩擦阻力和拌和物本身的黏滞阻力而形成压力梯度。当压力梯度连续不断时,拌和物内部的部分水泥浆在泵压力的推动作用下,粘附于管壁内表面上,形成润滑层。在润滑层的支承下,粗骨料则悬浮于黏性流质中(水泥砂浆中)沿管道中心移动。反之,如压力梯度中断,则将出现堵塞和离析现象,致使混凝土泵送失败。

混凝土能否在输送管内顺利流通,是泵送工作能否顺利进行的关键,故混凝土必须具有良好的被输送性能。混凝土在输送管道中的流动能力称为可泵性。可泵性好的混凝土与管壁的摩擦阻力小,在泵送过程中不会产生离析现象,混凝土的性能不会发生改变。为使混凝土拌和物能在泵送过程中不产生离析和堵塞,具有足够的匀质性和胶结能力,具有良好的可泵性,在选择泵送混凝土的原材料和配合比时,应尽量满足下列要求:

(1) 粗骨料的选择。当水灰比一定时,宜优先选用卵石。所选用的粗骨料的最大粒径 d_{max} 与输送管内径 D 之间应符合以下要求:

对于碎石宜为:$D \geqslant 3d_{max}$;

对于卵石宜为:$D \geqslant 2.5d_{max}$。

如用轻骨料,则用吸水率小者为宜,并用水预湿,以免在压力作用下强烈吸水,使坍落度降低,而在管道中形成堵塞。

(2) 砂。宜用中砂。通过 0.315mm 筛孔的砂应不小于 15%。砂率宜控制在 40%～50%。如粗骨料为轻骨料时,还可适当提高。

(3) 水泥用量。水泥用量不宜过小,否则混凝土容易产生离析。最少水泥用量视输送管径和泵送距离而定,一般每立方米混凝土中的水泥用量不宜少于 300kg。

(4) 混凝土坍落度。坍落度是影响混凝土与输送管壁间摩擦阻力大小的主要因素。较低的坍落度不但会增大输送阻力,造成混凝土泵送困难,而且混凝土不容易被吸入泵内,影响泵送效率,过大的坍落度在输送过程中容易造成离析,同时影响浇筑后混凝土的质量。泵送混凝土适宜的坍落度为 8～18cm。泵送高度大时还可以加大。

(5) 水灰比。水灰比的大小对混凝土的流动阻力有较大的影响,泵送混凝土的水灰比宜为 0.5～0.6。

(6) 外加剂的应用。为提高混凝土的流动性,减少输送阻力,防止混凝土离析,延缓混凝土凝结时间,宜在混凝土中掺外加剂。适于泵送混凝土使用的外加剂有减水剂和加气剂。减水剂的作用是在不增加用水量的情况下,增大混凝土的流动性与和易性,以便于泵送;加气剂可在混凝土拌和料颗粒间形成众多的微细气泡,可起润滑作用,减少摩擦阻力,便于泵送。外加剂的掺量应视具体情况确定。

D 泵送混凝土施工

(1) 在编制施工组织设计和绘制施工总平面图时,应妥善选定混凝土泵或布料杆的合适位置。当与混凝土搅拌运输车配套使用时,要使混凝土搅拌运输车便于进出施工现场,便于就位向混凝土泵喂料,能满足铺设混凝土输送管道的各项具体要求,在整个施工过程中,尽可能减少迁移次数;混凝土泵机的基础应坚实可靠,无坍塌,不得有不均匀沉降,就位后应固定牢靠。

(2) 混凝土泵的输送能力应满足施工速度的要求;混凝土的供应必须保证输送混凝土的泵能连续工作,故混凝土搅拌站的供应能力至少应比混凝土泵的工作能力高约 20%。

(3) 输送管道的布置原则是尽量使输送距离最短,故输送管线宜直,转弯宜缓,接头应严密。如管道向下倾斜,应防止混入空气,产生阻塞。由于拆管工作方便迅速,故水平输送混凝土时,应尽量先输送最远处的混凝土,使管道随着混凝土浇筑工作的逐步完成而由长变短。垂直输送混凝土时,应先经一般水平管输送后才可向上输送。在垂直管道的底部,应设置混凝土止推基座,避免混凝土泵的冲击力传递到管道上。另外,底部还需装设一个截止阀,防止停泵时混凝土倒流。

(4) 泵送混凝土前,应先泵送清水清洗管道。再按规定程序试泵,待运转正常后再交付使用。启动泵机的程序是:启动料斗搅拌叶片→将润滑浆(水泥素浆)注入料斗→打开截止阀→开动混凝土泵→将润滑浆泵入输送管道→往料斗内装入混凝土并进行泵送。

每浆泵送完毕时,必须认真做好机械清洗和管道冲洗工作。

(5) 在泵送作业过程中,要经常注意检查料斗的充盈情况,不允许出现完全泵空的现象,以免空气进入泵内,防止活塞出现干磨现象。要注意检查水箱中的水位,检查液压系统的密封性,拧紧有泄漏的接头。发现有骨料卡住料斗中的搅拌器或有堵塞现象时(泵机停止工作,液压系统压力达到安全极限),应立即进行短时间的反泵。若反泵不能消除堵塞时,应立即停泵,查找堵塞部位并加以排除。

3.3.3 混凝土的浇筑

混凝土的浇筑工作包括布料摊平、捣实、抹平修整等工序。浇筑工作的好坏对于混凝土的密实性与耐久性,结构的整体性及构件外形的正确性,都有决定性的影响,因此是混凝土工程施工中保证工程质量的关键性工作。

3.3.3.1 混凝土浇筑的一般规定

在混凝土浇筑前,应检查模板的标高、位置、尺寸、强度和刚度是否符合要求,接缝是否严密;检查钢筋和预埋件的位置、数量和保护层厚度等,并将检查结果填入隐蔽工程记录表中;清除模板内的杂物和钢筋上的油污;对模板的缝隙和孔洞应予堵严,对木模板应浇水湿润,但不得有积水。

在地基或基土上浇筑混凝土时,应清除淤泥和杂物,并应有排水和防水措施。对干燥的非黏性土,应用水湿润;对未风化的岩石,应用水清洗,但其表面不得留有积水。

在降雨雪时,不宜露天浇筑混凝土。当需浇筑时,应采取有效措施,确保混凝土质量。

混凝土的浇筑,应由低处往高处分层浇筑。每层的厚度应根据捣实的方法、结构的配筋情况等因素确定,且不应超过表 3-23 的规定。

表 3-23 混凝土浇筑层厚度 (mm)

捣实混凝土的方法		浇筑层的厚度/mm
插入式振捣		振捣器作用部分长度的 1.25 倍
表面振动		200
人工捣固	在基础、无筋混凝土或配筋稀疏的结构中	250
	在梁、墙板、柱结构中	200
	在配筋密列的结构中	150
轻骨料混凝土	插入式振捣	300
	表面振动(振动时需加荷)	200

在浇筑竖向结构混凝土前,应先在底部填以 50~100mm 厚与混凝土内砂浆成分相同的水泥砂浆;浇筑中不得发生离析现象;当浇筑高度超过 3m 时,应采用串筒、溜管或振动管使混凝土下落。

在一般情况下,梁和板的混凝土应同时浇筑。较大尺寸的梁(梁的高度大于 1m)、拱和类似的结构,可单独浇筑。

在浇筑与柱和墙连成整体的梁和板时,应在柱和墙浇筑完毕后停歇 1~1.5h,使混凝土拌和物初步沉实后,再继续浇筑上面的梁板结构的混凝土。

在混凝土浇筑过程中,应经常观察模板、支架、钢筋、预埋件和预留孔洞的情况,当发现有变形、移位时,应及时采取措施进行处理。

混凝土浇筑后,必须保证混凝土均匀密实,充满模板整个空间;新、旧混凝土结合良好;拆模后,混凝土表面平整光洁。

为保证混凝土的整体性,浇筑混凝土应连续进行。当必须间歇时,其间歇时间宜缩短,并应在前层混凝土凝结之前将次层混凝土浇筑完毕。间歇的最长时间与所用的水泥品种、混凝土的凝结条件以及是否掺用促凝或缓凝型外加剂等因素有关。混凝土连续浇筑的允许间歇时间则应由混凝土的凝结时间而定。混凝土运输、浇筑及间歇的全部时间不得超过表 3-24 的规定,若超过时,应留设施工缝。

表 3-24 混凝土运输、浇筑和间歇的允许时间 (min)

混凝土强度等级	气 温	
	不高于 25℃	高于 25℃
不高于 C30	210	180
高于 C30	180	150

注:当混凝土中掺有促凝或缓凝型外加剂时,其允许时间应根据试验结果确定。

3.3.3.2 施工缝的留置

如果由于技术上的原因或设备、人力的限制,混凝土的浇筑不能连续进行,中间的间歇时间需超过混凝土的初凝时间,则应留置施工缝。施工缝的留设位置应事先确定。该处新旧混凝土的结合力较差,是结构中的薄弱环节,因此,施工缝宜留置在结构受剪力较小且便于施工的部位。施工缝的留设位置应符合下列规定:

(1) 柱的施工缝宜留置在基础的顶面、梁和吊车梁牛腿的下面、吊车梁的上面、无梁楼板柱帽的下面(见图 3-66)。

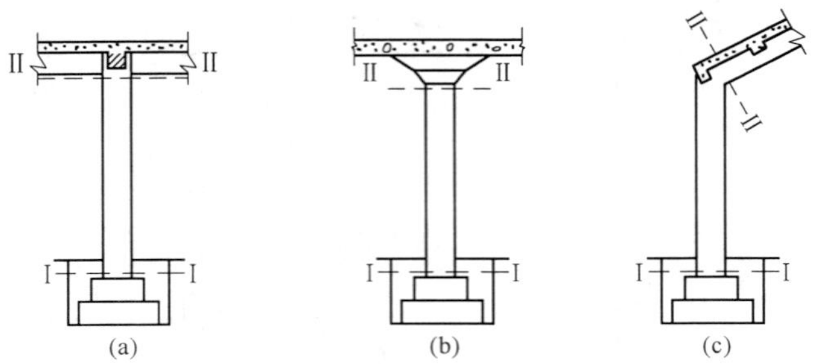

图 3-66 柱子施工缝位置

(2) 与板连成整体的大截面梁,施工缝应留置在板底面以下 20 ~ 30mm 处。当板下有梁托时,施工缝应留置在梁托下部。

(3) 单向板的施工缝可留置在平行于板的短边的任何位置。

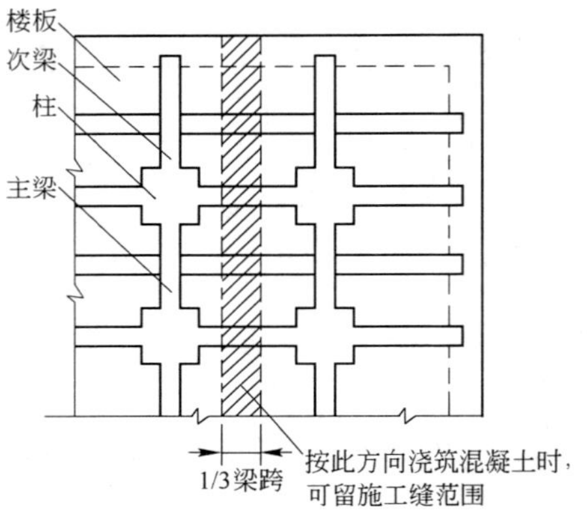

图 3-67 有主次梁楼板施工缝留置

(4) 有主次梁的楼板宜顺着次梁方向浇筑,施工缝应留置在次梁跨度的中间 1/3 范围内(见图 3-67)。

(5) 墙的施工缝留置在门洞口过梁跨中 1/3 范围内,也可留在纵横墙的交接处。

(6) 双向受力板、大体积混凝土结构、拱、穹拱、薄壳、蓄水池、斗仓、多层刚架及其他结构复杂的工程,施工缝的位置应按设计要求留置。

施工缝所形成的截面应与结构所产生的轴向压力相垂直,以发挥混凝土传递压力好的特性。所以,柱、梁的施工缝截面应垂直于结构的轴线,板、墙的施工缝应与板面、墙面垂直、不得留斜槎。

在施工缝处继续浇筑混凝土时,为避免使已浇筑的混凝土受到外力振动而破坏其内部已形成的凝结结晶结构,必须待已浇筑混凝土的抗压强度不小于 1. 2N/mm^{2}时才可进行。

继续浇筑前,在已硬化的混凝土表面上,应清除水泥薄膜和松动石子以及软弱混凝土层,并充分湿润和冲洗干净,且不得有积水。然后,宜先在施工缝处铺一层水泥浆或与混凝土内成分相同的水泥砂浆,即可继续浇筑混凝土。混凝土应细致捣实,使新旧混凝土紧密结合。

3.3.3.3 混凝土的捣实

混凝土的捣实就是使入模的混凝土完成成型与密实的过程,从而保证混凝土结构构件外形正确,表面平整,混凝土的强度和其他性能符合设计的要求。

混凝土浇筑入模后应立即进行充分的振捣,使新入模的混凝土充满模板的每一角落,排出气泡,使混凝土拌和物获得最大的密实度和均匀性。

混凝土的振捣分为人工振捣和机械振捣。

人工振捣是利用捣棍或插钎等用人力对混凝土进行夯、插,使之密实成型。只有在采用塑性混凝土,而且缺少机械或工程量不大时才采用人工捣实。人工捣实的劳动强度大,而且混凝土的密实性较差。因此,必须特别注意分层浇筑,并增加捣插次数,插匀、插全。重点捣好主钢筋的下面,钢筋密集处,粗骨料多的地点,模板的阴角处,钢筋与模板间等部位。

采用机械捣实混凝土,早期强度高,可以加快模板的周转,提高生产率,并能获得高质量的混凝土,应尽可能采用。

A 振动捣实混凝土的原理

新拌制的混凝土是具有弹、黏、塑性性质的一种多相分散体，具有一定的触变性。产生振动的机械将一定频率、振幅和激振力的振动能传递给浇筑入模的混凝土拌和物，混凝土中的固体颗粒都处于强迫振动状态，使颗粒之间的粘着力和内摩擦力大大降低，混凝土的黏度急剧下降，受振混凝土呈现液化而具有“重质液体”性质，因而能流向模板内的各个角落而充满模板。同时，混凝土中的骨料在其自重作用下向新的稳定位置沉落，粗颗粒间的空隙则被水泥砂浆所填满。混凝土拌和物中的气体以气泡状浮升至表面排出，使骨料和水泥浆在模板中得到紧密的排列。

B 振动捣实机械

振动捣实机械按其工作方式不同可分为内部振动器、表面振动器、外部振动器等几种。

(1) 内部振动器又称插入式振动器，是施工现场使用最多的一种，适用于基础、柱、梁、墙等深度或厚度较大的结构构件的混凝土捣实。

插入式振动器的工作部分是振动棒，是一个棒状空心圆柱体，内部安装偏心振子。在电动机驱动下，由于偏心振子的振动，棒体产生高频微幅的机械振动。工作时，将振动棒插入混凝土中，通过棒体将振动能传给混凝土，其振动密实的效率高。

根据振动棒激振原理的不同，插入式振动器分为偏心轴式和行星滚锥式（简称行星式）两种（见图3-68）。

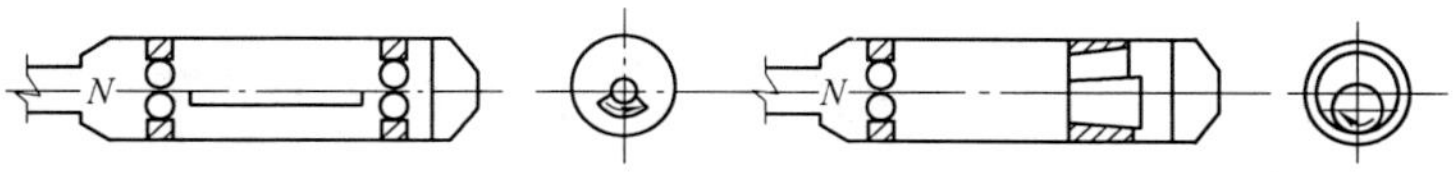

(a) (b)

图3-68 振动棒的激振原理示意图
(a)偏心轴式；(b)行星滚锥式

1) 偏心轴式内部振动器是利用安装在振动棒中心具有偏心质量的轴，将在作高速旋转时所产生的离心力，通过轴承传递给振动棒壳体，使振动棒产生圆振动。目前，为提高效率，要求振动器的振动频率达10000次/min以上。偏心轴式内部振动器靠齿轮加速，则软轴和轴承的寿命将显著降低，因此已逐渐被行星滚锥式振动器所取代。

2) 行星滚锥式内部振动器是利用振动棒中一端空悬的转轴，在它旋转时，除自转外还使其下垂端的圆锥部分沿棒壳内的圆锥面作公转滚动，从而形成滚锥体的行星运动而驱动棒体产生圆振动。转轴滚锥沿滚道每公转一周，振动棒壳体即可产生一次振动。图3-69所示为电动软轴行星式内部振动器。它的特点是在不提高软轴的转速的情况下，利用振子的行星运动，即可使振动棒获得较高的振动频率。与偏心式振动器相比，具有振动效果好，机械磨损小等优点。

使用插入式振动器时，要使振动棒垂直插入混凝土中。为使上下层混凝土结合成整体，振动棒插入下层混凝土的深度不应小于5cm。振动棒插点间距要均匀排列，以免漏振。振实普通混凝土的移动间距，不宜大于振捣器作用半径的1.5倍；捣实轻骨料混凝土的移动间距，不宜大于其作用半径；振捣器与模板的距离，不应大于其作用半径的1/2，并避免碰撞钢筋、模板、芯管、吊环、预埋件等。各插点的布置方式有行列式与交错式两种（见图3-70）。振动棒在各插点的振动时间应视混凝土表面呈水平不显著下沉，不再出现气泡，表面泛出水泥浆为止。

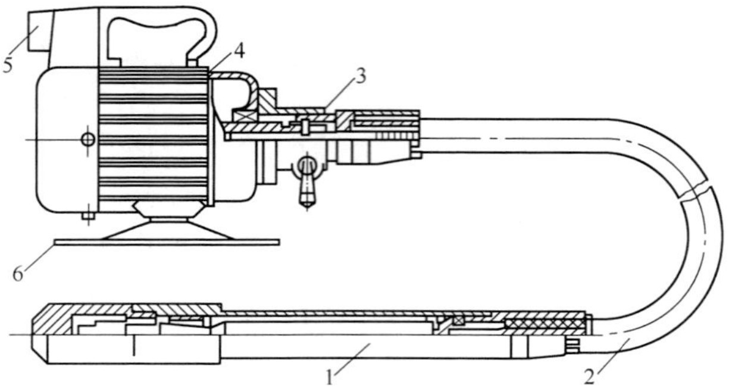

图 3-69 电动软轴行星式内部振动器

1—振动棒;2—软轴;3—防逆装置;4—电动机;5—电器开关;6—支座

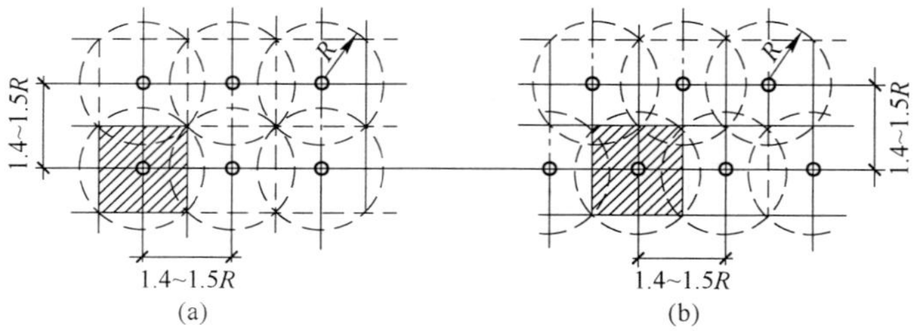

图 3-70 内部振捣器混凝土布置方式

(a)行列式;(b)交错式

(2) 表面振动器又称平板振动器,是由带偏心块的电动机和平板组成。平板振动器是放在混凝土表面进行振捣,适用于振捣楼板、地面、板形构件和薄壳等薄壁构件。当采用表面振动器时,要求振动器的平板与混凝土保持接触,其移动间距应保证振动器的平板能覆盖已振实部分的边缘。以保证衔接处混凝土的密实性。

(3) 外部振动器又称附着式振动器,它是直接固定在模板上,利用带偏心块的振动器产生的振动力,通过模板传递给混凝土,达到振实的目的。适用于振捣断面较小或钢筋较密的柱、梁、墙等构件。附着式振动器的振动效果与模板的重量、刚度、面积及混凝土构件的厚度有关。当采用附着式振动器时,其设置间距应通过试验确定。

3.3.3.4 大体积混凝土的浇筑

对大体积混凝土的定义,美国混凝土学会(ACI)有过规定:“任何就地浇积混凝土,其尺寸之大,必须要求采取措施解决水化热及随之引起的体积变形问题,以最大限度地减少开裂。”日本建筑学会标准(JASS5)的定义是:“结构断面最小尺寸在 80cm 以上,水化热引起混凝土内的最高温度与外界气温之差预计超过 25℃的混凝土,称为大体积混凝土。”到底混凝土有多大体积才能称为大体积混凝土,很难下一个确切的定义。但是,凡属建筑工程大体积混凝土,都有一些共同的特点:结构厚实,混凝土量大,工程条件复杂,钢筋分布集中,管道与埋设件较多,整体性要求高,一般都要求连续浇筑,不留施工缝,水泥水化热会使结构产生温度和收缩变形,应采取相应的措施,尽可能减少温度变形引起的开裂,因此,大体积混凝土经常出现的问题,不是力学上的结构强度,而是以控制混凝土温度变形裂缝,从而提高混凝土的抗渗、抗裂、抗侵蚀性能,以提高建筑结构的耐久年限。

A 大体积混凝土的温度裂缝

大体积混凝土的温度裂缝分为两种：表面裂缝和贯穿裂缝。

混凝土随着温度的变化而发生膨胀或收缩，称为温度变形。对大体积混凝土施工阶段来说，裂缝是由于温度变形而引起的，在混凝土浇筑初期，水泥产生大量的水化热，使混凝土的温度很快上升。而大体积混凝土结构物一般断面较厚，且表面散热条件好，热量可向大气中散发；而混凝土内部由于散热条件较差，水化热聚集在内部不易散失，因此产生内外温度差，形成内约束。结果在混凝土内部产生压应力，面层产生拉应力。当拉应力超过混凝土该龄期的抗拉强度时，混凝土表面就产生裂缝。工程实践表明，混凝土内部的最高温度多数发生在混凝土浇筑后的最初 3 ~ 5d。大体积混凝土常见的裂缝大多数是发生在早期的不同深度的表面裂缝。

混凝土浇筑数日后，水泥水化热基本释放，混凝土从最高温度逐渐降温。降温的结果引起混凝土的收缩，同时由于混凝土中多余水分的蒸发等引起的混凝土体积收缩变形，受到地基和结构边界条件的约束不能自由变形，而导致产生较大的外部约束拉应力。当该温度应力超过混凝土该龄期的抗拉强度时，则从约束面开始向上开裂成收缩裂缝。据有关资料介绍，由外约束应力产生的裂缝常为垂直裂缝，且发生在结构断面的中点，并靠近基岩，说明水平拉应力是引起这种裂缝的主要应力。若水平拉应力过大，严重时可能导致混凝土结构产生贯穿裂缝，破坏了结构的整体性、耐久性和防水性，影响正常使用。为此，应尽一切可能杜绝贯穿裂缝的发生。

B 防止大体积混凝土裂缝的技术措施

(1) 合理选择混凝土的配合比。尽量选用水化热低的水泥（如矿渣水泥、火山灰水泥等），并在满足设计强度要求的前提下，尽可能减少水泥的用量，以减少水泥的水化热。

(2) 骨料。混凝土中粗细骨料级配的好坏，对节约水泥和保证混凝土具有良好的和易性关系很大。粗骨料采用碎石和卵石均可，应采用连续级配或合理的掺配比例。其最大粒径不得大于钢筋最小净距的 3/4。细骨料宜选用中砂或粗砂。对砂、石料的含泥量必须严格控制不超过规定值。否则会增加混凝土的收缩，引起混凝土抗拉强度降低，对混凝土的抗裂不利，因此，石子的含泥量不得超过 1%，砂子的含泥量不得超过 3%。

(3) 外加剂的应用。在混凝土中掺入外加剂或外掺料，可以减少水泥用量，降低混凝土的温升，改善混凝土的和易性和坍落度，满足可泵性的要求。常用的外加剂有木质素磺酸钙，它属于阴离子表面活性剂，对水泥颗粒有明显的分散效应，并能使水的表面张力降低而引起加气作用。在泵送混凝土中掺入含水量 0.2% ~0.3% 的外掺加剂，不仅使混凝土的和易性有明显的改善，同时可减少 10% 的拌和水，节约 10% 左右的水泥，从而降低了水化热。在混凝土中掺入少量磨细的粉煤灰（粉煤灰的掺量一般以 15% ~25% 为宜），可以减少水泥的用量并可改善混凝土的和易性，对降低混凝土的水化热有良好的作用，同时，还有明显的经济效益。

如在混凝土中掺入适量的微膨胀剂或膨胀水泥，可使混凝土得到补偿收缩，减少混凝土的温度应力。

(4) 大体积混凝土的浇筑。应根据整体连续浇筑的要求，结合结构尺寸的大小、钢筋疏密、混凝土供应条件等具体的情况，合理分段分层进行。可选用以下三种方案（见图 3-71）。

1) 全面分层。图 3-71a 所示为全面分层浇筑方案。在整个模板内，将结构分成若干个厚度相等的浇筑层，浇筑区的面积即为结构平面面积。浇筑混凝土时从短边开始，沿长边方向进行浇筑，要求在逐层浇筑过程当中，第二层混凝土要在第一层混凝土初凝前浇筑完毕。为此要求每层浇筑都要有一定的速度（称浇筑强度），其浇筑强度可按下式计算：

$$Q = \frac{H \cdot F}{T_1 - T_2} \tag{3-6}$$

式中　Q——混凝土浇筑强度，m^3/h；

H——混凝土分层浇筑时的厚度，应符合表3-23的要求，m；

F——混凝土浇筑区的面积，m^2；

T_1——混凝土的初凝时间，h；

T_2——混凝土的运输时间，h；

如果按上式计算所得的浇筑强度很大，相应需要配备的混凝土搅拌机和运输、振捣设备量也较大。所以，全面分层方案一般适用于平面尺寸不大的结构。

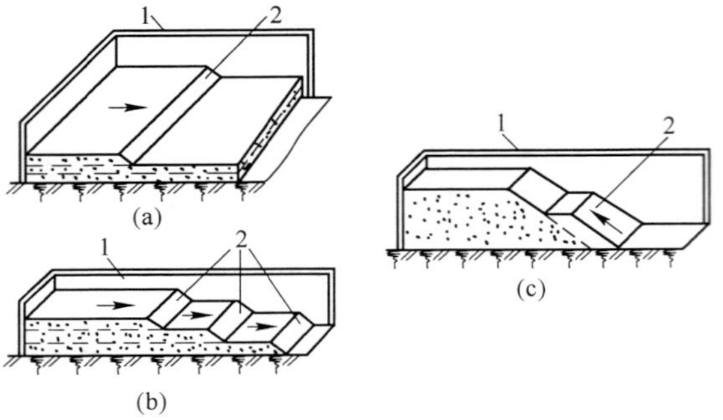

图3-71　大体积混凝土浇筑方案

(a)全面分层；(b)分段分层；(c)斜面分层

1—模板；2—新浇筑的混凝土

2）分段分层。图3-71b所示为分段分层方案。当采用全面分层方案时浇筑强度很大，现场混凝土搅拌机、运输和振捣设备均不能满足施工要求时，可采用分段分层方案。浇筑混凝土时结构沿长边方向分成若干段，分段浇筑。每一段浇筑工作从底层开始，当第一层混凝土浇筑一段长度后，便回头浇筑第二层，当第二层浇筑一段长度后，回头浇筑第三层，如此向前呈阶梯形推进。分段分层方案适于在结构厚度不大而面积或长度较大时采用。

3）斜面分层。图3-71c所示为斜面分层方案。采用斜面分层方案时，混凝土一次浇筑到顶，由于混凝土自然流淌而形成斜面。混凝土振捣工作从浇筑层下端开始逐渐上移。斜面分层方案多用于长度较大的结构。

（5）浇筑温度。大体积混凝土的浇筑应在室外气温较低时进行，混凝土浇筑温度不宜超过28℃。混凝土表面和内部温度差，应控制在设计要求的温差之内。如设计无要求时，温差不宜超过25℃。

根据施工季节的不同，大体积混凝土的施工可分别采用降温法和保温法施工。夏季主要用降温法施工，即在搅拌混凝土时掺入冰水，一般温度可控制在5～10℃。在浇筑混凝土后采用冷水养护降温，但要注意水温和混凝土温度之差不超过20℃，或采用覆盖材料养护。冬季可以采用保温法施工，利用保温模板和保温材料防止冷空气侵袭，以达到减少混凝土内外温差的目的。

（6）混凝土测温。为了掌握大体积混凝土的温升和降温的变化规律，以及各种材料在各种条件下的温度影响，需要对混凝土进行温度监测和控制。必须选择具有代表性和可比性的位置布置测温点，并且应制定严格的测温制度进行混凝土内部不同深度和表面温度的测量，测温时宜采用热电偶或半导体液晶显示温度计。在测温过程中，当发现混凝土内外温差超过25℃时，应及时加强保温或延缓拆除保温材料，以防止混凝土产生过大的温差应力和裂缝。

3.3.4　混凝土的养护

混凝土的凝结与硬化是水泥与水产生水化反应的结果，在混凝土浇筑后的初期，采取一定的工艺措施，建立适当的水化反应条件的工作，称为混凝土的养护。养护的目的是为混凝土硬化创造必要的湿度、温度条件。实践证明，混凝土的养护对其质量影响很大。养护不良的混凝土，由于水分很快散失，水化反应不充分，强度将无法增长，其外表干缩开裂，内部组织疏松，抗渗性、耐久性也随之降低，甚至引起严重的质量事故。

混凝土的养护方法很多，常用的是对混凝土试块的标准条件下的养护，对预制构件的热养护，对一般现浇混凝土结构的自然养护。

混凝土在温度20℃ ±3℃、相对湿度为90%以上的潮湿环境或水中的条件下进行的养护，称为标准养护。

为了加速混凝土的硬化过程，对混凝土进行加热处理，将其置于较高温度条件下进行硬化的养护，称为热养护，常用的热养护方法是蒸汽养护。

混凝土在常温下（平均气温不低于5℃）采用适当的材料覆盖混凝土，并采取浇水润湿、防风防干、保温防冻等措施所进行的养护，称为自然养护。自然养护分洒水养护和喷涂薄膜养生液养护两种。混凝土的自然养护应符合下列规定：

（1）应在混凝土浇筑完毕后的12h以内对混凝土加以覆盖和浇水，当日平均气温低于5℃时，不得浇水；

（2）混凝土的浇水养护时间，对采用硅酸盐水泥、普通硅酸盐水泥或矿渣硅酸盐水泥拌制的混凝土，不得少于7d；对掺用缓凝型外加剂或有抗渗性要求的混凝土，不得少于14d；采用其他品种水泥时，混凝土的养护时间应根据所采用水泥的技术性能确定；

（3）浇水次数应能保持混凝土处于湿润状态。混凝土的养护用水应与拌制用水相同；

（4）采用塑料布覆盖养护时，混凝土敞露的全部表面应覆盖严密，并应保持塑料布内有凝结水；

（5）混凝土强度达到1.2MPa前，不得在其上踩踏或安装模板及支架。

对高耸构筑物和大面积混凝土结构如路面、地坪、机场跑道、楼板等不便于覆盖浇水养护时，宜喷涂保护层（如薄膜养生液等）养护，防止混凝土内部水分蒸发。它是将过氧乙烯树脂塑料溶液用喷枪喷涂在混凝土表面上，养护剂中溶剂挥发后，便在混凝土表面形成一层不透水薄膜，使混凝土与空气隔绝，混凝土中的水分封闭在薄膜内而不蒸发，以保证水泥水化反应的正常进行。

大面积结构如地坪、楼板也可采用蓄水养护。贮水池一类结构，可在拆除内模板，混凝土达到一定强度后注水养护。

3.3.5　混凝土的质量检查

3.3.5.1　混凝土在拌制、浇筑和养护过程中的质量检查

（1）首次使用的混凝土配合比应进行开盘鉴定，其工作性能应满足设计要求。开始时应至少留置一组标准养护试件做强度试验，以验证配合比。

（2）混凝土组成材料的用量，每工作班至少抽查两次，要求每盘称量偏差在允许范围之内。

（3）每工作班混凝土拌制前，应测定砂、石含水率，并根据测试结果调整材料用量，提出施工配合比。

（4）混凝土的搅拌时间，应随时检查。

（5）在施工过程中，还应对混凝土运输浇筑及间歇的全部时间、施工缝和后浇带的位置、养护制度进行检查。

3.3.5.2　混凝土强度检查

为了检查混凝土强度等级是否达到设计要求，或混凝土是否已达到拆模、起吊强度，以及预应力构件混凝土是否达到张拉、放张预应力筋时所规定的强度，应制作试块，做抗压强度试验。

（1）检查混凝土是否达到设计强度等级。混凝土立方体抗压强度是检查结构或构件混凝土是否达到设计强度等级的依据。其检查方法是，制作边长为150mm的立方体试块，在温度为20℃ ±3℃和相对湿度为90%以上的潮湿环境或水中的标准条件下，经28d养护后试验确定。试验结果，作为核算结构或构件的混凝土强度是否达到设计要求的依据。

混凝土试块应用钢模制作,试块尺寸、数量应符合下列规定:

1）试块的最小尺寸,应根据骨料的最大粒径,按下列规定选定:骨料的最大粒径≤30mm,选用100mm的立方体;骨料的最大粒径≤40mm,选用150mm的立方体;骨料的最大粒径≤60mm,选用200mm的立方体。

2）当采用非标准尺寸的试块时,应将抗压强度折算成标准试块强度,其折算系数分别为:边长为100mm的立方体试块取0.95;边长为200mm的立方体试块取1.05。

3）用作评定结构或构件混凝土强度质量的试块,应在浇筑地点随机取样制作。检验评定混凝土强度用的混凝土试块组数,应按下列规定留置:

① 每拌制100盘且不超过$100m^3$的同配合比的混凝土,取样不得少于一次;

② 每工作班拌制的同配合比的混凝土不足100盘时,取样不得少于一次;

③ 当一次连续浇筑超过$1000m^3$时,同一配合比的混凝土每$200m^3$取样不得少于一次;

④ 每一楼层,同一配合比的混凝土,取样不得少于一次;

⑤ 每次取样应至少留置一组标准试件。

（2）检查施工各阶段混凝土的强度。为了检查结构或构件的拆模、出厂、吊装、张拉、放张及施工期间临时负荷的需要,尚应留置与结构或构件同条件养护的试块。试块的组数可按实际需要确定。

（3）混凝土强度验收评定标准。混凝土强度应分批进行验收。同一验收批的混凝土应由强度等级相同、龄期相同以及生产工艺和配合比基本相同的混凝土组成。每一验收批的混凝土强度,应以同批内全部标准试件的强度代表值来评定。

每组(三块)试块应在同盘混凝土中取样制作,其强度代表值按下述规定确定:

1）取三个试块试验结果的平均值,作为该组试块的强度代表值;

2）当三个试块中的最大或最小的强度值与中间值相比超过15%时,取中间值代表该组的混凝土试块的强度;

3）当三个试块中的最大和最小的强度值与中间值相比均超过中间值的15%时,其试验结果不应作为评定的依据。

根据混凝土生产情况,在混凝土强度检验评定时,按以下三种情况进行:

1）当混凝土的生产条件在较长时间内能保持一致,且同一品种混凝土的强度变异性能保持稳定时,由连续的三组试件代表一个验收批,其强度应同时满足下列要求:

$$m_{f_{cu}} \geq f_{cu,k} + 0.7\sigma_0 \tag{3-7}$$

$$f_{cu,min} \geq f_{cu,k} - 0.7\sigma_0 \tag{3-8}$$

当混凝土强度等级不高于C20时,强度的最小值还应满足下式要求:

$$f_{cu,min} \geq 0.85 f_{cu,k} \tag{3-9}$$

当混凝土强度等级高于C20时,强度的最小值还应满足下式要求:

$$f_{cu,min} \geq 0.90 f_{cu,k} \tag{3-10}$$

式中 $m_{f_{cu}}$——同一验收批混凝土立方体抗压强度平均值,MPa;

$f_{cu,k}$——混凝土立方体抗压强度标准值,MPa;

$f_{cu,min}$——同一验收批混凝土立方体抗压强度最小值,MPa。

σ_0——验收批混凝土立方体抗压强度的标准差,MPa,应根据前一检验期内(检验期不应超过三个月,强度数据总批数不得小于15)同一品种混凝土试块的强度数据按下式确定

$$\sigma_0 = \frac{0.59}{m}\sum \Delta f_{cu,i} \tag{3-11}$$

式中 $\Delta f_{cu,i}$——第 i 批试件立方体抗压强度中最大值与最小值之差；

m——用以确定该验收批混凝土立方体抗压强度标准值的数据总批数。

2）当混凝土的生产条件不能满足1)的规定或在前一个检验期内的同一品种混凝土没有足够的数据用以确定验收混凝土立方体抗压强度标准差时，应由不少于10组的试块代表一个验收批，其强度同时满足下列要求

$$m_{f_{cu}} - \lambda_1 s_{f_{cu}} \geqslant 0.9 f_{cu,k} \tag{3-12}$$

$$f_{cu,min} \geqslant \lambda_2 f_{cu,k} \tag{3-13}$$

式中 λ_1，λ_2——合格判定系数，按表3-25选用；

$s_{f_{cu}}$——同一验收批混凝土立方体抗压强度的标准差，MPa。当 $s_{f_{cu}}$ 的计算值小于 $0.06f_{cu,k}$ 时，取 $s_{f_{cu}} = 0.06f_{cu,k}$

混凝土立方体抗压强度的标准差 $s_{f_{cu}}$ 可按下式计算

$$s_{f_{cu}} = \sqrt{\frac{\sum f_{cu,i}^2 - n^2\mu_{f_{cu}}^2}{n-1}} \tag{3-14}$$

式中 $f_{cu,i}$——第 i 组混凝土抗压强度值，MPa；

n——一个验收批混凝土试块的组数；

$\mu_{f_{cu}}$——n 组混凝土试件强度的平均值，MPa。

表3-25 合格判定系数

试件组数	10～14	15～24	≥25
λ_1	1.70	1.65	1.60
λ_2	0.90	0.85	—

3）对零星生产的预制构件的混凝土或现场搅拌的批量不大的混凝土，可采用非统计法评定，此时，验收批混凝土的强度必须同时满足下列要求

$$m_{f_{cu}} \geqslant 1.15 f_{cu,k} \tag{3-15}$$

$$f_{cu,min} \geqslant 0.95 f_{cu,k} \tag{3-16}$$

3.3.5.3 现浇混凝土结构的外观检查

（1）外观质量的一般规定。

1）现浇结构的外观质量缺陷，应由监理（建设）单位、施工单位等各方根据其对结构性能和施工性能影响的严重程度，按表3-26确定。

表3-26 现浇结构外观的主要质量缺陷

名 称	现 象	严重缺陷	一般缺陷
露 筋	构件内钢筋未被混凝土包裹而外露	纵向受力钢筋有露筋	其他钢筋有少量露筋
蜂 窝	混凝土表面缺少水泥砂浆而形成石子外露	构件主要受力部位有蜂窝	其他部位有少量蜂窝
孔 洞	混凝土中孔穴深度和长度均超过保护层厚度	构件主要受力部位有孔洞	其他部位有少量孔洞
夹 渣	混凝土中夹有杂物且深度超过保护层厚度	构件主要受力部位有夹渣	其他部位有少量夹渣

续表 3-26

名　称	现　象	严重缺陷	一般缺陷
疏　松	混凝土中局部不密实	构件主要受力部位有疏松	其他部位有少量疏松
裂　缝	缝隙从混凝土表面延伸至混凝土内部	构件主要受力部位有影响结构性能或使用功能的裂缝	其他部位有少量不影响结构性能或使用功能的裂缝
连接部位缺陷	构件连接处混凝土缺陷及连接钢筋、连接件松动	连接部位有影响结构传力性能的缺陷	连接部位有基本不影响结构传力性能的缺陷
外形缺陷	缺棱掉角、棱角不直、翘曲不平、飞边凸肋等	清水混凝土构件有影响使用功能或装饰效果的外形缺陷	其他混凝土构件有不影响使用功能的外形缺陷
外表缺陷	构件表面麻面、掉皮、起砂、沾污等	具有重要装饰效果的清水混凝土构件有外表缺陷	其他混凝土构件有不影响使用功能的外表缺陷

2）现浇结构拆模后，应由监理（建设）单位、施工单位对外观质量和尺寸偏差进行检查，做出记录，并应及时按施工技术方案对缺陷进行处理。

（2）外观质量。现浇结构的外观质量不应有严重缺陷。对已出现的严重缺陷，应由施工单位提出技术处理方案，并经监理（建设）单位认可后进行处理。对经处理的部位，应重新检查验收。

现浇结构的外观质量不宜有一般缺陷。对已出现的一般缺陷，应由施工单位按技术处理方案进行处理，并重新检查验收。

（3）尺寸偏差。现浇结构不应有影响结构性能和使用功能的尺寸偏差。混凝土设备基础不应有影响结构性能和设备安装的尺寸偏差。

对超过尺寸允许偏差且影响结构性能和安装、使用功能的部位，应由施工单位提出技术处理方案，并经监理（建设）单位认可后进行处理。对经处理的部位，应重新检查验收。

现浇结构和混凝土设备基础拆模后的尺寸偏差应符合表 3-27、表 3-28 的规定。

表 3-27　现浇结构尺寸允许偏差和检验方法

项　目			允许偏差/mm	检验方法
轴线位置	基　础		15	钢尺检查
	独立基础		10	
	墙、柱、梁		8	
	剪力墙		5	
垂直度	层高	≤5m	8	经纬仪或吊线、钢尺检查
		>5m	10	经纬仪或吊线、钢尺检查
	全高（H）		H/1000 且≤30	经纬仪、钢尺检查
标　高	层　高		±10	水准仪或拉线、钢尺检查
	全　高		±30	
截面尺寸			+8，−5	钢尺检查
电梯井	井筒长、宽对定位中心线		+25，0	钢尺检查
	井筒全高（H）垂直度		H/1000 且≤30	经纬仪、钢尺检查
表面平整度			8	2m 靠尺和塞尺检查

续表 3-27

项目		允许偏差/mm	检验方法
预埋设施中心线位置	预埋件	10	钢尺检查
	预埋螺栓	5	
	预埋管	5	
预留洞中心线位置		15	钢尺检查

注:检查轴线、中心线位置时,应沿纵、横两个方向量测,并取其中的较大值。

表 3-28 混凝土设备基础尺寸允许偏差和检验方法

项目		允许偏差/mm	检验方法
坐标位置		20	钢尺检查
不同平面的标高		0, -20	水准仪或拉线、钢尺检查
平面外形尺寸		±20	钢尺检查
凸台上平面外形尺寸		0, -20	钢尺检查
凹穴尺寸		+20,0	钢尺检查
平面水平度	每米	5	水平尺、塞尺检查
	全长	10	水准仪或拉线、钢尺检查
垂直度	每米	5	经纬仪或吊线、钢尺检查
	全高	10	
预埋地脚螺栓	标高(顶部)	+20,0	水准仪或拉线、钢尺检查
	中心距	+2	钢尺检查
预埋地脚螺栓孔	中心线位置	10	钢尺检查
	深度	+20,0	钢尺检查
	孔垂直度	10	吊线、钢尺检查
预埋活动地脚螺栓锚板	标高	+20,0	水准仪或拉线、钢尺检查
	中心线位置	5	钢尺检查
	带槽锚板平整度	5	钢尺、塞尺检查
	带螺纹孔锚板平整度	2	钢尺、塞尺检查

注:检查坐标、中心线位置时,应沿纵、横两个方向量测,并取其中的较大值。

(4) 现浇结构常见外观质量缺陷原因与修理方法有如下几种:

1) 露筋。露筋是指混凝土内部主筋、副筋或箍筋局部裸露在结构构件表面,产生露筋的原因是:钢筋保护层垫块过少或漏放,或振捣时位移,致使钢筋紧贴模板;结构构件截面小,钢筋过密,石子卡在钢筋上,使水泥浆不能充满钢筋周围,混凝土配合比不当,产生离析,靠模板部位缺浆或漏浆;混凝土保护层太小或保护层处混凝土漏振或振捣不实;木模板未浇水润湿,吸水粘结或拆模过早,以致缺棱、掉角,导致露筋。修整时,对表面露筋,应先将外露钢筋上的混凝土残渣及铁锈刷洗干净后,在表面抹 1:2 或 1:2.5 的水泥砂浆,将露筋部位抹平;当露筋较深时,应凿去薄弱混凝土和凸出的颗粒,洗刷干净后,用比原混凝土强度等级高一级的细石混凝土填塞压实,并加强养护。

2) 蜂窝。蜂窝是指结构构件表面混凝土由于砂浆少,石子多,局部出现酥松,石子之间出现孔隙,类似蜂窝状的孔洞。造成蜂窝的主要原因是:材料计量不准确,造成混凝土配合比不当;混凝土搅拌时间不够,未拌和均匀,和易性差,振捣不密实或漏振,或振捣时间不够;下料不当或下料过高,未设串筒使石子集中,使混凝土产生离析等。如混凝土出现小蜂窝,可用水洗刷干净后,用1:2或1:2.5的水泥砂浆抹平压实;对于较大的蜂窝,应凿去蜂窝处薄弱松散的颗粒,刷洗干净后,再用比原混凝土强度等级提高一级的细骨料混凝土填塞,并仔细捣实;较深的蜂窝,如清除困难,可埋压浆管、排气管,表面抹砂浆或灌筑混凝土封闭后,进行水泥压浆处理。

3)孔洞。孔洞是指混凝土结构内部有尺寸较大的空隙,局部没有混凝土或蜂窝特别大,钢筋局部或全部裸露。产生孔洞的原因是:混凝土严重离析,砂浆分离,石子成堆,严重跑浆,又未进行振捣,混凝土一次下料过多、过厚、下料过高,振动器振动不到,形成松散孔洞;在钢筋较密的部位,混凝土下料受阻,或混凝土内掉入工具、木块、泥块、冰块等杂物,混凝土被卡住。混凝土若出现孔洞,应与有关单位共同研究,制定补强方案后方可处理,一般修补方法是将孔洞周围的松散混凝土和软弱浆膜凿除,用压力水冲洗,充分润湿后用比原混凝土强度等级提高一级的细石混凝土仔细浇灌、捣实。为避免新旧混凝土接触面上出现收缩裂缝,细石混凝土的水灰比宜控制在0.5以内,并可掺入水泥用量的万分之一的铝粉。

4)裂缝。结构构件在施工过程中由于各种原因在结构构件上产生纵向的、横向的、斜向的、竖向的、水平的、表面的、深进的或贯穿的各类裂缝。裂缝的深度、部位和走向随产生的原因而异,裂缝宽度、深度和长度不一,无规律性,有的受温度、湿度变化的影响闭合或扩大。裂缝的修补方法,按具体情况而定,对于结构承载力无影响的一般性细小裂缝,可将裂缝部位清洗干净后,用环氧浆液灌缝或表面涂刷封闭;如裂缝开裂较大时,应沿裂缝凿八字形凹槽,洗净后用1:2或1:2.5的水泥砂浆抹补,或干后用环氧胶泥嵌补;由于温度、干燥收缩、徐变等结构变形变化引起的裂缝,对结构承载力影响不大,可视情况采用环氧胶泥或防腐蚀涂料涂刷裂缝部位,或加贴玻璃丝布进行表面封闭处理;对有结构整体、防水防渗要求的结构裂缝,应根据裂缝宽度、深度等情况,采用水泥压力灌浆或化学注浆的方法进行裂缝修补,或表面封闭与注浆同时使用;严重裂缝将明显降低结构刚度,应根据情况采用预应力加固或用钢筋混凝土围套、钢套箍或结构胶粘剂贴钢板加固等方法处理。

3.4 混凝土工程的冬期施工

根据当地多年气温资料,室外日平均气温连续5天稳定低于5℃时,混凝土结构工程应采取冬期施工措施,并应及时采取气温突然下降的防冻措施。

3.4.1 混凝土冬期施工原理

混凝土强度的高低和增长速度、取决于水泥水化反应的程度和速度。水泥的水化反应必须在有水和一定的温度条件下才能进行,其中温度决定着水化反应速度的快慢。混凝土的强度只有在正温养护条件下,才能持续不断地增长,并且随着温度的增高,混凝土强度的增长速度加快,当温度降低,水化反应变慢,混凝土强度增长将随温度的降低而逐渐变缓,试验表明,只要混凝土中有液相水存在,即使在负温条件下,水泥的水化反应并没有停止,但水化反应速度大大降低,由于混凝土中的水不是纯水,而是含有电解质的水,冰点在0℃以下,新浇筑的混凝土内,当温度为-1℃时,大约有80%的水处于液相状态,-3℃时大约还有10%的水处于液相,而当温度低于-10℃时,液相水极少,水化反应接近于停止状态。在负温下,随着温度的降低,混凝土中大量的水要转变为冰,使体积膨胀约9%,混凝土结构有遭受冻害的可能。

混凝土的早期受冻是指混凝土浇筑后，在硬化中的初龄期混凝土的早期受冻而损害了混凝土的一系列性能。

混凝土是一种多孔性材料，它在硬化中和硬化后形成许多大小不同的孔隙及相互连通的毛细孔道，这些孔隙和毛细孔道充满水，当温度降到0℃以下时，混凝土内毛细孔中的自由水开始结冰，体积膨胀。结构构件的冻结从表面开始，逐渐向内部发展。表面部位的水冻结后膨胀，将内部未冻结的部分水沿毛细孔道压向内部。随着冻结的发展，结冰体积越来越大，使内部未冻水压力越来越高，当内部压力增高到超过混凝土的抗拉强度时，就会把毛细孔胀破，产生微裂纹，水在一定压力下流入产生裂纹的缝隙内，这时毛细孔内部的静水压力降低，破坏有所缓和，而后，冻结再继续向深层发展，水压力又继续增大，达到一定程度时，则或裂纹继续扩展，或又产生新的裂纹。裂纹不断发展增多，使混凝土内部发生破坏，混凝土的抗压强度和抗拉强度均有不同程度的损失，钢筋与混凝土的粘结强度将有较大的损失，混凝土的抗渗性和耐久性都将有所降低。所以在冬期施工中，对混凝土的早期受冻要十分重视。

混凝土在浇筑后如早期遭受冻害，恢复正温养护后，其强度会继续增长，但与同龄期标准养护条件下的混凝土相比，其强度都有不同程度的降低，强度损失的大小与其浇筑后遭受冻害的程度不同而异：标准养护 1 天后受冻害的混凝土，已获得早期强度为 12% 左右的设计强度等级，其强度损失为 60% 左右的强度等级；标准养护 5 天后遭受冻害的混凝土，已获得早期强度为 40% 左右的设计强度等级，其强度损失为 30% 左右的设计强度等级；标准养护 7 天后遭受冻害的混凝土，已获得早期强度为 60% 左右的强度等级，其强度损失为 20% 左右的设计强度等级。

混凝土遭受冻害前，如果具备了能抵抗冻胀应力的强度，混凝土的强度损失就较小，甚至不损失，其内部结构不至于遭到破坏，因此，混凝土在冬期施工中，如果不可避免地会遭受冻结时，则必须采取措施，防止其浇筑后立即受冻，应使其在冻结前能先经过一定时间的预养护，保证其达到足以抵抗冻害的“临界强度”后才遭冻结。混凝土允许受冻临界强度是指新浇筑混凝土在受冻前达到的某一初始强度值，然后遭到冻害，当恢复正温养护后，混凝土强度仍会继续增长，经 28 天后，其后期强度可达设计强度 95% 以上，这一受冻前的初始强度值叫做混凝土允许受冻临界强度。

根据大量试验资料，经综合分析计算后，规定了冬期浇筑的混凝土受冻前，其抗压强度不得低于混凝土的抗冻临界强度规定值。

硅酸盐水泥或普通硅酸盐水泥配制的混凝土，为设计的混凝土强度标准值的 30%；

矿渣硅酸水泥配制的混凝土，为设计的混凝土强度标准的 40%，但 C10 及 C10 以下的混凝土，不得小于 5.0N/mm^2。

3.4.2 混凝土冬期施工方法的选择

混凝土冬期施工方法分三类：混凝土养护期间不加热的方法、混凝土养护期间加热的方法和综合方法。混凝土养护期间不加热的方法包括蓄热法、掺化学外加剂法；混凝土养护期间加热的方法包括电热法、蒸汽加热法和暖棚法；综合方法即把上述两种方法综合应用，如目前最常用的综合蓄热法，即在蓄热法基础上掺和外加剂（早强剂或防冻剂），或进行短时加热等综合措施。

混凝土冬期施工方法是保证混凝土在硬化过程中，为杜绝早期受冻所采取的几种综合措施：要考虑自然气温、结构类型和特点、原材料、工期限制、能源条件和经济指标。对工期不紧和无特殊限制的工程，从节约能源和降低冬期施工费用考虑，应优先选用养护期间不加热的施工方法或综合方法；在工期紧、施工条件不允许时才考虑选用混凝土养护期间加热的方法，一般要经过技术经济比较确定。一个理想的冬期施工方案应该是用最低的冬期施工费用，在最短的施工期限内，获得优良的施工质量。

3.4.3 混凝土冬期施工的特点

3.4.3.1 混凝土冬期施工对材料的要求

A 水泥

混凝土所用水泥品种和性能取决于混凝土养护条件、结构特点和结构在使用期间所处的环境。为了缩短养护时间，一般应选用硅酸盐水泥或普通硅酸盐水泥，用蒸汽养护混凝土时，应选用硅酸盐水泥。水泥的强度等级不宜低于42.5，最小水泥用量不宜少于300kg/m^3，水灰比不应大于0.6，并加入早强剂。

B 骨料

冬期施工中，对骨料除要求没有冰块、雪团外，还要求清洁、级配良好、质地坚硬，不应含有易被冻裂的矿物质，在掺用含有钾、钠离子防冻剂的混凝土中，不得混有活性骨料（蛋白石、玉髓等）。因防冻剂含有较多的碱性离子（Na^+，K^+），在混凝土硬化过程中与活性氧化硅作用，会产生混凝土体积膨胀，导致结构破坏。骨料中不应含有机物质，如腐殖酸能延缓混凝土的硬化，尤其采用不加热的施工方法时危害更大，因为要中和骨料中所含的有机物质，就要消耗大量的水化产物，从而延缓了水泥的水化速度和强度增长过程，还降低混凝土的后期强度。

C 拌和水

搅拌水中不得含有导致延缓水泥正常凝结硬化及引起钢筋和混凝土腐蚀的离子。凡是一般饮用的自来水及洁净的天然水，都可以作拌制混凝土用水。

D 外加剂

混凝土中掺入适量外加剂，能改善混凝土的工艺性能，提高混凝土的耐久性，并保证其在低温期的早强及负温下的硬化，防止早期受冻，可以减少混凝土的用水量，可以阻止钢筋锈蚀。应选用通过技术鉴定、符合质量标准的外加剂来配制混凝土。目前冬期施工中常用的外加剂有定型产品和现场自行配制两种，有防冻剂、早强剂、减水剂、阻锈剂和引气剂等。

3.4.3.2 混凝土材料的加热

冬期施工混凝土原材料一般需要加热，加热时应优先采用加热水的方法，加热温度根据热工计算确定，但不得超过表3-29的规定。如将水加热到最高温度还不能满足混凝土温度的要求，再考虑加热骨料。从材料的热学特点看，水的热容量比砂、石大得多，因此加热水是最经济、最有效的方法，在自然气温不低于-8℃时，为减少加热工作量，一般只加热水就能满足拌和物的温度要求。

表3-29 拌和水及骨料最高温度 （℃）

项　　目	拌和水	骨　料
强度等级小于52.5号的普通硅酸盐水泥、矿渣硅酸盐水泥	80	60
强度等级等于及大于52.5号的硅酸盐水泥、普通硅酸盐水泥	60	40

注：当骨料不加热时，水可加热到100℃，但水泥不应与80℃以上的水直接接触，投料顺序为先投入骨料和已加热的水，然后再投入水泥。

水加热的最高允许温度是以水与水泥接触后不致引起水泥假凝为依据的，在砂、石不加热时，当采用适当的投料顺序使加热水在搅拌机内先与骨料接触，将热量传递给骨料时，可以将水加热到100℃，但水泥不应与80℃以上的水直接接触。

水的加热方法有直接加热和间接加热两种，直接加热就是用铁桶、大锅或热水锅炉直接用明火提高水的温度。适用于施工场地狭窄、零星分散的工程或没有蒸汽源的工程。间接加热法一是直接向贮水箱内通蒸汽，另一是在水箱内装置散热管，利用蒸汽提高水的温度。间接加热法安全、节省人力，适用于有蒸汽源设施的工程。

当自然气温较低，只加热拌和水仍无法满足拌和物出机温度的要求时，对骨料，首先是砂，其次是石子加热。骨料中不应夹杂有冰屑、雪团，以免影响混凝土质量。

砂子加热的方法分为烘烤法、直接加热法和间接加热法三种，烘烤法是用砖砌成火道，顶面覆盖钢板，在其上烘炒砂子。此法设备简单，但加热不易均匀，耗能大，还会污染环境，直接加热法是砂堆内插入蒸汽针，直接向砂堆排放蒸汽，以提高砂的温度，此法也称湿加热法，这种方法设备简单，加热迅速，但砂子的含水率变化较大，因此应及时测定含水率并调整混凝土的用水量。间接加热法是在砂堆中安设蒸汽排管，管内通以蒸汽间接加热砂子，也称干热法，但加热时间长，投资大，费用高。

石子在通常情况下尽量不加热，当气温较低时，为提高拌和物的温度，可根据情况按砂的加热方法加热。

在任何情况下均不准加热水泥。水泥在使用前应存放在棚内预温，这对混凝土达到规定的温度有利。

3.4.3.3　混凝土拌和物的热工计算

混凝土拌和物的温度应根据气温和施工时的热损失确定：混凝土拌和物的理论温度，可按式(3-17)计算：

$$T_0=[0.9(m_{ce}T_{ce}+m_{sa}T_{sa}+m_gT_g)+4.2T_w(m_w-W_{sa}m_{sa}-W_gm_g)+C_1(W_{sa}m_{sa}T_{sa}+W_gm_gT_g)-C_2(W_{sa}m_{sa}+W_gM_g)]\div[4.2m_w+0.9(m_{ce}+m_{sa}+m_g)] \tag{3-17}$$

式中　T_0——混凝土拌和物的温度，℃；

m_w,m_{ce},m_{sa},m_g——水、水泥、砂、石的用量，kg；

T_w,T_{ce},T_{sa},T_g——水、水泥、砂、石的温度，℃；

W_{sa},W_g——砂、石的含水率，%；

C_1,C_2——水的比热容(kJ/(kg·K))及冰的溶解热(kJ/kg)。

当骨料温度 >0℃时，$C_1=4.2$，$C_2=0$；

≤0℃时，$C_1=2.1$，$C_2=335$。

3.4.3.4　混凝土的搅拌

冬期施工时，为了加强搅拌效果，宜选择强制式搅拌机。为确保混凝土的质量，还必须确定适宜的搅拌制度。冬期搅拌混凝土的合理投料顺序应与材料加热条件相适应。一般是先投入骨料和加热的水，待搅拌一定时间后，水温降低到40℃左右时，再投入水泥继续搅拌到规定时间，要绝对避免水泥假凝，投料量要与搅拌机的规格、容量相匹配，在任何情况下均不宜超载。搅拌时间与搅拌机的类型、容量、骨料的品种、粒径、干湿度、外加剂的种类、原材料的温度以及混凝土的坍落度有关，为满足各组成材料间的热平衡，冬期拌制混凝土的时间可适当延长。拌制有外加剂的混凝土时，搅拌时间应取常温搅拌时间的1.5倍。

对搅拌好的混凝土，应经常检查其温度及和易性，若有较大差异，应检查材料加热温度，投料顺序或骨料含水率是否有误，以便及时调整。

3.4.3.5　混凝土的运输和浇筑

混凝土拌和物出机后应及时运到浇筑地点，在运输过程中要注意防止混凝土热量散失、表面冻结、混凝土离析、水泥砂浆流失、坍落度变化等现象。在运输距离长、倒运次数多的情况下，要改善运输条件，加强运输工具的保温覆盖，运输途中混凝土温度不能降低过快。如混凝土从运输到浇筑过程中发生冻结现象时，必须在浇筑前进行人工二次加热拌和，为防止混凝土坍落度的变化，运输工具除保温防风外，还必须严密、不漏浆、不吸水，并应经常清除容器中粘附的硬化混凝土残渣并及时清除冰雪冻块。

混凝土的运输过程是热损失的关键阶段，混凝土浇筑进入模温度除与拌和物的出机温度有关外，主要取决于运输过程中的蓄热程度，因此，运输速度要快，距离要短，倒运次数要少，保温效果要好，尽量缩短运输时间。

混凝土拌和物出机运输到浇筑地点，温度会逐渐降低，通过热工计算可求出运输中混凝土温度降低值。

A　拌和物的出机温度

混凝土拌和物出机温度可由式(3-18)计算：

$$T_1 = T_0 - 0.16(T_0 - T_i) \tag{3-18}$$

式中　T_1——混凝土拌和物的出机温度，℃；

T_0——混凝土拌和物的温度，℃；

T_i——搅拌机棚内温度，℃。

B　混凝土拌和物经运输到浇筑时的温度

混凝土拌和物由出机到浇筑的过程，因运输工具、倒运次数、运输时间、出机温度和自然气温的变化会导致混凝土拌和物在运输过程的温度降低。因此，冬期施工运输混凝土拌和物应尽量缩短运距，选择最佳的运输路线、正确选择运输容器的形式、大小和保温材料、尽量减少装卸次数并合理组织装入、运出和卸出混凝土的工作。混凝土在浇筑前，应清除模板和钢筋上的冰雪和污垢，装运混凝土拌和物的容器应有保温措施，使混凝土拌和物热量损失尽量减少。

混凝土拌和物经运输到浇筑时的温度，按式(3-19)计算：

$$T_2 = T_1 - (\alpha t_t + 0.032n)(T_1 - T_a) \tag{3-19}$$

式中　T_2——混凝土拌和物运输至浇筑成型时的温度，℃；

T_1——混凝土拌和物的出机温度，℃；

t_t——混凝土拌和物自运输到浇筑的时间，h；

n——混凝土拌和物转运次数；

T_a——混凝土运输时的环境温度，℃；

α——温度损失系数，h^{-1}；

当用混凝土搅拌运输车时，$\alpha = 0.25$；

当用开敞式大型自卸汽车时，$\alpha = 0.20$；

当用开敞式小型自卸汽车时，$\alpha = 0.30$；

当用封闭式自卸汽车时，$\alpha = 0.10$；

当用小推车时，$\alpha = 0.50$。

C　成型温度

混凝土入模后，模板和钢筋会吸收一部分热量，使得混凝土的温度又有所下降。考虑模板和钢筋的吸热影响。混凝土浇筑成型完成时的温度，可按式(3-20)计算：

$$T_3 = \frac{C_c m_c T_2 + C_f m_f T_f + C_s m_s T_s}{C_c m_c + C_f m_f + C_s m_s} \tag{3-20}$$

式中　T_3——考虑模板和钢筋吸热影响，混凝土浇筑成型完毕时的温度，℃；

C_c, C_f, C_s——混凝土、模板材料、钢筋的比热容，kJ/(kg·K)；

混凝土取 1；

钢材取 0.48；

m_c——每立方米混凝土的质量，kg；

m_f，m_s——与每立方米混凝土相接触的模板，钢筋的质量，kg；

T_f，T_s——模板、钢筋的温度，未预热者可采用当时的环境温度，℃。

例 3-3 设每立方米混凝土中的材料用量为：水 150kg，水泥 300kg，砂 600kg，石 1350kg。材料温度为：水 70℃，水泥 5℃，砂 40℃，石 -3℃。砂含水率 5%，石含水率 2%。搅拌棚内温度为 5℃。混凝土拌和物用人力手推车运输，倒运共 2 次，运输和成型共历时 0.5h，当时气温 -5℃。与每立方米混凝土相接触的钢模板和钢筋的质量为 450kg，并未预热。试计算混凝土浇筑完毕后的温度。

解：混凝土拌和物的理论温度：

$$T_0 = [0.9(300\times5+600\times40-1350\times5)+4.2\times70(150-0.05\times600-0.02\times1350)+4.2\times0.05\times600\times40-2.1\times0.02\times1350\times3-335\times0.02\times1350]\div[4.2\times150+0.9(300+600+1350)]=15.1℃$$

混凝土拌和物从搅拌机中倒出时的温度：

$$T_1 = 15.1-0.16(15.1-5)=13.5℃$$

混凝土经运输成型后的温度：

$$T_2 = 13.5-(0.5\times0.5+0.032\times2)(13.5+5)=7.7℃$$

混凝土因钢模板和钢筋吸热后的温度：

$$T_3 = (2400\times1\times7.7-450\times0.48\times5)\div(2400\times1+450\times0.48)=6.6℃$$

即混凝土浇筑完毕后的温度为 6.6℃。

D 混凝土的浇筑

混凝土的浇筑要保证混凝土的匀质性和密实性，要保证结构的整体性，尺寸准确，钢筋、预埋件位置正确，拆模后混凝土表面要平整、光洁。

冬期不得在强冻胀性地基土上浇筑混凝土，在弱冻胀性地基土上浇筑时，基土应进行保温，以免遭冻。

用人工加热养护的整体式结构，其浇筑程序及施工缝的设置，应能防止较大的温度应力，如混凝土的加热温度超过 40℃时，应采取相应措施。

浇筑基础大体积混凝土时，施工前要对地基进行保温以防止冻胀。新拌混凝土的入模温度以 7 ~ 12℃为宜，混凝土内部温度与表面温度之差不得超过 20℃，必要时应做保温覆盖。

浇筑装配式结构接头的混凝土（或砂浆），应先将结合处的表面加热到正温。浇筑后的接头混凝土（或砂浆）在温度不超过 45℃的条件下，应养护至设计要求强度，当设计无要求时，其强度不得低于设计的混凝土强度标准值的 75%。

3.4.4 混凝土的蓄热养护法

混凝土的蓄热养护法就是利用加热原材料（水泥除外）或混凝土所获得的热量及水泥水化释放出来的热量，通过适当的保温材料覆盖，防止热量过快散失，延缓混凝土的冷却速度，保证混凝土能在正温环境下硬化并达到抗冻临界强度或预期强度要求的一种施工方法。

蓄热养护法需对原材料进行加热，混凝土结构本身不需加热，施工简便，易于控制，不需外加热源，造价低，是混凝土工程冬期施工应用最为广泛的方法。

当室外最低温度不低于 -15℃时，地面以下的工程或表面系数（表面系数指结构冷却的表面积（m^2）与其全部体积（m^3）的比值）不大于 $15m^{-1}$的结构，应优先采用蓄热法养护。只有当混凝土在一定龄期内采用蓄热法养护达不到要求时，才可考虑采用蒸汽法、暖棚法、电热法等其他养护方法。

蓄热法热工计算的依据是热量平衡原理，即每立方米混凝土从浇筑完毕时的温度下降到0℃的过程中，透过模板和保温材料所散发出的热量，等于混凝土预加热量和水泥在此期间所放出的水化热之和。

当施工条件（结构尺寸、材料配比、浇筑后的温度和养护期间的预测气温）确定以后，先初步选定保温材料的种类、厚度和构造，然后计算出混凝土冷却到0℃的延续时间和混凝土在此期间的平均温度。

蓄热法热工计算按以下方法进行：

混凝土蓄热养护开始至任一时刻 t 的温度

$$T = \eta e^{-\theta \cdot v_{ce} \cdot t_{\varphi e}} - \theta \cdot v_{ce} \cdot t + T_{m,a} \tag{3-21}$$

混凝土蓄热养护开始至任一时刻 t 的平均温度

$$T_m = \frac{1}{v_{ce}t}\left(\varphi e^{-v_{ce} \cdot t} - \frac{\eta}{\theta} e^{-\theta \cdot v_{ce} \cdot t} + \frac{\eta}{\theta} - \varphi\right) + T_{m,a} \tag{3-22}$$

其中 θ、φ、η 为综合参数：

$$\theta = \frac{\omega \cdot K \cdot M}{v_{ce} \cdot Q_{ce} \cdot \rho_c}, \varphi = \frac{v_{ce} \cdot Q_{ce} \cdot m_{ce}}{v_{ce} \cdot Q_{ce} \rho_c - \omega \cdot K \cdot M}, \eta = T_3 - T_{m \cdot a} + \varphi$$

式中　T——混凝土蓄热养护开始至任一时刻 t 的温度，℃；

T_m——混凝土蓄热养护开始至任一时刻 t 的平均气温，℃。

t——混凝土蓄热养护开始至任一时刻 t 的时间，h；

$T_{m,a}$——混凝土蓄热养护开始至任一时刻 t 的平均气温，℃，平均气温 $T_{m,a}$ 的取法，可采用蓄热养护开始至 t 时气象预报的平均气温，也可按每时或每日平均气温计算。

ρ_c——混凝土质量密度，kg/m^3；

m_{ce}——每立方米混凝土水泥用量，kg/m^3；

Q_{ce}——水泥水化累积最终放热量，kJ/kg；

v_{ce}——水泥水化速度系数，h^{-1}；

ω——透风系数；

M——结构表面系数，m^{-1}，结构表面系数 M 值可按下式计算；

$$M = \frac{A}{V}$$

A——混凝土结构表面积，m^2；

V——混凝土结构的体积，m^3；

e——自然对数之底，可取 e = 2.72。

K——结构围护层的总传热系数，$kJ/(m^2 \cdot h \cdot K)$，围护层的总传热系数 K 值可按下式计算：

$$K = \frac{3.6}{0.04 + \sum_{i=1}^{n} \frac{d_i}{\lambda_i}} \tag{3-23}$$

d_i——第 i 围护层的厚度，m；

λ_i——第 i 围护层的导热系数，$W/(m \cdot K)$，常用材料的导热系数见表3-30。

表 3-30 常用材料的导热系数 λ

项次	材料种类	导热系数 /W·(m·K)$^{-1}$	项次	材料种类	导热系数 /W·(m·K)$^{-1}$
1	干燥混凝土	1.28	14	毛 毡	0.06
2	潮湿混凝土	1.74	15	水泥袋纸、包装纸	0.07
3	木材(模板)	0.17	16	油 布	0.19
4	钢(模板)	58	17	麻袋片	0.07
5	锯末、稻壳	0.09	18	麻 刀	0.05
6	稻壳、稻草垫	0.05～0.07	19	聚苯乙烯泡沫塑料	0.05
7	炉 渣	0.19～0.29	20	泡沫混凝土、加气混凝土	0.09～0.21
8	水 渣	0.15	21	蛭 石	0.06
9	矿物棉	0.06～0.09	22	干 土	0.14
10	胶合板	0.17	23	干 砂	0.58
11	芦苇板	0.14	24	干而松的雪	0.29
12	木丝板、刨花板	0.12～0.16	25	冰	2.32
13	油毡、油纸	0.17	26	水	0.58

水泥累积最终放热量 Q_{ce}、水泥水化速度系数 v_{ce} 取值可查表 3-31。

表 3-31 水泥累积最终放热量 Q_{ce} 和水泥水化速度系数 v_{ce}

水泥品种及标号	Q_{ce}/kJ·kg^{-1}	v_{ce}/h^{-1}
52.5 级硅酸盐水泥	400	
52.5 级普通硅酸盐水泥	360	0.013
42.5 级普通硅酸盐水泥	330	

透风系数 ω 取值可查表 3-32。

表 3-32 透风系数 ω

保温层的种类	透风系数 ω		
	小 风	中 风	大 风
保温层由容易透风的材料组成	2.0	2.5	3.0
在容易透风材料的外面包以不易透风材料	1.5	1.8	2.0
保温层由不易透风的材料组成	1.3	1.45	1.6

注:小风速 $v_w<3$m/s,中风速 3m/s$\leqslant v_w\leqslant$5m/s,大风速 $v_w>5$m/s。

若施工中需要计算混凝土蓄热养护冷却至0℃的时间时,可根据上面所写公式采用逐次逼近的方法进行计算,如果实际采取的蓄热养护条件满足 $\frac{\varphi}{T_{m,a}}\geqslant 1.5$,且 KM$\geqslant$50 时,也可按下式直接计算:

$$t_0=\frac{1}{v_{ce}}\ln\frac{\varphi}{T_{m,a}} \tag{3-24}$$

式中 t_0——混凝土蓄热养护冷却至0℃的时间,h。

混凝土蓄热养护开始冷却至0℃时间 t_0 内的平均温度,可根据公式取 $t = t_0$ 进行计算。

若根据工程的实际情况和当地气温条件,把一些其他的有效方法与蓄热法结合起来使用,可扩大其使用范围,既节约成本又方便施工。

在混凝土中掺用早强型外加剂,可尽早使混凝土达到临界强度;或加热混凝土原材料,提高混凝土的入模温度,既可延缓冷却时间,又可提高混凝土硬化速度;或采用高效保温材料,如聚苯乙烯泡沫塑料和岩棉;或采用快硬早强水泥,以提高混凝土的早期强度等措施都可应用于蓄热法施工中,以增强其养护效果。

3.4.5　混凝土强度估算

在冬期施工中,需要及时了解混凝土强度的发展情况。例如,当采用蓄热法养护工艺时,混凝土冷却至0℃前是否已达到抗冻临界强度;当采用人工加热养护时,在停止加热前混凝土是否已达到预定的强度;当采用综合养护时,混凝土的预养时间是否足够等。在施工现场留置同条件养护试件做抗压强度试件,可以解决一部分问题,但所做试件很难与结构物保持相同的温度,因此代表性较差,又由于模板未拆,也不能使用任何非破损方法进行测试。施工前我们又要对所设计的冬季施工方案进行论证。因此,运用计算的方法对混凝土强度进行估计或预测是很有实用价值的。

实践中我们可以根据混凝土在标准养护条件下各龄期强度关系和混凝土浇筑后实测的温度资料,用“成熟度法”或“图解法”估算混凝土浇筑后各龄期的强度值。

3.4.6　综合蓄热法施工

综合蓄热法的具体方法是:通过高效能的保温围护结构,使加热拌制的混凝土缓慢冷却,并利用水泥水化热和掺入相应的外加剂来提高混凝土的早期强度,增强减水和防冻效果;或采用短时加热等综合措施,使混凝土温度在降至冰点前达到预期强度。

按照施工条件,综合蓄热法可分为低蓄热养护和高蓄热养护两种形式。低蓄热养护主要以使用早强水泥或掺低温早强剂或防冻剂等的冷法施工,使混凝土在缓慢冷却至0℃前达到临界强度;高蓄热养护则除掺外加剂外,还进行短期的外加热,使混凝土在养护期间达到临界强度或设计要求强度。

本法适用于在日平均气温不低于－10℃或极端最低气温不低于－16℃的条件下施工。

当选用高效保温材料,热阻值大于0.60,表面系数为6～12时,可采用低蓄热养护;当表面系数大于12时,应以短时加热为主,采用高蓄热养护。

高层建筑的剪力墙、大模工艺、滑模工艺,框架结构的梁、板、柱,混合结构的圈梁、组合柱以及厚大体积的地下结构等,均可采用综合蓄热法施工。具体选用低蓄热养护或高蓄热养护则由施工条件和气温条件决定。

3.4.7　混凝土的加热养护方法

当混凝土在一定龄期内采用蓄热法养护达不到要求时,可采用加热养护等其他养护方法。具体加热养护的方法很多,有蒸汽加热、电热法等。

3.4.7.1　蒸汽加热法

蒸汽加热法就是在混凝土浇筑以后在构件或结构的四周通以压力不超过700kPa的低压饱和蒸汽进行养护。混凝土在较高温度和湿度条件下,可迅速达到要求强度。

蒸汽养护分为四个阶段进行。

(1) 静停阶段。混凝土浇筑完毕后需在室温下放置一段时间再升温,主要是为了使混凝土具有一定抵抗升温阶段所产生的温度应力的能力。一般需要2～6h,干硬性混凝土只需1h。

（2）升温阶段。混凝土从原始温度上升到养护所设置的恒温阶段。这段时间控制混凝土的升温速度(降温时也一样),因为升温过快,会使混凝土体积膨胀过快而产生表面裂缝。加热养护时的升、降温速度不得超过表3-33中数值。

表3-33　加热养护混凝土的升、降温速度　（℃/h）

表面系数/m^{-1}	升温速度	降温速度
≥6	15	10
<6	10	5

（3）恒温阶段。该阶段强度增长最快。具体养护的温度因混凝土所用水泥品种不同而不同。如采用普通硅酸盐水泥,养护温度不宜超过80℃;采用矿渣硅酸盐水泥,养护温度可达到85～95℃。一般恒温养护阶段的时间为5～8h,且注意保持90%～100%的相对湿度。

（4）降温阶段。降温阶段也应控制好降温速度,其值不得超过表3-33中的规定。

为防止由于温度骤然降低而产生裂缝,出槽的构件温度与室外温度相差不得大于40℃,当室外为负温时,不得大于20℃。

养护时,应均匀加热,以免产生温度应力。同时,须注意排除大量的凝结水,因凝结水侵入将对结构产生不利影响,还须防止冷凝水结冰。故对不应受水浸的基土不应采用蒸汽养护。对于掺有引气型外加剂的混凝土,也不应采取蒸汽养护,因这种混凝土难于导热。

采用蒸汽加热的具体方法有暖棚法,加热模板法等。

暖棚法是将整个结构用棚盖住,内部通过蒸汽使棚内温度升高,从而达到加热混凝土的目的。养护时,棚内温度不得低于5℃,并应保持混凝土表面湿润。采用暖棚法养护对热能的利用率不高,加热混凝土不直接,温度不好控制,但施工较方便。

加热模板法主要用于大模板工程中,它是用钢管代替大模板的横竖龙骨,并将钢筋连接成贯通的回路,在钢管中通以蒸汽,可加热模板,模板再与混凝土进热交换,从而达到加热养护混凝土的目的。具体构造见图3-72。为了减少热量损失,还在大模板的背面设有保温层。养护达到要求强度后,应在混凝土冷却至5℃后拆除模板和保温层,当混凝土和外界温差大于20℃时,拆模后的混凝土表面,应采取使其缓慢冷却的临时覆盖措施。蒸汽加热模板法具有耗用蒸汽少,热能利用率高,对混凝土加热均匀等优点,故在冬期施工中应用广泛。

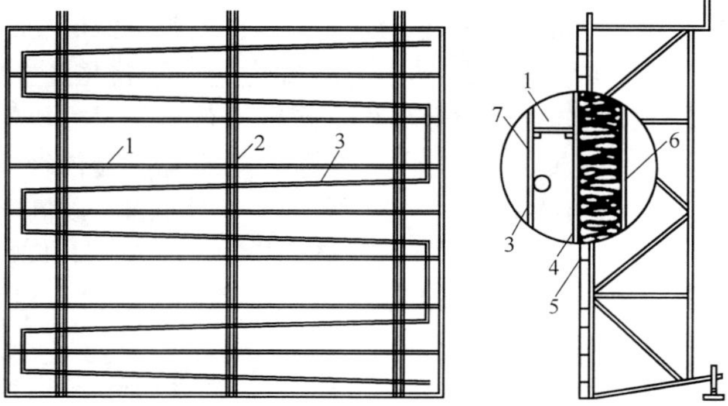

图3-72　蒸汽热模构造示意图

1—横肋;2—竖肋;3—蒸汽管;4—0.5mm铁皮;5—8mm厚矿棉;6—1mm铁皮;7—大模板面

3.4.7.2 电热法

电热法就是通过电加热混凝土的方法来进行养护，常用的有电极法和电热器法。

电极法是在混凝土浇筑时插入电极（$\phi6 \sim \phi12$ 钢筋），通以交流电，利用混凝土作导体，将电能转变为热能，对混凝土进行养护。为保证施工安全，防止热量散失，应在混凝土表面覆盖后进行电加热。加热时，混凝土的升、降温速度不得超过表 3-34 的规定，养护混凝土的最高温度不得超过表 3-34 的规定。

表 3-34 电热法养护混凝土的最高温度 （℃）

结构表面系数/m^{-1}		
<10	10 ~ 15	>15
40		35

混凝土内部电阻随着混凝土强度的提高而增长，当强度较高时，加热效果不好，故混凝土采用电热法养护时仅应加热到设计的混凝土强度标准值的 50%，且电极的布置应保证混凝土受热均匀。加热时的电极电压宜为 50 ~ 110V，在素混凝土和每立方米混凝土含钢量不大于 50kg 的结构中，可采用 120 ~ 200V 的电压加热。加热过程中，应经常观察混凝土表面的湿度，当表面开始干燥时，应先停电，浇温水湿润混凝土表面，待温度有所下降后，再继续通电加热。

电热器法是利用电流通过安有电阻丝的电热器发热来对结构或构件加热。电热器有板状和棒状，根据具体情况而定。养护时，把电热器贴近混凝土构件表面来加热混凝土。这是一种间接加热法，热效率不如电极法高，耗电量也大，但施工较方便，也不受混凝土中钢筋疏密的影响。

总之，电热法具有施工方便、设备简单、能耗小、适应范围广等优点，但在加热过程中需耗费大量电能，成本较高，不太经济，故只在其他养护方法不能满足要求的前提下采用。

3.4.8 外加剂的应用

在混凝土内掺入适量的外加剂，可改善混凝土的某些性能，使其满足混凝土冬期施工的需要。目前工程施工中常用的外加剂有早强剂、防冻剂、减水剂、加气剂等。

3.4.8.1 防冻剂和早强剂

冬期施工中，常将防冻剂和早强剂共同使用，使得混凝土在负温下不但不冻结，而且强度还可以较快增长，从而尽快达到临界强度。

由于氯盐对钢筋有腐蚀作用，故对氯盐的使用严格规定：在钢筋混凝土中掺用氯盐类防冻剂时，氯盐掺量按无水状态计算不得超过水泥重量的 1%，掺用氯盐的混凝土必须振捣密实，且不宜采用蒸汽养护。且在下列钢筋混凝土结构中不得掺用氯盐：高湿度空气环境中使用的结构；处于水位升降部位的结构，露天结构或经常受水淋的结构；与镀锌钢材或铝铁相接触部位的结构；有外露钢筋预埋件而无防护措施的结构；与含有酸、碱或硫酸盐等侵蚀性介质相接触的结构；使用过程中经常处于环境温度为 60℃ 以上的结构；使用冷拉钢筋或冷拔低碳钢丝的结构；薄壁结构、中级或重级工作制吊车梁、屋架、落锤或锻锤基础等结构；电解车间或直接靠近直流电源的结构；直接靠近高压电源的结构；预应力混凝土结构。当采用素混凝土时，氯盐掺量不得大于水泥重量的 3%。

常用抗冻剂除氯盐外，还有氯水、尿素等。为有效利用各种外加剂的优点，常使用复合防冻剂，如氯化钙与氯化钠复合剂，氯化钙和亚硝酸钠复合剂，氯化钙复合剂和尿素等。

施工中需注意：掺有防冻剂的混凝土，应严禁使用高铝水泥，且严格控制混凝土水灰比，由骨料带入的水分及防冻剂溶液中的水分均应从拌和用水中扣除；搅拌前，应用热水或蒸汽冲洗搅拌机，搅拌时间应取常温搅拌时间的1.5倍；混凝土拌和物的出机温度不宜低于10℃，入模温度不宜低于5℃；负温条件下养护时，严禁浇水，而且外露表面必须覆盖；混凝土的初期养护温度，不得低于防冻剂的规定温度，达不到规定温度时，应采取保温措施；掺用防冻剂的混凝土，当温度降低到防冻剂的规定温度以下时，其强度不应小于3.5N/mm^2；当拆模后混凝土的表面温度与环境温度之差大于15℃时，应对混凝土采用保温材料覆盖养护。

3.4.8.2 减水剂

混凝土中掺入减水剂，在混凝土和易性不变的情况下，可大量减少施工用水，因而混凝土孔隙中的游离水减少，混凝土冻结时承受破坏力也明显减少。同时由于施工用水的减少，可提高混凝土中防冻剂和早强剂的溶液浓度，从而提高混凝土的抗冻能力。

常用的减水剂如木质素磺酸钙减水剂，用量为水泥用量的0.2%～0.3%，可减水10%～15%，提高强度10%～20%。此类减水剂价格较低，但减水效果不如高效减水剂，常用的高效减水剂有萘系、三聚氰胺系、多羧系、胺基磺酸系等，它们都具有较高的减水能力，用于冬季施工，作用显著。

3.4.8.3 加气剂

在混凝土中掺入加气剂，能在混凝土中产生大量微小的封闭气泡。混凝土受冻时，部分水被冰的膨胀压力挤入气泡中，从而缓解了冰的膨胀压力和破坏性，而防止混凝土遭到破坏。常用加气剂为松香热聚物，其用量为水泥用量的0.005%～0.015%，使用时需将加气剂配成溶剂使用，其配合比为加气剂:氢氧化钠:热水=5:1:150，热水温度控制在70～80℃范围内。松香热聚物加气剂是用松香、石碳酸、硫酸、氢氧化钠等按一定比例配制而成。

3.4.9 负温混凝土

负温混凝土是指在负温条件下施工的混凝土。其工艺特点是将拌和水预先加热，必要时砂子也加热，使经过搅拌后的混凝土于出机时具有一定的零上温度。在拌和物中掺外加剂。混凝土浇筑后不再加热，仅做保护性覆盖以防止风雪侵袭，混凝土终凝前本身温度已降至0℃。并迅速与环境气相平衡，混凝土就在负温中硬化，达到抗冻临界强度或受荷强度。

负温混凝土可用于零星的，不易蓄热保温也不易采取加热措施，并对强度增长速度要求不高的结构，如圈梁、过梁、挑檐、雨篷、地面和梁柱接头等。硬化时混凝土本身温度在0～10℃之间。

掺外加剂的负温混凝土所用的负温外加剂一般由防冻剂（如亚硝酸钠、硝酸钠、尿素、乙酸钠、碳酸钾、氯化钠等）、早强剂（如硫酸钠、三乙醇铵等）、减水剂（如木质素磺酸钙，高效减水剂如萘磺酸甲醛缩合物等）和阻锈剂等多元物质复合而成。

防冻剂的作用前已述及。早强剂的作用是在混凝土中有液相水存在的条件下，加速水泥的水化进程，提高混凝土的早期强度，为混凝土及早获得抗早期冻害性能创造条件。减水剂是利用其减水作用，在不改变混凝土工作性能的条件下减少用水量，从而使混凝土中可冻结的自由水量减少，达到降低混凝土中的含冰量，减少冻胀力。减水剂以采用引气型减水剂为佳，可在混凝土中产生许多均匀分布的封闭的微小气泡，能减少混凝土冻结时所产生的冰晶压力，从而提高混凝土抗早期冻害的性能。各种负温外加剂的应用，应根据具体条件通过试验选用。

负温混凝土应优先选用42.5级或42.5级以上的普通硅酸盐水泥或硅酸盐水泥，尤其优先选用早强快硬水泥，严禁使用高铝水泥。混凝土拌和物的出机温度不宜低于10℃，负温混凝土的坍落度，应严格控制在1～3cm之间。浇筑成型的温度不宜低于5℃。在有条件时，应尽量提高混凝土拌和物的温度，并尽量延长混凝土在成型后保持正温的时间。

混凝土浇筑后，其裸露表面应立即用塑料薄膜覆盖保护以防止脱水。如结构表面系数大于

18,面硬化温度又在 -8℃以下时,构件浇筑后还应用保温材料围护1天,以延长其保持正温的时间。

3.4.10 冬期施工混凝土质量检查

混凝土工程的冬期施工,除按常温施工的要求进行质量检查外,尚应检查以下项目:外加剂的质量和掺量,水和骨料的加热温度,混凝土在出机时、浇筑后和硬化过程的温度,混凝土温度降至0℃时的强度(负温混凝土则为温度低于外加剂规定温度时的强度)。

水、骨料及混凝土出机时的温度,每工作班至少测量4次。

混凝土温度的测量:

采用蓄热法养护混凝土时,养护期间每昼夜测量4次;

负温混凝土,强度达到抗冻临界强度以前,每隔2h测量1次,以后每昼夜测量2次;

采用加热养护混凝土时,升、降温期间每1h测量1次,恒温期间每2h测量1次;

采用综合养护的混凝土,每昼夜测量4次。

混凝土的温度测量,应按有关规定进行。测温人员应同时检查覆盖保温情况,并应了解结构物的浇筑日期,要求温度、养护期限等。若发现混凝土温度有过高或过低现象,应立即通知有关人员,及时采取有效措施。

在混凝土施工过程中,要在浇筑地点随机取样制作试件,每次取样应同时制作3组试件。1组在20℃标准条件下养护28天试压,得强度f_{28};1组与构件在同条件下养护,在混凝土温度降至0℃时(负温混凝土为温度降至防冻剂的规定温度以下时)试压,用以检查混凝土是否达到抗冻临界强度;1组与构件同条件养护至14天,然后转入20℃标准条件下继续养护21天,在总龄期为35天时试压;得强度$f_{14'+21}$。如果$f_{14'+21} \geqslant f_{28}$,则可证明混凝土未遭冻害,可以将$f_{28}$作为强度评定的依据。

复习思考题

3-1 简述钢筋与混凝土共同工作的原理。
3-2 简述钢筋混凝土施工工艺过程。
3-3 对模板有何要求,设计模板应考虑哪些原则?
3-4 不同结构的模板(基础、柱、梁板、楼梯)的构造有什么特点?
3-5 试述钢定型模板的特点及组成,掌握钢定型模板的配板设计原则及方法。
3-6 新浇混凝土对模板的侧压力是怎样分布的,如何确定侧压力的最大值?
3-7 结合工程实际,总结各种结构模板的类型、构造、支撑和拆模方法。
3-8 试述钢筋的种类及其主要性能。
3-9 试述钢筋的焊接方法及机械连接方法。
3-10 如何计算钢筋的下料长度?
3-11 混凝土配料时为什么要进行施工配合比换算,如何换算?
3-12 分析水灰比、含砂率对混凝土质量的影响。
3-13 试述外加剂的种类和作用。
3-14 如何使混凝土搅拌均匀,为何要控制搅拌机的转速和搅拌时间?
3-15 搅拌机为何不宜超载,试述进料容量与出料容量的关系?
3-16 如何确定搅拌混凝土时的投料顺序和搅拌时间?
3-17 何谓混凝土的运输,混凝土运输有何要求,常用哪些运输工具?

3-18 混凝土在运输和浇筑过程中如何避免产生分层离析?

3-19 混凝土浇筑时应注意哪些事项?

3-20 混凝土成型方法有几种,如何使混凝土振捣密实?

3-21 试述振捣器的种类、工作原理及适用范围。

3-22 试述施工缝留设的原则和处理方法。

3-23 什么叫混凝土的养护,常用的混凝土养护方法有哪几种,如何进行?

3-24 大体积混凝土施工中应注意哪些问题?

3-25 现浇结构拆模时应注意哪些问题?

3-26 何谓混凝土工程冬期施工的“抗冻临界强度”,规定“抗冻临界强度”对混凝土工程冬期施工有什么意义?

3-27 混凝土工程冬期施工应采取什么措施?

3-28 试分析混凝土产生质量缺陷的原因及补救方法,如何检查和评定混凝土的质量?

3-29 影响混凝土质量有哪些因素,在施工中如何才能保证混凝土工程的质量?

4 预应力混凝土工程

预应力混凝土是在外荷载作用前,预先建立有预压应力的混凝土。混凝土的预压应力一般是通过张拉预应力钢筋实现的。

预应力混凝土按施加预应力程度的大小,可分为全预应力混凝土和部分预应力混凝土;按施工方式不同,可分为预制应力混凝土、现浇预应力混凝土和叠合预应力混凝土;按预加应力方法不同,可分为先张法预应力混凝土和后张法预应力混凝土;在后张法中,按预应力筋与混凝土的粘结状态,又分为有粘结预应力混凝土和无粘结预应力混凝土;按施加预应力的手段,分为机械张拉预应力混凝土和电热张拉预应力混凝土。

预应力混凝土与钢筋混凝土比较,具有结构截面小、自重轻、刚度大、抗裂性能和耐久性好、节约材料的优点。但预应力混凝土的施工,需要专门的材料与设备,特殊的工艺。在大开间、大跨度、重荷载的结构中,采用预应力混凝土结构,可以减少材料的用量,扩大使用范围,综合经济效益好,预应力混凝土在现代结构中具有广阔的发展前景。

全预应力混凝土是在全部使用荷载作用下构件受拉区边缘不允许出现拉应力的预应力混凝土,即构件全截面受压的混凝土或单纯采用高强预应力筋作配筋的混凝土。

部分预应力混凝土,是在全部使用荷载作用下构件受拉区边缘允许出现一定的拉应力或裂缝的混凝土。即只有部分截面受压的混凝土,或采用高强预应力筋与非预应力筋作混合配筋的混凝土。

先张法预应力混凝土是先张拉预应力筋,后浇筑混凝土的预应力混凝土生产方法,这种方法需要专用的生产台座和夹具,以便张拉和临时固定预应力筋。待混凝土达到设计强度等级后,放松预应力筋。预应力是靠钢筋与混凝土之间的粘结力传递给混凝土。先张法适用于预制厂生产中小型预应力混凝土构件。

后张法预应力混凝土是先浇筑混凝土后张拉预应力筋的预应力混凝土生产方法,这种方法在构件制作时需要预留孔道和使用专用的锚具。在混凝土达到设计所规定的强度等级后,张拉钢筋,预应力是通过锚具传递给混凝土的。张拉锚固的预应力筋要求进行孔道灌浆。后张法适用于施工现场生产大型预应力混凝土构件。

有粘结预应力混凝土是指预应力筋全长与周围混凝土相粘结。先张法的预应力筋直接浇筑在混凝土内。预应力筋和混凝土是有粘结的;后张法的预应力筋通过孔道灌浆与混凝土粘结,这种方法生产的预应力混凝土也是有粘结的。

无粘结预应力混凝土的预应力筋沿全长与周围混凝土能发生相对滑动。为防止预应力筋腐蚀和与周围混凝土粘结,采用涂油脂和缠绕塑料薄膜等措施生产的预应力混凝土,为无粘结预应力混凝土。

预制预应力混凝土是在预制厂或在施工现场进行制作,经过运输和吊装安设到设计位置的预应力混凝土构件。它适宜于大批量生产,施工质量易控制,因此成本较低。

现浇预应力混凝土是在设计的位置上支设模板进行制作,它适宜于建造大型和整体预应力混凝土结构。

叠合(组合)预应力混凝土是预制和现浇相结合进行制作,预制部分为预应力,而现浇部分采用非预应力。

4.1 先 张 法

先张法施工是在浇筑混凝土之前,先将预应力筋张拉到设计的控制应力值,并用夹具将张拉的预应力筋临时固定在台座或钢模上,然后再浇筑混凝土,待混凝土到一定强度(不应低于设计的混凝土立方体抗压强度标准值的75%),预应力筋与混凝土具有足够的粘结力时,放松预应力钢筋,借助于混凝土与预应力的粘结,使混凝土产生预压应力。图4-1为预应力构件先张法(台座)生产示意。

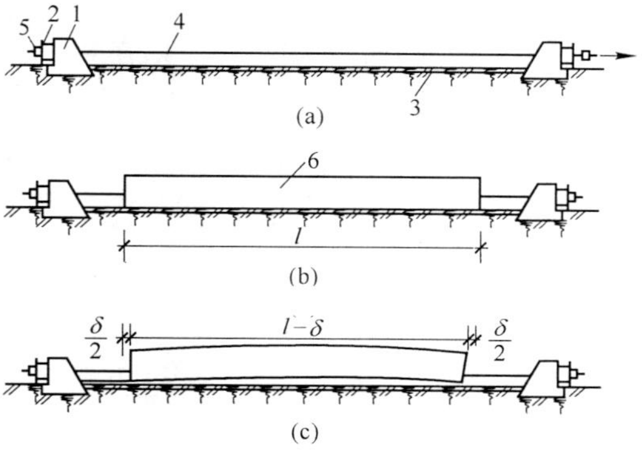

图4-1 先张法生产示意图

1—台座承力结构;2—横梁;3—台面;4—预应力筋;5—锚固夹具;6—混凝土构件

先张法生产可采用台座法和机组流水法。用台座法生产时,预应力筋的张拉、临时固定、混凝土浇筑、养护和预应力筋的放张等工序均在台座上进行;用机组流水法生产时,构件同钢模通过固定的机组,按流水方式完成其生产过程。

4.1.1 台座

采用台座法生产预应力混凝土构件时,台座承受应力筋的全部张拉力。

台座按照构造形式分墩式台座和槽式台座两类。选用时根据构件种类、张拉力的大小和施工条件确定。

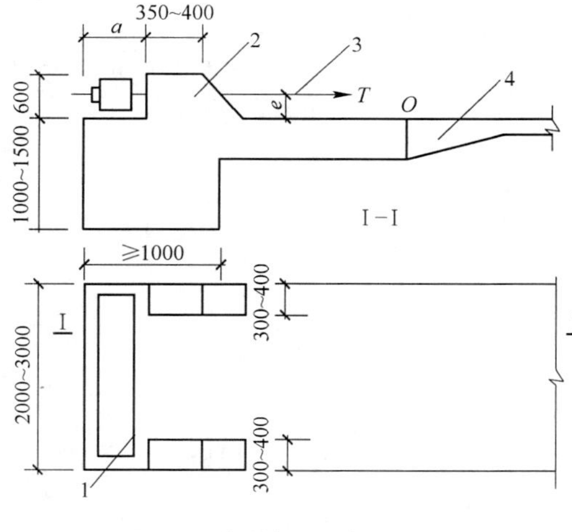

图4-2 墩式台座(单位:mm)

1—钢横梁;2—混凝土墩;3—预应力筋;4—局部加厚的台面

4.1.1.1 墩式台座

墩式台座由台墩、台面与横梁组成,如图4-2所示。目前常用的是由台墩与台面共同受力的墩式台座。

台座的长度、宽度根据场地的大小、生产构件的类型而定。一般长度为100~150m;宽度主要取决于构件的布筋宽度、张拉与浇筑混凝土是否方便,一般为2~3m。在台座的端部都应留出张拉操作用地和通道,两侧要有构件运输和堆放的场地。

承力墩一般由现浇钢筋混凝土制成。台墩应有合适的外伸部分,以增大力臂而减少台墩自重。台墩应具有足够的强度、刚度和稳定性。稳定性验算一般包括抗倾覆验算与抗滑移验算。

(1)台墩的抗倾覆验算,可按式(4-1)进行(见图4-3):

$$K = \frac{M_1}{M} = \frac{GL + E_p e_2}{N e_1} \geqslant 1.50 \tag{4-1}$$

式中　K——抗倾覆安全系数，一般不小于1.50；

M——倾覆力矩，由预应力筋的张拉力产生，$M = Ne_1$

N——预应力筋的张拉力；

M_1——抗倾覆力矩，由台墩自重力和土压力等产生；

G——台墩的自重；

L——台墩重心至倾覆点的力臂；

E_p——台墩后面的被动土压力合力，当台墩埋置深度较浅时可忽略不计；

e_2——被动土压力合力至倾覆点的力臂。

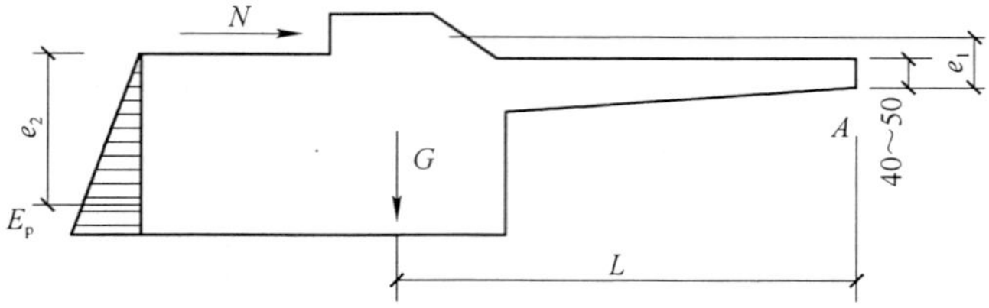

图4-3　墩式台座稳定性验算简图

对台墩与台面共同工作的台墩，台墩倾覆点的位置，按理论计算倾覆点应在混凝土台面的表面处；但考虑到台墩的倾覆趋势使得台面端部顶点出现局部应力集中和混凝土抹面层的施工质量，因此倾覆点的位置宜取在混凝土台面往下4~5cm处。

（2）台墩的抗滑移验算，可按式(4-2)进行：

$$K_c = \frac{N_1}{N} \geqslant 1.30 \tag{4-2}$$

式中　K_c——抗滑移安全系数，一般不小于1.30；

N_1——抗滑移力，对独立的台墩，由侧壁土压力和底部摩擦阻力等产生；对与台面共同工作的台墩，可不作滑移计算，而应验算台面的承载力。

台面是在夯实的碎石垫层上浇筑一层厚度6~10cm的混凝土而成，其水平承载力可按式(4-3)计算：

$$p = \frac{\varphi A f_c}{K_1 K_2} \tag{4-3}$$

式中　φ——轴心受压纵向弯曲系数，取$\varphi = 1$；

A——台面截面面积；

f_c——混凝土轴心抗压强度设计值；

K_1——超载系数，取1.25；

K_2——考虑台面截面不均匀和其他影响因素的附加安全系数，$K_2 = 1.5$。

台墩的牛腿和延伸部分，分别按钢筋混凝土结构的牛腿和偏心受压构件计算。

台墩横梁的挠度不应大于2mm，并不得产生翘曲，预应力筋的定位板必须安装准确，其挠度不大于1mm。

4.1.1.2　槽式台座

槽式台座由钢筋混凝土端柱、传力柱、上下横梁、柱垫、砖墙等组成，如图4-4所示。槽式台座既可承受张拉力，又可作为蒸汽养护槽，适用于张拉吨位较大的大型构件，如吊车梁、屋架等构件的生产。

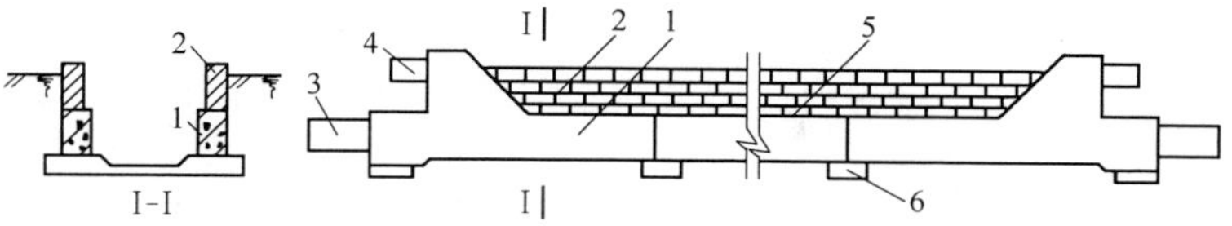

图 4-4 槽式台座

1—钢筋混凝土端柱;2—砖墙;3—下横梁;4—上横梁;5—传力柱;6—柱垫

槽式台座的长度一般不大于 76m,宽度随构件的外形及制作方式而定,一般不小于 1m。

槽式台座也需进行强度和稳定性计算。端柱和传力柱的强度按钢筋混凝土结构偏心受力构件计算。槽式台座端柱抗倾覆力矩由端柱,横梁自重力及部分张拉力组成。

4.1.2 夹具

夹具是先张法施工时为保持预应力筋的张拉力并将其固定在台座上的临时性锚固装置。夹具必须工作可靠、构造简单、使用方便、成本低并能多次重复使用。夹具根据工作特点分为张拉夹具和锚固夹具。

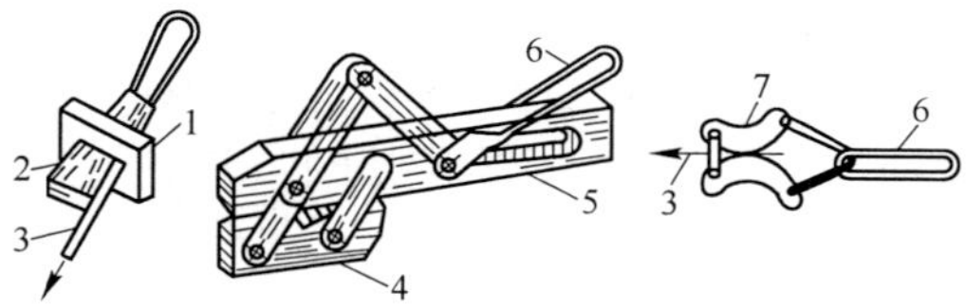

图 4-5 张拉夹具

(a)楔形张拉夹具;(b)钳式张拉夹具;(c)偏心式夹具

1—锚板;2—楔块;3—钢筋;4—倒齿形夹片;

5—拉柄;6—拉环;7—偏心块

张拉夹具是把预应力筋与张拉机械相连接进行预应力筋张拉的工具。常用的张拉夹具有钳式、偏心式等,见图 4-5。

锚固夹具是把预应力筋临时固定在台座横梁上的夹具,常用的锚固夹具有单根镦头夹具、圆套筒三片式夹具、圆锥三槽式夹具,见图 4-6。

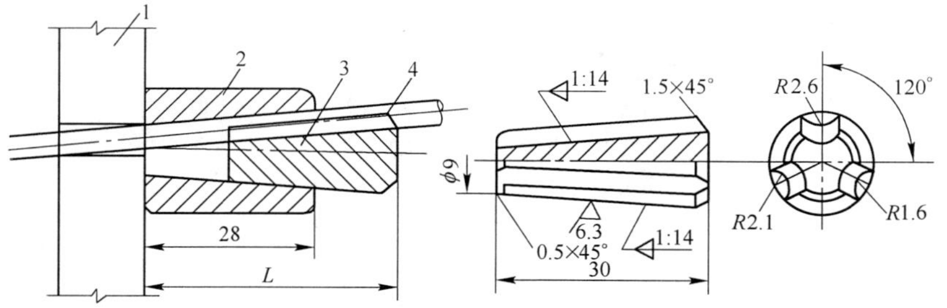

图 4-6 圆锥三槽式夹具

1—定位板;2—套筒;3—推销;4—钢丝

4.1.3 张拉设备

张拉设备要求简易可靠,能准确控制应力,能以稳定的速率增大拉力。在先张法中常用卷扬机,油压千斤顶,电动螺杆张拉机等。

当台座长度较大,而一般千斤顶的行程不能满足长台座需要时,采用卷扬机张拉预应力筋,用杠杆或弹簧测力。弹簧测力时,宜设行程开关,在张拉到规定拉力时,能自行停机,如图 4-7 所示。

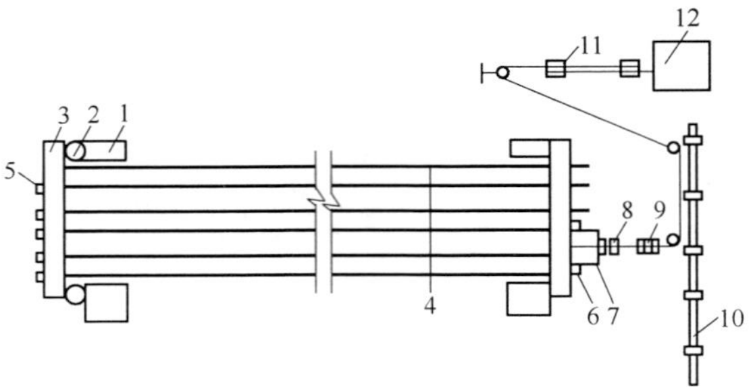

图 4-7 用卷扬机张拉预应力筋

1—台座;2—放松装置;3—横梁;4—钢筋;5—镦头;6—垫块;7—销片夹具;
8—张拉夹具;9—弹簧测力计;10—固定梁;11—滑轮组;12—卷扬机

油压千斤顶可张拉单根或多根成组的预应力筋,张拉过程可以直接从油压表读取张拉力值。图 4-8 为 YC－60 型穿心式千斤顶张拉工作过程及构造示意图,图 4-9 所示为油压千斤顶成组张拉装置。

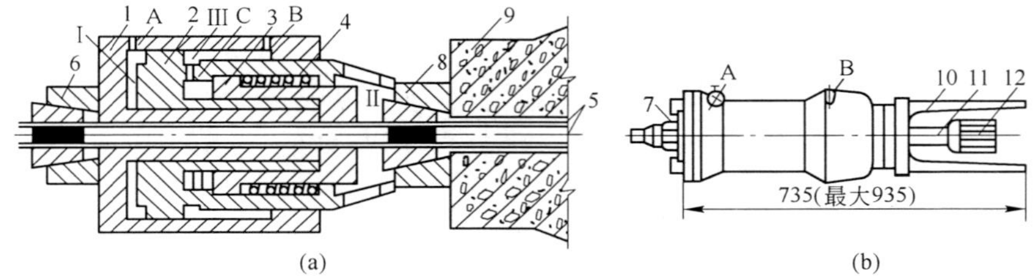

图 4-8 YC-60 型穿心式千斤顶张拉工作过程及构造示意图

(a)构造简图;(b)加顶杆后的 YC-60 型千斤顶

1—张拉油缸;2—张拉活塞;3—顶压活塞;4—弹簧;5—预应力筋;6—工具式锚具;
7—螺帽;8—工作锚具;9—混凝土构件;10—顶杆;11—拉杆;12—连接器
Ⅰ—张拉工作油室;Ⅱ—顶压工作油室;Ⅲ—张拉回程油室;
A—张拉缸油嘴;B—顶压缸油嘴;C—油孔

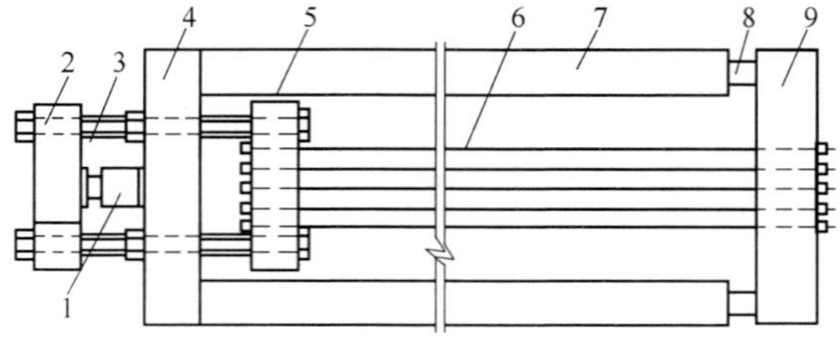

图 4-9 油压千斤顶成组张拉装置

1—油压千斤顶;2,5—拉力架横梁;3—大螺纹杆;4—前横梁;
6—预应力筋;7—台座;8—放张装置;9—后横梁

电动螺杆张拉机可单根张拉预应力钢丝或钢筋,张拉时,顶杆支于台座横梁上,用张拉夹具夹紧钢筋后,便可开始张拉。其张拉的特点是运行稳定,螺杆有自锁性能,故电动螺杆张拉机恒载性能好、速度快、张拉行程大,如图 4-10 所示。

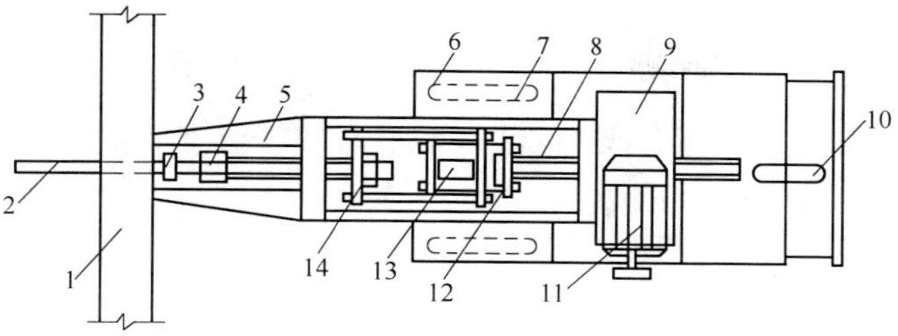

图 4-10 电动螺杆张拉机

1—横梁;2—钢筋;3—锚固夹具;4—张拉夹具;5—顶杆;6—底盘;7,10—车轮;8—螺杆;9—齿轮减速箱;11—电动机;12—承力架;13—测力计;14—拉力架

4.1.4 先张法施工工艺

先张法预应力构件在台座上生产时,其工艺流程如图 4-11 所示。

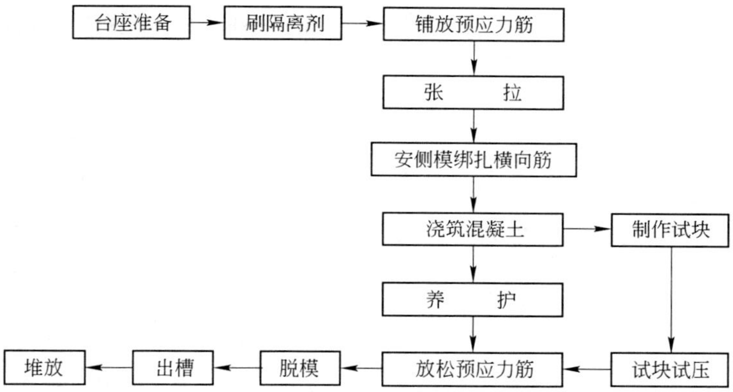

图 4-11 先张法施工工艺流程

4.1.4.1 预应力筋的张拉

预应力筋的张拉力大小,直接影响预应力效果。张拉力越高,建立的预应力值越大,构件的抗裂性也越好;但预应力筋在使用过程中经常处于过高应力状态下,构件出现裂缝的荷载与破坏荷载接近,往往在破坏前没有明显的征兆,这是很危险的。另外,如张拉力过大,造成构件反拱过大或预拉区出现裂缝,也是不利的。反之,张拉阶段预应力损失越大,建立的预应力值越低,也是不利的。

预应力筋的张拉应根据设计要求,采用合适的张拉方法、张拉顺序和张拉程序进行,并应有可靠的质量保证措施和安全技术措施。

A 张拉控制应力

预应力钢筋的张拉控制应力值 σ_{con} 不宜超过表 4-1 规定的张拉控制应力限值。

表 4-1 张拉控制应力限值

钢 种	张拉方法	
	先张法	后张法
炭素钢丝、刻痕钢丝、钢绞线	$0.80f_{ptk}$	$0.75f_{ptk}$
热处理钢筋、冷拔低碳钢丝	$0.75f_{ptk}$	$0.70f_{ptk}$
冷拉热轧钢筋	$0.95f_{pyk}$	$0.90f_{pyk}$

注: f_{ptk} 为预应力筋极限抗拉强度标准值;f_{pyk} 为预应力筋屈服强度标准值。

在下列情况下，表中的数值允许提高 $0.05f_{ptk}$。

为了提高构件制作、运输及吊装阶段的抗裂度而设置在使用阶段受压区的预应力钢筋。

为了部分抵消由于应力松弛、摩擦、钢筋分批张拉以及预应力钢筋与台座之间的温差因素产生的预应力损失。

张拉控制应力值 σ_{con} 不应小于 $0.45f_{ptk}$。

B　预应力筋张拉力的计算

预应力筋的张拉力 F_p 按式(4-4)计算：

$$F_p = m\sigma_{con}A_p \tag{4-4}$$

式中　m——超张拉系数。取值 1.03 或 1.05；

σ_{con}——预应力筋的张拉控制应力值；

A_p——预应力的截面面积。

C　张拉程序

预应力筋的张拉程序有超张拉和一次张拉两种。

超张拉是指张拉应力超过设计所规定的张拉控制应力值，采用超张拉方法时，预应力筋可按以下两种张拉程序之一进行。

$$0 \rightarrow 1.05\sigma_{con} \xrightarrow{\text{持荷 2min}} \sigma_{con}$$

$$0 \rightarrow 1.03\sigma_{con}$$

第一种张拉程序中，超张拉 5%，并持荷 2min，其目的是为了在高应力状态下加速预应力筋松弛早期发展，可以减少松弛引起的预应力损失约 50%；第二种张拉程序中，超张拉 3%，其目的是为了弥补预应力筋的松弛损失。

如果在设计中钢筋的应力松弛损失按一次张拉取值，则张拉程序取 $0 \rightarrow \sigma_{con}$ 就可以满足要求。

预应力筋的张拉控制应力，应符合设计要求。当施工中预应力筋需要超张拉时，可比设计要求提高 5%，要确保张拉力不超过其屈服强度，使预应力筋处于弹性工作状态，混凝土可建立有效的预压应力。

D　预应力筋张拉伸长值校核

预应力筋的张拉可单根进行也可以多根成组同时进行。当预应力筋数量不多，张拉设备拉力有限时，常单根张拉。当预应力筋数量较多，且张拉设备拉力较大时，可采用多根成组同时张拉。同时张拉多根预应力筋时，应预先调整初应力，使其相互之间的应力一致。预应力筋张拉锚固后，对设计位置的偏差不得大于 5mm，也不得大于截面短边长度的 4%。

当采用应力控制方法张拉时，应校核预应力筋的伸长值。实际伸长值与设计计算理论伸长值的相对允许偏差为 ±6%。如实际伸长值比计算伸长值大于或小于 6%，则应暂停张拉，待查明原因并采取措施予以调整后，方可继续张拉。

预应力筋的计算伸长值 Δl 可按式(4-5)计算：

$$\Delta l = \frac{F_p l}{A_p E_s} \tag{4-5}$$

式中　F_p——预应力筋张拉力，kN，直线筋取张拉端拉力，两端张拉的曲线筋取张拉端与跨中扣除孔道摩阻损失后拉力的平均值；

l——预应力筋的长度，mm；

A_p——预应力筋的截面面积，mm^2；

E_s——预应力筋的弹性模量，kN/mm^2。

预应力筋的实际伸长值，宜在初始应力为张拉控制应力10%左右时开始测量，但必须加上初应力以下的推算伸长值。

4.1.4.2 混凝土的浇筑与养护

预应力钢筋张拉完毕后，即应浇筑混凝土，混凝土的浇筑应一次完成，不允许留设施工缝。必须严格控制混凝土的用水量和水泥用量。骨料采用良好的级配，以减少混凝土由于收缩和徐变而引起的预应力损失。混凝土浇筑时必须振捣密实，特别是构件的端部，以保证预应力筋和混凝土之间的粘结强度。

当采用平卧叠浇法制作预应力混凝土构件时，下层构件混凝土强度需达到5MPa后，方可浇筑上层构件混凝土，并应有隔离措施。

混凝土可采用自然养护或蒸汽养护。但应注意，当构件在槽式台座上采用蒸汽养护时，温度升高后，预应力筋膨胀而台座的长度并无变化，因而引起预应力筋应力减小。如果在这种情况下，混凝土逐渐硬结，则在混凝土硬化前，预应力筋由于温度升高而引起的应力降低将永远不能恢复，这就是温差引起的预应力损失。为了减少这种温差应力损失，应保证混凝土在达到一定强度之前，温差不能太大（一般不超过20℃）。因此，在台座上采用蒸汽养护时，其最高允许温度应根据设计要求的允许温度（张拉钢筋时的温度与台座温度的差）经计算确定。当混凝土强度养护至7.5MPa（粗钢筋配筋）或10 MPa（钢丝、钢绞线配筋）以上时，再按一般构件的蒸汽养护规定进行养护。这种养护制度称为“二次升温养护”。在采用机组流水法用钢模制作蒸汽养护时，由于钢模和预应力同样伸缩，所以不存在因温差而引起的应力损失，可以采用一般加热养护制度。

4.1.4.3 预应力筋放张

预应力筋放张过程是预应力的传递过程，是先张法构件能否获得良好质量的一个重要生产过程。应根据放张要求，确定合理的放张顺序、放张方法及相应的技术措施。

A *放张要求*

放张预应力钢筋时，混凝土强度应符合设计要求，当设计无具体要求时，不应低于设计的混凝土立方体抗压强度标准值的75%。对于重叠生产的构件，需待最上一层构件的混凝土强度不低于设计的混凝土立方体抗压强度标准值的75%时，方可进行预应力筋的放张。过早放张会引起较大的预应力损失或产生预应力筋的滑动。预应力混凝土构件在预应力筋放张前要对混凝土试块进行试压，以确定混凝土的实际强度。

放张过程中，应使预应力构件自由压缩，避免过大的冲击与偏心。同时，还应尽量减少台座承受的倾覆力矩和偏心力。

B *放张顺序*

预应力筋的放张顺序，应符合设计要求。当无设计要求时，放张顺序应符合下列规定：

（1）对承受轴心预压力的构件（如压杆、桩等），所有预应力筋应同时放张；

（2）对承受偏心预压力的构件，应先同时放张预压力较小区域的预应力筋，再同时放张预压力较大区域的预应力筋；

（3）当不能按（1）、（2）项规定放张时，应分阶段、对称、相互交错地放张，以防止放张过程中构件发生翘曲、裂纹及预应力筋断裂等现象；

（4）放张后预应力筋的切断顺序，宜由放张端开始，逐次切向另一端。

C *放张方法*

对配筋不多的预应力钢丝放张可采用剪切、割断的方法，由中间向两侧逐根放张，以减少回弹量，利于脱模。对于配筋较多的预应力钢丝放张宜采用同时放张的方法，以防止最后的预应力钢丝因应力突然增大而断裂或使端部开裂。

当构件的预应力筋为钢筋时,放张应缓慢进行,对配筋不多的预应力钢筋,可采用逐根加热熔断或用预先设置在钢筋锚固端的楔块单根放张。配筋较多的预应力钢筋,所有钢筋应同时放张,可采用楔块或砂箱等放张装置缓慢进行。

图 4-12 所示为楔块放张方法,楔块装置在台座与横梁之间,放松预应力筋时,旋转螺母使螺杆向上运动,带动楔块向上移动,两侧钢块间距变小,横梁向台座方向移动,便可同时放松预应力筋。楔块放张方法一般用于张拉力不大于 300kN 的情况。

砂箱放张方法如图 4-13 所示。砂箱装置由钢制的套箱和活塞组成,内装石英砂或铁砂。砂箱装置放置在台座和横梁之间,张拉预应力钢筋时,砂箱中的砂被压实,承受横梁的反力。预应力放张时,将出砂口打开,砂缓慢流出,活塞移向套筒,钢梁也随之移动,从而使预应力筋缓慢地放张。砂箱装置内的砂应选用干砂及适宜的级配,防止出现砂子被压碎引起堵塞现象或者增加砂的孔隙率使预应力损失增加。采用砂箱放张方法,可控制放张程度,工作可靠,施工方便,可用于张拉力大于 1000kN 的情况。

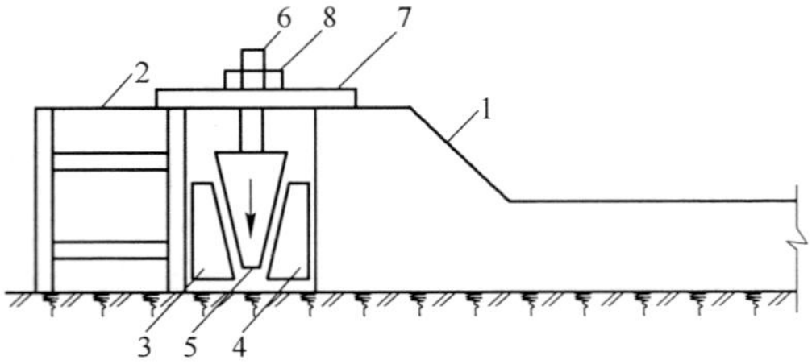

图 4-12 楔块放张

1—台座;2—横梁;3,4—钢块;5—钢楔块;6—螺杆;7—承力板;8—螺母

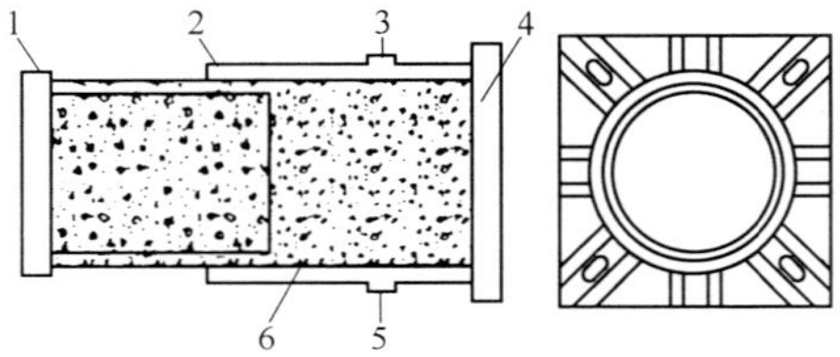

图 4-13 砂箱装置示意图

1—活塞;2—钢套箱;3—进砂口;4—钢套箱底板;5—出砂口;6—砂子

4.2 后 张 法

后张法施工是在浇筑混凝土构件时,在放置预应力筋的位置处留设孔道,待混凝土达到一定强度(不低于设计的混凝土立方体抗压强度标准值的75%)时,将预应力筋穿入孔道中并进行张拉,然后用锚具将预应力筋锚固在构件上,最后进行孔道灌浆。预应力筋承受的张拉力通过锚具传递给混凝土构件,使混凝土产生预压应力。后张法预应力的传递主要依靠预应力筋两端的锚具,锚具作为预应力筋的组成部分,永远留在构件上,不能重复使用。图 4-14 为预应力后张法构件生产示意图。

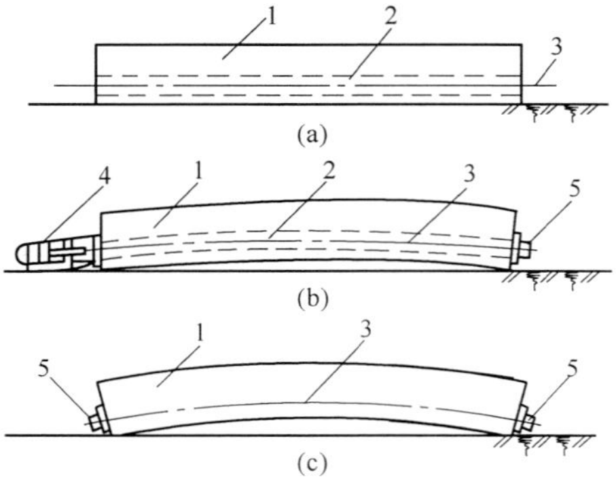

图 4-14 预应力混凝土后张法生产示意图

(a)制作混凝土构件;(b)张拉钢筋;(c)锚固和孔道灌浆

1—混凝土构件;2—预留孔道;3—预应力筋;4—千斤顶;5—锚具

后张法的特点是直接在构件上张拉预应力筋,构件在张拉预应力筋的过程中,完成混凝土的弹性压缩,因此,混凝土的弹性压缩不直接影响预应力筋有效应力值的建立。

预应力后张法构件的生产分为两个阶段。第一阶段为构件的生产,第二阶段为预加应力阶段,包括锚具与预应力筋的制作,预应力筋的张拉与孔道灌浆等工艺。

4.2.1 锚具

锚具是后张法施工在结构或构件中建立预应力值和确保结构安全的关键装置,要求锚具的尺寸形状准确、工作可靠、构造简单、施工方便;有足够的强度和刚度,受力后变形小,锚固可靠,不致产生预应力筋的滑移和断裂现象。

锚具的种类很多,不同类型的预应力筋所配用的锚具不同。后张法施工常用的预应力筋有单根钢筋、钢筋束、钢绞线束等。常用的锚具有以下几种。

4.2.1.1 单根粗钢筋锚具

A 螺丝端杆锚具

螺丝端杆锚具适用于锚固直径不大于 36mm 的钢筋,它是由螺丝端杆、螺母和垫板组成,如图 4-15 所示。锚具长度一般为 320mm,螺丝端杆的直径与预应力筋的直径对应选取。螺丝端杆锚具与预应力筋对焊连接,应在预应力钢筋冷拉前进行。焊接后与张拉机械相连进行应力筋的张拉,然后用螺母拧紧锚固。

B 帮条锚具

帮条锚具由衬板与帮条组成,一般采用三根帮条,按 120°均匀布置,并应与衬板相接触的截面在同一个垂直面上。以免受力时发生扭曲,如图 4-16 所示。帮条采用与预应力筋同级别的钢筋,并在预应力筋冷拉前焊接。

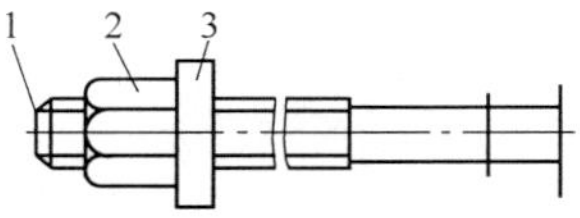

图 4-15 螺丝端杆锚具

1—螺丝端杆;2—螺母;3—垫板

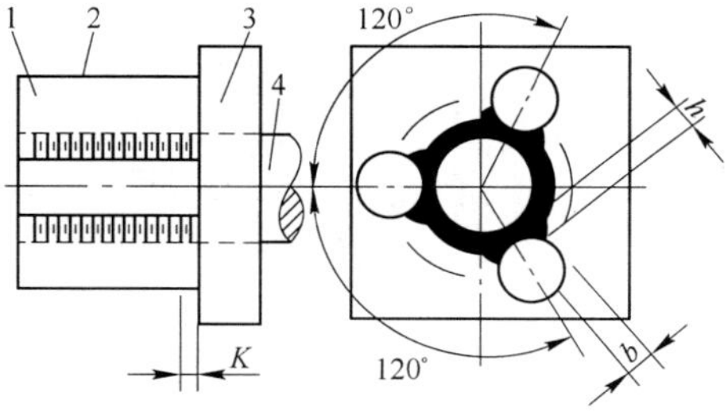

图 4-16 帮条锚具

1—帮条;2—施焊方向;3—衬板;4—主筋

帮条锚具一般用在单根钢筋作预应力筋的固定端锚具。

C 镦头锚具

镦头锚具由镦头和垫板组成,用于单根粗钢筋的镦头锚具一般直接在预应力筋端部热镦、冷镦或锻打成型,如图 4-17 所示。

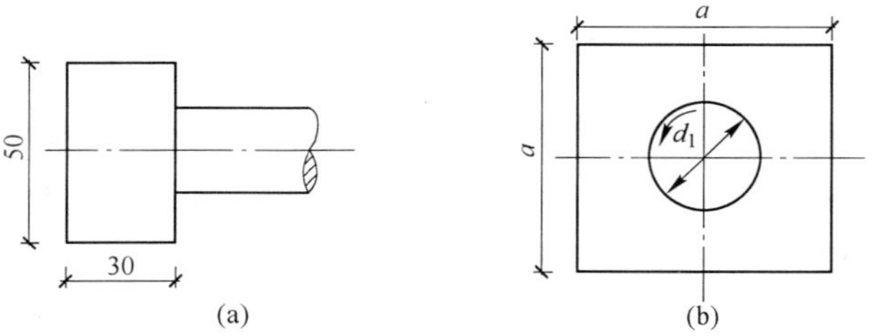

图 4-17 镦头锚具

(a)镦头;(b)垫板

4.2.1.2 钢筋束、钢绞线束锚具

钢筋束、钢绞线采用的锚具有 JM 型、XM 型、QM 型和镦头锚具等。

A JM 型锚具

JM 型锚具目前常用的是 JM12 型锚具。由锚环与夹片组成，如图 4-18 所示。JM12 型锚具是一种利用楔块原理锚固多根预应力筋的锚具，它既可以作为张拉端的锚具，又可以作为固定端的锚具或重复使用的工作锚，可用于锚固 3 ~ 6 根直径为 12mm 的光圆或螺纹钢筋束，也可以用于锚固 5 ~ 6 根直径为 12mm 的钢绞线束。

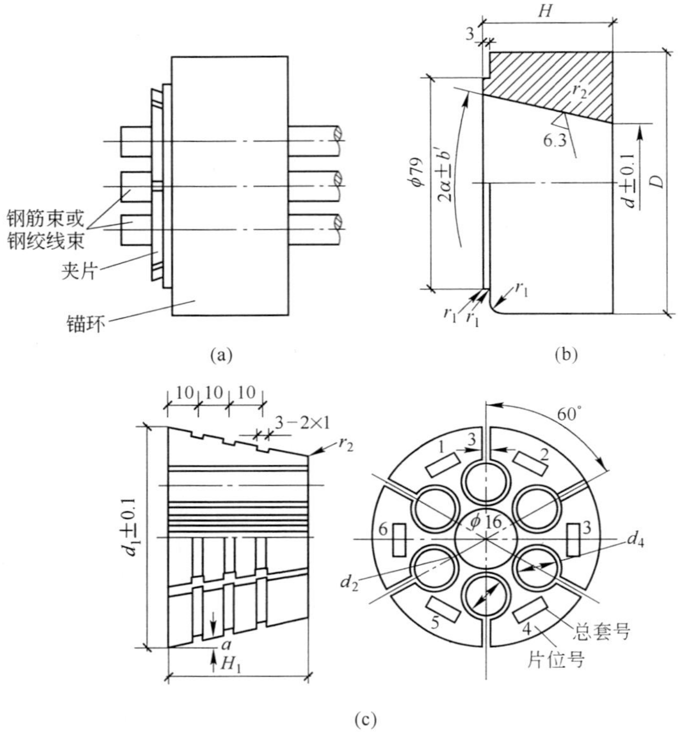

图 4-18 JM12 型锚具

(a)装配;(b)锚环;(c)夹片

B XM 型和 QM 型锚具

XM 型和 QM 型锚具是利用楔形夹片将每根钢绞线独立地锚固在带有锥形的锚环上，形成一个独立的锚固单元。其特点是每根钢绞线都是分开锚固的。

XM 锚具适用于锚固 1 ~ 12 根直径 15mm 的钢绞线，也可用于锚固钢丝束，XM 型锚具由锚环和三块夹片组成，如图 4-19 所示。

QM 型锚具适用于锚固 4 ~ 31 根直径 12mm 钢绞线和 3 ~ 10 根直径 15mm 钢绞线。QM 型锚具配有自动工具锚，张拉和退出十分方便，并可减少安装工具锚所花费的时间，如图 4-20 所示。

C 固定端用镦头锚具

由锚固板和带镦头的预应力筋组成（见图 4-21）。当预应力钢筋束一端张拉时，在固定端可用这种锚具代替 JM 型锚具。

4.2.1.3 钢丝束锚具

A 钢质锥形锚具

由锚环和锚塞组成，如图 4-22 所示，用以锚固以锥锚式双作用千斤顶张拉的钢丝束，其锚环内的锥度应与锚塞的锥度一致，锚塞上刻有细齿槽，夹紧钢丝防止滑动。

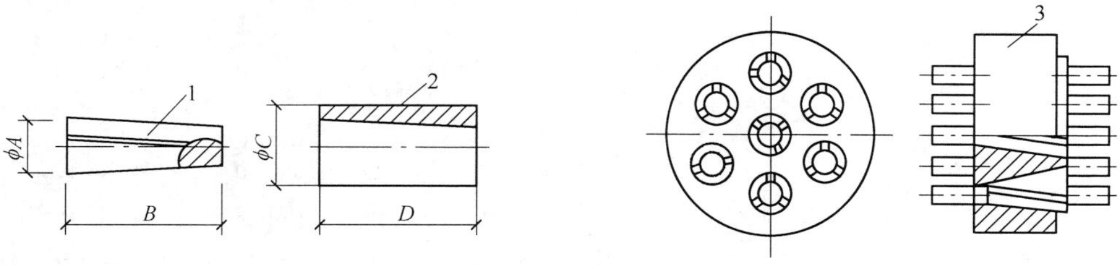

(a) (b)

图 4-19 XM 型锚具

(a)单根 XM 型锚具；(b)多根 XM 型锚具

1—夹片；2—锚环；3—锚板

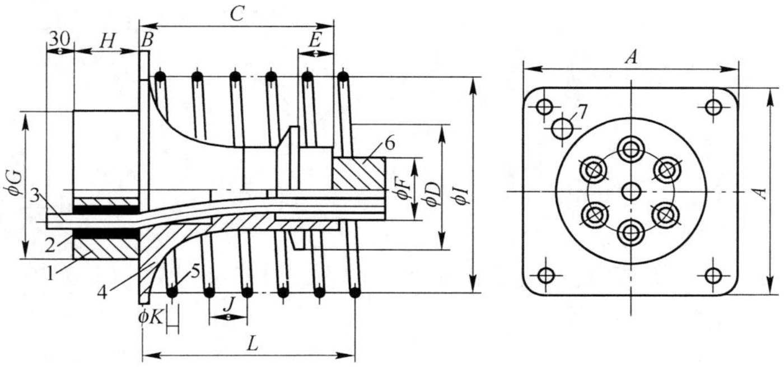

图 4-20 QM 型锚具及配件

1—锚板；2—夹片；3—钢绞线；4—喇叭形铸铁垫板；5—弹簧圈；6—预留孔道用的螺旋管；7—灌浆孔

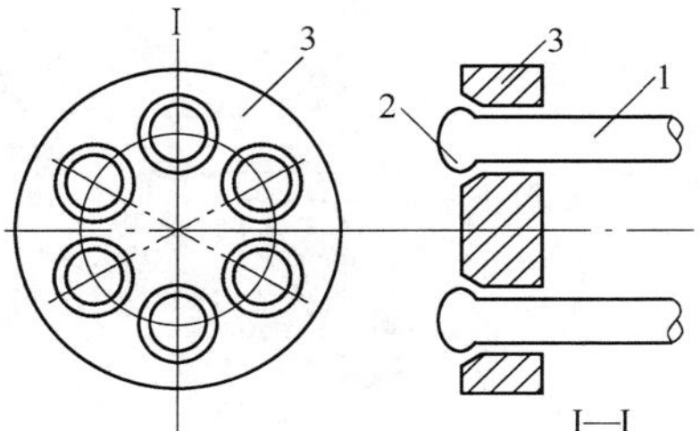

图 4-21 固定端用镦头锚具

1—预应力筋；2—镦粗头；3—锚固板

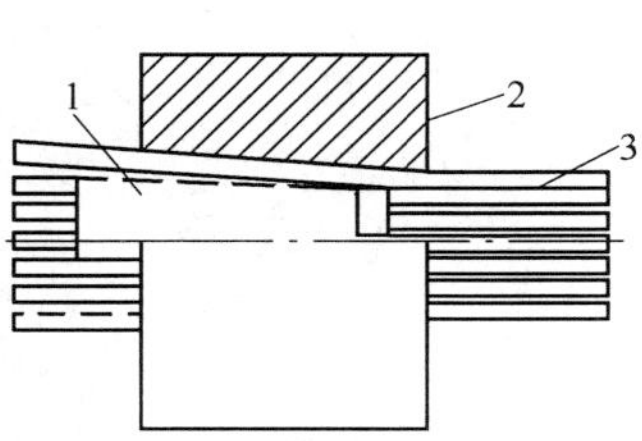

图 4-22 钢质锥形锚具

1—锚塞；2—锚环；3—钢丝束

B 锥形螺杆锚具

由锥形螺杆、套筒、螺母、垫板组成，如图 4-23 所示，用于锚固 14 ~ 28 根直径 5mm 的钢丝束。

C 钢丝束镦头锚具

适用于锚固 12 ~ 54 根 $\phi5$ 高强钢丝束。张拉端采用 A 型镦头锚具，由锚环和螺母组成，固定端采用 B 型镦头锚具，由锚板组成，如图 4-24 所示。

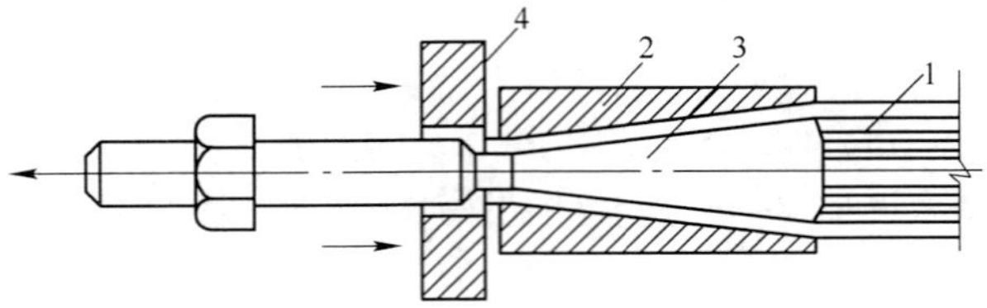

图 4-23　锥形螺杆锚具

1—钢丝;2—套筒;3—锥形螺杆;4—垫板

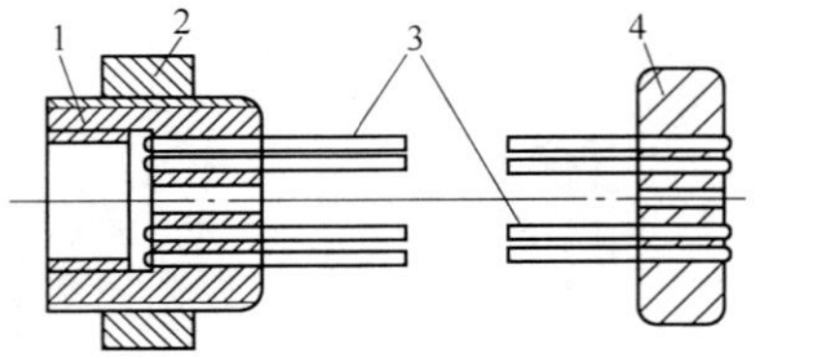

图 4-24　钢丝束镦头锚具

1—A 型锚环;2—螺母;3—钢丝束;4—B 型锚板

锚环的内外壁均有丝扣,内丝扣用于连接张拉螺杆,外丝扣用于拧紧螺母锚固钢丝束。锚环和锚板四周钻孔,以固定镦头的钢丝,孔数和间距由钢丝根数确定。钢丝用液压冷镦器进行镦头。钢丝束一端可在制束时将头镦好,另一端待穿束后镦头,故构件孔道端部要设置扩孔。

张拉时,张拉螺杆一端与锚环内丝扣连接,另一端与拉杆式千斤顶的拉头连接,当张拉到控制应力时,锚环被拉出,则拧紧锚环外丝扣上的螺母加以锚固。

4.2.2　张拉设备

4.2.2.1　千斤顶、高压油泵

A　拉杆式千斤顶

拉杆式千斤顶(代号 YL)是利用高压油泵驱动单活塞张拉预应力钢筋的单作用千斤顶,主要用于张拉以螺丝端杆为张拉锚具的预应力钢筋。目前常用的拉杆式千斤顶是 YL60,如图 4-25 所示。其最大张拉力为 600kN,张拉行程 150mm。拉杆式千斤顶构造简单,操作方便,应用范围广。

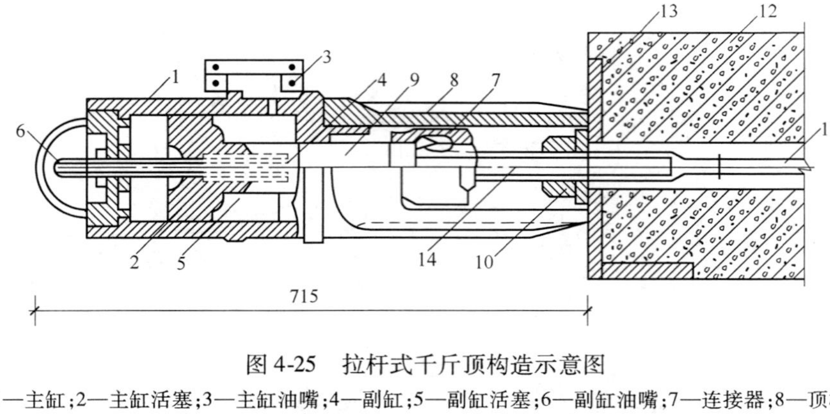

图 4-25　拉杆式千斤顶构造示意图

1—主缸;2—主缸活塞;3—主缸油嘴;4—副缸;5—副缸活塞;6—副缸油嘴;7—连接器;8—顶杆;9—拉杆;10—螺母;11—预应力筋;12—混凝土构件;13—预埋钢板;14—螺丝端杆

B　穿心式千斤顶

穿心式千斤顶(代号 YC)是利用双液压缸张拉预应力筋和顶压锚具的双作用千斤顶。双作用是指既能张拉预应力筋又能锚固预应力筋。目前常用的穿心千斤顶是 YC60。如图 4-26 所示。其最大张拉力为 600kN,张拉行程 150mm,适用于张拉以夹片锚具为张拉锚具的预应力钢筋束或钢绞线束。

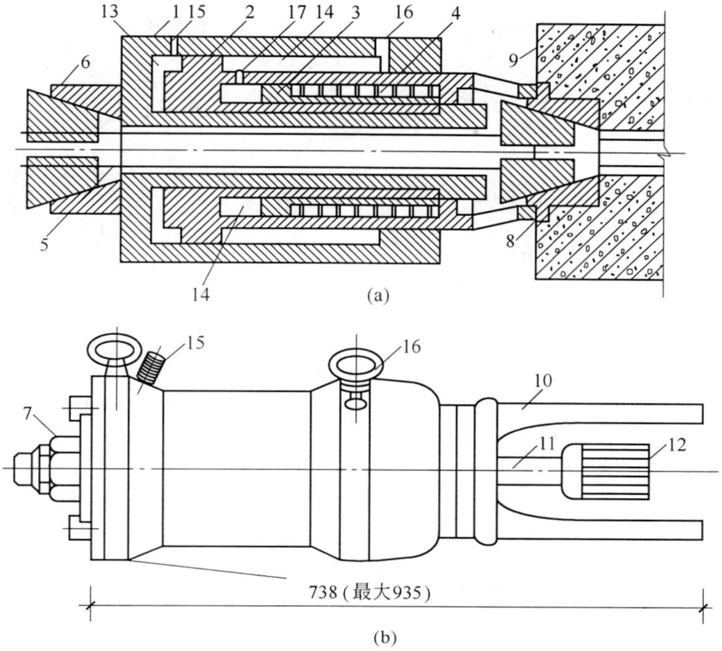

图 4-26 YC60 型千斤顶

1—张拉油缸;2—顶压油缸(张拉活塞);3—顶压活塞;4—弹簧;5—预应力筋;6—工具锚;
7—螺母;8—锚环;9—构件;10—撑脚;11—张拉杆;12—连接器;13—张拉工作油室;
14—张拉回程油室;15—张拉缸油嘴;16—顶压缸油嘴;17—油孔

YC60 型千斤顶如装撑脚、张拉杆和连接器后也可以张拉以螺丝端杆为张拉锚具的单根钢筋。

C 锥锚式千斤顶

锥锚式千斤顶(代号 YZ)是具有张拉、顶锚与退楔三种作用的千斤顶,仅用于张拉以锥锚式锚具为张拉锚具的预应力钢绞线束,如图 4-27 所示。YZ85 型锥锚式千斤顶最大张拉力为 850kN,张拉行程为 250mm,其工作过程如下:

(1) 张拉。首先将预应力筋固定在锥形卡环上,然后主缸油嘴进油、主缸向左移动,张拉预应力筋;

(2) 顶压。张拉完成后,主缸稳压,副缸进油,则副缸活塞及顶压头向右移动,将锚塞推入锚环而锚固顶应力钢筋;

(3) 回程。顶锚完成后,主副缸同时回油,主缸及副缸活塞在弹簧力的作用下定位。最后松楔块即可拆下千斤顶。

D 高压油泵

高压油泵是向液压千斤顶各个油缸供油,使活塞按照一定速度伸出或回缩的主要设备,油泵的额定压力不小于千斤顶的额定压力。

高压油泵分手动和电动两类,目前常用的有:

(1) ZB4 – 500 型电动油泵,该油泵是通用的预应力油泵,主要与额定压力不大于 50N/mm^2 的中等吨位的预应力千斤顶配套使用,也可供对流量无特殊要求的大吨位千斤顶和对油泵自重无特殊要求的小吨位千斤顶使用,还可供液压镦头用。

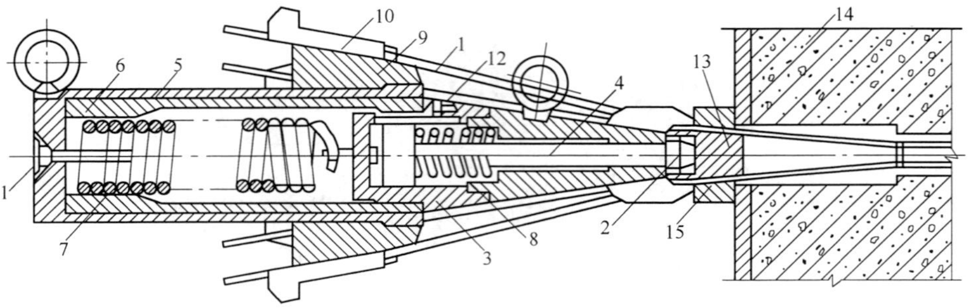

图4-27　锥锚式千斤顶构造及工作原理示意图

1—预应力筋；2—顶压头；3—副缸；4—副缸活塞；5—主缸；6—主缸活塞；
7—主缸拉力弹簧；8—副缸拉力弹簧；9—锥形卡环；10—楔块；
11—主缸油嘴；12—副缸油嘴；13—锚塞；14—构杆；15—锚环

（2）ZB10/320～4/800 型电动油泵，是一种大流量，超高压的变量油泵，主要与张拉力 1000kN 以上或工作压力在 $50N/mm^2$ 以上的预应力液压千斤顶配套使用。

（3）ZB0.8－500 与 ZB0.6－630 型电动小油泵，是同一构造的两种系列产品，主要用于小吨位预应力千斤顶和液压镦头器，也可以用于中等吨位预应力千斤顶。该油泵自重轻、操作简便，对现场预应力施工尤为适用。

4.2.2.2　张拉设备标定

用千斤顶张拉预应力筋时，预应力的张拉力是通过油泵上的油压表的读数来控制的。压力表的读数表示千斤顶张拉油缸活塞单位面积的油压力。理论上如已知张拉力 N、活塞面积 A，则可求出张拉时油表的相应读数 P。但是由于活塞与油缸间存在摩擦力。因此，实际张拉力往往比理论计算值小（压力表上读数为张拉力除以活塞面积）。为保证预应力筋张拉应力的准确性，必须采用标定方法直接测定千斤顶的实际张拉力与压力表读数之间的关系，绘制 $N-P$ 关系曲线，供施工时使用。

预应力筋张拉机具设备及仪表应定期维护和校验，张拉设备应配套标定，并配套使用。标定张拉设备用的试验机或测力计算精度，不得低于 ±2%，压力表的精度不宜低于 1.5 级，最大量程不宜小于设备额定张拉力的 1.3 倍。标定时，千斤顶活塞的运行方向应与实际张拉工作状态一致。张拉设备的标定期限不应超过半年。

4.2.3　预应力筋的制作

4.2.3.1　单根粗钢筋

单根粗钢筋预应力筋的制作包括配料、对焊、冷拉等工序。预应力筋的下料长度应计算确定。应考虑预应力筋钢材品种、锚具形式、焊接接头、钢筋冷拉伸长率，弹性回缩率、张拉伸长值、构件孔道长度、张拉设备与施工方法等因素。

如图 4-28 所示，单根粗钢筋预应力筋下料长度 L 按式(4-6)计算：

$$L = \frac{L_0}{1 + r - \delta} + nl_0 \tag{4-6}$$

式中　L_0——预应力筋钢筋部分的成品长度，mm；

l_0——每个对焊接头的压缩长度，一般 $l_0 = d$（d 为预应力钢筋直径）；

n——对焊接头数量（钢筋与钢筋、钢筋与锚具的对焊接头总数）；

r——钢筋冷拉伸长率（由试验确定）；

δ——钢筋冷拉弹性回缩率（由试验确定）。

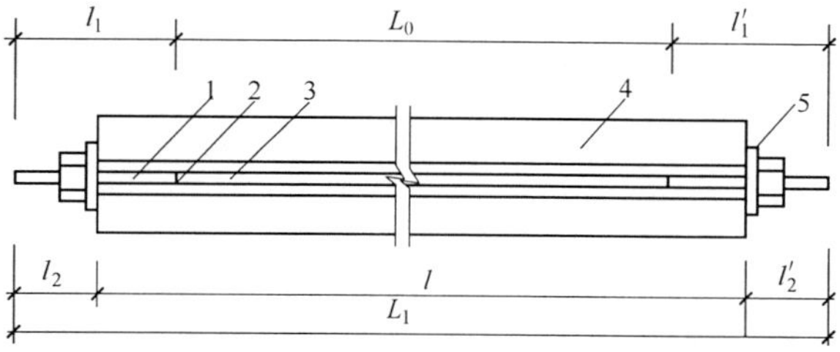

图 4-28 单根粗钢筋下料长度计算示意图

1—螺丝端杆；2—对焊接头；3—粗钢筋；4—混凝土构件；5—垫板

L_1—预应力成品全长，mm；l_1（l'_1）—锚具长度（如为螺丝端杆，一般为 320mm）；

l_2（l'_2）—锚具伸出构件外的长度，mm；l—构件孔道长度，mm

例 4-1 某 24m 跨预应力钢筋混凝土屋架下弦孔道长度 $l=23800$mm，预应力筋为 4ϕ25 冷拉钢筋，实测钢筋冷拉率 $r=3.5\%$，钢筋冷拉后的弹性回缩率 $\delta=0.3\%$，预应力筋两端采用螺丝端杆锚具，螺丝端杆长度 $l_1=320$mm，其露在构件外的长度 $l_2=120$mm，现场钢筋每根长度为 9m 左右，因此预应力筋需用三根钢筋对焊而成，两端再与螺丝端杆对焊，对焊接头总数 $n=4$，试求预应力筋钢筋部分的下料长度。

解：

$$L_1=l+2l_2=23800+(2\times120)=24040\text{mm}$$

$$L_0=L_1-2l_1=24040-(2\times320)=23400\text{mm}$$

所以，预应力筋钢筋部分的下料长度

$$L=\frac{L_0}{1+r-\delta}+nl_0$$

$$=\frac{23400}{1+0.035-0.003}+4\times25=22774\text{mm}$$

因此施工下料时，可选用 2 根 9m 长的钢筋加 1 根 4.774m 长的钢筋对焊制成。

4.2.3.2 钢筋束（钢绞线束）

钢筋束由直径为 12mm 的细钢筋编束而成。钢绞线束由直径 12mm 或 15mm 的钢绞线编束而成，每束 3～6 根，一般不需对焊接长。预应力筋的制作工序一般包括开盘、冷拉、下料、编束。下料是在钢筋冷拉后进行，下料时宜采用切断机或砂轮锯切机，不得采用电弧切割。钢绞线下料前需在切割口两侧各 50mm 处用铁丝绑扎，切割后对切割口应立即焊牢，以免松散。

为保证穿筋和张拉时不发生扭线结，应对预应力筋进行编束，编束时一般将钢筋理顺后，用 18～22 号铁丝，每隔 1m 左右绑扎一道，使形成束状。

钢筋束或钢绞线束的下料长度，与构件的长度、所选用的锚具和张拉机械有关。

钢绞线下料长度如图 4-29 所示，按式（4-7）、式（4-8）计算：

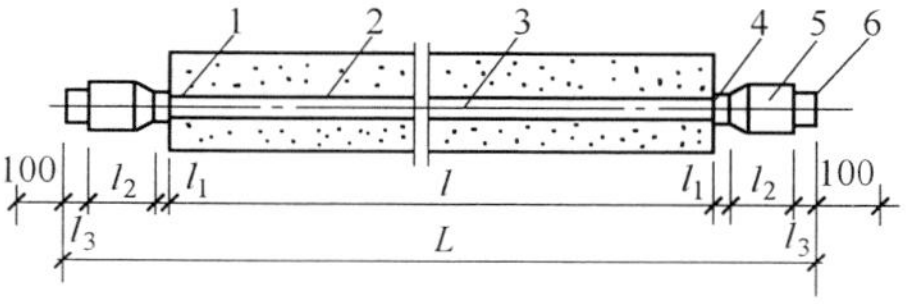

图 4-29 钢绞线下料长度计算简图

1—混凝土构件；2—孔道；3—钢绞线；4—夹片式工作锚；5—穿心式千斤顶；6—夹片式工具锚

两端张拉时

$$L = l + 2(l_1 + l_2 + l_3 + 100) \tag{4-7}$$

一端张拉时

$$L = l + 2(l_1 + 100) + l_2 + l_3 \tag{4-8}$$

式中 l——构件的孔道长度；

l_1——夹片式工作锚厚度；

l_2——穿心式千斤顶长度；

l_3——夹片式工具锚厚度。

4.2.3.3 钢丝束

钢丝束的制作随锚具形式的不同而异，一般包括调直、下料、编束和安装锚具等工序。

当采用钢丝束做预应力筋时，为保证张拉时钢丝束中每根钢丝应力值的均匀性，钢丝束制作时必须等长下料，同束钢丝中下料长度的相对误差应控制在 $L/5000$ 以内，且不得大于 5mm（L 为钢丝长度）。为此，要求钢丝在应力状态下切断下料，切断的控制应力为 300N/mm^2。

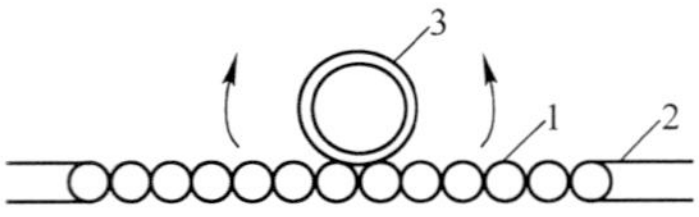

图 4-30 钢丝束的编束
1—钢丝；2—铅丝；3—衬圈

为防止钢丝扭结，钢丝下料后应逐根理顺进行编束，编束工作一般在平整场地上进行，首先将钢丝理顺平放，然后每隔 1m 左右用 22 号铅丝将钢丝编成帘子状，如图 4-30 所示，再每隔 1m 放一个按端杆直径制成的螺丝衬圈，并将编好的钢丝帘绕衬圈围成圆束绑扎牢固。

4.2.4 后张法施工工艺

后张法预应力混凝土构件制作的工艺流程如图 4-31 所示。

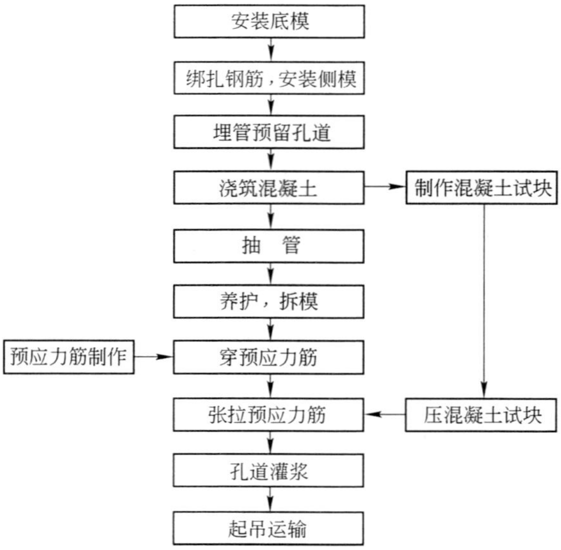

图 4-31 后张法构件制作工艺流程

4.2.4.1 孔道留设

孔道留设是后张法预应力混凝土构件制作中的关键工序之一。要求预留孔道的尺寸与位置正确，定位牢固，浇筑混凝土时不应出现位移和变形；孔道应平顺，端部的预埋锚垫板应垂直于孔道中心线；孔道的直径一般比预应力筋的外径大10~15mm，以利于预应力筋穿入。孔道留设的方法有钢管抽芯法、胶管抽芯法和预埋波纹管法等。

A 钢管抽芯法

钢管抽芯法用于直线孔道，是预先将钢管埋设在模板内孔道位置处，在浇筑混凝土后，每隔一定时间慢慢转动钢管，使之不与混凝土粘结。待混凝土初凝后、终凝前抽出钢筋形成孔道。

钢管要平直，表面必须圆滑，预埋前除锈、刷油。钢管在构件中用间距不大于1.0m的钢筋井字架（见图4-32）固定位置。每根钢管的长度一般不超过15m，以便转动和抽管。钢管两端应各伸出构件外0.5m左右。较长的构件可采用两根钢管，中间用套管连接，如图4-33所示。

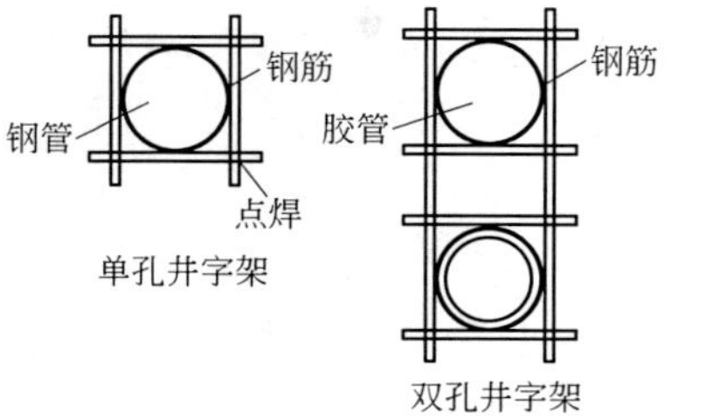

图4-32 固定钢管或胶管位置用的井字架

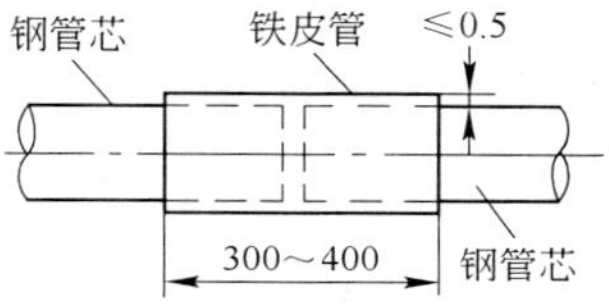

图4-33 铁皮套管

抽管宜在混凝土初凝之后，终凝之前进行，抽管过早，会造成塌孔事故；太晚，混凝土与钢管粘结牢固，抽管困难，甚至抽不出来，常温下抽管时间约在混凝土浇筑后3~5h。

抽管顺序宜先上后下进行。抽管方法可用人工或卷扬机，抽管时必须速度均匀、边抽边转，并与孔道保持在一直线上。抽管后应及时检查孔道情况，并做好孔道清理工作，防止以后穿筋困难。

B 胶管抽芯法

胶管抽芯法可用留设直线、曲线或折线孔道。胶管采用5~7层帆布夹层，壁厚6~9mm的普通胶管。

胶管用钢筋井字架固定，间距不大于0.5m，且曲线孔道处应适当加密。浇筑混凝土前，胶管内充入压力为0.6~0.8MPa的压缩空气或压力水。此时胶管直径增大约3mm，待混凝土初凝后，放出压缩空气或压力水，管径缩小而与混凝土脱离，便于抽出。

C 预埋波纹管法

将与孔道直径相同的金属波纹管埋入混凝土中留设孔道，金属管无需抽出，施工简便，孔道的形状和位置容易保证。金属波纹管刚度好，弯折方便、连接容易、与混凝土粘结良好，适用于各种直线和曲线孔道。预埋时金属波纹管用间距不大于0.8m的钢筋井字架固定。

在留设孔道的同时，需在设计规定的位置留设灌浆孔和排气孔。灌浆孔的间距：对预埋金属波纹管不宜大于30m；对抽芯成型孔道不宜大于12m。在曲线孔道的曲线波峰部位应设置排气兼泌水管，必要时可在最低点设置排水孔；留设灌浆孔或排气孔时，可用木塞或白铁皮成孔，灌浆孔及泌水管的孔径应能保证浆液畅通。

4.2.4.2 预应力筋张拉

A 一般规定

预应力张拉时，构件混凝土强度应符合设计要求，当设计无具体要求时，不应低于设计的混凝土立方体抗压强度标准值的75%；后张法的构件如分段制作，则在张拉前应进行拼装。拼装的预应力构件立缝处混凝土或砂浆的强度，如设计无具体要求时，不应低于块体混凝土设计强度标准值的40%，同时不得低于15MPa；构件端部预埋钢板与锚具接触处的焊渣、毛刺、混凝土残渣等应清除干净；安装张拉设备时，对直线预应力筋，应使张拉力的作用线与孔道中心线重合；对曲线预应力筋，应使张拉力的作用线与孔道中心线末端的切线重合。

B 张拉控制应力与张拉程序

后张法预应力筋的张拉控制应力值 σ_{con} 不宜超过表4-1规定的张拉控制应力限值。

后张法预应力筋的张拉程序与构件的类型和所采用的锚具种类有关。为减少松弛损失，张拉程序一般与先张法相同。

C 张拉方法

为了减少预应力筋与孔道摩擦引起的预应力损失，对抽芯成型孔道的曲线形预应力筋和长度大于24m的直线预应力筋，应采用两端张拉；长度不大于24m的直线预应力筋，可一端张拉，预埋波纹管孔道，对曲线预应力筋和长度大于30m的直线预应力筋，宜在两端张拉；长度不大于30m的直线预应力筋，可在一端张拉。

同一截面中有多根一端张拉的预应力筋时，张拉端宜分别设置在构件两端；当两端同时张拉同一根预应力筋时，为减少预应力损失，宜先在一端锚固，再在另一端补足张拉力后进行锚固。

D 张拉顺序

预应力筋的张拉顺序应使混凝土不产生超应力、构件不扭转与侧弯、结构不变位等；因此，对称张拉是一项重要原则。同时还应考虑到尽量减少张拉设备的移动次数。

对配有多根预应力筋的预应力混凝土构件，应分批、对称地进行张拉。对称张拉是为了避免张拉时构件截面呈过大的偏心受压状态。分批张拉，应考虑后批张拉钢筋所产生的混凝土弹性压缩对先批张拉钢筋的应力所产生的影响。即在后批张拉作用下，使构件混凝土再次产生弹性压缩，从而导致先批张拉的预应力筋应力下降，此应力损失值应加到先批张拉的预应力筋的张拉应力中。为此，先批张拉的预应力筋的张拉应力值应增加 $\alpha_E \cdot \sigma_{pci}$。

$$\alpha_E \cdot \sigma_{pci} = \frac{E_s}{E_c} \cdot \frac{(\sigma_{con} - \sigma_{11} A_p)}{A_n} \tag{4-9}$$

式中 $\alpha_E \cdot \sigma_{pci}$——先批张拉钢筋应增加的应力损失值；

α_E——钢筋弹性模量与混凝土弹性模量的比值；

σ_{pci}——后批张拉钢筋在先批张拉钢筋重心处产生的混凝土法向应力，MPa；

E_s——钢筋的弹性模量，MPa；

E_c——混凝土的弹性模量，MPa；

σ_{con}——预应力筋张拉控制应力，MPa；

σ_{11}——预应力筋的第一批应力损失值（包括锚具变形和摩擦损失），MPa；

A_p——后批张拉的预应力筋截面积，mm^2；

A_n——构件混凝土的净截面面积（包括构件钢筋的折算面积），mm^2。

采用分批张拉时，应按式（4-9）计算出分批张拉的预应力损失值，分别加到先批张拉预应力筋的张拉控制应力内，或采用同一张拉力值而后逐根复位张拉补足。

对平卧叠浇的预应力混凝土构件，上层构件的重量产生的水平摩擦阻力会阻止下层构件在预应力筋张拉时混凝土弹性压缩的自由变形。待上层构件起吊后，由于摩擦阻力影响消失会增加混凝土弹性压缩的变形，从而引起预应力损失。该损失值随构件形式、隔离层性能和张拉方式不同而异。且在同样条件下，其分散性亦较大，目前尚未掌握其应力损失的规律。为便于施工，对平卧叠浇的预应力构件，宜先上后下逐层进行张拉，采用逐层增大超张拉的办法来减少或弥补该预应力损失，但底层超张拉值不宜超过表4-1规定的张拉控制应力限值。

E 张拉值

在预应力筋张拉时，往往需采取超张拉的方法来弥补多种预应力的损失。此时预应力筋的张拉应力较大，有时可能会超过表4-1张拉应力限值。例如，多层叠浇的最下一层构件中的先批张拉钢筋，既要考虑钢筋的松弛，又要考虑多层叠浇的摩擦阻力影响，还要考虑后批张拉钢筋对先批张拉钢筋的影响，往往张拉应力会超过规定的限值，此时，可采取下述方法解决。

一是先采用同一张拉值，而后复位补足；二是分两阶段建立预应力，即全部预应力张拉到一定数值（如90% σ_{con}），再第二次张拉至控制值。

F 张拉伸长值计算

当采用应力控制方法张拉时，应校核应力筋的伸长值。实际伸长值与设计计算理论伸长值的允许偏差为±6%。如实际伸长值比计算的伸长值大于或小于6%，则应暂停张拉，待查明原因并采取措施予以调整后方可继续张拉。预应力筋的计算伸长值按式（4-2）计算。

张拉过程应避免预应力筋断裂或滑脱，当发生断裂或滑脱时，对后张法预应力结构构件，断裂或滑脱的数量严禁超过同一截面预应力筋总根数的3%，且每束钢丝不得超过一根；对多跨双向连续板，其同一截面应按每跨计算。

预应力筋张拉锚固后实际建立的预应力值与工程设计规定检验值的相对允许偏差为±5%。

4.2.4.3 孔道灌浆及封锚

预应力筋张拉后处于高应力状态，对腐蚀非常敏感，后张法有粘结预应力筋张拉后应尽早进行孔道灌浆。目的是保护预应力筋，防止预应力筋锈蚀；同时使预应力筋与结构混凝土形成整体，增加结构的整体性和耐久性。灌浆是对预应力筋的永久性保护措施。

孔道灌浆应采用强度等级不低于42.5级的普通硅酸盐水泥配制的水泥浆，灌浆用水泥浆的水灰比不应大于0.45，搅拌后3h泌水率不宜大于2%，且不应大于3%。泌水应能在24h内全部重新被水泥吸收。灌浆用水泥浆（或水泥砂浆）的抗压强度不应小于30MPa。灌浆后，孔道内水泥浆应饱满、密实。为了增加孔道灌浆的密实性，在水泥浆中可掺入水泥用量0.2%的木质素磺酸钙或水泥用量万分之0.5～1的铝粉或其他减水剂。但不得掺入氧化物或其他对预应力筋有腐蚀作用的外加剂。

灌浆前混凝土孔道应用压力水冲刷干净并润湿孔壁。孔道灌浆可用电动压浆泵，灌浆时，水泥浆应缓慢均匀地泵入，不得中断，灌满孔道并封闭气孔后，宜再继续加压至0.5～0.6MPa，并稳压一定时间，以确保孔道灌浆的密实性。对于不加外加剂的水泥浆灌浆，可采用二次灌浆法，以提高孔道灌浆的密实性。

灌浆顺序应先下后上，以避免上层孔道灌浆而把下层孔道堵塞。曲线孔道灌浆、宜由最低点压入水泥浆，至最高点排气孔排出空气及溢出浓浆为止。

后张法预应力筋锚固后的外露部分宜采用机械方法切割，其外露长度不宜小于预应力直径的1.5倍，且不宜小于30mm，后张法预应力筋的锚具多配置在结构的端面，所以常处在易受外力冲击和雨水浸入的状态；此外，预应力筋张拉锚固后，锚具及预应力筋处于高应力状态，为确保暴露于结构外的锚具能够永久性地正常工作，不致受外力冲击和雨水浸入而造成破损或腐蚀，应采取防止锚固锈蚀和遭受机械损伤的有效措施；对凸出式锚固端锚具的保护层厚度不应小于50mm，外露预应力筋的保护层，对处于正常环境时，不应小于20mm，对处于易受腐蚀的环境时，不应小于50mm。

4.3　无粘结预应力混凝土

无粘结预应力是近年来发展起来的新技术。

无粘结预应力混凝土的施工方法是在预应力筋表面刷涂油脂并包塑料带(管)后,如同普通钢筋一样先铺设在支好的模板内,再浇筑混凝土。待混凝土达到设计规定的强度后,进行预应力筋张拉和锚固。这种预应力施工工艺是借助预应力筋两端的锚具传递预应力,不需要预留孔道,施工简便,张拉时摩擦损失小。预应力筋易弯成曲线形状,但对锚具性能要求较高,适用于大柱网整体现浇楼盖结构,尤其在双向连续平板和密肋楼板中使用最为经济合理。

4.3.1　无粘结预应力筋

无粘结预应力筋是由预应力钢丝束或钢绞线束、涂料层和护套层组成,如图4-34所示。无粘结筋宜采用柔性较好的7ϕ^{s}4或7ϕ^{s}5钢绞线。无粘结筋的涂料层的作用是使无粘结筋与混凝土隔离、减少张拉时的摩擦损失、防止无粘结筋腐蚀等。因此要求涂料层应具有良好的化学稳定性,对周围材料无侵蚀作用;不透水、不吸湿,抗腐蚀性能强,润滑性能好,摩擦阻力小,低温不变脆,并有一定韧性。目前常用的涂料层有防腐蚀沥青和防腐油脂等。护套层的材料要求具有足够的韧性、抗磨及抗冲击性,对周围材料无侵蚀作用;在规定温度范围内,低温不脆化,高温化学稳定性好。常用高密度聚乙烯或聚丙烯材料制作。

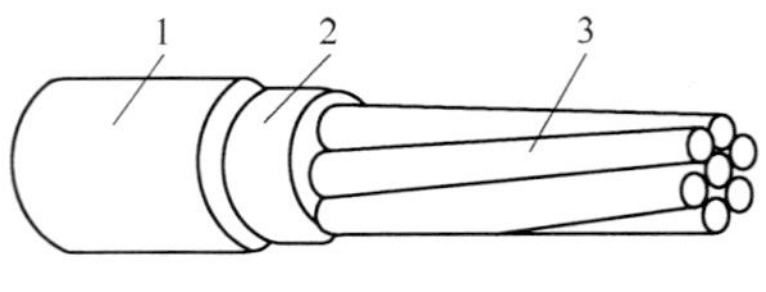

图4-34　无粘结预应力筋

1—塑料护套;2—油脂;3—钢绞线或钢丝束

无粘结预应力筋的制作采用挤压涂层工艺。

挤压涂层工艺制作无粘结预应力筋的生产线如图4-35所示,钢绞线(或钢丝束)通过涂油装置涂油后,通过塑料挤出机的机头出口处,塑料熔融物被挤成管状包覆在钢绞线上,经冷却水槽塑料套管硬化,即形成无粘结预应力筋;牵引机继续将钢绞线牵引至收线装置,自排列成盘卷。这种工艺涂包质量好、生产效率高、设备性能稳定。

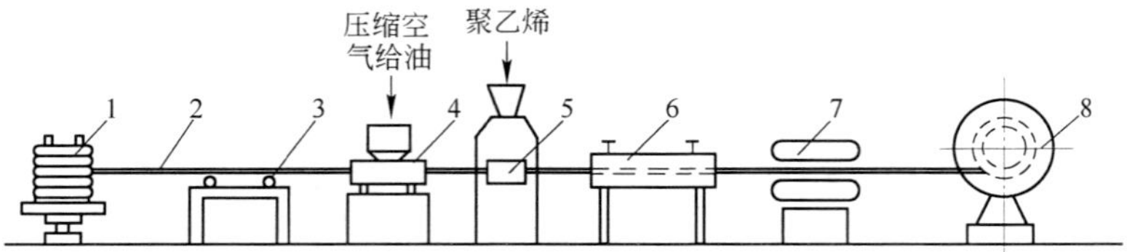

图4-35　挤塑涂层生产线

1—放线盘;2—钢绞线;3—滚动支架;4—给油装置;5—塑料挤出机;6—水冷装置;7—牵引机;8—收线装置

无粘结预应力筋制作的质量,除预应力筋的力学性能应满足要求外,涂料层油脂应饱满均匀,护套应圆整光滑,松紧恰当;护套厚度在正常环境下不小于0.8mm,腐蚀环境下不小于1.2mm。无粘结预应力筋制作后,对不同规格的无粘结预应力应做出标记。当无粘结预应力筋带有镦头锚固时,应用塑料袋包裹,堆放在通风干燥处。露天堆放应搁置在架上,并加以覆盖。

4.3.2　无粘结预应力筋锚具

4.3.2.1　单孔夹片式锚具

单孔夹片式锚具由锚环和夹片组成,如图4-36所示。夹片有三片与二片式,三片式夹片按

120°铣分,二片式夹片的背面上锯有一道弹性槽,可以提高锚固能力。

4.3.2.2 XM 型夹片式锚具

XM 型夹片式锚具又称多孔夹片锚具。由锚板和夹片组成(见图 4-19)。锚板的锚孔沿圆周排列,其间距分别为:ϕ^S15 钢绞线不小于 33mm,ϕ^S12 钢绞线不小于 29mm。XM 型夹片式锚具的特点是每束钢绞线的根数不受限制,每根钢绞线是单独锚固的,任何一根钢绞线锚固失效都不会引起整束钢绞线的锚固失效。

4.3.2.3 挤压锚具

挤压锚具是利用液压挤压机将套筒挤紧在钢绞线端头上的锚具,用于内埋式固定端。挤压锚具组装时,液压挤压机的活塞杆推动套筒通过挤压模,使套筒变细,硬钢丝衬圈碎断,咬入钢绞线表面、夹紧钢绞线,形成挤压头,如图 4-37 所示。

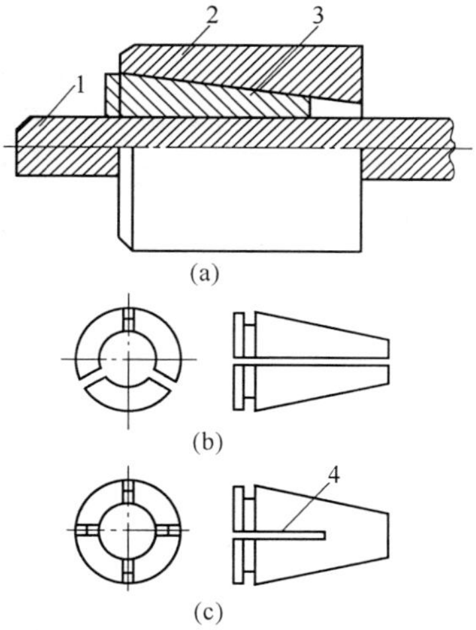

图 4-36 单孔夹片式锚具
(a)组装图;(b)三夹片;(c)二夹片
1—钢绞线;2—锚环;3—夹片;4—弹性槽

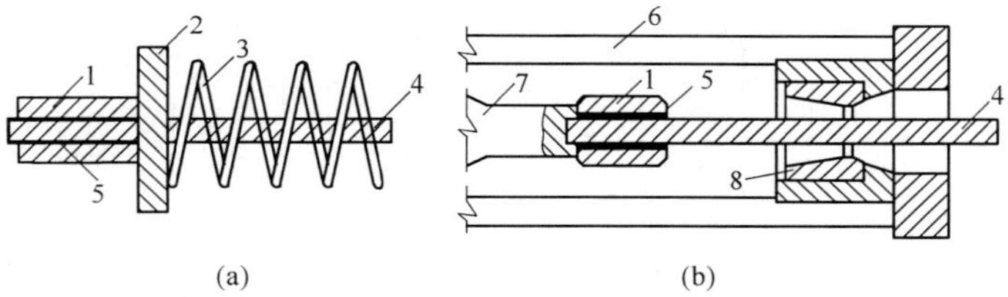

图 4-37 挤压锚具及其成型
(a)挤压锚具;(b)成型工艺
1—挤压套筒;2—垫板;3—螺旋筋;4—钢绞线;5—硬钢丝衬圈;6—挤压机机架;7—活塞杆;8—挤压模

4.3.3 无粘结预应力筋的布置及构造要求

4.3.3.1 预应力筋的布置

在无粘结预应力混凝土楼面结构中,根据楼板结构形式,预应力筋的布置可有:纵向多波连续曲线的配筋方式和纵横向多波连续曲线配筋方式。

(1) 纵向多波连续曲线配筋方式。在多跨单向平板结构中,曲线配筋的形式与板承受的荷载形式及活荷载与恒载的比值有关,如图 4-38 所示。

(2) 纵横向多波连续曲线配筋方式。在多跨双向平板结构中,结构在均布荷载作用下其曲线配筋形式可按柱上板带与跨中板带布筋,如图 4-39a 所示。对长宽比不超过 1.33 的板,在柱上板带内配置 60% ~75% 的无粘结筋,其余分布在跨中板带,这种布筋方式给穿筋、编网和定位的施工带来不便。另一种布筋方式是:一向带状集中布筋,另向均匀分散布筋,如图 4-39b 所示。这种布筋方式避免了无粘结预应力筋的编网工作,便于施工。

4.3.3.2 构造要求

(1) 预应力筋保护层。无粘结预应力筋保护层考虑到耐火要求,保护层的最小厚度应符合表 4-2 与表 4-3 的规定。

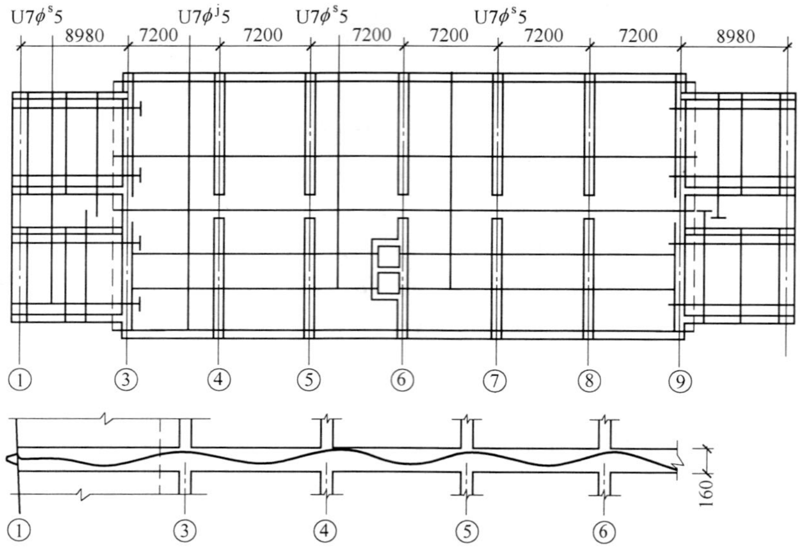

图 4-38　多跨单向平板预应力筋布置方式

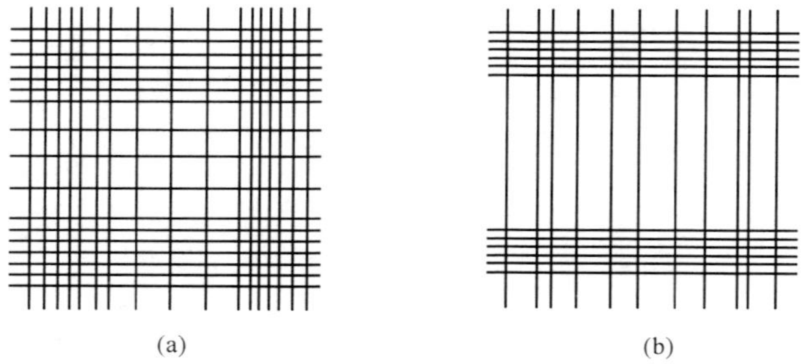

图 4-39　多跨双向平板预应力筋布置方式

(a)按柱上板带与跨中板带布筋;(b)一向带状集中布筋,另向均匀分散布筋

表 4-2　板的混凝土保护层最小厚度

约束条件	耐火极限/h			
	1	1.5	2	3
简支/mm	25	30	40	55
连续/mm	20	20	25	30

表 4-3　梁的混凝土保护层最小厚度

约束条件	梁　宽	耐火极限/h			
		1	1.5	2	3
简支/mm	200	45	50	65	采取特殊措施
	≥300	40	45	50	65
连续/mm	200	40	40	45	50
	≥300	40	40	40	45

注:当混凝土保护层厚度不能满足表列要求时,应使用防火涂料。

(2)无粘结预应力筋的间距。对在均布荷载作用下,板的预应力筋的间距为 250 ~ 500mm,最大间距不得超过板厚的 6 倍,且不宜大于 1.0m;各种布筋方式每一方向穿过柱的无粘结预应力筋的数量不得小于两根。

(3) 混凝土预压应力。对无粘结预应力混凝土平板,混凝土平均预压应力值不宜小于1.0MPa,也不宜大于3.5MPa,在裂缝控制较严的情况下,平均预压应力值应不小于1.4MPa。对抵抗收缩与温度变形的预应力筋,混凝土平板预压应力值不宜小于0.7MPa;在双向板中,平均预压力值不大于0.86MPa。

4.3.4 无粘结预应力混凝土施工工艺

无粘结预应力混凝土的施工,主要问题是无粘结预应力筋的铺设、张拉和端部锚头处理。无粘结筋在使用前应逐根检查外包层的完好程序,对有轻微破损者,可包塑料带补好,对破损严重者应予以报废。

无粘结预应力混凝土结构施工工艺流程如图4-40所示。

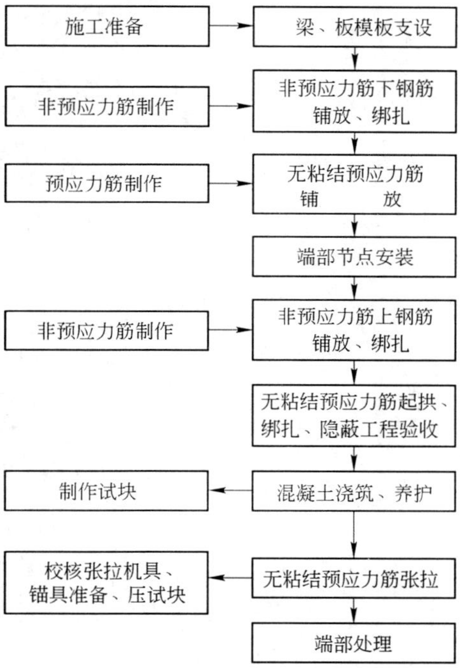

图4-40 无粘结预应力混凝土施工工艺流程图

4.3.4.1 无粘结预应力筋铺设

在单向板中,无粘结预应力筋的铺设与普通钢筋一样铺设在设计位置上。

在双向板中,无粘结预应力筋一般为双向曲线配筋。一般是根据双向预应力筋交点的标高差,事先编制无粘结筋的铺设顺序,铺设双向配筋的无粘结筋时,应先铺设标高低的无粘结筋,再依次铺设标高较高的无粘结筋,并应尽量避免两个方向的无粘结筋相互穿插编结。

无粘结筋应严格按设计要求的曲线形状就位并固定,无粘结筋的曲率可垫铁马凳控制,间距为1~2m。铺设顺序是依次放置铁马凳,然后按顺序铺设无粘结筋;经调整检查无误后,用铅丝绑扎牢固。

无粘结筋铺设完毕后,经隐蔽工程验收合格后,方可浇筑混凝土,混凝土必须振捣密实。浇捣混凝土时严禁踏踩撞碰无粘结筋、铁马凳及端部预埋件。

4.3.4.2 无粘结预应力筋的张拉

无粘结预应力筋一般为曲线配筋，因此应采用两端同时张拉。

张拉程序一般采用 $0 \rightarrow 1.03\sigma_{con}$ 进行。

无粘结预应力筋的张拉顺序应根据其铺设顺序，先铺设的先张拉，后铺设的后张拉，无粘结筋在张拉前宜用千斤顶行往复抽动几次，以利于减少摩擦应力损失。对楼盖梁板结构，宜先张拉楼板无粘结预应力筋，后张拉楼面梁无粘结预应力筋。板中的无粘结筋可依次张拉，梁中的无粘结筋宜对称张拉。在梁板顶面或墙壁侧面的斜槽内张拉时，宜采用变角张拉装置，如图 4-41 所示。

无粘结预应力筋在张拉过程中，应测定其伸长值，其张拉伸长值的校核与有粘结预应力筋相同。超长无粘结筋因张拉初期的阻力大，初拉伸长值比常规推算值小，应通过试验修正。

4.3.4.3 无粘结预应力筋锚头端部处理

无粘结预应力筋张拉完毕后，应及时对锚固区进行保护。

无粘结预应力筋锚固区，必须有严格的密封防护措施，严防水汽进入，锈蚀预应力筋。

无粘结预应力筋锚固后的外露长度不小于 30mm，多余部分宜用手提砂轮锯切割。

在锚具与承压板表面涂以防水涂料。为了使无粘结筋端头全封闭，在锚具端头涂防腐润滑油脂后，罩上封端塑料盖帽。

对凹入式锚固区，锚具表面经涂防腐润滑脂处理后，再用微膨胀混凝土或低收缩防水砂浆密封，如图 4-42 所示。

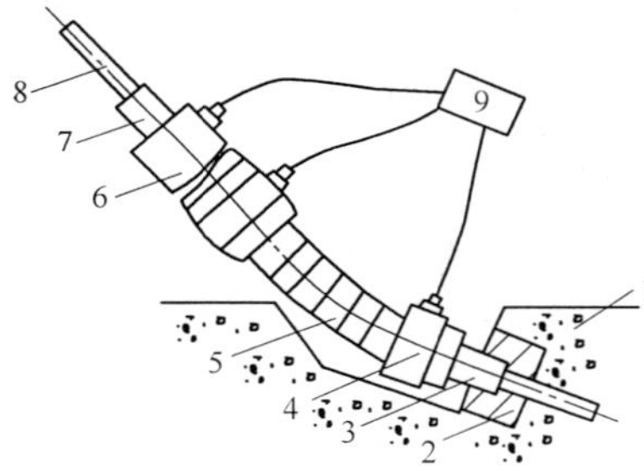

图 4-41 变角张拉装置

1—凹口；2—锚垫板；3—锚具；4—液压顶压器；5—变角块；6—千斤顶；7—工具锚；8—预应力筋；9—油泵

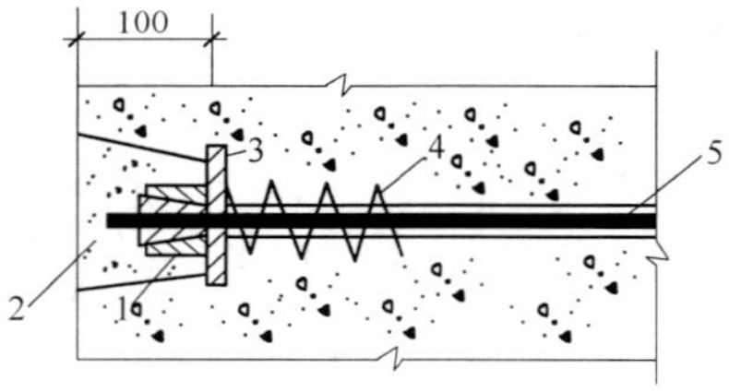

图 4-42 锚头端凹入式处理

1—夹片锚具；2—砂浆；3—承压钢板；4—螺旋筋；5—无粘结预应力筋

对凸出式锚固区的处理方式，常采用两种方式：第一种是在孔道中注入油脂并加以封闭，如图 4-43 所示；另一种方法是在两端留设的孔道内注入环氧树脂水泥砂浆，其抗压强度不低于 35MPa，灌浆同时封闭，如图 4-44 所示。

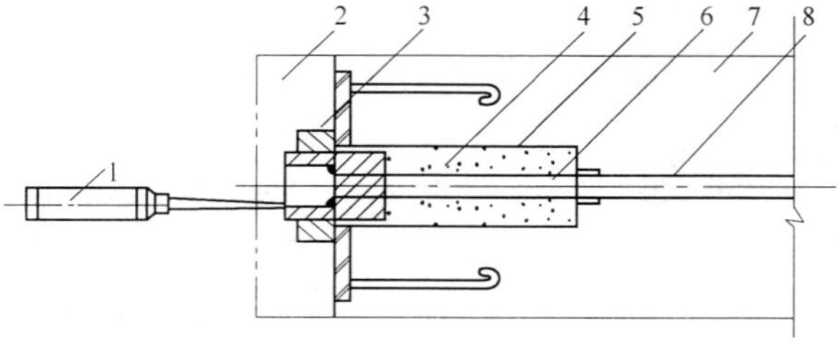

图 4-43 锚头端部处理一

1—油枪；2—混凝土封闭；3—锚具；4—注入孔道的油脂；5—端部孔道；6—无涂层的端部钢丝；7—构件；8—有涂层的无粘结预应力束

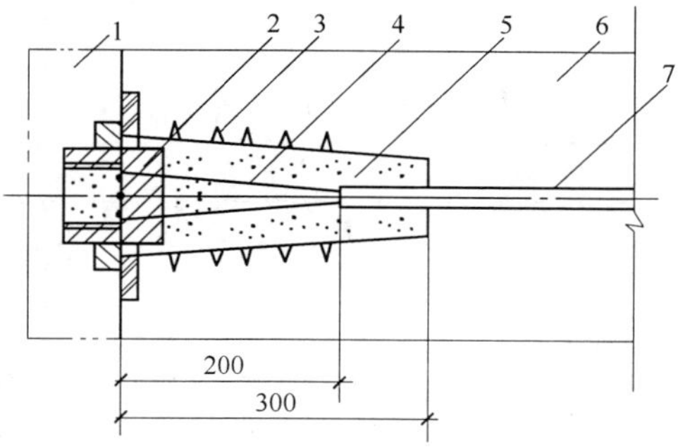

图 4-44 锚头端部处理二

1—混凝土封闭；2—锚具；3—端部加固螺旋钢筋；4—无涂层的端部钢丝；
5—环氧树脂水泥砂浆；6—构件；7—无粘结预应力束

无粘结预应力筋的固定端，也可利用镦头锚板或挤压锚具采取内埋式做法，如图 4-45 所示。

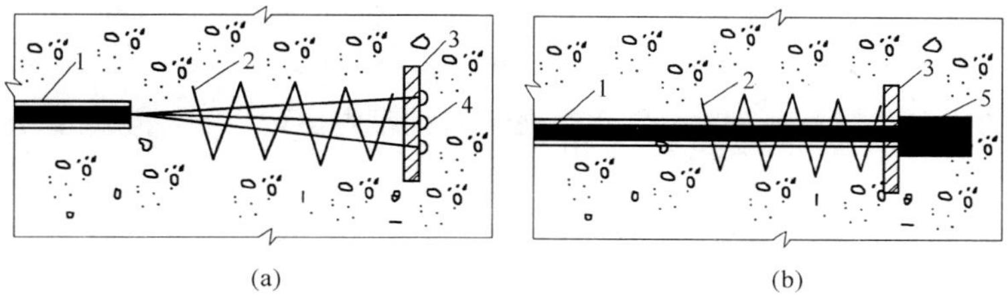

图 4-45 无粘结预应力筋固定端内埋式构造

(a) 钢丝束镦头锚板；(b) 钢绞线挤压锚具

1—无粘结预应力筋；2—螺旋筋；3—承压钢板；4—冷镦头；5—挤压锚具

4.4 预应力混凝土工程的质量与安全技术

4.4.1 质量要求

(1) 预应力筋进场时，应按现行国家标准《预应力混凝土用钢绞线》等的规定抽取试件做力学性能检验，其质量必须符合有关标准的规定。预应力筋安装时，其品种、级别、规格、数量必须符合设计要求。

(2) 预应力筋用锚具、夹具和连接器应按设计要求采用。其性能应符合现行国家标准《预应力筋用锚具、夹具和连接器》等的规定。

(3) 预应力筋端部锚具的制作质量应符合下列要求：

1) 挤压锚具制作时，压力表油压应符合操作说明书的规定，挤压后预应力筋外端应露出挤压套筒 1 ~ 5mm；

2) 钢绞线压花锚成型时，表面应清洁、无油污，梨形头尺寸和直线段长度应符合设计要求；

3) 钢丝镦头的强度不得低于钢丝强度标准值的 98%。

(4) 预应力筋张拉锚固后实际建立的预应力值与工程设计规定检验值的相对允许偏差为 ±5%。

(5) 锚固阶段张拉端预应力筋的内缩量应符合设计要求；当设计无具体要求时，应符合

表4-4的规定。

表4-4 张拉端预应力筋的内缩量限值

锚具类别		内缩量限值/mm
支承式锚具(镦头锚具等)	螺帽缝隙	1
	每块后加垫板的缝隙	1
锥塞式锚具		5
夹片式锚具	有顶压	5
	无顶压	6~8

4.4.2 安全措施

(1) 在预应力作业中,必须特别注意安全。因为预应力筋具有很大的能量,万一预应力筋被拉断或锚具与千斤顶失效,巨大能量急剧释放,有可能造成很大危害。因此,在任何情况下作业人员不得站在预应力筋的两端,同时,在张拉千斤顶的后面应设立防护装置。

(2) 预应力筋张拉机具设备及仪表,应定期维护和校验。张拉设备应配套标定,并配套使用。张拉设备的标定期限不应超过半年。当在使用过程中出现反常现象时或在千斤顶检修后,应重新标定。

(3) 操作千斤顶和测量伸长值的人员,应站在千斤顶侧面操作,严格遵守操作规程。油泵开动过程中,不得擅自离开岗位。如需离开,必须把油阀门全部松开或切断电源。

(4) 严禁在带负荷时拆换油管或压力表。接电源时,机壳必须接地,经检查绝缘可靠后才可试运行。

复习思考题

4-1 什么叫预应力混凝土,有什么特点?

4-2 简述先张法、后张法的生产工艺及其各自的特点。

4-3 建立张拉程序的根据是什么,常用的张拉程序有几种?

4-4 试述台座的类型及其作用,台座的设计要点。

4-5 先张法钢筋张拉与放张应注意哪些问题?

4-6 预应力钢筋、锚具、张拉设备应如何配套使用?

4-7 如何计算预应力筋的下料长度,计算时应考虑哪些因素?

4-8 千斤顶张拉预应力筋前,为什么要进行标定,标定期限有何规定?

4-9 孔道留设有哪些方法,分别应注意哪些问题?

4-10 如何计算预应力筋的张拉力和钢筋的伸长值?

4-11 后张法施工工艺过程可能有哪些预应力损失,分别应采取哪些方法来弥补?

4-12 预应力筋张拉锚固后,为什么要进行孔道灌浆,对孔道灌浆有何要求?

4-13 先张法与后张法的最大控制张拉应力如何确定?

4-14 试述无粘结预应力的施工工艺,无粘结预应力筋的锚头端部如何处理。

4-15 试述无粘结预应力混凝土的构造要求。

5 脚手架工程

脚手架是建筑工程施工重要的临时设施，是在施工现场为安全防护、工艺操作以及解决楼层间少量垂直和水平运输而搭设的支架。在结构施工、装修施工和设备管道的安装施工中，都需要按照操作要求搭设脚手架。

我国脚手架工程的发展大致经历了三个阶段。第一阶段是解放初期到20世纪60年代，脚手架主要利用竹、木材料。60年代末到70年代，出现了钢管扣件式脚手架、各种钢制工具式里脚手架与竹木脚手架并存的第二阶段。从80年代以后至现在，随着建筑工程的发展，国内一些研究、设计、施工单位在从国外引入的新型脚手架基础上，经多年研究、应用，开发出一系列新型脚手架，进入了多种脚手架并存的第三阶段。

脚手架的种类很多，按其搭设位置分为外脚手架和里脚手架两大类；按其所用材料分为木脚手架、竹脚手架与金属脚手架；按其构造形式分为多立杆式、框式、桥式、吊式、挂式、升降式脚手架等。目前脚手架的发展趋势是采用高强度金属材料制作、具有多种功用的组合式脚手架，可以适用不同情况作业的要求。

对脚手架的基本要求是：工作面满足工人操作、材料堆置和运输的需要；结构有足够的强度、稳定性，变形满足要求；装拆简便；便于周转使用。

5.1 扣件式钢管脚手架

扣件式钢管脚手架由立杆、（纵向水平杆）大横杆、（横向水平杆）小横杆、斜撑、脚手板等组成。它可用于外脚手架（见图5-1），也可作为内部的满堂脚手架，是目前常用的一种脚手架。

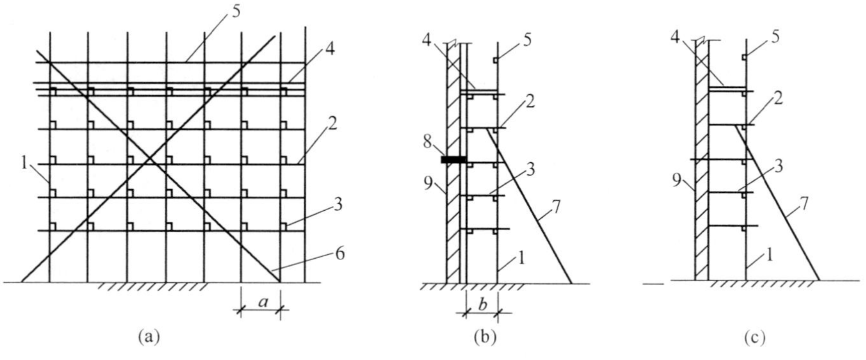

图5-1 扣件式钢管外脚手架

（a）立面；（b）侧面（双排）；（c）侧面（单排）

1—立杆；2—大横杆；3—小横杆；4—脚手板；5—栏杆；6—斜撑；7—抛撑；8—连墙件；9—墙体

扣件式钢管外脚手架的特点是：通用性强；搭设高度大；装卸方便；坚固耐用。

5.1.1 基本构造

扣件式脚手架是由标准钢骨杆件（立杆、横杆、斜杆）和特制扣件组成的脚手架框架与脚手板、防护构件、连墙件等组成的。

5.1.1.1 钢管杆件

钢管杆件一般采用外径48mm、壁厚3.5mm的焊接钢管或无缝钢管，也有外径50～51mm，壁厚3～4mm的焊接钢管或其他钢管。用于立杆、大横杆、斜杆的钢管最大长度不宜超过6.5m，最大重量不宜超过250N，以便适合人工搬运，用于小横杆的钢管长度宜在1.5～2.5m，以适应脚手板的宽度。

图5-2 扣件形式
(a)直角扣件；(b)回转扣件；(c)对接扣件

5.1.1.2 扣件

扣件用可锻铸铁铸造或用钢板压制，其基本形式有三种（见图5-2）：供两根呈垂直相交钢管连接使用的直角扣件、供两根成任意角度相交钢管连接使用的回转扣件和供两根对接钢管连接使用的对接扣件。在使用中，虽然回转扣件可连接任意角度的相交钢管，但对直角相交的钢管应用直角扣件连接，而不应用回转扣件连接。

5.1.1.3 脚手板

脚手板一般可用厚2mm的钢板压制而成，长度2～4m，宽度250mm，表面应有防滑措施。也可采用厚度不小于50mm的杉木板或松木板，长度3～6m，宽度200～250mm，或者采用竹脚手板。

5.1.1.4 连墙件

当扣件式钢管脚手架用于外脚手架时，必须设置连墙件。连墙件将立杆与主体结构连接在一起，可有效地防止脚手架的失稳与倾覆。常用的连接形式有刚性连接与柔性连接两种。

刚性连接一般通过连墙杆、扣件和墙体上的预埋件连接（见图5-3a）。这种连接方式具有较大的刚度，其既能受拉，又能受压，在荷载作用下变形较小。

柔性连接则通过钢丝或小直径的钢筋、顶撑、木楔等与墙体上的预埋件连接，其刚度较小（见图5-3b），只能用于高度24m以下的脚手架。

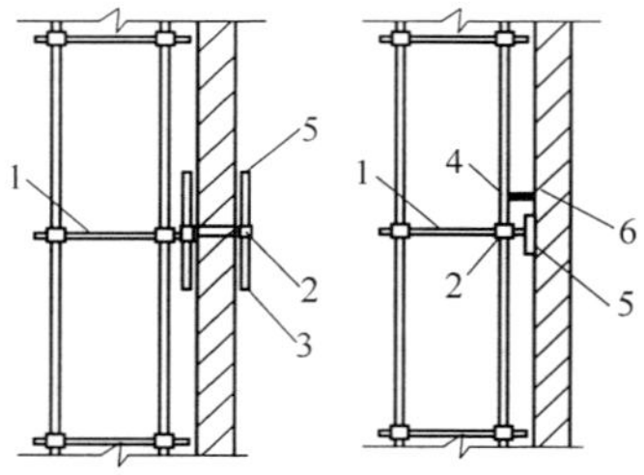

图5-3 连墙件
(a)刚性连接；(b)柔性连接
1—连墙杆；2—扣件；3—刚性钢管；4—钢丝；5—木楔；6—预埋件

5.1.1.5 底座

用于承受脚手架立杆传递下来的荷载，底座一般采用厚8mm，边长150～200mm的钢板作底板，上焊150mm高的钢管。底座形式有内插式和外套式两种（见图5-4），内插式的外径 D_1 比立杆内径小2mm，外套式的内径 D_2 比立杆外径大2mm。

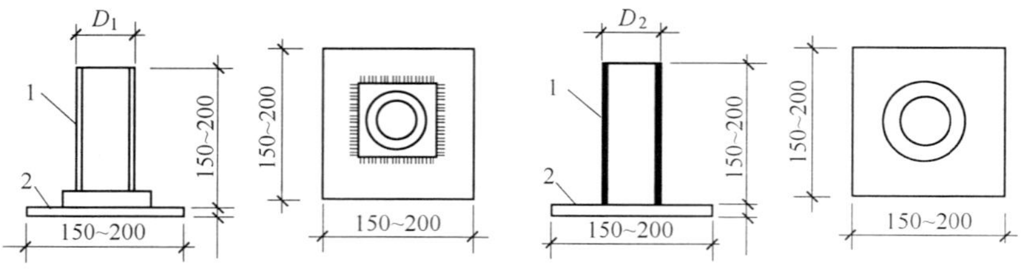

图5-4 扣件钢管架底座
(a)内插式底座；(b)外套式底座
1—承插钢管；2—钢板底座

5.1.2 搭设要求

钢管扣件脚手架搭设中应注意地基平整坚实，底部设置底座和垫板，并有可靠的排水措施，防止积水浸泡地基。

立杆之间的纵向间距，当为单排设置时，立杆离墙1.2～1.4m；当为双排设置时，里排立杆离墙0.4～0.5m，里外排立杆之间间距为1.5m左右。对接时需用对接扣件连接，相邻的立杆接头要错开。立杆的垂直偏差不得大于架高的1/200。

上下两层相邻大横杆之间的间距（步架高）为1.8m左右。大横杆杆件之间的连接应用对接扣件连接，如采用搭接连接，搭接长度不应小于1m，并用三个回转扣件扣牢。与立杆之间应用直角扣件连接，纵向水平高差不应大于50mm。

小横杆的间距不大于1.5m。当为单排设置时，小横杆的一头搁入墙内不少于240mm，一头搁于大横杆上，至少伸出100mm；当为双排设置时，小横杆端头离墙距离为50～100mm。小横杆与大横杆之间用直角扣件连接。

斜撑（剪刀撑）与地面的夹角宜在45°～60°范围内。交叉的两根斜撑分别通过回转扣件扣在立杆及小横杆的伸出部分上，以避免两根斜撑相交时把钢管别弯。斜撑的长度较大，因此除两端扣紧外，中间尚需增加2～4个扣节点。为保证脚手架的稳定，斜杆的最下面一个连接点距地面不宜大于500mm。斜杆的接长宜采用对接扣件的对接连接，当采用搭接时，搭接长度不小于400mm，并用两只回转扣件扣牢。

连墙件设置需从底部第一根纵向水平杆处开始，布置应均匀，设置位置应靠近脚手架杆件的节点处。与结构的连接应牢固。每个连墙件抗风荷载的最大面积应不大于40m²，其间距可参考表5-1。

表5-1 连墙件的布置

脚手架类型	脚手架高度/m	垂直间距/m	水平间距/m
双 排	≤50	≤6	≤6
	>50	≤4	≤6
单 排	≤24	≤6	≤6

5.2 碗扣式钢管脚手架

碗扣式钢管脚手架是一种多功能脚手架，可用于里、外脚手架。其杆件节点处采用碗扣式承插连接，由于碗扣是固定在钢管上的，构件全部轴向连接，力学性能好，其连接可靠，组成的脚手架整体性好，不存在扣件丢失问题。在我国近年来发展较快，现已广泛用于房屋、桥梁、涵洞、隧道、烟囱、水塔、大坝、大跨度棚架等多种工程施工中，取得了显著的经济效益。

5.2.1 基本构造

碗扣式钢管脚手架由刚管立杆、横杆、碗扣接头等组成。其基本构造和搭设要求与扣件式钢管脚手架类似，不同之处主要在于碗扣接头。

碗扣接头（见图5-5）是由上碗扣、下碗扣、横杆接头和上碗扣的限位销等组成。在立杆上焊接下碗扣和上碗扣的限位销，将上碗扣套入立杆内。在横杆和斜杆上焊接插头。组装时，将横杆

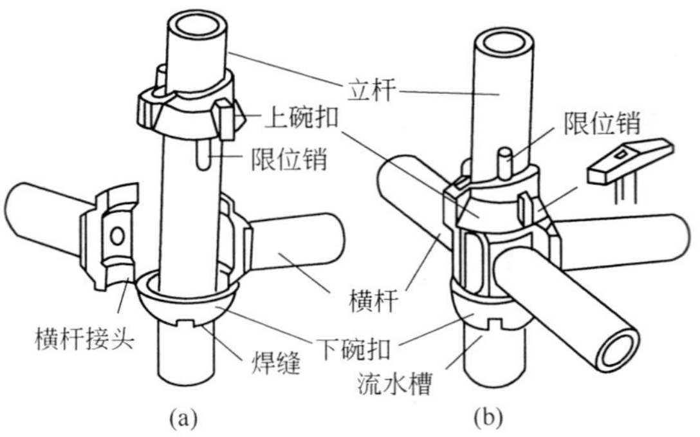

图 5-5 碗扣接头
(a)连接前;(b)连接后

和斜杆插入下碗扣内,压紧和旋转上碗扣,利用限位销固定上碗扣。碗扣间距 600mm,碗扣处可同时连接 9 根横杆,可以互相垂直或偏转一定角度。可组成直线形、曲线形、直角交叉形等多种形式。

碗扣式脚手架的连墙件应均匀布置。对高度在 30m 以下的脚手架,脚手架每 $40m^2$ 竖向面积应设置 1 个;对高度大于 40m 的高层脚手架或荷载较大的脚手架每 20 ~ 25m 竖向面积应设置 1 个。连墙件应尽可能设置在碗扣接头内。

5.2.2 搭设要求

碗扣式钢管脚手架立柱横距为 1.2m,纵距根据脚手架荷载可为 1.2 ~2.4m,步架高为 1.6 ~ 2.0m。脚手架垂直度对搭设高度在 30m 以下应控制在 1/200 以内,高度在 30m 以上的应控制在 1/600 ~1/400;总高垂直度偏差应不大于 100mm。

碗扣式脚手架的连墙件应均匀布置。对高度在 30m 以上的脚手架,脚手架每 $40m^2$ 竖向面积应设置 1 个;对高度大于 40m 的高层脚手架或荷载较大的脚手架每 20 ~ $25m^2$ 竖向面积应设置 1 个。连墙件应尽可能设置在碗扣接头内。

5.3 门式脚手架

门式脚手架是一种工厂生产、现场组拼的脚手架,是当今国际上应用最普遍的脚手架之一。它不仅可作为外脚手架,也可作为移动式里脚手架或满堂架。门式脚手架因其几何尺寸标准化,结构合理、受力性能好,施工中装拆容易,安全可靠、经济实用等特点,广泛应用于建筑、桥梁、隧道、地铁等工程施工,若在门架下部安放轮子,也可以作为机电安装、油漆粉刷、设备维修、广告制作的活动工作平台。

门式钢管脚手架的搭设一般只要根据产品目录所列的使用荷载和搭设规定进行施工,不必再进行验算。如果实际使用情况与规定有所不同,则应采用相应的加固措施或进行验算。

通常门式脚手架搭设高度限制在 45m 以内,采取一定措施后可达到 80m 左右。设计的施工荷载为:均布荷载 $1.8kN/m^2$,或作用于脚手板跨中的集中荷载为 2kN。

5.3.1 基本构造

门式脚手架是用普通钢管材料制成工具式标准件,在施工现场组合而成。其基本单元是由 2 个门式框架、2 个剪刀撑、1 个水平梁架和 4 个连接器组合而成(见图 5-6)。若干基本单元通过连接器在竖向叠加,扣上壁扣,组成一个多层框架。在水平方向,用加固杆和水平梁架使相邻单元连成整体,加上斜梯、栏杆柱和横杆组成上下步相通的外脚手架。

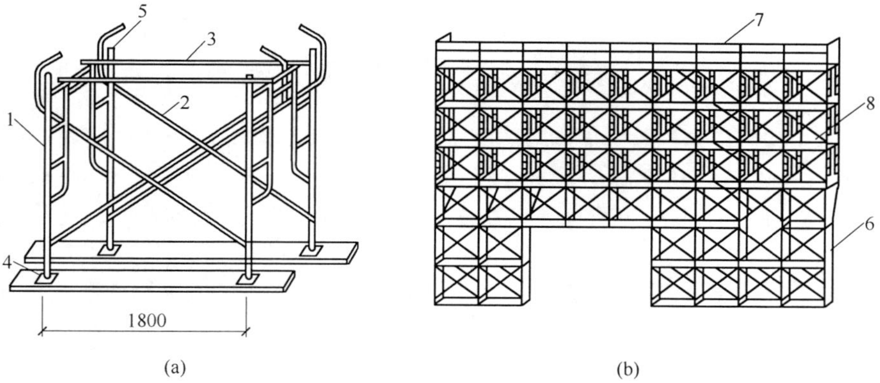

图 5-6 门式钢管脚手架

(a)基本单元;(b)门式外脚手架

1—门式框架;2—剪刀撑;3—水平梁架;4—螺旋基脚;5—连接器;6—梯子;7—栏杆;8—脚手板

5.3.2 搭设要求

门式脚手架的搭设顺序为:铺放垫木→安放底座→设立门架→安装剪刀撑→安装水平梁架→安装梯子→安装水平加固杆→安装连墙杆→……逐层向上……→安装交叉斜杆。

门式脚手架高度一般不超过 45m,每五层至少应架设水平架一道,垂直和水平方向每隔 4 ~ 6m 应设一个连墙件,脚手架的转角应用钢管通过扣件扣紧在相邻两个门式框架上(见图 5-7a,b)。

脚手架搭设后,应用水平加固杆(钢管)加强,通过扣件将水平加固杆扣在门式框架上,形成水平闭合圈。一般在 10 层框架以下,每 3 层设一道;在 10 层框架以上,每 5 层设一道。最高层顶部和最低层底部应各加设一道,同时还应在两道水平加固杆之间加设直径 42.7mm 的交叉加固杆,其与水平加固杆之夹角应不大于 45°。

门式脚手架架设超过 10 层,应加设辅助支撑。高度方向每 8 ~ 11 层门式框架、宽度方向 5 个门式框架之间,应加设一组,使脚手架与墙体可靠连接(见图 5-7c)。

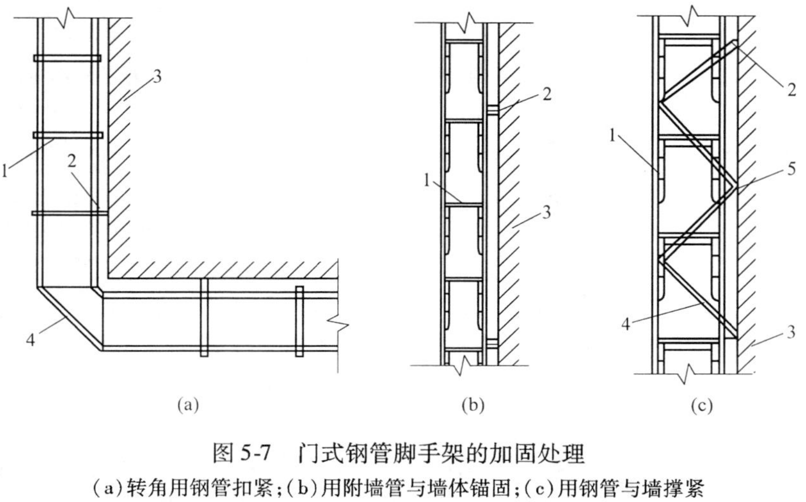

图 5-7 门式钢管脚手架的加固处理

(a)转角用钢管扣紧;(b)用附墙管与墙体锚固;(c)用钢管与墙撑紧

1—门式脚手架;2—附墙管;3—墙体;4—钢管;5—混凝土板

5.4 升降式脚手架

升降式脚手架是沿结构外表面满搭的脚手架，在结构和装修工程施工中应用较为方便，但费料耗工，一次性投资大，工期也长。因此，近年来在高层建筑及筒仓、竖井、桥墩等施工中发展了多种形式的外挂脚手架，其中应用较为广泛的是升降式脚手架，包括自升降式、互升降式、整体升降式三种类型。

升降式脚手架主要特点是：(1) 脚手架不需满搭，只搭设满足施工操作及安全各项要求的高度；

(2) 地面不需做支承脚手架的坚实地基，也不占施工场地；

(3) 脚手架及其上承担的荷载传给与之相连的结构，对这部分结构的强度有一定要求；

(4) 随施工进程，脚手架可随之沿外墙升降。结构施工时由下往上逐层提升，装修施工时由上往下逐层下降。

5.4.1 自升降式脚手架

自升降式脚手架的升降运动是通过手动或电动倒链交替对活动架和固定架进行升降来实现的。从升降架的构造来看，活动架和固定架之间能够进行上下相对运动。当脚手架工作时，活动架和固定架均用附墙螺栓与墙体锚固，两架之间无相对运动；当脚手架需要升降时，活动架与固定架中的一个架子仍然锚固在墙体上，使用倒链对另一个架子进行升降，两架之间便产生相对运动。通过活动架和固定架交替附墙，互相升降，脚手架即可沿着墙体上的预留孔逐层升降（见图 5-8）。具体操作过程如下：

(1) 施工前准备。按照脚手架的平面布置图和升降架附墙支座的位置，在混凝土墙体上设置预留孔。预留孔尽可能与固定模板的螺栓孔结合布置，孔径一般为 40 ~ 50mm。为使升降顺利进行，预留孔中心必须在一直线上。脚手架爬升前，应检查墙上预留孔位置是否正确，如有偏差，应预先修正，墙面突出严重时，也应预先修平。

(2) 安装。该脚手架的安装在起重机配合下按脚手架平面图进行。先把上、下固定架用临时螺栓连接起来，组成一片，附墙安装。一般每 2 片为一组，每步架上用 4 根 $\phi48 \times 3.5$ 钢管作为大横杆，把 2 片升降架连接成一跨，组装成一个与邻跨没有牵连的独立升降单元体。附墙支座的附墙螺栓从墙外穿入，待架子校正后，在墙内紧固。对壁厚的筒仓或桥墩等，也可预埋螺母，然后用附墙螺栓将架子固定在螺母上。脚手架工作时，每个单元体共有 8 个附墙螺栓与墙体锚固。为了满足结构工程施工，脚手架应超过结构一层的安全作业需要。在升降脚手架上墙组装完毕后，用 $\phi48 \times 3.5$ 钢管和对接扣件在上固定架上面再接高一步。最后在各升降单元体的顶部扶手栏杆处设临时连接杆，使之成为整体，内侧立杆用钢管扣件与模板支撑系统拉结，以增强脚手架整体稳定。

(3) 爬升。爬升可分段进行，视设备、劳动力和施工进度而定，每个爬升过程提升 1.5 ~ 2m，每个爬升过程分两步进行（见图 5-8）。

1) 爬升活动架。解除脚手架上部的连接杆，在一个升降单元体两端升降架的吊钩处，各配置 1 只倒链，倒链的上、下吊钩分别挂入固定架和活动架的相应吊钩内。操作人员位于活动架上，倒链受力后卸去活动架附墙支座的螺栓，活动架即被倒链挂在固定架上，然后在两端同步提升，活动架即呈水平状态徐徐上升。爬升到达预定位置后，将活动架用附墙螺栓与墙体锚固，卸下倒链,活动架爬升完毕。

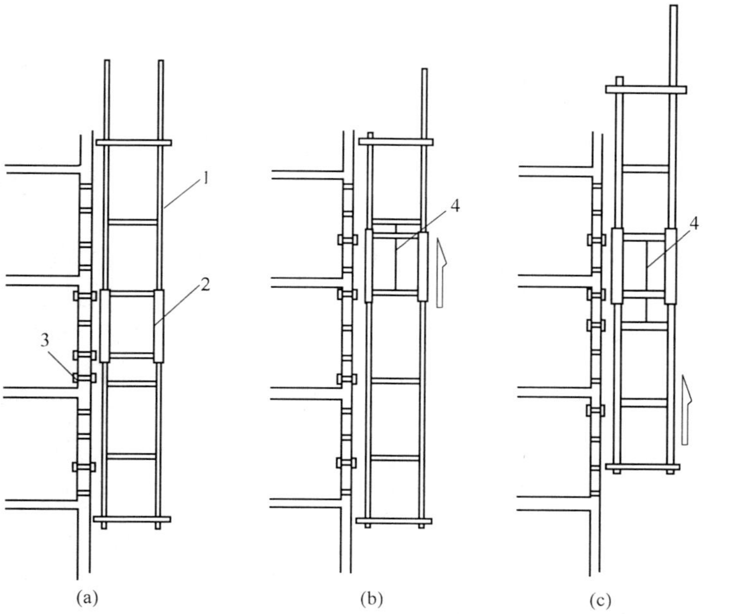

图 5-8 自升降式脚手架爬升过程

(a)爬升前的位置;(b)活动架爬升(半个层高);(c)固定架爬升(半个层高)

1—固定架;2—活动架;3—附墙螺栓;4—倒链

2）爬升固定架。同爬升活动架相似,在吊钩处用倒链的上、下吊钩分别挂入活动架和固定架的相应吊钩内,倒链受力后卸去固定架附墙支座的附墙螺栓,固定架即被倒链挂吊在活动架上。然后在两端同步抽动倒链,固定架即徐徐上升,同样,爬升至预定位置后,将固定架用附墙螺栓与墙体锚固,卸下倒链,固定架爬升完毕。

至此,脚手架完成了一个爬升过程。待爬升一个施工高度后,重新设置上部连接杆,脚手架进入工作状态,以后按此循环操作,脚手架即可不断爬升,直至结构到顶。

(4) 下降。与爬升操作顺序相反,顺着爬升时用过的墙体预留孔倒行。脚手架即可逐层下降,同时把留在墙面上的预留孔修补完毕,最后脚手架返回地面。

(5) 拆除。拆除时设置警戒区,有专人监护,统一指挥。先清理脚手架上的垃圾杂物,然后自上而下逐步拆除。拆除升降架可用起重机、卷扬机或倒链。升降机拆下后要及时清理整修和保养,以利重复使用,运输和堆放均应设置地楞,防止变形。

5.4.2 互升降式脚手架

互升降式脚手架将脚手架分为甲、乙两种单元,通过倒链交替对甲、乙两单元进行升降。当脚手架需要工作时,甲单元与乙单元均用附墙螺栓与墙体锚固,两架之间无相对运动;当脚手架需要升降时,一个单元仍然锚固在墙体上,使用倒链对相邻一个架子进行升降,两架之间便产生相对运动。通过甲、乙两单元交替附墙,相互升降,脚手架即可沿着墙体上的预留孔逐层升降。互升降式脚手架的性能特点是:结构简单,易于操作控制;架子搭设高度低,用料省;操作人员不在被升降的架体上,增加了操作人员的安全性;脚手架结构刚度较大,附墙的跨度大。它适用于

框架剪力墙结构的高层建筑、水坝、筒体等施工。具体操作过程如下:

(1) 施工前的准备。施工前应根据工程设计和施工需要进行布架设计,绘制设计图编制施工组织设计,制定施工安全操作规定,在施工前,还应将互升降式脚手架所需要的辅助材料和施工机具准备好,并按照设计位置预留附墙螺栓孔或设置好预埋件。

(2) 安装。互升降式脚手架的组装可有两种方式:在地面组装好单元脚手架,再用塔吊吊装就位;或是在设计爬升位置搭设操作平台,在平台上逐层安装。爬架组装固定后的允许偏差应满足:沿架子纵向垂直偏差不超过 30mm;沿架子横向垂直偏差不超过 20mm;沿架子水平偏差不超过 30mm 。

(3) 爬升。脚手架爬升前应进行全面检查,检查的主要内容有:预留附墙连接点的位置是否符合要求,预埋件是否牢靠;架体上的横梁设置是否牢固;提升降单元的导向装置是否可靠;升降单元与周围的约束是否解除,升降有无障碍;架子上是否有杂物;所适用的提升设备是否符合要求等。

当确认以上各项都符合要求后方可进行爬升(见图 5-9),提升到位后,应及时将架子同结构固定,然后,用同样的方法对与之相邻的单元脚手架进行爬升操作,待相邻的单元脚手架升至预定位置后,将两单元脚手架连接起来,并在两单元操作层之间铺设脚手板。

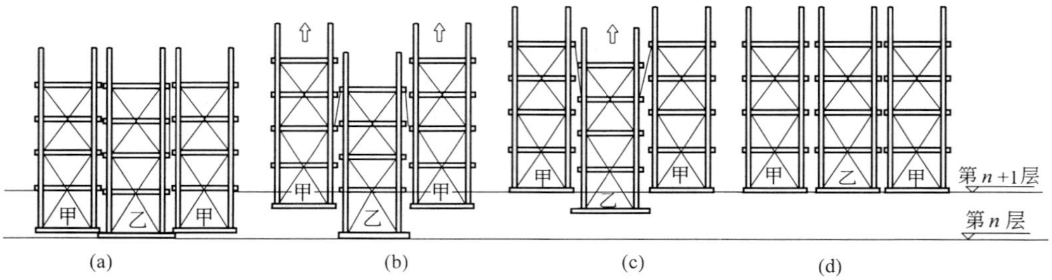

图 5-9 互升降式脚手架爬升过程

(a)第 n 层作业;(b)提升甲单元;(c)提升乙单元;(d)第 $n+1$ 层作业

(4) 下降。与爬升操作顺序相反,利用固定在墙体上的架子对相邻的单元脚手架进行下降操作,同时把留在墙面上的预留孔修补完毕,最后脚手架返回地面。

(5) 拆除。爬架拆除前应清理脚手架上的杂物。拆除爬架有两种方式,一种是同常规脚手架拆除方式,采用自上而下的顺序,逐步拆除;另一种用起重设备将脚手架整体吊至地面拆除。

5.4.3 整体升降式脚手架

在超高层建筑的主体施工中,整体升降式脚手架有明显的优越性,它结构整体好、升降快捷方便、机械化程度高、经济效益显著,是一种很有推广使用价值的超高建(构)筑外脚手架,被建设部列为重点推广的 10 项新技术之一。

整体升降式外脚手架(见图 5-10)以电动倒链为提升机,使整个外脚手架沿建筑物外墙或柱整体向上爬升。搭设高度依建筑物施工层的层高而定,一般取建筑物标准层 4 个层高加 1 步安全栏的高度为架体的总高度。脚手架为双排,宽以 0.8 ~ 1m 为宜,里排杆离建筑物净距 0.4 ~ 0.6m。脚手架的横杆和立杆间距都不宜超过 1.8m,可将 1 个标准层高分为 2 步架,以此步距为基数确定架体横、立杆的间距。

架体设计时,可将架子沿建筑物外围分成若干单元,每个单元的宽度参考建筑物的开间而定，一般在5～9m之间。具体操作如下：

（1）施工前的准备。按平面图先确定承力架及电动倒链挑梁安装的位置和个数，在相应位置上的混凝土墙或梁内预埋螺栓或预留螺栓孔。各层的预留螺栓或预留孔位置要求上下相一致，误差不超过10mm。

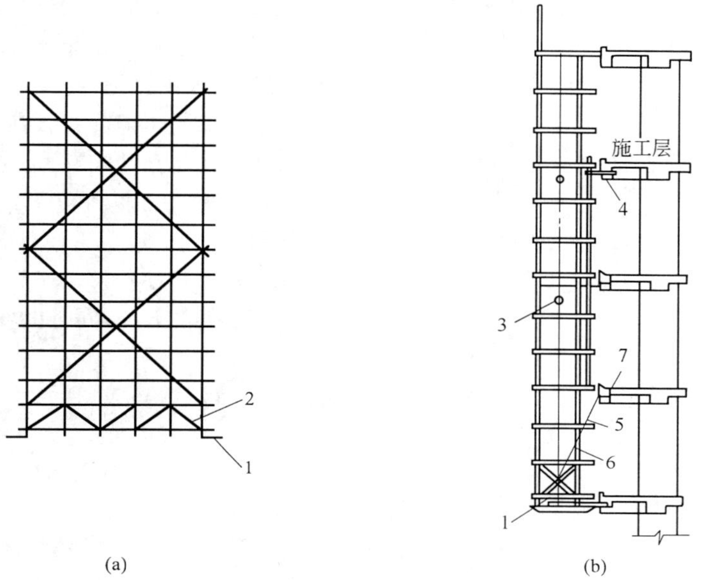

图5-10 整体升降式脚手架

(a)立面图；(b)侧面图

1—承力架；2—加固桁架；3—电动提升机；4—挑梁；

5—斜拉杆；6—调节螺栓；7—墙螺栓

加工制作型钢承力架、挑梁、斜拉杆。准备电动倒链、钢丝绳、脚手管、扣件、安全网、木板等材料。

因整体升降式脚手架的高度一般为4个施工层层高，在建筑物施工时，由于建筑物的最下几层层高往往与标准层不一致，且平面形状也往往与标准层不同，所以，一般在建筑物主体施工到3～5层时开始安装整体脚手架。下面几层施工时，往往要先搭设落地外脚手架。

（2）安装。先安装承力架，承力架内侧用M25～M30的螺栓与混凝土边梁固定，承力架外侧用斜拉杆与下层边梁拉结固定，用斜拉杆中部的花篮螺栓将承力架调平，再在承力架上面搭设架子，安装承力架上的立杆；然后搭设下面的承力桁架。再逐步搭设整个架体，随搭随设置拉结点，并设斜撑。在比承力架高2层的位置安装工字钢挑梁，挑梁与混凝土边梁的连接方法与承力架相同。电动倒链挂在挑梁下，并将电动倒链的吊钩挂在承力架的花篮挑梁上。在架体上每个层高满铺厚木板，架体外面挂安全网。

（3）爬升。短暂开动电动倒链，将电动倒链与承力架之间的吊链拉紧，使其处在初始受力状态，松开架体与建筑物的固定拉结点。松开承力架与建筑物相连的螺栓和斜拉杆，开动电动倒链开始爬升，爬升过程中，应随时观察架子的同步情况，如发现不同步应及时停机进行调核。爬升到位后，先安装承力架与混凝土边梁的紧固螺栓，并将承力架的斜拉杆与上层边梁固定。然后安装架体上部与建筑物的各拉结点。待检查符合安全要求后，脚手架可开始使用，进行上一层的主

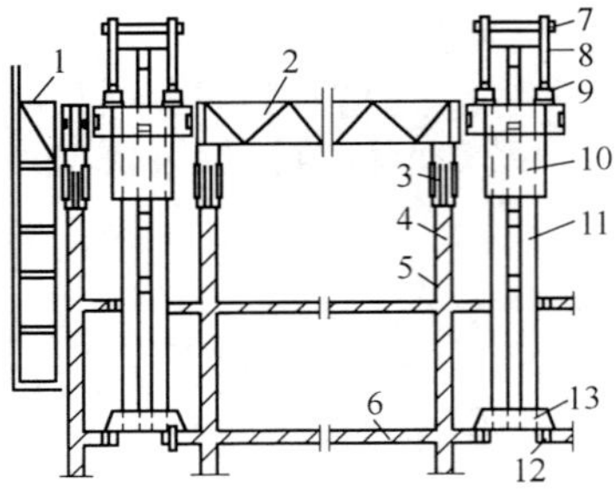

图 5-11 液压整体提升大模板

1—吊脚手;2—平台桁架;3—手拉倒链;4—墙板;5—大模板;6—楼板;7—支承挑架;8—提升支承杆;9—千斤顶;10—提升导向架;11—支承立柱;12—固定螺栓;13—底座

体施工。在新一层主体施工期间,将电动倒链及其挑梁摘下,用滑轮或手动倒链转至上一层重新安装,为下一层爬升做准备。

(4) 下降。与爬升操作顺序相反,利用电动倒链顺着爬升用的墙体预留孔倒行,脚手架即可逐层下降,同时把留在墙面上的预留孔修补完毕,最后脚手架返回地面。

(5) 拆除。爬架拆除前应清理脚手架上的杂物。拆除方式与互升式脚手架类似。

另有一种液压提升整体式的脚手架 - 模板组合体系(见图 5-11),它通过设在建(构)筑内部的支承立柱及立柱顶部的平台桁架,利用液压设备进行脚手架的升降,同时也可升降建筑的模板。

5.5 里脚手架

里脚手架搭设于建(构)筑物内部,其使用过程中装拆较频繁,故要求轻便灵活,装拆方便。通常将其做成工具式的,结构形式有折叠式、支柱式和门架式。

图 5-12 所示为角钢折叠式里脚手架,其架设间距,砌墙时不超过 2m,粉刷时不超过 2.5m。根据施工层高,沿高度可以搭设两步脚手,第一步高约 1m,第二步高约 1.65m。

图 5-13 所示为套管式支柱,它是支柱式里脚手架的一种。将插管插入立管中,以销孔间距调节高度,在插管顶端的凹形支托内搁置方木横杆,横杆上铺设脚手架。架设高度为 1.5 ~2.1m。

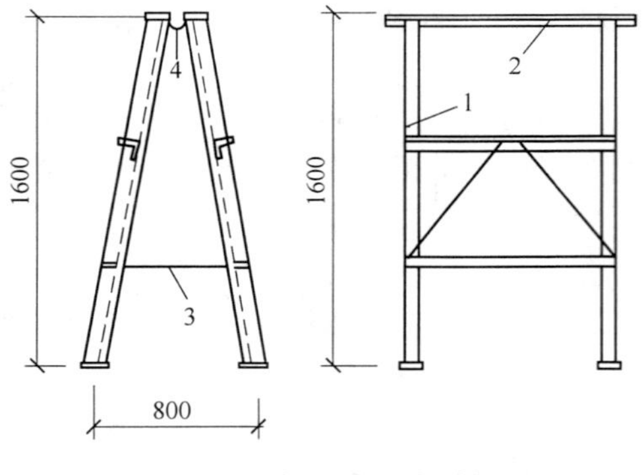

图 5-12 折叠式里脚手架

1—立柱;2—横楞;3—挂钩;4—铰链

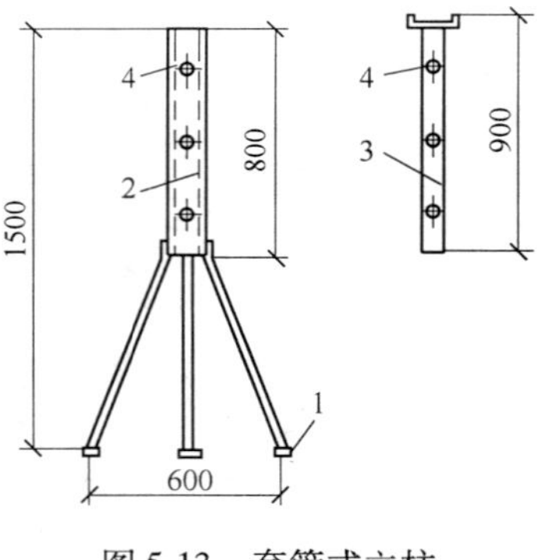

图 5-13 套管式立柱

1—支脚;2—立管;3—插管;4—销孔

门架式里脚手架由两片 A 形支架与门架组成(见图 5-14)。其架设高度为 1.5 ~2.4m,两片 A 形支架间距 2.2 ~2.5m。

对高度较高的结构内部施工,如建筑的顶棚等可利用移动式里脚手架(见图 5-15),如作业面大、工程量大,则常常在施工区内搭设满堂脚手架,材料可用扣件式钢管、碗扣式钢管或用毛竹等。

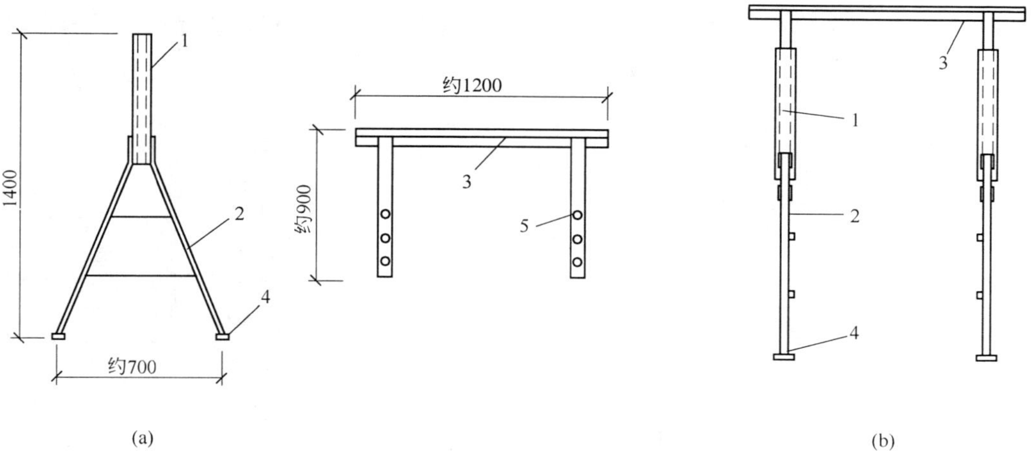

图 5-14 门架式里脚手架
(a) A 形支架与门架;(b) 安装示意
1—立管;2—支脚;3—门架;4—垫板;5—销孔

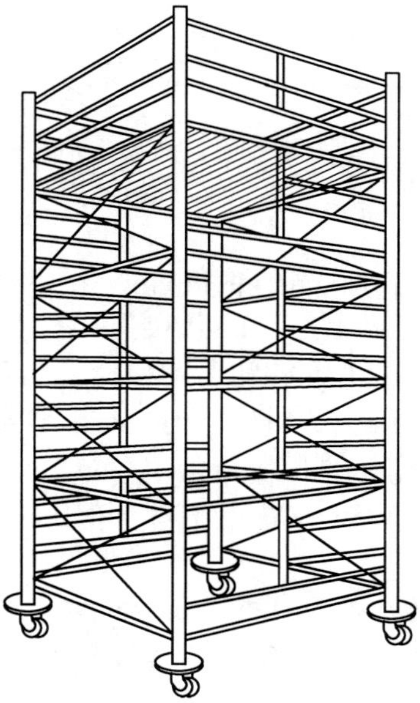

图 5-15 移动式里脚手架

5.6 悬挑式脚手架

悬挑式脚手架是指其垂直方向荷载通过底部型钢支承架传递到主体结构上的外脚手架,是建筑施工中应用十分广泛的一种脚手架形式。相对于落地式脚手架,它的优越性在于能获得良好的经济效益以及节约工期。

5.6.1 基本构造

按型钢支承架与主体结构的连接方式,常用悬挑式脚手架的形式可分为:搁置固定于主体结构层上的悬挑脚手架(见图 5-16);与主体结构面上的预埋件焊接的悬挑脚手架(见图 5-17)。

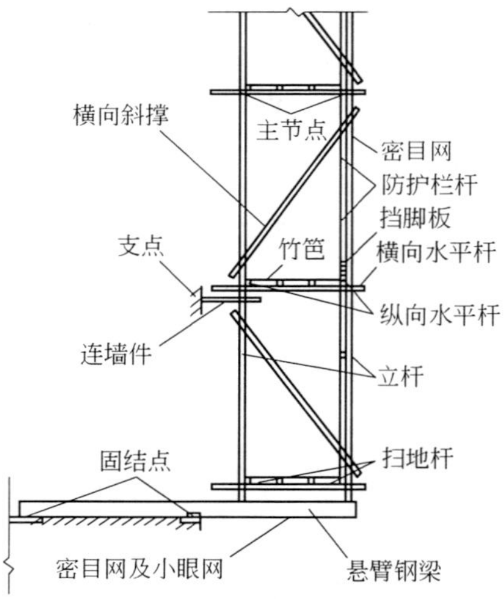

图 5-16 搁置固定于主体结构层的悬挑脚手架(悬臂钢梁式)

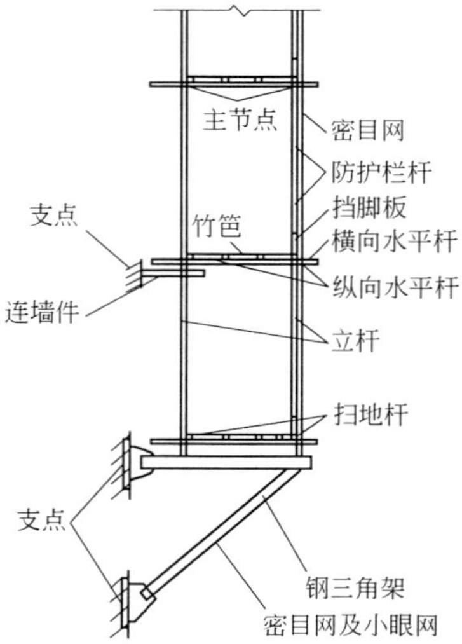

图 5-17 与主体结构面上的预埋件焊接的悬挑脚手架(附着钢三角架式)

5.6.2 搭设要求

(1) 立杆接头必须采用对接扣件连接。两根相邻立杆的接头不应设置在同步内,且错开距离不应小于 500mm,各接头的中心距最近主节点的距离不应大于步距的 1/3。

(2) 纵向水平杆设在横向水平杆之下,在立柱内侧,采用直角扣件与主立杆扣紧,纵向水平杆可采用对接扣件连接,也可采用搭接。对接应交错布置,接头应避免设在跨中,搭接长度不应小于 1m,并应等距离设置三个旋转扣件固定。

(3) 悬挑脚手架步距一般在 1.8m 左右,立杆横向间距一般在 1.0m 左右,立杆纵向间距需根据工程需要设计。

(4) 剪刀撑应设在外架外侧,立面沿整个长度(每隔 15m)和高度上连续设置,斜杆与地面呈 45°~60°。剪刀撑钢管可用搭接联结,搭接长度不小于 1m,要求用两个旋转扣件紧锁。

(5) 连墙件竖向间距不大于 2 倍步距,水平间距不大于 3 倍纵距,每根连墙件覆盖面积不大于 $27m^2$。

(6) 脚手板一般应设置在三根横向水平杆上,并将脚手板两端进行可靠固定。脚手板宜平铺,亦可采用搭接铺设,但应铺设牢固。

(7) 悬挑脚手架一般从第四、五层开始起挑,根据工程需要决定。挑梁一般采用工字钢等型钢,根据荷载大小设计选用工字钢等的型号规格。

(8) 每道型钢支承架上部的脚手架高度不宜大于 24m。对每道型钢支承架上部的脚手架高度大于 24m 的悬挑式脚手架,应对风荷载取值、架体及连墙件构造等方面进行专门研究后作出相应的加强设计。

5.7 吊脚手架

吊脚手架是一种能自升的悬吊式脚手架，适用于外墙装修，工业厂房或框架结构的围护墙砌筑。

5.7.1 基本构造

吊脚手架（见图5-18）主要由悬挑部件、吊篮、操作平台、升降设备等组成，悬吊支承点设置在主体结构上。吊篮的升降有手扳葫芦升降、卷扬升降、爬升升降三种方式。

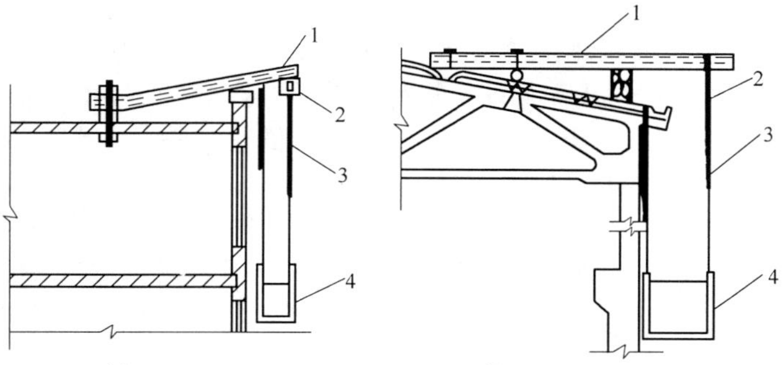

图5-18 吊脚手架
(a)在平屋顶的安装；(b)在坡屋顶的安装
1—挑梁；2—吊环；3—吊索；4—吊篮

5.7.2 搭设要求

在搭设吊脚手架时应注意以下几点：

（1）吊架内侧距建筑物的距离不应大于20cm。

（2）悬挂吊篮的挑梁必须固定牢固，可用预埋锚固件与屋面结构固定，也可配重物压牢，配重必须由固定的容器，如砂袋、铁笼、箱子承装。

（3）吊架的外侧和端部设两道防护栏杆，高度不少于1.5m，栏杆上满挂立网，以及设18cm高的挡脚板。

（4）吊架必须与建筑物连接牢固，不得摇晃。

（5）吊篮与挑梁必须用直径不小于9.3mm钢丝绳联结，缠绕挑梁不得少于三圈，必须用3个以上卡子固定，不得绑扣。

（6）每个吊篮必须系两根保险绳，每次升降时要将保险绳与吊篮固定牢固。

5.8 脚手架的安全防护措施

在房屋建筑施工中，因脚手架出现事故的概率相当高，所以在脚手架的设计、搭设、使用和拆卸中都需十分重视安全防护问题：

（1）对脚手架的基础、构件、结构、连墙件等必须合理设计，验算其承载力和稳定性，做出完整的脚手架搭设、使用和拆除方案，并严格按照此方案执行。

（2）必须按规定搭设安全网，以保证架上和架子周围工作人员的安全。搭设安全网时，其伸出宽度应不小于 2m，外口要高于内口，搭接应牢固，每隔一定距离应用拉绳将斜杆与地面锚桩拉牢。安全网应随楼层施工进度逐步上升，高层建筑除此之外，还应在下面间隔 3 ~ 4 层的部位设置一道安全网。施工过程中要经常对安全网进行检查和维修，每块支好的安全网应能承受不小于 1. 6kN 的冲击荷载。

（3）脚手架在使用过程中，其施工荷载不准超过规定值。结构承重脚手架施工荷载不大于 2648N/m^2；装修用架子施工荷载不大于 1961N/m^2；特殊用途架子的使用荷载，要进行设计和计算，以上所提的荷载均为均布荷载，不准在架子上作用集中荷载。

（4）钢脚手架不得搭设在距离 35kV 以上的高压线路 4. 5m 以内处和距离 1 ~ 10kV 高压线路 3m 以内处。钢脚手架在搭设和使用期间，要严防与带电体接触，需要穿过或靠近 380V 以内的电力线路，距离在 2m 以内时，则应断电或拆除电源，如不能拆除，应采取可靠的绝缘措施。

（5）脚手架的搭设高度高于邻近建筑物或脚手架处于旷野与空旷地带时，应有防雷措施。用接地装置与脚手架相连接，一般每隔 50m 设置一处，最远点到接地装置脚手架上的过渡电阻不应超过 10Ω。

（6）在管理上应加大检查监督力度，要有专人巡视和管理，及时消除事故隐患。对员工进行安全教育，提高员工的安全意识和自我保护能力，并做到安全警钟长鸣，克服麻痹思想，从源头上杜绝违章作业，违章指挥的现象。

复习思考题

5-1　简述脚手架的作用及基本要求。

5-2　扣件式钢管脚手架的构造如何，其搭设有何要求？

5-3　碗扣式脚手架、门式脚手架的构造有哪些特点，在搭设和使用时应注意哪些问题？

5-4　升降式脚手架有哪些类型，其构造有何特点？

5-5　试述自升式脚手架及互升式脚手架有哪些类型，其构造有何特点？

5-6　常用里脚手架有哪些类型，其特点怎样？

5-7　脚手架的安全防护措施有哪些内容？

6 砌筑工程

6.1 砌体的材料

6.1.1 块材

建筑工程所用的块材，一般分为砖、石材及砌体三大类。

6.1.1.1 砖

砌筑用砖分为实心砖和空心砖两种。根据使用材料和制作方法的不同，又分为烧结普通砖、蒸压灰砂砖、粉煤灰砖和炉渣砖等。黏土空心砖按用途又分为烧结空心砖和烧结多孔砖，烧结空心砖仅用于非承重部位。

常用普通标准黏土砖的尺寸为240mm×115mm×53mm，即4块砖长加4个灰缝为1m，8块砖宽加8个灰缝为1m，16块砖厚加16个灰缝为1m。通常以砖的抗压强度为主要标准来确定砖的强度等级，同时各强度等级的砖也要分别满足一定的抗折强度。常用砖的强度等级有MU5.0、MU7.5、MU10、MU15、MU20、MU25和MU30等。要求砖的尺寸准确，无缺棱、掉角、裂纹和翘曲现象。

砖在砌筑前还需进行湿润，以免过多吸收砂浆中的水分，并可除去砖面上的粉末。润砖的程度对砌体质量有很大影响，若浇水不足，则会过多吸收砂浆中的水分而影响粘结力；若浇水过多，则会发生跑浆而使墙走样及滑动。一般来说，普通砖、空心砖的含水率(以水重占干砖重的百分数计)以10%～15%为宜；灰砂砖、粉煤灰砖的含水率以5%～8%为宜。润砖时间，宜在砌筑前一天进行，切勿随砌随润，以免水分停留在砖面上而在砌筑时引起跑浆。

6.1.1.2 天然石材

天然石材分为料石和毛石。料石按其加工的平整度分为细料石、粗料石和毛料石三种，宽度和厚度均不宜小于200mm，长度不宜大于厚度的4倍。毛石是指形状不规则的石块，包括乱毛石和平毛石(其有两个面大致平行)，主要用于基础和挡土墙等砌筑。砌筑的毛石要求质地坚实，无裂纹和风化剥落。毛石每块尺寸一般在200～400mm，其中部厚度要求不小于150mm，质量为20～30kg。填心小石块尺寸在70～150mm，数量约占毛石总重的20%。石材的强度等级：MU100、MU80、MU 60、MU50、MU40、MU30、MU20、MU15和MU10。

石材的另一个重要指标是抗冻性，一般用冻融循环次数表示，在规定的冻融循环数(15次、20次或50次)时，无贯穿裂缝，重量损失不超过5%，强度减少不大于25%，则抗冻性合格。

6.1.1.3 砌块

砌块作为一种墙体材料，具有对建筑体系适应性强、砌筑方便灵活的特点，应用日趋广泛。砌块可以利用地方材料和工业废料做原料，种类较多，可以用于承重墙和填充墙砌筑。用于承重墙砌筑的砌块有：普通混凝土小型空心砌块、轻骨料混凝土小型空心砌块；用于填充墙砌筑的砌块有：加气混凝土砌块、轻骨料混凝土小型空心砌块。

砌块的强度等级必须符合设计要求，外观尺寸必须符合规范要求。

普通混凝土小砌块吸水率很小，砌筑前无需浇水，当天气干燥炎热时，可提前洒水湿润；轻骨料混凝土小砌块吸水率较大，应提前2天浇水湿润；加气混凝土砌块砌筑时，应向砌筑面适量浇水，但含水量不宜过大，以免砌块孔隙中含水过多，影响砌体质量。

6.1.2 砂浆

砂浆是用来充填砖石之间的空隙，并将其粘结成一整体，使荷载从上层砖石均匀地传至下层砖石。

砂浆是由胶结材料、细骨料及水组成的混合物。砂浆中常用的胶结材料有水泥、石灰等。细骨料以天然砂使用最多，有时也可以用细的炉渣等代替。此外还可以加入有塑化作用的掺和料。按照组成成分不同，砂浆可分为水泥砂浆、石灰砂浆和混合砂浆等几种。

通常对新拌制的砂浆，要求必须具有良好的和易性。和易性优良的砂浆在砌筑时，即使在粗糙或不平的底面上，也能很好地铺成平整而均匀的薄层，紧密地与底面胶结成整体。这样既能提高砌体的强度，使施工方便，同时也提高了劳动生产率。为了改善砂浆的和易性，便于施工操作，提高砌体灰缝的饱满程度，可在砂浆中掺入无机或有机塑化剂。

砂浆的强度，以抗压极限强度为主要指标，并在以多孔的底面上制成 7.07cm × 7.07cm × 7.07cm 的试件，在标准温度（20 ± 5℃）及正常湿度条件下养护 28d，以平均抗压强度确定砂浆强度等级。砂浆强度等级一般划分为 M0.4、M1、M2.5、M5、M7.5、M10、M15 及 M20 等，一般常用的为 M1 ~ M5。

砂浆和底面的粘结力，随砂浆强度等级的增大而增大。强度等级高的粘结力一般较大，强度等级低的因胶结材料中加入掺和料较多，砂浆内部易于收缩，故降低砂浆和底面的粘结力。砂浆的粘结力实质上取决于砂浆本身的抗拉强度及底面在砌筑时合宜的湿度。一般水泥砂浆在潮湿环境时的粘结力大于干燥时的粘结力。

砂浆应随拌随用。水泥砂浆和水泥混合砂浆必须分别在拌和后 3h 和 4h 内使用完毕；如施工期间最高气温超过 30℃，必须分别在拌和后 2h 和 3h 内使用完毕。

6.2 砖砌体施工

6.2.1 砖墙的组砌方式

根据砖墙砌筑质量要求，普通砖墙的砌筑形式主要有三种：一顺一丁、三顺一丁和梅花丁。

（1）一顺一丁。一顺一丁组砌方式是丁砌层与顺砌层相互交替组砌，相邻两皮竖缝均相互交错四分之一块砖长，故砌体中无任何通缝，而且丁砖数量多，能增强横向拉结力（见图 6-1）。但顺砌层在拐角和丁字墙处必须使用四分之三砖长的砖。此种组砌方法效率较高，但当砖的规格参差不齐时，竖缝就难以整齐。适用于砌一砖、一砖半及二砖墙。

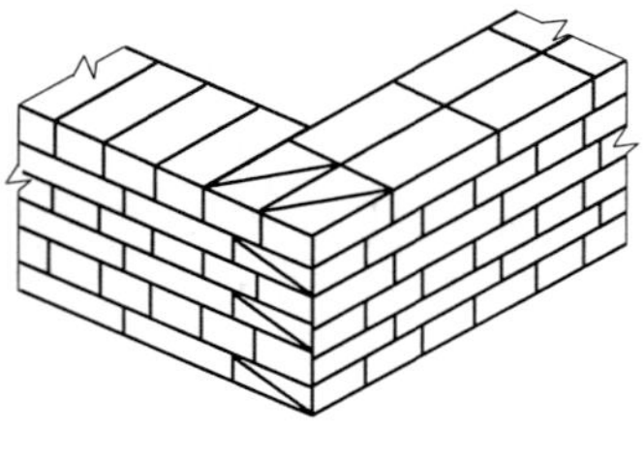

图 6-1 一顺一丁组砌方式

（2）三顺一丁。三顺一丁组砌方式是三皮全部顺砖层与一皮全部丁砖层间隔砌成，上下层顺砖层间竖缝错开二分之一砖长，上下皮顺砖与丁砖间的竖缝错开四分之一砖长（见图 6-2）。这种砌法因顺砖较多效率较高，适用于砌一砖、一砖半墙。

（3）梅花丁。梅花丁组砌方式是每层中丁砖与顺砖相隔，上皮丁砖坐中于下皮顺砖，上下层砖竖缝相互错开四分之一砖长（见图 6-3）。这种砌法内外竖缝每皮都能错开，故整体性较好，灰缝整齐，比较美观，但砌筑效率较低。适用于砌一砖及一砖半墙。

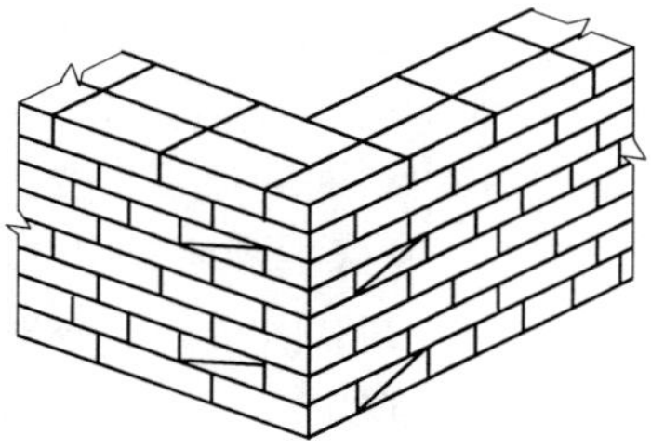

图 6-2 三顺一丁组砌方式

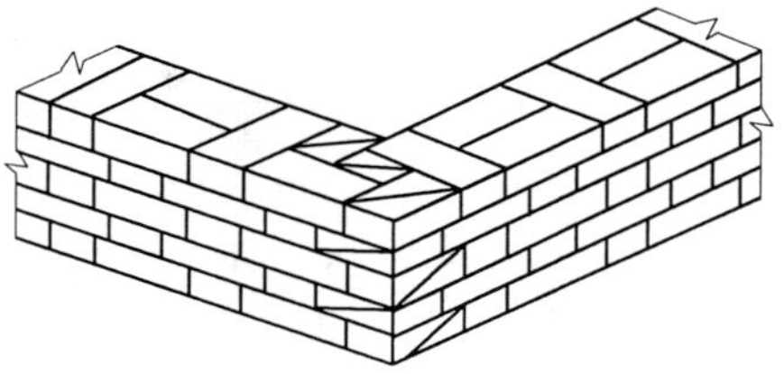

图 6-3 梅花丁组砌方式

6.2.2 砖墙的砌筑工艺

砖墙的砌筑一般有抄平、放线、摆砖样、立皮数杆、盘角、挂线、砌筑、勾缝、清理等工序。

(1) 抄平放线。砌筑完基础或每一楼层后，应校核砌体的轴线和标高。

砌墙前先在基础面上按标准的水准点定出各层标高，并用 1:3 水泥砂浆或 C10 细石混凝土找平。然后根据龙门板上标志的轴线，弹出墙身轴线、边线及门窗洞口位置。二楼以上墙的轴线可以用经纬仪或垂球将轴线引测上去。

(2) 摆砖样（撂底）。按选定的组砌方法，在墙基顶面放线位置用干砖试摆砖样。目的是为了校对所放出的墨线在门窗洞口、附墙垛等处是否符合砖的模数，以尽可能减少砍砖，提高砌砖效率，并使砌体灰缝均匀，组砌得当。一般在房屋外纵墙方向摆顺砖、在山墙方向摆丁砖，摆砖由一个大角摆到另一个大角，砖与砖间留 10mm 缝隙。

(3) 立皮数杆。皮数杆是一种方木标志杆（见图 6-4），上面画有每皮砖及灰缝的厚度，门窗口、过梁、楼板、梁底等的标高位置。砌筑时用来控制墙体竖向尺寸及各部位构件的竖向标高，并保证灰缝厚度的均匀性。

皮数杆一般设置在房屋的四大角以及纵横墙的交接处，如墙面过长时，应每隔 10 ~ 15m 立一根。皮数杆需用水平仪统一竖立，使皮数杆上的 ±0.00 与建筑物的 ±0.00 相吻合，以后就可以向上接皮数杆。

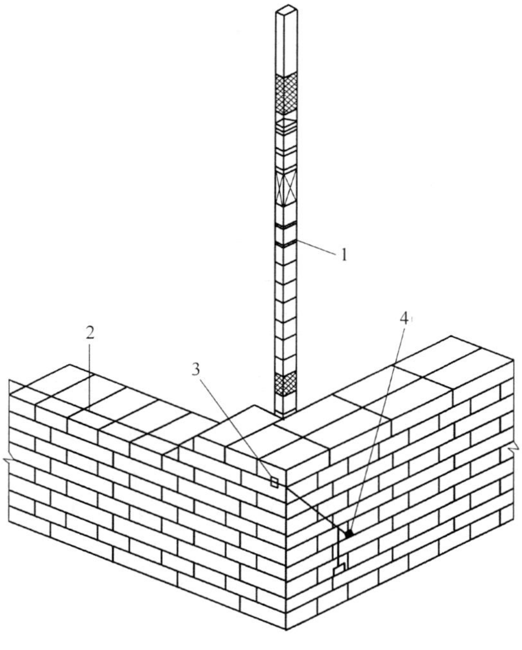

图 6-4 皮数杆及挂线示意图

1—皮数杆；2—准线；3—竹片；4—圆铁钉

(4) 盘角、挂线。砌墙是先从墙角开始，即在墙角部位根据皮数杆先砌若干皮砖，谓之盘角，作为挂线的依据。墙角也是控制墙面横平竖直的主要依据，所以要求墙角必须双向垂直。

墙角砌好后，即可挂线（见图 6-4），作为砌筑中间墙体的依据，以保证墙面平整，一般一砖墙可用单面挂线，一砖半墙以上则应用双面挂线。

(5) 砌筑。为保证砌筑质量要求，一般采用“三一砌砖法”，即一块一铲灰、一揉压，并随手将挤出的砂浆刮去的砌筑方法。这种砌筑法的优点是灰缝容易饱满、粘结力好，墙面整洁。当选择铺浆法砌筑时铺浆长度不得超过750mm;施工期间气温超过30℃时,铺浆长度不超过500mm。在砌筑时还要做到“上跟线下跟棱”,使砖的上棱对准挂线,下棱对准墙体的棱线。

(6) 勾缝。勾缝是砌墙的最后一道工序,可以用砂浆随砌随勾缝,叫做原浆勾缝;也可砌完墙后再用1:1.5水泥砂浆或加色砂浆勾缝,称为加浆勾缝。勾缝具有保护墙面和增加墙面美观的作用,为了确保勾缝质量,勾缝前应清除墙面粘结的砂浆和杂物,并洒水润湿,在砌完墙后,应画出1cm的灰槽,灰缝可勾成凹、平、斜或凸等形状。勾缝完后,应清扫墙面。

6.2.3 砖墙砌体的质量要求

(1) 横平竖直。要求砌体灰缝应横平竖直,上下对齐,无游丁走缝,具体见表6-1。所以砌筑时必须立皮数杆、挂线砌筑,并应随时吊线、直尺检查和校正墙面的平整度和竖向垂直度。

表6-1 砖砌体的允许偏差

项 目			允许偏差/mm	检 查 方 法
轴线位置偏移			10	用经纬仪和尺检查或用其他测量仪器检查
墙面垂直度	每层		5	用2m托线板检查
	全高	≤10m	10	用经纬仪、吊线和尺检查,或用其他测量仪器检查
		>10m	20	
基础顶面或楼面标高			±15	用水准仪和尺检查
表面平整度	清水墙、柱		5	用2m靠尺和楔形塞尺检查
	混水墙、柱		8	
水平灰缝平整度	清水墙		7	拉10m线和尺检查
	混水墙		10	
门窗洞口宽度(后塞口)			±5	用尺检查
外墙上下洞口偏移			20	以底层窗口为准,用经纬仪或吊线检查
清水墙游丁走缝			20	吊线和尺检查,以每层第一皮砖为准

(2) 灰浆饱满。要求砖砌体水平和竖向灰缝砂浆应饱满,实心砖砌体水平灰缝的砂浆饱满度不得低于80%。检查时,每检验批抽查不小于5处,用百格网检查砖底面与砂浆的粘结痕迹面积,每处掀3块取平均值。为保证灰浆饱满,除要求工人的技术水平外,砖使用前应浇水湿润,砂浆应满足和易性要求。

灰缝应横平竖直,厚薄均匀。水平灰缝厚度和竖向灰缝的宽度一般为10mm,不应小于8mm,也不应大于12mm。根据门窗洞口、过梁、圈梁、层高等设计要求的标高,在保证砖砌体竖向整皮砌筑的前提下,可确定水平灰缝厚度和皮数杆上每皮砖的高度。

(3) 错缝搭接。砌体中的砖块应相互搭砌,无论表面或内部都不准出现通缝(上下二皮砖搭接长度小于25mm皆称通缝),以加强砌体的整体性。为此,应采用适应的组砌方式,如一顺一丁。

(4) 接槎可靠。砖墙结构原则上应同时砌筑,以保证其整体性,但由于施工的需要,常常不得不作临时间断,即留槎,过后再接槎补齐。接槎处的砌体的水平灰缝填塞困难,如果处理不当,会影响砌体的整体性和抗震性能。

砖砌体的转角处和交接处应同时砌筑。对不能同时砌筑而又必须留置的临时间断处,应砌成斜槎,斜槎水平投影长度不应小于高度的2/3。如果留斜槎确有困难,也可留直槎,但必须砌成阳槎,并加设拉结筋(见图6-5)。拉结筋的数量为每12cm墙厚放置1ϕ6mm的钢筋(12cm墙厚应放置 2ϕ6mm 的钢筋）；间距沿墙高不得超过 50cm；埋入长度从留槎处算起，每边均不应小于 50cm，抗震设防烈度为 6 度、7 度的地区不应小于 100cm；末端应有 90°弯钩。抗震设防烈度 8 度及其以上地区不得留直槎。

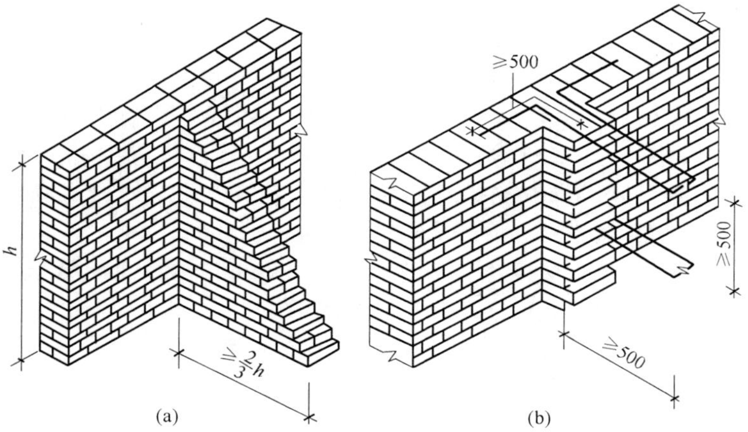

图 6-5 接槎

（a）斜槎；（b）直槎

接槎时，必须先将留槎处的表面砂浆清理干净，再浇水湿润，并保证砂浆饱满，灰缝平直通顺，使接槎处的前后砌体粘结成整体。

对于设置钢筋混凝土构造柱的墙体，构造柱与墙体的连接处应砌成马牙槎，从每层柱脚开始，先退后进，每一马牙槎沿高度方向的尺寸不宜超过 300mm，并应沿墙高度设计要求设置拉结筋。施工时应先砌墙后浇构造柱。在浇混凝土前，要将模板内的落地灰、砖碴和其他杂物清理干净，再将砌体留槎部位和模板浇水湿润，并在结合面出注入适量与构造柱混凝土相同的去石水泥砂浆。振捣时应避免触及墙体，严禁通过墙体传振。

6.3 砌块砌筑

砌块代替黏土砖作墙体材料是墙体改革的一个重要途径。近年来各地因地制宜，就地取材，以天然材料或工业废料为原料制作各种中小型砌块用于建筑物墙体结构，改变了手工砌砖的落后面貌、减轻了劳动强度，提高了劳动生产率。中小型砌块按材料分为混凝土空心砌块、粉煤灰硅酸盐砌块、煤矸石硅酸盐空心砌块和加气混凝土砌块等品种。砌块高度 380 ~ 940mm 的称为中型砌块，砌块高度小于 380mm 的称为小型砌块。中型砌块的施工是采用各种吊装机械及夹具将砌块安装在设计位置。一般要按建筑物的平面尺寸及预先设计的砌块排列图逐块地按次序吊装，就位固定。小型砌块的施工同砖砌体施工，也是手工操作。

6.3.1 中型砌块施工

6.3.1.1 编制砌块排列图

全国各地砌块的规格不统一，在施工前应根据产品目录了解砌块的规格、性能及其外观质量标准。砌块墙体在吊装施工前应绘制砌块排列图，如图 6-6 所示。在立面图上按比例绘出纵横墙，标注楼板、大梁、过梁、楼梯孔洞等位置，在纵横墙上绘出水平灰缝线，然后以主规格为主，其

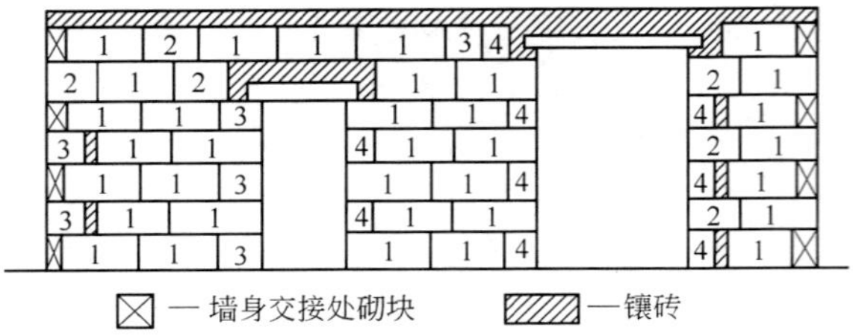

图 6-6 砌块排列图示例

1—主规格砌块；2～4—副规格砌块

他型号为辅按墙体错缝搭砌的原则和竖缝大小进行排列。主规格砌块使大量使用的主要规格型号的砌块，与之相搭配使用的砌块称为副规格砌体。若设计无具体规定，砌块排列应按下列原则：

（1）尽量以主规格为主、副规格为辅排列，排列应符合模数。

（2）砌块应错缝搭接，搭砌长度不得小于块高的1/3，且不应小于150mm，当搭砌长度不足时，应在水平灰缝内设2ϕ4mm 的钢筋网片，网片两端离该垂直灰缝距离不得小于30mm。

（3）外墙转角处及纵横墙交接处，应交错咬槎同时砌筑，与后砌半砖隔墙交接处，应沿墙高每800mm 在水平灰缝内设2ϕ4mm 的钢筋网片。

（4）空心砌体外墙转角处，楼梯间四角的砌体孔洞内，宜配置不小于1ϕ12mm 的竖向钢筋并贯通全墙高度锚固于基础或圈梁，孔洞应用C20 细石混凝土浇捣密实。局部必须镶砖时，应尽量使砖的数量达到最低限度，镶砖部分应分散布置。

6.3.1.2 砌体砌块的施工

A 砌块的安装方案

（1）以轻型塔式起重机运输砌块、砂浆，吊装预制构件；用台灵架安装砌块。此方案适用于工程量大或两幢房屋对翻流水情况。

（2）用砌块车进行水平运输，用带有起重臂的井架进行砌块和楼板的垂直运输；再用台灵架安装砌块。此方案适用于工程量小的房屋。

B 砌块吊装顺序

砌块的吊装一般按施工段依次进行，一般以一个或两个单元为一个施工段，进行分段流水施工，其次序为先外后内，先远后近，先下后上，在相邻施工段砌筑时应从转角处或定位砌块处开始，内外墙同时砌筑，错缝搭砌，横平竖直，表面清洁，按照砌体排列图进行。

C 砌块施工工艺

（1）铺灰。采用有较好和易性的水泥砂浆，稠度为50～70mm，铺灰应平整饱满，水平灰缝长度为3～5m，空心砌块不超过2～3m，炎热天气或寒冷天气应适当缩短。

（2）砌块吊装就位。一般采用摩擦式夹具，夹砌块时应避免偏心，按砌块排列图将所需砌块吊装就位，注意光面放置在同侧；放置时应对准位置徐徐下落于砂浆层上，待砌块安放稳定后，方可松开夹具。

（3）校正。砌块吊装就位后，用垂球或托线板检查砌块的垂直度，用拉准线的方法检查砌块的水平度。校正时可用人力轻微推动砌块或用撬棍轻轻撬动砌体。

（4）灌浆。采用砂浆灌竖缝，两侧用夹板夹住砌块，超过30mm 宽的竖缝采用不低于C20 的细石混凝土灌缝，收水后，用刮缝板把竖缝和水平缝刮齐。此后，一般不准再撬动，以防损坏砂浆粘结力。

（5）镶砖。当砌块间出现较大竖缝或过梁找平时，应镶砖。镶砖工作必须在砌块校正后即刻进行，采用不小于MU10 级的红砖，最后一皮用顶砖镶砖。镶砖砌体的竖缝和水平缝应控制在15～30mm，竖缝应灌密实。

6.3.2 小型空心砌块砌体施工

小型空心砌块，分为普通混凝土小型空心砌块和轻骨料混凝土空心砌块两种。主规格为

390mm×190mm×190mm,辅助规格为290(190、90)mm×190mm×190mm。

6.3.2.1 组砌方式

小型空心砌块砌体砌筑方式只有全顺一种,即各皮砌块均为顺砌,上下皮竖缝相互错开1/2砌块长,错缝对孔搭接,墙厚等于砌块的宽度,如图6-7所示。在无法对孔搭接砌筑的个别情况下,允许错孔砌筑,搭接长度对于普通混凝土空心砌块不应小于90mm,对于轻骨料混凝土空心砌块不应小于120mm;如不能保证时,应在水平灰缝中设2ϕ6mm的钢筋或ϕ4mm的钢筋网片,如图6-8所示,长度均不应小于700mm,但竖向通缝不得超过两皮砌块。

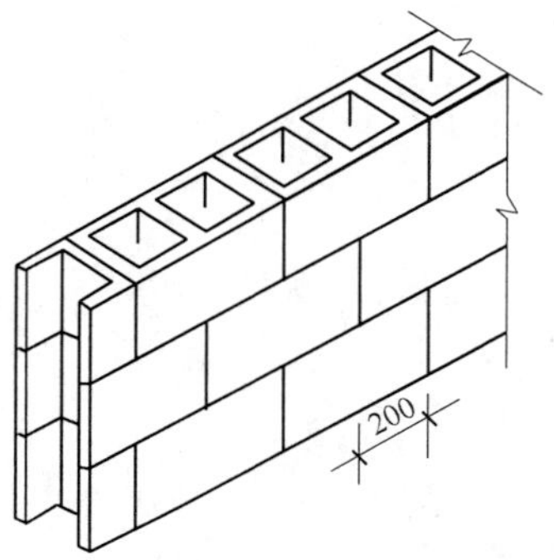

图6-7 混凝土空心砌块墙的砌筑形式

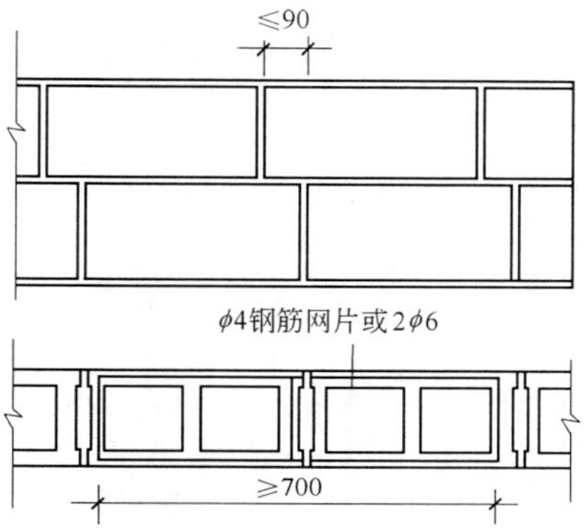

图6-8 混凝土空心砌块墙灰缝中设置拉结钢筋或网片

6.3.2.2 小型砌块砌筑施工

砌块砌筑前,应根据砌块高度和灰缝厚度计算皮数,制作皮数杆,并将皮数杆竖立于墙的转角处和交接处,皮数杆间距宜小于15m。

砌块应从外墙转角处或定位砌块处开始砌筑。砌块应将底面朝上砌筑,即砌块孔洞上小下大"反砌"。这是因为小型砌块制作上的缘故,其成品底部的肋较厚,而上部的肋较薄,便于砌筑时铺设砂浆。若使用一端有凹槽的砌块时,应将有凹槽的一端接着平头的一端砌筑。砌块应逐块铺砌,全部灰缝均应填铺砂浆。水平灰缝宜用坐浆法铺浆。竖缝可先在砌块端头铺满砂浆,然后将砌块上墙挤压至要求的尺寸。砌体水平灰缝应平直,砂浆应饱满,按净面积计算的砂浆饱满度不应低于90%,竖缝砂浆饱满度不得低于80%;砌筑中不得出现瞎缝、透明缝。水平灰缝厚度和竖向灰缝宽度应控制在8~12mm。

小型空心砌块墙的转角处,应隔皮纵、横墙砌块相互搭砌,即隔皮纵、横墙砌块端面露头,如图6-9所示;T字交接处,应隔皮使横墙砌块端面露头。当该处无芯柱时,应在纵墙上交接处砌两块一孔半的辅助规格砌块,隔皮砌在横墙露头砌块下,砌半孔应位于中间,如图6-10所示。当该处有芯柱时,应在纵墙上交接处砌一块三孔大规格砌块,砌块的中间孔正对横墙露头砌块靠外的孔洞,如图6-11所示。十字交接处,当该处无芯柱时,在交接处应砌一孔半砌块,各皮垂直相交,其半孔应在中间;当该处有芯柱时,在交接处应砌三孔砌块、各皮垂直相交,中间孔相互对正。

小型空心砌块墙的转角处和交接处应同时砌筑,如不能同时砌筑,则应留槎,斜槎的长度应不小于斜槎高度,如图6-12所示。

在非抗震设防地区,除外墙转角处,空心砌块的临时间断处可以沿墙面伸出200mm砌成直槎,并每隔三皮砌块在水平灰缝设2ϕ6mm拉结筋;拉结筋埋入长度,从留槎处算起,每边均不应小于600mm,钢筋外露部分不得任意弯折,如图6-13所示。如作为后砌隔墙或填充墙时,沿墙高每隔600mm应与承重墙或柱内预留的钢筋网片或2ϕ6mm拉结筋连接，钢筋伸入墙内的长度不应小于600mm。

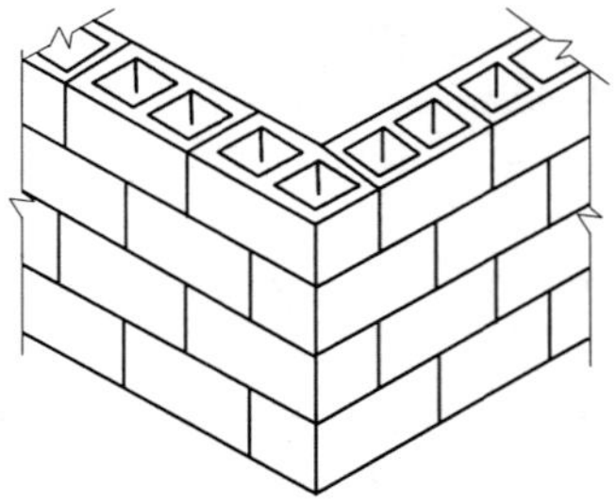

图6-9 空心砌块墙转角砌法

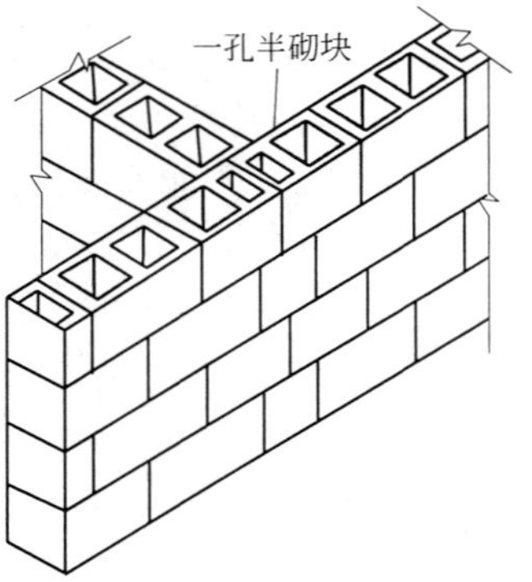

图6-10 混凝土空心砌块墙T字交接处砌法（无芯柱）

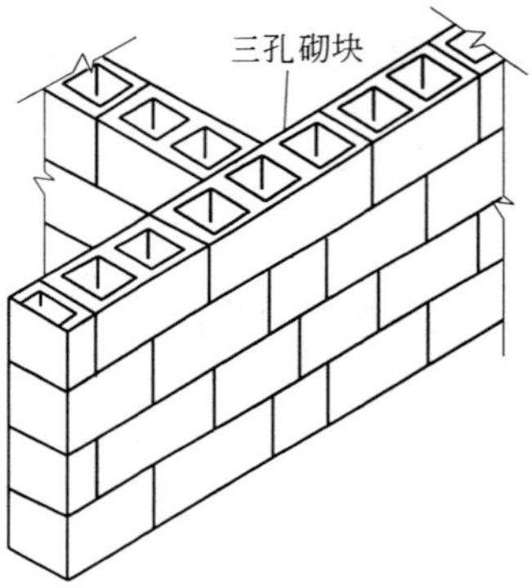

图6-11 混凝土空心砌块墙T字交接处砌法（有芯柱）

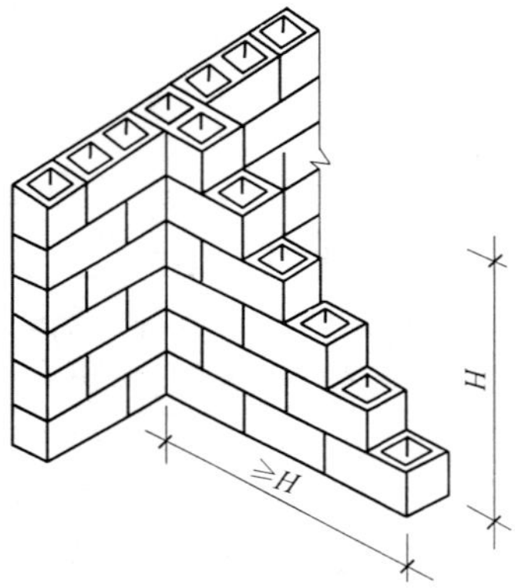

图6-12 空心砌块墙斜槎

对设计规定的洞口、管道、沟槽和预埋件，应在砌筑墙体时预留或预埋，空心砌块墙体不得预留、凿打水平沟槽。需要在墙上留脚手架眼时，可用辅助规格的单孔砌块侧砌，利用其空洞作架眼，墙体完工后用不低于C15的混凝土填实。墙体中需留设临时施工洞口时，其侧边交接处的墙面不应小于600mm，并在顶部设置过梁。填砌临时洞口时，砌筑砂浆应提高一级。在常温条件下，每天砌筑高度宜控制在1.5m（或一步脚手架高度）内。

对于6～8度抗震设防的混凝土小型空心砌块房屋应按规范要求，在墙体转角处和交接处设置混凝土芯柱并插入钢筋，其截面不宜小于120mm×120mm，所用细石混凝土不低于C20，所用插筋不应小于一根ϕ12mm。插筋应贯通墙身且与圈梁连接。芯柱应伸入室外地下500mm或锚入浅于500mm基础圈梁内。芯柱与连接处，应设置ϕ4mm钢筋网片拉结，置于砌块的水平灰缝内，每边伸入墙内不宜小于1m，且沿墙高每隔600mm设置一道，如图6-14所示。芯柱钢筋应与基础或基础梁中的预埋钢筋连接，上下楼层的钢筋可在楼板面上搭接，搭接长度不应小于40d（d为钢筋直径）。

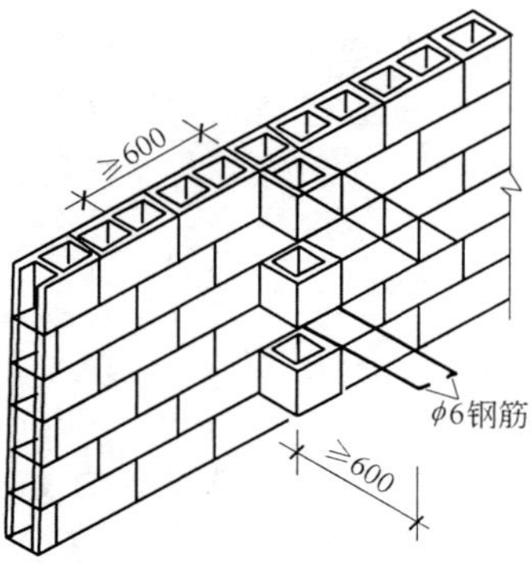

图 6-13　空心砌块墙直槎

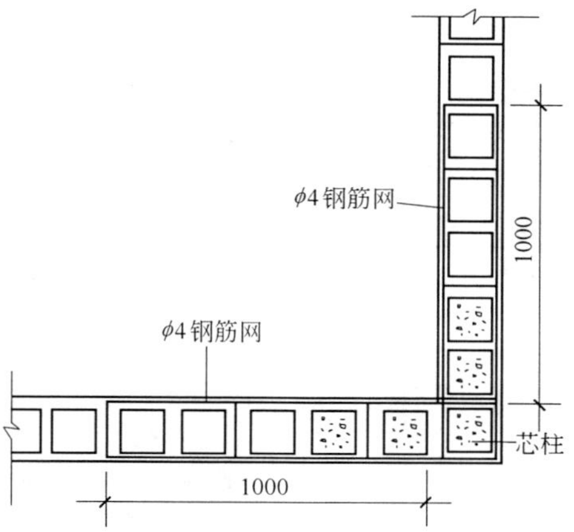

图 6-14　芯柱拉结钢筋网片设置

对于没有抗震设防的混凝土小型空心砌块房屋，芯柱中的插筋不应小于 1ϕ10。芯柱应沿房屋全高贯通，并与各层圈梁整体现浇，水平灰缝中钢筋网片每边伸入墙体不少于 600mm。

在楼(地)面砌筑第一皮小砌块时，在芯柱部位，应用开口砌块或 U 形砌块，以形成清理口。浇筑混凝土前，从清理口中掏出落在砌块孔洞中的杂物，并用水冲洗孔洞内壁，将积水排出，用混凝土预制块封闭清理口。在砌完一个楼层高度后，芯柱混凝土应连续浇筑。浇筑时，砌体的砌筑砂浆强度应达到 1.0MPa 以上。为保证芯柱混凝土密实，混凝土内宜掺入增加流动性的外加剂，混凝土坍落度不应小于 50mm。每层芯柱混凝土浇筑时，先注入适量的水泥浆，再分层浇筑并捣实，每层浇筑高度为 400 ~ 500mm，也可边浇边捣实，严禁满灌一个高度后再捣实，振捣混凝土宜用插入式振动器。

6.4　石材砌筑

6.4.1　毛石砌筑施工

毛石砌体应采用铺浆砌筑，砂浆必须饱满，叠砌面的粘灰面积(即砂浆满度)应大于 80%。毛石砌体的灰缝厚度宜为 20 ~ 30mm，石块间不得有相互接触现象，石块间较大的空隙应先填塞砂浆后用碎石块嵌实，不得采用先摆石块后塞砂浆或干填碎石块的方法。

毛石砌块宜分皮卧砌，各皮石块间应利用毛石自然形状并加以敲打修整，使其能与先期毛石基本吻合、搭砌紧密；毛石应上下错缝，内外搭砌，不得采用外面侧立毛石中间填芯的砌筑方法；中间不得有铲口石(尖石倾斜向外的石块)、斧刃石(尖刀向下的石块)和过桥石(仅在两端搭砌的石块)。

(1) 毛石基础施工。砌筑毛石基础的第一皮石块坐浆，并将石块的大面向下，毛石基础的转角处、交接处应用较大的平毛石砌筑。毛石基础的扩大部分，如做成阶梯形，上级阶梯的石块应至少压砌下级阶梯石块的 1/2，相邻阶梯的毛石应相互错缝搭砌，如图 6-15 所示。毛石基础必须设置拉结石，拉结石应均匀分布，毛石基础同皮内每隔 2m 左右设置一块。拉结石长度：如基础宽度等于或小于

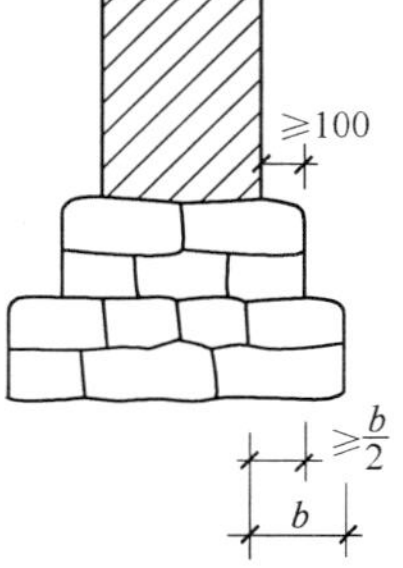

图 6-15　阶梯形毛石基础

400mm，应与基础宽度相等，如基础宽度大于400mm，可用两块拉结石内外搭接，搭接长度不应小于150mm，且其中一块拉结石长度不应小于基础宽度的2/3。

（2）毛石墙施工。毛石墙的第一皮及转角处、交接处和洞口处、应用较大的平毛石砌筑。每个楼层墙体的最上一皮，宜用较大的毛石砌筑。毛石墙必须设置拉结石，拉结石应均匀分布，相互错开，一般每0.7m^2墙面至少设置一块，且同皮内拉结石的中距不应大于2m，拉结石长度同毛石基础的要求。

毛石墙每日的砌筑高度，不应超过1.2m。

6.4.2 料石砌体施工

料石砌体应采用铺浆法砌筑、料石应放置平稳，砂浆必须饱满。砂浆铺设厚度应略高于规定灰缝厚度，其高出厚度：细料石宜为3～5mm；粗料石、毛料石宜为6～8mm。料石砌体的灰缝厚度：细料石砌体不宜大于5mm；粗料石和毛料石砌体不宜大于20mm。料石砌体的水平灰缝和竖向灰缝的砂浆饱满度均应大于80%，上下皮料石的竖向灰缝应相互错开、错开长度应不大于料石宽度的1/2。

（1）料石基础施工。料石基础的第一皮料石应坐浆丁砌，以上各层料石可按一顺一丁进行砌筑。阶梯形料石基础，上级阶梯的料石至少压砌下级阶梯料石的1/3。

（2）料石墙施工。料石墙厚度等于一块料石宽时，可以采用全顺砌筑形式，等于两块料石宽度时，可采用两顺一丁或梅花丁组砌方式。其砌筑也应用铺浆法，垂直缝中应填满砂浆并插捣至溢出为止。上下皮应错缝搭接，转角处或交接处应用石块相互搭砌、如确有困难，应在每楼层范围内至少设置钢筋网或拉结条两道。

石墙勾缝多采用平缝或凸缝。勾缝前先将灰缝刮深20～30mm，墙面喷水湿润，并修整。勾缝宜用1:1水泥细砂砂浆，或用青灰和白灰浆掺和麻刀勾缝。毛石墙的勾缝要保持砌合的自然缝。

6.5 砌筑工程冬期施工

根据当地多年气温资料统计，当室外日平均气温连续5天稳定低于5℃时进入冬期施工。此时砌筑用砂浆易遭冻结，影响施工操作和砌体强度，故规定砌筑工程在此期间应采取冬期施工措施，以确保工程质量。砌筑工程冬期施工常采用外加剂法、冻结法和暖棚法。

6.5.1 一般规定

冬期施工所用材料应符合规范规定的质量标准，普通砖、空心砖、灰砂砖、混凝土小型空心砌块、加气混凝土砌块和石材在砌筑前，应清除表面污物、冰雪等，不得使用遭水浸和受冻后的砖或砌块。普通砖、多孔砖和空心砖在气温高于0℃条件下砌筑时，应浇水湿润，在气温低于、等于0℃条件下砌筑时，可不浇水，但必须增大砂浆稠度；抗震设防烈度为9度的建筑物，无法浇水湿润时，如无特殊措施，不得砌筑。

砂浆宜优先采用普通硅酸盐水泥拌制，不得使用无水泥拌制的砂浆；石灰膏、黏土膏或电石膏等宜保温防冻，当遭冻结时，应经融化后方可使用；拌制砂浆所用的砂，不得含有直线大于10mm的冻结块或冰块；拌和砂浆时，水的温度不得超过80℃，砂的温度不得超过40℃，砂浆稠度宜较常温适当增大。

冬期施工的砖砌体，应按“三一”砌砖法施工，灰缝不应大于10mm；冬期施工中，每日砌筑后,应及时在砌筑表面进行保护性覆盖,砌筑表面不得留有砂浆,在继续砌筑前,应扫净砌筑表面。

砌筑工程的冬期施工应优先选用外加剂法,对绝缘、装饰等有特殊要求的工程,可采用其他方法;混凝土小型空心砌块不得采用冻结法施工;加气混凝土砌块承重墙及围护外墙不宜冬期施工;冬期砌筑工程应进行质量控制,在施工日记中除应按常规要求外,尚应记录室外空气温度、暖棚温度、砌筑时砂浆温度、外加剂掺量以及其他有关资料;砂浆试块的留置,除应按常温规定要求外,尚应增设不少于两组与砌体同条件养护的试块,分别用于检验各龄期强度和转入常温 28d 的砂浆温度。

6.5.2 外加剂法

外加剂法是将砂浆的拌和水预先加热,砂和石灰膏(黏石膏)在搅拌前也应保持正温,在拌和水中掺入外加剂,使砂浆经过搅拌、运输、在砌筑时具有 5℃以上正温,砂浆在砌筑后可以在负温条件下硬化,不必采取防止砌体沉降变形措施的一种冬期施工方法。该法能够保证工程质量、操作方便、经济适用,是我国砌筑工程冬期施工中采用最为广泛的一种主要施工方法。

外加剂可使用氯盐或亚硝酸钠等盐类,氯盐应以氯化钠为主,当气温低于 -15℃时,也可与氯化钙复合使用,氯盐掺量应按表 6-2 选用。

表 6-2 氯盐外加剂掺量(占用水重量)　　(%)

氯盐及砌体材料种类			日最低气温			
			≥ -10℃	-11 ~ -15℃	-16 ~ -20℃	-21 ~ -25℃
氯化钠(单盐)		砖、砌块	3	5	7	—
		砌　石	4	7	10	—
(复盐)	氯化钠	砖、砌块	—	—	5	7
	氯化钙		—	—	2	3

注:掺盐量以无水盐计。

砌筑时砂浆温度不应低于 5℃,当设计无要求,且最低气温等于或低于 -15℃时,砌筑承重砌体砂浆强度等级应按常温施工提高 1 级;在氯盐砂浆中掺加微沫剂时,应先加氯盐溶液后再加微沫剂溶液;外加剂溶液应设专人配制并应先配制成规定浓度溶液置于专用容器中,然后再按规定加入搅拌机中拌制成所需砂浆;氯盐砂浆砌体施工时,每日砌筑高度不宜超过 1.2m,墙体留置的洞口,距交接墙处不应小于 50cm。

采用氯盐砂浆时,砌体中配置的钢筋及钢预埋件,应预先做好防腐处理,可参考如下防腐处理措施:

(1) 涂刷樟丹两道。干燥后就可砌筑,施工时注意表面不可擦伤。

(2) 涂刷沥青漆。配方为:30 号沥青:10 号沥青:汽油 =1:1:2。

(3) 涂刷防锈涂料。配方为:水泥:亚硝酸钠:甲基硅醇钠:水 =100:6:2:30。配制时,先用约三分之二的水溶解亚硝酸钠,在与水泥拌和后再加入甲基硅醇钠,搅拌 3 ~5min,剩余的水根据稠度情况酌量加入。配好的涂料涂刷在钢筋表面约 1.5mm 厚,待干燥后即可使用。

掺盐砂浆有析盐现象和吸湿性,因而会降低保温性能,并对钢铁有腐蚀作用,故不适宜下列情况:对装饰工程有特殊要求的建筑物;使用湿度大于 80% 的建筑物;配筋、钢埋件无可靠的防腐处理措施的砌体;接近高压电线的建筑物(如变电所、发电站等);经常处于地下水位变化范围内，以及在地下未设防水层的结构。

6.5.3 冻结法

冻结法是将砂浆的拌和水预先加热，砂和石灰膏（黏土膏）在搅拌前也应保持正温，使砂浆在砌筑时的温度达到10℃以上，砂浆中不使用任何防冻外加剂，但要根据气温情况提高强度等级。砂浆在砌筑后立即受冻，到融化时强度仅为零或接近于零，转入常温后强度才逐渐增长。

砂浆强度等级不得小于M2.5，重要结构其等级不得小于M5；当设计无要求，且日最低气温高于－25℃时，砌筑承重砌体砂浆强度等级应较常温施工提高1级；当日最低气温等于或低于－25℃时应提高2级。

冻结法砌筑时，当室外空气温度分别为0～－10℃、－11～－25℃、－25℃以下时，砂浆使用最低温度，分别为10℃、15℃、20℃。

为保证砌体在解冻时正常沉降，设计无规定时，应采取下列构造措施：在楼板水平面位置墙的拐角、交接和交叉处应配置拉结筋，并按墙厚计算，每12cm配1ϕ6，其伸入相邻墙内的长度不得小于1m，在拉结筋末端应设置弯钩；每一层楼的砌体砌筑完毕后，应及时吊装（或捣制）梁、板，并应采取适当的锚固措施；采用冻结法砌筑的墙，与已经沉降的墙体交接处，应留沉降缝。

采用冻结法施工的砌体，在解冻期间内应制订观测和检查方案，如发现裂缝、不均匀下沉时，应分析原因并立即采用加固措施，且应特别注意安全。在验算解冻期的砌体强度和稳定时，可按砂浆强度为零进行计算。

为保证砌体在解冻期间的稳定性和均匀沉降，施工操作时应遵守下列规定：施工应按水平分段进行，施工段宜划在变形缝处，每日的砌筑高度及临时间断处的高度差，均不得大于1.2m；对未安装楼板或屋面板的墙体，特别是山墙，应及时采取临时加固措施，以保证墙体稳定；跨度大于0.7m的过梁，应采用预制构件，跨度较大的梁、悬挑结构，在砌体解冻前应在下面设临时支撑，当砌体强度达到设计值的80%时，方可拆除临时支撑；在门窗框上部应留出缝隙，其宽度在砖砌体中不应小于5mm，在料石砌体中不应小于3mm；留置在砌体中的洞口和沟槽等，宜在解冻前填砌完毕；砌筑完的砌体在解冻前，应清除房屋中剩余的建筑材料等临时荷载。

冻结法施工的砂浆，经冻结、融化和硬化三个阶段，砂浆和砖石的粘结力将有不同程度的降低，从而增加了砌体在融化阶段的变形。某些砌体由于自身的结构特点或受力状态等原因，采取冻结法施工后，稳定性更差，如果采取加固措施，也比较复杂，且难于保证安全可靠。故下列砖石砌体工程不允许采用冻结法施工：空斗墙；毛石砌体；砖薄壳、双曲砖拱、筒式拱及承受侧压力的砌体；在解冻期间可能受到振动或其他动力荷载的砌体；在解冻时，砌体不允许产生沉降的结构。

6.5.4 暖棚法

暖棚法是利用简易结构和廉价的保温材料，将需要砌筑的砌体和工作面临时封闭起来，棚内加热，使之在正温条件下砌筑和养护。暖棚法费用高，热效低，劳动效率不高，因此宜少采用。一般在地下工程、基础工程以及量小又急需使用的砌体结构，可考虑采用暖棚法施工。

暖棚的加热，可优先采用热风装置，如用天然气，焦炭炉等，必须注意安全防火。

用暖棚法施工时，砖石和砂浆在砌筑时的温度不应低于5℃，而距所砌的结构底面0.5m处的棚内温度也不应低于5℃。

确定暖棚的热耗时，应考虑围护结构的热量损失，基土吸收的热量（在砌筑基础时和其他地下结构时）和在暖棚内加热或预热材料的热量损耗。

砌体在暖棚内的养护时间，根据暖棚内的温度，按表6-3确定。

表 6-3 暖棚法砌体的养护时间

暖棚内温度/℃	5	10	15	20
养护时间/d	≥6	≥5	≥4	≥3

6.6 砌筑工程质量和安全技术

6.6.1 砌筑工程质量的基本要求

（1）砌体工程所用的材料应有产品的合格证书、产品性能检测报告。块材、水泥、钢筋、外加剂等尚应有材料主要性能的进场复验报告。严禁使用国家明令淘汰的材料。

（2）砌筑基础前，应校核放线尺寸，允许偏差应符合表 6-4 的规定。

表 6-4 放线尺寸的允许偏差

长度 L/m，宽度 B/m	允许偏差/mm	长度 L/m，宽度 B/m	允许偏差/mm
L(或 B) ≤30	±5	60 < L(或 B) ≤90	±15
30 < L(或 B) ≤60	±10	L(或 B) >90	±20

（3）砌筑顺序应符合下列规定：基底标高不同时，应从低处砌起，并应由高处向低处搭砌，当设计无要求时，搭接长度不应小于基础扩大部分的高度；砌体的转角处和交接处应同时砌筑，当不能同时砌筑时，应按规定留槎、接槎。

（4）在墙上留置临时施工洞口，其侧边离交接处墙面不应小于500mm，洞口净宽度不应超过1m。抗震设防烈度为 9 度的地区，建筑物的临时施工洞口位置应会同设计单位确定。临时施工洞口应做好补砌。

（5）不得在下列墙体或部位设置脚手眼：120mm 厚墙、料石清水墙和独立柱；过梁上与过梁成 60°角的三角形范围及过梁净跨度 1/2 的高度范围内；宽度小于 1m 的窗间墙；砌体门窗洞口两侧 200mm（石砌体为 300mm）和转角处 450mm（石砌体为 600mm）范围内；梁或梁垫下及其左右 500mm 范围内；设计不允许设置脚手眼的部位。

（6）施工脚手眼补砌时，灰缝应填满砂浆，不得用干砖填塞。

（7）设计要求的洞口、管道、沟槽应于砌筑时正确留出或预埋，未经设计同意，不得打凿墙体和在墙体上开凿水平沟槽。宽度超过 300mm 的洞口上部，应设置过梁。

（8）尚未施工楼板或屋面的墙或柱，当可能遇到大风时，其允许自由高度不得超过表 6-5 的规定。如超过表中限值时，必须采用临时支撑等有效措施。

表 6-5 墙和柱的允许自由高度

墙(柱)厚/mm	砌体密度 > 1600kg/m³			砌体密度 1300 ~ 1600kg/m³		
	风载/kN · m⁻²			风载/kN · m⁻²		
	0.3（约 7 级风）	0.4（约 8 级风）	0.5（约 9 级风）	0.3（约 7 级风）	0.4（约 8 级风）	0.5（约 9 级风）
190	—	—	—	1.4	1.1	0.7
240	2.8	2.1	1.4	2.2	1.7	1.1
370	5.2	3.9	2.6	4.2	3.2	2.1

续表 6-5

墙(柱)厚/mm	砌体密度 > 1600kg/m³			砌体密度 1300 ~ 1600kg/m³		
	风载/kN · m⁻²			风载/kN · m⁻²		
	0.3 (约7级风)	0.4 (约8级风)	0.5 (约9级风)	0.3 (约7级风)	0.4 (约8级风)	0.5 (约9级风)
490	8.6	6.5	4.3	7.0	5.2	3.5
620	14.0	10.5	7.0	11.4	8.6	5.7

注:1. 本表适用于施工处相对标高(H)在 10m 范围内的情况。如 10m < H ≤ 15m,15m < H ≤ 20m 时,表中的允许自由高度应分别乘以 0.9、0.8 的系数;如 H > 20m 时,应通过抗倾覆验算确定其允许自由高度。

2. 当所砌筑的墙有横墙或其他结构与其连接,而且间距小于表列限值的 2 倍时,砌筑高度可不受本表的限制。

(9) 搁置预制梁、板的砌体顶面应找平,安装时应坐浆。当涉及无具体要求时,应采用 1:2.5 的水泥砂浆。

(10) 砌体施工质量控制等级应分为三级,并应符合表 6-6 的规定。

表 6-6 砌体施工质量控制等级

项 目	施工质量控制等级		
	A	B	C
现场质量管理	制度健全,并严格执行;非施工方质量监督人员经常到现场,或现场设有常驻代表;施工方有在岗专业技术管理人员,人员齐全,并持证上岗	制度健全,并严格执行;非施工方质量监督人员间断地到现场进行质量控制;施工方有在岗专业技术管理人员,并持证上岗	有制度;非施工方质量监督人员很少到现场进行质量控制;施工方有在岗专业技术管理人员
砂浆、混凝土强度	试件按规定制作,强度满足验收规定,离散性小	试件按规定制作,强度满足验收规定,离散性较小	试件强度满足验收规定,离散性大
砂浆拌和方式	机械拌和;配合比计量控制严格	机械拌和;配合比计量控制一般	机械或人工拌和;配合比计量控制较差
砌筑工人	中级工以上,其中高级工不少于 20%	高、中级工不少于 70%	初级工以上

(11) 设置在潮湿环境或有化学侵蚀性介质的环境中的砌体灰缝内的钢筋应采取防腐措施。

(12) 砌体施工时,楼面和屋面堆载不得超过楼板的允许荷载值。施工层进料口楼板下,宜采用临时加支撑措施。

(13) 分项工程的验收应在检验批验收合格的基础上进行。检验批的确定可根据施工段划分。

(14) 砌体工程检验批验收时,其主控项目应全部符合本规范的规定;一般项目应有 80% 及以上的抽检处符合验收规范的规定,或偏差值在允许偏差范围以内。

6.6.2 砌筑工程的安全与防护措施

在砌筑操作前,必须检查施工现场各项准备工作是否符合安全要求,如道路是否畅通,机具是否完好牢固,安全设施和防护用品是否齐全,经检查符合要求后才可施工。

砌基础时,应检查和注意基坑土质的变化情况。堆放砖石材料应离开坑边 1m 以上。砌墙高度超过地坪 1.2m 以上时,应搭设脚手架。架上堆放材料不得超过规定荷载值,堆砖高度不得超过三皮侧砖，同一块脚手板上的操作人员不应超过两人。按规定搭设安全网。

不准站在墙顶上做刮缝及清扫墙面或检查大角垂直等工作。不准用不稳固的工具或物体在脚手板上垫高操作。

砍砖时应面向墙面，工作完毕应将脚手板和墙上的碎砖、灰浆清扫干净，防止掉落伤人。正在砌筑的墙上不准走人。不准站在墙上做划线、刮缝、吊线等工作。山墙砌完后，应立即安装桁条或临时支撑，防止倒塌。

雨天或每日下班时，应做好防雨准备，以防雨水冲走砂浆，致使砌体倒塌。冬期施工时，脚手板上如有冰霜、积雪，应先清除后才能上架子进行操作。

砌石墙时不准在墙顶或架上修石材，以免振动墙体影响质量或石片掉下伤人。不准徒手移动上墙的石块，以免压破或擦伤手指。不准勉强在超过胸部的墙上进行砌筑，以免将墙体碰撞倒塌或上石时失手掉下造成安全事故。石块不得往下掷。运石上下时，脚手板要钉装牢固，并钉防滑条及扶手栏杆。

对有部分破裂和脱落危险的砌块，严禁起吊；起吊砌块时，严禁将砌块停留在操作人员的上空或在空中整修；砌块吊装时，不得在下一层楼面内进行其他任何工作；卸下砌块时应避免冲击，砌块堆放应尽量靠近楼板两端，不得超过楼板的承重能力；砌块吊装就位时，应待砌块放稳后，方可松开夹具。

凡脚手架、井架、门架搭设好后，须经专人验收合格后方准使用。

复习思考题

6-1　简述砌筑用砂浆的种类和适用范围，其对砂浆制备和使用有什么要求，砂浆强度检验是如何规定的。
6-2　砌筑用砖有哪些种类，其外观质量和强度指标有什么要求？
6-3　砌体工程质量有哪些要求，影响其质量的因素有哪些？
6-4　简述毛石基础的构造及施工要点。
6-5　砖墙砌体主要有哪几种砌筑形式，各有何特点？
6-6　简述砖墙砌筑的施工工艺和施工要点。
6-7　皮数杆有何作用，如何布置？
6-8　何谓“三一砌砖法”，其优点是什么？
6-9　如何绘制砌块排列图？简述砌块的施工工艺。
6-10　砌筑工程中的安全防护措施有哪些？

7 混凝土结构吊装工程

结构吊装工程就是采用不同类型的起重机将在现场或工厂预制的结构件或构件组合单元安放到设计位置的施工过程，是装配式结构房屋施工中的主导工程，其施工特点如下：

预制构件的外形尺寸、埋件位置、构件强度是否达到要求，以及预制构件的类型和数量等，都直接影响吊装进度和工程质量。正确选用起重机具，是完成吊装任务的关键。构件的吊装方法，取决于所采用的起重机械。构件在运输、吊装时，因吊点或支承点的不同，其应力状态也不一致，甚至完全相反，必要时应对构件进行吊装验算，并采取相应的措施。结构安装工程高空作业多，容易发生事故，必须加强安全教育，并采取可靠措施。

在拟定结构吊安装方案时，应解决好以下问题：

（1）做好安装前的准备工作；

（2）合理选择起重机械；

（3）拟定构件吊装工艺及结构吊装方法；

（4）确定起重机开行路线与结构平面布置。

7.1 起 重 机 具

7.1.1 索具设备

7.1.1.1 钢丝绳

钢丝绳是吊装工作中的主要绳索，它具有强度高、弹性大、韧性好、耐磨、能承受冲击荷载等优点，且钢丝绳磨损后外部产生许多毛刺，容易检查，便于预防事故。

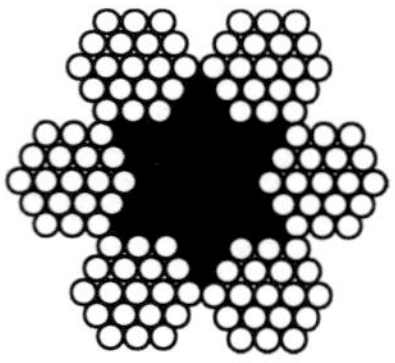

图 7-1 普通钢丝截面

结构吊装中常用的钢丝绳是由 6 束绳股和 1 根绳芯捻成。绳股是由许多钢丝捻成（见图 7-1）。按照捻制方法不同，分为顺捻绳和反捻绳。

顺捻绳每股钢丝的搓捻方向与钢丝股的搓捻方向相同。柔性好、表面平整、不易磨损，但易松散和扭结卷曲，吊重物时，易使重物旋转，一般用于拖拉或牵引装置。

反捻绳每股钢丝的搓捻方向与钢丝股的搓捻方向相反。钢丝绳较硬，不易松散，吊重物不扭结旋转，多用于吊装工作。

钢丝绳按每股钢丝数量的不同分为 6×19、6×37、6×61 三种规格：

6×19 钢丝绳的钢丝粗、硬而耐磨，不易弯曲，一般用作缆风绳。

6×37 钢丝绳的钢丝细、较柔软，可用作穿滑车组和作吊索。

6×61 钢丝绳质地软，主要用于重型起重机械中。

钢丝绳在选用时应考虑多根钢丝的受力不均匀性及其用途，钢丝绳允许拉力按下式计算：

$$[F_g] = \frac{\alpha F_g}{K}$$

式中 F_g——钢丝绳的钢丝破断拉力总和,kN;

α——换算系数(考虑钢丝受力不均匀性),按表7-1取用;

K——钢丝的安全系数,按表7-2取用。

表7-1 钢丝绳破断拉力换算

钢丝绳结构	换算系数
6×19	0.85
6×37	0.82
6×61	0.80

表7-2 钢丝绳的安全系数

用途	安全系数	用途	安全系数
作缆风绳	3.5	作吊索无弯曲时	6~7
用于手动起重设备	4.5	作捆绑吊索	8~10
用于手动起重设备	5~6	用于载人的升降机	14

7.1.1.2 吊装工具

A 吊索

吊索(千斤)主要用以绑扎构件以便起吊,有环状吊索(又称万能吊索或闭式吊索)和8股头吊索(又称轻便吊索或开口吊索),如图7-2所示。

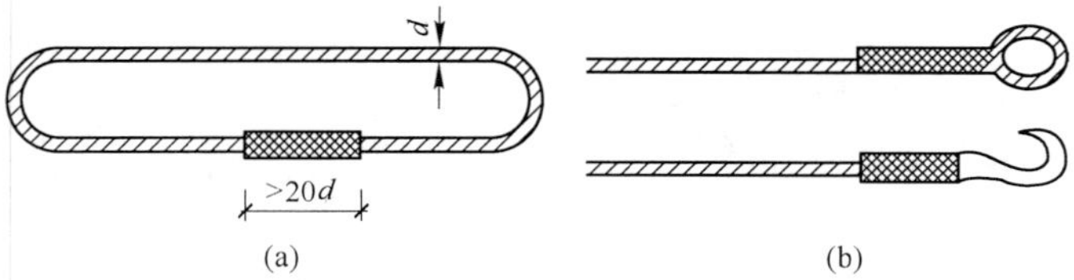

图7-2 吊索
(a)环状吊索;(b)开口吊索

B 吊环(卸甲)

卡环用于吊索和吊索或吊索和构件吊环之间的连接,由弯环与销子两部分组成。卡环按弯环形式分,有螺栓式卡环和活络卡环。螺栓式卡环的销子和弯钩采用螺纹连接,活络卡环的销子端头和弯环孔眼无螺纹,可直接抽出,销子断面有圆形和椭圆形两种(见图7-3)。活络卡环用于吊装柱子时使用(见图7-4),可避免高空作业。绑扎时使柱子起吊后销子尾部朝下,在构件起吊前用白棕绳将销子与吊索末端的圆圈连在一起,用铅丝将弯环与吊索末端的圆圈捆在一起。柱子就位临时固定后,放松吊索使其不受力,拉动白棕绳将销子拉出。

C 横吊梁(铁扁担)

横吊梁常用于柱和屋架等构件的吊装。用横吊梁吊柱容易使柱身保持垂直,便于安装;用横吊梁吊屋架可以降低起吊高度,减少吊索的水平分力对屋架的压力。图7-5为吊装柱常用的钢板横吊梁、图7-6为吊装屋架常用的钢管横吊梁。

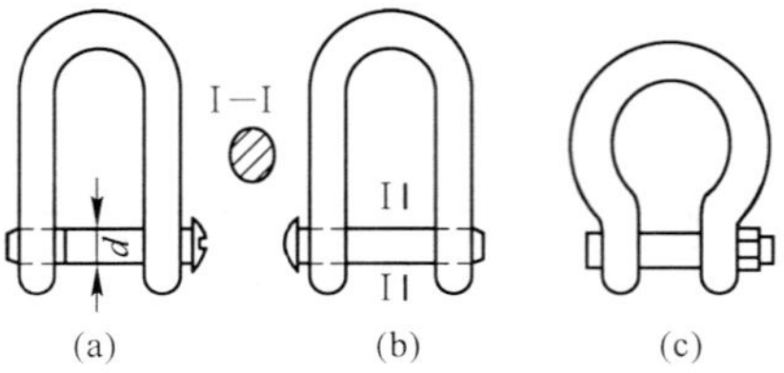

图 7-3 卡环

(a)螺栓式;(b)活络式;(c)马蹄形

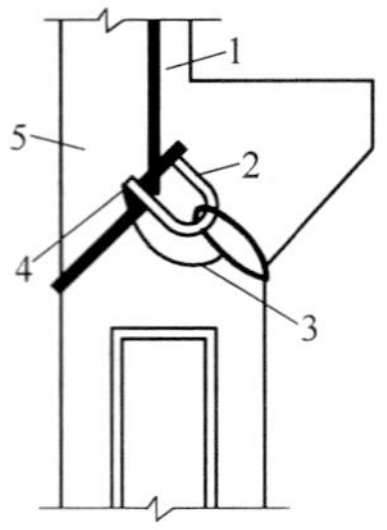

图 7-4 活络卡环绑扎柱子

1—吊索;2—活络卡环;3—销子安全绳;

4—白棕绳;5—柱

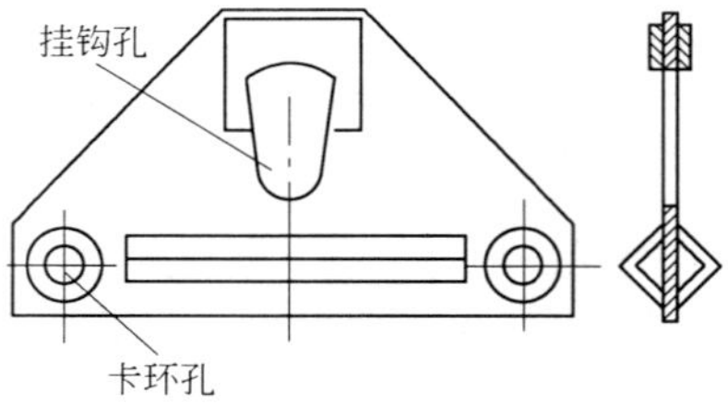

图 7-5 钢板横吊梁

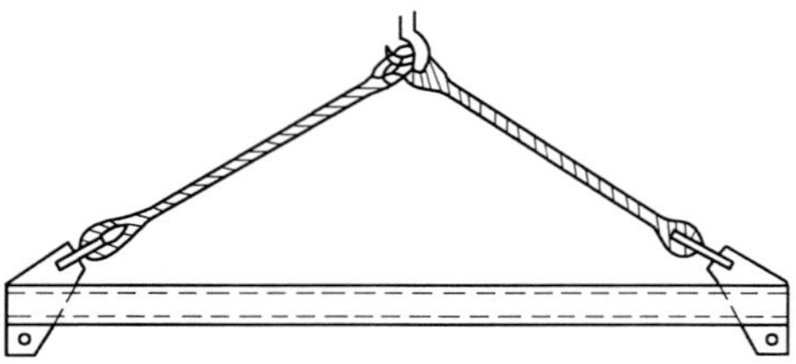

图 7-6 钢管横吊梁

D 卷扬机

卷扬机是结构吊装工程最常用的工具,按驱动方式有手动卷扬机和电动卷扬机。用于结构吊装的卷扬机多为电动卷扬机。电动卷扬机主要由电动机、卷筒、电磁制动器和减速机构等组成,如图 7-7 所示。卷扬机分快速和慢速两种。慢速卷扬机主要用于结构吊装、冷拉钢筋和张拉预应力钢筋;快速卷扬机主要用于垂直运输和打桩作业。

卷扬机必须用地锚予以固定,以防止工作时产生滑动或倾覆。卷扬机的安装位置应注意下列问题:

(1) 钢丝绳绕入卷筒的方向应与卷筒轴线垂直,这样能使钢丝绳圈排列整齐,不致斜绕和互相错叠挤压。

(2) 在卷扬机正前方应设置导向滑轮,导向滑轮至卷筒轴线的距离应不小于卷筒长度的 15 倍,即倾角 α 不大于 2°,如图 7-8所示,以免钢丝绳与导向滑轮槽缘产生过分的磨损,使钢丝绳能自动在卷筒上往复缠绕。

(3) 卷扬机至构件安装位置的水平距离应大于构件的安装高度。即当构件被吊到安装位置时,操作者视线仰角应小于 45°。

(4)卷扬机必须有良好的接地或接零装置,接地电阻不得大于 10Ω。在一个供电网络上,接地或接零不得混用。

E 地锚

地锚又称锚碇,用来固定缆风绳,卷扬机、导向滑轮、拔杆的平衡钢索等。一般有桩式地锚和水平地锚两种。

桩式地锚是用一根木桩、两根木桩或三根木桩打入土中而成。适用于固定受力不大的缆风绳。木桩的直径应大于缆风绳直径的 10 倍,木桩埋入土中的深度,应根据作用力的大小而定,一般不小于 1.2m。打桩时应使木桩与所拉的缆风绳近似垂直。木桩地锚的尺寸和承载力见表 7-3。

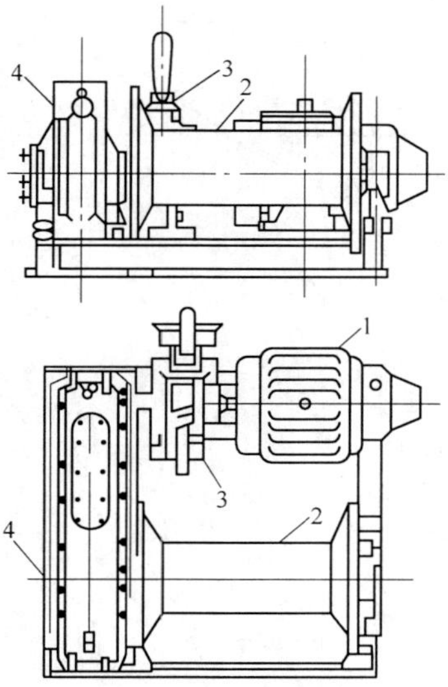

图 7-7 电动卷扬机

1—电动机;2—卷筒;3—电磁制动器;4—减速机构

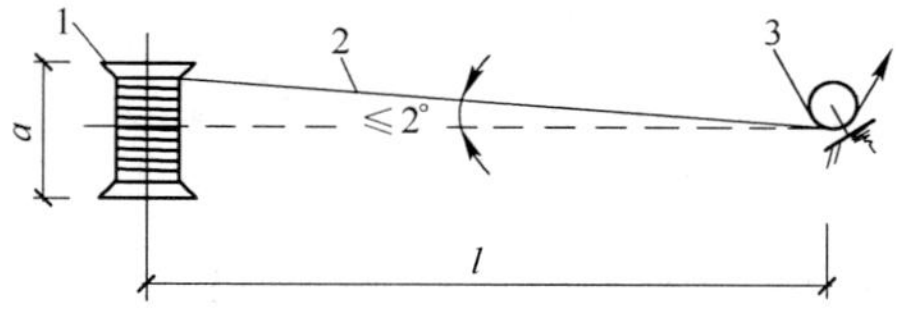

图 7-8 卷扬机与第一个导向滑轮的布置

1—卷筒;2—钢丝绳;3—第一导向滑轮

表 7-3 木桩锚碇尺寸和承载力表 (mm)

类型	承载力/kN	10	15	20	30	40	50
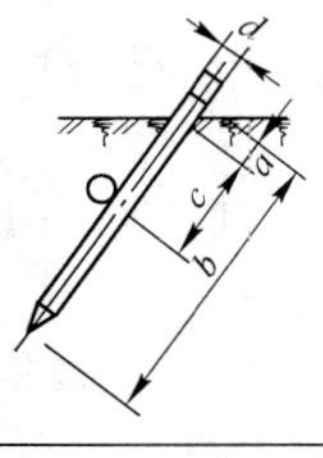	桩尖处施于土的压力/MPa	0.15	0.2	0.23	0.31		
	a	30	30	30	30		
	b	150	120	120	120		
	c	40	40	40	40		
	d	18	20	22	26		
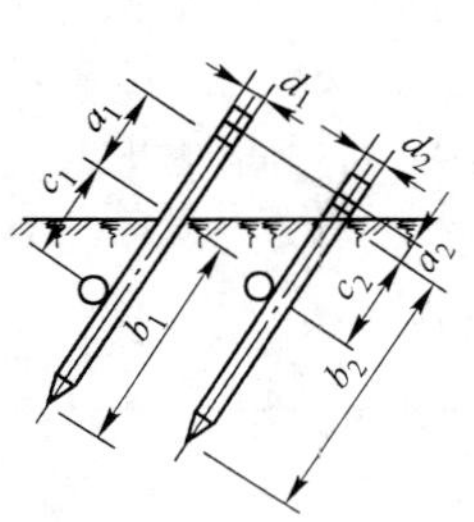	桩尖处施于土的压力/MPa				0.15	0.2	0.28
	a_1				30	30	30
	b_1				120	120	120
	c_1				90	90	90
	d_1				22	25	26
	a_2				30	30	30
	b_2				120	120	120
	c_2				40	40	40
	d_2				20	22	24

水平地锚是将 1 根或几根圆木(方木或废型钢)用钢丝绳捆绑在一起,横放在地锚坑底,钢丝绳的一端从坑前端的槽中引出,绳与地面的夹角应等于缆风绳与地面的夹角。然后用土石回

填夯实。水平地锚一般埋入地下 1. 5 ~ 2m，圆木的长度为 1 ~ 1. 5m。可受力 30 ~ 150N。当拉力超过 75kN 时，地锚上应增加压板。当拉力大于 150 kN 时，应用立柱和木壁（板栅）加强以增加横向抵抗力（图 7-9）。

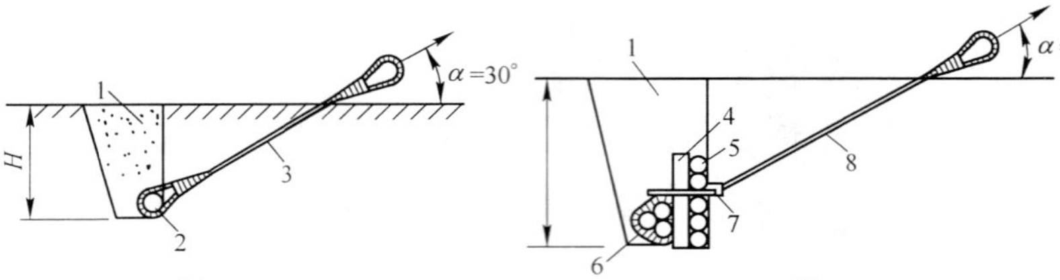

图 7-9 水平锚碇构造示意图

(a)拉力 30kN 以下；(b)拉力 100 ~ 400kN

1—回填土逐层夯实；2—地龙木 1 根；3—钢丝绳或钢筋；4—柱木；5—挡木；6—地龙木 3 根；7—压板；8—钢丝绳圈或钢筋环

7. 1. 2 起重机

结构吊装工程中常用的起重机械有自行杆式起重机、塔式起重机，在一定的条件下也会用到桅杆式起重机。

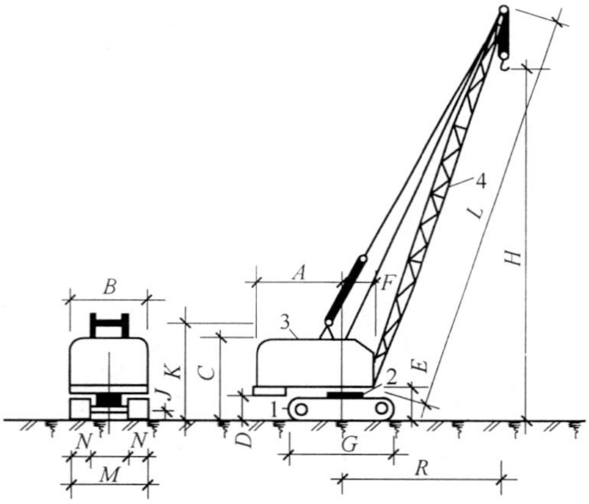

图 7-10 履带式起重机外形图

1—行走装置；2—回转机构；3—机身；4—起重臂；$A \sim G, J, K, M, N$—外形尺寸；L—起重臂长度；H—起重高度；R—起重半径

7. 1. 2. 1 自行杆式起重机

自行杆式起重机有履带式起重机、汽车式起重机和轮胎式起重机等。

A 履带式起重机

履带式起重机是在行走的履带底盘上装有起重装置的起重机械，是自行式、全回转的一种起重机，它具有操作灵活，使用方便，在一般平整坚实的场地上可以载荷行驶和作业。其缺点是稳定性较差，一般不宜超负荷吊装，行走速度慢，且对路面破坏性大，在城市和长距转场时，需用拖车进行运送。它是结构吊装工程中常用的起重机械。

（1）常用型号及性能。常用的履带式起重机有国产 W1-50 型、W1-100 型、W1-200 型和一些进口机械。常用履带式起重机的外形尺寸见图 7-10 及表 7-4，其技术性能见表 7-5。

表 7-4 履带式起重机外形尺寸 (mm)

符 号	名 称	型 号		
		W1-50	W1-100	W1-200
A	机身尾部到回转中心距离	2900	3300	4500
B	机身宽度	2700	3120	3200
C	机身顶部到地面高度	3220	3675	4125
D	回转平台底面距地面高度	1000	1045	1190
E	起重臂下铰点中心距地面高度	1555	1700	2100

续表 7-4

符号	名称	型号		
		W1-50	W1-100	W1-200
F	起重臂下铰点中心至回转中心距离	1000	1300	1600
G	履带长度	3420	4005	4950
M	履带架宽度	2850	3200	4050
N	履带板宽度	550	675	800
J	行走底架距地面高度	300	275	390
K	机身上部支架顶部距地面高度	3480	4170	4300

表 7-5 履带式起重机性能表

参数		单位	型号							
			W1-50			W1-100		W1-200		
起重臂长度		m	10	18	18 带鸟嘴	13	23	15	30	40
最大工作幅度		m	10.0	17.0	10.0	12.5	17.0	15.5	22.5	30.0
最小工作幅度		m	3.7	4.5	6.0	4.23	6.5	4.5	8.0	10.0
起重量	最小工作幅度时	t	10.0	7.5	2.0	15.0	8.0	50.0	20.0	8.0
	最大工作幅度时	t	2.6	1.0	1.0	3.5	1.7	8.2	4.3	1.5
起重高度	最小工作幅度时	m	9.2	17.2	17.2	11.0	19.0	12.0	26.8	36.0
	最大工作幅度时	m	3.7	7.6	14.0	5.8	16.0	3.0	19.0	25.0

注：表中数据所对应的起重臂倾角为：$\alpha_{min}=30°$，$\alpha_{max}=77°$。

履带式起重机的主要技术参数为：起重量 *Q*、起重高度 *H* 和回转半径 *R*。其中，起重量 *Q* 是指起重机安全工作所允许的最大起重重物的质量，起重高度 *H* 是指起重吊钩的中心至停机面的垂直距离，起重半径 *R* 是指起重机回转轴线至吊钩中垂线的水平距离。这 3 个参数之间存在相互制约的关系，其数值大小取决于起重臂的长度及其仰角的大小。各型号起重机都有几种臂长。当臂长一定时，随着起重臂仰角的增大，起重量和起重高度随之增加，而回转半径减小。当起重臂仰角一定时，随着起重臂长度的增加，起重半径和起重高度增加而起重量减少。履带式起重机三个主要参数之间的关系可用工作性能表来表示，也可用起重机工作曲线来表示，在起重机手册中均可查阅。表 7-6、图 7-11 为 W1-100 型履带式起重机的性能及性能曲线。

表 7-6 W1-100 型履带起重机的起重性能

幅度/m	臂长 13m	臂长 23m		
	起重量/t	起升高度/m	起重量/t	起升高度/m
4.5	15	11		
5	13	11		
6	10	11		
6.5	9	10.9	8	19
7	8	10.8	7.2	19
8	6.5	10.4	6	19
9	5.5	9.6	4.9	19

续表 7-6

幅度/m	臂长 13m	臂长 23m	
	起重量/t	起升高度/m	起重量/t	起升高度/m
10	4.8	8.8	4.2	18.9
11	4	7.8	3.7	18.6
12	3.7	6.5	3.2	18.2
13			2.9	17.8
14			2.4	17.5
15			2.2	17
17			1.7	16

（2）履带式起重机的稳定性验算。起重机的稳定性是指起重机在自重和外荷作用下抵抗倾覆的能力。履带式起重机在进行超负荷吊装或额外接长起重臂时，需进行稳定性验算，以保证起重机在吊装中不会发生倾覆事故。

履带式起重机在如图 7-12 所示的情况下（即机身与行驶方向垂直）稳定性最差，此时，履带的轨链中心 A 为倾覆中心，起重机的安全条件为：

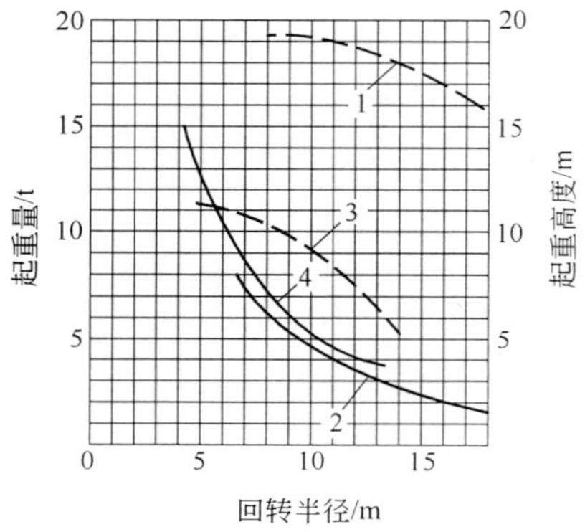

图 7-11 W1-100 型起重机性能曲线

1—起重臂长 23m 时 $H-R$ 曲线；2—起重臂长 23m 时 $Q-R$ 曲线；3—起重臂长 13m 时 $H-R$ 曲线；4—起重臂长 13m 时 $Q-R$ 曲线

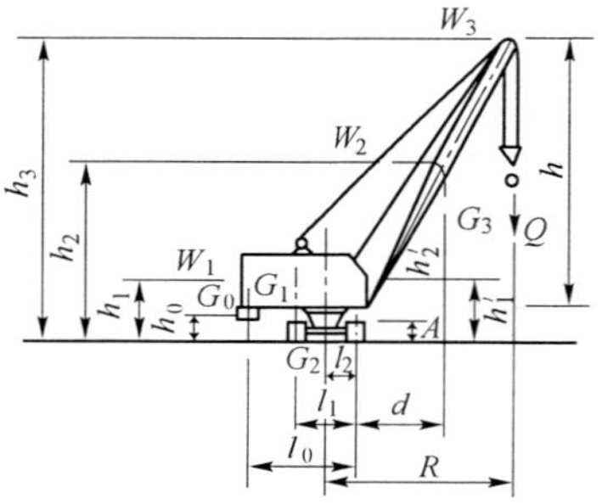

图 7-12 履带起重机稳定性验算

1）当考虑吊装荷载及附加荷载时，稳定安全系数

$$K_1 = M_{稳}/M_{倾} \geqslant 1.15 \tag{7-1}$$

2）当仅考虑吊装荷载时，稳定安全系数

$$K_2 = M_{稳}/M_{倾} \geqslant 1.14 \tag{7-2}$$

式中

$$K_1 = \frac{M_{稳}}{M_{倾}} = \frac{G_1 l_1 + G_2 l_2 + G_0 l_0 - (G_1 h'_1 + G_2 h'_2 + G_0 h_0 + G_3 h_2)\sin\beta}{Q(R - l_2)} - \frac{G_3 d + M_F + M_G + M_L}{Q(R - l_2)} \geqslant 1.15 \tag{7-2a}$$

按 K_1 验算十分复杂，在施工现场中常用 K_2 验算：

$$K_2 = \frac{M_{稳}}{M_{倾}} = \frac{G_1 l_1 + G_2 l_2 + G_0 l_0 - G_3 d}{Q(R - l_2)} \geqslant 1.14 \tag{7-2b}$$

式中 G_0——平衡重力；

G_1——起重机机身可转动部分的重力；

G_2——起重机机身不转动部分的重力；

G_3——起重臂重力（起重臂接长时，为接长后重力）；

Q——吊装荷载（包括构件重力和索具重力）；

l_0, l_1, l_2, d——上述相应部分的重心至倾覆中心 A 的距离；

h_0, h_1', h_2', h_2——上述相应部分的重心至地面的距离；

β——地面倾斜角度，应限制在3°以内；

R——起重机最小回转半径；

M_F——风载引起的倾覆力矩，可按下式计算：

$$M_F = W_1 h_1 + W_2 h_2 + W_3 h_3 \tag{7-3}$$

W_1——作用在起重机机身上的风载（基本风载值 W_0 取0.25kPa，下同）；

W_2——作用在起重臂上的风载，按荷载规范计算；

W_3——作用在所吊构件上的风载，按构件的实际受风面积计算；

h_1——机棚后面重心至地面的距离；

M_G——重物下降时突然刹车的惯性力所引起的倾覆力矩，按下式计算：

$$M_G = \frac{Qv}{qt}(R - l_2) \tag{7-4}$$

v——吊钩下降速度，m/s，取吊钩速度的1.5倍；

q——重力加速度（9.8m/s²）；

t——从吊钩下降速度 v 变到0所需的制动时间，取1s；

M_L——起重机回转时的离心力所引起的倾覆力矩，按下式计算：

$$M_L = \frac{QRn^2}{900 - n^2 h} \cdot h_3 \tag{7-5}$$

n——起重机回转速度，取1r/min；

h——所吊构件于最低位置时，其重心至起重臂顶端的距离。

B 汽车式起重机

汽车式起重机是将起重机构安装在通用或专用汽车底盘上的一种自行式全回转起重机械。起重臂可自动逐节伸缩，并具有各种限位和报警装置。它具有汽车的行驶通过性能，机动性强、行驶速度快，转移迅速、对路面破坏小、其缺点是吊装时必须设支腿，因而不能负荷行走。

目前常用的汽车式起重机有机械传动（代号Q）、液压传动（代号QY）和电动传动（代号QD）三种。

汽车式起重机按起重量大小分为轻型、中型和重型三种。起重量在20t以内的为轻型，50t（含）以上的为重型。目前，液压传动的汽车式起重机应用较为普遍。图7-13是一种轻型汽车式起重机的外形图。

C 轮胎式起重机

轮胎式起重机是将起重机安装在加重型轮胎和轮轴组成的特制底盘上的一种自行式全回转起重机械。在底盘上装有可伸缩的支腿，如图7-14所示，吊装时用四个支腿支撑，以增加机身的稳定性并保护轮胎。

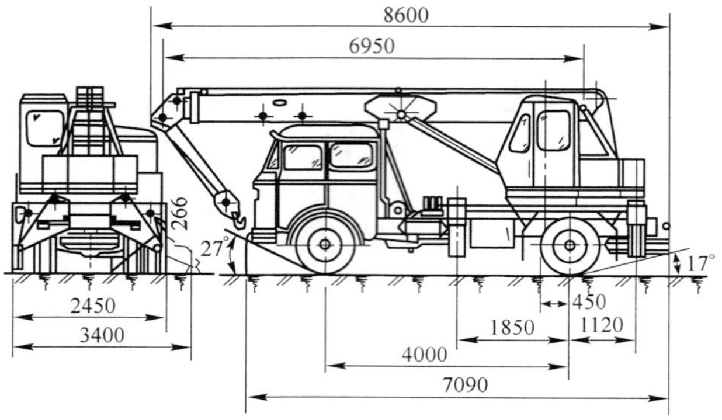

图 7-13 汽车式起重机

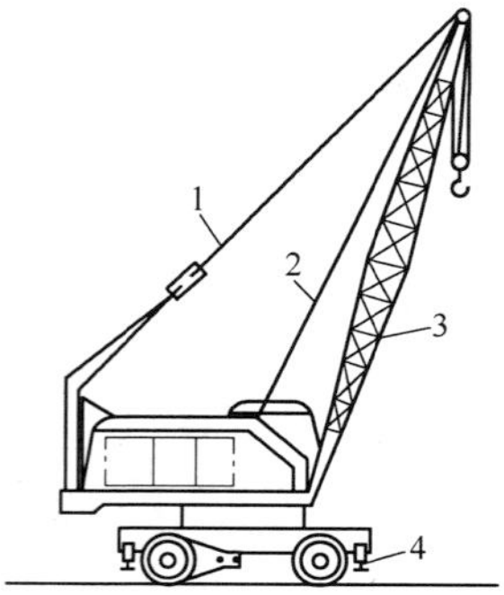

图 7-14 轮胎起重机
1—起重杆;2—起重索;
3—变幅索;4—支腿

轮胎式起重机的特点是行驶时对路面的破坏性较小,行驶速度比汽车式起重机慢,故不宜做长距离行驶,适宜于作业地点相对固定而作业量较大的现场。

轮胎式起重机按传动方式分为机械式、电动式和液压式。近年来液压式发展较快已逐渐替代了电动式,机械式已被淘汰。

7.1.2.2 塔式起重机

塔式起重机具有直立的塔身,起重臂安装在塔身的顶部,形成"┌"形的工作空间,具有较高的有效起升高度和较大的有效工作半径,工作面广。塔式起重机的种类很多,在建筑结构吊装过程中特别是在多层及高层建筑施工中,应用广泛。

塔式起重机按有无行走机构可分为固定式和移动式两种。固定式塔式起重机可固定在混凝土基础上或附着在建筑物上自动升降,也可以安装在建筑物内部的结构上随建筑物升高。移动式塔式起重机按其行走装置,又可分为履带式、汽车式、轮胎式和轨道式四种;按其回转形式,可分为上回转和下回转两种;按其变幅方式,可分为水平臂小车变幅和动臂变幅两种;按其安装形式,可分为自升式、整体快速拆装和拼装式三种。目前应用最广的是下回转、快速装拆轨道式塔式起重机和能够一机四用(轨道式、固定式、附着式和内爬式)的自升塔式起重机。塔式起重机按起重能力大小可分为轻型塔式起重机,起重量为 5 ~ 30kN,一般用于 6 层以下民用建筑施工;中型塔式起重机起重量为 30 ~ 150kN,适用于一般工业建筑与高层民用建筑施工;重型塔式起重机重量为 200 ~ 400kN,一般用于重工业厂房的施工和高炉等设备的吊装。

A 轨道式塔式起重机

轨道式塔式起重机是一种沿轨道行驶的自行式起重机,行驶路线可为直线、L 形和 U 形,能负荷行驶,且服务范围大,是目前广泛应用的起重机,常用的有 QT_1 - 6 型、QT - 60/80 型等。QT_1 - 6 型塔式起重机是轨道式上旋转塔式中型起重机,起重量为 20 ~ 60 kN,最大起重力矩为 400 ~ 450 kN · m,起重半径 3.5 ~ 20m,起重高度 40.5 ~ 26.5m,轨距 3.8m;能转弯行驶,起重高度可按需要增减塔身节数,适用面广,如图 7-15 所示。

B 爬升式塔式起重机

爬升式塔式起重机是一种安装在建筑物内部(电梯井或特设开间)的结构上,依靠套架托梁和爬升系统,随着建筑物的建高而升高的起重机。一般每隔1 ~ 2层便要爬升一次。塔身自身高度 只有20m左右,起重高度随施工高度而定。主要适用于高层建筑施工,常用爬升式塔式起重

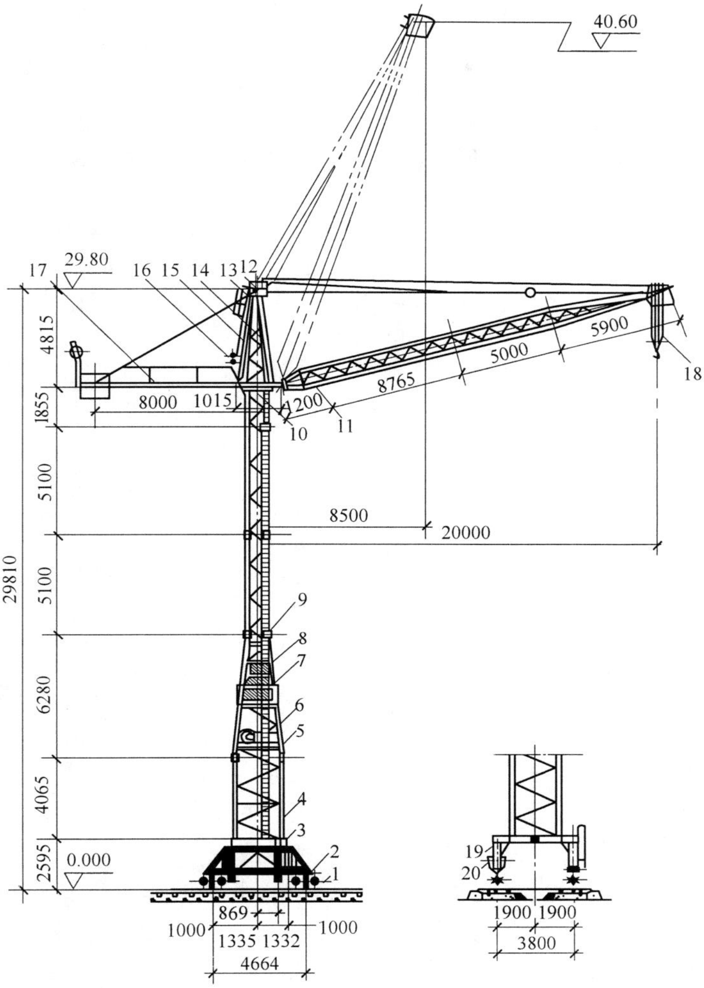

图 7-15　QT_1-6 型塔式起重机外形与构造示意图

1—被动台车;2—活动侧架;3—平台;4—第一节架;5—第二节架;6—卷扬机构;7—操纵配电系统;
8—司机室;9—互换节架;10—回转机构;11—起重臂;12—中央集电环;13—超负荷保险装置;
14—塔顶;15—塔帽;16—手摇变幅机构;17—平衡臂;18—吊钩;19—固定侧架;20—主动台车

机的型号有 QT_5 -4/40 型和 ZT -120 型。进口机型有 80HC、120HC 及 QTZ63、GTZ100 等。QT_5 -4/40 型塔式起重机,最大起重量为 40 kN,幅度为 11 ~20m,起重高度可达 110m,一次爬升高度 8.6m,爬升速度为 1m/min,其爬升过程主要分为爬升准备、提升套架和提升起重机,如图 7-16 所示。

(1) 爬升准备。将起重小车收回到最小幅度处,下降吊钩,吊住套架并松开固定套架的地脚螺栓,收回活动支腿,做好爬升准备。

(2) 提升套架。开动爬升机构将起重机提升到两层楼高度时停止,接着摇出套架四角活动支腿并用地脚螺栓固定,再松开吊钩升高至适当高度并开动起重小车到最大幅度处。

(3) 提升起重机。先松开底座地脚螺栓、收回底座活动支腿,开动爬升机构将起重机提升至两层楼高度停止,接着摇出底座四角的活动支腿,并用预埋在建筑结构上的地脚螺栓固定。至此,结束爬升过程。

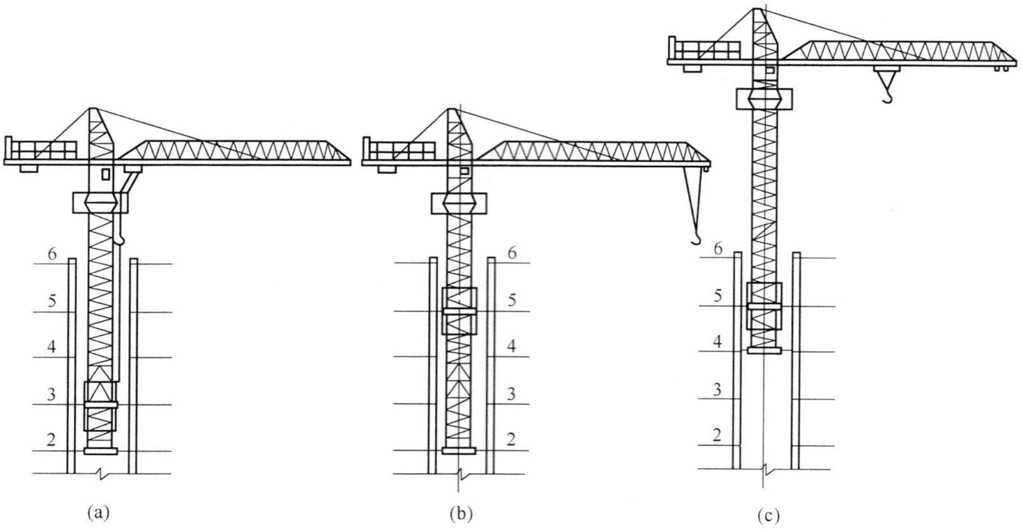

图 7-16 爬升式塔式起重机的爬升过程

(a)爬升准备;(b)提升套架;(c)提升起重机

C 附着式塔式起重机

附着式塔式起重机是直接固定在建筑物近旁的钢筋混凝土基础上,依靠爬升系统随着建筑施工进度而自行向上接高,每隔 16 ~ 20m 将塔身与建筑物的结构用锚固装置连接起来。塔身随着建筑施工进度而自行向上接高,常用的附着式塔式起重机的型号有 QT_4-10 型、ZT100 型等。

QT_4-10 型塔式起重机的顶升系统由顶升套架、长行程液压千斤顶、支承座、顶升横梁和定位销等组成。起重机自升及塔身接高过程如图 7-17 所示。

首先,将标准节吊到摆渡小车上,松开过渡节与塔身标准节相连的螺栓,如图 7-17a 所示,准备顶升。然后,开动液压千斤顶,将塔顶及顶升套架向上顶升到超过一个标准节的高度,再用定位销将顶升套架固定,如图 7-17b 所示;随后,将液压千斤顶回缩,形成引进空间,借助手摇链轮将装有标准节的摆渡小车拉到引进空间内,如图 7-17c 所示;接着,利用液压千斤顶稍微提起标准节,退出摆渡小车,后将标准节平稳地落在下面的塔身上,并用螺栓加以连接,如图 7-17d 所示;最后拔出定位销,下降过渡节使之与新的已接高的标准节连成整体,如图 7-17e 所示。重复上述步骤,即可自升塔身。

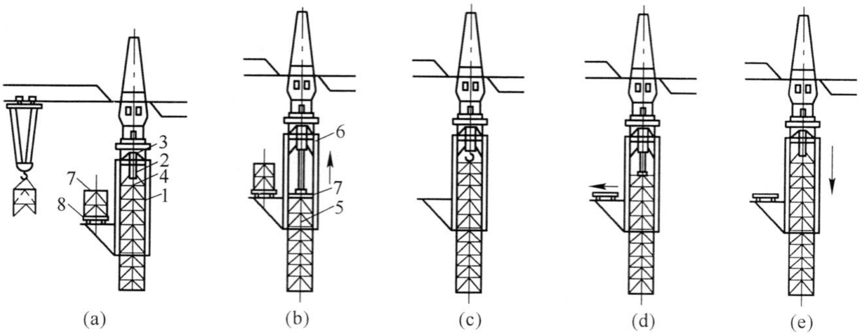

图 7-17 附着式塔式起重机顶升接高过程

(a)准备状态;(b)顶升塔顶;(c)推入标准节;(d)安装标准节;(e)塔顶与塔身连成整体

1—顶升套架;2—液压千斤顶;3—支承座;4—顶升横梁;5—定位销;6—过渡节;7—标准节;8—摆渡小车

图 7-18 为 QT_4-10 型附着式塔式起重机与建筑物附着时的外貌及起重性能曲线。该塔式起重机每顶升一次升高 2.5m，常用起重臂长为 30m，此时最大起重力矩为 160kN · m，起重量为 50 ~ 100 kN，工作幅度 3 ~ 30m，起重高度为 160m。

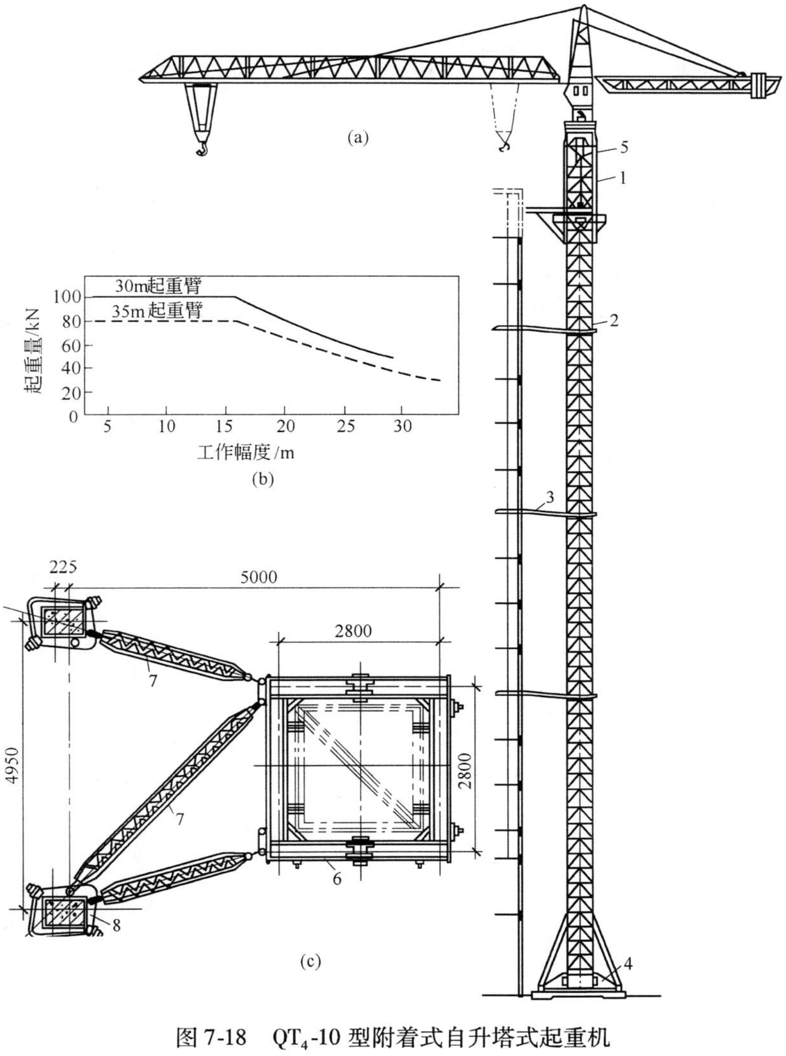

图 7-18 QT_4-10 型附着式自升塔式起重机

(a)全貌图；(b)性能曲线；(c)锚固装置构造图

1—顶升套架；2—塔身标准节；3—锚固装置；4—底架及支腿；5—液压千斤顶；6—塔身套箍；7—撑杆；8—柱套箍

7.1.2.3 桅杆式起重机

桅杆式起重机是结构吊装工程中最简单的起重设备。它们的特点是能在比较狭窄的场地使用，制作简单、装拆方便，起重量大，可达 1000 kN 以上。能在其他起重机械不能安装的特殊工程和重大结构吊装时使用。但这类起重机的灵活性较差，移动较困难，起重半径小，且需要设较多缆风绳，因而它适用于安装工程比较集中的工程。

常用的桅杆式起重机有独脚拔杆、人字拔杆、悬臂桅杆和索缆式桅杆起重机等。

独脚拔杆常用圆木、钢管或角钢做成格构式，一般由拔杆、起重滑轮机组、卷扬机、缆风绳和锚碇组成，如图 7-19 所示。金属格构式独脚拔杆起重量可达 1000kN 以上，起重高度可达 60m。

人字拔杆一般是由两根圆木或钢管及缆风绳、滑轮组、导向滑轮等组成。在人字拔杆的顶部交叉处悬挂滑轮组。拔杆一端两脚的距离约为高度的1/3～1/2，并设有拉杆(或拉索)以平衡拔杆本身的水平推力。缆风绳的数量应根据拔杆的重量和起重高度来决定，一般不少于5根，如图7-19b所示。其侧向稳定性较好。钢管人字拔杆起重量可达200kN。

悬臂桅杆是在独脚桅杆的中部或2/3高度处装一根起重臂而成，如图7-19c所示。其起重臂可以回转和起伏，可以固定在某一部位，也可以根据需要沿杆升降，悬臂桅杆的特点是有较大的起重高度和相应的起重半径，起重臂还能左右摆动120°～270°。

索缆式桅杆起重机是在独脚桅杆下端装上一根可以回转和起伏的起重臂而成，如图7-19d所示。起重量在100kN以内，起重高度不超过25m，多用无缝钢管制成，用于一般工业厂房的结构吊装；大型桅杆式起重机的桅杆和起重臂都是用角钢组成的格构式截面，起重量可达600kN，桅杆高度可达80m，用于重型工业厂房的吊装或设备安装。

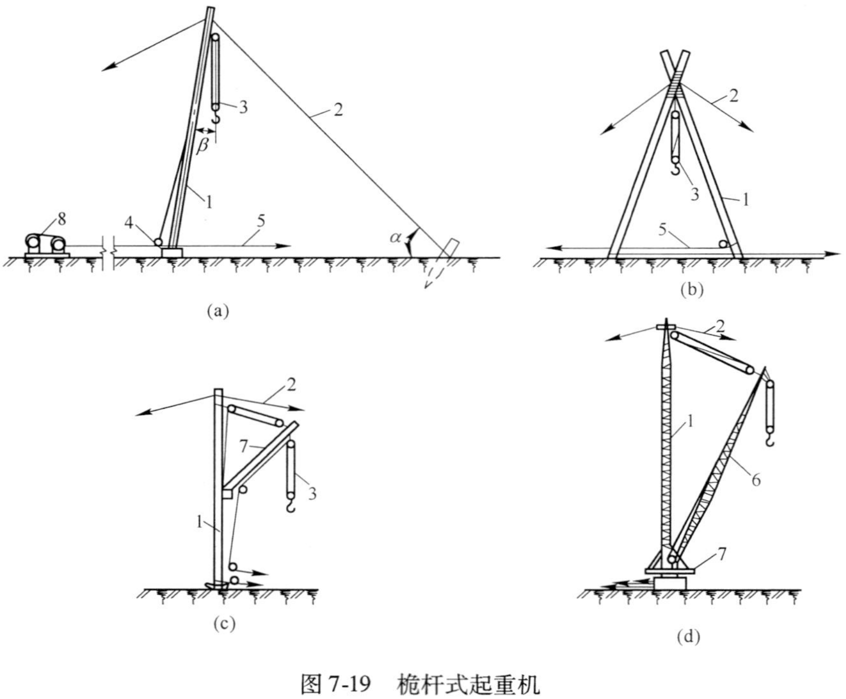

图7-19　桅杆式起重机

(a)独脚拔杆；(b)人字拔杆；(c)悬臂拔杆；(d)索缆式桅杆起重机

1—拔杆；2—缆风绳；3—起重滑轮组；4—导向装置；5—拉索；6—起重臂；7—回转盘；8—卷扬机

7.2　单层工业厂房结构吊装

单层工业厂房一般采用钢筋混凝土装配式结构，主要承重结构除基础在施工现场就地灌注外，柱、吊车梁、基础梁、屋架、天窗架、屋面板等多采用钢筋混凝土预制构件。尺寸大、构件重的大型构件一般在施工现场就地预制，中小型构件多在工厂制作，运到现场安装。

7.2.1　构件吊装前的准备

构件吊装前的准备工作包括：清理场地、铺设道路、敷设水电管线，基础准备，构件运输、堆放，拼装与加固，检查、弹线、编号。

7.2.1.1 基础的准备

装配式钢筋混凝土柱基础一般为杯形基础。基础在浇筑时应保证基础定位轴线及杯口尺寸准确。同时，为便于调整柱子牛腿面的标高，杯底浇筑后的标高应较设计标高低50mm。柱吊装前，需要对杯底标高进行调整（抄平）。调整的方法是测出杯底原有标高，再测量出吊入该基础的柱的柱脚至牛腿面的实际长度，再根据安装后柱牛腿面的设计标高计算出杯底标高调整值，并在杯口内标出。然后用水泥砂浆或细石混凝土将杯底找平至所需的标高处，如图7-20所示。

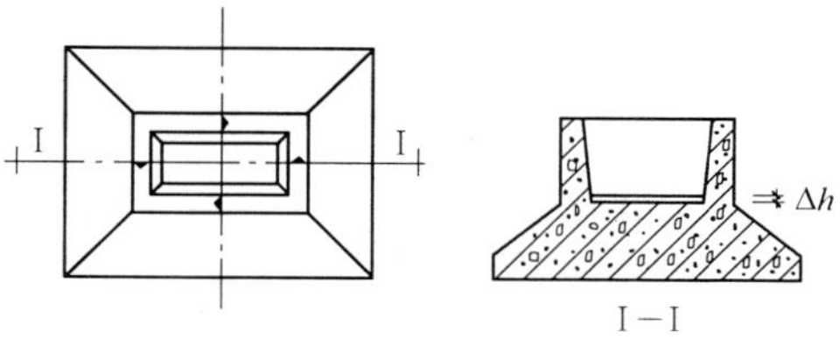

图7-20 杯底标高调整，杯顶面弹线

例如，测出杯底原标高为 -1.20m，牛腿面的设计标高是 +7.80m，柱脚至牛腿面的实际长度为8.95m，则杯底标高的调整值 $\Delta h=(7.80+1.20)-8.95=0.05$m，即杯底应调整加高50mm。

此外，还要在基础杯口顶面弹出建筑物的纵、横定位轴线及柱的吊装准线，作为柱吊装对位和校正的依据。

7.2.1.2 构件的运输和堆放

钢筋混凝土预制构件的运输应选择合理的运输车辆和合适的装卸机械，大多采用载重汽车或平板拖车，要保证构件不变形、不损坏。构件运输时的混凝土强度，如设计无具体要求时，不应低于设计的混凝土立方体抗压强度标准值的75%。预制构件堆放和运输时的支承位置和方法应符合标准图或设计要求。叠放在车上或码放在现场的构件，构件之间的垫木要在同一垂直线上且厚度相等。构件在运输时要固定牢固，以防在运输途中倾倒。对于屋架等重心较高、支承面较窄的构件，应用支架固定。

构件进入施工现场应按平面布置图所规定的位置堆放，以免二次倒运。堆放场地地面必须平整坚实，排水良好，以防构件因地面不均匀下沉而造成倾斜或倾倒摔坏。

7.2.1.3 构件的拼装与加固

对于一些长而重或侧向刚度差的构件，如天窗架、大跨度桁架等，为便于运输和防止在扶直和运输中损坏，常把它们分为几个块体预制，然后将块体运到吊装现场组合成一个整体。这种组合工作称为构件拼装。

构件拼装有平拼和立拼两种方法。平拼是将块体平卧于操作台或地面上进行拼装，拼装完毕后用起重机吊至施工平面布置图中所指定的地点堆放；立拼是将块体立着拼装，并直接拼在施工平面布置图中所指定的位置上。

一般情况下，小型构件，如6m跨度的天窗架和跨度在18m以内的桁架，采用平拼；大型构件，如跨度为9m的天窗架和跨度在18m以上的桁架，采用立拼。立拼必须有可靠的稳定措施。

图7-21所示为立拼、跨度为30～36m的预应力混凝土屋架的一种方法，拼装的构件在拼装前应先检查块体质量，如混凝土强度、外形尺寸是否符合条件，有无裂缝损伤等。只有检查合格的块体，才能进行拼装。图7-22所示为天窗架平拼。

构件在翻身扶直和吊装时所受荷载，一般均小于设计的使用荷载，但荷载的位置大多与设计时的计算图式不同，因此构件可能产生变形或损坏。故当吊点与设计规定不同时，在吊装前须进行吊装应力验算，并采取适当的临时加固措施。

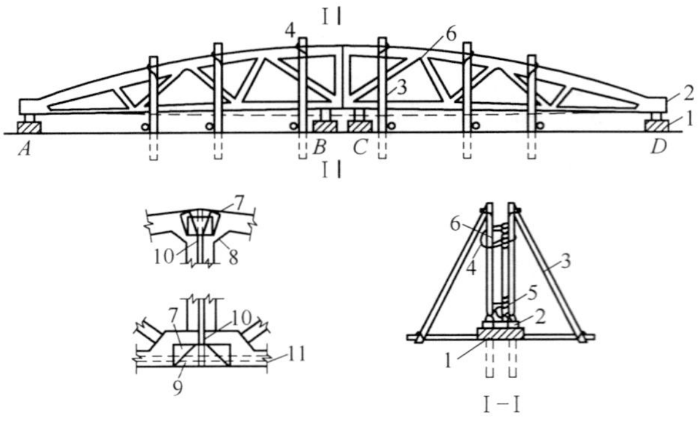

图 7-21 预应力混凝土屋架的拼装

1—砖砌支撑;2—垫木;3—支架;4—捆上弦的 8 号铁丝;5—木架;
6—屋架;7—预埋钢板;8—上弦拼接钢板;9—下弦拼接钢板;
10—细石混凝土或砂浆灌立缝;11—预应力筋孔道

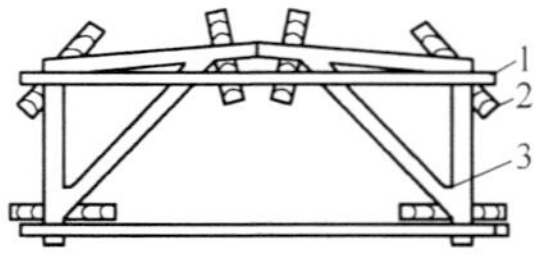

图 7-22 天窗架平拼示意图

1—杠杆(测跨距用);
2—垫木;3—天窗架

7.2.1.4 构件的检查与清理

为保证质量并使吊装工作能顺利进行,在构件吊装前应对所有构件实行全面检查。进入现场的预制构件,其外观质量,尺寸偏差及结构性能应符合标准图或设计的要求。构件的外观质量不应有严重缺陷,也不宜有一般缺陷;预制构件不应有影响结构性能和安装、使用功能的尺寸偏差。构件上的预埋件的规格、位置和数量,应符合标准图或设计要求。

构件吊装时的混凝土强度,不应低于设计的混凝土立方体抗压强度标准的 75%。跨度较大的梁及屋架等构件的混凝土强度,必须达到设计混凝土立方体抗压强度标准值的 100% 方可进行吊装。

7.2.1.5 构件的弹线与编号

构件检查及清理后,吊装之前要在构件表面弹出吊装准线,作为构件对位、校正的依据。对形状复杂的构件,尚需标高它的重心及绑扎点的位置。

柱应在柱身的 3 个面上弹出吊装准线。矩形截面柱按几何中心线;工字形截面柱除在矩形截面部分弹出中心线外,为便于观测及避免视差,还应在工字形截面的翼缘部分弹一条与中心线平行的线。柱身所弹吊装准线的位置应与基础杯口面上所弹的吊装准线相吻合,此外,在柱顶与牛腿面上要弹出屋架及吊车梁安装准线。

梁的两端及顶面应弹出几何中心线。

对构件弹线的同时,应根据设计图纸构件进行编号。对不易辨别上下、左右的构件,还应在构件上加以注明,以免吊装时搞错。

7.2.2 构件吊装工艺

装配式钢筋混凝土单层工业厂房的结构构件的吊装过程包括绑扎、吊升、对位、临时固定、校正、最后固定等工序。现场预制的一些构件还需要翻身扶直排放后,才进行吊装。

7.2.2.1 柱的吊装

A 柱的绑扎

按柱起吊后柱身是否垂直,分为直吊绑扎法和斜吊绑扎法。

(1)斜吊绑扎法。当柱子的宽面抗弯能力满足吊装要求时,可采用斜吊绑扎法(见图 7-23)。起吊后柱呈倾斜状态。由于吊索歪在柱的一边,起重钩可低于柱顶,因此,起重臂可以短些。

斜吊绑扎法可用两端带环的吊索及活络卡环绑扎，如图 7-23a 所示，也可在柱吊点处预留孔洞，采用柱销来绑扎，如图 7-23b 所示。

(2)直吊绑扎法。当柱平放，宽面抗弯强度不足时，吊装前需将柱翻身由平放转为侧立，再绑扎起吊，可采用直吊绑扎法(见图 7-24)。采用这种绑扎方法，柱子起吊后，柱身呈垂直状态。铁扁担跨于柱顶之上，吊索分别在柱两侧，通过铁扁担与起重吊钩连接，所以需要较长的起重臂。但是柱起吊后柱身与基础杯底呈垂直状态，容易对位。

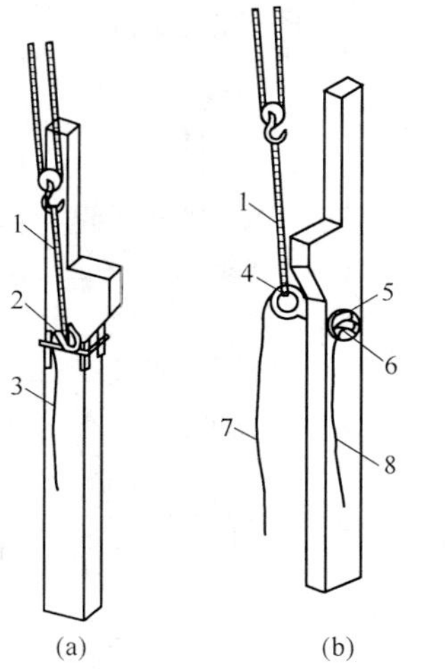

图 7-23 柱的斜吊绑扎法

1—吊索；2—活络卡环；3—活络卡环插销拉绳；4—柱销；5—垫圈；6—插销；7—柱销拉绳；8—插销拉绳

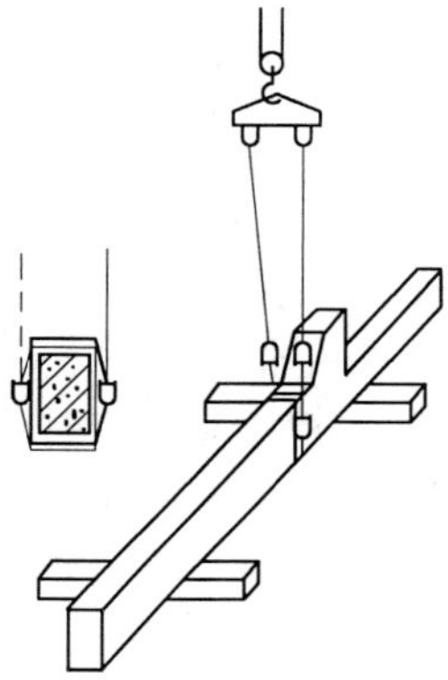

图 7-24 柱的直吊绑扎法

B 柱的吊升

柱可采用旋转法和滑行法吊升。旋转法(见图 7-25)吊装柱时，柱脚宜靠近基础，柱的绑扎点、柱脚与柱基杯口中心宜位于起重机的同一工作半径的圈弧上。起吊时，起重机边升钩，边回转使柱子绕柱脚旋转而成为直立状态，然后起重机将柱吊离地面，再稍转起重臂至基础上方，使柱插入杯口。

有时由于条件限制，柱的绑扎点、柱脚与柱基中心不能在同一个圆弧上，可采取绑扎点或柱脚与杯口中心两点共弧，这种布置法在柱吊升过程中，起重机就要改变回转半径，起重臂要起伏，工效较低。

用旋转法吊升柱子，柱在吊装过程中所受震动较小，生产率较高，但对起重机的机动性要求较高，采用自行杆式起重机吊装时，宜采用此法。

滑行法吊装柱时，绑扎点布置在基础附近，并使绑扎点和基础杯口中心点两点位于起重机的同一起重半径的圆弧上。起吊柱时，起重臂不动，仅起重钩上升，柱脚沿地面滑行而使柱子在绑扎点位置直立，如图 7-26 所示，然后将柱吊离地面，稍转起重臂将柱插入杯口。

用滑行法吊柱时，柱受到震动较大，为减少柱脚与地面的摩擦阻力，可在柱脚下设置托板，滚洞、并铺设滑行道。其优点是在起吊过程中，起重机不需转动起重臂，即可将柱吊装就位，比较安全。

C 柱的对位与临时固定

柱脚插入杯口后，停在距杯底下30 ~ 50mm处进行对位，用8只楔块从柱的四边放入杯口，

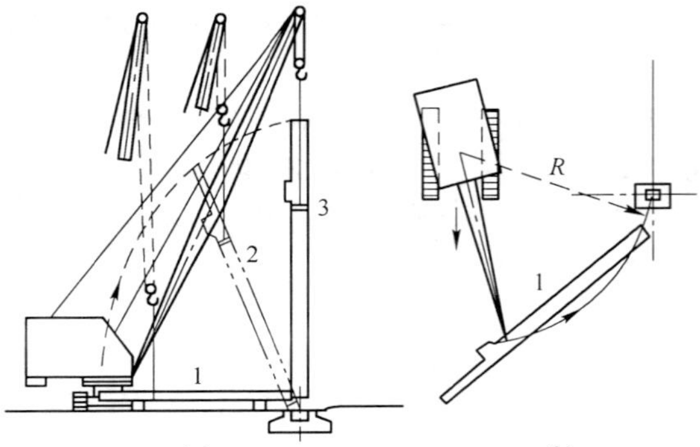

(a)　　　(b)

图 7-25　旋转法吊装柱

(a)旋转过程;(b)平面布置

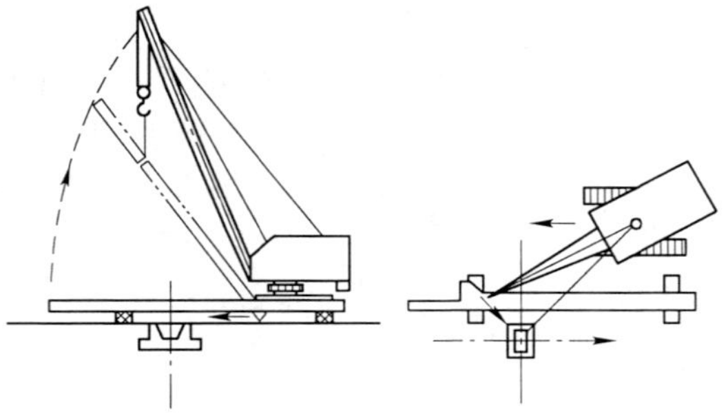

(a)　　　(b)

图 7-26　滑行法吊装柱

(a)滑行过程;(b)平面布置

如图 7-27 所示,并用撬棍拨动柱脚,使柱的吊装准线对准杯口上的吊装准线,并保持柱的垂直度,后将 8 只楔块略打紧,放松吊钩,让柱靠自重沉至杯底,再检查吊装准线的对准情况,若符合要求,立即打紧楔块,将柱临时固定。

对重型柱或细长柱,除应用楔块临时固定之外,尚应增设缆风绳或斜撑等措施来保证柱的稳定。

D　柱的校正

柱的校正包括平面位置、标高及垂直度三个方面。

柱标高的校正,在杯形基础杯底抄平时已完成,柱子平面位置的校正在柱对位时也已完成。因此,在柱临时固定后,主要是校正垂直度。

柱垂直度的检查,是用 2 台经纬仪从柱相邻的两边检查吊装准线的垂直度,测出的实际偏差大于规定值时,应进行校正。当偏差较小时,可用打紧或稍放松楔块的方法来纠正。如偏差较大时,可用螺旋千斤顶斜顶或平顶、钢管支撑斜顶等方法进行校正(见图 7-28)。当柱顶加设缆风绳时,也可用缆风绳来纠正柱的垂直偏差。

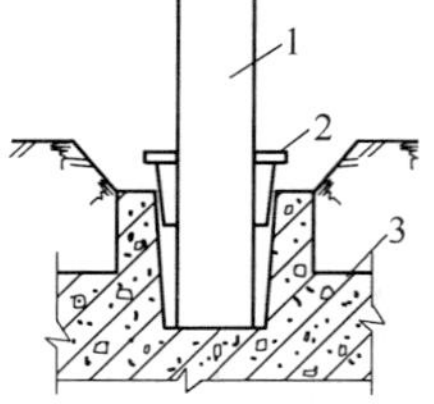

图 7-27　柱的临时固定

1—柱子;2—楔块;3—基础

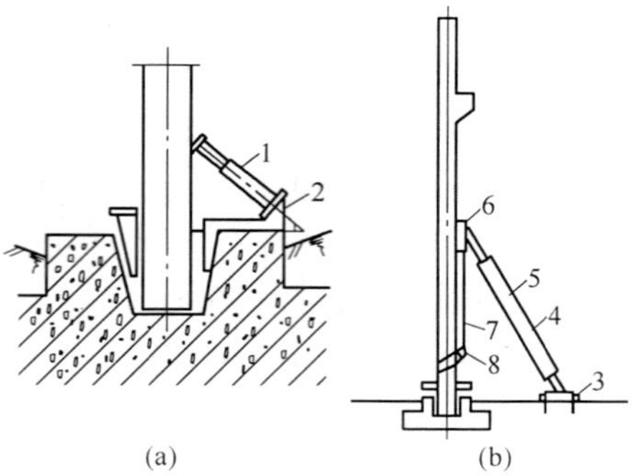

(a)　　　(b)

图 7-28　柱垂直度校正方法

(a)螺旋千斤顶斜顶;(b)钢管支撑斜顶

1—螺旋千斤顶;2—千斤顶支座;3—底板;4—转动手柄;5—钢管;6—头部摩擦板;7—钢丝绳;8—卡环

E　柱的最后固定

柱校正后,应立即进行最后固定,在柱脚与杯口的空隙中分两次浇筑细石混凝土。第一次灌至楔子底面,待混凝土强度达到设计强度等级的 25% 后,拔出楔子,将杯口全部灌满混凝土。

7.2.2.2 吊车梁的吊装

吊车梁的吊装，必须在基础杯口第二次浇筑的细石混凝土强度达到设计强度等级的75%以上才能进行。

A 吊车梁的绑扎、吊升、对位与临时固定

绑扎吊车梁时，2 根吊索要等长，绑扎点应对称地设在梁的两端，吊钩对准梁的重心，使吊车梁在起吊后能基本保持水平（见图7-29）。吊车梁两头需用溜绳控制。

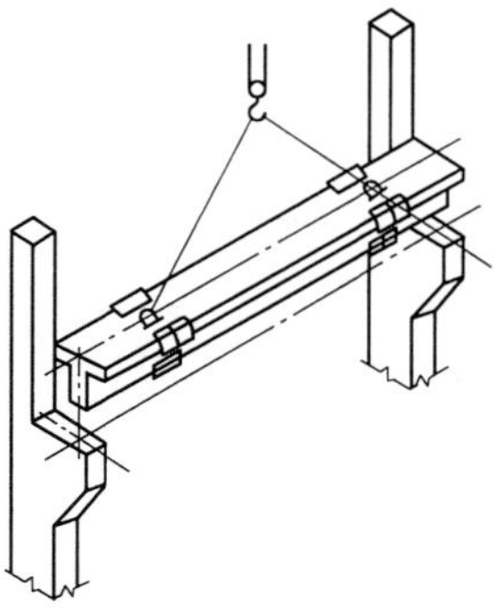

图7-29 吊车梁吊装

吊车梁本身的稳定性较好，一般在就位时用垫铁垫平即可，不需采取临时固定措施。当梁的高度与底宽之比大于4时，可用8号铅丝将梁捆在柱上，以防倾倒。

B 吊车梁的校正和最后固定

吊车梁的校正应在厂房结构校正和固定后进行。校正的主要内容为垂直度和平面位置，两者应同时进行。梁的标高已在基础杯口底调整时基本完成，如仍存在误差，可在铺轨时，在吊车梁顶面挂一层砂浆来找平。

（1）垂直度校正。吊车梁垂直度用靠尺、线锤检查。T形吊车梁测其两端垂直度，鱼腹式吊车梁测其跨中两侧垂直度，吊车梁垂直度允许偏差为5mm。若偏差超过规定值，需在吊车梁底端与柱牛腿面之间垫入斜垫块校正。

（2）平面位置校正。吊车梁平面位置校正，包括直线度（使同一纵轴线上各梁的中线在一条直线上）和轨距（两列吊车梁中间之间的距离）两项。

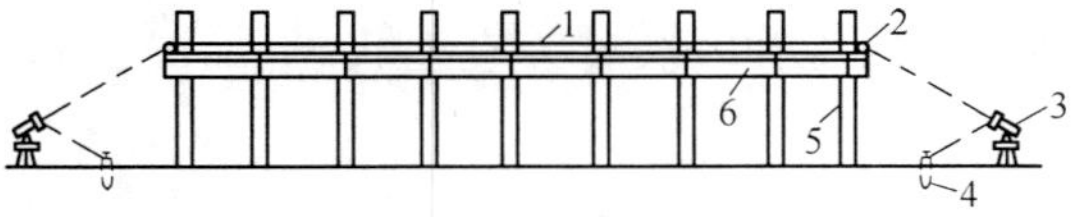

图7-30 通线法校正吊车梁
1—通线；2—支架；3—经纬仪；4—木桩；5—柱；6—吊车梁

通线法是根据柱的定位轴线用经纬仪将吊车梁的中线放到一跨四角的吊梁上，并用钢尺校核轨距，然后在4根已校正的吊车梁端上设支架（或垫块），高约200mm，并根据吊车梁的定位轴线拉钢丝通线，同时悬挂重物拉紧。以此来检查并拨正各吊车梁的中心线（见图7-30）。

仪器放线法是在柱列边设置经纬仪（见图7-31），逐根将杯口上柱的吊装准线投射到吊车梁顶面处的柱身上（或在各柱侧面放一条与吊车梁中线距离相等的校正基准线），并做出标志，若标志线至柱定位轴线的距离为a，则标志到吊车梁定位轴线的距离应为$\lambda - a$（λ为柱定位轴线到吊车梁定位轴线之间的距离）。可据此来逐根拨正吊车梁的中心线，并检查两列吊车梁之间的轨距是否符合要求。

吊车梁校正之后，立即按设计图的要求，用电焊做最后固定，并在吊车梁与柱的空隙处浇筑细石混凝土。

7.2.2.3 屋架的吊装

A 屋架的绑扎

屋架的绑扎应在上弦节点上或靠近节点处，左右对称，绑扎中心（各支吊索内力的合力作用点）必须在屋架重心之上。屋架翻身扶直时，吊索与水平线的夹角不宜小于60°；吊装时不宜小于45°，以避免屋架承受过大的横向压力。必要时，为减少屋架的起吊高度及所受横向压力，可采用横吊梁。屋架翻身和吊装的几种绑扎方法如图7-32所示。

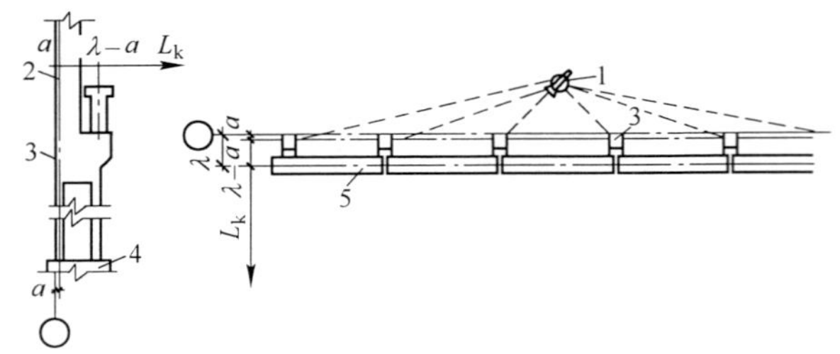

图 7-31 仪器放线法校正吊车梁

1—经纬仪;2—标志;3—柱;4—柱基础;5—吊车梁

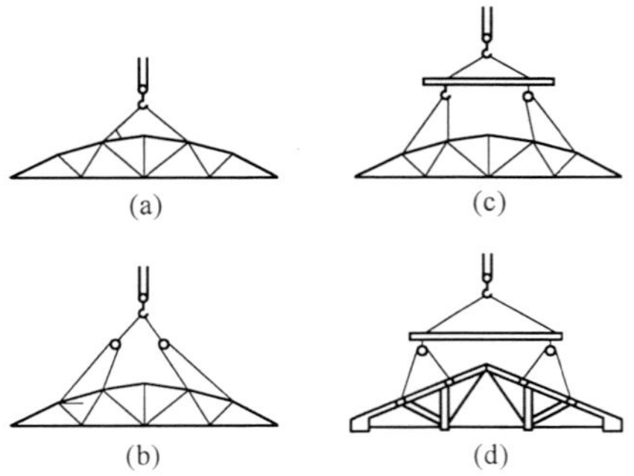

图 7-32 屋架绑扎

(a)跨度≤18m 时;(b)跨度＞18m 时;
(c)跨度≥30m;(d)三角形组合屋架

屋架跨度小于或等于 18m 时,2 点绑扎;屋架跨度大于 18m 时,4 点绑扎;屋架的跨度大于或等于 30m 时,应考虑采用横吊梁;对三角形组合屋架等刚性较差的屋架,下弦不能承受压力,故绑扎时也应采用横吊梁。

B 屋架的扶直与排放

钢筋混凝土屋架都平卧叠制,屋架在吊装前必须翻身扶直排放。即把平卧制作的屋架扶成竖立状态,然后吊放在设计好的位置上,准备吊升。扶直屋架时,由于起重机与屋架相对位置不同,可分为正向扶直与反向扶直。

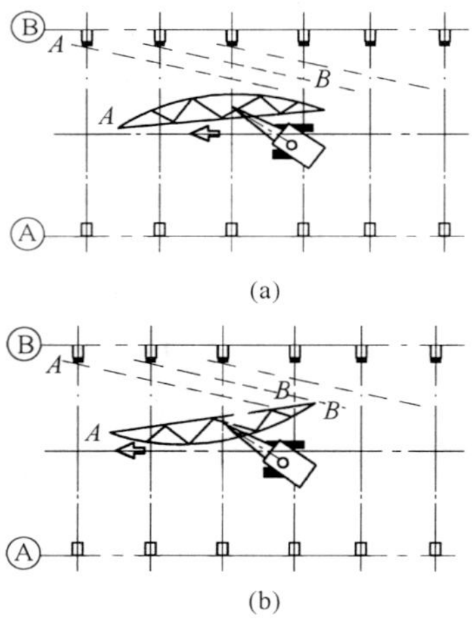

图 7-33 屋梁的扶直

(a)正向扶直;(b)反向扶直

(虚线表示屋架排放的位置)

(1) 正向扶直起重机立于屋架下弦一边,首先以吊钩对准屋架中心,收紧吊钩,然后略提升起重臂使屋架脱模,接着升钩起臂,使屋架以下弦为轴缓缓转为直立状态,如图 7-33a 所示。

(2) 反向扶直是起重机立于屋架上弦一边,首先以吊钩对准屋架中心,收紧吊钩,接着升钩并降低起重臂,使屋架以下弦为轴缓缓转为直立状态,如图 7-33b 所示。

这两种方法的不同点是在扶直过程中,一为升起起重臂,一为降低起重臂,以保持吊钩始终在屋架上弦的垂直上方,起重臂升臂易于降臂,且操作较安全,故应尽可能采用正向扶直。

C 屋架的吊升、对位与临时固定

屋架一般采用单机吊升,只有当屋架跨度大或重量大时,才用双机抬吊。

吊装屋架时,先将屋架吊离地面 500mm 左右,然后将屋架转至吊装位置的下方,升钩将屋架提升超过柱顶约 300mm,再用溜绳旋转屋架使其对准柱顶,然后将屋架缓缓降至柱顶,进行对位。屋架对位以事先用经纬仪投放到柱顶的建筑物轴线为准。使屋架端部两个方向的轴线与柱顶轴线重合。对位后,立即进行临时固定。第一榀屋架的临时固定,通常是用 4 根缆风绳从两边将屋架拉牢,有时也可将屋架与抗风柱连接作为临时固定。第二榀屋架则用工具式支撑临时固定在第一榀屋架上,以后各榀屋架的临时固定,也都是用工具式支撑撑牢在第一榀屋架上(见图 7-34),当屋架经校正,最后固定并安装了若干块大型屋面板后,才可将支撑取下。

D 屋架的校正与最后固定

屋架的校正主要是垂直偏差,可用经纬仪或垂球检查,用工具式支撑校正垂直偏差。

用经纬仪检查竖向偏差时,在屋架上弦安装3个卡尺,一个安装在上弦中点附近,另两个分别安装在屋架的两端。自屋架几何中心向外量出500mm,在卡尺上做出标志。然后在距屋架定位轴线同样距离(500mm)处设置经纬仪,用其检查3个卡尺上的标志是否在同一垂直面上,见图7-34。

用垂球检查屋架竖向偏差时,也是在屋架上弦安置3个卡尺,但卡尺上标志至屋架几何中心线的距离取300mm。在两端头卡尺的标志间连一通线,自屋架顶卡尺的标志处向下挂垂球,检查3个卡尺标志是否在同一垂直面上。

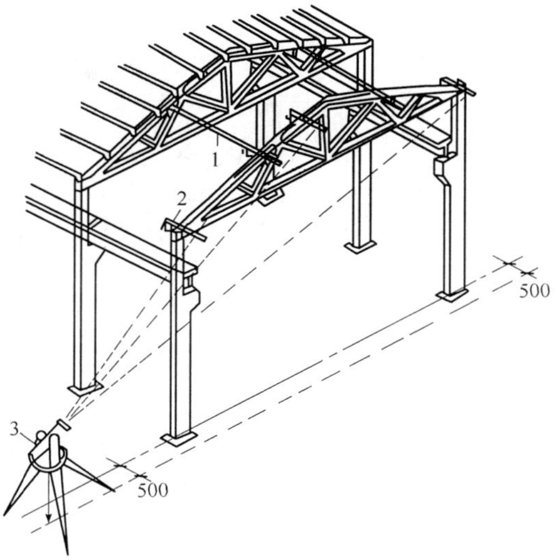

图7-34 屋架的临时固定与校正
1—工具式支撑;2—卡尺;3—经纬仪

若发现屋架存在竖直偏差,可通过转动工具式支撑撑脚上的螺栓进行纠正,并在屋架两端的柱顶垫入斜垫铁。

屋架校正完毕,立即用电焊固定。

7.2.2.4 天窗架和屋面板的吊装

天窗架可与屋架组合一起绑扎吊装或单独吊装。天窗架单独吊装应在天窗架两侧的屋面板吊装后进行,其吊装方法与屋架基本相同,其校正可用工具式支撑进行。

屋面板一般有预埋吊环,用带钩的吊索钩住吊环即可吊装。为充分利用起重机的起重能力,提高工效,可采用一钩多吊的方法。

屋面板的吊装顺序应由两边檐口左右对称地逐块铺向屋脊,以免屋架受荷不均,屋面板对位后,应立即电焊固定。每块屋面板至少有3点与屋架或天窗架焊牢,必须保证焊缝的尺寸和质量。

7.2.3 结构吊装方案

单层工业厂房结构吊装方案主要解决结构吊装方法,选择起重机,确定起重机的开行路线和平面布置等内容。应根据厂房结构形式,构件的尺寸、重量、安装高度,工程量和工期的要求来确定。同时应充分利用现有的起重设备。

7.2.3.1 结构吊装方法

单层工业厂房结构吊装方法有分件吊装法、节间吊装法与综合吊装法三种。

A 分件吊装法

起重机在单位吊装工程内每开行一次,仅吊装一种或几种构件,一般分为三次开行吊装完全部构件。

第一次开行,吊装全部柱子,并对柱子进行校正和最后固定;

第二次开行,吊装吊车梁、连系梁及柱间支撑等;

第三次开行,依次按节间吊装屋架、天窗架、屋面板及屋面支撑等。

此外,在屋架吊装之前还要进行屋架的扶直排放,屋面板的运输堆放,以及起重臂的接长等工作。

B 节间吊装法

起重机在厂房一次开行中,分节间吊装完毕所有各种类型的构件。开始吊装4~6根柱子,立即进行校正和最后固定,然后吊装该节间内的吊车梁、连系梁、屋架、屋面板等构件。按节间进行吊装直至整个厂房结构吊装完毕。

分件吊装法的特点是操作程序基本相同,准备工作简单,构件吊装效率高且便于管理;可利用更换起重臂长度的方法分别满足各类构件的吊装。目前在单层工业厂房结构安装工程中应用广泛。

节间吊装法操作复杂多变化,不能充分发挥起重机的能力,影响生产效率,各类构件需运至现场堆放,不利于施工组织管理,因此,只有采用桅杆式起重机时,才予以考虑。

C 综合吊装法

综合吊装法是指厂房结构一部分构件采用分件吊装法吊装,一部分构件采用节间吊装法吊装的方法。此法吸取了分件吊装法和节间吊装法的优点。普遍的做法是,采用分件吊装法吊装柱、柱间支撑、吊车梁等构件;采用节间吊装法吊装屋盖的全部构件。

7.2.3.2 起重机的选择

起重机的选择包括起重机类型、型号、臂长及起重机数量的确定。它是结构安装工程的重要环节,它关系到构件的吊装方法,起重机的开行路线和停机点、构件的平面布置等问题。

A 起重机类型的选择

起重机的类型主要根据厂房跨度、构件重量、尺寸、安装高度及施工现场的条件来确定。

对中小型厂房,一般采用自行杆式起重机,以履带式起重机应用最为普遍。

对重型厂房,其跨度大、构件重、安装高度大,且厂房内的设备安装常与厂房结构安装同时进行,所以,一般应选用大型自行杆式起重机,以及重型塔式起重机与其他起重机械配合使用。

B 起重机型号的选择

起重机类型确定之后,要根据构件的重量、尺寸和安装高度确定起重机型号,使所选起重机的3个工作参数:起重量、起重高度、起重半径满足结构吊装的要求。一台起重机一般都有几种不同长度的起重臂,在厂房结构吊装过程中,如各构件的起重量、起重高度相差较大时,可选用同一型号的起重机,以不同的臂长进行吊装。充分发挥起重机的性能。

(1) 起重量。起重机的起重量必须大于所安装构件重量与索具重量之和,即

$$Q \geqslant Q_1 + Q_2 \tag{7-6}$$

式中 Q——起重机的起重量,kN;

Q_1——构件的重量,kN;

Q_2——索具的重量,kN。

(2) 起重高度。起重机的起重高度必须满足所安装构件的安装高度要求。

对于安装柱、梁、屋架等构件,起重臂不需跨越其他构件,所选起重机的起重高度应按下式计算(见图7-35):

$$H \geqslant h_1 + h_2 + h_3 + h_4 \tag{7-7}$$

式中 H——起重机的起重高度,m,从停机面算起至吊钩中心;

h_1——安装支座表面高度,m,从停机面算起;

h_2——安装间隙,视具体情况而定,但不小于0.2m;

h_3——绑扎点至构件吊起后底面的距离,m;

h_4——索具高度,m,自绑扎点至吊钩中心,视具体情况而定。

（3）起重半径。起重半径的确定有3种情况：

一般情况下，当起重机可以不受限制地开到构件吊装位置附近去吊构件时，对起重半径没有什么要求，可根据计算的起重量 Q 及起重高度 H，查阅起重机工作性能表或曲线来选择起重机型号及起重臂长度，并可查得在一定起重量 Q 及起重高度 H 下的起重半径 R，作为确定起重机开行路线及停机点的依据。

在某种情况下，当起重机停机位置受到限制而不能直接开到构件吊装位置附近去吊装构件时，需根据实际情况确定起吊时的最小起重半径 R，根据起重量 Q、起重高度 H 及起重半径 R 三个参数，查阅起重机工作性能表或曲线来选择起重机的型号及起重臂长。同时满足计算的起重量 Q、起重高度 H 及起重半径 R 的要求。

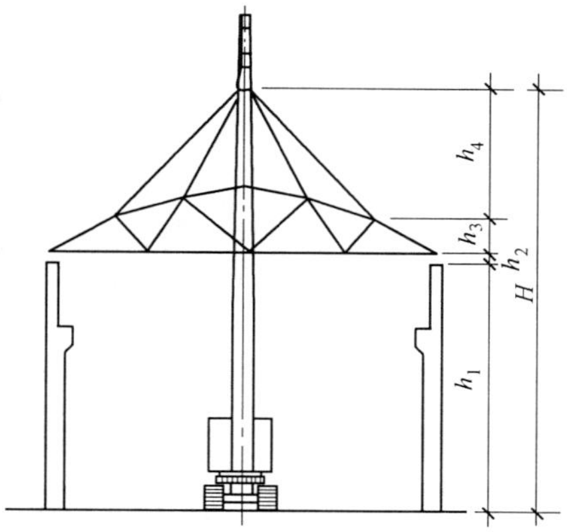

图 7-35　起升高度的计算简图

当起重机的起重臂需跨过已吊装好的构件去吊装构件时（如跨过屋架去吊装屋面板），为了不使起重臂与已安装好的构件相碰，需求出起重机起吊该构件的最小臂长 L 及相应的起重半径 R，并据此及起重量 Q 和起重高度 H 查起重机性能表或曲线，来选择起重机的型号及臂长。

确定起重机的最小臂长，可用数解法，也可用图解法。

1）数解法。如图 7-36a 所示，有

$$L = l_1 + l_2 = \frac{h}{\sin\alpha} + \frac{a + g}{\cos\alpha} \tag{7-8}$$

式中　h——起重臂下铰至吊装构件支座顶面的高度，m，$h = h_1 - E$；

h_1——支座高度（从停机面算起），m；

a——起重钩需跨过已安装好的构件的水平距离，m；

g——起重臂轴线与已安装好构件间的水平距离，至少取 1m；

α——起重臂的仰角。

为了求得最小臂长，对式(7-8)进行微分，并令$\frac{dL}{d\alpha}=0$。得：

$$\alpha = \arctan[h/(a + g)]^{1/3} \tag{7-9}$$

将求得的 α 值代入式(7-8)，即可得出所需起重臂的最小长度。

2）图解法。如图 7-36b 所示，按一定比例（不小于 1:200）画出欲吊装厂房一个节间的纵剖面图，并画出起重机吊装屋面板时起重钩应到位置的垂线 $Y-Y$。

根据初步所选用的起重机型号，从起重机外形尺寸表查得起重臂底铰至停机面的距离 E，画平行于停机面的线 $X-X$。

自屋架顶面向起重机方向水平量出一距离 g（$g \geqslant 1$m），可得 P 点；按满足吊装要求的起重臂上定滑轮中心点的最小高度，在垂线 $Y-Y$ 上定出 A 点（A 点距停机面的距离为 $H+d$）。

连接 A、P 两点，其延长线与 $X-X$ 相交于 B 点，B 点即为起重臂的臂根铰心。

AB 的长度即为所求的起重臂的最小长度 L_{min}。

根据数解法或图解法所求得的最小起重臂长度为理论值 L_{min}，查起重机的性能表或性能曲线，从规定的几种臂长中选择一种臂长 $L \geqslant L_{min}$ 即为吊装屋面板时所选的起重臂长度。

根据实际采用的 L 及相应的 α 值，计算起重半径 R。

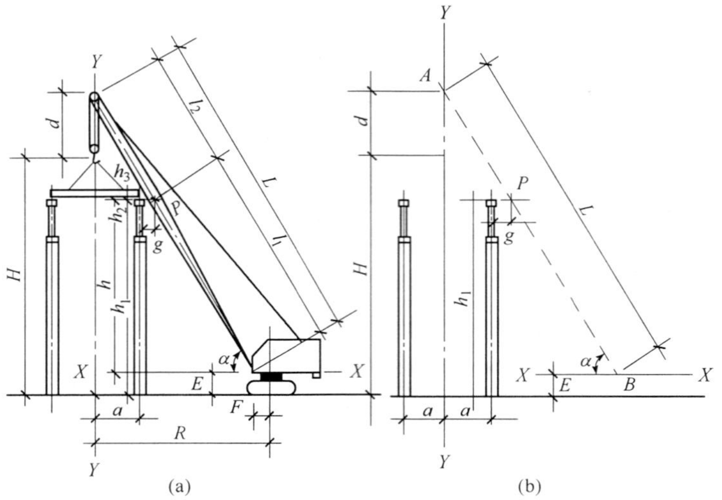

图 7-36　吊装屋面板时，起重机最小臂长计算简图

(a)数解法；(b)图解法

H—起重高度，m；d—吊钩中心至定滑轮中心的最小距离，

视起重机型号而定，一般为 2.5～3.5m；

$$R = F + L\cos\alpha \tag{7-10}$$

按计算出的 R 值及已选定的起重臂长度 L 查起重机工作性能表或曲线，复核起重量 Q 及起重高度 H，如满足要求，即可根据 R 值确定起重机吊装屋面板时的停机位置。

C　起重机台数的确定

所需起重机台数，根据厂房的工程量、工期和起重机的台班产量定额按下式计算：

$$N = \frac{1}{TCK} \cdot \sum \frac{Q_i}{P_i} \tag{7-11}$$

式中　N——起重机台数；

T——工期，d；

C——每天工作班数；

K——时间利用系数，取 0.8～0.9；

Q_i——每种构件的吊装工程量，件或 t；

P_i——起重机相应的台班产量定额，件/(台・班)或 t/(台・班)。

此外，在决定起重机数量时，还应考虑构件装卸、拼装和排放的工作量。

7.2.3.3　起重机的开行路线与停机位置

起重机的开行路线与起重机的性能、构件的尺寸及重量、构件的平面布置、构件的供应方式及吊装方法等因素有关。

采用分件吊装法时，起重机开行路线有以下几种：

吊装柱时，起重机开行路线有跨边开行和跨中开行两种。

当起重半径 $R \geq L/2$（L 为厂房跨度）时，起重机可沿跨中开行，每个停机点可吊装 2～4 根柱（见图 7-37a，b）；

当起重半径 $R \geq [(L/2)^2 + (b/2)^2]^{\frac{1}{2}}$（$b$ 为柱距）时，停机点位置在该柱网对角线中点处，每个停机点可吊装 4 根柱（见图 7-37b）；

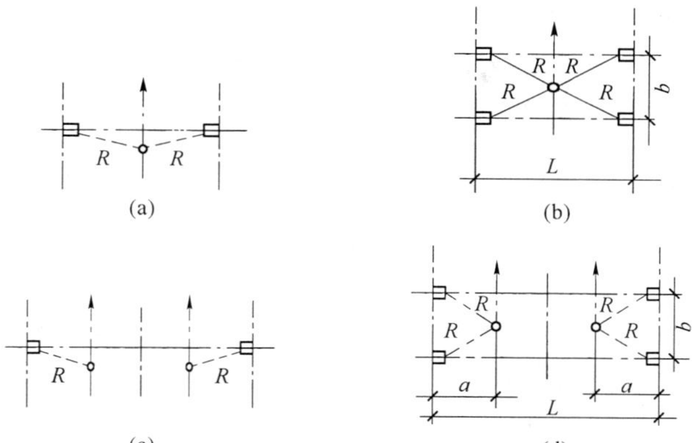

图 7-37 吊装柱时,起重机的开行路线及停机的位置
(a),(b)跨中开行;(c),(d)跨边开行

当起重半径 $R<L/2$ 时,起重机需沿跨边开行,每个停机点只吊一根柱(见图 7-37c);

当 $L/2>R\geqslant[a^2+(b/2)^2]^{\frac{1}{2}}$($a$ 为开行路线至柱纵轴线距离),每个停机点可吊装 2 根柱。停机点在开行路线上柱距中点处(见图 7-37d)。

吊装屋架、屋面板等屋面构件时,起重机大多沿跨中开行。

当厂房具有多跨并列,且有纵横跨时,可先吊装各纵向跨,后吊装横向跨、以保证在各纵向跨吊装时,起重机械、运输车辆通畅。如各纵跨有高低跨时,则应先吊装高跨,然后逐步向两边吊装。

当厂房面积较大或多跨时,为加速工程进度,可将厂房划分为若干施工段,选用多台起重机同时进行施工。每台起重机可独立作业,负责完成一个区段的全部吊装工作,也可选用不同性能的起重机协同作业,分别吊装柱和屋盖系统,组织大流水施工。

7.2.3.4 构件的平面布置

构件的平面布置与吊装方法、起重机性能、构件制作方法有关。在选定起重机型号,确定施工方案后,可根据施工现场实际情况制定。

构件的平面布置应考虑以下问题:

各跨构件应尽可能布置在本跨内,如有困难,才考虑布置在跨外便于吊装的地方;

构件的布置方式应满足吊装工艺要求,首先考虑重型构件的布置,尽可能布置在起重机的起重半径内,以减少起重机负荷行走及起重臂的起伏次数;

现场预制构件的布置应便于支模及混凝土的浇筑,对预应力构件还应考虑抽管、穿筋等操作所需的场地;

各种构件均应力求占地最少,要保证起重机械、运输车辆道路畅通,起重机回转时尾部不致与构件相碰撞;

构件的布置要考虑吊装时的朝向,以避免吊装时调头,影响吊装进度和施工安全;

构件应布置在坚实的地基上,在新填土上布置时,必须夯实,并采取措施防止下沉而影响构件质量。

构件的平面布置可分为预制阶段的构件平面布置和吊装阶段的构件平面布置,两者之间有密切关系,应同时考虑。

A　预制阶段的构件平面布置

（1）柱的布置。柱重量较大，搬动不易，故柱的现场预制位置即为吊装阶段的就位位置。按吊装阶段的排放要求进行布置。有斜向布置和纵向布置两种方式。

当柱以旋转法起吊时，按三点共弧斜向布置。作图步骤如下：

首先确定起重机开行路线到柱基中线的距离 a（见图 7-38a），a 的最大值不要超过起重机吊装该柱时的最大起重半径。a 值也不要取得过小，以免起重机太靠近基坑而失稳。a 值确定后，在图上画出起重机的行走路线；然后，以所吊柱的柱基杯口中心 M 为圆心，以所选吊装该柱的起重半径 R 为半径，画弧交行走路线于 O 点，O 点即为吊装该柱时起重机的停机点；再以起重机停机点 O 为圆心，以吊装该柱的起重半径 R 为半径作弧。按旋转法吊装柱的要求，即绑扎点、柱脚与柱基杯口中心点共弧。这时，在靠近柱基的弧上定一点 B 作为预制时柱脚中心位置。又以 B 为圆心，以柱脚到绑扎点的距离为半径画弧与以 R 为半径的弧相交于 C 点，C 点即绑扎点的位置。然后以 BC 为中心线画出柱的模板图。

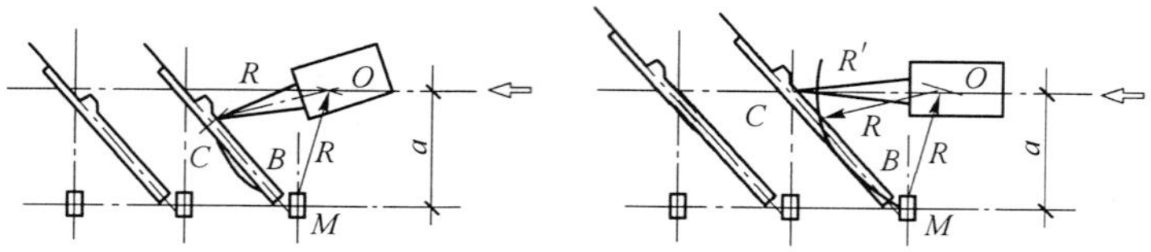

(a)　　(b)

图 7-38　旋转法吊装柱子时，柱的平面布置

（a）三点共弧；（b）柱脚与柱基杯口中心共弧

在布置时有时由于场地的限制或柱过长，很难做到 3 点共弧，也可 2 点共弧。图 7-38b 所示为将柱脚与柱基杯口中心安排在起重机半径的圆弧上，绑扎点在弧外的情况。吊装时，先用较大的起重半径 R' 吊起柱子，并升起起重臂，当起重半径由 R' 变为 R 后，停止升臂，再按旋转法起吊。

当柱采用滑行法起吊时，按 2 点共弧斜向或纵向布置（见图 7-39）。作图时，使绑扎点接近基础。

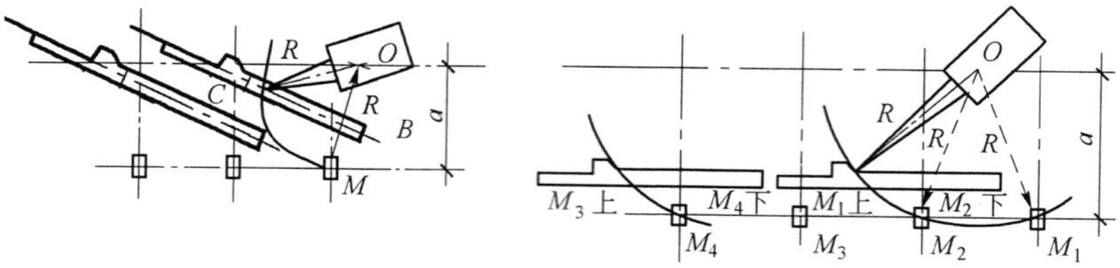

(a)　　(b)

图 7-39　滑行吊装柱时，柱的平面布置

（a）斜向布置；（b）纵向布置

（2）屋架的布置。屋架一般安排在跨内平卧叠层预制，每叠 3～4 榀。布置的方式有三种：正面斜向布置、正反斜向布置及正反纵向布置（见图 7-40）。应优先考虑采用斜向布置方式，因为它便于屋架的扶直排放。

屋架之间应留 1m 间距，以便支模及浇筑混凝土。若为预应力混凝土屋架，在屋架一端或两端留出抽管及穿筋端需留设的长度，一端抽管时需留出的长度为屋架全长另加抽管时所需工作场地 3m；两端抽管时需留出的长度为 1/2 屋架长度另加 3m。屋架斜向布置时，下弦与厂房纵轴线的夹角 α 宜为 10°～20°。

屋架平卧叠层预制时尚应考虑屋架扶直就位要求和扶直的先后次序，先扶直的安排在上层制作并按轴线编号。对屋架两端朝向及预埋件位置，也要注意做出标记。

B 吊装阶段构件的排放布置及运输堆放

由于柱在预制阶段已按吊装阶段的就位要求进行布置，当柱的混凝土强度达到设计要求等级后，即可先行吊装，以便空出场地布置其他构件。所以，吊装阶段的就位布置是指柱已吊装完毕后，屋架的扶直排放，吊车梁、屋面板的运输排放等。

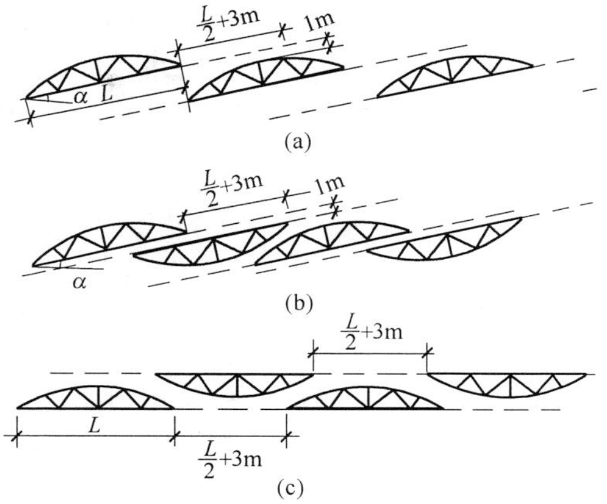

图 7-40 屋架现场预制布置方式

(a)正面斜向布置；(b)正反斜向布置；(c)正反纵向布置

(1) 屋架的扶直排放。屋架扶直后应立即吊放到预先设计好的地面位置上，准备起吊。按排放的位置不同，可分为同侧排放和异侧排放(见图 7-41)。同侧排放时，屋架的预制位置与排放位置均在起重机开行路线的同一边。异侧排放时，需将屋架由预制的一边转至起重机开行路线的另一边排放。

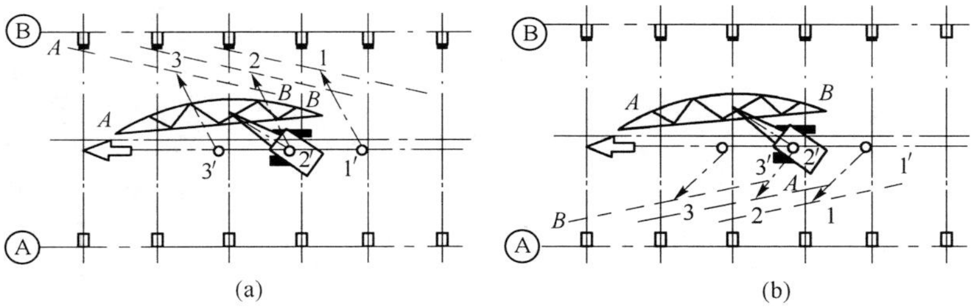

图 7-41 屋架的排放示意图

(a)同侧排放；(b)异侧排放

屋架的排放方式有两种：一种是靠柱边斜向排放；另一种是靠柱边成组纵向排放。

斜向排放用于跨度及重量较大的屋架，按作图方法确定其排放位置(见图 7-42)。

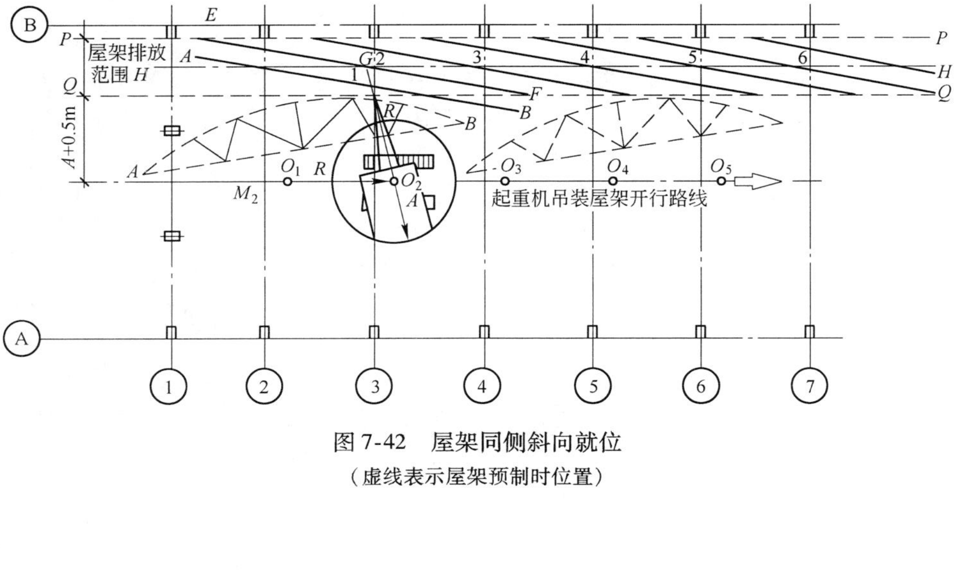

图 7-42 屋架同侧斜向就位

(虚线表示屋架预制时位置)

首先确定起重机吊装屋架时的开行路线及停机点。起重机吊装屋架时一般沿跨中开行，在图上画出开行路线。以准备吊装的屋架轴线（如②轴线）中点 M_2 为圆心，以所选择吊装屋架的起重半径 R 为半径作弧交开行路线于 O_2，O_2 即为吊装②轴线屋架的停机位置。

然后确定屋架排放范围。屋架一般靠柱边排放，定出 $P-P$ 线并使距柱边净距不小于 200mm。后定出 $Q-Q$ 线，该线距起重机开行路线为 $A+0.5$m（A 为起重机尾部至回转中心的距离）。$P-Q$ 两虚线范围为排放屋架的最大范围。实际需要的排放范围应根据需要确定。

最后确定屋架的排放位置。当根据需要定出屋架实际排放宽度 $P-Q$ 后，在图上作出 $P-Q$ 的中线 $H-H$。屋架排放后其中点均应在 $H-H$ 线上。以吊②轴线屋架的停机点 O_2 为圆心，以吊装屋架的起重半径 R 为半径作弧交 $H-H$ 于 G 点，G 点即排放②轴线屋架的中点。再以 G 为圆心，以屋架跨度的一半为半径作弧交 $P-P$、$Q-Q$ 于 E 及 F 两点。连 E、F 即为②轴线屋架排放的位置，其他屋架的排放位置以此类推。第①轴线的屋架由于已安装了抗风柱，可灵活布置，一般后退至②轴线屋架排放位置附近排放。

屋架的成组纵向排放用于重量较轻的屋架（见图 7-43）。一般以 4～5 榀屋架为一组靠柱边顺轴线排放，屋架之间的净距不小于 200mm，相互之间用铁丝及支撑拉紧撑牢。每组屋架之间应留 3m 左右的距离作为横向通道。为避免在已安装好的屋架下绑扎吊装屋架，防止屋架起吊时与安装好的屋架相碰，每组屋架排放的中心可安排在该组屋架倒数第二榀安装轴线之后约 2m 处。

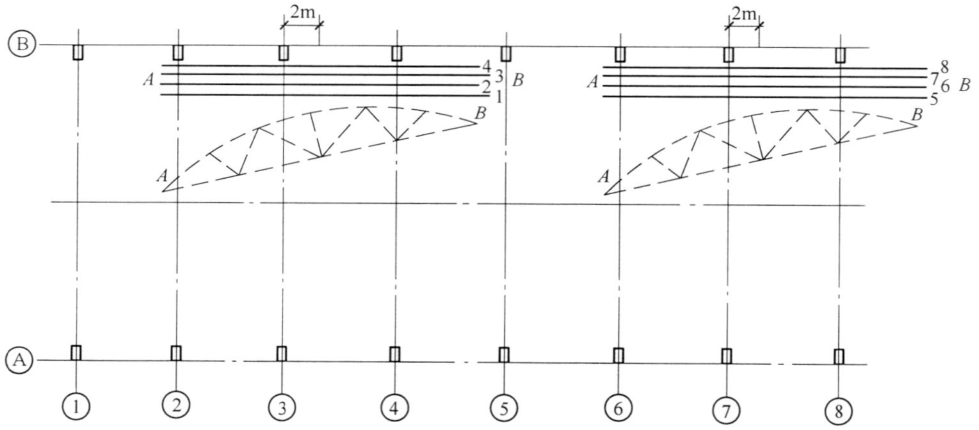

图 7-43 屋架的成组纵向就位

（2）吊车梁、连系梁、屋面板的运输和排放。单层工业厂房除了柱和屋架一般在施工现场制作外，其他构件如吊车梁、连系梁、屋面板等，均在预制厂制作，然后运到现场按施工组织设计所规定的位置就位或集中堆放。梁式构件的叠放不宜超过 2 层；大型屋面板叠放，不宜超过 8 层。

吊车梁、连系梁的排放位置，一般在其吊装位置的柱列附近，跨内跨外均可。当条件许可时，也可不就位排放，而直接从运输车上吊至设计位置，称为“随吊随运”。

屋面板的排放位置，要根据起重机吊装屋面板时所选用的起重半径确定，靠柱边堆放，跨内跨外均可，当在跨内排放时，应向后退 3～4 个节间开始排放，如在跨外排放，应向后退 1～2 个节间开始排放。

7.3 多层房屋结构吊装

多层房屋是指多层工业厂房和多层民用建筑。在工业建筑中，由于工艺流程和设备管线布置的要求，一般多采用装配式钢筋混凝土框架结构；在民用住宅建筑中，以钢筋混凝土墙板为承重结构的多层装配式大型墙板结构房屋应用广泛。

装配式结构的构件全部在预制厂或现场预制，运到现场后用起重机吊装成整体，多层装配式结构房屋的施工特点是：房屋高度较大而占地面积相对较小；构件类型多，数量大；各类构件接头处理复杂，技术要求较高。因此，在拟订结构吊装方案时应着重解决吊装机械的选择与布置；结构吊装方法与吊装顺序；构件的平面布置；构件吊装工艺等问题。

7.3.1 起重机械的选择与布置

7.3.1.1 起重机械的选择

起重机械的选择应根据建筑物的结构形式、层数与总高、建筑物的平面形状和尺寸、结构构件的形状尺寸和重量以及它们的安装位置、现场实际条件和现有设备能力等因素来确定。

目前多层房屋结构常用的吊装机械有履带式起重机、汽车式起重机、轮胎式起重机及塔式起重机等。

五层以下的民用建筑及高度在18m以下的工业厂房或外形不规则的多层厂房，选用履带式、汽车式或轮胎式起重机较合适。

多层房屋总高度在25m以下，宽度在15m以内，构件质量在3t以下，一般可选用QT1－6型塔式起重机、TQ60/80型塔式起重机或具有相同性能的轻型塔式起重机。

10层以上的高层装配式结构，由于高度大，普通塔式起重机的安装高度不能满足要求，需采用爬升或附着式自升塔式起重机。

7.3.1.2 起重机械的布置

塔式起重机的布置方案主要根据建筑物的平面形状、构件重量、起重机性能及施工现场地形条件确定。通常有单侧布置、双侧（或环形）布置、跨内单行布置和跨内环形布置四种，如图7-44所示。

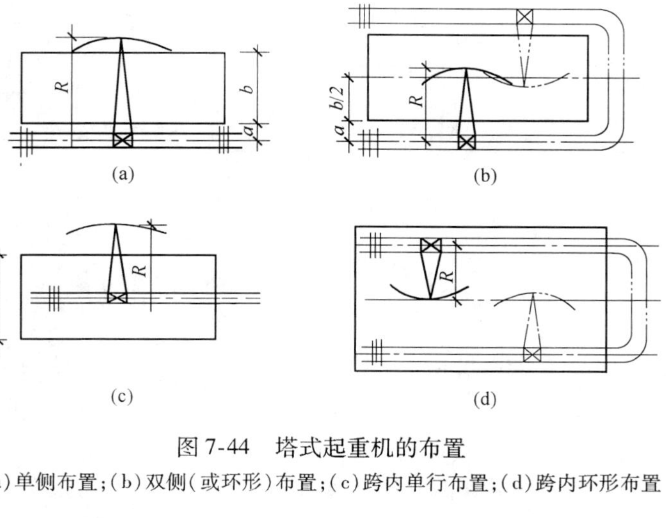

图7-44 塔式起重机的布置

(a)单侧布置；(b)双侧（或环形）布置；(c)跨内单行布置；(d)跨内环形布置

跨外单侧布置适用于建筑物宽度较小（15m左右）、构件重量较轻（20kN左右）的情况，这时起重半径应满足 $R \geqslant b + a$；

跨外双向布置或环形布置适用于建筑物宽度较大（$b > 17$m）或构件较重，单侧布置时起重机不能满足最远构件的吊装要求的情况。双向布置时起重半径应满足 $R \geqslant \frac{b}{2} + a$；

跨内单行布置适用于建筑场地狭窄，起重机不能布置在外侧或起重机布置在外侧不能满足构件吊装要求的情况；

跨内环形布置适用于构件较重，起重机在跨内单行布置不能满足构件的吊装要求，同时起重机又不可能跨外环形布置的情况。

7.3.2 构件平面布置和堆放

多层厂房的预制构件除较重、较大的柱在现场就地预制外，其余构件大多在预制厂制作后运到工地安装。因此，构件平面布置应着重解决柱的现场预制布置和预制构件的堆放问题。

构件的平面布置与所选用的吊装方法、起重机的类型与性能、构件的重量、形状及制作方法有关。构件现场布置的原则是：

(1) 预制构件尽可能布置在起重机工作幅度内，避免二次搬运。

(2) 重型构件尽可能靠近起重机布置，中小型构件可布置在重型构件外侧。对运入工地的小型构件，如直接堆放在起重机工作幅度内有困难时，可以分类集中布置在房屋附近，吊装时再用运输工具运到吊装地点。

(3) 构件布置的地点与该构件吊装到建筑物上的位置应相配合，以便构件吊装时尽可能使起重机不需移动和变幅。

(4) 构件现场重叠制作时，应满足构件由下至上的吊装顺序的要求，即安排需先吊装的下部构件放置在上层制作，后吊装的上部构件放置在下层浇制。

(5) 同类构件应尽量集中堆放，同时，构件的堆放不能影响场内的通行。

柱是现场预制构件中最主要的构件，布置必须优先考虑。柱的布置方案有与塔式起重机轨道呈平行、倾斜及垂直三种，如图 7-45 所示。

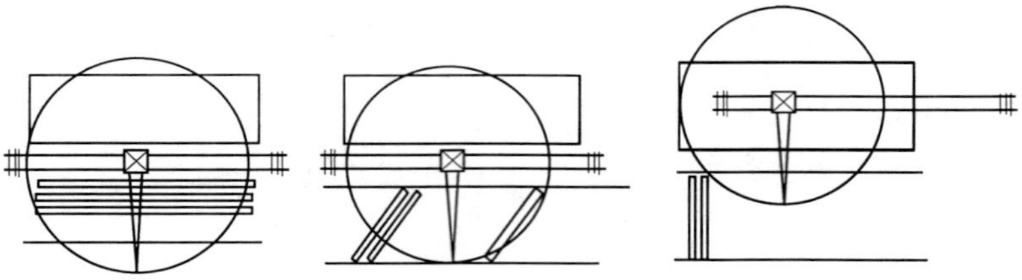

图 7-45 使用塔式起重机吊装时柱的布置方案
(a) 平行布置；(b) 倾斜布置；(c) 垂直布置

平行布置是常用的布置方案，其优点是可以将几层柱通长预制，能减少柱接头预制偏差。倾斜布置可用旋转起吊、适用于较长的柱。当塔式起重机在跨内开行时，为了使柱的吊点在起重机的工作幅度范围内，柱可与房屋垂直布置。

图 7-46 所示是塔式起重机跨内开行时吊装 5 层房屋的结构平面布置实例。柱预制在靠近塔式起重机的一侧，因受塔式起重机工作幅度所限，故柱与房屋成垂直布置。主梁预制在房屋另一边，小梁和楼板等其他构件可在窄轨上用平台车运入，随吊随运。该方案的优点是房屋内部不布置构件，只有柱和主梁预制在房屋的两侧，场地布置简单。缺点是主梁的起吊较困难，柱起吊时尚需副机协助，否则就需用滑行法起吊。

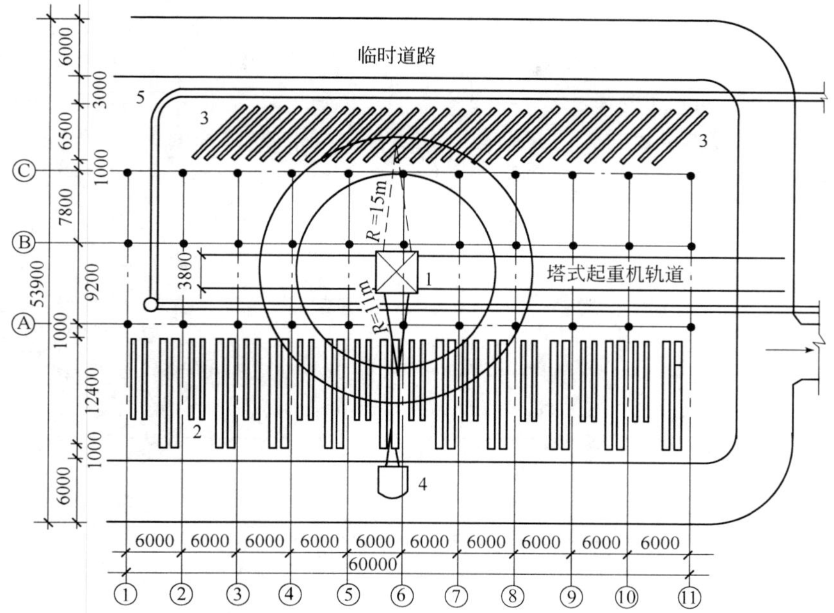

图 7-46　塔式起重机跨内开行时现场预制构件布置图

1—塔式起重机;2—现场预制柱;3—预制主梁;4—辅助起重机;5—轻便窄轨

图 7-47所示是塔式起重机环行吊装5层房屋的构件平面布置实例。全部柱预制在房屋两侧,预制柱紧靠塔式起重机的轨道倾斜布置。5层以内的房屋,柱需二层叠制,分上下两节。预

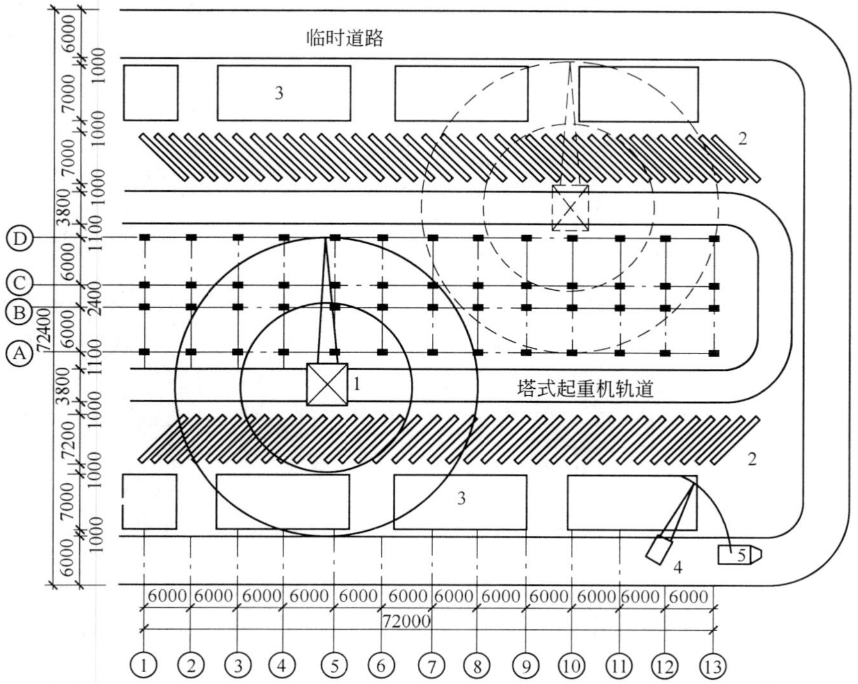

图 7-47　塔式起重机跨外环行时现场预制构件布置图

1—塔式起重机;2—预制柱场;3—梁板堆放;4—汽车式起重机;5—载重汽车

制柱外侧布置主梁、小梁和楼板。其他构件用汽车运入,堆放在预制柱的外边,用一台汽车式起重机卸车并堆放。该方案的优点是重的构件布置在靠近起重机轨道,轻的构件布置在外边,能最大限度地发挥起重机的起重能力,并且柱起吊方便。但该方案要求房屋两侧有更多的场地。

图 7-48 是履带式起重机跨内开行吊装一幢二层三跨框架结构的构件平面布置实例。柱在跨中基础旁斜向布置,两层叠制。履带式起重机在两个跨内开行。梁板堆场布置在房屋两外侧,也是在起重机的有效工作范围之内。该方案适用于横向三跨而中间跨较宽的房屋。

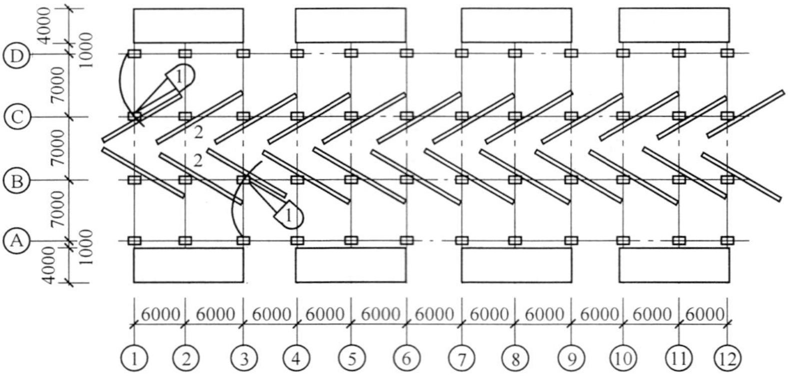

图 7-48 履带式起重机跨内开行构件布置图

1—履带式起重机;2—柱的预制场地

图 7-49 是使用爬升式塔式起重机跨内吊装高层框架结构的构件平面布置实例。由于爬升式起重机布置在房屋中央,在起重机工作范围内的堆放场地较小,因此,全部构件在工厂集中预制,然后运到工地吊装。除楼板和墙板直接运到现场存放外,其他构件均在现场附近另辟转运站,吊装时再转运一次,由一台履带式起重机在现场卸车。

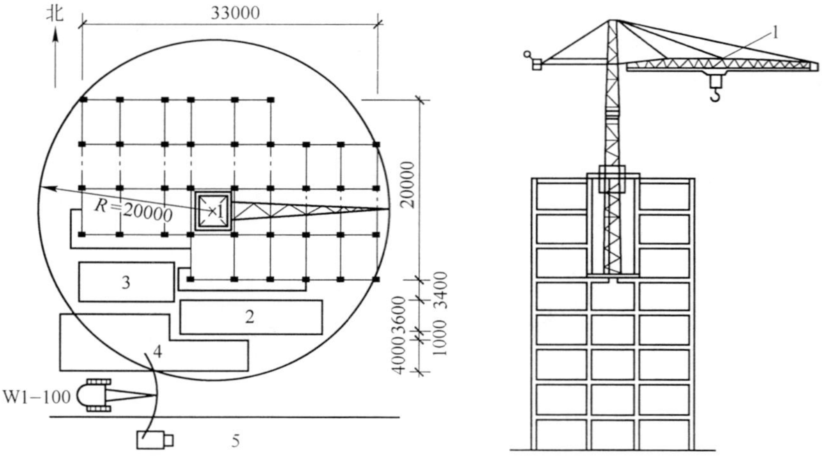

图 7-49 爬升塔式起重机吊装框架结构的施工平面图

1—爬升塔式起重机;2—墙板堆放区;3—楼板堆存区;4—柱梁堆放区;5—运输道路

7.3.3 结构吊装方法与吊装顺序

多层装配式框架结构的吊装方法,有分件吊装法和综合吊装法两种。

7.3.3.1 分件吊装法

分件吊装法按其流水方式不同，分为分层分段流水吊装法和分层大流水吊装法。

分层分段流水吊装法是以一个楼层为一个施工层（如柱子是两层一节，则以两个楼层为一个施工层），而每一个施工层又再划分为若干个施工段，以便于构件吊装、校正、焊接及接头灌浆等工序的流水作业。起重机在每一施工段做数次往返开行，每次开行吊装该段内某一种构件，待一层各施工段构件全部吊装完毕并固定后，再吊上一层构件。施工段的划分，主要取决于建筑物平面图形和尺寸、起重机的性能及其开行路线、完成各个工序所需时间和临时固定设备的数量等。框架结构的施工段一般是4～8个节间。

图7-50所示为塔式起重机用分层分段流水吊装法吊装框架结构的实例。起重机依次吊装第一施工段中1～14号柱，在此时间内，柱的校正、焊接、接头灌浆等工序依次进行。起重机吊完14号柱后，回头吊装15～33号梁，同时进行各梁的焊接和灌浆等工序。这就完成了第一施工段中柱和梁的吊装，形成框架，保证了结构的稳定性。然后按照此法吊装第二施工段中的柱和梁。待第一、二段的柱和梁吊装完毕，再回头依次吊装这两个施工段中64～75号楼板，然后按照此法吊装第三、四两个施工段。一个施工层完成后，再往上吊装另一施工层。

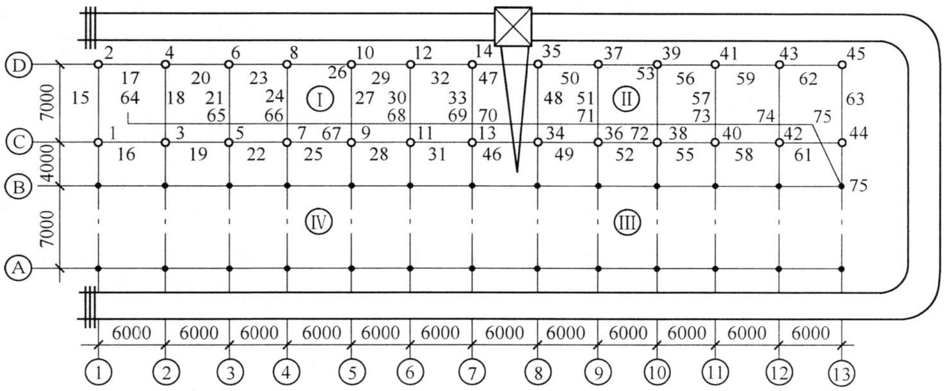

图7-50 塔式起重机吊装框架结构分层分段流水法
Ⅰ～Ⅴ—施工段编号；1，2，3…—构件吊装顺序

分层大流水吊装法是每个施工层不再划分施工段，而按一个楼层组织各工序的流水。

7.3.3.2 综合吊装法

综合吊装法是以一个节间或几个节间为一个施工段，以房屋的全高为一个施工层来组织各工序的流水。起重机把一个施工段的构件吊至房屋的全高，然后转移到下一个施工段。

当采用自行杆式起重机吊装框架结构，或用塔式起重机在跨内开行时，要求采用综合吊装法。图7-51所示为采用履带式起重机跨内开行以综合吊装法吊装两层框架结构的实例。该工程采用两台履带式起重机，其中Ⅰ号起重机先吊装CD跨的柱、梁和楼板，纵向逐间后退。顺序是：先吊第一节间柱，柱一节到顶（1～4），随即吊装第一层梁（5～8），形成框架后，接着吊该层9号楼板，接着吊装第二层（10～13）和楼板（14）。当第一节间完成后起重机Ⅰ后退，用同样顺序吊装第二节间各层构件，以此类推，完成CD跨全部构件的吊装后退场。Ⅱ号起重机则在AB跨开行，负责吊装AB跨的柱、梁和楼板，再加BC跨的梁和楼板，吊装方法和Ⅰ号起重机相同。

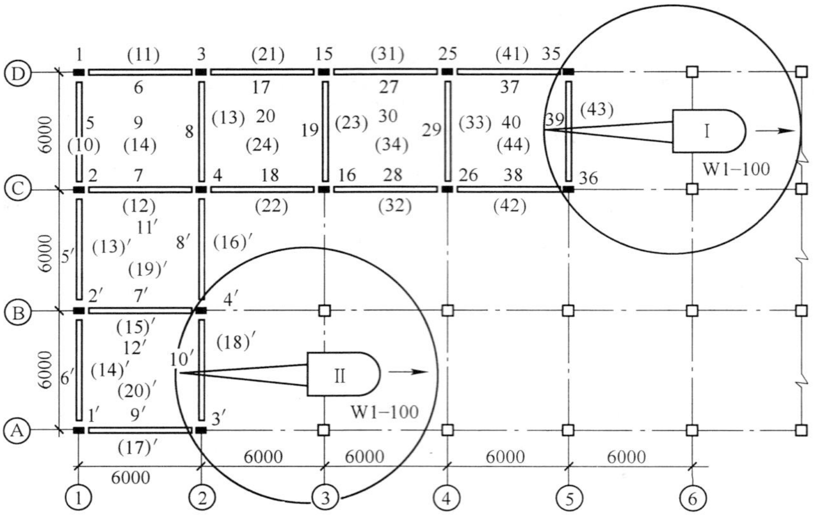

图 7-51 履带式起重机跨内开行用综合吊装法吊装梁板式结构(二层)的顺序图

1,2…—起重机Ⅰ的吊装顺序;1′,2′…—起重机Ⅱ的吊装顺序;( )—第二层梁板吊装顺序

7.3.4 结构构件的吊装

7.3.4.1 框架结构

多层装配式梁板式框架结构由柱、主梁、楼板组成。柱一般为方形或矩形截面,为便于预制和吊装,上下各层柱的截面一般保持不变,而采取改变柱内配筋或混凝土强度等级的方法来适应上下层柱承载力的变化。柱的长度有一层一节或二至三层一节,或做成梁柱整体式结构(H 形或 T 形构件)。主要取决于现场的起重设备条件。

A 柱的吊装

多层混凝土结构的柱较长,一般都分成几节进行吊装,柱的吊装方法与单层工业厂房柱相同,多采用旋转法,上柱根部有外伸钢筋,吊装时必须采取保护措施,防止外伸钢筋弯曲。保护外伸钢筋办法有两种:

(1) 用钢管保护。在起吊柱子前,将两根钢管用两根短吊索套在柱子两侧。起吊时,钢管着地而使钢筋不受力。柱子将竖直时,钢管和短吊索即自动落下(见图 7-52)。此法适用于重量较轻的柱子。

(2) 用垫木保护。用垫木保护榫式接头的外伸钢筋一般都比榫头短,在起吊柱子前,用垫木将榫头垫实(见图 7-53)。这样,柱子在起吊时将绕榫头的棱边转动,可使外伸钢筋不着地。

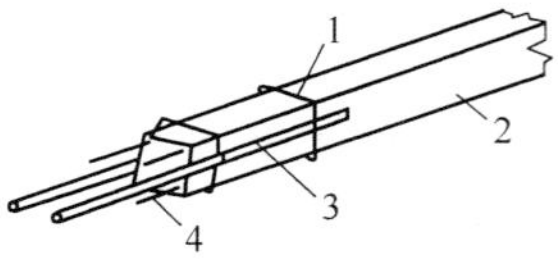

图 7-52 用钢管保护柱脚外伸钢筋

1—钢丝绳;2—柱;3—钢管;4—外伸钢筋

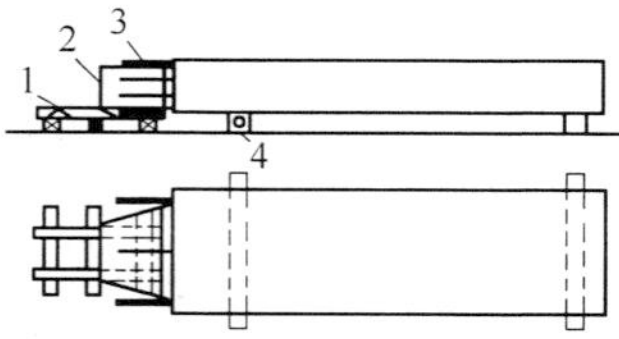

图 7-53 用垫木保护柱脚外伸钢筋

1—保护钢筋的垫木;2—柱子榫头;3—外伸钢筋;4—原堆放柱子的垫木

框架底层柱大多为插入基础杯口。上柱和下柱的对线方法，根据柱子是否统长预制而定。

如果各节柱采用统长预制，接头处一般都预留定位销孔（见图7-54）。脱模前在上柱榫头和下柱柱顶间用红漆标出定位记号。就位时，只要插上定位销，对好定位记号即可。此时，上下柱截面和外伸钢筋都可对齐。

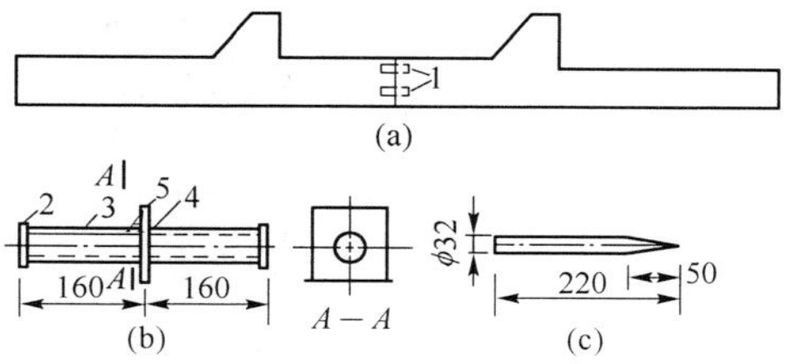

图7-54　统长预制柱中的预留定位销孔

(a)定位销孔的位置；(b)定位销孔详图；(c)定位销详图

1—定位销孔；2—钢板（-50×50×5）；3—钢管（φ42×3.5）；4—点焊；5—钢板

上柱与下柱间的对线工作应在起重机松钩前进行。对线做法是将上柱底部中线对准下柱顶部中线，同时测定上柱中心线的垂直度，下柱顶部中心线应与基础中线相符。若有偏差，应先校正下柱。

B　柱的临时固定与校正

下节柱的临时固定和校正方法与单层工业厂房的柱子相同。

重量较轻的上节柱，可采用方木和管式支撑进行临时固定和校正（见图7-55及图7-56）。管式支撑为两端装有螺杆的钢管，上端与套在柱上的夹箍相连，下端与楼板的预埋件连接。

较重的上节柱应采用缆风绳进行临时固定与校正，用倒链或手扳葫芦拉紧，每根柱拉4根缆风绳。柱子校正后，每根缆风绳都要拉紧。

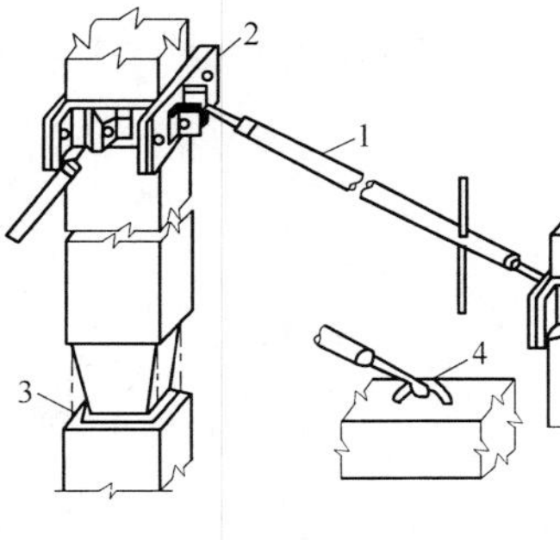

图7-55　管式支撑临时固定柱

1—管式支撑；2—夹箍；3—预埋钢板及点焊；4—预埋件

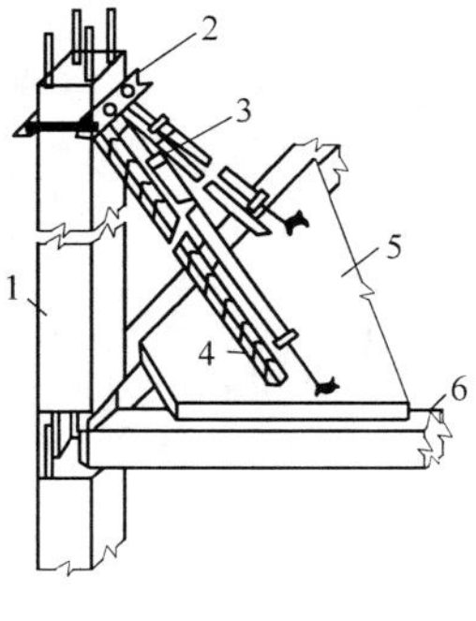

图7-56　角柱临时固定示意图

1—柱；2—角钢夹板；3—钢管拉杆；4—木顶撑；5—楼板；6—梁

柱子的校正须分2～3次进行。首先在起重机脱钩后电焊前进行初校，第二次校正是在柱子接头电焊后进行，以校正因电焊钢筋收缩不均所产生的偏差；当吊装梁和楼板之后，柱子因增加了荷重以及梁柱间的电焊又会使柱产生偏移，故需再次进行观测校正。对于数层一节的长柱，在每层梁板吊装前后，均需观测垂直偏移值，将柱的最终垂直偏移值控制在允许值以内。

C　柱接头施工

柱子接头形式有榫式接头、插入式接头和浆锚式接头（见图7-57）。

榫式接头是上柱带有榫头，承受施工阶段荷载。通过上柱和下柱外露的受力钢筋用坡口焊焊接，配置若干钢筋，最后浇灌接头混凝土以形成整体。

插入式接头是上下柱的连接不需焊接，而是将上柱做成榫头，下柱顶部做成杯口，上柱榫头插入杯口用压力灌浆填实杯口间隙形成整体。

浆锚式接头是将上柱受力钢筋插入下柱的预留孔洞中，然后用水泥砂浆灌缝锚固上柱钢筋形成整体。

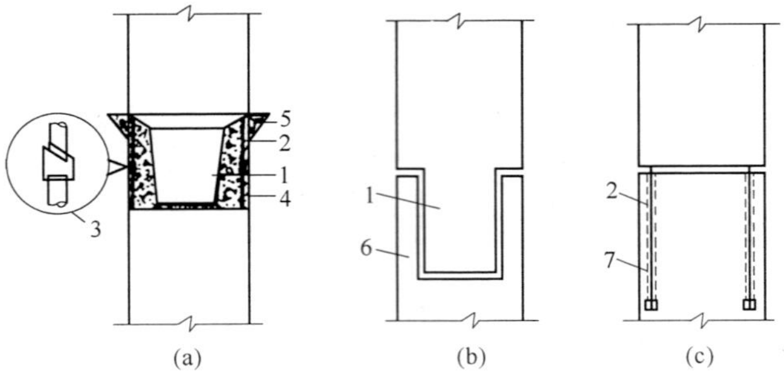

图 7-57　柱接头形式

(a)榫式接头;(b)插头式接头;(c)浆锚式接头

1—榫头;2—上柱外伸钢筋;3—坡口焊;4—下柱外伸钢筋;

5—后浇接头混凝土;6—下柱杯口;7—下柱预留孔

D　梁与柱接头

装配式框架的梁与柱的接头常用的有明牛腿式刚性接头、齿槽式接头、浇筑整体式接头等。

明牛腿式梁柱刚性接头(见图 7-58)要求承受节点负弯矩,因此,梁与柱的钢筋要进行焊接,以保证梁的受力钢筋有足够锚固长度。这种接头节点刚度大,受力可靠,安装方便,适用于大荷载的重型框架以及具有振动的多层工业厂房中。

齿槽式接头(见图 7-59)的特点是取消了牛腿,利用柱与梁接头处设置的齿槽来传递梁端剪力。安装时要求提供临时支托,接缝混凝土需达到一定强度后才能承担上部荷载。

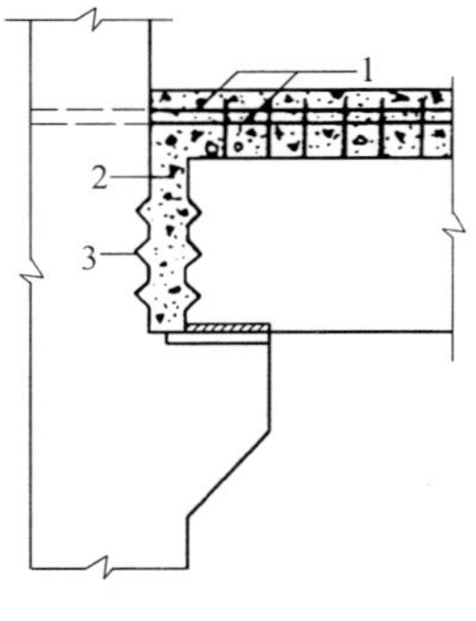

图 7-58　明牛腿式刚性接头

1—坡口焊;2—后浇细石混凝土;3—齿槽

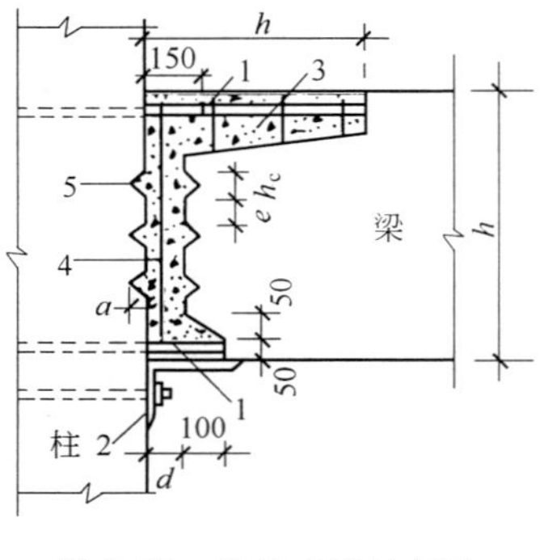

图 7-59　齿槽式梁柱接头

1—坡口焊;2—安装用临时钢牛腿(接头达到强度后拆去);

3—后浇细石混凝土;4—附加钢筋(直径≥8mm);5—齿槽

a—齿深;e—齿距;h_c—齿高;d—接缝宽(8~10cm);h—梁高

浇筑整体式梁柱接头实际上是把柱与柱、柱与梁浇筑在一起的节点。图 7-60 为上柱带榫头的浇筑整体式梁柱接头。柱子为每层一节,梁搁在柱上,梁底钢筋按锚固长度要求弯上或焊接。将节点核心区加上箍筋后即可浇筑混凝土到楼板面的高度,等待混凝土强度大于 10MPa 后,再安装上柱。上柱与榫式柱接头相似,也用小榫承受施工阶段荷载,但上、下柱的钢筋不用焊接而是靠搭接,搭接长度≥20d(d 为钢筋直径)。第二次浇筑混凝土到上柱的榫头上方,留下 35mm 左右的空隙,最后用细石混凝土捻缝,便形成刚性接头。

E　梁板的安装

框架结构的梁，分为一次预制成的普通梁和叠合梁两种。叠合梁上部留出 120 ~ 150mm 的现浇叠合层，以增强结构整体性。框架结构的楼板多为预应力密肋楼板、预应力槽形板和预应力空心板等。梁与柱的接头形式已如上述。楼板一般直接搁置在梁上，接缝处用细石混凝土灌实。吊装方法与单层工业厂房基本相同。

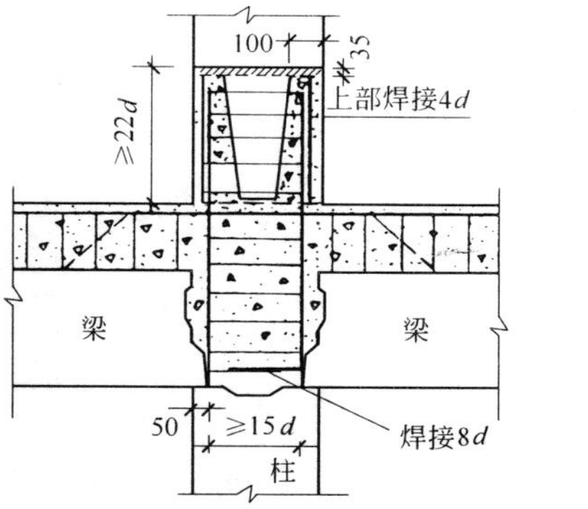

图 7-60　上柱带榫头的浇筑整体式梁柱节点

梁板的安装应注意以下几点：

（1）梁板吊装前，应在安装面上铺垫砂浆找平层 20mm 厚，以保证平稳就位。

（2）梁的安装顺序一般应从中间向两端同时吊装，以减小吊装或焊接造成的变形对柱的垂直度误差；梁要一次就位准确，避免多次撬动引起的柱的偏移。

（3）梁柱接头的焊接应从中部向两端推进，以免焊接应力引起柱的变位和偏斜。

7.3.4.2　墙板结构

装配式墙板结构是指将墙板、楼板和楼梯等构件在工地或预制构件厂制作，在现场安装连接成整体的一种建筑结构形式。目前大型装配式钢筋混凝土结构房屋已广泛用于 12 层以下的民用居住建筑。该类结构连接节点的整体性、强度和延性较差，抗震性能较低，但施工进度快，不受季节影响。

A　墙板制作、运输和堆放

（1）墙板的分类和制作。装配式墙板可分为单一材料墙板和复合材料墙板两大类。复合材料墙板由承重层、保温隔热层和防水层及面层组成，具有承重、保温隔热、防水和装饰多重功能，一般用于外墙，单一材料墙板多用普通混凝土或轻质集料混凝土制作，有实心和空心两种，多用于内墙，起承重和隔断作用。

墙板的制作工艺有成组立模法、钢平模流水法和现场塔下台座法重叠生产三种。

成组立模是在模腔内设置蒸气管道 6 ~ 12 片的钢立模，浇筑、成型、养护集中在立模内进行，并垂直起吊，减少翻身起吊的附加工序，适用于制作单一材料的内墙板和隔墙板。

钢平模流水法是将钢平模沿着清理模板、安装钢筋、浇筑混凝土、振捣压实直至养护出模的流水程序进行，多用于生产外墙板和大楼板。

现场塔下台座法重叠生产构件的方法是利用室内地坪，在建筑物一侧，起重机工作半径范围内，设置临时台座，重叠生产墙板构件，此法多用于民用建筑。

（2）墙板运输和堆放。墙板运输一般采用备有特制支架的运输车，墙板侧立斜放在支架上，运输车分为载重量为 160kN 的外挂式墙板运输车和载重量为 80kN 的内插式墙板运输车。运输拖车采用相应吨位的汽车牵引。

墙板在现场堆放应按吊装顺序与分区编号，堆放方法有插放法和靠放法两种。插放法是把墙板按吊装顺序插放在插放架上，并用木楔加以固定；靠放法是把同型号墙板靠在靠放架上。堆放方法如图 7-61 及图 7-62 所示。

B　墙板吊装方法和吊装顺序

装配式墙板工程的安装方法主要有储运吊装法和直接吊装法两种。

储运吊装法，即将构件从生产场地按型号、数量配套，直接运往施工现场吊装机械起重半径范围内储存，然后进行安装。对于民用建筑，储存数量一般为 1 ~ 2 层的构配件。储运吊装法有充分时间做好安装前的施工准备工作，可以保证墙板安装连续进行，但占用场地较多。施工中常用此法。

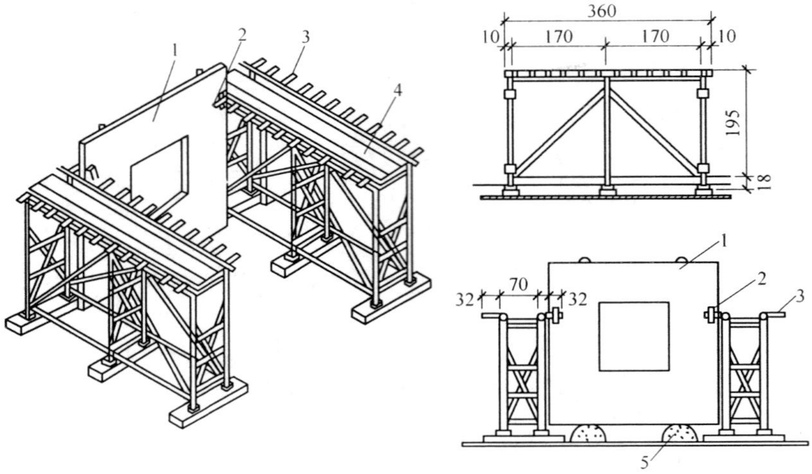

图 7-61 插放架

1—墙板；2—木楔；3—上横杆；4—走道板；5—砂埂

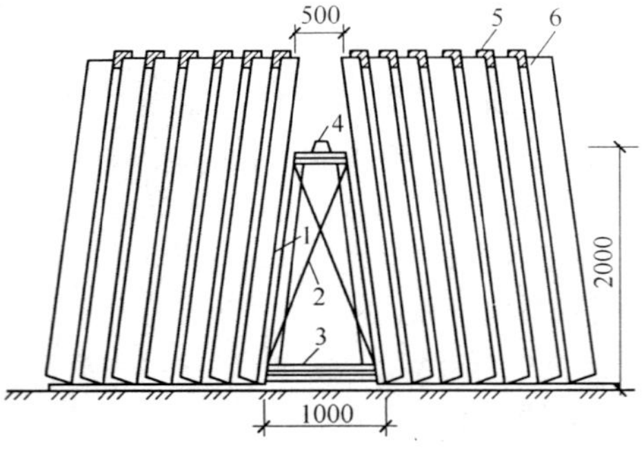

图 7-62 靠放架

1—斜撑（[8）；2—拉杆（ϕ18）；3—下档（[8）；4—吊钩；5—隔木；6—墙板

直接吊装法是将墙板由生产场地按墙板安装顺序配套运往施工现场，由运输工具直接向建筑物上安装。直接吊装法可以减少构件的堆放设施，少占用场地，但需用较多的墙板运输车，同时要求有严密的施工组织管理。

图 7-63 为某 6 层装配式大型墙板居住房屋吊装现场的施工现场平面布置图。构件全部由构件厂供应。房屋分 4 个标准单元，在每个标准单元纵长方向布置工具式堆放架插放相应标准单元的 4 组墙板，该部分墙板专供该标准单元使用。外侧堆放楼板及其他构件。楼板与墙板堆放区之间设环形道路运输墙板和构件。用塔式起重机卸车，在吊装阶段，白天吊装，晚上运输及堆放。

在选定吊装机械的前提下，单体工程的施工平面布置，要正确处理好墙板安装与墙板运输堆放的关系，充分发挥吊装机械的作用。墙板堆放区要根据吊装机械行驶路线来确定，一般布置在吊装机械起重半径范围内，避免吊装机械空驶和负荷行驶。

装配式墙板结构房屋的吊装，主要用逐间封闭式吊装法。有通长走廊的单身宿舍，一般用单间封闭；单元式居住建筑，一般采用双间封闭（见图 7-64）。由于逐间封闭，随安装随焊接，施工期间结构整体性好。临时固定简便，焊接工作比较集中，被普遍采用。建筑物较长时，为避免电焊线行程过长，一般从建筑物中部开始安装。建筑物较短时，也可由建筑物一端第二开间开始安装，封闭的第一间为标准间，作为其他安装的依据。

C 墙板吊装工艺

（1）测量放线。墙板纵横轴线的控制线，每栋建筑不少于4条，并用经纬仪四周封闭复核，

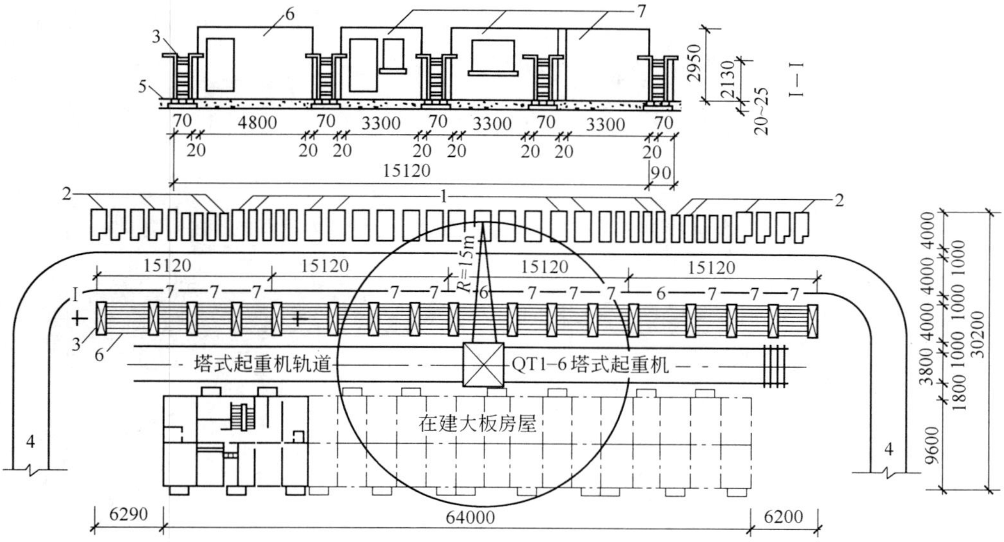

图7-63　某6层装配式大型墙板居住房屋的堆放架布置实例
1—楼板堆放区;2—楼板及异形构件堆放区;3—工具式堆放架;4—环行道路;
5—砂;6—横向墙板堆放区;7—纵向墙板堆放区

其他轴线根据控制轴线用钢直尺量出,当建筑物长度超过50m时,应增加辅助控制线。

根据轴线控制线和水平控制桩,完成墙板纵横轴线、墙板两侧边线、门洞口位置线和节点线的找平放线,并用墨线标出注明。对第一层楼板、楼梯休息平台、墙板等标高找平,并在墙板上弹出水平标高线。二层以上墙板轴线及各层楼板等水平标高,不得由下层上引,须由经纬仪直接从基础轴线及水平线上引,轴线偏差不得超过2mm。

(2) 摊浆找平。在墙板吊装前,用1∶2.5水泥砂浆灰饼铺在墙板两侧边线内,用以控制墙板底面标高。灰饼长约150mm,宽比墙板厚度少20mm,并根据标高找平。

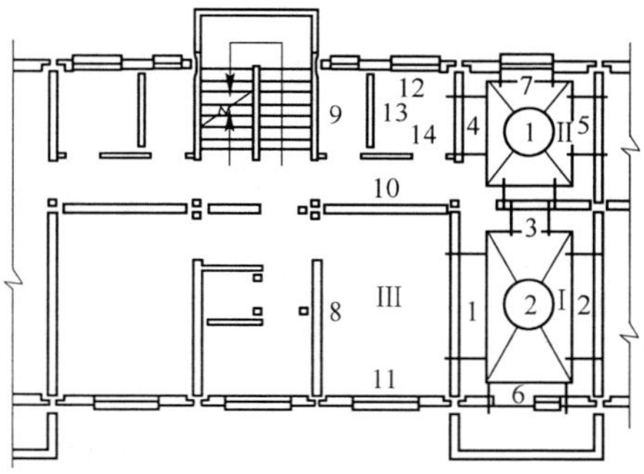

图7-64　双间封闭式吊装顺序示意图
①、②—操作平台;1、2、3、…—墙板吊装顺序;
Ⅰ、Ⅱ、Ⅲ—逐间封闭顺序

墙板应随铺灰随吊装,铺灰前应将基层表面清除杂物、灰尘,并用水湿润,用1∶2.5水泥砂浆铺抹均匀,并使上下接缝密实。

(3) 墙板吊装、就位及校正。墙板起吊应平稳、垂直,绳索与构件的水平夹角不应小于60°,各吊点受力应均匀。墙板一般都设有吊孔或吊环。为防止墙板在起吊中损坏,可采用铁扁担吊装,或采用长的吊索吊装。

墙板吊装就位时应争取一次对准边线,重量较轻的墙板,可在卸钩后校正,若墙板较重可随吊随校正;墙板的垂直度可用靠尺测定。此外,还应注意使外端的边缘垂直和水平,缝厚度均匀。如有误差可用临时固定器校正。

(4) 墙板的临时固定。墙板的临时固定一般多用操作平台,它不仅用于标准间,也可用于其他房间;楼梯间与不便于用操作平台处可用水平拉杆和转角固定器临时固定。

操作平台尺寸可按房间大小制作,在操作台栏杆扶手上附设固定器用以临时固定和校正墙板,工具式斜撑的底脚固定在楼板的预埋件上。当标准间墙板用操作台的墙板固定器固定后,可用水平拉杆固定其余开间的墙板,转角固定器用于纵横的临时固定,并可与水平拉杆配合使用。用操作平台临时固定墙板如图 7-65 及图 7-66 所示。

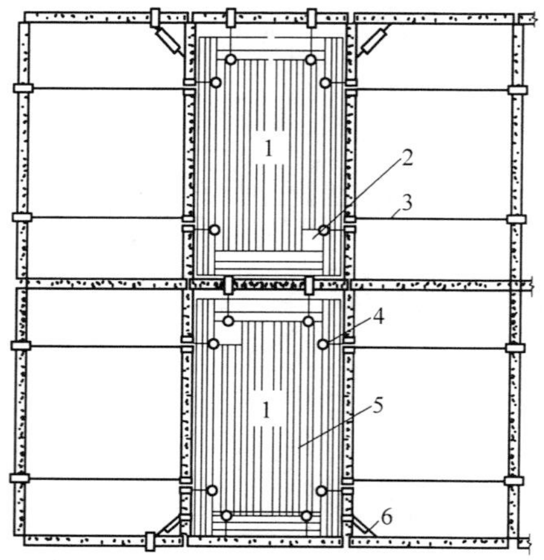

图 7-65 用操作平台进行墙板临时固定
1—操作平台;2—上下人孔;3—水平拉杆;4—墙板临时固定器;5—操作平台栏杆;6—转角固定器

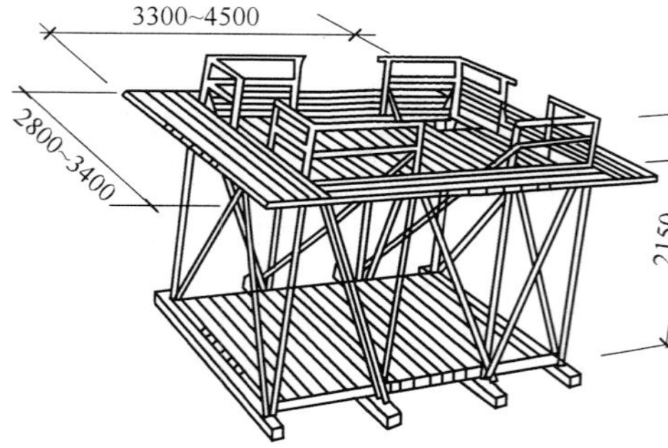

图 7-66 墙板吊装操作平台

墙板校正后即可焊接固定,然后拆除临时固定器,并随即用 1∶2.5 水泥砂浆进行墙板下部塞缝。砂浆干硬后,退出校正用的铁楔。

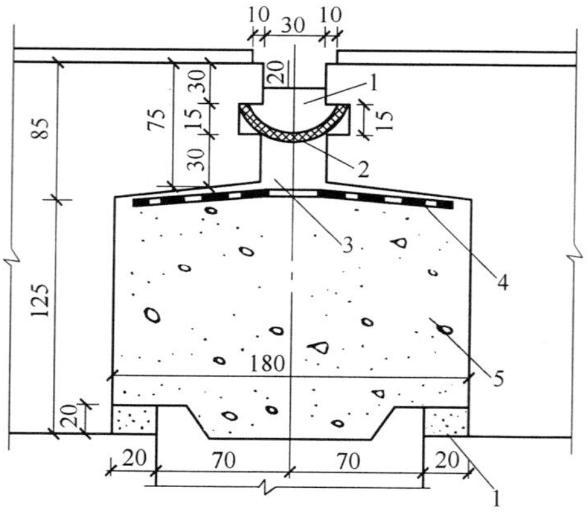

图 7-67 墙板防水构造处理
1—防水砂浆;2—塑料挡水条;3—减压空腔(内刷胶油);4—油毡条;5—现浇混凝土

D 墙缝处理

墙板板缝处理应满足传递剪力、隔热保温和密封防水的构造要求,特别是外墙板,要从墙板的构造和嵌缝材料上做好防水处理,并满足保温要求。

(1) 防水构造措施。在墙板四周应设置滴水或挡水台阶、凹槽等,放置挡雨板和挡风板,形成压力平衡空腔,利用垂直或水平减压空腔的作用和水的重力作用,切断板缝的细管通路达到防水效果。常见的防水构造如图 7-67 所示。

(2) 防水处理。利用密封材料防止雨水浸入满足防水要求,目前常用的嵌缝防水材料有建筑油、胶油、沥青油膏、聚氯乙烯胶泥等。

(3) 板缝保温。寒冷地区要对板缝采取保温措施,以免因冷析作用产生结露现象,影响使用效果。一般可在接缝下附加一定厚度的轻质保温材料如泡沫聚苯乙烯等,以满足保温要求。

7.4 结构吊装工程的质量要求及安全措施

7.4.1 混凝土结构吊装工程质量要求

(1) 预制构件应进行结构性能检验,结构性能检验不合格的预制构件不得用于混凝土结构。

预制构件应在明显部位标明生产单位、构件型号、生产日期和质量验收标志。构件上的预埋件、插筋和孔洞的规格、位置和数量应符合标准图或设计图要求。

预制构件的外观质量不应有严重缺陷,也不宜有一般缺陷。对已出现的严重缺陷和一般缺陷应按技术处理方案进行处理,并重新检查验收。

预制构件不应有影响结构性能和安装、使用功能的尺寸偏差,对超过尺寸允许偏差且影响结构性能和安装、使用功能的部位,应按技术处理方案进行处理,并重新检查验收。

(2) 在进行构件的运输或吊装前,必须对构件的制作质量进行复查验收。此前,制作单位须先自查,然后向运输或吊装单位提交构件出厂证明书(附混凝土试块强度报告),并在自查合格的构件上加盖“合格”印章。进入现场的预制构件,外观质量、尺寸偏差及结构性能应符合标准图或设计要求。预制构件尺寸的允许偏差及检查方法见表 7-7。

表 7-7 预制构件尺寸的允许偏差及检验方法

项目		允许偏差/mm	检验方法
长度	板、梁	+10, -5	钢尺检查
	柱	+5, -10	
	墙板	±5	
	薄腹梁、桁架	+15, -10	
宽度、高(厚)度	板、梁、柱、墙板、薄腹梁、桁架	±5	钢尺量一端及中部,取其中较大值
侧向弯曲	梁、柱、板	$l/750$ 且≤20	拉线、钢尺量最大侧各弯曲处
	墙板、薄腹梁、桁架	$l/1000$ 且≤20	
预埋件	中心线位置	10	钢尺检查
	螺栓位置	5	
	螺栓外露长度	+10,5	
预留孔	中心线位置	5	钢尺检查
预留洞	中心线位置	15	钢尺检查
主筋保护层厚度	板	+5, -3	钢尺或保护层厚度测定仪量测
	梁、柱、墙板、薄腹梁、桁架	+10, -5	
对角线差	板、墙板	10	钢尺量两个对角线
表面平整度	板、墙板、柱、梁	5	2m 靠尺和塞尺检查
预应力构件预留孔道位置	梁、墙板、薄腹梁、桁架	3	钢尺检查
		$l/750$	
翘曲	墙板	$l/1000$	调平尺在两端量测

注:1. l 为构件长度(mm);

2. 检查中心线、螺栓和孔道位置时,应沿纵、横两个方向量测,并取其中的较大值;

3. 对形状复杂或有特殊要求构件,其尺寸偏差应符合标准图或设计的要求。

(3)为保证构件在吊装中不断裂,吊装时构件的混凝土强度,预应力混凝土构件孔道灌浆的水泥砂浆强度以及下层结构承受内力的接头(接缝)的混凝土或砂浆强度,必须符合设计要求。

设计无具体要求时，混凝土强度不应低于设计的混凝土立方体抗压强度标准值的75%，预应力混凝土构件孔道灌浆的强度不应低于15MPa。下层结构承受内力的接头（接缝）的混凝土或砂浆强度不应低于10MPa。

（4）保证构件的型号、位置和支点锚固质量符合设计要求，且无变形损坏现象。

（5）保证连接质量。混凝土构件之间的连接，一般有焊接和浇注混凝土接头两种。为保证焊接质量，焊工必须经培训并取得考试合格证；所焊焊缝的外观质量、尺寸偏差及内在质量都必须符合施工验收规范的要求。为保证混凝土接头质量，必须保证配制接头混凝土的各种材料计量的准确，浇捣要密实并认真养护，其强度必须达到设计要求或施工验收规范规定。

7.4.2　混凝土构件安装的允许偏差和检查方法

混凝土构件安装的允许偏差和检查方法见表7-8。

表7-8　柱、梁、屋架等构件安装的允许偏差和检验方法

<table>
<tr><th>项次</th><th colspan="3">项　目</th><th>允许偏差/mm</th><th>检 验 方 法</th></tr>
<tr><td rowspan="2">1</td><td rowspan="2">杯形基础</td><td colspan="2">中心线对轴线位置偏移</td><td>10</td><td>尺量检查</td></tr>
<tr><td colspan="2">杯底安装标高</td><td>+0，-10</td><td>用水准仪检查</td></tr>
<tr><td rowspan="7">2</td><td rowspan="7">柱</td><td colspan="2">中心线对定位轴线位置偏移</td><td>5</td><td rowspan="2">尺量检查</td></tr>
<tr><td colspan="2">上下柱接口中心线位置偏移</td><td>3</td></tr>
<tr><td rowspan="3">垂直度</td><td>≤5m</td><td>5</td><td rowspan="3">用经纬仪或吊线和尺量检查</td></tr>
<tr><td>>5m</td><td>10</td></tr>
<tr><td>≥10m 多节柱</td><td>1/1000 柱高且不大于20</td></tr>
<tr><td rowspan="2">牛腿上表面和柱顶标高</td><td>≤5m</td><td>+0，-5</td><td rowspan="2">用水准仪或尺量检查</td></tr>
<tr><td>>5m</td><td>+0，-8</td></tr>
<tr><td rowspan="2">3</td><td rowspan="2">梁或吊车梁</td><td colspan="2">中心线对定位轴线位置偏移</td><td>5</td><td>尺量检查</td></tr>
<tr><td colspan="2">梁上表面标高</td><td>+0，-5</td><td>用水准仪或尺量检查</td></tr>
<tr><td rowspan="3">4</td><td rowspan="3">屋架</td><td colspan="2">下弦中心线对定位轴线位置偏移</td><td>5</td><td></td></tr>
<tr><td rowspan="2">垂直度</td><td>桁架拱形屋架</td><td>1/250 屋架高</td><td rowspan="2">有经纬仪或吊线和尺量检查</td></tr>
<tr><td>薄腹梁</td><td>5</td></tr>
<tr><td rowspan="2">5</td><td rowspan="2">天窗架</td><td colspan="2">构件中心线对定位轴线位置偏移</td><td>5</td><td>尺量检查</td></tr>
<tr><td colspan="2">垂直度</td><td>1/300 天窗架高</td><td>有经纬仪或吊线和尺量检查</td></tr>
<tr><td rowspan="2">6</td><td rowspan="2">托架梁</td><td colspan="2">底座中心线对定位轴线位置偏移</td><td>5</td><td>尺量检查</td></tr>
<tr><td colspan="2">垂直度</td><td>10</td><td>有经纬仪或吊线和尺量检查</td></tr>
<tr><td rowspan="2">7</td><td rowspan="2">板</td><td rowspan="2">相邻板下表面平整度</td><td>抹灰</td><td>5</td><td rowspan="2">用直尺和楔形塞尺检查</td></tr>
<tr><td>不抹灰</td><td>3</td></tr>
<tr><td rowspan="2">8</td><td rowspan="2">楼梯阳台</td><td colspan="2">水平位置偏移</td><td>10</td><td>尺量检查</td></tr>
<tr><td colspan="2">标　高</td><td>±5</td><td rowspan="3">用水准仪和尺量检查</td></tr>
<tr><td rowspan="2">9</td><td rowspan="2">工业厂房墙板</td><td colspan="2">标　高</td><td>±5</td></tr>
<tr><td colspan="2">墙板两端高低差</td><td>±5</td></tr>
</table>

7.4.3　结构安装工程的安全措施

7.4.3.1　防止起重机倾翻措施

（1）起重机的行驶道路必须平整坚实，地下墓坑和松软土层要进行处理。起重机不得停置在斜坡上工作。

（2）应尽量避免超载吊装。但在某些特殊情况下难以避免时，应采取保护措施，如在起重机吊杆上拉缆风绳或在起重机尾部增加平衡重等。

（3）禁止斜吊。斜吊是指所要起吊的重物不在起重机起重臂顶的正下方，因而当捆绑重物的吊索挂上吊钩后，吊钩滑轮组不与地面垂直，而与水平线成一夹角。斜吊会造成超负荷及钢丝绳出槽，甚至造成拉断钢丝绳。斜吊还会使重物在离开地面后发生快速摆动，可能碰伤人或其他物体。

（4）应尽量避免满负荷行驶。

（5）双机抬吊时，要根据起重机的起重能力进行合理的负荷分配，并在操作时要统一指挥，互相密切配合。在整个抬吊过程中，两台起重机的吊钩滑轮组均应基本保持垂直状态。

（6）不吊重量不明的重大构件或设备。

（7）禁止在6级以上大风的情况下进行吊装作业。

（8）指挥人员应使用统一指挥信号。信号要鲜明、准确。起重机驾驶人员应听从指挥。

7.4.3.2　防止高处坠落措施

（1）操作人员在进行高处作业时，必须正确使用安全带。安全带一般应高挂低用。即将安全带绳端的钩环挂于高处，而人在低处操作。

（2）在高处使用撬杠时，人要站稳，如附近有脚手架或已安装好的构件，应一手扶着，一手操作。撬杠插进深度要适宜，应逐步撬动，不宜急于求成。

（3）雨天和雪天进行高处作业时，必须采取可靠的防滑、防寒和防冻措施。对进行高处作业的高耸建筑物，应事先设置避雷设施。

（4）登高梯子必须牢固。立梯工作角度70° ± 5°为宜，防止搭设挑头脚手板。

（5）安装有预留孔洞的楼板或屋面板时，应及时用木板盖严或及时设置防护栏杆、安全网等防坠落措施。电梯井口必须设防护栏杆或固定栅门；电梯井内应每隔两层并最多隔10m设一道安全网。

（6）屋架和梁类构件安装时，必须搭设牢固可靠的操作平台。需在梁上行走时，应设置护栏横杆或绳索。

7.4.3.3　防止高处落物伤人措施

（1）地面操作人员必须戴安全帽。地面操作人员，应尽量避免在高空作业的正下方停留或通过，也不得在起重机的起重臂或正在吊装的构件下停留或通过。

（2）高空作业人员使用的工具、零配件等，应放在随身佩带的工具袋内，不可随意向下丢掷。

（3）在高处利用气割或电焊切割时，应采取措施，防止火花落下伤人。

（4）构件安装后，必须检查连接质量，只有确定了连接的安全可靠后，才能松钩或拆除临时固定工具。

（5）吊装现场应设置吊装禁区，禁止与吊装作业无关的人员入内。

7.4.3.4　防止触电及防火爆炸措施

（1）起重机从电线下行驶时，起重臂最高处与电线之间的距离应符合表7-9的要求。

表 7-9 起重机与架空输电导线的安全距离 （m）

输电导线电压	1kV 以下	1 ~ 15kV	20 ~ 40kV	60 ~ 110kV	220kV
允许沿输电导线垂直方向最近距离	1.5	3	4	5	6
允许沿输电导线水平方向最近距离	1	1.5	2	4	6

（2）电焊机的电源线长度不宜超过 5m，并必须架高，电焊机手把线的正常电压，在用交流电工作时为 60 ~ 80V，手把线质量应良好，如有破皮情况，应及时用胶布严密包扎，电焊机的外壳应接地。电焊线如与钢丝绳交叉时应有绝缘隔离措施。

（3）使用塔式起重机或长起重臂的其他类型起重机时，应有避雷防触电措施。

（4）现场变电室，配电室必须保持干燥通风。各种可燃材料不准堆放在电闸箱、电焊机、变压器和电动工具周围，防止材料长时间蓄热后发生自燃。

（5）搬运氧气瓶时，必须采取防震措施，不可猛摔。氧气瓶严禁曝晒，更不可接近火源。冬期不得用火熏烤冻结的阀门。防止机械油溅落到氧气瓶上。

（6）乙炔发生器应放置距火源 10m 以上的地方，严禁在附近吸烟。如高空有电焊作业时，乙炔发生器不应放在下风向。

（7）电石桶应存放在干燥的房间内，并在桶下加垫，以防桶底锈蚀腐烂，使水分进入电石桶而产生乙炔。打开电石桶时，应使用不会生火花的工具，如铜凿等。

复习思考题

7-1 起重机械的种类有哪些？试述其特点及适用范围。

7-2 试述起重机的起重量、起重高度、起重半径之间的关系。

7-3 什么是履带式起重机的稳定性，在什么情况下需对履带式起重机进行稳定性验算，如何验算？

7-4 柱吊装前应进行哪些准备工作？

7-5 试述柱的绑扎形式及其适用条件。

7-6 试述旋转法和滑行法吊柱各有何特点，对柱的平面布置有何要求。

7-7 如何对柱进行对位、临时固定、校正和最后固定？

7-8 如何校正吊车梁的安装位置？

7-9 屋架扶直就位和吊装时绑扎点如何确定，何谓屋架的“正向扶直”和“反向扶直”，屋架预制阶段有哪几种布置方式？

7-10 起重机的类型确定之后，如何选择起重机的型号？

7-11 试述单层工业厂房的结构吊装方法及其各自的特点。

7-12 预制阶段柱的布置方式有几种，各有什么特点？

7-13 屋架在吊装阶段的排放方式有几种，如何确定屋架排放位置？

7-14 试分析多层结构安装分件吊装法和综合吊装法的特点。

7-15 试述多层装配式框架结构柱的吊装、临时固定与校正方法。

7-16 试述多层装配式框架结构构件接头形式及施工方法。

7-17 试述多层装配式墙板结构的吊装方法及墙板吊装工艺。

7-18 试述混凝土结构吊装工程的质量要求及安全技术。

8 建筑防水工程

建筑防水工程，按工程部位分屋面防水、地下防水、楼地面防水等，按其构造分为防水层防水和结构自防水两大类。防水层防水是在建筑物构件的迎水面或背水面以及接缝处，附加防水材料做成防水层，以起到防水作用，如卷材防水、涂膜防水、刚性材料防水层防水等。结构自防水主要是依靠建筑物构件材料的密实性及某些构造措施（坡度、埋设止水带等），使结构构件起到防水作用。

防水工程又分为柔性防水，如卷材防水、涂膜防水等；刚性防水，如结构自防水，刚性材料防水层防水等。

屋面防水根据建筑物的性质、重要程度、使用功能要求以及防水层、耐用年限等，分为 4 个等级，如表 8-1 所示。地下防水根据使用要求的不同，也分为 4 个等级，如表 8-2 所示。防水工程在建筑施工中属于关键项目和隐蔽工程，对保证工程质量具有重要地位，其施工工艺要求严格细致，在施工工期安排上应避开雨季和冬季施工。

表 8-1 屋面防水等级和设防要求

项目	防水等级			
	Ⅰ	Ⅱ	Ⅲ	Ⅳ
建筑物类别	特别重要或对防水有特殊要求的建筑	重要的建筑和高层建筑	一般的建筑	非永久性的建筑
防水层合理使用年限	25 年	15 年	10 年	5 年
防水层选用材料	宜选用合成高分子防水卷材、高聚物改性沥青防水卷材、金属板材、合成高分子防水涂料、细石混凝土等材料	宜选用合成高分子防水卷材、高聚物改性沥青防水卷材、金属板材、合成高分子防水涂料、细石混凝土、平瓦、油毡瓦等材料	宜选用三毡四油沥青防水卷材、合成高分子防水卷材、高聚物改性沥青防水卷材、金属板材、高聚物改性沥青防水涂料、合成高分子防水涂料、细石混凝土、平瓦、油毡瓦等材料	宜选用三毡四油沥青防水卷材、高聚物改性沥青防水涂料等材料
设防要求	三道或三道以上防水设防	二道防水设防	一道防水设防	一道防水设防

表 8-2 地下防水等级和设防要求

防水等级	标准
Ⅰ级	不允许漏水，结构表面无湿渍
Ⅱ级	不允许漏水，结构表面可有少量湿渍 工业与民用建筑：湿渍总面积不大于总防水面积的 1‰，单个湿渍面积不大于 0.1m^2，任意 100 m^2 防水面积不超过 1 处 其他地下工程：湿渍总面积不大于总防水面积的 6‰，单个湿渍面积不大于 0.2 m^2，任意 100 m^2 防水面积不超过 4 处

续表 8-2

防水等级	标　准
Ⅲ级	有少量漏水点，不得有线流和漏泥沙 单个湿渍面积不大于 0.3m^2，单个漏水点的漏水量不大于 2.5L/d，任意 100 m^2 防水面积不超过 7 处
Ⅳ级	有漏水点，不得有线流和漏泥沙 整个工程平均漏水量不大于 2L/(m^2 · d)，任意 100 m^2 防水面积的平均漏水量不大于 4L/(m^2 · d)

8.1 防水材料

常用的防水材料有防水卷材、防水涂料、建筑密封材料及防水剂等。

8.1.1 防水卷材

防水卷材是建筑工程防水材料的重要品种之一。目前防水卷材主要包括沥青防水卷材、高聚物改性沥青防水卷材、合成高分子防水卷材三大系列，共有数十个品种规格，其主要分类如图 8-1所示。

- 防水卷材
  - 沥青防水卷材
    - 纸胎沥青油毡
    - 玻璃布沥青油毡
    - 玻璃纤维沥青油毡
    - 苫麻织物沥青油毡
    - 铝箔胎沥青油毡
  - 高聚物改性沥青防水卷材
    - APP 改性沥青防水卷材
    - 再生胶改性沥青防水卷材
    - PVC 改性焦油沥青防水卷材
    - 废胶粉改性沥青防水卷材
    - 其他改性沥青防水卷材
  - 合成高分子防水卷材
    - 橡胶类
      - 三元乙丙橡胶防水卷材
      - 丁基橡胶防水卷材
      - 再生橡胶防水卷材
    - 树脂类
      - 氯化聚乙烯防水卷材
      - 聚氯乙烯防水卷材
      - 聚乙烯防水卷材
      - 氯磺化聚乙烯防水卷材
    - 橡塑共混类
      - 氯化聚乙烯-橡胶共混防水卷材
      - 三元乙丙橡胶-聚乙烯共混防水卷材

图 8-1　防水卷材分类图

防水卷材应具有以下特性：

(1) 水密性。即具有一定的抗渗能力，吸水率低，浸泡后防水能力降低少。

(2) 大气稳定性好。在阳光紫外线、臭氧老化下性能持久。

(3) 温度稳定性好。高温不流淌变形，低温不脆断，在一定温度条件下，保持性能良好。

(4) 一定的力学性能。能承受施工及变形条件下产生的荷载,具有一定的强度和伸长率。

(5) 施工性良好。便于施工,工艺简便。

(6) 污染少。对人身和环境无污染。

8.1.1.1 沥青防水卷材

沥青防水卷材是用原纸、纤维织物、纤维毡等胎体浸涂沥青,表面撒布粉状、粒状或片状材料,制成可卷曲的片状防水材料。沥青防水卷材一般为叠层铺设、热粘贴施工。常用的沥青防水卷材的特点、适用范围和施工工艺见表8-3。

表8-3 沥青防水卷材的特点及适用范围

卷材名称	特点	适用范围	施工工艺
石油沥青纸胎油毡	是我国传统的防水材料。目前在屋面工程中仍占主导地位,其低温柔性差,防水层耐用年限较短,但价格较低	三毡四油、二毡三油叠层铺设的屋面工程	热玛琋脂,冷玛琋脂粘贴施工
玻璃布沥青油毡	抗拉强度高,胎体不易腐烂,材料柔韧性好,耐久性比纸胎油毡提高一倍以上	多用做纸油毡的增强附加层和凸出部位的防水层	热玛琋脂,冷玛琋脂粘贴施工
玻璃纤维沥青油毡	有良好的耐水性、耐腐蚀性和耐久性、柔韧性也优于纸胎沥青油毡	常用做屋面或地下防水工程	热玛琋脂,冷玛琋脂粘贴施工
黄麻胎沥青油毡	抗拉强度高,耐水性好,但胎体材料易腐烂	常用做屋面增强附加层	热玛琋脂,冷玛琋脂粘贴施工
铝箔胎沥青油毡	有很好的阻隔蒸汽的渗透能力,防水功能好,且具有一定的抗拉强度	与带孔玻璃纤维毡配合或单独使用,宜用于隔汽层	热玛琋脂粘贴施工

8.1.1.2 高聚物改性沥青防水卷材

高聚物改性沥青防水卷材是以合成高分子聚合物改性沥青为涂盖层,纤维织物或纤维毡为胎体,粉状、粒状、片状或膜材料为覆盖面材料制成的可卷曲片状防水材料。它克服了传统沥青防水卷材温度稳定性差、伸长率小的不足,具有高温不流淌、低温不脆裂、拉伸强度高、伸长率较大等优异性能,且价格适中。此类防水卷材按厚度可分为2mm、3mm、4mm、5mm等规格,一般为单层铺设,也可复合使用,根据不同卷材可采用热熔法、冷粘法和自粘法施工。常用高聚物改性沥青防水卷材的特点、适用范围和施工工艺见表8-4。

表8-4 常见高聚物改性沥青防水卷材的特点和适用范围

卷材名称	特点	适用范围	施工工艺
SBS改性沥青防水卷材	耐高、低温性能有明显提高、卷材的弹性和耐疲劳性明显改善	单层铺设的屋面防水工程或复合使用,适合于寒冷地区和结构变形频繁的建筑	冷施工铺贴或热熔铺贴
APP改性沥青防水卷材	具有良好的硬度、延伸性、耐热性、耐紫外线照射及耐老化性能	单层铺设,适合于紫外线辐射强烈及炎热地区屋面使用	热熔法或冷贴法铺设

续表 8-4

卷材名称	特点	适用范围	施工工艺
PVC 改性焦油防水卷材	有良好的耐热及耐低温性能，最低开卷温度为 −18℃	有利于在冬期施工	可热作业亦可冷施工
再生胶改性沥青防水卷材	有一定的延伸性，且低温柔性较好，有一定的防腐蚀能力，价格低廉，属低档防水卷材	变形较大或档次较低的防水工程	热沥青粘贴
废橡胶粉改性沥青防水卷材	比普通石油沥青纸胎油毡的抗拉强度、低温柔性均明显改善	叠层使用于一般屋面防水工程，宜在寒冷地区使用	热沥青粘贴

8.1.1.3　合成高分子防水卷材

合成高分子防水卷材是以合成橡胶、合成树脂或它们两者的共混体为基料，加入适量的化学助剂和填充料，经混练、压延或挤出等工序加工而成的可卷曲的片状防水材料，其中又可分为加筋增强与非加筋增强型两种。合成高分子防水卷材具有拉伸强度和抗撕裂强度高，断裂伸长率大，耐热性和低温柔性好，耐腐蚀、耐老化等一系列优异的性能，是新型高档防水卷材。此类卷材按厚度分为 1mm、1.2mm、1.5mm、2.0mm 等规格，一般为单层铺设，可采用冷粘法或自粘法施工。常见合成高分子防水卷材的特点、适用范围和施工工艺见表 8-5。

表 8-5　常见合成高分子防水卷材的特点和适用范围

卷材名称	特点	适用范围	施工工艺
三元乙丙橡胶防水卷材	防水性能优异，耐候性好、耐臭氧性、耐化学腐蚀性好、弹性和抗拉强度大，对基层变形开裂的适应性强，重量轻，适用温度范围宽，寿命长，但价格高，粘结材料尚需配套完善	防水要求较高、防水层耐用年限要求长的工业与民用建筑，单层或复合使用	冷粘法和自粘法
丁基橡胶防水卷材	有较好的耐候性、耐油性、抗拉强度和伸长率、耐低温性能低于三元乙丙防水卷材	单层或复合使用于要求较高的防水工程	冷粘法施工
氯化聚乙烯防水卷材	具有良好的耐候、耐臭氧、耐热老化、耐油、耐化学腐蚀及抗撕裂的性能	单层或复合使用，宜用于紫外线强的炎热地区	冷粘法施工
氯磺化聚乙烯防水卷材	伸长率较大、弹性较好，对基层变形开裂的适应性较强，耐高、低温性能好，耐腐蚀性能优良，有很好的难燃性	适用于有腐蚀介质影响及在寒冷地区的防水工程	冷粘法施工
聚氯乙烯防水卷材	具有较高的拉伸和撕裂强度，伸长率较大，耐老化性能好，原材料丰富，价格便宜，容易粘结	单层或复合使用于外露或有保护的防水工程	冷粘法或热风焊接法施工

续表 8-5

卷材名称	特 点	适用范围	施工工艺
氯化聚乙烯-橡胶共混防水卷材	不但具有氯化聚乙烯特有的高强度和优异的耐臭氧、耐老化性能，而且具有橡胶所特有的高弹性、高延伸性以及良好的低温柔性	单层或复合使用，尤其用于寒冷地区或变形较大的防水工程	冷粘法施工
三元乙丙橡胶-聚乙烯共混防水卷材	是热塑性弹性材料，有良好的耐臭氧和耐老化性能，使用寿命长、低温柔性好，可在负温条件下施工	单层或复合外露防水屋面，宜在寒冷地区使用	冷粘法施工

8.1.2 防水涂料

防水涂料是一种流态或半流态的高分子物质，可用刷、喷等工艺涂布在基层表面，经溶剂或水分挥发或各组分间的化学反应，形成具有一定弹性和一定厚度的连续薄膜，使基层表面与水隔绝，起到防水、防潮作用。

防水涂料固化成膜后的防水涂膜具有良好的防水性能，特别适合于各种复杂不规则部位的防水，能形成无接缝的完整防水膜。它多采用冷施工，施工快捷、方便；涂布的防水涂料既是防水层的主体，又是粘结剂，因而施工质量容易保证，维修也较简单。但是，防水涂料需采用刷子或挂板等逐层涂刷（刮），故防水膜的厚度较难保持均匀一致。防水涂料广泛用于工业与民用建筑的屋面防水、墙身防水和楼地面防水，地下室和设备管道的防水，也用于旧房屋的维修和补漏等。

防水涂料按构成类型分为溶剂型、水乳型和反应型。按成膜物质的主要成分可分为沥青防水涂料、高聚物改性沥青防水涂料和合成高分子防水涂料三大类。典型品种有石灰乳化沥青涂料，以石油沥青为基料，石灰膏为乳化剂，在机械强制搅拌下将沥青乳化制成的厚质防水涂料；水乳型氯丁橡胶沥青防水涂料，以沥青为基料，用合成高分子聚合物改性后配制而成；合成高分子防水涂料以合成橡胶或合成树脂为主要成膜物质，配置成单组分或多组分的防水涂料。

防水涂料的使用，应考虑建筑的特点、环境条件和使用情况等因素，结合防水涂料的特点和性能指标选择。

8.1.3 建筑密封材料

建筑密封材料是能承受位移并具有高气密性及水密性而嵌入建筑接缝中的定形和不定形的材料。定形密封材料是具有一定形状和尺寸的密封材料，如密封条带、止水带等；不定形密封材料通常是黏稠状的材料，分为弹性密封材料和非弹性密封材料。

为保证防水密封的效果，建筑密封材料应具有高水密性和气密性，良好的粘结性，良好的耐高低温性和耐老化性能，一定的弹塑性和拉伸－压缩循环性能。密封材料的选用，应首先考虑它的粘结性能和使用部位。密封材料与被粘基层的良好粘结，是保证密封的必要条件，因此，因根据被粘基层的材质、表面状态和性质来选择粘结性良好的密封材料；建筑物中不同部位的接缝，对密封材料的要求不同，如室外的接缝要求较高的耐候性，而伸缩缝则要求较好的弹塑性和拉伸－压缩循环性能。

8.1.3.1 不定形密封材料

目前，常用的不定形密封材料有：沥青嵌缝油膏、聚氯乙烯接缝膏和塑料油膏、丙烯酸类密封膏、聚氨酯密封膏以及聚硫类防水密封材料。

（1）沥青嵌缝油膏。它是以石油沥青为基料，加入改性材料、稀释剂及填充料混合制成的密封膏。主要作为屋面、墙面和沟槽的防水嵌缝材料。施工时，缝内应清洁干燥、先涂刷冷底子油一道，干燥后即可嵌填油膏，油膏表面可加石油沥青、油毡、砂浆、塑料等覆盖层。

（2）聚氯乙烯接缝膏和塑料油膏。聚氯乙烯接缝膏是以煤焦油和一定比例加入聚氯乙烯树脂为基料、增塑剂、稳定剂及填充料，在140℃下塑化而成的热施工防水接缝材料，简称PVC接缝膏。塑料油膏是利用废旧聚氯乙烯（PVC）塑料代替聚氯乙烯树脂，其他原料和生产方法同聚氯乙烯接缝膏。上述两种胶泥具有弹性大、粘结力强、耐候性、低温柔性好、老化缓慢、耐酸碱、耐油等优点，可用于屋面工程、构配件嵌缝防水防渗、防潮和防腐以及水渠、管道的接缝。

（3）丙烯酸类密封膏。该种油膏是丙烯酸树脂掺入增塑剂、分散剂、碳酸钙、增量剂等配制而成，有溶剂型和水乳型两种，常用水乳型。它具有良好的粘结性能、弹性和低温柔性，无溶剂污染，无毒，具有优异的耐候性，主要用于屋面、墙板、门、窗嵌缝，属于中等价格和性能的产品，一般在常温下用挤枪填于各种清洁、干燥的缝内。

（4）聚氨酯密封膏。一般用双组分配制，甲组分是含有异氰酸基的预聚体，乙组分含有多羟基的固化剂与增塑剂、填充料、稀释剂等。使用时，将甲乙两组分按比例混合，经固化反应成弹性体。这种膏具有弹性、粘结性、耐候性和与混凝土粘结性好等优点，可作为屋面、墙面的接缝，尤其是游泳池工程，公路及机场跑道的补缝和接缝。

（5）聚硫类防水密封材料。它是以液态聚硫橡胶为主剂和金属过氧化物等硫化剂反应，是一种在常温下固化的单组分或双组分型密封材料。这种材料具有优异的耐候性、气密性和良好的低温柔性，使用温度范围广，对金属、非金属材质有良好的粘结力，可常温或加温固化。主要适用于高层建筑接缝及窗框周围的防水、防尘密封，中空玻璃周边密封，建筑门窗玻璃装嵌密封，游泳池、贮水槽、上下管道和冷藏库等接缝的密封。

8.1.3.2　定形密封材料

定形密封材料包括封条带和止水带，如铝合金门窗橡胶封条、丁腈胶－PVC门窗封条、自粘性橡胶、橡胶止水带、塑料止水带等。定形密封材料按密封机理的不同可分为遇水非膨胀型和遇水膨胀型两类。

8.1.4　防水剂

防水剂是由化学原料配制而成的一种能起到速凝和提高水泥浆或混凝土不透水性的外加剂。按一定比例掺入水泥砂浆或混凝土中以形成防水砂浆或防水混凝土。以往使用的防水剂有氯化物金属盐类防水剂、金属皂类防水剂和硅酸钠防水剂，近年来又有有机硅建筑防水剂、无机铝盐防水剂、M1500水泥密封剂、V型混凝土膨胀剂和FS系列混凝土防水剂等。

8.2　屋面防水工程

屋面防水工程主要有卷材防水屋面、防水涂料屋面和刚性防水屋面。

8.2.1　卷材防水屋面施工

卷材防水屋面属于柔性防水屋面，它具有重量轻，防水性能较好，尤其是防水层具有良好的柔韧性，能适应一定程度的结构振动和胀缩变形，但它造价高，特别是沥青卷材易老化、起鼓、耐久性差，施工工序多，工效低，维修工作量大，产生渗漏时修补找漏困难。

卷材防水屋面一般由结构层、隔气层、保温层、找平层、防水层和保护层组成，其中隔气层和保温层在一定的气温和使用条件下可不设。

8.2.1.1 对结构层的要求

现浇钢筋混凝土屋面板应连续浇筑，不宜留施工缝，振捣密实，表面平整，并符合规定的排水坡度；预制楼板则要求安放平稳牢固，板缝间应嵌填密实。结构层表面应清理干净并平整。

8.2.1.2 找平层施工

找平层基层或保温层上表面的构造层。为使卷材铺贴平整，粘结牢固并有一定强度。找平层一般采用1:3水泥砂浆、细石混凝土或1:8沥青砂浆，其表面应平整、粗糙，按设计留置坡度，屋面转角处设半径不小于100mm的圆角或斜边长100～150mm的钝角垫坡。为了防止由于温差和结构层的伸缩而造成防水层开裂，顺屋架或承重墙方向留设20mm左右的分割缝。

水泥砂浆找平层的铺设应由远而近，由高而低；每分格内应一次连续铺成，用2m左右长的木条找平；待砂浆稍收水后，用抹子压实抹平。完工后尽量避免踩踏。

沥青砂浆找平层施工，基层必须干燥，然后满涂冷底子油1～2道，待冷底子油干燥后，可铺设沥青砂浆，其虚铺厚度约为压实后厚度的1.3～1.4倍，刮干后，用火滚进行滚压至平整、密实、表面不出现蜂窝和压痕为止。滚筒应保持清洁，表面可涂刷柴油。滚材盖好，防止雨水、露气浸入。

找平层施工质量对卷材铺贴质量影响很大，应严格按照找平层施工质量要求和技术标准操作，见表8-6及表8-7。

表8-6 找平层厚度技术要求

类　别	基层种类	厚度/mm	技术要求
水泥砂浆找平层	整体混凝土	15～20	体积比为1:2.5～1:3（水泥:砂），水泥强度等级不低于32.5
	整体或板状材料保温层	20～25	
	装配式混凝土板、松散材料保温层	20～30	
细石混凝土找平层	松散材料保温层	30～35	混凝土强度等级C15
沥青砂浆找平层	整体混凝土	15～20	质量比为1:8
	装配式混凝土板、整体或块状材料保温层	20～25	

表8-7 找平层施工质量要求

项　目	施工质量要求
材料	水泥砂浆、细石混凝土或沥青砂浆，其材料、配合比必须符合要求
平整度	找平层应粘结牢固，没有松动、起壳、翻砂等现象。表面平整，用2m长的直尺检查，找平层与直尺间空隙不应超过5mm，空隙仅允许平缓变化，每米长度内不得多于一处
坡度	找平层坡度应符合设计要求，一般天沟纵向坡度不小于1%；内部排水的水落口周围应做成半径约0.5m和坡度不宜小于5%的杯形洼坑
转角	两个面的相接处，如墙、天窗壁、伸缩缝、女儿墙、沉降缝、烟囱、管道泛水处以及檐口、天沟、斜沟、水落口、屋脊等，均应做成半径不小于100～150mm的圆弧或斜边长度为100～150mm的钝角垫坡，并检查泛水处的预埋件位置和数量
分格	找平层宜留设分割缝，缝宽一般为20mm，分格缝应留设在预制板支承边的拼缝处。沥青砂浆找平层，不宜大于4m，分格缝兼作排气屋面的排气道时，可适当加宽，并应与保温层连通。分格缝应附加200～300mm宽的卷材，用沥青胶结材料单边点贴覆盖
水落口	内部排水的水落口杯应牢固地固定在承重结构上，水落口所有零件上的铁锈均应预先清除干净，并涂上防锈漆。水落口杯与竖管承接处，应用沥青与纤维材料拌制的填料或油膏填塞

8.2.1.3 隔气层施工

隔气层可采用气密性好的卷材或防水涂料。一般是在结构层(或找平层)上涂刷冷底子油一道和热沥青二道,或铺设一毡两油。

隔气层必须是整体连续的。在屋面与垂直面衔接的地方,隔气层还应延伸到保温层顶部并高出150mm,以便与防水层相连接。采用油毡隔气层时,油毡的搭接宽度不得小于70mm。采用沥青及防水涂料时,其耐热度应比室内或室外的最高温度高出20~25℃。

8.2.1.4 保温层施工

根据所使用的材料,保温层可分为松散、板状和整体三种形式。

(1)松散材料保温层。施工前应对松散保温材料的粒径、堆积密度、含水率等主要指标抽样复查,符合设计或规范要求时方可使用。施工时,松散保温材料应分层铺设,每层虚铺厚度不宜大于150mm,边铺边适当压实,使表面平整。压实程度与厚度应经试验确定;压实后不得直接在保温层上行车或堆放重物。保温层施工完成后应及时进行下道工序——抹找平层。铺抹找平层时,可在松散保温层上铺一层塑料薄膜等隔水物,以阻止找平层砂浆中水分被保温材料所吸收。

(2)板状保温层。板状保温材料的外形应整齐,其厚度允许偏差为±5%,且不大于4mm,其表观密度、导热系数以及抗压强度也应符合规范规定的质量要求。板状保温材料可以干铺,应仅靠基层表面、铺平、垫稳,接缝处应用同类材料碎屑填嵌饱满;也可用胶粘剂粘贴形成整体。多层铺设或粘贴时,板材的上下层接缝要错开,表面要平整。

(3)整体保温层。目前常用的有水泥、沥青膨胀珍珠岩及膨胀蛭石,分别选用不低于32.5号水泥和10号建筑石油沥青做胶结料。水泥膨胀珍珠岩、水泥膨胀蛭石宜采用人工搅拌,避免颗粒破碎,并应拌和均匀,随拌随铺,虚铺厚度应根据实验确定,铺后拍实抹平至设计厚度、压实抹平后应立即抹找平层;沥青膨胀珍珠岩、沥青膨胀蛭石宜采用机械搅拌,拌至色泽一致、无沥青团,沥青的加热温度不高于240℃,使用温度不低于190℃,膨胀珍珠岩、膨胀蛭石的预热温度宜为100~120℃。

8.2.1.5 防水层施工

A 施工前的准备工作

卷材防水层施工前应在屋面上其他工程完工后进行。施工前应先在阴凉干燥处将油毡打开,清除云母片或滑石粉,然后卷好直立放于干净、通风、阴凉处待用;准备好熬制、拌和、运输、刷油、清扫、铺贴油毡等施工操作工具以及安全和灭火器材;设置水平和垂直运输的工具、机具和脚手架等,并检查是否符合安全要求。

B 卷材铺贴的一般要求

铺贴多跨和高低跨的房屋卷材防水层时,应按先高后低、先远后近的顺序进行;铺贴同一跨房屋防水层时,应先铺排水比较集中的水落口、檐口、斜沟、天沟等部位及卷材附加层,按标高由低到高向上施工;坡面与立面的油毡,应由下开始向上铺贴,使油毡按流水方向搭接。

油毡铺贴的方向应根据屋面坡度或屋面是否有存在振动而确定。当坡度小于3%时,油毡宜平行屋脊方向铺贴;坡度在3%~5%时,油毡可平行或垂直屋脊方向铺贴,坡度大于15%或屋面受振动时,应垂直屋脊铺贴。卷材防水屋面坡度不宜超过25%。油毡平行屋脊铺贴时,长边搭接不小于70mm;短边搭接平屋顶不应小于100mm,坡屋顶不宜小于150mm。当第一层油毡采用条粘、点粘或空铺时,长边搭接不应小于100mm,短边不应小于150mm,相邻两幅油毡短边搭接缝应错开不小于500mm,上下两层油毡应错开1/3或1/2幅宽;上下两层油毡不宜相互垂直铺贴;垂直于屋脊的搭接缝应顺主导风向搭接;接头顺水流方向,每幅油毡铺过屋脊的长度应不小于200mm。为保证油毡搭接宽度和铺贴顺直,铺贴油毡时应弹出标线。油毡铺贴前,找平层应干燥。一般现场找平层干燥程度的简易检验方法是：将 $1m^2$ 卷材平坦地干铺在找平层上，静置3～4h后掀开卷材，检查找平层覆盖部位与卷材上有无水印，如果未见水印即可铺设隔气层或防水层。

C 油毡热铺贴施工

油毡热铺贴分为满贴法、条粘法、空铺法和点粘法四种。满贴法是将油毡下满涂玛𤧛脂，使油毡与基层全部粘结。铺贴油毡时，如保温层和找平层干燥有困难，需在潮湿的基层上铺贴油毡时，常采用空铺法、条铺法、点粘法与排气屋面相结合。空铺法是指铺贴防水卷材时，卷材与基层仅四周一定宽度内粘结，其余部分不粘结的施工方法。点粘法是铺贴防水卷材时，卷材或打孔卷材与基层采用点状粘结的施工方法，每平方米粘结不少于 5 个点，每点面积为 100mm × 100mm。条粘法铺贴卷材时，卷材与基层粘结面不少于两条，每条宽度不少于 150mm。

（1）满贴法。其铺贴的工序为：浇油→铺贴→收边→滚压等。

1）浇油。一种方法是用带嘴油壶将玛𤧛脂来回在油毡前浇油，其宽度比油毡每边少 10～20mm，速度不宜太快，浇油量以油毡铺贴后，中间满着玛𤧛脂，并使两边有少量挤出，其厚度控制在 1～1.5mm 为宜；另一种方法是用长柄棕刷（或粗帆布刷等）将玛𤧛脂均匀涂刷，宽度比油毡稍宽，不宜在同一地方反复多次刷涂，以免玛𤧛脂很快冷却而影响粘结质量。

2）铺贴。铺贴时两手按住油毡，均匀地用力将油毡向前推滚，使油毡与下层紧密粘结，避免铺料、扭曲和出现未粘结玛𤧛脂之处。

3）收边滚压。在推铺油毡时，操作的其他人员应将毡边挤出的玛𤧛脂及时刮去，并将毡边压紧粘住、刮平和赶出气泡。如出现粘结不良处，用小刀将油毡划破，再用玛𤧛脂贴紧、封死、赶平，最后在上面加贴一块油毡将缝盖住。

（2）条粘法。在铺贴第一层油毡时，不满涂满浇玛𤧛脂，而采用蛇形和条形涂撒的做法，使第一层油毡与基层之间有若干互相连通的空隙，在屋脊或屋面上设置排气槽、出气孔，互相连通构成“排气屋面”，便于排出水气，避免油毡起泡，也可节省玛𤧛脂。但用花撒玛𤧛脂铺贴每一层油毡时，操作要细致，搭接处的毡边必须粘住。油毡不宜过紧过松，否则容易产生开裂或折皱。屋面四周、檐口、屋脊和屋面转角处及凸出屋面的连接处，至少有 800mm 宽的油毡满撒玛𤧛脂进行实铺。同时基层涂刷冷底子油。第二层及以上油毡均要求实铺。

也可采用在基层中留置 20～40mm 宽的纵横连通的排气道沟槽，并单边点贴 200～300mm 宽的油毡条，然后实铺第一层油毡，或直接在找平层上先空铺纵横连通的 300mm 宽的油毡条，形成连通的排气通道，然后再实铺第一层油毡。

空铺法、点粘法铺贴防水卷材的施工方法与条粘法基本相同。

D 油毡冷粘法施工

油毡冷粘法施工具有劳动条件好、工效高、工期短等优点，也可避免热作业熬制热沥青玛𤧛脂对周围环境的污染。冷粘法是卷材防水屋面施工工艺发展的方向。冷玛𤧛脂粘贴油毡施工方法和要求与热玛𤧛脂粘贴油毡施工基本相同，不同之处在于：冷玛𤧛脂使用时应搅拌均匀，当稠度过大时，可加入少量溶剂稀释并拌匀；涂布冷玛𤧛脂时，每层玛𤧛脂厚度宜控制在 0.5～1mm，面层玛𤧛脂厚度宜为 1～1.5mm。

E 高聚物改性沥青卷材热熔法施工

高聚物改性沥青热熔卷材是在工厂生产过程中底面即涂有一层软化点较高的改性沥青热熔胶的卷材。其铺贴时不需涂刷胶粘剂，而用火焰烘烤热熔胶后直接与基层粘结。这种方法施工时受气候影响小，对基层表面干燥程度要求相对较宽松，但烘烤时对火候的掌握要求适度。热熔卷材可采用满粘法或条粘法铺贴，铺贴要稍紧一些，不能太松弛。施工方法有滚铺法和展铺法。

（1）滚铺法。这是一种不展开卷材而边加热烘烤边滚动卷材铺贴的方法。

1）起始端卷材的铺贴。将卷材置于起始位置，对好长、短方向搭接缝，滚展卷材1000mm左右并掀开，用火焰同时加热卷材底面、热熔胶面和基层至热熔胶层出现黑色光泽，发亮至稍有微泡出现，慢慢放下卷材平铺于基层，然后进行排气滚压使卷材与基层粘结牢固。当铺贴至剩下300mm左右长度，将其翻放在隔热板上，用火焰加热余下起始端基层后，再加热卷材起始端余下的部分，然后将其贴于基层。

2）滚铺。卷材起始端铺贴完成后即可进行大面积滚铺。持火焰喷枪的人位于卷材滚铺的前方，按上述方法同时加热卷材和基层，条粘时只需加热两侧边，加热宽度各为150mm左右，推滚卷材的人蹲在已铺好的卷材起始端上面，等卷材充分加热后缓缓推压卷材，并随时注意卷材的平整顺直和搭接的宽度。其后紧跟一人用滚子从中间向两边抹压卷材、赶出气泡，并用刮刀将溢出的热熔胶刮压接边缝。另一人用压辊压实卷材，使之于基层粘贴密实。

（2）展铺法。是将卷材平铺于基层，再沿边掀开卷材予以加热粘贴。此方法主要适用于条粘法铺贴卷材。

先将卷材展铺在基层上，对好搭接缝，按滚铺法先贴好起始端。拉直整幅卷材，使其平坦地与基层相贴，然后对末端做临时固定。由起始端开始熔贴卷材，掀起卷材边缘约200mm高，将火焰喷枪头伸入侧边卷材下，同时加热卷材边宽约200mm的底面，热熔胶和基层，边加热边铺贴。铺至距末端1000mm左右，撤去临时固定按滚铺法铺贴末端卷材。

在进行热熔粘接缝之前，应先将下层卷材表面的隔离纸烧掉，以利于搭接牢固严密。所有搭接缝应用密封材料封严，涂封的宽度不应小于10mm。

在复杂部位附加增强层时，基层需涂刷一遍密封材料，以便粘贴。

F 高聚物改性沥青卷材冷粘法施工

高聚物改性沥青卷材冷粘法施工是在基层或基层和卷材底面涂布胶粘剂进行卷材与基层、卷材与卷材的粘结。主要工序有胶粘剂的选择、涂刷胶粘剂、铺贴卷材、搭接缝处理等。

胶粘剂一般由厂家配套供应，对单组分胶粘剂只需开桶搅拌均匀后即可使用，而双组分胶粘剂则必须严格按厂家提供的配合比例和配制方法进行计量、掺和、搅拌均匀后才能使用。

施工前应清除基层表面的突起物，并将尘土杂物等扫除干净，随后用基层处理剂进行基层处理，基层处理剂是由汽油等溶剂稀释胶粘剂制成，涂刷时要均匀一致。待基层处理剂干燥后，可先对排水口、管根等容易发生渗漏的薄弱部位均匀涂刷一层胶粘剂，涂刷厚度以1mm左右为宜。基层表面涂刷胶粘剂时，切忌在一处来回滚涂，以免将底胶“咬起”，形成凝胶而影响质量。某些卷材要求底面和基层均涂胶粘剂，涂刷时注意卷材背面的胶粘剂不得涂刷得太薄而露底，也不得涂刷过多而产生聚胶，还应注意在卷材搭接宽度的搭接缝部位不得涂刷胶粘剂而应留作涂刷接缝胶粘剂。空铺法、条粘法、点粘法应按规定的位置与面积涂刷胶粘剂。

一般要求基层及卷材上涂刷的胶粘剂达到表干程度才能铺贴卷材，施工时可凭经验确定，用手指触压胶粘剂不粘手时即可开始粘贴卷材。平面上铺贴卷材可以用滚铺法或抬铺法进行铺贴。抬铺法是将涂布好胶粘剂的卷材经过对折、抬起、对位、翻平铺压等工序把卷材贴在基层上。卷材铺贴后应平整顺直，搭接尺寸准确，不得扭曲、皱折。搭接部位的接缝应满涂胶粘剂、辊压粘结牢固，溢出的胶粘剂随即刮平封口。接缝口应用密封材料封严、密封时用刮刀沿缝刮涂，不能留有缺口，密封宽度不应小于10mm。

G 合成高分子防水卷材施工

合成高分子防水卷材施工可采用冷粘法、自粘法、热风焊接法施工。自粘贴卷材施工方法是施工时只需剥去隔离纸后即可直接铺贴；带有防粘层时，在粘贴搭接缝前应将防粘层先溶化掉，方可达到粘结牢固。

8.2.1.6 保护层施工

为了减少阳光辐射对沥青老化的影响，降低沥青表面的温度，防止暴雨和冰雪对防水层的侵蚀，在防水层表面设置绿豆砂或板块等各种保护层。

（1）绿豆砂保护层。在卷材铺设完毕后，经检查合格后，应立即进行绿豆砂保护层施工，以免油毡表面遭受损坏。施工时，应选用色浅、耐风化、清洁、干燥，粒径为 3～5mm 的绿豆砂，在锅内或钢板上加热至 100℃左右均匀撒铺在涂刷过 2～3mm 厚的沥青胶结材料的油毡防水层上，并使其 1/2 的粒径嵌入到沥青中，未粘结的绿豆砂应随时清扫干净。

（2）预制板块保护层。一般采用砂或水泥砂浆作为结合层。当采用砂结合层时，铺砌块体前应将砂洒水压实刮平；块体应对接铺砌，缝隙宽度为 10mm 左右；板缝用 1∶2 水泥砂浆勾成凹缝；为防止砂子流失，保护层四周 500mm 范围内，应改用低强度等级水泥砂浆做结合层。

采用水泥砂浆做结合层时，应先在防水层上做隔离层，隔离层可用单层油毡空铺，搭接边宽度不小于 70mm，块体预先湿润后再铺砌。铺砌可用铺灰法或摆铺法。为防止因热胀冷缩造成板块拱起或板缝开裂，块体保护层每 $100m^2$ 以内应留设分格缝，缝宽 200mm，缝内嵌填密封材料。

8.2.2 涂膜防水屋面施工

在屋面基层上涂刷防水涂料，经固化后形成一定厚度的弹性整体涂膜层的柔性防水屋面。该类防水屋面主要适用于防水等级为Ⅲ、Ⅳ级的屋面防水，也可作为Ⅰ、Ⅱ级屋面多道防水设防中的一道防水层。涂膜防水层的厚度应符合规范要求，具体做法要根据屋面构造和涂料本身性能要求而定，其施工要点如下：

（1）施工顺序。基层表面清理、修整→喷涂基层处理剂（底涂料）→特殊部位附加增强处理→涂布防水涂料→保护层施工。

涂膜防水屋面的基层表面清理、修整与卷材防水屋面基本相同。

（2）喷涂基层处理剂。基层处理剂应与上部涂料的材性相容，常用防水涂料的稀释液进行刷涂或喷涂。喷涂前应充分搅拌，喷涂均匀，覆盖完全，干燥后方可进行涂膜防水层施工。

（3）特殊部位附加增强处理。在管道根部、阴阳角等部位，应做不少于一布二涂的附加层；在无沟、檐沟与屋面交接处以及找平层分格处均应空铺宽度不小于 200～300mm 的附加层，构造做法应符合设计要求。

（4）涂布防水涂料。防水涂料可采用手工抹压、涂刷和喷涂分层施工。涂层厚度应均匀一致，表面平整，防水涂膜应由两层及以上涂层组成，一道涂层完毕并待干燥结膜后，方可涂布下一遍涂料，总厚度应符合设计要求或规范规定。为了加强防水涂料层对基层开裂、房屋伸缩变形和结构较小沉陷的抵抗能力，可铺设胎体增强材料，边涂刷防水涂料边铺设，并刮平粘牢，排出气泡，其搭接宽度：长边不少于 50mm，短边不少于 70mm，上、下层及相邻两幅的搭接缝应错开 1/3 幅度，上下两层不得相互垂直铺贴；对天沟、檐沟、檐口、泛水等特殊部位必须加铺胎体增强材料附加层，以提高防水层适应变形的能力。涂膜防水层的收头应用防水涂料多遍涂刷或用密封材料封严。

（5）保护层施工。为了防止涂料过快老化，涂膜防水层应设置保护层。在涂刷最后一道涂料时，如采用细石、云母作保护层，可边涂刷边均匀地撒布，不得露底，待涂料干燥后，将多余的撒布材料清除。当采用浅色涂料作保护层时，应在涂膜固化后进行。

遇雨、雪、五级风及以上天气或预计涂膜固化前可能下雨时，严禁进行防水涂膜施工。水乳型涂料的施工环境气温为 5～35℃，溶剂型涂料宜为 –5～35℃。

8.3 地下防水工程

由于地下工程长期经受地下水潮湿环境的浸泡，所以地下防水工程比屋面防水工程要求更高，难度更大，其防水方案需根据工程具体情况确定，大致有防水混凝土结构、加防水层、“防排结合”三类。

8.3.1 卷材防水层

地下卷材防水层是一种柔性防水层，是用胶粘剂将几层卷材粘贴在地下结构基层的表面上而形成的多层防水层，它具有较好的防水性和良好的韧性，能适应结构振动和微小变形，并能抵抗酸、碱、盐溶液的侵蚀，但卷材吸水率大，机械强度低，耐久性差，发生渗漏后难以修补。因此，卷材防水层只适应形式简单的整体钢筋混凝土结构基层和以水泥砂浆、沥青砂浆或沥青混凝土为找平层的基层。

一般把地下卷材防水层设置在建筑结构的外侧，称为外防水。外防水的防水层在迎水面，受压力水作用紧压在结构上，防水效果好，因而应用广泛。外防水卷材的铺贴方法有外防外贴法和外防内贴法两种。

8.3.1.1 外防外贴法

外防外贴法施工是在地下防水结构墙体做好以后，把卷材防水层直接铺贴在外表面上，然后再砌筑保护墙。其构造如图 8-2 所示。

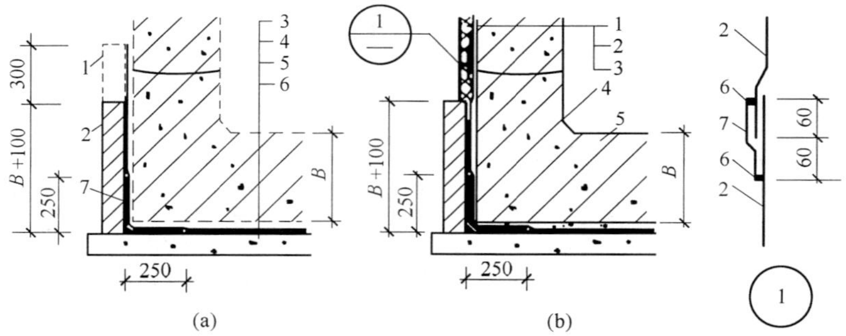

图 8-2 卷材防水层甩槎、接槎做法

(a)甩槎

1—临时保护墙；2—永久保护墙；3—细石混凝土保护层；4—卷材防水层；

5—水泥砂浆找平层；6—混凝土垫层；7—卷材加强层

(b)接槎

1—结构墙体；2—卷材防水层；3—卷材保护层；4—卷材加强层；

5—结构底板；6—密封材料；7—盖缝条

施工程序如下：

(1) 先浇筑需防水结构的底层混凝土垫层；

(2) 在垫层上砌筑永久性保护墙，墙下铺一层干油毡。墙的高度不小于需防水结构底板厚度再加 100mm；

(3) 在永久性保护墙上用石灰砂浆接砌保护墙，墙高为 300mm；

(4) 在永久性保护墙上抹 1∶3 水泥砂浆找平层，在临时保护墙上抹石灰砂浆找平层，并刷石灰浆。如用模板代替临时性保护墙，应在其上涂刷隔离剂；

（5）待找平层基本干燥后，即可根据所选卷材的施工要求进行铺贴；

（6）在大面积铺贴卷材之前，应先在转角处粘贴一层卷材附加层，然后进行大面积铺贴，先铺平面，后铺立面。在垫层和永久性保护墙上应将卷材防水层空铺，而在临时保护墙（或模板）上应将卷材防水层临时贴附，并分层临时固定其顶端；

（7）当不设保护墙时，从底面折向立面的卷材的接槎部位应采取可靠的保护措施；

（8）浇筑需防水结构的混凝土底板和墙体；

（9）在需防水结构外墙外表面抹找平层；

（10）主体结构完成后，铺贴立面卷材时，应先将接槎部位的各层卷材揭开，并将其表面清理干净，如卷材有局部损伤，应及时进行修补。卷材接槎的搭接长度，高聚物改性沥青卷材为150mm，合成高分子卷材为100mm。当使用两层卷材时，卷材应错槎接缝，上层卷材应盖过下层卷材。卷材的甩槎、接槎做法如图8-2所示；

（11）待卷材防水层施工完毕，并经过检查验收合格后，即应及时做好卷材防水层的保护结构。保护结构的几种做法如下：

1）砌筑永久保护墙，并每隔5～6m及在转角处断开，断开的缝中填以卷材条或沥青麻丝；保护墙与卷材防水层之间的空隙应随砌随用砌筑砂浆填实，保护墙完工后方可回填土。注意在砌保护墙的过程中切勿损坏防水层；

2）抹水泥砂浆。在涂抹卷材防水层最后一道沥青胶结材料时，趁热撒上干净的热砂或散麻丝，冷却后随即抹一层10～20mm的1∶3水泥砂浆。水泥砂浆经养护达到强度后，即可回填土；

3）贴塑料板。在卷材防水层外侧直接用氯丁系胶剂花贴固定5～6mm厚的聚乙烯泡沫塑料板，完工后即可回填土。也可用聚醋酸乙烯乳液粘贴40mm厚的聚苯泡沫塑料板代替。

8.3.1.2 外防内贴法

外防内贴法是浇筑混凝土垫层后，在垫层上将永久保护墙全部砌好，将卷材防水层铺贴在垫层和永久保护墙上，其构造如图8-3所示。

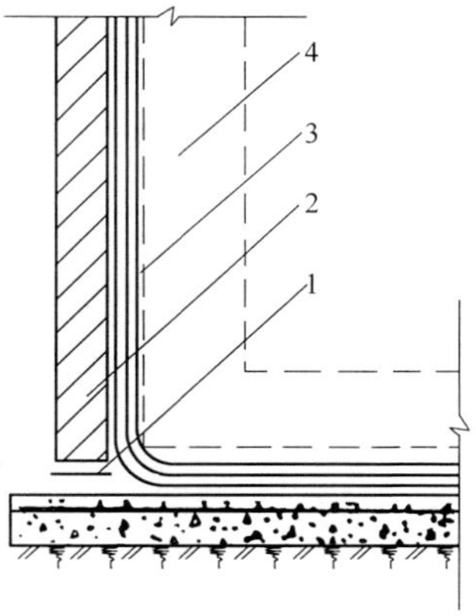

图8-3 外防内贴法卷材防水构造
1—平铺油毡层；2—砖保护墙；3—油毡防水层；4—待施工的地下构筑物

（1）在已施工好的混凝土垫层上砌筑永久保护墙，保护墙全部砌好后，用1∶3水泥砂浆在垫层和永久保护墙上抹找平层。保护墙与垫层之间须干铺一层油毡。

（2）找平层干燥后即涂刷冷底子油或基层处理剂，干燥后方可铺贴卷材防水层，铺贴时应先铺立面，后铺平面，先铺转角，后铺大面。在全部转角处应铺贴卷材附加层，附加层可采用两层同类油毡或一层抗拉强度较高的卷材，并应仔细粘贴紧密。

（3）卷材防水层铺完经验收合格后即应做好保护层。立面可抹水泥砂浆、贴塑料板，或用氯丁系胶贴剂粘铺石油沥青纸胎油毡；平面可抹水泥砂浆，或浇筑不少于50mm厚的细石混凝土。

（4）施工需防水结构，将防水层压紧。如为混凝土结构，则永久保护墙可当一侧模板，结构顶板卷材防水层上的细石混凝土保护层厚度不应小于70mm，防水层如为单层卷材，则其与保护层之间应设置隔离层。

（5）结构完工后，方可回填土。

8.3.1.3 提高卷材防水层质量的技术措施

（1）卷材的点粘、条粘及空铺。卷材防水层是粘附在具有足够刚度的结构层或结构层上的找平层上面，当结构层因种种原因产生变形裂缝时，要求卷材有一定的伸长率来适应这种变形，采用点粘、条粘、空铺的措施可以充分发挥卷材的延伸性能，有效地减少卷材被拉裂的可能性。具体做法是：点粘法，每平方米卷材下粘五点（100mm×100mm），粘贴面积不大于总面积的6%；条粘法，每幅卷材两边各与基层粘贴150mm宽；空铺法，卷材防水层周边与基层粘贴800mm宽。

（2）增铺卷材附加层。对变形较大、易遭破坏或易老化部位，如变形缝、转角、三面角以及穿墙管道周围、地下出入口通道等处，均应铺设卷材附加层。

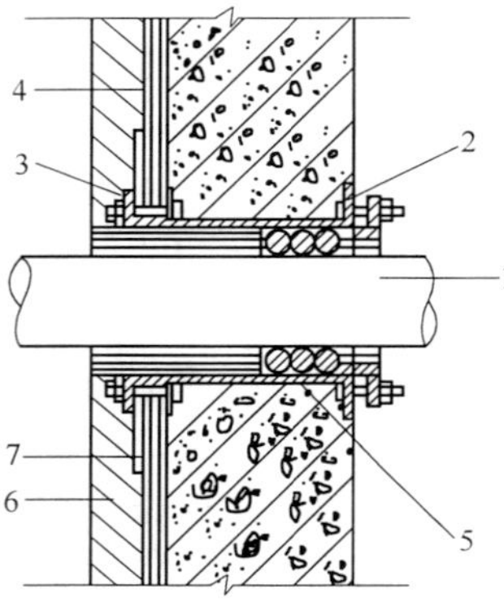

图8-4　卷材防水层与管道埋设件连接处做法

1—管道；2—套管；3—夹板；4—卷材防水层；5—填缝材料；6—保护墙；7—附加卷材层衬垫

（3）做密封处理。为使卷材防水层增强适应变形的能力，提高防水层整体质量，在分格缝、穿墙管道周围、卷材搭接缝，以及收头部位应做密封处理。

（4）施工中，应重视对卷材防水层的保护。

8.3.1.4　特殊部位的防水处理

（1）管道埋设件防水处理。管道埋设件与卷材防水层连接处做法如图8-4所示。为了避免因结构沉降造成管道变形破坏，应在管道穿过结构处埋设套管，套管上附有法兰盘，套管应于浇筑结构时在设计位置上预埋准确。卷材防水层应粘贴在套管的法兰盘上，粘贴宽度至少100mm，并用夹板将卷材压紧。粘贴前应将法兰盘及夹板上的尘垢和铁锈清除干净，刷上沥青。夹紧卷材的夹板下面，应用软金属片、石棉纸板、防水卷材等衬垫。

（2）变形缝防水处理。在变形缝处应增加卷材附加层，附加层可视实际情况采用合成高分子防水卷材、高聚物改性沥青防水卷材等。在结构厚度的中央埋设止水带，止水带的中心圆环应正对变形缝中间。变形缝内可用浸过沥青的木丝板填塞，缝口用优质密封膏嵌封，如图8-5所示。

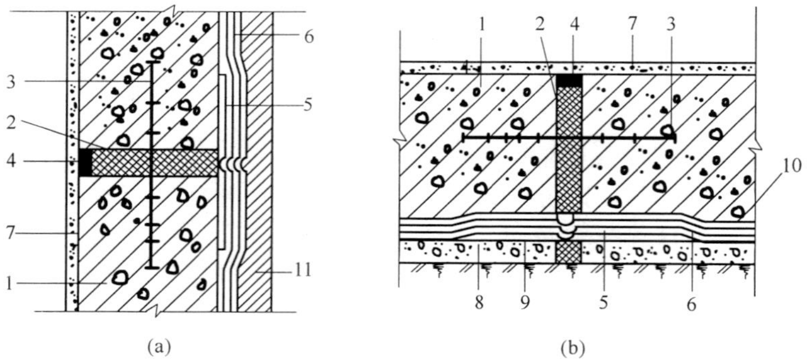

图8-5　变形缝处防水做法

（a）墙体变形缝；（b）底板变形缝

1—需防水结构；2—浸过沥青的木丝板；3—止水带；4—填缝油膏；5—卷材附加层；6—卷材防水层；7—水泥砂浆面层；8—混凝土垫层；9—水泥砂浆找平层；10—水泥砂浆保护层；11—保护墙

8.3.2　涂膜防水

涂膜防水是在需防水结构表面基层上涂以一定厚度的防水涂料，具有良好弹性性能的涂膜防水层。涂膜防水具有重量轻，耐候性、耐水性、耐蚀性优良，适用性强，冷作业，易于维修等优点；但又有涂膜时其厚度不易做到均匀一致，抵抗结构变形能力差，与潮湿基层粘结力差，抵抗动水压力的能力差等缺点。

常用的防水涂料有：合成高分子防水涂料、高聚物改性沥青防水涂料、沥青基防水涂料、无机物－水泥类防水涂料。涂膜防水层总厚度小于3mm为薄质涂料，总厚度大于3mm为厚质涂料。

8.3.2.1 涂膜防水层的施工顺序

地下工程涂膜防水层的设置可分为内防水（即防水涂膜涂刷于结构内壁）、外防水（防水涂膜涂刷于结构外壁）两种形式。如图8-6所示。涂膜外表面应设置砂浆、砖或饰面等保护层。

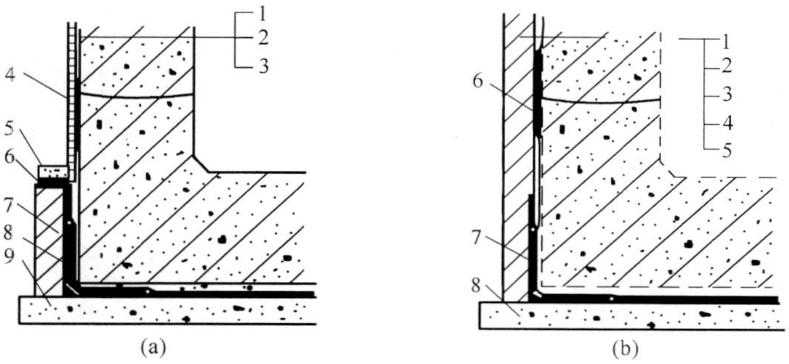

图8-6 涂膜防水层构造

（a）防水涂料外防外涂做法

1—结构墙体；2—涂料防水层；3—涂料保护层；4—涂料防水加强层；5—涂料防水层搭接部位保护层；6—涂料防水层搭接部位；7—永久保护墙；8—涂料防水加强层；9—混凝土垫层

（b）防水涂料外防内涂做法

1—结构墙体；2—砂浆保护层；3—涂料防水层；4—砂浆找平层；5—保护墙；6,7—涂料防水加强层；8—混凝土垫层

涂膜防水层的施工顺序应遵循“先远后近、先高后低、先细部后大面、先立面后平面”的原则。一般为：基层处理→涂刷底层涂料→（增强涂布或补涂）→涂布第一道涂膜防水层→（增强涂布或补涂）→涂布第二道涂膜防水层→做保护层。

涂膜施工时，环境温度在10～30℃为宜；在低温或高温、霜、雪、大风（5级风以上）的天气不宜进行涂膜施工。对于薄质涂料和厚质涂料的施工工艺具有不同的方法。

8.3.2.2 薄质涂料施工

薄质涂料一般指水乳型或溶剂型的高聚物改性防水涂料及合成高分子防水涂料。薄质涂料施工一般采用涂刷法或喷涂法，胎体材料施工有湿铺法（先刷涂料，后铺胎体，再用滚刷滚压使胎体布孔眼浸满涂料）和干铺法（先干铺胎体，再满刮涂料，使涂料浸入胎体且不得漏涂，并与下层已固化的涂膜结成整体）。涂膜施工过程要注意涂布均匀、厚薄一致，且不得漏涂。涂膜防水层一般分为三道涂布，底层涂料一般为0.15～0.20kg/m^3；底层涂布24h以上，固化干燥后方可根据设计或施工要求进行增强涂布或增补涂布，增强涂布是采用条形或块状加设玻璃纤维布，在第一道涂膜固化后，可涂刮第二道涂膜，前后两道工序的涂刮方向应相互垂直。在第二道涂膜固化前，在其表面稀撒粒径约2mm的石碴，增强涂膜与保护层的粘结能力。最后一道涂膜固化干燥后，即可设置保护层。

8.3.2.3 厚质涂料施工

厚质涂料一般指沥青基防水涂料，其施工工艺与薄质涂料基本相同，不同之处在于涂料中含有较多的填充料，故而涂料厚、成膜干固时间长。因此，施工前应试验，根据测定结果来确定涂膜的厚度和总厚度以及涂布间隔时间，并且应考虑人工干燥法加速成膜。

8.3.2.4 保证施工质量的要求

首先，应保证原材料质量合格，应有出厂合格证、质量指标证明文件及现场复检报告单。其次，要使涂膜防水层与基层粘结牢固，厚薄均匀，无空鼓、开裂、脱层以及收头不平等缺陷，就要对防水层厚度、边角和特殊部位的处理严格把关，应符合设计与施工规定要求。施工中对防水涂料的配制应进行 2 ~5min 的强力搅拌。基层应清理干净。及时处理气泡和起鼓，应认真清理基层，细心修补填实。当涂膜防水层出现翘边、破损现象时，可采取增强和增补法进行修补。

8.3.3 水泥砂浆抹面防水

水泥砂浆抹面防水是一种刚性防水层。即在建筑物的底面和两侧分别涂抹一定厚度的水泥砂浆，利用砂浆本身的憎水性和密实性来达到抗渗防水的效果。但这种防水层抵抗变形能力差，故不宜用于受振动荷载影响的工程或结构上易产生不均匀沉陷的工程，也不适用于受腐蚀、高温及反复冻融的砖砌体工程。

常用的水泥砂浆防水层主要有刚性多层防水层、掺外加剂的防水砂浆防水层和膨胀水泥或无收缩性水泥砂浆防水层等类型。

8.3.3.1 刚性多层防水层

刚性多层防水层是利用素灰(即稠度较小的水泥浆)和水泥砂浆分层交替抹压均匀密实，构成一个多层的整体防水层。由于素灰层与水泥砂浆层相互交替施工，各层粘贴紧密、密实性好，当外界温度变化时，每一层的收缩变形均受到其他层的约束，不易发生裂缝；同时各层配合比、厚度及施工时间均不同，毛细孔形成也不一致，后一层施工能对前一层的毛细孔起堵塞作用，所以具有较高抗渗能力，能达到良好的防水效果。将这种防水层做在迎水面时，宜采用五层交叉抹面，如图 8-7 所示；做在背水面时，宜采用四层交叉抹面，即将第四层表面抹平压光即可。第一、三层为素灰层，水灰比为 0.37 ~0.4，稠度为 70mm 的水泥浆，其厚度为 2mm，分两次抹压密实，主要起防水作用。第二、四层为水泥砂浆层，配合比为 1∶1.5(水泥∶砂)，水灰比为 0.6 ~0.65，稠度为 70 ~80mm，每层厚度 4 ~5mm，主要起着对素灰层的保护、养护和加固作用，也起一定的防水作用。第五层为水泥浆层，厚度为 1mm，水灰比为 0.55 ~0.6，在第四层水泥砂浆抹压两遍后，用毛刷均匀涂刷水泥浆一道并随第四层一道压光。

每层防水层施工要连续施工，不留施工缝。若必须留施工缝，则应留成阶梯坡形槎，如图 8-8所示，接槎要依照层次顺序操作，层层搭接紧密。接槎一般宜留在地面上，也可留在墙面上，但均需离开阴阳角处 200mm。阴阳角均应做成圆弧形或钝角，圆弧半径，阳角宜为 10mm，阴角宜为 50mm。抹完后养护时间不宜少于 15 天。

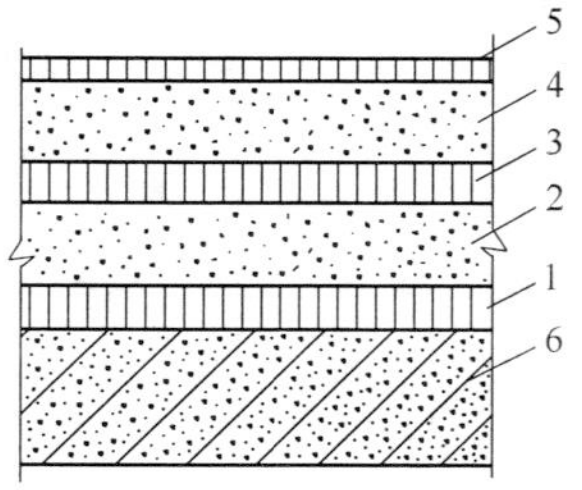

图 8-7 五层交叉抹面

1，3—素灰层；2，4—砂浆层；
5—水泥浆层；6—结构基层

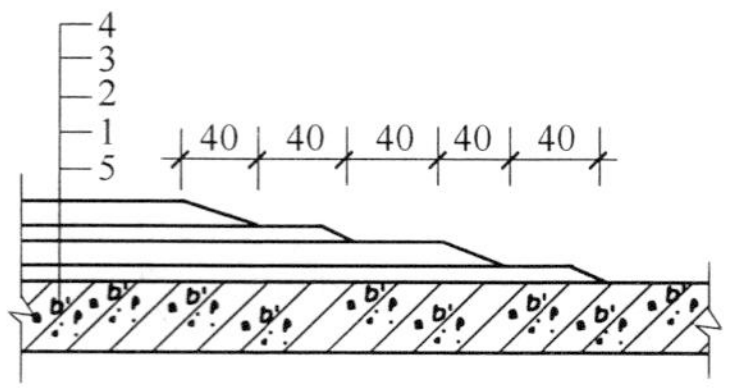

图 8-8 防水层留槎方法

1，3—素灰层；2，4—砂浆层；5—结构基层

8.3.3.2 掺防水剂水泥砂浆抹面防水层

在普通水泥砂浆中掺入一定量的防水剂形成防水砂浆，由于防水剂与水泥水化作用而形成不溶性物质或憎水性薄膜，可填充或封闭水泥砂浆中的毛细管道，从而获得较高的密实性，提高其抗渗能力。

防水剂的品种繁多，常用的有防水浆、避水浆、防水粉、氯化铁防水剂、硅酸盐防水剂等。以常用的氯化铁防水砂浆防水层施工为例，在基层清理完成后，先刷水泥浆一道，然后分两次抹垫层的防水砂浆，其配合比为1:2.5:0.3（水泥:砂:防水剂），水灰比为0.45～0.5，其厚度为12mm，抹垫层防水砂浆后，隔12h左右，再刷一道水泥浆，并随刷随抹面层防水砂浆，其配合比为1:3:0.3（水泥:砂:防水剂），水灰比为0.5～0.55，其厚度为13mm，也分两次抹。面层防水砂浆抹完后，在终凝前应反复多次抹压密实并压光。抹面完成后，应覆盖湿草袋进行养护，定期浇水，至少14天，养护温度不低于5℃。

8.3.3.3 膨胀水泥或无收缩性水泥砂浆防水层

膨胀水泥或无收缩性水泥砂浆防水层主要是利用水泥膨胀和无收缩的特性来提高砂浆的密实性和抗渗性，其砂浆的配合比为1:2.5（水泥:砂），水灰比为0.4～0.5。涂抹方法与防水砂浆相同，但由于砂浆凝结快，故在常温下配制的砂浆必须在1h内使用完毕。

在配制防水砂浆时，水泥宜采用强度等级不低于32.5的普通硅酸盐水泥或膨胀水泥，也可采用矿渣硅酸盐水泥；砂宜采用中砂或粗砂。基层表面要坚实、粗糙、平整、洁净。涂刷前基层应洒水湿润，以增强基层与防水层的粘结力。

8.3.4 防水混凝土

防水混凝土既是承重结构及围护结构，同时还应具有良好防水渗漏的性能。防水混凝土是依靠调整混凝土配合比，掺外加剂和精心施工等方法来提高自身的密实性和抗渗性而达到防水的目的。防水混凝土具有取材容易、施工简便、工期较短、耐久性好、工程造价低等优点。所以，在地下工程中防水混凝土得到了广泛应用。

目前，常用的防水混凝土主要有普通防水混凝土、外加剂防水混凝土等。

8.3.4.1 对防水混凝土原材料及其配制的要求

（1）普通防水混凝土是在普通混凝土骨料级配的基础上，通过调整和控制配合比来提高自身密实度和抗渗性，且还要满足结构强度的一种混凝土。

1）对普通防水混凝土原材料的要求。采用强度等级不低于32.5的水泥，在不受侵蚀介质和冻融作用时，宜采用普通硅酸盐水泥、火山灰硅酸盐水泥和粉煤灰硅酸盐水泥；若选用矿渣硅酸盐水泥，则必须掺用高效减水剂。在受侵蚀性介质作用的条件下，应按介质的性质选用相应的水泥；在受冻融作用的条件下，应优先选用普通硅酸盐水泥，不宜采用火山灰质硅酸盐水泥和粉煤灰硅酸盐水泥。不得使用过期或受潮结块的水泥；不得使用混入有害杂质的水泥；不得将不同品种或不同强度等级的水泥混合使用。骨料级配要好，可采用碎石、卵石和碎矿渣，石子含泥量不大于1%，针状、片状颗粒不大于15%，最大粒径不宜大于40mm，吸水率不大于1.5%；宜采用含泥量不大于3%的中、粗砂，平均粒径为0.4mm左右。所用的水应为不含有害物质的洁净水。

2）普通防水混凝土配制的要求。水泥用量不得少于320kg/m^3；当掺有活性掺和料时，不得少于280kg/m^3。砂率宜为35%～45%；泵送混凝土的砂率可为45%。灰砂比为1:2～1:2.5，水灰比不得大于0.55，坍落度不宜大于50mm。防水混凝土配制的最优方案，应根据这些相互制约因素确定，除此之外，还应考虑设计对抗渗的要求，通过初步配合比计算、试配和调整，最后确定出施工配合比。在试验室试配时，应考虑试验室条件与实际施工条件的差别，应将设计抗渗等级提高0.2MPa,有时还要采用掺外加剂的方法来满足防水的要求。

(2)外加剂防水混凝土是在混凝土中加入一定量的有机或无机物,以改善混凝土的性能和结构组成,提高其密实性和抗渗性,达到防水要求。外加剂种类很多,不同的外加剂,其性能、作用各异,应根据工程结构和施工工艺等对防水混凝土的具体要求,适宜的选择相应的外加剂。下面仅对常用的引气剂防水混凝土、减水剂防水混凝土和三乙醇胺防水混凝土做简单介绍。

1)引气剂防水混凝土。在混凝土拌和物中加入引气剂后,会产生大量微小、密闭、稳定而均匀的气泡,使其黏滞性增大,不宜松散离析,显著地改善了混凝土的和易性,还可以使毛细管的性状及分布发生改变、切断渗水通路,从而提高了混凝土的密实性和抗渗性。引气剂防水混凝土适用于对抗渗性和抗冻性要求较高的工程结构,特别适合寒冷地区使用。常用的引气剂有松香酸钠(松香皂)、松香热聚物;另外还有烷基磺酸钠、烷基苯磺酸钠等。根据现行规范规定,混凝土含气量应控制在3%~5%,此时可获得较高的抗渗性和抗冻性;相应引气剂最佳掺量为:松香酸钠0.01%~0.03%;松香热聚物0.01%;水灰比宜控制在0.5~0.6之间;水泥用量为250~300kg/m^3,砂率为28%~35%。砂石级配、坍落度与普通混凝土要求相同。

2)减水剂防水混凝土。减水剂是一种表面活性剂,它以分子定向吸附作用将凝聚在一起的水泥颗粒絮凝状结构高度分散解体,并释放出其中包裹的拌和水,使在坍落度不变的条件下,减少了拌和用水量;此外,由于高度分散的水泥颗粒更能充分水化,使水泥石结构更加密实,从而提高了混凝土的密实性和抗渗性。减水剂防水混凝土适用于一般防水工程及对施工工艺有特殊要求的防水工程。常用的减水剂有木质素磺酸钙、多环芳香族磺酸钠、糖蜜等。采用木钙、糖蜜为水泥质量的0.2%~0.3%;采用NNO、NF为水泥用量的0.5%~1.0%。在保持混凝土和易性不变的情况下,减水剂可使混凝土用水量减少10%~20%,混凝土强度提高10%~30%,抗渗性可提高一倍以上。

3)三乙醇胺防水混凝土。三乙醇胺防水剂对水泥的水化起加快作用,水化生成物增多,水泥石结晶变细、结构密实,因此提高了混凝土的抗渗性,抗渗压力可提高3倍以上。其抗渗性良好,且具有早强和强化作用,施工简便、质量稳定,适合工期紧,要求早强及抗渗的地下防水工程。在冬季施工时,除了掺入占水泥质量0.05%的三乙醇胺以外,再加入0.5%的氯化钠及1%的亚硝酸钠,其防水效果会更好。

8.3.4.2 防水混凝土施工

防水混凝土工程质量的优劣,除了取决于设计材料及配合成分等因素以外,还取决于施工质量,所以,对施工中各主要环节均应严格遵循施工验收规范和操作规程的规定进行精心施工。

(1)模板应平整且拼缝严密不漏浆,模板支撑应牢固稳定,结构内的钢筋或绑扎钢丝不得接触模板,以免水沿其缝隙渗入。当需要对拉螺栓固定模板时,应在预埋套管或螺栓上加焊止水环,阻止渗水通路。

(2)绑扎钢筋时,应按设计要求留足保护层,不得有负误差。留设保护层应以相同配合比的细石混凝土或水泥砂浆制成垫块,严禁钢筋垫钢筋或将钢筋用铁钉、铅丝直接固定在模板上,以防止水沿钢筋侵入。

(3)应采用机械搅拌防水混凝土,搅拌时间不应少于120s;对掺入外加剂的混凝土,应根据外加剂的技术要求确定搅拌时间。

(4)在运输过程中,应采取措施防止混凝土拌和物产生离析。如出现离析,则必须进行二次搅拌。当坍落度损失后不能满足施工要求时,应加入原水灰比的水泥浆或二次掺加减水剂进行搅拌,严禁直接加水搅拌。

(5)混凝土浇筑应分层,每层厚度不宜超过30~40cm,相邻两层浇筑时间间隔不应超过2h,

夏季可适当缩短。在浇筑地点须检查坍落度，每工作班至少检查两次。

（6）防水混凝土必须采用高频机械振动，振动时间宜为 10 ~ 30s，以混凝土泛浆和不冒气泡为准。要依次振捣密实，应避免漏振、欠振和超振。掺加引气剂或引气型减水剂时，应采用高频插入式振捣器振捣密实，以保证防水混凝土的抗渗性。

（7）施工缝的留置。为了保证地下结构的防水效果，施工时应尽可能不留或少留施工缝。施工缝分为水平和垂直两种，工程中多用水平施工缝，垂直施工缝尽量利用变形缝。留施工缝必须征求设计人员的同意，留在弯矩最小、剪力也最小，且施工方便的位置。地下室墙体与底板之间的施工缝，应在高出底板表面 300mm 的墙体上；地下室顶板、拱板与墙板的施工缝，应留在拱板、顶板与墙交接处之下 150 ~ 300mm 处。

水平施工缝皆为墙体施工缝，现行规范只推荐平面交接施工缝，构造如图 8-9 所示。水平施工缝浇混凝土前，应将其表面浮浆和杂物清除，先铺净浆，再铺 30 ~ 50mm 厚的 1:1 水泥砂浆或涂刷混凝土界面处理剂，并及时浇筑混凝土。选用的遇水膨胀止水条应具有缓胀性能，其 7 天的膨胀率不应大于最终膨胀率的 60%，这主要是为逢雨天或清理杂物时水冲之后留够操作时间；遇水膨胀止水条应牢固地安装在缝表面或预留槽内；采用中埋式止水带时，应确保位置准确、固定牢靠。

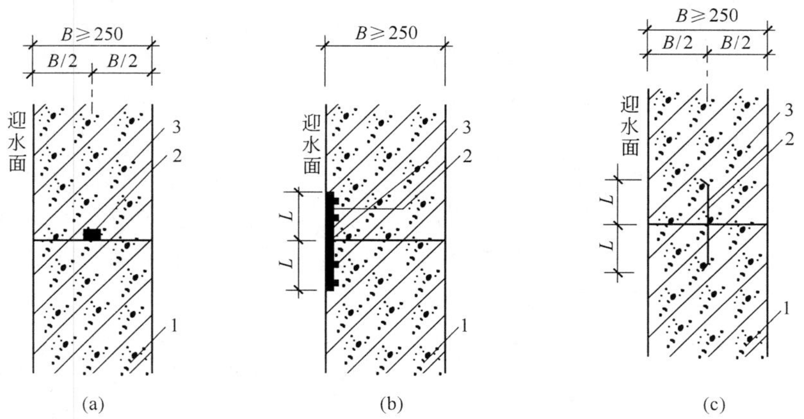

图 8-9 施工缝防水基本构造

（a）施工缝中设置遇水膨胀止水条

1—先浇混凝土；2—遇水膨胀止水条；3—后浇混凝土

（b）外贴止水带

外贴止水带 $L \geqslant 150$；外涂防水涂料 $L = 200$；外抹防水砂浆 $L = 200$；1—先浇混凝土；2—外贴防水层；3—后浇混凝土

（c）中埋止水带

钢板止水带 $L \geqslant 100$；橡胶止水带 $L \geqslant 125$；钢边橡胶止水带 $L \geqslant 120$；1—先浇混凝土；2—中埋止水带；3—后浇混凝土

（8）防止混凝土的养护对其抗渗性能影响极大，特别是早期湿润养护更为重要，一般在混凝土进入终凝（浇筑后 4 ~ 6h）即应覆盖，浇水湿润养护不少于 14 天。防水混凝土不宜采用电热养护和蒸汽养护。

8.4 楼面防水施工

楼层地面防水是房屋建筑防水的重要组成部分，其防水质量的保证直接关系着建筑地面工程的使用功能，特别是厕浴间、厨房和有防水要求的楼层地面（含有地下室的底层地面），如若发生有渗透、漏水等现象,则严重影响人们的正常活动和居住条件。因此,做好防水层(即隔离层)铺设,实为建筑地面工程中一项极其重要的大问题,不应作为质量通病来对待,规范中已列为强制条文,必须严格实施。

楼面防水按所用材料也分为柔性防水和刚性防水。柔性防水有聚氨酯涂膜、氯丁胶乳沥青防水涂料、硅橡胶防水涂料和 SBS 弹性沥青涂料;刚性防水是用 UEA 刚性砂浆。

8.4.1 楼面防水构造要求

(1) 合理设置防水层。防水层应设置在面层及其基层的下面,这样就避免了渗漏现象,改善了卫生条件,保护正常的使用功能。对有防水要求的房间应全部铺设防水层,不可待一些设施(如蹲台、水池等)完工后再进行防水。墩台下找平、防水要坡向地漏。

(2) 地漏标高确定的原则应是偏低不偏高。这样土建施工较易处理,能使大量地面水从地漏排走,少量地面水渗到防水层再排入地漏。

(3) 排水坡度应从垫层找起。垫层坡向地漏的排水坡度为 2%,而地漏处的排水坡度应为 3% ~5%。

(4) 结构层设计。对有防水要求的厕浴间、厨房等,结构层设计标高必须满足排水坡度的要求。

(5) 预留、预埋管道孔位。依房间轴线确定预留、预埋管道孔位置、标高及排水坡向。将孔模具牢固地固定在模板上,待混凝土浇筑后,终凝前进行二次校核,以消除因预留位置不准而发生再凿洞,扩孔等现象。

(6) 管道缝隙处理。厕浴间、厨房等楼层地面穿过管道较多,如上水管、洗浴下水管、坐便下水道、地漏、暖气管等,各种管道不易区别,对于管径较小的宜一律加套管。管道(含套管)与楼板之间的缝隙,应用刚性防水砂浆勾抹,以确保穿过楼板孔洞的防水效果,套管与地面防水层之间的缝应用优质建筑防水密封膏封堵严密,以形成整体防水层。

(7) 基层处理方法。

1) 厕浴间、厨房等的防水基层必须用 1:3 的水泥砂浆抹找平层,要求抹平压光无空鼓,表面要坚实,不应有起砂、掉灰现象。抹找平层时,凡管道根部的周围,在 200mm 范围内的原标高基础上提高 10mm 坡向地漏,避免管道根部积水。在地漏的周围,应做成略低地面的洼坑,一般在 5mm。

2) 厕浴间、厨房等找平层的坡度以 1% ~2% 为宜,凡遇到阴阳角处,要抹成半径小于 10mm 的小圆弧。

3) 穿过楼面或墙面的管道、套管、地漏等以及卫生洁具等,必须安装牢固,收头圆滑,转角墙处的下水管四周向外的坡度以 5% 为宜,下水管外皮距承重墙、轻质隔墙的距离分别不小于 50mm 和 80mm。

4) 基层应基本干燥,一般在基层表面均匀泛白无明显水印时,方可进行涂膜层的施工。施工时要把基层表面的尘土杂物清扫干净。

8.4.2 柔性防水施工

以 SBS 弹性沥青涂料防水施工为例。其施工程序为:基层处理→细部构造加强处理→涂刷第一遍防水涂料→铺设玻璃纤维布同时涂刷第二遍防水涂料→蓄水试验→铺设面层。

铺涂防水施工的房间,应有足够的自然光线和良好的通风条件,否则应采取技术措施;防水涂料每次用后应注意密封,并存放在阴凉处。禁止日晒和在负温度下贮料;防水层完工后,经蓄水试验(蓄水高度不超过 200mm,蓄水时间为 24 ~48h)无渗漏,方可铺设面层。

8.4.3 刚性防水施工

厨、厕间采用UEA刚性砂浆做防水层,可以获得好的技术经济效果。UEA砂浆厚度的微膨胀可以使垫层和防水层不裂不渗,对面积较小的厨、厕间更具有独特的优异性,而采用大膨胀的UEA砂浆填充对管件与楼板等节点空隙封堵更严密,与防水层紧密连接形成整体防水结构。其施工程序为:基层处理→铺设垫层(UEA砂浆拌制)→铺设防水层(UEA砂浆拌制)→细部构造铺设→养护→蓄水试验→铺设面层。

UEA刚性砂浆的配合比可按不同的防水部位进行配制,采用人工或机械拌制砂浆,均应先将水泥、UEA膨胀剂和砂干拌均匀,使之色泽一致后,再加水搅拌,机械拌制应在加水后搅拌1~2min,加水量要根据现场材料、气温和铺设操作要求等进行调整,拌制好的UEA刚性砂浆应在2~3h以内铺完。防水层按四层抹面做法施工,具体方法和要求参见8.3节地下防水工程中的水泥砂浆抹面防水的刚性多层防水层施工。

8.5 防水工程质量要求与安全措施

8.5.1 屋面防水工程施工质量要求与安全措施

8.5.1.1 屋面防水工程施工的质量要求

卷材屋面防水施工所使用的材料(包括防水材料、找平层、保温层、保护层、隔气层及外加剂、配件等)必须符合设计要求和质量标准;天沟、檐沟、泛水和变形缝等构造,应符合设计要求;卷材防水层的基层,卷材防水层搭接宽度,附加层、天沟、檐沟、泛水和变形缝等细部作法,刚性保护层与卷材防水层之间设置的隔离层,密封防水处理部位等,应作隐蔽工程验收,并有记录;卷材铺贴方法和搭接顺序应符合设计要求,搭接宽度正确、接缝严密,无皱折、鼓泡和翘边现象。

涂膜防水层面施工所用的防水涂料、胎体增强材料、配套进行密封处理的密封材料及复合使用的卷材和其他材料,应有产品合格证书和性能检测报告。材料进场后,应按有关规范的规定进行抽样复验,并提出试验报告。不合格的材料,不得在屋面工程中应用。屋面坡度必须准确、找平层平整度不得超过5mm,不得有酥松、起砂、起皮等现象,出现裂缝应作修补。找平层的水泥砂浆配合比、细石混凝土的强度等级及厚度应符合设计要求,基层应平整、干净、干燥;水落口杯和伸出屋面的管道应与基层固定牢固,密封严密。各节点做法应符合设计要求,附加层设置正确,节点封固严密,不得开缝翘边;防水层与基层应粘结牢固,不得有裂纹、脱皮、流淌、鼓泡、露胎体和皱皮等现象,厚度应符合设计要求。

屋面不得有渗漏和积水现象,可采用雨后或持续淋水2h进行检查,特种屋面应采用24h蓄水检查。

8.5.1.2 安全措施

屋面防水工程施工是在高空、高温环境下进行,大部分材料易燃并含有一定的毒性,必须采取必要的措施,防止发生火灾、中毒、烫伤、坠落等工伤事故。

(1) 施工前应进行安全技术交底工作,施工操作过程符合安全技术规定。

(2) 皮肤病、支气管炎病、结核病、眼病以及对沥青、橡胶刺激过敏的人员,不得参加操作。

(3) 按有关规定配给劳保用品,合理使用,沥青操作人员不得赤脚或穿短袖衣服进行作业,应将裤脚袖口扎紧,手不得直接接触沥青。接触有毒材料需戴口罩并加强通风。在通风不良的部位进行含有挥发性溶剂的涂料施工时,宜采用人工通风措施。

(4) 操作时应注意风向、防止下风操作人员中毒、受伤。熬制玛琋脂(或涂料)和配制冷底子油时,应注意控制沥青锅的容量和加热温度,防止烫伤。

(5) 防水卷材、防水涂料和粘结剂多为易燃易爆产品,在仓库、工地现场存放及在运输过程中应严禁烟火、高温和曝晒。施工现场应有禁烟火标志,并配备足够的灭火器具。

(6) 运输线路应畅通、各项运输设施应牢固可靠,屋面孔洞及檐口应有安全措施。

(7) 高空作业操作人员不得过分集中,必要时应系安全带。

(8) 屋面施工时,不允许穿带钉子鞋的人员进入。施工人员不得踩踏未固化的防水涂膜,以防滑倒跌落。

8.5.2 地下防水工程质量要求与安全措施

8.5.2.1 施工质量要求

防水混凝土的原材料、配合比、坍落度、抗压强度和抗渗压力必须符合设计要求,其中抗渗性能试件应在浇筑地点制作,连续浇筑混凝土每 500m^3 应留置一组(6 个)抗渗试件,每项工程不得少于两组,预拌混凝土的抗渗试件留组数应视结构的规模和要求而定,试件应在标准条件养护;防水混凝土的变形缝、施工缝、后浇带、穿墙管道、埋设件等设置和构造,均须符合设计要求,严禁有渗漏;防水混凝土结构表面的裂缝宽度不应大于 0.2mm,并不得贯通;防水混凝土结构表面应坚实、平整、不得有露筋、蜂窝等缺陷,埋设件位置应正确;防水混凝土结构厚度不应小于 250mm,其允许偏差为 +15mm、-10mm;迎水面钢筋保护层厚度不应小于 50mm,其允许偏差为 ±10mm。

卷材防水层和涂膜防水层施工的质量要求同屋面防水工程。

8.5.2.2 施工安全措施

(1) 地下防水工程施工首先检查基坑护坡和支护是否可靠;

(2) 材料堆放应距坑边沿 1m 以外,重物应距土坡在安全距离以外;

(3) 操作人员应穿戴工作服、安全帽、口罩和手套等劳动保护用品;

(4) 熬制沥青、铺贴油毡和防水涂料的施工等,安全操作的要求同屋面防水工程。

复习思考题

8-1 试述防水卷材的种类、特点及适用范围。

8-2 试述防水涂料的种类、防水机理及特点。

8-3 试述密封材料的种类及其适用范围。

8-4 试述卷材防水屋面各构造层的做法及施工工艺。

8-5 试述油毡热铺法和冷铺法施工的要点。

8-6 试述卷材屋面的质量保证措施。

8-7 试述涂膜防水层施工要点。

8-8 防水混凝土结构穿墙螺栓应如何处理?

8-9 试述防水混凝土施工缝防水基本构造,如何保证其质量。

8-10 试述地下刚性多层防水的施工步骤。

8-11 试述地下防水工程卷材贴法的施工步骤。

8-12 试述楼地面防水的施工要点及其质量要求。

8-13 地下防水工程中变形缝的施工做法及质量要求是什么?

8-14 屋面防水工程施工质量和安全措施是什么?

9 建筑装饰工程

建筑装饰工程一般包括工业与民用建筑的抹灰工程、门窗工程、吊顶工程、轻质隔墙工程、饰面工程、幕墙工程、涂饰工程和裱糊工程等。

建筑装饰工程是选用适当的材料，通过各种施工工艺措施，对建筑物主体结构的内外表面进行装设和修饰，并对建筑物及其室内环境进行艺术加工和处理。其主要功能是保护建筑物各种构件免受自然界的风、雨、潮气的侵蚀，改善隔热、隔音、防潮功能，提高建筑物的耐久性，延长建筑物的使用寿命。同时，为人们创造良好的生产、生活及工作环境。

装饰工程施工的主要特点是项目繁多，工程量大，工期长，用工量大，造价高。装饰材料和施工技术更新快，施工管理复杂。因此，装饰工程施工前，必须做好图纸审查，制定合理的施工顺序和施工工艺，组织材料进场，做好机械设备和施工工具的准备，并做好技术交底和有关技术的准备工作。

装饰工程的施工顺序尤为重要，直接影响着装饰工程的施工质量。室外抹灰和饰面工程的施工，一般应自上而下进行；室内装饰工程的施工，应待屋面防水工程完工后，并在不致被后续工程所损坏和污染的条件下进行。当室内抹灰要求在屋面防水工程完工前施工时，必须采取防护措施。室内的吊顶、隔墙的罩面板和花饰等工程，应待室内地（楼）面湿作业完工后施工。室内装饰工程的施工顺序，应按下列要求进行：

（1）抹灰、饰面、吊顶和隔断工程，应待隔墙、钢木门、窗框、暗装管道、电线管和电器预埋件、预制钢筋混凝土楼板灌缝完工后进行。

（2）钢门窗及其玻璃工程，根据地区气候条件和抹灰工程的要求，可在湿作业前进行；铝合金、塑料、涂色镀锌钢板门窗及其玻璃工程，宜在湿作业完工后进行。如需在湿作业前进行，必须加强保护。

（3）有抹灰基层的饰面板工程、吊顶及轻型花饰安装工程，应待抹灰工程完工后进行。

（4）涂料、刷浆工程以及吊顶、隔断、罩面板的安装，应在塑料地板、地毯、硬质纤维等地（楼）面的面层和明装电线施工前，管道设备试压后进行。地（楼）板面层的最后一遍涂料，应待裱糊工程完工后进行。

（5）裱糊工程，应待顶棚、墙面、门窗及建筑设备的涂料和刷浆工程完工后进行。

为了保证装饰装修工程的质量，应满足有关规定：

（1）建筑装饰、装修工程必须进行设计，并出具完整的施工图设计文件。建筑装饰装修设计应符合城市规划、消防、环保、节能等有关规定。

（2）建筑装饰装修工程设计必须保证建筑物的结构安全和主要使用功能。当涉及主体和承重结构改动或增加荷载时，必须由原结构设计单位或具备相应资质的设计单位核查有关原始资料，对既有建筑物结构的安全性进行核验、确认。

（3）建筑装饰装修工程所用材料的品种、规格和质量应符合设计要求和国家现行标准的规定。并应符合国家有关建筑装饰装修材料有害物质限量标准的规定。

（4）建筑装饰装修工程所用的材料应按设计要求进行防火、防腐和防虫处理。

（5）建筑装饰装修工程施工中，严禁违反设计文件擅自改动建筑主体、承重结构或主要使用功能；严禁未经设计部门确认和有关部门批准擅自拆改水、暖、电、燃气、通信等配套设施。

（6）承担建筑装饰装修工程施工的单位应具备相应的资质，并应建立质量管理体系。施工单位应编制施工组织设计并应经过审查批准。应按有关的施工工艺标准或经审定的施工技术方案施工，并对施工全过程实行质量控制。

施工单位应遵守有关环境保护的法律法规，并应采取有效措施控制施工现场的各种粉尘、废气、废弃物、噪声、振动等，以免对周围造成污染和危害。

9.1 抹灰工程

抹灰是将各种砂浆、装饰性石屑浆、石子浆涂抹在建筑物墙面、顶棚、地面等表面上，除了保护建筑物外，还可以作为饰面层起到装饰作用。

抹灰工程按使用材料和装饰效果分为一般抹灰和装饰抹灰，按工程部位分为墙面抹灰、顶棚抹灰、地面抹灰（见图9-1）。一般抹灰按质量要求分为普通抹灰和高级抹灰两级。当设计无要求时，按普通抹灰验收。

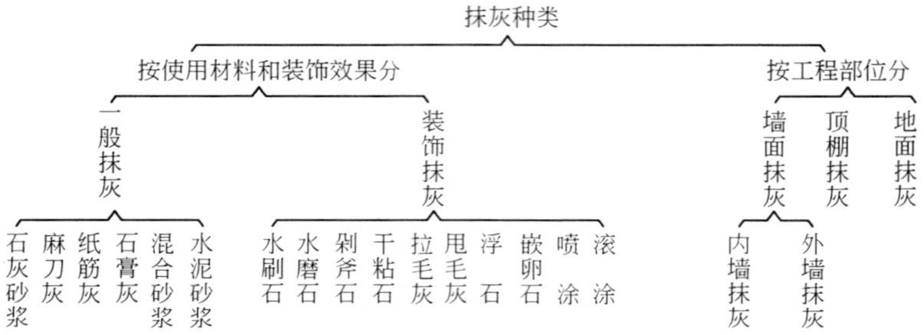

图9-1 抹灰工程分类

普通抹灰适用于一般居住、公用和工业用房（如住宅、宿舍、汽车库、教学楼、办公楼等）以及高级装修建筑物的附属用房。中级抹灰为一道底层、一道中层和一道面层，三遍成活，要求阳角找方，设置标筋，分层赶平、修整，表面压光。

高级抹灰适用于大型公共建筑、纪念性建筑物（如剧院、礼堂、展览馆和高级住宅）以及有特殊要求的高级建筑物等。高级抹灰分为一道底层、数层中层和一层面层，多遍成活，要求阴阳角找方、设置标筋、分层赶平、修整、表面压光、灰线平直方正、清晰美观。

装饰抹灰与一般抹灰的区别在于两者具有不同的装饰面层，其底层和中层的做法基本相同。

9.1.1 一般抹灰施工

9.1.1.1 抹灰层的组成

为了增强层间的粘结，使之抹得牢固、平整、防止起壳开裂，确保饰面平整美观，抹灰采取分层进行。抹灰一般分为三层——底层、中层和面层（见图9-2）。底层主要起与基层粘结的作用，并对基层进行初步找平；中层的作用是找平；面层（又称罩面）是使表面光滑细致，起装饰作用。

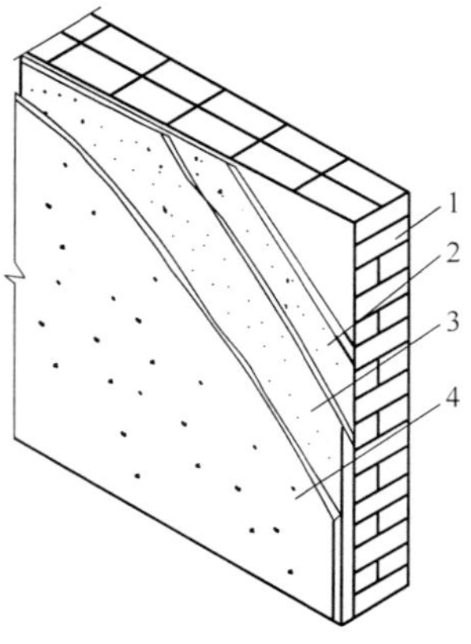

图9-2 抹灰层的组成
1—基层；2—底层；3—中层；4—面层

抹灰层的平均总厚度根据具体部位及基层材料而定，各抹灰层的厚度，一般是按基层的平整程度和抹灰的质量要求，抹灰砂浆的种类和抹灰的等级而定，每层的厚度不宜过厚，否则不但操作困难，也容易起鼓、起壳，而且由于内外层收水快慢不同，也容易引起裂纹。

抹灰层的平均总厚度，应小于下列数值：

（1）顶棚。板条、现浇混凝土和空心砖为15mm；预制混凝土为18mm；金属网为20mm；

（2）内墙。普通抹灰为18mm；中级抹灰为20mm；高级抹灰为25mm；

（3）外墙为20mm，勒脚及突出墙面部分为25mm；

（4）石墙为35mm。

涂抹水泥砂浆，每遍厚度宜为5～7mm；涂抹水泥混合砂浆和石灰砂浆，每遍厚度宜为7～9mm。水泥砂浆和水泥混合砂浆的抹灰层，应待前一层抹灰层凝结后，方可涂抹后一层，石灰砂浆的抹灰层，应待前一层7～8成干后，方可涂抹后一层。

面层抹灰经赶平压实后的厚度，麻刀石灰不得大于3mm；纸筋石灰、石灰膏不得大于2mm。

装配式大板和大模板建筑的内墙面和楼板底面（指预制整间大楼板），可不用抹灰，宜用腻子分数遍刮平，总厚度为2～3mm；如用聚合物水泥砂浆，水泥混合砂浆喷毛打底，纸筋石灰罩面及用膨胀珍珠岩水泥砂浆抹面，总厚度为3～5mm。

9.1.1.2 基层处理

抹灰工程的基层有砖、石、混凝土及木材等。为了保证抹灰层与基层之间能粘结牢固，不致出现裂缝、空鼓和脱离现象，在抹灰前应对基层表面进行处理。

墙面抹灰的基层处理如下所述：

抹灰前应对砖石、混凝土及木基层表面做处理，清除灰尘、污垢、油渍和碱膜等，并洒水湿润。表面凹凸明显的部位，应事先剔平或用1:3水泥砂浆补平，对平整光滑的混凝土表面拆模时随即作凿毛处理，或用掺10%107胶水的1:1水泥砂浆满刷一层，或用混凝土界面处理剂处理。常用的有YJ-302型混凝土界面处理剂等。

抹灰前应检查门窗框位置是否正确，与墙连接是否牢固。连接处的缝隙应用水泥砂浆或水泥混合砂浆（加少量麻刀）分层嵌塞密实。

凡室内管道穿越的墙洞和楼板洞，凿剔墙后安装的管道、墙面的脚手孔洞应用1:3水泥砂浆嵌缝密实。

不同基层材料（如砖石与木、混凝土结构）相接处应铺钉金属网并绷紧牢固，金属网与各结构的搭接宽度从相接处起每边不少于100mm，如图9-3所示。

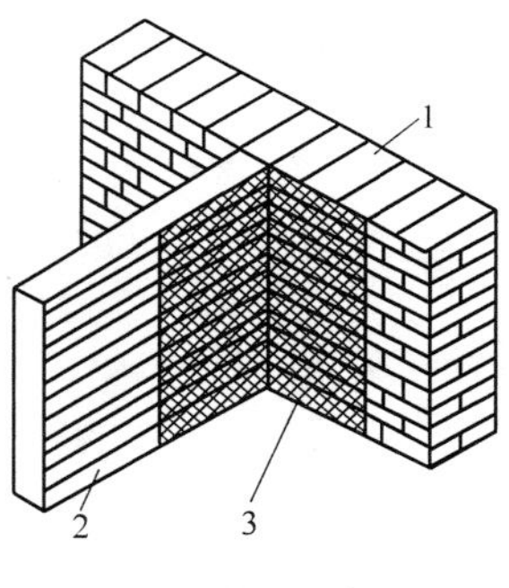

图9-3 不同基层接缝处理
1—砖墙；2—板条墙；3—钢丝网

抹灰工程施工前，对室内墙面、柱面和门洞的阳角，宜用1:2水泥砂浆做护角，其高度不低于2m，每侧宽度不少于50mm。对外墙窗台、窗楣、雨篷、阳台、压顶和突出腰线等，上面应做成流水坡度，下面应做滴水线或滴水槽，滴水槽的深度和宽度均不应小于10mm，要求整齐一致。

顶棚抹灰的基层处理如下所述：

预应力混凝土楼板顶棚在抹灰前应检查其板缝大小，若板缝较大，应用细石混凝土灌实；板缝较小，可用1:0.3:3的水泥石灰混合砂浆勾实，否则抹灰后将顺缝产生裂缝。预制混凝土板或钢模现浇混凝土顶棚拆模后，构件表面较为光滑、平整，并常粘附一层隔离剂。当隔离剂为滑石粉或其他粉状物时，应先用钢丝刷刷净，再用清水冲干净。当隔离剂为油脂类时，先用浓度为10%的火碱溶液洗刷干净，再用清水冲洗干净。板条顶棚（单层板条）抹灰前，应检查板条缝是否合适，一般要求间隙为7～10mm。

9.1.1.3 材料准备

抹灰施工采用石灰膏时应用块状生石灰淋制，淋制时必须用孔径不大于3mm×3mm的筛过滤，并贮存在沉淀池中。石灰熟化时，常温下不少于15天；如用于罩面灰时，不应少于30天。使用时，石灰膏内不得含有不熟化的颗粒和其他杂质，在沉淀池中的石灰膏应加以保护，防止其干燥、冻结和污染。抹灰用的石灰膏可用磨细生石灰粉代替，其细度应通过4900孔/cm^2筛，用于罩面时，熟化时间不应少于3天。砂子必须过筛，不得含杂物。抹灰用的纸筋应预先浸透、捣烂、洁净，罩面纸筋宜机碾磨细，稻草、麦秸、麻刀应坚韧、干燥，不含杂质，其长度不得大于30mm。稻草、麦秸应经石灰浸泡处理。

9.1.1.4 墙面抹灰

A 弹准线

将房间用角尺规方，小房间可用一面墙壁做基线；大房间或有柱网时，应在地面上弹出十字线。在距墙阴角100mm处用线锤吊直，弹出竖线后，再按规方地线及抹面层厚度向里反弹出墙角抹灰准线，并在准线上下两端钉上铁钉，挂上白线，作为抹灰饼、冲筋的标准。

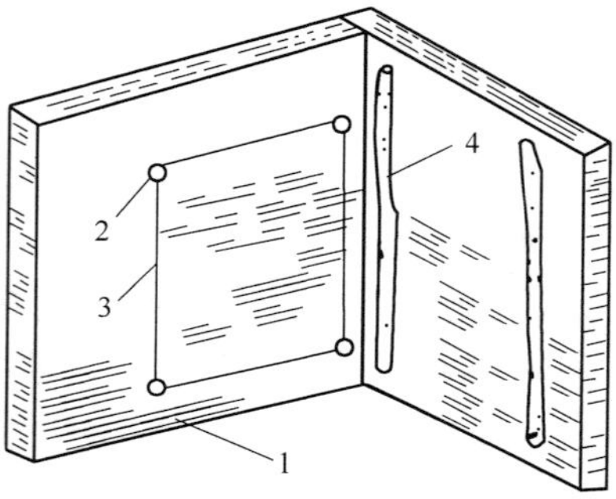

图9-4 抹灰操作中的标志和标筋
1—基层；2—灰饼；3—引线；4—标筋

B 设置标筋

为了有效地控制墙面抹灰层的厚度与垂直度，使抹灰面平整，抹灰层涂抹前应设置标筋（又称冲筋），作为底、中层抹灰的依据。设置标筋时，首先，距顶棚200mm处先做两个上灰饼；其次，以上灰饼为基准，吊线做下灰饼，下灰饼的位置一般在踢脚线上方200~250mm处；根据上灰饼，再上下左右拉通线做中间灰饼，灰饼间距1.2~1.5m，应用与抹灰层相同的砂浆，待灰饼砂浆收水后，在竖向灰饼之间填充灰浆做成标筋。标筋时，以垂直方向上下两个灰饼之间的厚度为准，用与灰饼相同的砂浆标筋，抹好标筋砂浆后，用硬尺与标筋通平，标筋面宽50mm，底宽约80mm。墙面不大时，可只做两条标筋，如图9-4所示。

C 抹底层灰

标筋达到一定强度，刮尺操作不致损坏时，即可抹底层灰。

抹底层灰前，基层表面的灰尘、污垢、油渍、沥青渍及松动部分事先均应清除干净，并填实各种网眼，提前一天浇水湿润基层表面。

底层砂浆的厚度为标筋厚度的2/3，用铁抹子将砂浆抹上墙面并进行压实，并用木刀修补、压实、搓平、搓粗。

D 抹中层灰

待底层灰凝结后（水泥石灰砂浆抹灰层，应待前一层达到7~8成干后，用手指按压已不软，但有指印和潮湿感）抹中层灰，中层砂浆同底层砂浆。抹中层灰时，依标筋厚以装满砂浆为准，然后以大刮尺紧贴标筋，将中层灰刮平，最后用木抹子搓平，搓平后用2m长的靠尺检查。检查的点数要充足，凡有不合质量标准者，必须修整，直至符合标准为止。

E 抹罩面灰

当中层灰凝结后（或至7、8成干后），普通抹灰可用麻刀灰罩面，中、高级抹灰应用纸筋灰罩面，用铁抹子抹平，并分两遍连续适时压实收光。如中层压灰已干透发白，应先适度洒水湿润后，再抹罩面灰，不刷浆的中级抹灰面层，宜用漂白细麻刀石灰膏或纸筋石灰膏涂抹，应压实收光，表面达到光滑，色泽一致，不显接槎为好。

F 两墙面相交的阴角、阳角抹灰

两墙面相交的阴角、阳角抹灰按以下步骤进行：

（1）用阴角方尺检查阴角的直角度，用阳角方尺检查阳角的直角度。用线锤检查阴角或阳角的垂直度。根据角度及垂直度误差，确定抹灰层厚薄，并在阴阳角处洒水湿润。

（2）将底层灰抹于阴角处，用木阴角器压住抹灰层并上下搓动，使阴角的抹灰基本达到直角。如靠近阴角处有已硬结的标筋，则木阴角器沿着标筋上下搓动，基本搓平后，再用阴角抹子上下抹压，使阴角线垂直。

（3）将底层灰抹于阳角处，用木阳角器压住抹灰层并上下搓动，使阳角的抹灰基本达到直角。再用阳角抹子上下抹压，使阳角线垂直。

（4）在阴、阳角底层灰凝结后，洒水湿润，将面层灰抹于阴角、阳角处，分别用阴、阳角抹子上下抹压，使中层灰达到平整光滑。阴阳角找方应与墙面抹灰同时进行，即墙面抹底层灰时，阴、阳角抹底层找方。

9.1.1.5 顶棚抹灰

钢筋混凝土楼板下的顶棚抹灰，应待上层楼板地面面层完成后才能进行。板条、金属网顶棚抹灰，应待板条、金属网装钉完成并经检查合格后，方可进行。

顶棚抹灰不用做标筋，只要在顶棚周围的墙面弹出顶棚抹灰层的面层标高线，标高线必须从地面量起，不可从顶棚底向下量。顶棚抹灰宜从房间里面开始，向门口进行，最后从门口退出。抹底层灰前，应扫尽钢筋混凝土楼板底的浮灰，砂浆残渣，去除油污及隔离剂剩料，并喷水湿润楼板底。

在钢筋混凝土楼板底抹底层灰，铁抹抹压方向应与模板纹路或预制板缝相垂直；在板条、金属网顶棚上抹底层灰，铁抹抹压方向应与板条长度方向垂直，在板条缝处要用力压抹，使底层灰压入板条缝或网眼内，形成转脚以使结合牢固。底层要抹得平整。

抹中层灰时，铁抹抹压方向宜与底层灰抹压方向垂直。高级顶棚抹灰，应加钉长350～450mm的麻束，间距为400mm，并交错布置，分遍按放射状梳理抹进中层灰内，所以中层灰应抹得平整、光洁。

抹面层灰时，铁抹抹压方向宜平行于房间进光方向。面层灰应抹得平整、光滑，不见抹印。

顶棚抹灰应待前一层灰凝结后，才能抹后一层灰，不可紧接着进行，顶棚面积较小时，整个顶棚抹上灰后再进行压平、压光；顶棚面积较大时，可分段分块进行抹灰、压平、压光，但接合处必须理顺，底层灰全部抹压后，才能抹中层灰。中层灰全部抹压后，才能抹面层灰。

顶棚抹灰应搭设满堂脚手架，脚手板面至顶棚的距离以操作方便为准。

9.1.1.6 抹灰工程的质量标准

一般抹灰工程的允许偏差和检查方法见表9-1，表面质量应符合下列规定。

表9-1 一般抹灰的允许偏差和检验方法

项次	项 目	允许偏差/mm		检 验 方 法
		普通抹灰	高级抹灰	
1	立面垂直度	4	3	用2m垂直检测尺检查
2	表面平整度	4	3	用2m靠尺和塞尺检查
3	阴阳角方正	4	3	用直角检测尺检查
4	分格条（缝）直线度	4	3	拉5m线，不足5m拉通线，用钢直尺检查
5	墙裙、勒脚上口直线度	4	3	拉5m线，不足5m拉通线，用钢直尺检查

注：1. 普通抹灰，本表第3项阴角方正可不检查；
2. 顶棚抹灰，本表第2项表面平整度可不检查，但应平顺。

（1）普通抹灰。表面应光滑、洁净、接槎平整，分格缝应清晰。

（2）高级抹灰。表面应光滑、洁净、颜色均匀、无抹纹，分格缝和灰线应清晰、美观。

9.1.2　装饰抹灰施工工艺

装饰抹灰是采用装饰性强的材料，或用不同的方法处理并加入各种颜料，使建筑物具备某种特定的色调和光泽。装饰抹灰的底层与一般抹灰相同，其面层根据材料及施工方法的不同而具有不同的形式。以下分别介绍几种常用的装饰抹灰施工工艺。

9.1.2.1　水刷石

水刷石多用于外墙面。在底层砂浆终凝后，在其上按设计要求弹线、分格，根据弹线安装分格条。施工前，应将底层浇水润湿，后用铁抹子满刮水灰比为0.37～0.40的素水泥浆一道，以增加与底层的粘结力。面层厚度视石子粒径而定，通常为石子粒径的2.5倍，水泥浆的稠度以5～7cm为宜，用铁抹子一次抹平、压实。

当面层灰浆初凝后达到刷不掉石子程度时，即可开始喷刷。用毛刷蘸水轻轻刷掉面层灰浆，随即用喷雾器或手压喷浆机喷刷。不仅要将表面的水泥浆冲掉，还要将石子间的水泥冲出来，使得石子露出灰浆表面，以露出石粒粒径1/3为宜。然后用清水从上往下全部冲洗干净。洗净后起出分格条，修补槽内水泥浆。

9.1.2.2　干粘石

干粘石是将干石子直接粘在砂浆层上的一种装饰抹灰做法。其装饰效果与水刷石相同。一般用于外墙饰面，但房屋底层、勒脚等不宜采用干粘石。按其施工工艺可分为机喷干粘石和手工干粘石。

机喷干粘石是用喷枪将石碴在空气压力作用下均匀有力地喷射在粘结层上。喷枪要对准墙面，距离为300～400mm，压力以0.6～0.8MPa为宜，随喷随用铁抹子轻压，使表面平整。

手工干粘石施工时，先在已经硬化的水泥砂浆中层上浇水湿润，并刷水泥浆一道，水灰比为0.4～0.5，再抹一层5mm厚的1∶2～1∶2.5的水泥砂浆层，随即紧跟抹一层2mm厚粘结层，同时将配有不同颜色或同色的小八厘石子或色豆石及绿豆砂甩粘到粘结层上，并拍平压实。要求石子甩粒均匀，拍时不能把灰浆拍出来以免影响美观。

9.1.2.3　水磨石

在底层上先用水泥浆按设计要求粘好分割铜条、铝条或玻璃条，再在底层上刮水泥浆一遍，随即按设计要求的图案花纹，将不同色彩的水泥石子浆（1∶2.5水泥2号或3号石子浆）分别填入分割网中，抹平压实，厚度与嵌条齐平。待其半凝固后，即用磨石机散水磨光，直至漏出嵌条，石子均匀光滑、发亮为止。

9.1.2.4　斩假石

斩假石又称斧剁石，是仿制天然石料的一种建筑饰面。用不同的集料或掺入不同的颜料，可以制成仿花岗岩、玄武石、青条石等斩假石。

斩假石墙面的施工工艺流程：清理基层→湿润墙面→设置标筋→抹底层砂浆→抹中层砂浆→弹线和粘贴分格条→抹水泥石子浆面层→养护→斩剁→清理。

施工时，首先在凝固的底层灰上弹线，洒水湿润后粘分格条。待分格条粘牢后，刮一道水灰比为0.37～0.40的素水泥浆，随即抹上1∶1.25水泥石子浆，并压实抹干，隔24h后，洒水养护。待面层水泥石子浆养护到试剁不掉石屑时，就可以开始斩剁。斩剁前，应在分格条内先用粉线弹出平行部位和垂直部位的控制线，按线操作以免剁纹跑斜，从上而下进行。斩剁时必须保持墙面湿润，剁斧的纹路应均匀，剁纹的方向及深度应一致，一般要斩剁两遍成活。已剁好的分格周围要起出分格条。全部斩剁完后，清扫斩假石表面。

9.1.2.5 喷涂、滚涂、弹涂

（1）喷涂。喷涂是利用砂浆泵或喷斗将聚合物水泥砂浆经喷枪均匀地喷涂在水泥砂浆底层上，在外墙面形成的装饰抹灰。根据砂浆的稠度和喷射压力的大小，以质感区分，可喷成砂浆饱满、呈波纹状的“波面喷涂”和表面布满点状颗粒的“粒状喷涂”，还有在波面喷涂单色饰面层上，再喷射不同花色的水泥砂浆花点的“花点喷涂”。

喷涂饰面的底层一般为10～13mm厚1∶3水泥砂浆。喷涂前，先喷刷1∶3（胶∶水）107胶水溶液一道，以保证喷涂层与底层粘结牢固，接着喷涂厚度为3～4mm的饰面层，要求三遍成活，每遍不宜太厚。最后，待面层干燥后，在涂层表面喷一层有机硅憎水剂，以提高涂层的耐久性和减少墙面污染。

（2）滚涂。滚涂是在底层上均匀地抹一层厚为2～3mm带色的聚合物水泥砂浆，随即用平面或刻有花纹的橡胶、泡沫塑料滚子在罩面层上直上直下施滚涂拉，并一次成活滚出所需花纹。

滚涂方法分为干滚和湿滚两种。干滚法是滚子上下一个来回后再向下滚一遍，达到表面均匀拉毛即可，滚出的花纹较粗，但工效较高；湿滚法为滚子蘸水上墙，并保持整个表面水量一致，滚出的花纹较细，但比较费工。

滚涂砂浆的配合比为水泥∶骨料（砂子、石屑或珍珠岩）=1∶（0.5～1），再掺入占水泥用量20%的107胶和0.3%的木钙减水剂。滚涂工效较喷涂低，但便于小面积局部应用。

（3）弹涂。弹涂时在基层上喷刷一遍掺有107胶的聚合物水泥色浆涂层，然后用弹涂器分几遍将不同色彩的聚合物水泥浆弹在已涂刷的涂层上，形成1～3mm大小的扁圆花点。通过不同颜色的组合和浆点所形成的质感，相互交错，有近似于干粘石的装饰效果；也有做成色光面、细麻面、小拉毛拍平等多种花色。

弹涂的做法是：在1∶3水泥砂浆打底的底层砂浆面上，洒水湿润，待干至60%～70%时进行弹涂。先喷底色浆一道，弹分格线，贴分格条，弹头道色点，待稍干后即弹二道色点，最后进行个别修弹，再进行喷射树脂罩面层。

9.2 饰 面 工 程

饰面工程是指在墙体的基层上，安装和镶贴既具有保护功能，又具有装饰功能的各种板（块）材所形成的建筑装饰饰面。饰面板（块）包括釉面瓷砖、陶瓷锦砖面砖、大理石板、花岗石板、金属饰面板、木制面板和玻璃幕墙等。

9.2.1 饰面砖镶贴

饰面砖的基层处理和找平层砂浆的涂抹方法与装饰抹灰基本相同。

饰面砖在镶贴前应根据设计要求对釉面砖和外墙面砖进行选择，要求挑选规格一致，形状平整方正，不缺棱掉角，不开裂和脱釉，无凹凸扭曲，颜色均匀的面砖及各配件。按标准尺寸检查饰面砖，分出符合标准尺寸和大于或小于标准尺寸三种规格的饰面砖，同一类尺寸应用于同一层间或同一墙面上，以做到接缝均匀一致，陶瓷锦砖应根据设计要求选择好色彩和图案，统一编号，便于镶贴时依号施工。

釉面砖和外墙面砖镶贴前应先清扫干净，然后置于清水中浸泡。釉面砖浸泡到不冒气泡为止，一般约为2～3h，外墙面砖则需隔夜浸泡，取出晾干，以饰面砖表面有潮湿感，但手按无水迹为准。

饰面砖镶贴前应进行预排，预排时应注意同一墙面的横竖排列，均不得有一行以上的非整砖。非整砖应排在最不醒目的部位或阴角处，或有接缝宽度调整的部位。

9.2.1.1 陶瓷锦砖（马赛克）镶贴

陶瓷锦砖也称马赛克，是以优质瓷土烧制而成的小块瓷砖，有挂釉与不挂釉两种，目前以不挂釉者为多。其规格尺寸呈19mm×19mm、39mm×39mm正方形的，39mm×19mm长方形的，每边25mm六角形的及其他形状的，厚度一般为4~5mm。有白、粉红、深绿、浅蓝等各种颜色。由于规格小，不宜分块铺贴，故出厂前，工厂按各种图案组合将陶瓷锦砖反贴在约300mm见方的护面纸上。由于陶瓷锦砖美观大方，拼接灵活，自重较轻，装饰效果好，除用于厕浴间、游泳池等处外，近年来已大量用作室外墙面的饰面材料。

陶瓷锦砖的质量要求是：尺寸颜色一致，拼接在纸版上的图案应符合设计要求，纸版完整，颗粒齐全，间距均匀，边角整齐。外墙镶贴锦砖应自上而下进行分段，每段内从下向上镶贴。传统方法镶贴要点如下：

用厚10~12mm，1:3水泥砂浆打底找平、划毛、洒水养护。镶贴前弹出水平线，垂直分格线，阴阳角要垂直方正，然后在湿润的底层上刷水泥浆一道，再抹一层厚2~3mm的1:0.3水泥纸筋灰或厚3mm的1:1水泥砂浆（砂用窗纱过筛，掺2%乳胶）粘结层，用刮尺刮平，抹子抹平。同时将陶瓷锦砖铺放在木垫板上，底面朝上缝里撒灌1:2水泥砂，并用软毛刷刷净底面浮砂，再在底面上薄薄喷上一层粘结灰浆。然后逐张将陶瓷锦砖按平尺板上口，由下往上对齐接缝粘贴于墙上。

粘贴后的陶瓷锦砖，要用拍板靠放在已贴好的陶瓷锦砖上，用小锤敲击拍板，仔细拍实，使其粘结牢固，表面平整。待水泥初凝后，用软毛刷将陶瓷锦砖护纸刷水湿润，约半小时后揭纸并检查缝的平直大小情况，并对弯扭的缝进行拨正、调直，然后再普遍用小锤敲击拍板一遍，再用刷子带水将缝里的砂刷出，用湿布擦净陶瓷锦砖面，必要时可用小水壶由上往下浇水冲洗。

镶贴48h后，除了起出分格厘米条的大缝用1:1水泥砂浆勾严外，其他小缝均用素水泥浆擦缝，色浆的颜色按设计要求，工程全部完成后，根据不同污染程度用稀盐酸溶液刷洗，并随即用清水冲洗干净。

9.2.1.2 釉面瓷砖镶贴

釉面砖正面挂釉，又叫瓷砖或釉面瓷砖，是用瓷土或优质陶土烧成。底胎均为白色，挂釉面有白色和其他颜色，可带有各种花纹和图案。其表面光滑、美观、易于清洗，且防潮耐碱，具有较好的装饰效果，多用于室内卫生间、厨房、浴室、水池、游泳池等处作为饰面材料。

釉面砖质量应满足下列要求：颜色均匀、尺寸一致，边缘整齐，棱角不得损坏，无缺釉、脱釉、裂纹、夹心及扭曲凹凸不平等现象。釉面砖的吸水率不得大于18%，抗折强度应达2~4MPa，以保证镶贴后不致发生后期开裂。

墙面镶贴的传统方法要点如下：

在清理干净的找平层上，首先，依照室内找平线、地面标高，按贴砖的面积，计算纵横皮数，用水平尺找平，并弹出釉面砖的水平和垂直控制线；然后，用废瓷砖按粘结层厚度用混合砂浆贴灰饼（作标志块），找出标准；以所弹地平线为依据，设置支撑釉面砖的地面木托板，以防止釉面砖因自重向下滑移，以确保横平竖直；

铺贴一般用1:2（体积比）水泥砂浆，为了改善砂浆的和易性，便于操作，可掺入不大于水泥用量15%的石灰膏，镶贴时，用铲刀在釉面砖背面刮满灰浆，厚度5~6mm，四周刮成斜面，按线就位后用手轻压，然后用橡皮锤或小铲把轻轻敲击，使其与中层贴紧，确保釉面砖四周砂浆饱满，再用靠尺按标志块将其校正平直。铺贴完整行的釉面砖后，再用长靠尺横向校正一次。

镶贴釉面砖宜从阳角处开始，先沿底尺横向贴一行，再沿垂直线竖向贴几行，然后从下往上从第二横行开始，在已贴的釉面砖口间用细铁丝拉准线，横向各行釉面砖依标准线镶贴。镶贴墙面时，应先贴大面，后贴阴阳角、凹槽等费工多、难度大的部位。

釉面砖镶贴完后进行质量检查，用清水将釉面砖表面擦洗干净，接缝处用与釉面砖相同颜色的白水泥擦嵌密实，并将釉面砖表面擦净，并随即用清水冲净。

顶棚镶贴要点如下：

镶贴前，应把墙上的水平线翻到墙顶交接处（四边均弹水平线），校核顶棚方正情况，阴阳角应找直，并按水平线将顶棚找平，如墙与顶棚全贴釉面砖时，则房间要求规方，阴阳角均应方正，墙与顶棚交接成90°。排砖时，非整砖条应留在同一方向上，使墙顶与砖缝交圈。镶贴时应先贴标志块，间距为1.2m。其他操作与墙面操作相同。

9.2.2 饰面板施工

饰面板的施工，主要包括天然石材和人工石材的施工。其施工方法，除传统的湿作业外，目前已发展有粘贴法、传统湿作业改进方法、干挂法和预制复合板法等。采用饰面板用于室内外装饰，多为装饰标准较高的工程，因此对饰面板的施工技术也要求较高，要做到细致、准确、严密。

小规格饰面板（边长小于400mm）可采用水泥砂浆粘贴的方法，用于装饰踢脚线板、勒脚、窗台板等。

9.2.2.1 传统安装方法（绑扎灌浆固定法）

如图9-5所示，按设计要求事先绑扎好固定饰面板的钢筋网。采用$\phi6$双向钢筋网，依据弹好的控制线，与基层的预埋件绑牢或焊牢。预埋铁件在结构施工时埋设，也可用冲击电钻在基层上打$\phi6.5 \sim \phi8.5$，深度≥60mm的孔，将$\phi6 \sim \phi8$短钢筋埋入，外露50mm以上并做成弯钩，在同一标高的插筋上置水平钢筋，两者靠弯钩或焊接固定。

安装前先将饰面板材按设计要求进行修边、剔槽，如图9-6所示，以便穿绑钢丝（或铁丝）与墙面钢筋网片绑牢，固定饰面板。

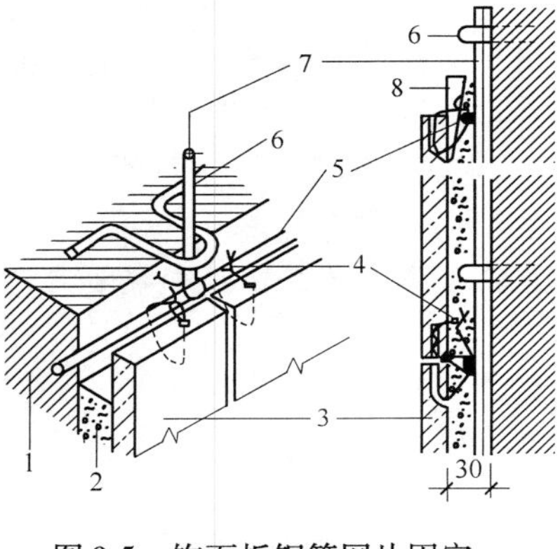

图9-5 饰面板钢筋网片固定

1—墙体；2—水泥砂浆；3—大理石板；4—铜丝或钢丝；5—横筋；6—铁环；7—立筋；8—定位木楔

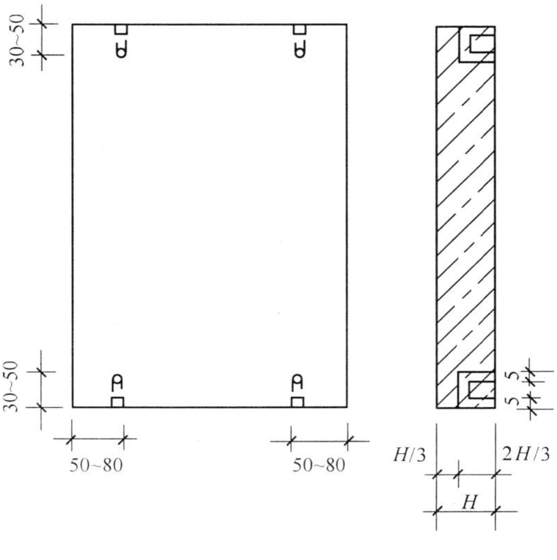

图9-6 大理石钻孔与凿沟

安装前要按照事先找好的水平线和垂直线进行预排，然后在最下一行两头用板材找平找直，拉上横线，再从中间或一端开始安装。并用铜丝（或不锈钢钢丝）把板材与结构表面的钢筋骨架绑扎固定，随即用托线板靠直靠平，保证板与板交接处四角平整。饰面板材安装后在板表面横竖接缝处每隔 100～150mm 用调成糊状的石膏浆予以粘贴，临时固定石板。较大的板材，固定时要加支撑，使该层板材成一整体，防止发生位移。余下的石板间缝隙，应用纸或石膏灰封严。

固定后用 1∶2.5 水泥砂浆（稠度一般为 8～12cm）分层灌注。每次灌浆高度一般为 20～30cm，待初凝后再继续灌浆，直到距上口 5～10cm 时停止。然后将上口临时固定的石膏剔掉，将缝隙清理干净，再安装第二行板材。这样依次由下往上安装固定、灌浆。

每日安装固定后，需将饰面清理干净。全部板材安装完毕后，清洁表面，并用与板材相同颜色的水泥砂浆嵌缝，最后再对表面进行抛光上蜡。

9.2.2.2 传统安装法改进工艺

饰面板安装前，先对清理干净的基体用水湿润，并抹上 1∶1 水泥砂浆，饰面板背面也要用清水洗刷干净，以提高其粘结力。

施工时，将饰面板直立固定于木架上，用手电钻在距板两端 1/4 处板厚中心钻孔，孔径 6mm，深 35～40mm。板宽≤500mm 时打直孔两个；板宽＞500mm 时打直孔三个；板宽＞800mm 时打直孔四个。然后将板旋转 90°固定于木架上，在板两侧分别各打直孔一个，孔位距板下端 100mm 处，孔径 600mm，孔深 35～40mm。上下直孔都用合金錾子在板侧面方向剔槽，槽深 7mm，以便安装 U 形钉，如图 9-7 所示。

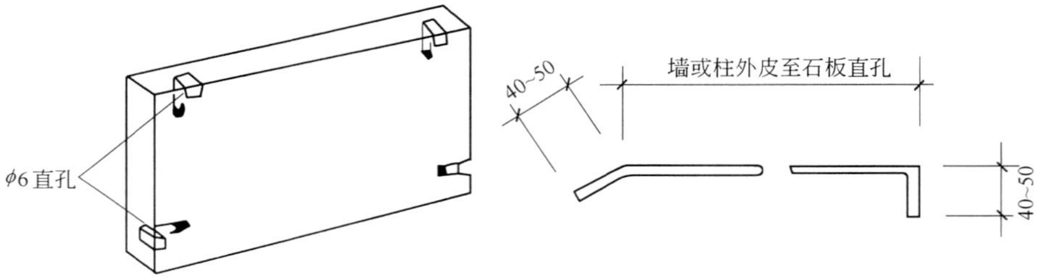

图 9-7 打直孔示意图和 U 形钉

板材钻孔后，按基本放线分块位置临时就位，对应于板材上下直孔的基本位置上，用冲击钻钻成与板材孔数相等的斜孔，斜孔成 45°角，孔径 6mm，孔深 40～50mm。基本钻孔后，将板材安放就位，如图 9-8 所示。根据板材与基体相距的孔距，用钳子现制直径 5mm 的不锈钢 U 形钉，一端勾进板材直孔内，随即用硬木小楔楔紧，另一端勾进基体斜孔内。拉小线或用靠尺板和水平尺校正板的上下口及板面的垂直度和平整度，并检查与相邻板材接合是否严密，随后将基体斜孔内的不锈钢 U 形钉楔紧，接着用大头木楔紧固于板材与基体之间，以紧固 U 形钉。

饰面板位置校正准确、临时固定后，即可进行分层灌浆。灌浆及成品保护和表面清洁等，与传统安装方法相同。

9.2.2.3 干挂工艺

干挂工艺是利用高强螺栓和耐腐蚀、强度高的柔性连接件将薄型饰面板挂在建筑物结构的外表面，板材与结构表面之间留出 40～50mm 的空腔，如图 9-9 所示。该工艺的特点是：施工不受季节性影响，可由上往下施工，有利于成品保护，不受粘贴砂浆析碱的影响，可保持板材饰面色彩鲜艳。由于连接挂件具有三维空间的可调性，增强了板材安装的灵活性，易于使饰面平整。干挂工艺多用于 30m 以下的钢筋混凝土结构，还适宜用于砖墙或加气混凝土墙。

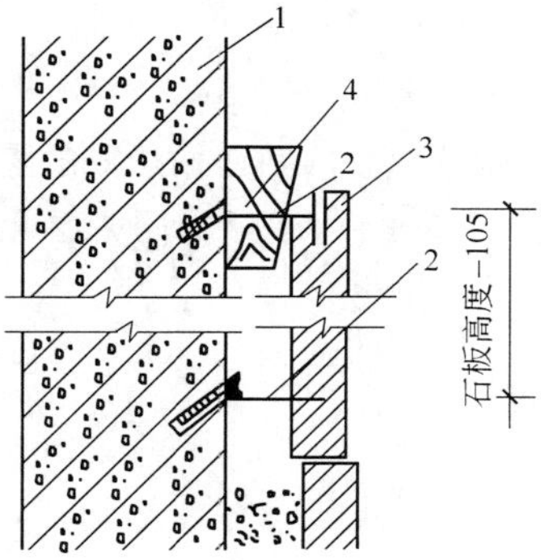

图 9-8 石板就位、固定示意图
1—基体;2—U 形钉;3—硬木小楔;4—大头木楔

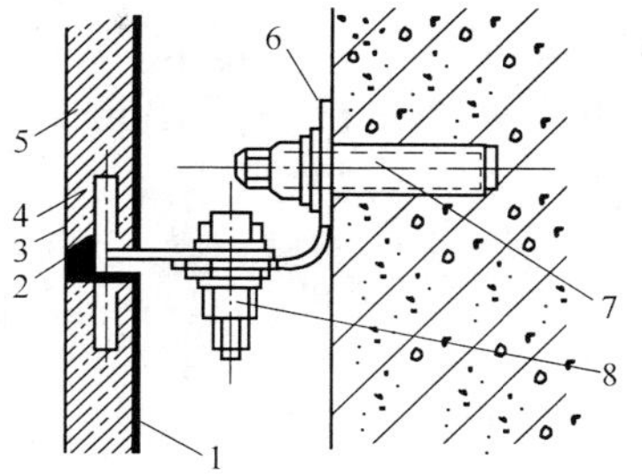

图 9-9 干挂安装示意图
1—玻纤布增强层;2—嵌缝;3—钢针;4—针孔(充填环氧树脂胶粘剂);5—饰面板;6—L 形不锈钢固定件;7—膨胀螺栓;8—紧固螺栓

钢针式直接干挂法工艺要点如下:

(1) 根据实际尺寸,进行石材钻孔。石材背面刷胶粘剂,贴玻璃纤维网格布增强;

(2) 进行外墙保温板施工,同时留出挂件位置以待调整挂件后补齐保温板;

(3) 在墙面上挂水平、竖直线,按大样图要求,用经纬仪测出大角两个面的竖向控制线,在大角上下两端固定挂线的角钢,用钢丝挂竖向控制线,并在控制线的上下做出标记;

(4) 支底层板材托架,放置底层板材,调节并暂时固定;

(5) 根据确定的孔位用电锤在结构面钻孔,钻孔要求垂直结构面,插入并固定不锈钢膨胀螺栓,镶 L 形不锈钢固定件;

(6) 用胶粘剂灌入下层板材上部孔眼,插入连接钢针(ϕ4 不锈钢,长 40mm),将胶粘剂灌入上层板材下孔内,再把下层板材对准钢针插入;

(7) 校正并临时固定上层板材;

(8) 钻孔,插膨胀螺栓,镶不锈钢固定件,重复(5)~(7)工艺,直至完成全部板材安装,最后镶顶层板材;

(9) 清理板材饰面,贴防污胶带、嵌缝,刷罩面涂料。

按以上施工工艺安装板材后不需要灌浆。饰面安装过程中,对异形尺寸板材,可用切割机切割。

9.2.2.4 粘贴法

首先将基层表面的灰尘、污垢和油渍清除干净,并浇水湿润。对于表面光滑的基层表面应进行凿毛处理;对于垂直度、平整度偏差较大的基层表面,应进行剔凿或修补处理。

先用 1:2.5(体积比)水泥砂浆分两次打底(厚度约为 10mm),并按中级抹灰标准检查验收垂直度和平整度。然后用线锤在墙面、柱面和门窗部位从上至下吊线,确定饰面板表面距基层的距离(一般为 30~40mm)。根据垂线,在地面上顺墙、柱面弹出饰面板外轮廓线,此线即为安装基准线。然后弹出第一排标高线,并将第一层板的下沿线弹到墙上(如有踢脚板,则先将踢脚板的标高线弹好)。最后根据板面的实际尺寸和缝隙,在墙面弹出分块线。

镶贴时,将湿润并阴干的饰面板,在其背面抹上 2~3cm 厚的 107 胶水泥浆(107 胶的掺入量为水泥重量的 10%~15%)或环氧树脂水泥浆,依照水平线,先镶贴底层(墙、柱)两端的两块饰面板,然后拉通线,按编号依次镶贴。第一层贴完,进行第二层镶贴。以此类推,直到全部贴完。

9.2.3 金属饰面板墙面安装

金属饰面板一般采用铝合金板和彩色压型钢板与聚苯乙烯泡沫塑料热压而形成的隔热夹心墙板;也可在现场以两层金属板间填充保温材料,并与金属框组成整体;亦可采用单层金属板加保温材料组成。

9.2.3.1 铝合金饰面板安装

铝合金板墙面主要由铝合金板和骨架组成(见图9-10、图9-11)。

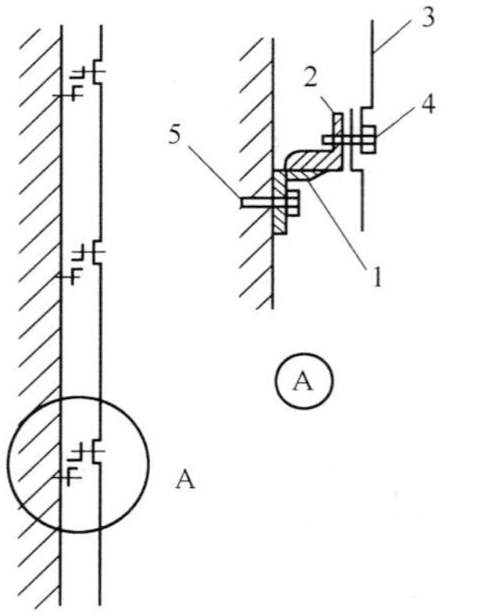

图9-10 铝合金板的连接示意图
1—连接件;2—角钢;3—铝合金板;
4—铆钉;5—膨胀螺栓

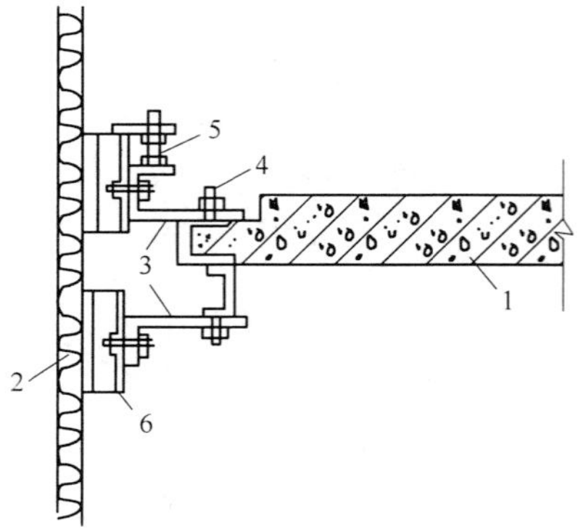

图9-11 金属板安装示意图
1—楼板;2—金属板;3—连接件;4—前后调节螺栓;5—水平调节;6—连接槽钢

铝合金饰面板的安装施工工艺流程:弹线定位→装固定连接件→安装骨架→饰面板安装→收口构造处理→板缝处理→表面清洗。具体如下:

1)弹线定位。以建筑物的轴线为基准,根据设计要求将骨架的位置弹到结构主体上。

2)固定连接件。连接件起骨架与主体结构之间的连接作用,通常连接件用型钢制作并与结构预埋铁件焊接。也可不做预埋件,而是在结构的梁柱或混凝土墙上植筋,将连接件与植筋焊接。

3)安装固定骨架。骨架的安装顺序一般是先安装竖向杆件再安装横档,杆件与连接件间一般采用螺栓连接。安装过程中应及时校正垂直度和平整度。

4)饰面板的安装。铝合金饰面板一般安装有两种方法:一是直接将板材用螺栓固定在骨架型材上,该法连接牢固,耐久性好,常用于外墙饰面工程。二是利用板材预先压制好的各种异形边口压卡在特制的带有卡口的金属龙骨上,该法施工方便,连接简单,适宜受力不大的室内墙面或吊顶饰面工程。

9.2.3.2 彩色压型钢板复合墙板

彩色压型钢板复合墙板,是以波形彩色压型钢板为面板,以轻质保温材料为芯层,经复合而成的轻质保温墙板,适用于工业与民用建筑的外墙挂板。这种复合墙板的夹芯保温材料,可分别选用聚苯乙烯泡沫板、岩棉板、玻璃棉板、聚氨酯泡沫塑料等。

彩色压型钢板复合板的安装,是用吊挂件把板材挂在墙身檩条上,再把吊挂件与檩条焊牢;板与板之间连接,水平缝为搭接缝,竖缝为企口缝。所有接缝处,除用超细玻璃棉塞缝外,还需用自攻螺钉钉牢,钉距为200mm。门窗洞口、管道穿墙及墙面端头处,墙板均为异型复合墙板,用压型钢板与保温材料按设计规定尺寸进行裁割,然后按照标准板的做法进行组装。女儿墙顶部、门窗周围均设防雨泛水板,泛水板与墙板的接缝处,用防水油膏嵌缝。压型板墙转角处,用槽形转角板进行外包角和内包角,转角板用螺栓固定。

9.2.4 玻璃幕墙施工

玻璃幕墙是由玻璃板片做墙面板材,与金属构件组成悬挂在建筑物主体结构上的非承重连续外围护墙体。玻璃幕墙体现了现代建筑风貌,它可因所用材料、设计造型和分格的不同,而得到多种不同的立面效果。同时,它作为外围护构件,还具有防水、保温、隔热、气密、防火和避雷等性能。玻璃幕墙广泛应用于现代化高档公共建筑的外墙装饰。

安装玻璃幕墙的钢结构,钢筋混凝土结构及砖混结构的主体结构,其垂直度、外表面平整度和结构的尺寸偏差必须达到要求。如有孔洞和凹凸不平处,应用1∶3水泥砂浆抹平。玻璃幕墙所有龙骨材料主要有槽钢、角钢和经过特殊挤压成型的铝合金型材,其规格尺寸根据幕墙骨架受力大小和设计要求确定。预埋件应在主体结构施工时按设计要求埋设,并将锚固钢筋与主体构件主钢筋绑扎牢固或点焊牢固,以防预埋件在浇注混凝土时位置变动。膨胀螺栓的准确位置可通过放线加以保证,其埋深应符合设计要求。安装前钢制龙骨要刷防锈漆防锈;铝合金龙骨与混凝土直接接触部位要对氧化膜进行防腐处理;所有的连接件、紧固件也都要做防腐处理。

龙骨的安装顺序是,先安装主龙骨,再安装次龙骨。主龙骨一般每两层一根,通过紧固件与主体结构连接,随安装随用经纬仪调平固定。将主龙骨全部安装完毕并复验其间距、垂直度后,既可安装横向次龙骨。次龙骨的安装位置一定要准确,其两端的连接件以及弹性橡胶垫,要求安装牢固,接缝严密,准确安装在竖杆的预定位置,如图9-12所示。

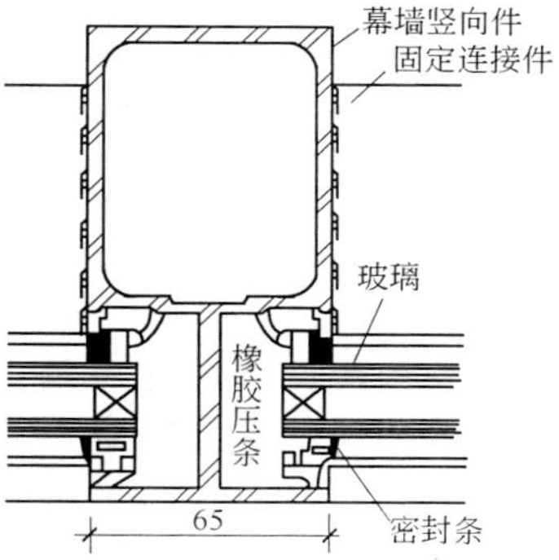

图9-12 玻璃幕墙构造

放线定位时,先弹出主龙骨(龙骨竖杆)的位置线,再确定竖杆的锚固点位置。待竖杆通长布置完毕后,将次龙骨(龙骨横杆)的位置线弹到主龙骨上。龙骨的固定是通过龙骨连接件将龙骨与主体建筑相连接的。常用的固定方法有两种,一种是将龙骨竖杆型钢连接件与预埋件依弹线位置焊接牢固;另一种则是将竖杆型钢连接件与主体结构上的预埋膨胀螺栓锚固。

目前采用的幕墙玻璃主要有安全玻璃(包括钢化和夹层玻璃)、中空玻璃、热反射镀膜玻璃、吸热玻璃、浮法玻璃、夹丝玻璃和防火玻璃等。施工前玻璃边缘必须进行倒棱倒角处理。由于龙骨结构类型的不同,幕墙玻璃的安装方法也有所差异。型钢龙骨因没镶嵌玻璃的凹槽,一般都是借助于窗框过渡,即先将玻璃安装在铝合金框上,再将窗框与型钢龙骨连接牢固;铝合金型材龙骨在生产成型过程中,已将玻璃固定的凹槽同整个截面一次挤压成型,因而在安装玻璃时先在竖杆内侧按上铝合金压条,然后将玻璃放入凹槽,再用密封材料密封。

9.2.5 饰面工程质量要求

饰面工程所用材料的品种、级别、规格、形状、几何尺寸、粗糙度、颜色、图案以及镶贴方法必须符合设计要求;饰面工程的表面不得有变色、起碱、污点、砂浆留痕和显著的光泽受损;面层与基底需粘贴牢固,粘接强度必须符合国家现行有关标准的规定;突出的管线、支承物等部位镶贴的饰面砖应套割吻合;饰面板(块)严禁空鼓,不得有歪斜、翘曲、缺棱掉角、裂纹等缺陷;镶贴墙裙、门窗贴脸的饰面板(块),其突出墙面的厚度应一致。饰面工程质量允许偏差见表9-2。

表 9-2 饰面工程质量允许偏差

<table>
<tr><th rowspan="3">项次</th><th rowspan="3" colspan="2">项 目</th><th colspan="11">允许偏差/mm</th><th rowspan="3">检 查 方 法</th></tr>
<tr><th colspan="3">天然石</th><th colspan="3">人造石</th><th colspan="3">饰面砖</th><th colspan="2">金属饰面板</th></tr>
<tr><th>光面镜面</th><th>粗磨面麻 面条纹面</th><th>天然石</th><th>大理石</th><th>水磨石</th><th>水刷石</th><th>外墙面砖</th><th>面砖</th><th>陶瓷锦砖</th><th>铝合金板</th><th>压型钢板</th></tr>
<tr><td rowspan="2">1</td><td rowspan="2">立面垂直</td><td>室内</td><td>2</td><td>3</td><td>—</td><td>2</td><td>2</td><td>4</td><td>2</td><td>2</td><td>2</td><td>2</td><td>2</td><td rowspan="2">用 2m 托线板检查</td></tr>
<tr><td>室外</td><td>3</td><td>6</td><td>—</td><td>3</td><td>3</td><td>4</td><td>3</td><td>3</td><td>3</td><td>3</td><td>3</td></tr>
<tr><td>2</td><td colspan="2">表面平整</td><td>1</td><td>3</td><td>—</td><td>1</td><td>2</td><td>4</td><td>2</td><td>2</td><td>2</td><td>3</td><td>3</td><td>用 2m 靠尺和楔形塞尺检查</td></tr>
<tr><td>3</td><td colspan="2">阳角方正</td><td>2</td><td>4</td><td>—</td><td>2</td><td>2</td><td>—</td><td>2</td><td>2</td><td>2</td><td>3</td><td>3</td><td>用 200mm 方尺检查</td></tr>
<tr><td>4</td><td colspan="2">接缝平直</td><td>2</td><td>4</td><td>5</td><td>2</td><td>3</td><td>4</td><td>3</td><td>2</td><td>2</td><td>0.5</td><td>1</td><td rowspan="2">拉 5m 线检查不足 5m 拉通线检查</td></tr>
<tr><td>5</td><td colspan="2">墙裙上口平直</td><td>2</td><td>3</td><td>3</td><td>2</td><td>2</td><td>3</td><td>2</td><td>2</td><td>2</td><td>2</td><td>3</td></tr>
<tr><td rowspan="2">6</td><td rowspan="2" colspan="2">接缝高低</td><td rowspan="2">0.3</td><td rowspan="2">3</td><td rowspan="2">—</td><td rowspan="2">0.5</td><td rowspan="2">0.5</td><td rowspan="2">3</td><td>室内 0.5</td><td>0.5</td><td>0.5</td><td rowspan="2">1</td><td rowspan="2">1</td><td rowspan="2">用直尺和楔形尺检查</td></tr>
<tr><td>室外 1</td><td>1</td><td>1</td></tr>
<tr><td>7</td><td colspan="2">接缝宽度</td><td>0.5</td><td>1</td><td>2</td><td>0.5</td><td>0.5</td><td>2</td><td>+0.5</td><td>+0.5</td><td>+0.5</td><td>—</td><td>—</td><td>用尺检查</td></tr>
</table>

9.3 门窗工程

建筑工程所使用的门窗主要有：木门窗、钢门窗、铝合金门窗和塑料门窗四大类。

9.3.1 木门窗

木门窗大多在木材加工厂制作。安装前，应按设计图纸检查门窗的品种、规格、开启方向及组合件，并对其外形及平整度进行检查校正。

木门窗的安装有立口（先立门窗框）和后塞口（后塞门窗框）安装两种方法。

先立门窗框是在墙砌到地面时立门框，砌到窗台时立窗框。立门窗框前，要看清门、窗框在施工图上的位置、标高、型号、规格、门窗扇开启方向，门窗框是里平、外平或是立在墙中等。按图立口、立门窗框时要注意拉通线，并用线锤找直吊正且用临时支撑撑牢，在砌两旁墙时，墙内应砌经防腐处理的木砖，木砖大小为 115mm × 115mm × 53mm，垂直距离 0.5 ~ 0.7m 一块。

后塞门窗框是在砌墙时先留出门窗洞口，然后把门窗框装进去，洞口尺寸要比门窗框尺寸每边大 20mm，门窗框塞入后，先用木楔临时固定，经校正无误后，将门窗框钉牢再砌于墙内的木砖上。

木门窗扇安装前要先测量好门窗框的裁口尺寸，根据所测准确尺寸来修刨门窗扇，使其符合设计尺寸要求，然后将扇放入框中试装合格后，将扇高 1/10 ~ 1/8 在框上按铰链（合页）大小画线并剔出铰链槽后，将门窗扇装上。门窗扇应开关灵活，不能过紧或过松。门窗安装的留缝宽度应符合规定。

门窗玻璃安装时应清理门窗裁口，在玻璃底面与窗裁口之间，沿裁口的全长均匀涂抹 1 ~ 3mm 的底灰，用手将玻璃铺平整，轻压玻璃使部分底灰挤出槽口，待油灰初凝后，顺裁口刮平底灰，然后用 1/3 ~ 1/2 寸的小圆钉沿玻璃四周固定玻璃，最后抹表面油灰即可。油灰与玻璃裁口接触的边缘应平齐，四角成规则的八字形。

门窗小五金应安装齐全，位置适宜，固定可靠。小五金均应用木螺丝固定。门窗拉手应位于门窗高度中点以下，窗拉手距地面 1.5 ~ 1.6m 为宜，门拉手距地面 0.9 ~ 1.05m 为宜。

9.3.2 铝合金门窗

铝合金门窗按其构造和开启方式可分为推拉门(窗)、平开门(窗)、回转门(窗)、固定窗、悬挂窗和纱窗等。

9.3.2.1 施工准备

由于铝型材易于切割，易于组装连接，制作工艺简单，加工设备和对组装的环境要求也不高，在现场制作十分方便，而且也能够保证制作质量，所以，铝合金门窗通常是现场加工制作。

铝合金门窗安装一般都采用后塞法，即先安装门窗框，后安装门窗扇，因此门窗框加工尺寸略小于洞口尺寸，门窗框与洞口之间的空隙，应视不同的饰面材料而定。铝合金门窗框安装的时间，应选择在主体结构基本结束后进行，铝合金门窗扇安装的时间，宜选择在室内外装修基本结束后进行，以免土建施工时将其破坏。安装前应逐个核对门窗洞口的尺寸与门窗框的规格是否相适应。

安装时，按室内地面弹出的 50 线和垂直线，标出门窗框安装的基准线，作为安装时的标准，要求同一立面上的门、窗的水平及垂直方向应做到整齐一致；对铝合金门窗，还要特别注意室内地面的标高。地弹簧的表面应与室内地面饰面标高一致。

9.3.2.2 工艺流程

(1) 放线。在最高层找出门窗口边线，用线坠将门窗口边线下引，并在每层门窗口处画线标记，对个别不直的口边应剔槽处理。

(2) 门窗框固定。按照在门窗洞口上弹出的门窗位置线及设计要求，将门窗框立于墙的中心线位置或内侧，吊直找平后用木楔临时固定。经检查符合要求后，再将镀锌锚固板固定在门窗洞口内。锚固板是铝合金门窗框与墙体固定的连接件，如图 9-13 所示。锚固板的一侧固定在门窗框的外侧，另一侧固定在密实的洞口墙体内。

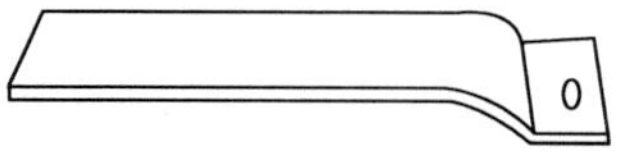

图 9-13 锚固板示意图

锚固板与墙体的固定方法有射钉固定法，膨胀螺栓固定法以及预留洞燕尾铁脚连接法等，如图 9-14 所示。锚固板应固定牢固不得有松动现象，其间距不大于 500mm。

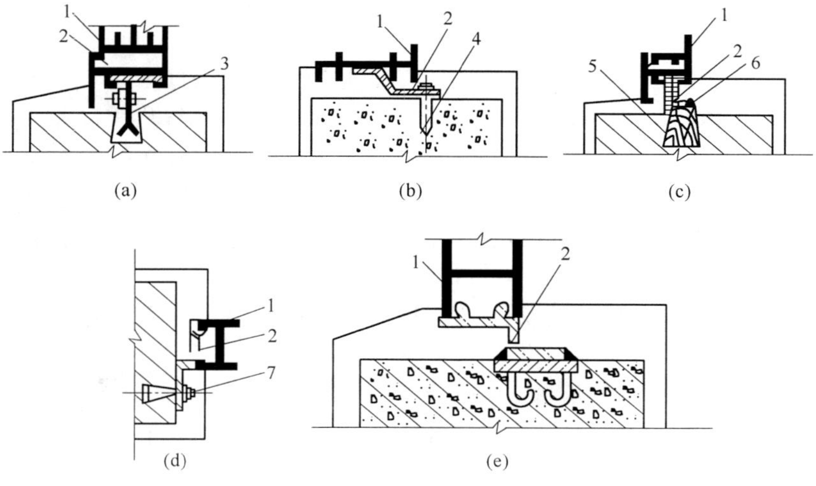

图 9-14 铝合金门窗框与墙体的连接方式

(a)预留洞燕尾铁脚连接；(b)射钉连接；(c)预埋木砖连接；(d)膨胀螺栓连接；(e)预埋铁件焊接

1—间窗框；2—连接铁件；3—燕尾铁脚；4—射(钢)钉；5—木砖；6—木螺钉；7—膨胀螺栓

(3) 填缝。铝合金门窗安装固定后,铝合金门窗与洞口的缝隙,应采用矿棉条或玻璃丝毡条分层填塞,缝隙表面留5~8mm深的槽口,填嵌密封材料。在施工中注意不得损坏门窗上面的保护膜;如表面沾污了水泥砂浆,应随时擦净,以免腐蚀铝合金,影响外表美观。

(4) 铝合金门、窗扇安装。安装推拉门、窗扇时,将配好的门、窗扇分内扇和外扇,先将外扇插入上滑道的外槽内,自然下落于对应的下滑道的外滑道内,然后再用同样的方法安装内扇。对于可调导向轮,应在门窗扇安装后调整导向轮,调节门、窗在滑道上的高度,并使门、窗与边框间平行。

安装平开门窗扇时,应先把合页按要求位置固定在铝合金门、窗框上,然后将门、窗扇嵌入框内临时固定,调整合适后,再将门、窗固定在合页上,必须保证上、下两个转动部分在同一轴线上。

地弹簧门扇安装时,应先将地弹簧主机埋设在地面中,并浇筑混凝土使其固定。主机轴应与中横档上的顶轴在同一直线上,主机表面与地面齐平,待混凝土达到设计强度后,调整上门顶轴将门扇安装上,最后调整门扇间隙及门扇开启速度。

9.3.3 塑料门窗

塑料门窗一般都是在专门的工厂进行加工组装,做成成品后运到工地,有的甚至将玻璃都在工厂安装好后才送往施工现场安装。塑料门窗及其附件应符合国家标准,不得有开焊、断裂等损坏现象,如有损坏,应予以修复或更换。塑料门窗进场后应存放在有靠架的室内并与热源隔开以免受热变形。

塑料门窗与墙体的连接方法,常见的有:连接件法、直接固定法和假框法三种。

(1) 连接件法。是我国目前应用较多的一种方法,其做法是先将塑料门窗放入门窗洞内,找平对中后,用木楔临时固定,然后将固定在门窗框异型材靠墙一面的锚固铁件,用螺钉或膨胀螺栓固定在墙上。

(2) 直接固定法。是在砌墙时,预先埋入防腐木砖,当塑料门窗放入洞口并定位后,用木螺钉直接穿过门窗框与预埋木砖连接,从而将门窗框直接固定于墙体上。

(3) 假框法。是先在门窗洞口内安装一个与塑料门窗框配套的镀锌铁皮金属框,或是当木门窗换成塑料门窗时,将原来的木门窗框保留,等抹灰装修完成后,再将塑料门窗框直接固定在上述框材上,最后再用盖口条对接缝及边缘部分进行装饰。

塑料门窗安装前,应检查规格、尺寸是否符合设计要求,逐个核对门窗洞口的尺寸与塑料门窗框的规格是否适应。门窗框尺寸应比洞口尺寸略小,两者之间需留200mm左右间隙,待检查无误后方可安装。安装前,先装五金配件及固定件。由于塑料型材是中空多腔的,材质较脆,因此不能用螺钉直接锤击拧入,应先用手电钻钻孔,后用自攻螺钉拧入。钻头直径应比所选用自攻螺钉直径小0.5~1.0mm,这样可以防止塑料门窗出现局部凹隐、断裂和螺丝松动等质量问题,保证零部件及固定件的安装质量。

塑料门窗框与洞口墙体间的缝隙,应用泡沫塑料条或油毡卷条填塞。填塞不宜过紧,以免框架变形。门窗框四周的内外接缝应用密封材料嵌填严密,也可以采用硅橡胶嵌缝,不宜采用嵌填水泥砂浆的做法,不论采用何种填缝方法,均要求做到嵌填封缝材料能承受墙体与框间的相对运动而保持密封性能;嵌填封缝材料不应对塑料门窗框有腐蚀、软化作用。

9.3.4 钢门窗

建筑工程中应用较多的钢门窗有:薄壁空腹钢门窗和实腹钢门窗。通常,钢门窗在加工厂加工制作后运到现场进行安装。

钢门窗安装前,应按设计图纸要求核对型号、规格、数量、开启方向及所有五金零配件是否齐全。应逐樘进行检查,凡有翘曲、变形、脱焊、松动现象,应校正修复后方可进行安装。玻璃安装前先清理槽口,并在槽口内涂小于4mm厚的底灰,用双手将玻璃揉平放正,挤出油灰,然后将油灰与槽口、玻璃接触的边缘刮平、刮齐。玻璃卡子间距不小于300mm,且每边不少于2个,卡脚长短适当,用油灰填实抹光,卡脚以不露出油灰表面为准。

钢门窗采用后塞法安装,可在洞口四周墙体预留孔埋设铁脚连接件固定,或在结构内预埋铁件,安装时将铁脚焊在预埋件上。门窗位置确定后,将铁脚与预埋件焊接或埋入预留墙洞内,用1:2水泥砂浆或细石混凝土将洞口缝隙填实,铁脚尺寸及间隙按设计要求留设,但每边不得少于2个。

钢门窗制作时将框与扇连成一体,安装时,用木楔临时固定,然后用线锤和水准尺校正垂直水平,做到横平竖直,成排门窗应上、下高低一致,进出一致。安装后,必须进行钢窗开启扇的校正工作,使扇框与窗梃关闭严密,启闭灵活,无阻滞回弹现象后,方可安装五金零件,所装的五金零件位置应正确,使用灵活、松紧适宜,安装螺钉不允许有松动现象。

9.3.5 门窗工程质量标准

(1) 门窗的品种、数量、开启方向及安装位置应符合设计要求;门窗安装必须牢固,横平竖直,高低一致;

(2) 框与墙体缝隙应嵌填饱满密实,表面平整光滑,无裂缝,填塞材料与方法等应符合设计要求;

(3) 预埋件的数量、位置、埋设连接方法必须符合设计要求;门窗扇应开启灵活,无倒翘、阻滞及反弹现象;

(4) 五金配件应齐全,位置正确。关闭后密封条应处于压缩状态;门窗安装后外观质量应表面洁净,大面无划痕、碰伤、锈蚀;涂膜大面平整光滑,厚度均匀,无气孔。

验收玻璃时,应检查其品种、规格、色彩、朝向及安装质量。安装好的玻璃应平整、牢固、不得有松动现象,油灰与玻璃及裁口应粘贴牢固,四角成8字形,表面不得有裂缝、麻面和皱皮;油灰与玻璃及裁口接触的边缘应齐平,钉子、钢丝卡不得露出油灰表面;木压条接触玻璃处,应与裁口边缘齐平,木压条应相互紧密连接,并与裁口紧贴;密封条与玻璃、玻璃槽口的接触应紧密、平整,并不得露在压条外面;用橡胶垫镶嵌玻璃,橡胶垫应与裁口、玻璃及压条紧贴,并不得露在压条外面;密封胶与玻璃槽口的边缘应粘贴牢固,接缝齐平;竣工后的玻璃表面应洁净,不得留有油灰、浆水、密封膏、涂料等斑污。

9.4 吊顶、隔墙工程

9.4.1 吊顶工程

吊顶又称顶棚、平顶、天花板,是室内装饰工程的一个重要组成部分,具有保温、隔热、隔声和吸声作用,也是安装照明、暖卫、通风空调、通讯和防火、报警管线设备的隐蔽层。它的形式有直接式和悬吊式两种。

直接式顶棚安装施工方法和装饰材料的不同,可分为:直接刷(喷)浆顶棚,直接抹灰顶棚、直接粘贴式顶棚(用粘贴剂粘贴装饰面层)。

悬吊式顶棚按结构形式分为:活动式装配吊顶、隐蔽式装配吊顶、金属装饰板吊顶、开敞式吊顶和整体式吊顶(灰板条吊顶)等。

本节介绍的悬吊式吊顶,是目前广泛采用的新型吊顶,采用悬吊方式将装饰顶棚支承于屋顶或楼板下面。吊顶主要由吊杆(吊筋)、龙骨(格栅)和饰面板(罩面板)三部分组成。

9.4.1.1　吊杆

对现浇钢筋混凝土楼板,一般在混凝土中预埋 6 号钢筋(吊环)或 8 号镀锌铁丝作为吊杆,也可采用金属膨胀螺栓、射钉固定钢筋(钢丝、镀锌铁丝)作为吊杆,如图 9-15 所示。

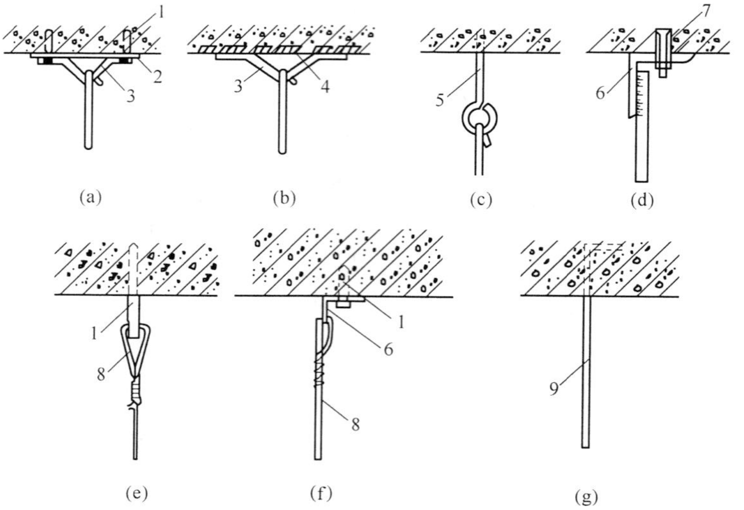

图 9-15　吊杆固定

(a)射钉固定;(b)预埋件固定;(c)预埋 6 号钢筋吊环;(d)金属膨胀螺栓固定;
(e)射钉直接连接钢丝(或 8 号铁丝);(f)射钉角铁连接法;(g)预埋 8 号镀锌铁丝
1—射钉;2—焊板;3—10 号钢筋吊环;4—预埋钢板;5—6 号钢筋;6—角钢;
7—金属膨胀螺栓;8—铝合金丝(8 号、12 号、14 号);9—8 号镀锌铁丝

对于预制楼板,一般在板缝中预埋 6 号钢筋(吊环)或 8 号镀锌铁丝作为吊杆。坡屋顶可用长杆螺栓或 8 号镀锌铁丝吊在屋架下弦作吊杆,如图 9-16 所示。吊杆间距为 1.2 ~ 1.5m。

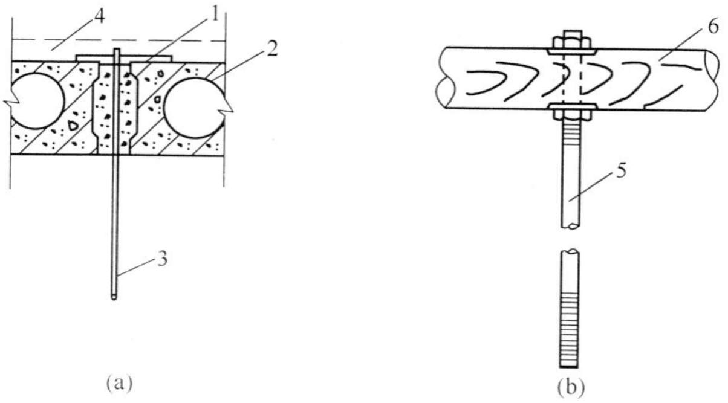

图 9-16　预制楼板和坡屋面吊筋固定方法

(a)预制楼板吊筋固定;(b)坡屋面长杆螺栓吊筋
1—10 号或 12 号钢筋;2—预制楼板;3—6 号钢筋或 8 号镀锌铁丝;
4—现浇细石混凝土;5—长杆螺栓;6—屋架下弦

9.4.1.2　龙骨安装

吊顶龙骨有木质龙骨、金属龙骨（轻钢龙骨、铝合金龙骨）两类。

A　木质龙骨

木质龙骨由大龙骨（主龙骨）、小龙骨、横撑龙骨等组成。主龙骨多采用 50mm × 70mm ~ 60mm × 100mm 方木式薄壁槽钢、L60 × 6 ~ L70 × 7 角钢制作。龙骨间距如设计无要求时，一般按 1m 设置。主龙骨一般用 8 ~ 10mm 的吊顶螺栓或 8 号镀锌铁丝与屋顶或楼板连接。

木质龙骨安装顺序：安装吊杆→安装大龙骨→安装中龙骨→安装小龙骨。

首先，根据设计图规定的吊杆固定件和吊杆间距，安装好吊杆。然后从房间中央向两边安装大龙骨。在大龙骨底面标高上拉房间通长麻线，将大龙骨吊杆孔位置划线钻孔，并凿一个30mm × 30mm、深 25mm 的方孔，把吊杆螺栓头穿入并垫上 3mm 厚垫片，拧上螺帽，调整大龙骨位置和标高。大龙骨应与预制钢筋混凝土板缝垂直，有木屋架时，与木屋架垂直。安装完大龙骨之后，进行中龙骨安装。在大龙骨底面，拉横向通长麻线，将中龙骨横撑在两根大龙骨之间，底面与大龙骨底面齐平，间距与大龙骨同。从大龙骨侧面或上面用两枚钉子将大龙骨与中龙骨钉牢。最后，安装小龙骨。先安装两根中龙骨之间的小龙骨，从中龙骨外侧面和上面用两枚钉子将该小龙骨与中龙骨钉牢，然后用同样方法再安装大龙骨与该小龙骨之间的小龙骨，做到各条小龙骨成一直线，底面与大、中龙骨底面齐平。沿墙小龙骨也可钉在墙内预埋的防腐木砖上。

B　金属龙骨

轻钢龙骨与铝合金龙骨吊顶的主龙骨断面形状有 U 形、T 形、L 形等。截面尺寸取决于荷载大小，其间距尺寸应考虑次龙骨的跨度及施工条件，一般采用 1 ~ 1.5m。主龙骨与屋顶结构、楼板结构多通过吊杆连接。

U 形龙骨安装示意图如图 9-17 所示，TL 形铝合金龙骨安装示意图如图 9-18 所示。

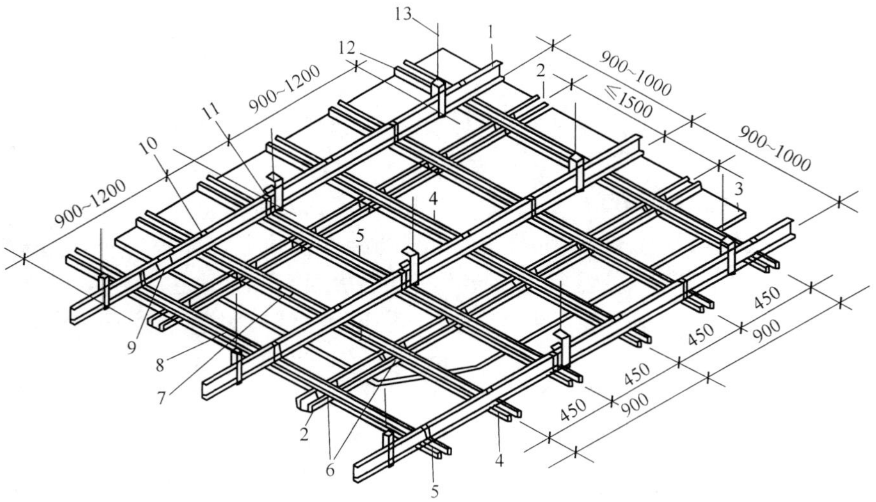

图 9-17　U 形龙骨吊顶示意图

1—BD 大龙骨；2—UZ 横撑龙骨；3—吊顶板；4—UZ 龙骨；5—UX 龙骨；6—UZ_3 支托连接；7—UZ_2 连接件；8—UX_2 连接件；9—BD_2 连接件；10—UZ_1 吊挂；11—UX_1 吊挂；12—BD_1 吊件；13—吊杆

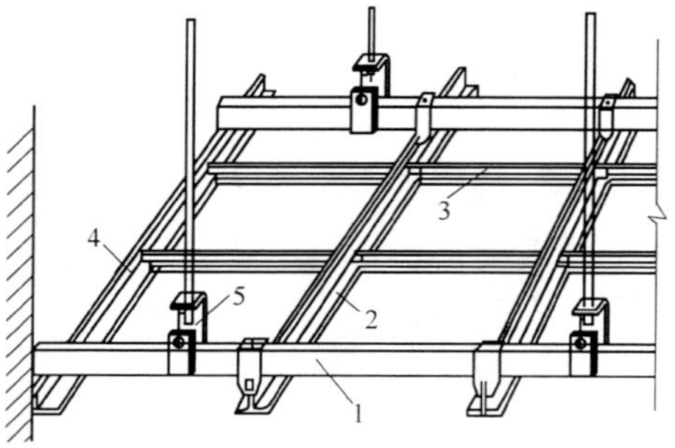

图 9-18 TL 形铝合金吊顶示意图
1—大龙骨;2—大 T;3—小 T;
4—角钢;5—大吊挂件

轻钢龙骨和铝合金龙骨安装顺序为:弹线→安装大龙骨吊杆→大龙骨安装→小龙骨安装→横撑龙骨安装。

(1) 弹线。按楼层标高水平线,用尺竖向量至顶棚设计标高,沿墙四周弹出顶棚标高水平线,并沿顶棚标高水平线在墙上、根据龙骨的要求按一定间距弹出龙骨的位置线。

(2) 安装大龙骨吊杆。按墙上弹出的标高线和龙骨位置线,找出吊点中心,将吊杆焊接固定在预埋件上。吊顶结构未设预埋件时,要按确定的节点中心用射钉固定吊杆或铁丝。计算好吊杆的长度后,一端套死,丝口的长度要考虑紧固的余量,并分别配好紧固用的螺钉。

(3) 大龙骨安装。将组装好吊挂件的大龙骨,按位置使吊挂件穿入相应的吊杆螺栓上,拧紧螺母,然后,相接大龙骨、装连接件,并以房间为单元,拉线调整标高和平直,中间起拱高度应不小于房间短向跨度的 1/200。靠墙四周的龙骨用射钉固定在墙上,钉距不大于 1m。

(4) 小龙骨安装。按已弹好的小龙骨位置线,卡放小龙骨吊挂件,然后按设计规定的小龙骨间距,将小龙骨通过吊挂件垂直吊挂在大龙骨上。小龙骨的间距应按饰面板的密缝或离缝要求进行安装,小龙骨的中距应计算准确。

(5) 横撑龙骨安装。横撑龙骨应用小龙骨截取,安装时将截取的小龙骨的端头插入支托,扣在小龙骨上,并用钳子将挂搭弯入小龙骨内。组装好的小龙骨和横撑龙骨底面要求齐平。横撑龙骨间距应根据所用饰面板规格尺寸确定。

9.4.1.3 饰面板安装

饰面板的安装办法有:

(1) 搁置法。将饰面板直接放在 T 形龙骨组成的格框内。有些轻质饰面板,考虑刮风时会被掀起(包括空调口、通风口附近),可用木条、卡子固定。

(2) 嵌入法。将饰面板事先加工成企口暗缝,安装时将 T 形龙骨两肢插入企口缝内。

(3) 粘贴法。将饰面板用胶粘剂直接贴在龙骨上。

(4) 钉固法。将饰面板用钉、螺钉、自攻螺钉等固定在龙骨上。

(5) 卡固法。多用于铝合金吊顶,板材与龙骨直接卡接固定。

(6) 压条固定法。用木、铝、塑料等压缝条将饰面板固定在龙骨上。

(7) 塑料小花固定法。在板的四角用塑料小花压角用螺丝固定,并在小花之间沿板边等距离加钉固定。

A 石膏板吊顶

石膏板按其表面的装饰方法、花型和功能分为装饰石膏板和纸面石膏板。

装饰石膏板可与铝合金和轻钢龙骨配套组成活动式装配吊顶和隐蔽式装配吊顶。安装方法有:搁置平放法、螺钉固定法和粘贴安装法。

(1) 搁置平放法。当采用铝合金龙骨或 T 形轻钢龙骨时,可将装饰石膏板搁置在 T 形龙骨组成的格框内即可。石膏装饰板的板边可选用直角形,施工时板边如稍有棱角不齐或碰掉之处,只要不显露于格框之外,就不影响顶棚的美观。

(2) 螺钉固定法。当采用 U 形轻钢龙骨时,石膏装饰板可用镀锌自攻螺钉与 U 形中、小龙骨固定，钉头嵌入石膏板约0.5～1.0mm，钉眼用腻子找平，并用与板面同样颜色的色浆涂刷。石膏板之间也可留8～10mm缝隙，缝内刷色浆一遍（色浆颜色根据设计要求选用）或用铝压缝条、塑料压缝条将缝压严。

（3）粘贴安装法。当采用UC型轻钢龙骨组成的隐蔽式装配吊顶时，可采用胶粘剂将装饰石膏板直接粘贴在龙骨上，胶粘剂应涂刷均匀，不得漏涂，粘贴牢固。

纸面石膏板根据龙骨的截面、饰面板边的处理及板材的类别，常分为三种安装方法：螺钉固定法、粘贴法、企口暗缝咬接安装法。

（1）螺钉固定法。纸面石膏板（包括基层板和饰面板）用螺钉固定在龙骨上。金属龙骨大多采用自攻螺钉，木龙骨采用木螺钉。安装时，石膏板从吊顶的一端开始错缝安装，逐块排列，石膏板与墙面应留6mm间隙。石膏板的长边必须与次龙骨呈交叉状态，使端边落在次龙骨中央部位。

安装双层石膏板时，面层板与基层板的接缝应错开，不允许在同一根龙骨上接缝；石膏板的对接缝，应按产品要求进行板缝处理。纸面石膏板与龙骨的固定，应从一块板的中间向板的四边固定，不得多点同时操作。

（2）粘贴法。将石膏板（指饰面板）用胶粘剂粘到龙骨上。

（3）企口暗缝咬接安装法。将石膏板（指饰面板）加工成企口暗缝的形式，龙骨的两条肢插入暗缝内，不用钉，不用胶，靠两条肢将板担住。

B 金属饰面板吊顶

铝合金龙骨吊顶与轻钢龙骨吊顶饰面板安装方法基本相同。

金属饰面板主要有金属条板、金属方板和金属格栅。板材安装方法有卡固法和钉固法，卡固法要求龙骨形式与条板配套；方板可用搁置法和钉固法，也可以用铜丝绑扎固定。格栅安装方法有两种：一种是将单体构件先用卡具连成整体，然后通过钢管与吊杆相连接；另一种是用带卡口的吊管将单体物卡住，然后将吊管用吊杆悬吊。金属板吊顶与四周墙面空隙，应用同种材质的金属压条找齐。

饰面板安装前，吊顶内的通风、水电管道及上人吊顶内的人行道或安装通道应安装完毕；消防管道安装并试压完毕。吊顶内的灯槽、斜撑、剪刀撑等，应根据工程情况适当布置。轻型灯具应吊在大龙骨或附加龙骨上，重型灯具或电扇不得与吊顶龙骨连接，应另设吊钩；饰面板应按规格、颜色等预先进行分类选配。饰面板安装时不得有悬臂现象，应增加附加龙骨固定；施工用的临时马道应架设或吊挂在结构受力构件上，严禁以吊顶龙骨作为支撑点。

9.4.1.4 吊顶工程质量要求

吊顶工程所用材料品种、规格、颜色以及基层构造，固定方法等应符合设计要求。饰面板与龙骨应连接紧密，表面应平整，不得有污染、折裂、缺棱掉角、锤伤等缺陷，接缝应均匀一致，粘贴的罩面不得有脱层，胶合板不得有刨透之处，搁置的饰面板不得有漏、透、翘角现象。吊顶罩面板工程质量允许误差应符合表9-3的规定。

9.4.2 隔墙工程

隔墙按构造可分为砌块式、立筋式、板材式。装饰工程中主要是立筋式隔墙和板材式隔墙。立筋式隔墙骨架多为木材或型钢（轻钢龙骨、铝合金骨架），其饰面板多为人造板（胶合板、纤维板、木丝板、刨花板等）。板材式隔墙采用高度等于室内净高的条形板材进行拼装，常用的板有加气混凝土板、石膏空心板等。

表 9-3　吊顶罩面板工程质量允许偏差

<table>
<tr><th rowspan="3">项次</th><th rowspan="3">项目</th><th colspan="11">允许偏差/mm</th><th rowspan="3">检验方法</th></tr>
<tr><th colspan="3">石膏板</th><th colspan="2">无机纤维板</th><th colspan="2">木质板</th><th colspan="2">塑料板</th><th rowspan="2">纤维水泥加压板</th><th rowspan="2">金属装饰板</th></tr>
<tr><th>石膏装饰板</th><th>深浮雕嵌式装石膏板</th><th>纸面石膏板</th><th>矿棉装饰吸声板</th><th>超细玻璃棉板</th><th>胶合板</th><th>纤维板</th><th>钙塑装饰板</th><th>聚氯乙烯塑料板</th></tr>
<tr><td>1</td><td>表面平整</td><td colspan="3">3</td><td colspan="2">2</td><td>2</td><td>3</td><td>3</td><td>2</td><td></td><td>2</td><td>用2m靠尺和楔形塞尺检查，要求观感平整</td></tr>
<tr><td>2</td><td>接缝平直</td><td>3</td><td colspan="2">3</td><td colspan="2">3</td><td colspan="2">3</td><td>4</td><td>3</td><td></td><td><1.5</td><td rowspan="2">拉 5m 线检查，不足 5m 拉通线检查</td></tr>
<tr><td>3</td><td>压条平直</td><td colspan="3">3</td><td colspan="2">3</td><td colspan="2">3</td><td colspan="2">3</td><td>3</td><td>3</td></tr>
<tr><td>4</td><td>接缝高低</td><td colspan="3">1</td><td colspan="2">1</td><td colspan="2">0.5</td><td colspan="2">1</td><td>1</td><td>1</td><td>用直尺和楔形塞尺检查</td></tr>
<tr><td>5</td><td>压条间距</td><td colspan="3">2</td><td colspan="2">2</td><td colspan="2">2</td><td colspan="2">2</td><td>2</td><td>2</td><td>用尺检查</td></tr>
</table>

9.4.2.1　轻钢龙骨石膏板隔墙施工

轻钢龙骨隔墙的施工工艺如下：

(1) 弹线。根据设计要求确定隔墙位置、隔墙门窗的位置，包括地面位置、墙面位置、高度位置以及隔墙的宽度，并在地面和墙面上弹出隔墙的宽度线和中心线，按所需龙骨的长度尺寸，对龙骨进行划线配料，并在龙骨上面画出切割位置线。

(2) 固定沿地、沿顶龙骨。沿地、沿顶龙骨固定前，将固定点与竖向龙骨错开，用膨胀螺栓和木楔钉、铁钉与结构固定，或直接与结构预埋件连接。

(3) 骨架连接。按设计要求和石膏板尺寸，进行骨架分格设置，然后将预选切裁好的竖向龙骨装入沿地、沿顶龙骨内，校正其垂直度后，将竖向龙骨与沿地、沿顶龙骨用点焊或用连接件与自攻螺钉固定。

(4) 石膏板固定。固定石膏板采用平头自攻螺钉、钉距 200mm 左右。安装时，将石膏板竖向放置，贴在龙骨上用电钻同时把石膏板与龙骨一起打孔，再拧上自攻螺钉。螺钉要沉入板材平面 2～3mm。

石膏板之间的接缝分为明缝和暗缝两种做法。明缝是用专门工具和砂浆胶合剂勾成立缝。明缝如果加嵌压条，装饰效果较好。暗缝的做法首先要求石膏板有斜角，在两块石膏板拼缝处用嵌缝石膏腻子嵌平，然后贴上 50mm 的穿孔纸带，再用腻子补一道，与墙面刮平。

(5) 饰面施工。待嵌缝腻子完全干燥后，即可在石膏板隔墙表面裱糊墙纸、织物或进行涂料施工。

9.4.2.2　铝合金隔墙施工

铝合金隔墙是用铝合金型材组成框架，再配以玻璃等材料装配而成，其施工工序如下：

(1) 弹线。根据设计要求确定隔墙在室内的具体位置、墙高、竖向型材的间隔位置等。

(2) 划线。在平整干净的平台上，用钢尺和钢针对型材划线。沿顶、沿地型材要划出与竖向型材的各连接位置线。划连接线时，必须划出连接部位的宽度。

(3) 铝合金隔墙的安装固定。半高铝合金隔墙通常先在地面组装好框架后再竖立起来固定，全封闭铝合金隔墙通常是先固定竖向型材，再安装横档型材来组装框架。铝合金型材相互连接主要用铝角和自攻螺钉，它与地面、墙面的连接，则主要采用铁脚固定法。

(4) 玻璃安装。先按比框洞尺寸小 3 ~ 5mm 裁好玻璃,将玻璃就位后,用与型材同色的铝合金槽条,在玻璃两侧夹定,校正后将槽条用自攻螺钉与型材固定。安装活动窗口上的玻璃,应与制作铝合金活动窗口同时安装。

9.4.2.3 隔墙的质量要求

隔墙骨架与基本结构连接牢固,无松动现象。墙体表面应平整,接缝密实、光滑、无凸凹现象,无裂缝,安装牢固。隔墙饰面板工程质量允许偏差,应符合表 9-4 的规定。

表 9-4 隔断罩面板工程质量允许偏差

项 次	项 目	允许偏差/mm				检 验 方 法
		石膏板	胶合板	纤维板	石膏条板	
1	表面平整	3	2	3	4	用 2m 直尺和楔形塞尺检查
2	立面垂直	3	3	4	5	用 2m 托线板检查
3	接缝平直		3	3		拉 5m 线检查,不足 5m 拉通线检查
4	压条平直		3	3		
5	接缝高低	0.5	0.5	1		用直尺和楔形塞尺检查
6	压条间距		2	2		用尺检查

9.5 楼地面工程

9.5.1 楼地面的组成及分类

楼地面是房屋建筑底层地坪与楼层地坪的总称。楼地面按面层材料不同分为水泥砂浆地面、细石混凝土地面、水磨石地面、大理石地面、木质地面、地毯等。按面层结构不同可分为整体式楼地面、板块地面、木质地面、塑胶地面和特殊地面(网络地面、康体工程场馆地面)等。楼地面的构造如图 9-19 所示。

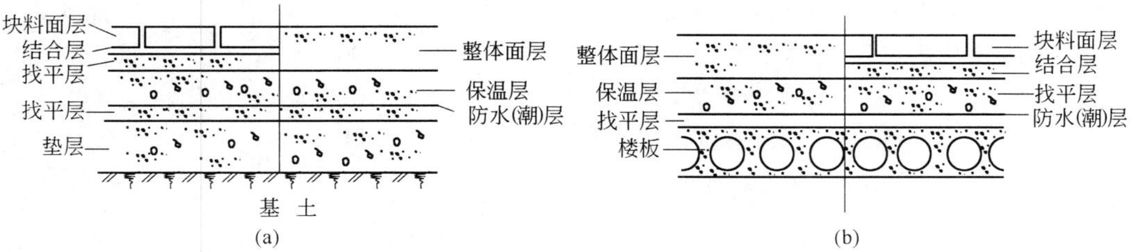

图 9-19 楼地面构造
(a) 地面构造;(b) 楼面构造

面层是直接承受各种物理和化学作用的地面和楼面的表层;

结合层是面层与下一构造层相连接的中间层,也可作为面层的弹性基层;

找平层是在垫层上、楼板上或填充层(软质、松散的隔声、保温材料)上起整平、找坡或加强作用的构造层;

防水(潮)层是防止建筑地面上各种液体(水、油、非腐蚀性和腐蚀性液体)浸湿和渗漏,或防止地下水和潮气渗透地面作用的隔离层。仅为防止地下潮气透过地面的,可称作防潮层;

保温层是减少地面与楼面导热性的构造层;

垫层是传布地面荷载至地基上或传布楼面荷载至结构上的构造层；

基层是在垫层下面的土层（包括地基加强层）和楼板的结构层。

上述各层依楼板地面的构造和要求不同而异，并非全部出现。一般地说，楼地面应具有耐磨、防水、防潮、防滑和易于清扫的特点，在较高级的房间，还应具有一定的隔声、吸声、抗静电功能及弹性、保温和阻燃性能等。

9.5.2 整体式楼地面

9.5.2.1 水泥砂浆地面

水泥砂浆地面面层的厚度应不小于20mm，一般用硅酸盐水泥、普通硅酸盐水泥，水泥标号不低于425号，用中砂或粗砂配制，配合比为1:2.5～1:2（体积比）。

面层施工前，先按设计要求测定地坪面层标高，校正门框，将垫层清扫干净洒水湿润，表面比较光滑的基层，应进行凿毛，并用清水冲洗干净。铺抹砂浆前，应在四周墙上弹出一道水平基准线，作为确定水泥砂浆面层标高的依据。面积较大的房间，应根据水平基准线在四周墙角处每隔1.5～2m用1:2水泥砂浆抹标志块，以标志块的高度做出纵横方向通长的标筋来控制面层厚度。

面层铺抹前，先刷一道含4%～5%107胶的素水泥浆，随即铺抹水泥砂浆，用刮尺赶平并用木抹子压实。在砂浆初凝后终凝前，用铁抹子反复压光三遍。砂浆终凝后铺盖草袋、锯末等浇水养护。当铺抹大面积的水泥砂浆面层时，应按设计要求留分隔缝，防止砂浆面层产生不规则裂缝。施工完成后，水泥砂浆面层强度小于5MPa之前，不准上人行走或进行其他作业。

9.5.2.2 细石混凝土地面

细石混凝土地面可以克服水泥砂浆地面干缩较大的弱点，具有强度高，干缩值小。与水泥砂浆面层相比，它的耐久性更好但厚度较大，一般为30～40mm。混凝土强度等级不低于C20，所用粗骨料要求级配适当，粒径不大于15mm，且不大于面层厚度的2/3。用中砂或粗砂配制。

铺细石混凝土时，应由里向门口方向进行铺设，按标筋厚度刮平拍实后，稍待收水，即用铁抹子预压一遍，待进一步收水，即用铁滚筒滚压3～5遍或用表面振动器振捣密实，直到表面泛浆为止，然后进行抹平压光。细石混凝土面层与水泥砂浆基本相同，必须在水泥初凝前完成抹平工作，终凝前完成压光工作，要求其表面色泽一致、光滑、无抹子印迹。

钢筋混凝土现浇楼板或强度等级不低于C15的混凝土垫层兼面层时可用随捣随抹的方法施工，在混凝土楼地面浇捣完毕，表面略有吸水后即进行抹平压光。

混凝土面层的压光、养护时间和方法与水泥砂浆面层相同。

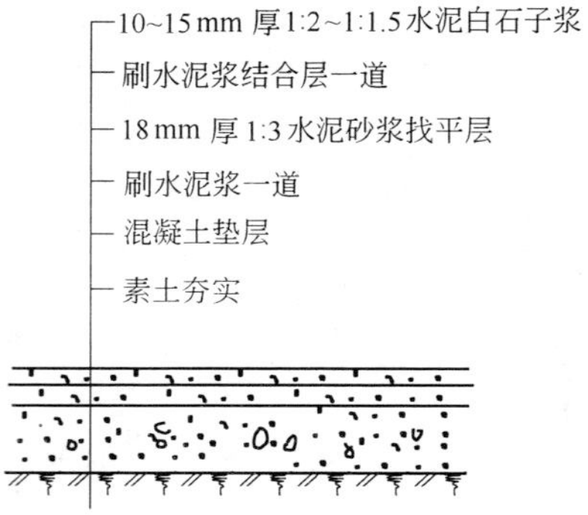

图9-20 水磨石面层做法示意图

9.5.2.3 水磨石地面

现浇水磨石地面面层应在完成顶棚和墙面抹灰后，再施工水磨石地面面层。其施工工艺流程如下：

基层清理→浇水冲洗润湿→设置标筋→做水泥砂浆找平层→养护→镶嵌玻璃条（或金属条）→铺抹水泥石子浆面层→养护、试磨→第一遍磨平浆面并养护→第二遍磨平磨光浆面并养护→第三遍磨光并养护→酸洗打蜡。水磨石面层的做法如图9-20所示。

水磨石面层所用的石粒，应用坚硬可磨的岩石（如白云石、大理石等）做成，石粒应洁净无杂物，其粒径除特殊要求外，一般为4～12mm。白色或浅色的水磨石面层，应采用白水泥；深色的水磨石面层，宜采用强度等级不低于42.5的硅酸盐水泥、普通硅酸盐水泥或矿渣硅酸盐水泥。水泥中掺入的颜料宜用耐光、耐碱的矿物颜料。掺入量不宜大于水泥用量的12%。

水磨石面层宜在找平层水泥砂浆抗压强度达到1.2MPa（一般养护2~3天）后铺设。铺设前应在找平层上按设计要求的图案设置分隔条（可用铜条、铝条或玻璃条）。嵌条时用木条顺线找平，将嵌条紧靠在木条边上，用素水泥浆涂抹嵌条的一边，然后拿开木条在嵌条的另一边涂抹水泥浆。在分隔条下的水泥浆形成八字角，素水泥浆涂抹的高度应比分隔条低3mm，如图9-21所示。嵌条后，应浇水养护，待素水泥浆硬化后，在找平层表面刷一遍与面层颜色相同的水灰比为0.4~0.5的水泥浆做结合层，随刷随铺水泥石子浆。水泥石子浆的虚铺厚度比分隔嵌条高出1~2mm。要铺平整，用滚筒滚压密实。待表面出浆后，再用抹子抹平，次日开始养护。同一面层上采用几种颜色图案时，先做深色，后做浅色；先做大面，后做镶边。待一种色浆凝固后，再做后一种，以免混色。

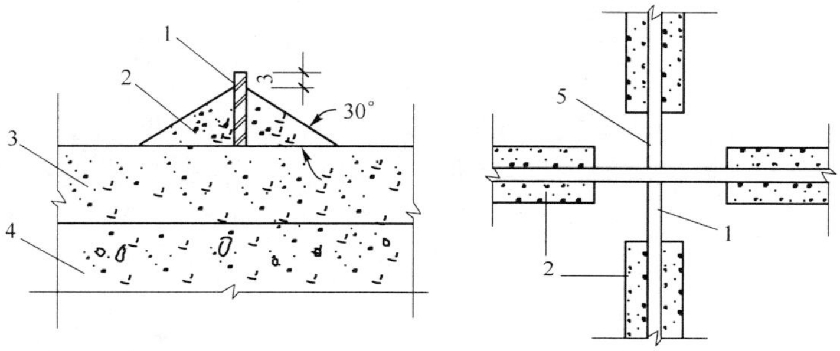

图9-21 分割嵌条设置

1—分隔条；2—素水泥浆；3—水泥砂浆找平层；4—混凝土垫层；5—40~500mm内不抹素水泥浆

水磨石开磨前应先试磨，表面石粒不松动方可开磨。一般开磨时间可参考表9-5。

表9-5 现浇水磨石层面开磨时间

平均温度/℃	开磨时间/d		平均温度/℃	开磨时间/d	
	机　磨	人工磨		机　磨	人工磨
20~30	2~3	1~2	5~10	5~6	2~3
10~20	3~4	1.5~2.5			

水磨石面层应使用磨石机分次磨光。头遍用60~90号粗金刚石磨，边磨边加水，要求磨匀磨平，使全部分格嵌条外露。磨后将泥浆冲洗干净，用同色水泥浆涂抹，以填补面层所呈现的细小空隙和凹痕，洒水养护2~3天后再磨。二遍用90~120号金刚石磨，要求磨到表面光滑为止，其他同头遍。三遍用180~200号金刚石磨，磨至表面石子粒粒显露，平整光滑，无砂眼细孔。用水冲洗后，涂抹草酸溶液[热水∶草酸=1∶0.35（重量比），溶化冷却后用]一遍。四遍用240~300号油石磨，研磨至出白浆、表面光滑为止，用水冲洗晾干。普通水磨石面层磨光遍数不应小于三遍，高级水磨石面层应适当增加磨光遍数及提高油石号数。水磨石面层上蜡工作，应在影响面层质量的其他工序全部完成后进行。

9.5.3 块材面层

块材面层在混凝土基层上用水泥砂浆或水泥铺设饰面砖、陶瓷马赛克、水泥花砖、预制水磨石、花岗岩、大理石、青石板等各种装饰块材，构造如图9-22所示。

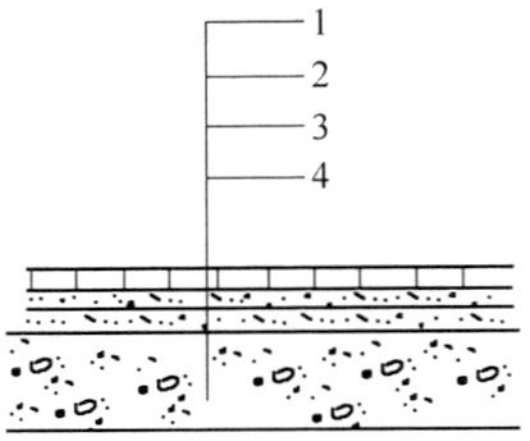

图 9-22 块材地面构造

1—块材面层;2—结合层;3—找平层;4—混凝土(或钢筋混凝土基层)

9.5.3.1 大理石、花岗石块材面层

(1) 翻样。根据设计给定的图案,结构平面几何形状的实际尺寸、柱位置、楼梯位置、门洞口、墙和柱的装修尺寸等综合统筹兼顾进行翻样,提出加工订货单并准确地翻样。

(2) 定线。根据 +50cm 水平线在墙面上弹出地面标高线。

(3) 试铺。在正式铺设前,对每一个房间,厅堂的板材进行试铺。试铺时充分考虑其图案、颜色、纹理等。试铺后按两个方向编号排列,并按编号码放整齐。

(4) 灌浆擦缝。板材铺砌 1 ~ 2 昼夜后进行灌浆擦缝。调与板面颜色接近的稀水泥色浆,用浆壶徐徐灌入板缝,并用长把刮板把流出的水泥浆喂入缝隙内。灌浆 1 ~ 2h 后,用棉丝团蘸原稀水泥浆擦缝,与板面擦平,同时将板面上水泥浆擦净。然后将面层覆盖保护。

(5) 镶贴踢脚板。在墙面抹灰时,留出踢脚板的高度和镶贴所需的厚度,有镶贴踢脚的墙处不得留有白灰砂浆等易于造成踢脚板空鼓的杂物。踢脚板出墙厚度宜为 8 ~ 10mm。镶贴前先将踢脚板用水浸湿阴干,在阳角相交处的踢脚板,镶贴前预先割成 45°。踢脚的立缝宜与地面板缝对齐。镶贴踢脚板可采用粘贴法,也可采用灌浆法。

(6) 打蜡。在各工序完工后才能打蜡,要求达到光滑洁净。

9.5.3.2 陶瓷地砖面层

陶瓷地砖是近几年发展起来的中档地面面层材料,花色品种多,施工方便,广泛用于各类公用建筑和住宅工程。陶瓷地砖的施工工艺如下:

(1) 铺找平层。基层清理干净后提前浇水湿润。铺找平层时应先刷素水泥浆一道,随刷随铺砂浆。

(2) 排砖弹线。根据 +50cm 水平线在墙面上弹出地面标高线。根据地面的平面几何尺寸及砖的大小进行计算排砖。排砖时尽可能对称,房间与通道的砖缝应相通,利用砖缝宽窄、镶边来调节,不割或少割砖,房间与通道如用不同颜色的砖时,分色线应留置于门扇处。

(3) 选砖。由于砖的大小及颜色有差异,铺砖前一定要选砖分类。将尺寸大小及颜色相近的砖铺在同一房间内。同时保证砖缝均匀顺直、砖的颜色一致。

(4) 铺砖。纵向先铺几行砖,找好位置和标高,并以此为准,拉线铺砖。铺砖时应从里向外退向门口的方向逐排铺设,每块砖应跟线。铺砖的操作方法是:在找平层上刷水泥浆(随刷随铺),将预先浸水晾干的砖的背面朝上,抹 1:2 水泥砂浆粘结层,厚度不小于 10mm,将 抹好砂浆的砖铺砌到找平层上,砖上楞应跟线找正找直,用橡皮锤敲振拍实。

(5) 拨缝修整。拉线拨缝修整,将缝找直,并用靠尺板检查平整度,将缝内多余的砂浆扫出,将砖拍实。

(6) 勾缝。铺好的地面砖,应养护 48h 才能勾缝。勾缝用 1:1 水泥砂浆,要求勾缝密实、灰缝平整光洁、深浅一致,一般灰缝低于砖面 3 ~ 4mm。如设计要求不留缝,则需灌缝擦缝,可用干水泥并喷水的方法灌缝。

9.5.4 木质面层

木地板铺在基面或基层上,铺设方法有钉固法和粘结法两种。

9.5.4.1 钉固法

木质面层是用单层面层和双层面层铺设而成。单层木质面层是在木格栅上直接钉企口板;

双层木质面层是在木格栅上先钉一层毛地板，再钉一层企口板。

木格栅有空铺和实铺两种形式，空铺法是将格栅两头搁于墙体的垫木上，木格栅之间加设剪力撑；实铺法是将木格栅铺于混凝土结构层上或水泥混凝土垫层上，木格栅之间填以炉渣等隔音材料，并加横向木撑，如图9-23所示。

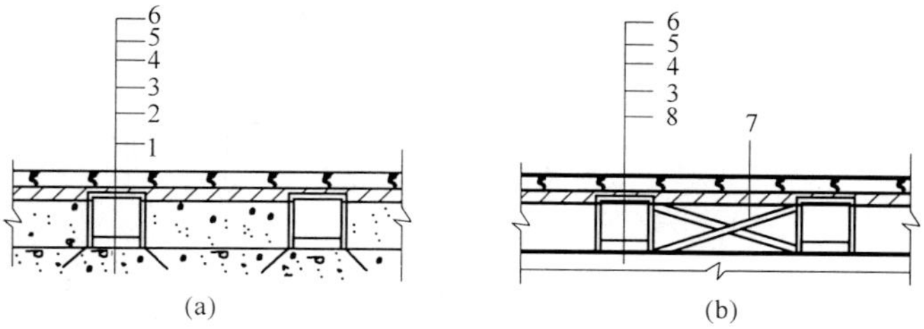

图9-23 双层企口硬木地板构造

(a)实铺法；(b)空铺法

1—混凝土基层；2—预埋铁(铁丝或钢筋)；3—木格栅；4—防腐剂；5—毛地板；6—企口硬木地板；7—剪力撑；8—垫木

施工工艺要点如下：

(1) 铺设前必须清除毛地板下空间内的刨花等杂物。

(2) 空铺法木格栅的两端应垫实钉牢。当采用地垄墙、墩时，还应与格栅固定牢固。木格栅与墙间应留出不小于30mm的缝隙，木格栅与木地板基板接触的表面要平整；实铺法木格栅的断面尺寸、间距及稳固方法等均应按设计要求铺设，木格栅应作防腐处理。

(3) 毛地板铺设时，应与格栅成30°或45°斜向钉牢，板间的缝隙不大于3mm，以免起鼓。毛地板与墙之间留10～20mm的缝隙，每块毛地板与其下的每根格栅上各用两枚钉固定。钉的长度为板厚的2.5倍。为防止使用中发生音响和潮气侵蚀，可在毛地板上干铺一层沥青油纸(或油毡)。

(4) 面层企口板铺设时，应与格栅成垂直方向钉牢。板的接缝应间隔错开，板与板之间仅允许个别地方有缝隙，但缝隙宽度不大于1mm。企口板与墙之间留10～15mm的缝隙，并用踢脚板或踢脚条封盖。每块企口板钉牢在其下的每根格栅上。钉的长度为企口板厚度的2～2.5倍，钉帽砸扁，钉从板的侧面凹角处斜向钉入，如图9-24所示。钉到最后一块，可用明铺钉牢，钉帽砸扁，冲入板内30～50mm。硬木地板面层铺钉前应先钻圆钉直径0.7～0.8倍的孔，然后铺钉。企口板表面不平处应进行刨光，应顺木纹方向。刨削刨光后装设踢脚板或踢脚条。

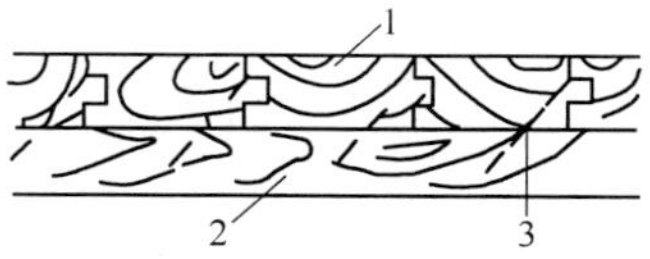

图9-24 企口板钉设

1—企口板；2—木格栅；3—圆钉

(5) 踢脚板一般规格为150mm×(20～25)mm，背面开槽，以防翘曲。踢脚板背面应作防腐处理。踢脚板用钉钉牢于墙内防腐木砖上，钉帽砸扁冲入板内。踢脚板接缝处应作企口或错口相接，在90°转角处应做45°斜角相接。踢脚板与木板面层转角处钉设木压条。踢脚板要与墙紧贴，钉设牢固，上口平直，如图9-25所示。

9.5.4.2 粘结法

粘结法施工是将加工好的硬木地板块材用粘结材料直接粘贴在楼地面的水泥砂浆或混凝土的基层上。胶粘剂有专用的木地板胶水、万能胶、白乳胶等，可根据需要选用。要求基层表面平整、光洁、无起砂、起壳、开裂。

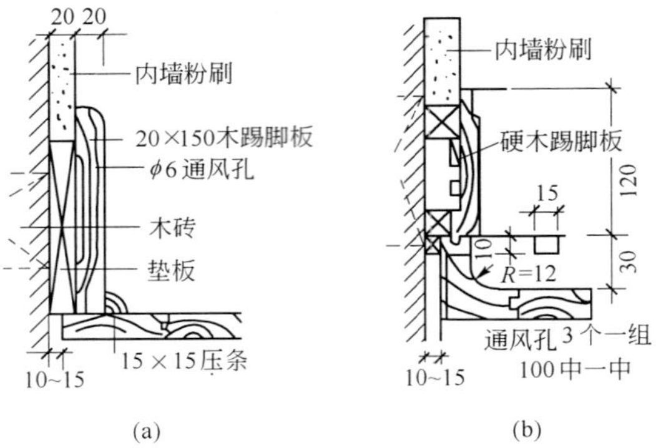

图 9-25 木踢脚板做法示意图
(a)压条做法;(b)圆角做法

拼花木地板粘贴前,应根据设计图案和尺寸进行弹线。对成块制作好的木地板块材,应按所弹施工线试铺,以检查其拼缝高低、平整度、对缝等。符合要求后进行编号,施工时按编号从房间中间向四周铺贴。

用沥青铺贴时,要求基层面平整、洁净、干燥,并预先涂刷一层冷底子油,待24h后,用沥青胶均匀涂刷于基层面上,厚度一般为2mm。在拼花木板背面也均匀涂刷一层沥青胶,随涂随贴,要求一次就位准确。

用胶粘贴剂铺贴时,在基层表面和拼花木板背面分别刷胶粘剂,其厚度:基层表面控制在1mm左右;拼花木板背面控制在0.5mm左右。一般待5min即可铺贴,并应注意在铺贴好的板面随时加压,使之粘结牢固,防止翘鼓。

木地板粘贴后应自然养护,养护期内严禁人走动。养护期满后,即可进行刨(磨)光。一般用细刨刨一遍,所刨去的厚度应小于1.5mm,要求无刨痕。再用砂纸打磨一遍,要求光平。面层的油漆、打蜡工作,应在房间内所有装饰工程完工后进行。

9.5.5 楼地面工程的质量要求

楼地面工程各层的坡度、厚度、标高、平整度及其强度、密实度等应符合设计要求,上下层结合应牢固;不同类型面层的结合及其图案应正确,且不得有裂纹、脱皮、麻面和起砂现象;变形缝的宽度和位置,块材之间缝隙大小,以及填缝的质量等,也应符合要求。在铺设楼地面时,应检查各层厚度与设计厚度的偏差,在个别地方其偏差不得大于该层厚度的10%;各层表面对水平面或设计坡度的允许偏差,不得大于房间相应尺寸的0.2%,最大偏差不应大于30mm。

细石混凝土、水泥砂浆、水磨石、水泥钢屑、菱苦土等整体面层和铺在水泥砂浆或沥青胶上的板块面层以及铺贴在沥青胶结材料或胶粘剂上的拼花木板、塑料板、硬质纤维板面层与基层的结合良好,用敲击方法检查,不得出现空鼓现象。

9.6 涂料及刷浆工程

9.6.1 涂料工程

建筑涂料是指涂敷于建筑物表面,并能与建筑物表面材料很好的粘结,形成完整保护膜的材料。建筑涂饰集保护建筑物、装饰与改善结构性能于一身，是一种很有发展前途的装饰方法。

9.6.1.1 建筑涂料的分类

建筑涂料的分类方法主要有以下几种：

(1) 按成膜物质的性质划分：有机系涂料、无机系涂料、有机-无机复合涂料等；

(2) 按涂料的性质划分：溶剂型涂料、水溶性涂料、乳液型涂料、粉末涂料等；

(3) 按特殊功能划分：防火涂料、防水涂料、防虫涂料、防霉涂料等；

(4) 按建筑涂刷部位划分：外墙涂料、内墙涂料、地面涂料、顶棚涂料、屋面涂料等；

(5) 按涂料的装饰质感划分：薄质涂料、厚质涂料、复层涂料等。

9.6.1.2 常用的建筑涂料

A 内墙、顶棚涂料

主要品种如下：

(1) 油漆。油漆是一种传统涂料，主要品种有酯胶调和漆、醇酸调和漆、醇酸磁漆等。

(2) 乳胶漆。乳胶漆也称乳液涂料，内墙乳胶漆品种较多，常用的有聚醋酸乙烯乳胶漆、乙-丙乳胶漆、苯-丙乳胶漆、丙烯酸乳胶漆等。

(3) 溶剂型内墙涂料。主要品种有丙烯酸酯内墙涂料、有机硅丙烯酸墙涂料、聚氨酯丙烯酸酯内墙涂料、聚氨酯聚酯仿瓷内墙涂料等。

(4) 多彩内墙涂料。多彩内墙涂料由两相组成，其中一相为分散介质，常为水相；另一相为分散相，常为涂料相。两者互不溶合，形成一种悬乳型涂料。在分散相中，有两种颜色以上的着色粒子，它们在含有保护胶体的水中均匀分散悬浮，呈稳定状态。主要产品有丙烯酸树脂水包油型多彩内墙涂料等。

(5) 轻质顶棚厚质涂料。轻质顶棚厚质涂料具有很好的吸声、隔热效果。主要由珍珠岩粉、聚苯乙烯泡沫塑料、蛭石等轻质材料作为主要填料的一种轻质厚涂料。

B 外墙涂料

外墙涂料性能基本要求：装饰性、耐水性、耐沾污性、耐候性良好，同时，施工及维修方便等。主要品种有：

(1) 乳液型外墙涂料。乳液型外墙涂料是以高分子合成树脂乳液为主要成膜物质的涂料，可分为两类，一类是合成树脂乳液涂料；另一类是水乳型涂料。按涂料质感又可分为薄涂料，厚质涂料及彩色砂壁状涂料等。

(2) 溶剂型外墙涂料。溶剂型外墙涂料是以高分子合成树脂为主要成膜物质，是一种挥发性涂料。主要品种有氯化橡胶外墙涂料、丙烯酸酯外墙涂料、聚氨酯丙烯酸酯外墙涂料、有机硅丙烯酸外墙涂料等。

(3) 聚合物水泥系外墙涂料。聚合物水泥系外墙涂料是将有机高分子材料加入水泥所构成的有机-无机复合涂料。常用的高分子材料有聚醋酸乙烯乳液、氯乙烯-偏氯乙烯共聚乳液等。在彩色复层凹凸花纹外墙涂层中，常采用聚合物水泥涂层作为中间涂层材料。

(4) 无机硅酸盐外墙涂料。分为碱金属硅酸盐系涂料和硅溶胶系涂料两大类。如钠水玻璃外墙涂料，钾、钠水玻璃外墙涂料等。

9.6.1.3 涂料工程施工

A 基层处理

(1) 混凝土和抹灰表面。基层表面必须坚实，无酥板、脱层、起砂、粉化等现象。基层表面要求平整，如有孔洞、裂缝，须用同种涂料配制的腻子镶嵌，除去表面的油污、灰尘、泥土等，清洗干净。对于施涂溶剂型涂料的基层，其含水率应控制在6%以内；对于施涂水溶性和乳液型涂料，其含水率应控制在10%以内，pH值在10以下。

（2）木材表面。应先将木材表面的灰尘、污垢清除，并把木材表面的缝隙、毛刺等用腻子填补磨光。钉眼应用腻子填平，打磨光滑。

（3）金属表面。将灰尘、油渍、锈斑、焊渣、毛刺等清除干净。

B　打底子

木材表面打底子的目的是使表面具有均匀吸收涂料的性能，以保证面层的色泽均匀一致。木材表面涂刷混色涂料时，一般用自配的清油打底，如果涂刷清漆，则应用油粉或水粉进行润粉，以填充木纹的棕眼，使表面平滑并起着色作用。金属表面应刷防锈漆打底。抹灰或混凝土表面涂刷油性涂料时，一般也可用清油打底。

打底子要求刷到、均匀，不能有遗漏和流淌现象。涂刷顺序一般先上后下，先左后右，先外后里。

C　刮腻子、磨光

刮腻子的作用是使表面平整。腻子应按基层、底层涂料和面层涂料的性质配套使用。应具有塑性和易涂性，干燥后应坚硬。

刮腻子的次数随涂料工程质量等级的高低而定，一般以三道为限，先局部刮腻子，然后再满刮腻子，头道要求平整，二、三道要求光洁。每刮一道腻子待干燥后，再用砂纸磨光。

9.6.1.4　施涂涂料

（1）刷涂。是用漆刷或排笔将涂料均匀地涂刷在建筑物的表面上。采用刷涂法施工时，涂刷应按先上后下，先左后右，先难后易，先阳台后墙面的规律进行。

（2）滚涂。用不同类型的辊具将涂料滚涂在建筑物的表面上，一般分手工滚涂和机械滚涂两种施工方法。根据涂料的不同类型、装饰质感及使用辊具的不同可分为一般滚涂和艺术滚涂。一般滚涂是用羊毛辊具蘸上涂料，将涂料施涂在建筑物的表面；艺术滚涂是使用带有不同花纹的辊具，按设计要求将不同的花纹施涂在建筑物的表面上，或在建筑物的表面上形成立体质感强烈的凹凸花纹。

（3）喷涂。利用压力或压缩空气将涂料涂布于建筑物表面的机械化施工方法。喷涂施工一般可根据涂料的品种、稠度、最大粒径等，确定喷涂机械的种类，喷嘴的口径、喷涂压力、与基层之间的距离等。喷涂时一般两遍成活，先喷门窗口，后喷大面，先横向喷涂一遍，稍干后，在竖向喷涂一遍，两遍喷涂的时间间隔由喷涂的涂料品种和喷涂的厚度而定。

（4）抹涂。先在基层刷涂或滚涂1～2道底层涂料，待其干燥后，用不锈钢抹子将饰面涂料抹到已刷涂的底层涂料上，一般抹1～2遍（总厚度为2～3mm），间隔1h后，再用不锈钢抹子压平。

（5）刮涂。利用刮板，将涂料厚浆均匀地批刮于涂面上，形成厚度为1～2mm的厚涂层。这种施工方法多用于地面等较厚层涂料的施涂。

（6）弹涂。先在基层刷涂1～2道底涂层，待其干燥后通过机械方法（弹涂器）将色浆均匀地溅在墙面上，形成1～3mm的圆状色点。弹涂时，弹涂器的喷出口应垂直正对被饰面，距离300～500mm，按一定速度自上而下，由左至右弹涂。选用压花型弹涂时，应适时将彩点压平。

9.6.1.5　涂料工程质量要求

涂料工程应待涂层完全干燥后，方可进行验收。验收时，应检查所用的材料品种。颜色应符合设计和选定的样品要求。施涂薄涂料表面的质量应符合表9-6的规定；施涂溶剂型混色涂料表面的质量,应符合表9-7的规定;施涂清漆表面的质量,应符合表9-8的规定。

表9-6　薄涂料表面的质量要求

项　次	项　目	普通级薄涂料	中级薄涂料	高级薄涂料
1	掉粉、起皮	不允许	不允许	不允许
2	漏刷、透底	不允许	不允许	不允许
3	反碱、咬色	允许少量	允许轻微少量	不允许
4	流坠、疙瘩	允许少量	允许轻微少量	不允许
5	颜色、刷纹	颜色一致	颜色一致,允许有轻微少量砂眼,刷纹通顺	颜色一致,无砂眼,无刷纹
6	装饰线、分色线平直(拉5m线检查,不足5m拉通线检查)	偏差不大于3mm	偏差不大于2m	偏差不大于1m
7	门窗、灯具等	洁　净	洁　净	洁　净

表9-7　溶剂型混色涂料表面质量要求

项　次	项　目	普通级涂料	中级涂料	高级涂料
1	脱皮、漏刷、反锈	不允许	不允许	不允许
2	透底、流坠、皱皮	大面不允许	大面和小面明显处不允许	不允许
3	光亮和光滑	光亮均匀一致	光亮光滑均匀一致	光亮足,光滑无挡手感
4	分色裹棱	大面不允许,小面允许偏差3mm	大面不允许,小面允许偏差2mm	不允许
5	装饰线、分色线平直(拉5m线检查,不足5m拉通线检查)	偏差不大于3mm	偏差不大于2m	偏差不大于1m
6	颜色、刷纹	颜色一致	颜色一致刷纹通顺	颜色一致,无刷纹
7	五金、玻璃等	洁　净	洁　净	洁　净

表9-8　清漆表面质量要求

项　次	项　目	中级涂料(清漆)	高级涂料(清漆)
1	漏刷、脱皮、斑迹	不允许	不允许
2	木　纹	棕眼刮平、木纹清楚	棕眼刮平、木纹清楚
3	光亮和光滑	光亮足、光滑	光亮柔和,光滑无挡手感
4	裹棱、滚坠、皱皮	大面不允许,小面明显处不允许	不允许
5	颜色、刷纹	颜色基本一致,无刷纹	颜色一致,无刷纹
6	五金、玻璃等	洁　净	洁　净

9.6.1.6　涂饰工程的安全技术要求

涂饰材料和所用设备,必须要有经过安全教育的专人保管,设置专用库房,各类储油原料的桶必须封盖。

涂料库房与其他建筑物必须保持一定的安全距离(25～40m)。库房内严禁烟火,且有足够的消防器材。

涂料原料间照明应有防爆装置且开关应设在门外。

施工现场必须具有良好的通风条件,通风不良时须安置通风设备,喷涂现场的照明灯应加保护罩。

使用喷灯加油不得过满,打气不应过足,使用时间不宜过长,点火时火嘴不准对人。

操作者应做好人体保护工作,坚持穿戴安全防护用具。

9.6.2 刷浆工程

刷浆是将水性涂料(以水为溶剂)喷刷在抹灰层或物体表面上。刷浆所用的材料主要是指石灰浆、水泥浆、大白浆和可赛银浆等。石灰浆和水泥浆可用于室内外墙面,大白浆和可赛银浆只用于室内墙面。

刷浆工程的施工顺序:基层处理→刮腻子→刷浆。

9.6.2.1 基层处理、刮腻子

刷浆前应清理基层表面的灰尘、污垢、油渍和砂浆流痕。在基层表面的孔眼、缝隙、凸凹不平处应用腻子填补并打磨齐平。

对于室内中级刷浆和高级刷浆工程,在局部刮腻子后,应满刮1～2道腻子,干后用砂纸打磨表面并磨平。刷大白浆和可赛银浆前,要求墙面充分干燥。为增加大白浆的附着力,在抹灰面未干之前应先刷一道石灰浆。

9.6.2.2 刷浆

刷浆方法一般用刷涂法、滚涂法和喷涂法。

聚合物水泥浆刷浆前,应先用乳胶水溶液或聚乙烯醇甲醛胶水溶液湿润基层。

室外刷浆如分段进行时,应以分格缝、墙角或水落管等处为分界线,同一墙面应用相同的材料和配合比,浆料必须搅拌均匀。

刷浆工程质量应符合表9-9的规定。

表9-9 刷浆工程质量要求

项次	项目	普通刷浆	中级刷浆	高级刷浆
1	掉粉、起皮	不允许	不允许	不允许
2	漏刷、透底	不允许	不允许	不允许
3	反碱、咬色	允许有少量	允许有轻微少量	不允许
4	喷点、刷纹	2m正视喷点均匀、刷纹通顺	1.5m正视喷点均匀、刷纹通顺	1m正视喷点均匀、刷纹通顺
5	流坠、疙瘩、溅沫	允许有少量	允许有轻微少量	不允许
6	颜色、砂眼		颜色一致,允许有轻微少量砂眼	颜色一致、无砂眼
7	装饰线、分色线平直(拉5m线检查,不足5m拉通线检查)		偏差不大于3m	偏差不大于2m
8	门窗、灯具等	洁　净	洁　净	洁　净

复习思考题

9-1 试述装饰工程的作用及施工特点。

9-2 试述装饰工程的合理施工顺序。

9-3 抹灰工程在施工前应做哪些准备工作,有什么技术要求?

9-4 各抹灰层的作用及施工要求是什么,面层抹灰的技术关键是什么?

9-5 简述水刷石的施工要点。

9-6 简述喷涂、滚涂、弹涂的施工要点。

9-7 简述釉面瓷砖镶贴要点。

9-8 简述饰面板安装方法、工艺流程和技术要点。

9-9 试述玻璃幕墙施工要点。

9-10 试述水泥砂浆地面和细石混凝土地面的施工方法和保证质量的措施。

9-11 试述水磨石地面的施工方法和保证质量的措施。

9-12 试述涂料基层的处理,不同质量等级涂层对刮腻子、磨光、涂刷涂料等主要工序要求。

9-13 试述铝合金吊顶、轻钢龙骨吊顶构造、安装的施工过程。

9-14 试述轻钢龙骨隔墙的安装方法。

9-15 试述木门窗的安装方法及应注意的事项。

9-16 试述铝合金门窗与墙体的连接方式及安装的主要工序。

10 钢结构工程

10.1 钢结构加工工艺

10.1.1 放样、号料与切割下料

10.1.1.1 放样

放样是根据钢结构施工详图或构件加工图，以 1∶1 的比例把产品或零部件的实形画在放样台上，核对图纸的安装尺寸和孔距，根据实样制作样板和样杆，作为号料、切割和制孔的依据。

放样工作十分重要，事先必须仔细阅读结构、构件的施工详图，并进行核对。

放样号料的工具及设备有：划针、冲子、手锤、粉线、弯尺、直尺、钢卷尺、剪子、小型剪板机、折弯机等。

用作计量长度依据的钢盘尺，特别注意应使用经授权的计量单位计量，且附有偏差卡片，使用时按偏差的记录数值核对其误差数。高层钢结构制作、安装、验收及土建施工用的量具，必须用同一标准进行鉴定，应具有相同的精度等级。

样板一般用 0.50 ~ 0.75mm 的铁皮或塑料板制作。样杆一般用钢带或扁铁制作。

放样时，要先打出构件的中心线，然后再画出零件尺寸，得出实样；实样完成后，应复查一次主要尺寸，发现误差应及时改正。焊接构件放样重点控制连接焊缝长度和型钢重心，并根据工艺要求预留切割余量，加工余量或焊接收缩量。放样时，桁架上、下弦应同时起拱，竖直杆尺寸保持不变，方向仍垂直于水平线。吊车梁按 1/500 起拱。

样板、样杆上要标明工号、图号、零件号、数量及加工边、坡口部位、弯折线及弯折方向、孔径和滚圆半径等。

10.1.1.2 号料

号料是采用经检查合格的样板（样杆）在钢板或型钢上画出零件的形状及切割、铣、刨、弯曲等加工线以及钻孔、打冲孔位置，并标出零件编号。

号料要根据图纸用料要求和材料尺寸合理配料。尺寸大、数量多的零件，应统筹安排、长短搭配，先大后小或套材号料，以节约原材料和提高利用率。大型构件的板材宜使用定尺料，使定尺的宽度或长度为零件宽度或长度的倍数。

配料时，对焊缝多、加工量大的构件，应先号料，拼接口应避开安装孔和复杂部位，I 型构件的上下翼板和腹板焊接口应错开 200mm 以上，同一构件需要拼接时，必须同时号料，并要标明接料的号码、坡口形式和角度，气割零件和需加工（刨边、端铣）的零件需预留加工余量、气割余量。在焊接结构上号孔，应焊接完毕经整形后进行，孔眼应距焊缝边缘 50mm 以上。

号料公差：长、宽 ±1.0mm；两端眼心距：±1.0mm；对角线差：±1.0mm；相邻眼心距：±0.5mm；两排眼心距 ±0.5mm；冲点与眼心距位移：±0.5mm。

10.1.1.3 切割下料

切割的目的是将放样和号料的零件形状从原材料上进行下料分离。钢材切割下料的方法有气割、机械剪切和锯切等。

气割是以氧气和燃料燃烧时产生的高温燃化钢材，并以高压氧气流予以氧化和吹扫、造成割缝达到切割钢材的目的。氧气切割可以对各种钢材进行切割下料，是钢材切割工艺中最简单、最方便的一种。

气割对某些钢材会产生淬硬性，会造成边缘加工的困难。

机械切割法可利用上下两剪刀的相对运动来切断钢材，或利用锯片的切削运动把钢材分离，或利用锯片与工件间的摩擦发热，使金属熔化而被切断，常用的方法有：带锯、圆盘锯切割适用于切割型钢、扁钢、圆钢、方钢，具有效率高，切割断面质量好等优点。砂轮锯切割适用于切割薄壁型钢，其切口光滑、毛刺较薄、容易消除。无齿锯切割，无齿锯片在高速旋转中与钢材接触，产生高温把钢材熔化形成切口，其生产效率高、切割边缘整齐；但切割时有很大噪声，同时由于靠摩擦产生高温切断钢材，在断口区钢材会产生淬硬倾向。冲剪切割下料是利用剪切机和冲剪机切割钢材的最方便的切割方法，可对钢板、型钢切割下料；当钢板较厚时，冲剪困难，切割钢材不容易保证平直，应改用气割。

10.1.2 矫正、边缘加工和制孔

10.1.2.1 钢材矫正

钢材使用前，由于存放、运输、吊运不当等原因，会引起钢材变形；在加工成型过程中，由于操作和工艺原因会引起成型件变形；构件连接过程会存在焊接变形等。为保证钢结构的制作及安装质量，必须对不符合标准的材料、构件进行矫正。钢结构的矫正，就是通过外力或加热作用，使钢材较短部分的纤维伸长，或使较长的纤维缩短，迫使钢材变形，使材料或构件达到平直及一定几何形状的要求并符合技术标准的工艺方法。钢材矫正的内容有钢板的平直度、型钢的挠曲度以及翼缘对腹板的不垂直度等。

钢材的矫正方法分为机械矫正和热矫正。

（1）机械矫正是在常温下在专用的矫正机上进行的，有辊式型钢矫正机矫正、机械顶直矫正机矫正、辊式平板机矫正等。其实质是使弯曲的钢材在外力作用下产生过量的塑性变形，以达到平直的目的。优点是作用力大，劳动强度小，效率高。

（2）当钢材型号超过矫正机负荷能力或构件形式不适于采用机械矫正时，可采用火焰矫正（热矫正）。利用火焰对钢材进行局部加热，钢材受热以 $1.2\times10^{-5}/℃$ 的线膨胀率向各方伸长，因受周围低温区金属的限制，受热区产生压缩变形，当冷却时就会比原来的长度有所减少，故收缩后的长度比未受热前有所缩短，从而实现对钢材的矫正。火焰矫正常用的方法有点状加热、线状加热和三角形加热三种。点状加热时，根据结构特点和变形情况，可加热一点或数点。线状加热时，火焰沿直线移动或同时在宽度方向做横向摆动，宽度一般为钢材厚度的 0.5 ~ 2 倍，多用于变形量较大或刚性较大的结构。三角形加热的收缩量较大，常用于矫正厚度较大，刚性较强的弯曲变形。

10.1.2.2 边缘加工

在钢结构加工中，当图纸有要求时及以下部位需要边缘加工：

（1）吊车梁翼缘板、支座支承面等图纸有要求的加工面；

（2）焊接坡口；

（3）尺寸要求严格的劲板、隔板、腹板和有孔眼的节点板。

边缘加工的方法有刨边、铣边、铲边等。焊缝坡口可采用气割、坡口机切割削等加工方法，施工中也常用精密切割代替刨铣加工。

10.1.2.3 制孔

当钢结构的连接节点采用螺栓连接或螺栓与焊接并用的连接时,钢构件制孔质量的好坏,直接影响到钢结构的安装精度以及安装的顺利与否。

制孔的方法有冲孔、钻孔两种。冲孔在冲床上进行,冲孔只能冲较薄的钢板,孔径的大小一般大于钢材的厚度,冲孔的周围会产生冷作硬化。冲孔生产效率高,但质量较差,只有在不重要的部位才能使用。钻孔有人工钻孔和机床钻孔两种方式,人工钻孔是用手枪式或手提式电钻由人工直接钻孔,多用于钻直径较小,板材较薄的孔;机床钻孔是采用台式或立式摇臂式钻床钻孔,施钻方便,工效和精度高。

扩孔是将已有孔眼扩大到需要的直径,主要用于构件的拼装和安装,如叠层连接板孔。常先把零件孔钻成比设计小 3mm 以上的孔,待整体组装后再行扩孔,以保证孔眼一致,孔臂光滑;或用于钻直径 30mm 以上的孔,先钻成小孔,后扩成大孔,以减小钻端阻力,提高工效。扩孔工具有扩孔钻或麻花钻。

锪孔是将已钻好的孔上表面加工成一定形状的孔,常用的有锥形埋头孔、圆柱形埋头孔等。锥形埋头孔应用专用锥形锪钻制孔;圆柱形埋头孔应用柱形锪钻,用其端面刀具切削,锪钻前端设导柱导向,以保证位置正确。

10.2 钢结构的拼装与连接

10.2.1 工厂拼(组)装

工厂拼装是把加工好的零件按照施工图的要求拼装成单个构件。构件的大小应根据运输道路、现场条件、运输和安装机械设备能力与结构受力的允许条件来确定。

10.2.1.1 拼装的一般规定

拼(组)装应按工艺方法的拼装顺序进行,当有隐蔽焊缝时,必须先施焊,经检验合格方可覆盖。当复杂部位不易施焊时,也应按工艺顺序分别先后拼装和施焊。严禁不按次序拼装和强力组对。

为减少大件拼装焊接的变形,一般应先采取小件组焊,经矫正后,再整体大部件拼装。胎模及装出的首件须经过严格检验,方可大批进行拼装工作。

拼装前,连接表面及焊缝每边 30 ~ 50mm 范围内的铁锈、毛刺、油污及潮气等必须清除干净,并露出金属光泽。

拼装后的构件应立即用油漆在明显部位编号、写明图号、构件号和件数,以便查找。

10.2.1.2 拼装方法

钢板拼接是在装配平台上进行,将钢板零件摆列在平台板上,调整粉线,用撬杠等工具将钢板平面对接缝对齐,用定位焊固定。在对接焊缝两端设引弧板。重要构件的钢板需用埋弧自动焊接。焊后进行变形矫正,并需做无损伤检测。

桁架是在装配平台上放实样拼装,应预放焊接收缩量。设计有起拱要求的桁架,应放出起拱线;无起拱要求的,也应起拱 10mm 左右,防止下挠。

桁架拼装多采用仿形装配法,即先在平台上放实样,据此装配出第一个单面桁架并施行定位焊;之后再用它做胎模,在它上面进行复测、装配出第二个单面桁架。在定位焊完了之后,将第二个桁架翻面 180°下胎,再在第二桁架上,以下面角钢为准,装完对称的单面桁架,即完成一个桁架的拼装。同样以第一个单面桁架为底样(样板),依此法逐个装配其他桁架。

工字形钢板构件(又称 H 型钢)拼装,一般是在胎具上平装,先将腹板平放于装配胎上,再将两块翼板立入两侧,三块钢板对齐一端,用弯尺找正垂直角,用"⊓"形夹具配以楔形铁块(或螺栓千斤顶)自工件的一端向另一端逐步将翼板和腹板之间隙夹紧(或顶紧如图 10-1 所示),并在对准装配线后进行定位焊。H 型钢的拼装、点焊、起胎、焊接,极易产生变形。必须合理编排焊接顺序。

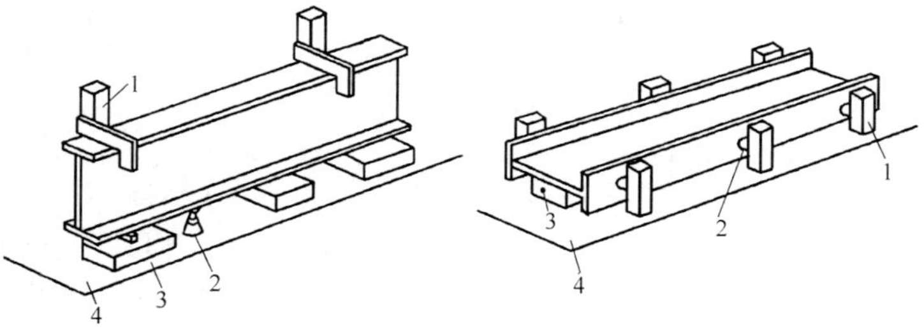

图 10-1 焊接 H 型钢的组合及拼装台座
1—组合夹具;2—千斤顶;3—垫块;4—台座底板

箱形截面柱身在拼装台座上拼装时(见图 10-2),先利用柱身内部的定位隔板及外部的定位卡具,把箱形截面和受力隔板的挡板焊好,并把受力隔板和柱面两相对面的非受力隔板焊好。在焊成 ⊔ 形后,对焊缝做检查,最后焊柱面的第四块盖板,箱形结构封闭焊后,在受力融板的两相对焊缝处用电钻在柱面上打一通孔,用两台电渣焊机对称施焊这两条焊缝。

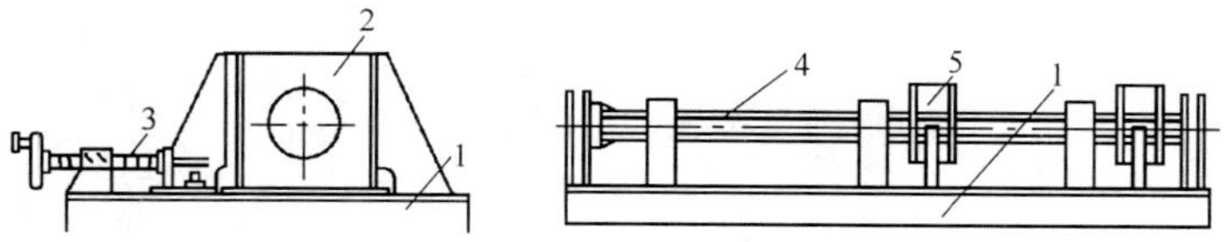

图 10-2 箱形截面柱拼装台座
1—拼装台座;2—柱身内隔板;3—螺旋千斤顶卡具;4—柱身;5—短梁

10.2.2 连接

钢结构件连接方法,通常有焊接连接、铆钉连接和螺栓连接。

10.2.2.1 焊接连接

焊接连接是现代钢结构最主要的连接方式,它的优点是任何形状的结构都可用焊接连接,构造简单。焊接连接一般不需要拼接材料,省钢省工,而且能实现自动化操作,生产效率高。但是,焊缝质量易受材料,操作的影响。

钢结构的焊接方法最常用的有电弧焊、电阻焊和气焊。电弧焊是工程中应用最普遍的焊接方式,本节主要讨论其施工方法。

电弧焊是利用通电后焊条与焊件之间产生强大的电弧提供热源熔化焊条,滴落在焊件中被电弧吹成的小凹槽的熔池中,并与焊件熔化部分结成焊缝,将两焊件连成一整体。

电弧焊分为手工电弧焊(见图 10-3)和自动或半自动电弧焊(见图 10-4)。

手工电弧焊在通电后,涂有焊药的焊条与焊件之间产生电弧,熔化焊条而形成焊缝。焊药则随焊条熔化而形成熔渣覆盖在焊缝上,同时产生一种气体,隔离空气与熔化的液体金属,使它不与外界空气接触,保护焊缝不受空气中有害气体的影响。手工电弧焊条应与焊件的金属强度相适应。

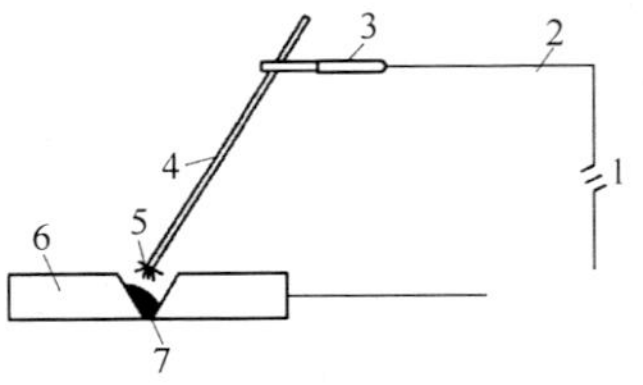

图 10-3　手工电弧焊

1—电源;2—导线;3—夹具;4—焊条;
5—电弧;6—焊件;7—焊缝

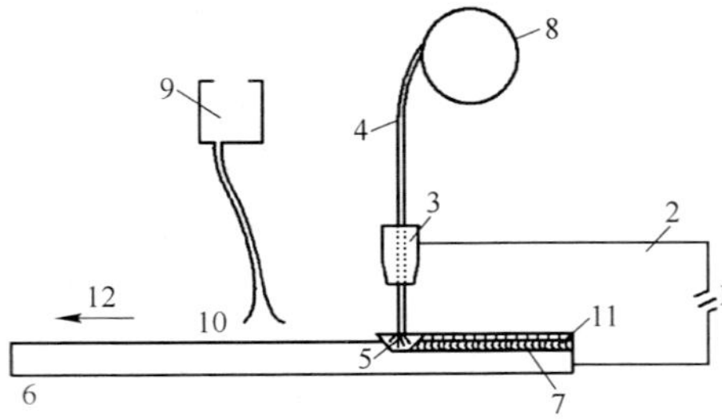

图 10-4　自动电弧焊

1—电源;2—导线;3—夹具;4—焊丝;5—电弧;
6—焊件;7—焊缝;8—转盘;9—漏斗;
10—熔剂;11—熔化的熔剂;12—移动方向

自动或半自动埋弧焊条采用没有涂层的焊丝,插入从漏斗中流出的覆盖在被焊金属上面的焊剂中,通电后由于电弧作用熔化焊剂,溶化后的焊剂浮在熔化金属表面保护熔化金属,使之不与外界空气接触,有时焊剂还可提供给焊缝必要的合金元素,以此改善焊缝质量。焊接进行时,焊接设备或焊体自行移动,焊剂不断由漏斗漏下,电弧完全被埋在焊剂之内。同时,绕在转盘上的焊丝也不断自动熔化和下降进行焊接。自动焊的焊缝质量均匀,塑性好,冲击韧性高,抗腐蚀性强。半自动焊除前后移动系人工操作外,其余与自动焊相同。

A　焊接接头

钢板与钢板间的熔化焊接接头根据焊件的厚度、使用条件、结构形状的不同主要有对接接头、角接接头、T 形接头等形式,如图 10-5 所示。在各种形式的接头中,为了提高焊接质量,较厚的钢板焊接前需开坡口,开坡口的目的是保证电弧能深入焊缝的根部,使根部能焊透,以便清除熔渣,获得较好的焊缝形态。

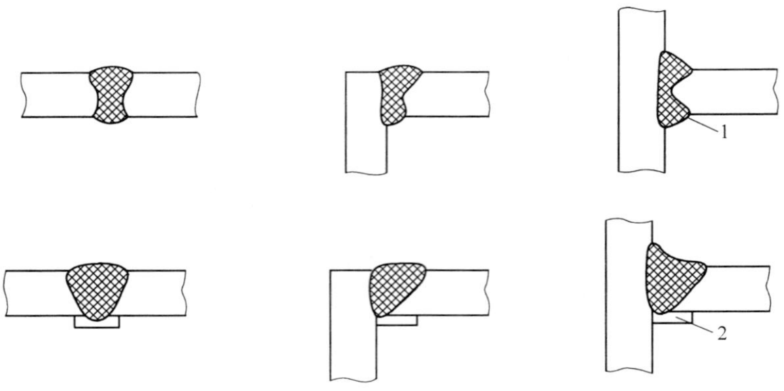

图 10-5　各种焊接接头

(a)对接接头;(b)角接接头;(c)T 形接头

1—焊接;2—钢垫板

对接接头的焊接部位传递全部应力,因此要求焊接部位的强度与母材等同,焊接时应熔透。角接接头的焊接部位主要承担剪切应力。为保证熔透,其熔脚尺寸不宜小于板厚度的 1/4。T 形接头的要求基本与角接接头相同。

对接接头、角接接头、T形接头等对接焊缝及对接和角接组合焊缝施焊时，应在焊缝两端设置引弧和引出板，手工电弧焊引弧和引出的焊缝长度为20mm，埋弧焊为50mm。引弧板的材质和坡口形式与焊件相同。焊接完毕后用气割切除引弧板，并修磨平整。

B 焊缝形式

（1）按施焊的空间位置分，焊缝形式可分为平焊缝、横焊缝、立焊缝和仰焊缝四种，如图10-6所示。平焊的熔滴靠自重过渡，操作简单，质量稳定。横焊时，由于重力熔化金属容易下淌，而使焊缝上侧产生咬边，下侧产生焊瘤或未焊透等缺陷。立焊缝成形更为困难，易产生咬边、焊瘤、夹渣、表面不平等缺陷。仰焊时，必须保持最短的弧长，因此易出现未焊透、凹陷等质量问题。

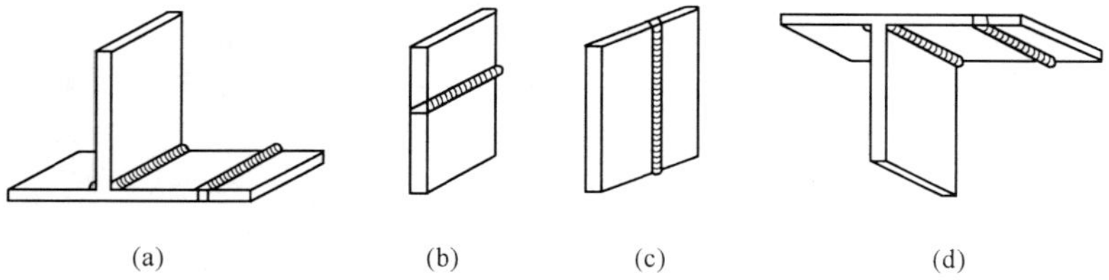

图10-6 各种位置焊缝形式示意图

(a)平焊；(b)横焊；(c)立焊；(d)仰焊

（2）按结合形式分，焊缝可分为对接焊缝、角焊缝和塞焊缝三种，如图10-7所示。对接焊缝主要尺寸有：焊缝有效高度 s、焊缝宽度 c、余高 h。角焊缝主要以高度 k 表示，塞焊缝常以熔核直径 d 表示。

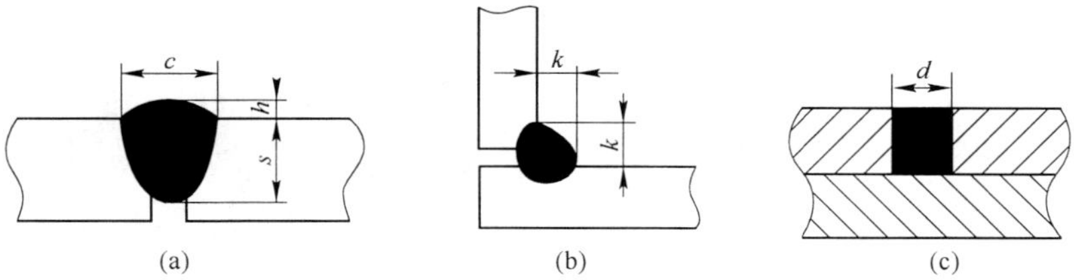

图10-7 焊缝形式

(a)对接焊缝；(b)角焊缝；(c)塞焊缝

C 焊接缺陷

在焊接过程中产生不符合设计或工艺要求的缺陷，称为焊接缺陷。按其出现位置不同可分为外部缺陷和内部缺陷。

（1）外部缺陷。外部缺陷位于焊缝表面，用肉眼或低倍放大镜就可以看到，典型的外部缺陷有焊缝厚度不足或焊缝余高过高、咬边和裂缝，如图10-8所示。

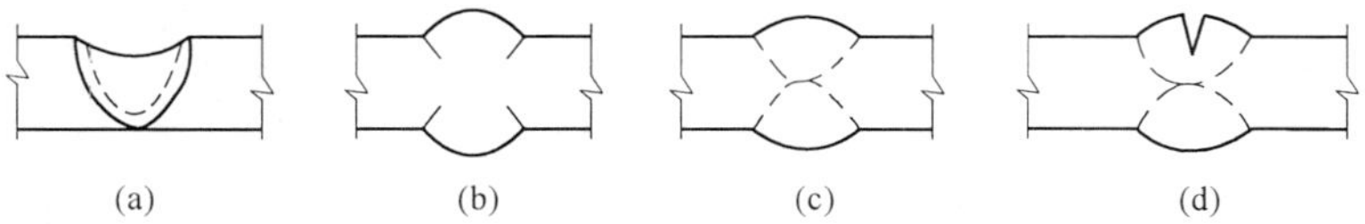

图10-8 焊接外部缺陷

(a)焊缝厚度不足；(b)焊缝余高过高；(c)咬边；(d)裂缝

焊缝厚度不足会影响焊缝断面,使得缝的承载力降低。焊缝余高过高易使应力集中。造成这种焊接缺陷的主要原因是焊接坡口角度开得不当或装配间隙不均匀及焊接工艺参数选择不当。预防措施是选择适当坡口,选择较大的工艺参数。

咬边是在焊缝边缘母材上被电弧烧出凹陷或沟槽,是一种危险的缺陷,它使焊缝截面减少、应力集中。这种缺陷通常是由于焊接参数选择不当,或操作工艺不正确引起的。预防咬边的办法是适当减少电流强度、改变运条角度。

裂纹是焊缝有开裂现象的内部或外部缺陷,是电焊接头中最危险的缺陷。裂纹产生的原因是由于铁锈、油、水分、湿气等含氢物质的存在或焊接金属时产生的热裂纹(低碳钢焊接过程中由于焊缝处刚度过大而造成"热应力裂纹"和定位焊缝上的"弧坑热裂纹")。采取的预防措施包括保持电焊条或埋弧焊剂干燥,除去有害杂质,焊前预热,焊后保温缓冷等。

(2) 内部缺陷。内部缺陷位于焊缝内部,用肉眼难以检验到这类焊接缺陷,主要有气孔、夹渣、未焊透和裂缝等,如图 10-9 所示。

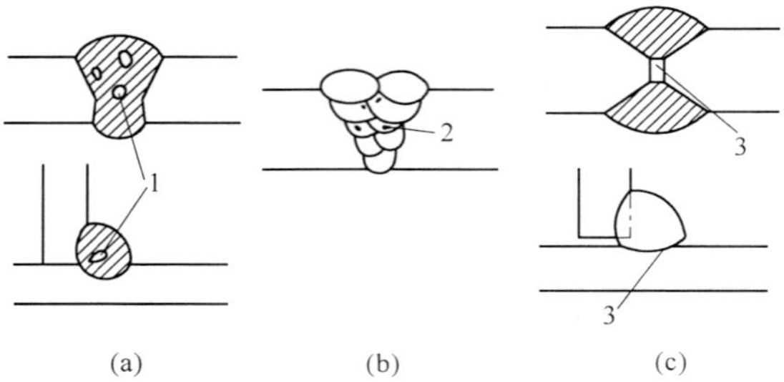

图 10-9 焊接内部缺陷

(a)气孔;(b)夹渣;(c)未焊透

1—气孔部位;2—夹渣部位;3—未焊透部位

焊接气孔是焊接熔池中的气体来不及逸出而停留在焊缝中形成的孔穴。其形状、大小及数量与母材钢种、焊条性质、焊接位置及施焊技术有关,形成气孔的气体来源于熔解在母材和焊条钢芯中的气体或药皮在熔化时产生的气体,母材上的油、锈、垢受热后分解产生以及来自大气的气体。防止气孔产生的主要措施是必须用干燥的和干净的焊接材料。

夹渣是由于施焊过程操作不良使熔池中熔渣残留于焊缝金属中的焊接缺陷。夹渣也可能来自母材上的脏物。夹渣的存在使焊缝承载力降低,在夹渣的尖角处易造成应力集中,扩散成裂纹。预防产生夹渣的关键是增强焊接电流,减慢焊接速度。

未焊透是焊缝根部未完全熔透的焊缝内部缺陷。主要是操作技术不良或装配不良使焊缝间隙过小而引起的。这种缺陷会减少焊缝截面,使焊缝承载力下降。预防措施是严格检查坡口角度,保证装配间隙。

D 焊缝的质量检查方法

钢结构的焊缝质量检验分三级,各级检验项目、检查数量和检查方法见表 10-1。

焊缝外观质量用肉眼和低倍放大镜检查,要求焊缝金属表面焊波均匀,不得有表面气孔、咬边、焊瘤、弧坑、表面裂缝和严重飞溅等缺陷。

焊缝内部质量主要用超声波探伤和 X 光射线照片,检查应在焊缝的外观检查后进行。两种检查方法均适用于一级、二级焊缝检验。所检验的内部缺陷项目有夹渣、气孔、未焊透和裂缝等。超声波检验灵敏度高、灵活方便,周期短、成本低、效率高、对人体无害,但无直观性,难以辨别

表 10-1 焊缝质量检验分级表

等 级	检查项目	检查数量	检 查 方 法
一级	外观检查	全 部	检查外观缺陷及几何尺寸,有疑点时用磁粉探伤复验
	超声波检验	全 部	
	X 射线检验	抽查焊缝长度 2%,至少应有一张底片	缺陷超标时应加倍透照,如仍不合格时应 100% 透照
二级	外观检查	全 部	检查外观缺陷及几何尺寸
	超声波检验	抽查焊缝长度的 50%	有疑点时,用 X 光射线透照复验,如发现有超标缺陷,应用超声波全部检验
三级	外观检查	全 部	检查外观缺陷及几何尺寸

缺陷的性质,对工作表面要求平滑光洁,适合于厚度较大的焊缝或工作探伤。X 射线检验时间短,速度快,厚度小于 30mm 的焊缝,显示缺陷灵敏度高,但设备复杂,费用较高。

10.2.2.2 螺栓连接

螺栓连接采用的螺栓有普通螺栓和高强度螺栓之分。普通螺栓的优点是装卸便利,不需特殊设备。高强度螺栓是用强度较高的钢材制作,安装时通过特别的扳手,以较大的扭矩拧紧螺帽,使螺杆产生很大的预应力,把被连接的部件夹紧,使部件的接触面间产生很大的摩擦力,外力通过摩擦力来传递。这种连接称为高强度螺栓摩擦型连接,它的优点是加工方便,对构件的削弱小,可拆换,能承受动力荷载,耐疲劳,韧性和塑性好,包含了普通螺栓和铆钉的各自优点,目前已成为代替铆钉连接的首选方式。此外,高强度螺栓也可同普通螺栓一样依靠螺杆和螺孔之间的承压来受力。这种连接称为高强度螺栓承压型连接。

A 普通螺栓连接

(1) 普通螺栓的种类和用途。普通螺栓常用作钢结构中构件间的连接、固定或将钢结构固定到基础上,使之成为一个整体。

常用的普通螺栓有六角螺栓,双头螺栓和地脚螺栓等。

六角螺栓按其头部支承面大小及安装位置尺寸分为大六角头与六角头两种,按制造质量和产品等级分为 A 级、B 级和 C 级。

A 级螺栓通称为精制螺栓,B 级螺栓为半精制螺栓。它们制作精度和螺栓孔的精度、孔壁表面粗糙度等要求都比较严。A、B 级螺栓适用于拆装式结构或连接部位需传递较大剪力的重要结构安装中。C 级螺栓称为粗制螺栓,由半加工的圆杆压制而成,其制作精度和螺栓的允许偏差、孔壁表面粗糙度等要求都比 A、B 级普通螺栓低。适用于钢结构加工中临时固定,或只承受钢板间的摩擦阻力。对于重要的连接,当采用粗制螺栓连接时,必须另加特殊支托(牛腿或剪力板)来承受剪力。

双头螺栓又称螺柱。多用于连接厚板和不便使用六角螺栓连接的地方,如混凝土屋架、屋面梁悬挂单轨梁吊挂件等。

地脚螺栓分为一般地脚螺栓、直角地脚螺栓、锤头螺栓和锚固地脚螺栓。

一般情况,地脚螺栓和直角地脚螺栓是浇筑混凝土基础时,预埋在基础之中用以固定钢柱的;锤头螺栓是基础螺栓的一种特殊形式,一般在混凝土基础浇筑时将特制模箱(锚固板)预埋在基础内,用以固定钢柱;锚固地脚螺栓,是在已成形的混凝土基础上经钻机制孔后,现浇筑固定的一种地脚螺栓。

(2) 普通螺栓连接施工。普通螺栓连接时应符合下列要求:

1) 永久螺栓的螺栓头和螺母的下面应放置平垫圈。垫置在螺母下面的垫圈不应多于 2 个,垫置在螺栓头部下面的垫圈不应多于 1 个;

2) 螺栓头和螺母应与结构构件的表面及垫圈密贴;

3）对于槽钢和工字钢翼缘之类倾斜面的螺栓连接，则应放置斜垫片垫平，以使螺母和螺栓的头部支承面垂直于螺杆，避免螺栓紧固时螺杆受到弯曲力；

4）永久螺栓和锚固螺栓的螺母应根据施工图中的设计规定，采用有防松装置的螺母或弹簧垫圈；

5）对于动荷或重要部位的螺栓连接，应在螺母的下面按设计要求放置弹簧垫圈；

6）各种螺栓连接，从螺母一侧伸出螺栓的长度应保持在不小于两个完整螺纹的长度；连接中使用螺栓等级和材质应符合施工图中的要求。

B　高强度螺栓连接

高强度螺栓连接形式可分为摩擦连接、承压连接和张拉连接三种，如图 10-10 所示。

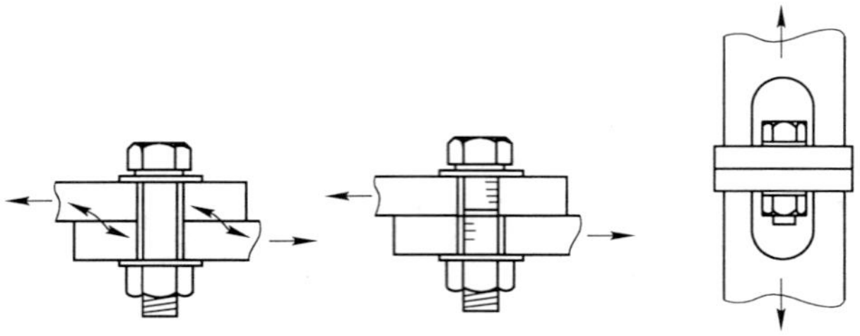

(a)　(b)　(c)

图 10-10　高强度螺栓的连接形式

(a)摩擦连接；(b)承压连接；(c)张拉连接

(1) 高强度螺栓的分类。高强度螺栓有大六角高强度螺栓和扭剪型高强度螺栓两类。

大六角高强度螺栓也称为扭矩型高强度螺栓。一个连接副由一个螺栓杆两个垫圈和一个螺母组成。高强度螺栓连接副应同批制作，保证扭矩系数的稳定。其紧固采用电动定扭矩扳手或指针式扭矩扳手施拧。扭矩型高强度螺栓具有紧固轴力受人为因素影响小、检查直观、不会漏拧等优点，在钢结构连接中应用普遍。

扭剪型高强度螺栓，一个连接副为一个螺栓杆、一个垫圈和一个螺母。它与大六角高强度螺栓的不同之处在于它的丝扣端头设置了一个梅花头，梅花头与螺栓杆有一道能控制紧固扭矩的环形凹口。当扭固螺栓时，电动紧固工具有两个大小不同的套筒，大套筒卡住螺母，小套筒卡住梅花头，两个套筒按相反方向扭转，螺母拧到规定的扭矩时，梅花头颈部凹口处正好拧断，梅花头掉下，螺栓达到预计的轴拉力，如图 10-11 所示。

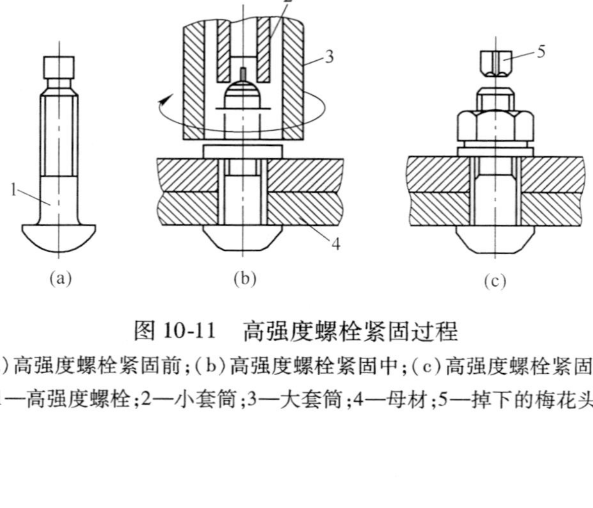

(a)　(b)　(c)

图 10-11　高强度螺栓紧固过程

(a)高强度螺栓紧固前；(b)高强度螺栓紧固中；(c)高强度螺栓紧固后

1—高强度螺栓；2—小套筒；3—大套筒；4—母材；5—掉下的梅花头

(2) 高强度螺栓施工。高强度螺栓连接前,应对构件摩擦面进行处理。常用的处理方法有喷砂、砂轮打磨和酸洗等。经过表面处理的构件、连接件摩擦面,应进行摩擦系数测定,其数值必须符合要求。安装前应逐组复验摩擦系数,处理后的摩擦面应保持干燥、整洁,不应有飞边、毛刺、焊接飞溅物、焊疤、氧化铁皮、污垢等。除设计有要求外,摩擦面不应涂漆。

高强度螺栓连接副应在同一包装箱中配套使用,不得互换。

安装高强度螺栓时,螺栓应自由穿入孔内,不得强行敲打,以免损伤丝扣,对连接构件不重合的孔,应用钻头或绞刀扩孔或修孔,不得用气割扩孔。高强度螺栓在同一连接面上穿入方向应一致,以便于操作。

高强度螺栓的紧固,应分两次(即初拧和终拧)拧固,对大型节点还应分初拧、复拧和终拧。初拧、复拧、终拧后要做出不同标记,以便识别,避免重拧或漏拧,并应在48h内进行终拧扭矩检验。

高强度螺栓的紧固宜用电动扳手进行,扭剪型高强度螺栓初拧一般用60% ~70%轴力控制,以拧掉尾部梅花卡头为终拧结束。不能使用电动扳手的部位,则用测力扳手紧固,初拧扭矩值不得小于终拧扭矩值的30%。

扭剪型高强度螺栓连接副终拧后,应以目测尾部梅花头拧掉为合格;高强度大六角头螺栓连接副终拧完成1h后,在48h内应进行终拧扭矩检查。

10.3 钢结构单层厂房安装

钢结构单层厂房结构件包括柱、吊车梁、桁架、天窗架、檩条、托架、各种支撑以及墙架等,构件的形式、尺寸、重量及安装标高都不同,因此所采用的起重设备、吊装方法等也需随之变化,以其相适应。

10.3.1 结构吊装准备工作

10.3.1.1 编制施工组织设计文件

其内容包括:计算钢结构构件和连接件数量,选择吊装机械,确定流水程序,确定构件吊装方法,制订进度计划,确定劳动组织,规划钢构件堆场,确定质量标准、安全措施和特殊施工技术等。选择吊装机械是钢结构吊装的关键。

10.3.1.2 基础准备

基础准备包括轴线误差测量,基础支承面的准备,支承面和支座表面标高与水平度检验,地脚螺栓位置和伸出支承面长度的测量等。

柱子基础轴线和标高的正确与否是确保钢结构安装质量的基础,应根据基础的验收资料复核各项数据,并标注在基础表面上。

基础支承面的准备有两种做法:一种是基础一次浇筑到设计标高。即基础表面先浇筑到设计标高以下20 ~30mm处,然后在设计标高处设角钢或槽钢制导架,测准基标高,再以导架为依据用水泥砂浆仔细铺筑支座表面。采用一次浇筑法可免除柱脚二次浇筑的工作,但要求钢柱制作尺寸十分准确,且要保证细石混凝土与下层混凝土的紧密粘结,如图10-12所示。另一种是基础预留标高,安装时做足,即基础表面先浇筑至距设计标高50 ~60mm处,柱子吊装时,在基础面上放钢垫板(不得多于3块)以调整标高,待柱子吊装就位后,再在钢柱脚底下浇筑细石混凝土,如图10-13所示。后一种方法虽然多了一道工序,但钢柱容易校正,故重型钢柱宜采用此法。

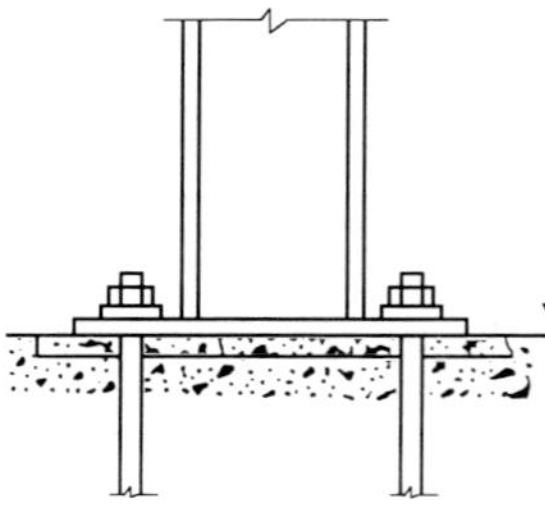

图 10-12　钢柱基础的一次浇筑法

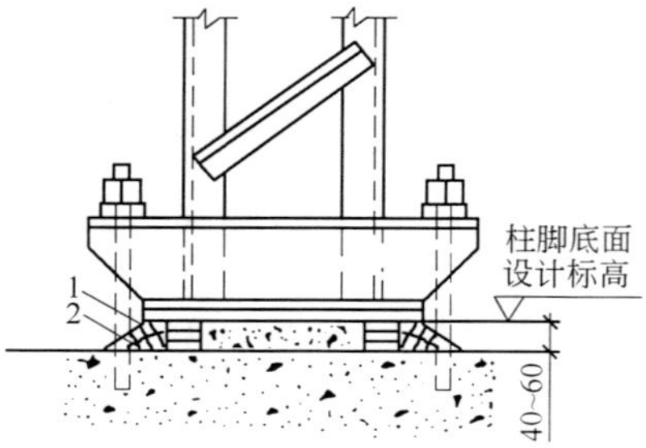

图 10-13　钢柱基础的一次浇筑法
1—调整柱子用的钢垫板；
2—柱子安装后浇筑的细石混凝土

10.3.1.3　构件的检查及弹线

钢构件外形和几何尺寸正确，可以保证结构安装顺利进行。为此，在结构吊装前应仔细检查钢构件的外形和几何尺寸，如有超出规定的偏差，在吊装前应设法消除。钢构件外形尺寸主控项目的允许偏差见表 10-2。

表 10-2　钢构件外形尺寸主控项目的允许偏差

项　目	允许偏差/mm
单层柱、梁、桁架受力支托(支承面)表面至第一个安装孔距离	±1.0
多节柱铣平面至第一个安装孔距离	±1.0
实腹梁两端最外侧安装孔距离	±3.0
构件连接处的截面几何尺寸	±3.0
柱、梁连接处的腹板中心线偏移	2.0
受压构件(杆件)弯曲矢高	1/1000，且不应大于 10.0

此外，为便于校正钢柱的平面位置和垂直度、桁架和吊车梁的标高等，需在钢柱底部和上部标出两个方面的轴线，在钢柱底部适当高度处标出标高准线。对于吊点也应标出，便于吊装时按规定吊点绑扎。

10.3.1.4　验算桁架的吊装稳定性

吊装桁架时，如果桁架上、下弦角钢的最小规格能满足表 10-3 的规定，则不论绑扎点在桁架上任何一点，桁架在吊装时都能保证稳定性。

表 10-3　保证桁架吊装稳定性的弦杆最小规格　(mm)

弦杆断面	桁架跨度						
	12m	15m	18m	21m	24m	27m	30m
上弦杆 ⅂⌈	90×60×8	100×75×8	100×75×8	120×80×8	120×80×8	150×100×12 / 120×80×12	200×120×12 / 180×90×12
下弦杆 ⌋⌊	65×6	75×8	90×8	90×8	120×8	120×80×10	150×100×10

注：分数形式表示弦杆为不同的断面。

如果弦杆角钢的规格不符合表 10-3 的规定，但通过计算选择适当的吊点(绑扎点)位置，仍然可能保证桁架的吊装稳定性。计算方法如下：

（1）当弦杆的断面沿跨度方向无变化时，如能符合下列不等式，则其稳定性即可得到保证：

$$q_{\varphi} \cdot A \leqslant J \tag{10-1}$$

式中 q_{φ}——桁架每米长的质量，kg；

A——系数，其值根据 $a = l/L$ 值（l 为两吊点之间的距离，见图 10-14），由表 10-4（上弦）和表 10-5（下弦）查出；

J——弦杆两角钢对垂直轴的惯性矩，cm^4。

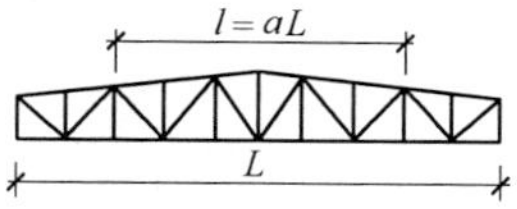

图 10-14 桁架吊装稳定性计算简图

表 10-4 用于上弦的系数 A 值

$a=\frac{l}{L}$	桁架跨度 L						
	12m	15m	18m	21m	24m	27m	30m
0	0.422	0.740	1.450	2.230	3.260	4.880	7.450
0.20	0.414	0.726	1.420	2.190	3.210	4.800	7.320
0.30	0.386	0.678	1.330	2.040	3.000	4.480	6.840
0.40	0.331	0.581	1.140	1.750	2.570	3.840	5.860
0.50	0.235	0.412	0.810	1.240	1.820	2.720	4.150
0.60	0.111	0.194	0.380	0.584	0.858	1.280	1.950
0.65	0.028	0.049	0.096	0.156	0.214	0.320	0.490

表 10-5 用于下弦的系数 A 值

$a=\frac{l}{L}$	桁架跨度 L						
	12m	15m	18m	21m	24m	27m	30m
0.70	0.070	0.121	0.238	0.370	0.540	0.800	1.220
0.72	0.138	0.242	0.475	0.730	1.070	1.600	2.440
0.75	0.290	0.510	1.000	1.540	2.250	3.360	5.120
0.80	0.510	0.895	0.760	2.700	3.960	5.920	9.030
0.84	0.699	1.210	2.380	3.650	5.350	8.000	12.200
0.87	0.827	1.450	2.850	4.380	6.430	9.600	14.700
0.90	0.940	1.660	3.230	4.960	7.280	10.900	16.600
0.95	1.110	1.940	3.800	5.850	8.560	12.800	19.500
1.00	1.330	2.320	4.560	7.000	10.300	15.400	23.400

（2）当弦杆的断面变化时（见图 10-15），如符合下述条件，则桁架吊装时的稳定性可以保证：

$$q_{\varphi} \cdot A \leqslant \varphi_1 J_1 \tag{10-2}$$

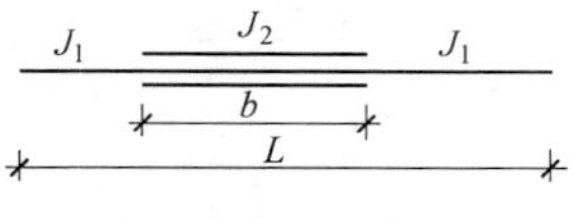

图 10-15 桁架弦杆变断面时的计算图

式中 J_1——断面较小的弦杆两角钢对垂直轴的惯性矩，cm^4；

φ_1——考虑弦杆惯性矩变化的计算系数，其值根据 $\mu = J_2/J_1$ 和 $\eta = b/L$ 由表 10-6 查得；

J_2——断面较大的弦杆两角钢对垂直轴的惯性矩，cm^4；

b——断面较大的一般弦杆的长度，m。

表 10-6 φ_1 值

$\mu=J_2/J_1$	$\eta=b/L$							
	0.1	0.2	0.3	0.4	0.5	0.6	0.7	0.8
1.6	1.12	1.25	1.34	1.42	1.49	1.54	1.57	1.59
1.8	1.16	1.33	1.45	1.56	1.65	1.72	1.77	1.79
2.0	1.20	1.39	1.56	1.70	1.82	1.90	1.96	1.99
2.2	1.24	1.46	1.67	1.84	1.99	2.08	2.15	2.18
2.4	1.28	1.54	1.78	1.98	2.15	2.26	2.34	2.38
2.6	1.32	1.63	1.89	2.12	2.31	2.44	2.53	2.58

如果不能满足上述条件，桁架在吊装之前需要加固，否则在吊装过程中将引起较大的变形，失去稳定。一般加固的方法是根据弦杆受力情况将原木绑于弦杆上，使原木和弦杆同时受力。此时，验算桁架吊装稳定性的计算公式为：

$$q_{\varphi}\cdot A\leqslant J_1+J_2/2 \tag{10-3}$$

$$q_{\varphi}\cdot A\leqslant \varphi_1 J_1+J_2/2 \tag{10-4}$$

式中 J_2——原木的惯性矩，cm^4，如其直径为 D，则 $J_2=\pi D^4/64$。

10.3.2 钢结构吊装

10.3.2.1 钢柱吊装与校正

单层工业厂房占地面积较大，通常用自行杆式起重机或塔式起重机吊装钢柱。

钢柱的吊装方法与装配式钢筋混凝土柱相似，可采用旋转吊装法及滑行吊装法。对重型钢柱可采用双机抬吊的方法进行吊装（见图 10-16）。

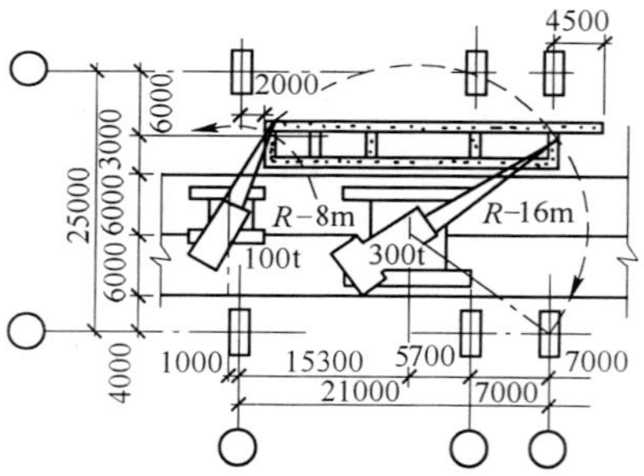

图 10-16 钢柱双机抬吊示意图

钢柱就位后经过初校，待垂直度偏差控制在 20mm 以内后，则可使起重机脱钩。

钢柱的垂直度用经纬仪检验，如有偏差，用螺旋千斤顶或液压千斤顶进行校正（见图 10-17）。

钢柱位置的校正，对于重型钢柱可用螺旋千斤顶加链条套环托座（见图 10-18），沿水平方向顶校钢柱。

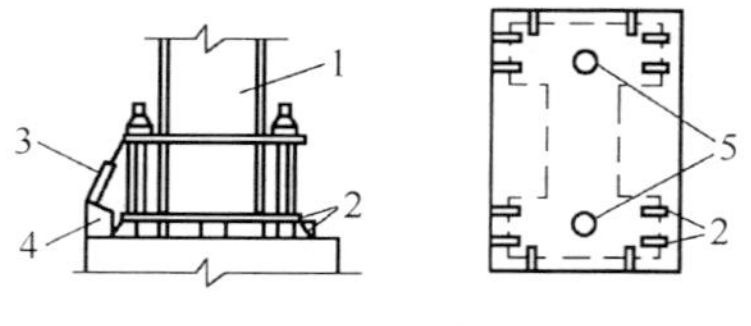

图 10-17 钢柱垂直校正及承重块布置

1—钢柱；2—承重块；3—千斤顶；4—钢托座；5—标高控制块

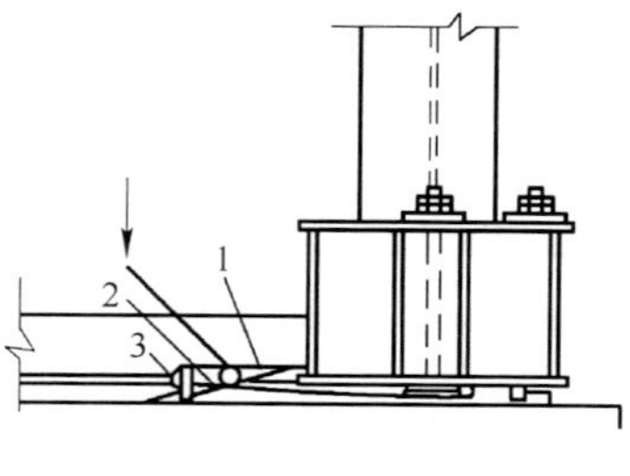

图 10-18 钢柱位置校正

1—螺旋千斤顶；2—链条；3—千斤顶托座

10.3.2.2　吊车梁吊装与校正

在钢柱吊装完成经调整固定于基础之后，即可吊装吊车梁。

钢吊车梁均为简支梁。梁端之间留有10mm左右的空隙。梁的搁置处与牛腿面之间留有空隙，设钢垫板。梁与牛腿用螺栓连接，梁与制动架之间用高强螺栓连接。

吊车梁吊装前必须密切注意钢柱吊装后的位移和垂直度的偏差；实测吊车梁搁置处梁高制作的误差；认真做好临时标高垫块工作；严格控制定位轴线。

吊车梁吊装的起重机械，常采用自行杆式起重机，以履带式起重机应用最多。有时也可采用塔式起重机、拔杆、桅杆式起重机等进行吊装。对重量很大的吊车梁，可用双机抬吊。

吊车梁的校正内容为：标高、垂直度、轴线和跨距等。标高的校正可在屋盖吊装前进行，其他项目的校正宜在屋盖吊装完成后进行，因为屋盖的吊装可能引起钢柱在跨向有微小的变动。

吊车梁轴线的检验，以跨距为准，采用通线法对各车梁逐根进行检验。也可用经纬仪在柱侧面放一条与吊车梁轴线平行的校正基线，作为吊车梁轴线校正的依据。

吊车梁跨距的检验，用钢卷尺量测，跨度大时，应用弹簧秤拉测（拉力一般为100～200N），防止下垂。必要时应对下垂度Δ进行校正计算。

吊车梁标高校正，主要是对梁作高低方向的移动，可用千斤顶或起重机等。轴线和跨距的校正是对梁作水平方向的移动，可用撬棍、钢楔、花篮螺栓、千斤顶等。

10.3.2.3　钢桁架的吊装与校正

钢桁架可用自行杆式起重机（尤其是履带式起重机）、塔式起重机和桅杆式起重机等进行吊装。由于桁架的跨度、重量和安装高度不同，吊装机械和吊装方法也随之而异。钢屋架的侧面刚度较差，必要时应采取临时加固措施，如图10-19所示。桁架多用悬空吊装，为使桁架在起吊后不致发生摇摆，同其他构件碰撞，起吊前在离支座的节间附近应用麻绳系牢，随吊随放松，以保证其正确位置。

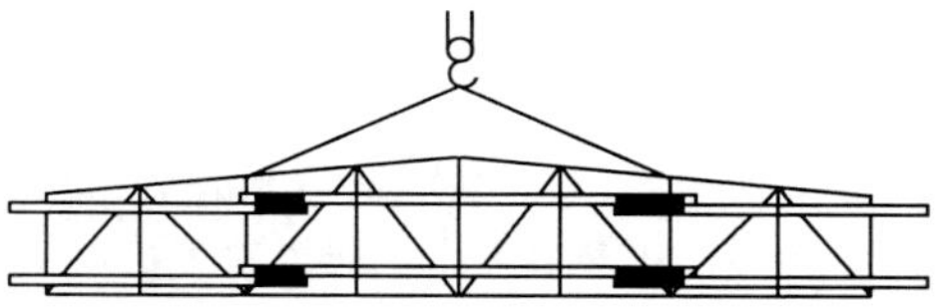

图10-19　屋架的临时加固

钢桁架的侧向稳定性较差，如果吊装机械的起重量和起重臂长度允许时，最好经扩大拼装后进行组合吊装，即在地面上将两榀桁架及其上的天窗架、檩条、支撑等拼装成整体后，一次进行吊装。这样不但提高了吊装效率，也有利于保证吊装的稳定性。

桁架要检验校正其垂直度和弦杆的正直度。桁架的垂直度可用挂线垂球检验；弦杆的正直度则可用拉紧的测绳进行检验。

钢桁架最后用电焊或高强度螺栓固定。

10.4　高层钢结构安装

10.4.1　高层钢结构安装的基本要求

在高层钢结构建筑施工中，钢结构安装是一项很重要的分部工程，规模大、结构复杂、工期长、专业性强，因此要做好以下基本工作：

高层钢结构安装施工前，应按照施工图纸和有关技术文件的要求，结合工期要求、现场条件等，认真编制施工组织设计，作为指导施工的技术文件。在实施中应根据客观条件变化的情况，及时进行调整和补充。

在确定钢结构安装方法时，必须与土建、水电暖卫、通风、电梯等施工单位结合，做好统筹安排，综合平衡工作。

高层钢结构安装用的连接材料，如焊条、焊丝、焊剂、高强螺栓、普通螺栓、栓钉和涂料等，应具有产品质量证明书，并符合设计图纸和有关规范的规定。

高层钢结构工程中土建施工、构件制作和结构安装三个方面使用的钢尺，必须用同一标准进行检查和鉴定，应具有相同的精度。

高层钢结构安装时的主要工艺，如测量校正、厚钢板焊接、栓钉焊、高强螺栓节点的摩擦面加工及安装工艺等，必须在施工前进行工艺检验。在试验结论的基础上，确定各项工艺参数，编出各项操作工艺。

高层钢结构安装前，必须对构件进行详细检查，构件的外形尺寸、螺孔位置及直径、连接件位置及角度、焊缝、栓钉、高强螺栓节点摩擦面加工质量等，必须进行全面检查，符合图纸及规范规定后，才能进行安装施工。

高层钢结构建筑结构安装，应在具有高层钢结构安装资格的责任工程师指导下进行；安装用的专用机具和检测仪器，应满足施工要求，并应定期进行检验。

10.4.2 安装前的准备工作

10.4.2.1 结构安装施工流水段的划分及安装顺序

高层结构的安装，必须按照建筑物的平面形状、结构形式、安装机械的数量和位置等，合理划分安装施工流水区段。

平面流水段的划分应考虑钢结构在安装过程中的对称性和整体稳定性。其安装顺序，一般应由中央向四周扩展，以利焊接误差的减少和消除。

立面流水以一节钢柱（各节所含层数不一）为单元。每个单元以主梁或钢支撑、带状桁架安装成框架为原则，其次是次梁、楼板及大量结构构件的安装。塔式起重机的提升、顶升与锚固，均应满足组成框架的需要。

高层结构安装前，应根据安装流水区段和构件安装顺序，编制构件安装顺序表。表中应注明每一构件的节点型号、连接件的规格数量、高强螺栓规格数量、栓焊数量及焊接量、焊接形式等。

构件从成品检验、运输、现场核对、安装、校正，到安装后的质量检查，以及在地面进行构件组拼扩大安装单元时，统一使用安装顺序表。

10.4.2.2 柱基础的准备和柱底灌浆

柱地脚螺栓埋设的精度，直接影响上部钢结构的吊装质量。可采用地脚螺栓一次或二次埋设方法。

为了精确控制钢结构上部结构标高，在钢柱吊装之前，要根据钢柱预检（其内容为实际长度、牛腿间距离、钢柱底板平整度等）结果，在柱基础表面浇筑标高块，如图 10-20 所示。标高块的强度不宜小于 30MPa。标高块表面须埋设厚度为 16 ~ 20mm 的钢面板。浇筑标高块之前，应凿毛基础表面，以增强粘结。

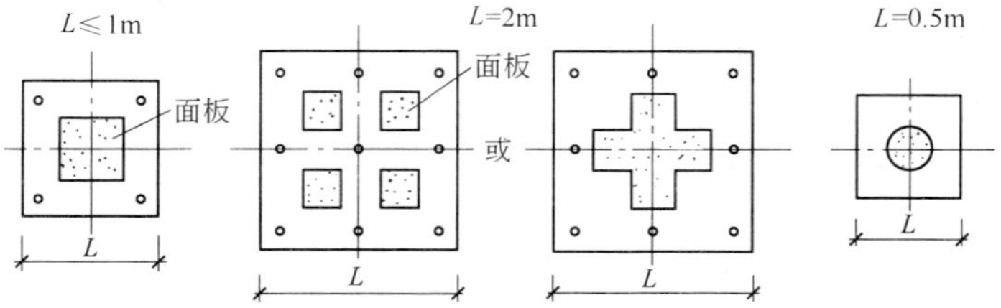

图 10-20 基础标高块

待第一节钢柱吊装、校正和锚固螺栓固定后，要进行底层钢柱的柱底灌浆，如图10-21所示。灌浆前在钢柱底板四周立模板，用水清洗基础表面，排除多余的积水后灌浆。灌浆用砂浆应基本上保持自由流动，灌浆从一边进行连续灌注，灌浆后用湿草包、麻袋等遮盖养护。

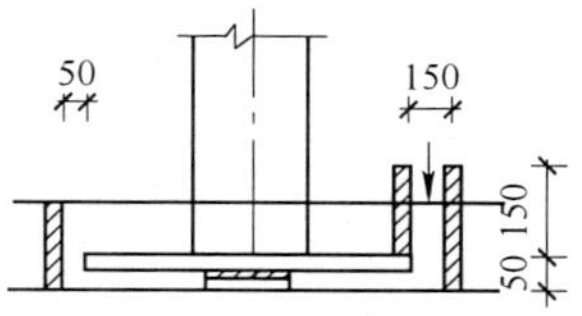

图10-21　柱底灌浆

10.4.3　钢柱、梁吊装与校正

钢结构高层建筑的柱多为宽翼缘工字形截面，高度较大的钢结构高层建筑的柱多为箱形截面，为减少连接和充分利用起重机的吊装能力以加快吊装速度，柱多为3～4层一节，节与节之间用坡口焊连接。

在第一节钢柱吊装前，应检查基础上预埋的地脚螺栓，并加保护套，以免钢柱就位时碰坏地脚螺栓的丝牙。

钢柱的吊点设在吊耳处（柱子制作时在吊点部位焊有吊耳，吊装完毕后再割去）。钢柱的吊装可用双机抬吊或单机吊装，如图10-22所示。单机吊装时，需在柱根部垫以垫木，以回转法起吊，严禁柱根拖地。双机抬吊时，将柱吊离地面后在空中进行回直。

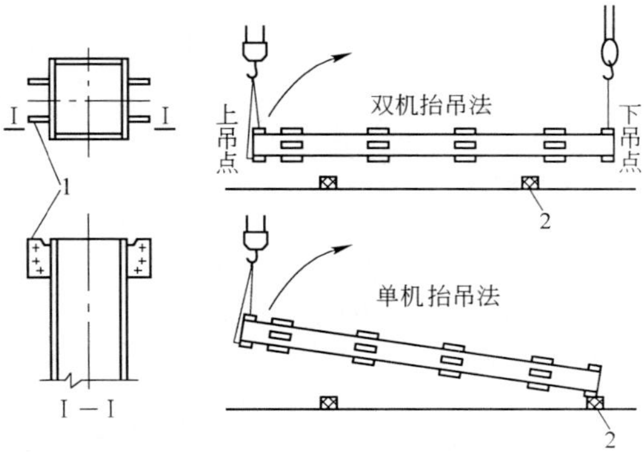

图10-22　钢柱吊装
1—吊耳；2—垫木

钢柱就位后，先对钢柱的垂直度、轴线、牛腿面标高进行初校，然后安设临时固定螺栓，再拆除吊索。钢柱上下接触面间的间隙，一般不得大于1.5mm。如间隙在1.5～6.0mm之间，可用低碳钢垫片垫实间隙；如间隙超过6mm，则应查清原因后进行处理。

钢梁在吊装前，应于柱子牛腿处检查标高和柱子间距。主梁吊装前，应在梁上装好扶手和扶手绳，待主梁吊装到位时，将扶手绳与钢柱系住，以保证施工安全。

钢梁采用二点吊，一般在钢梁上翼缘处开孔作为吊点。吊点位置取决于钢梁的跨度。为加快吊装速度，次梁和小梁多采用多头吊索一次吊装数根。

有时可将梁、柱在地面组装成排架后进行整体吊装，以减少高空作业，保证质量且加快吊装速度。

当一节钢框架吊装完毕，即需对已吊装的柱、梁进行误差检查和校正。

安装误差的测量，对于控制柱网的基准柱，用线锤或激光仪测量；其他柱则根据基准柱用钢卷尺测量。

所谓基准柱，是能控制框架平面轮廓的少数柱，用它来控制框架结构的安装质量。一般选择平面转角柱为基准柱。以基准柱的柱基中心线为依据，从X轴和Y轴分别引出距离为e的补偿线，其交点作为基准柱的测量基准点，e值大小由工程情况确定。

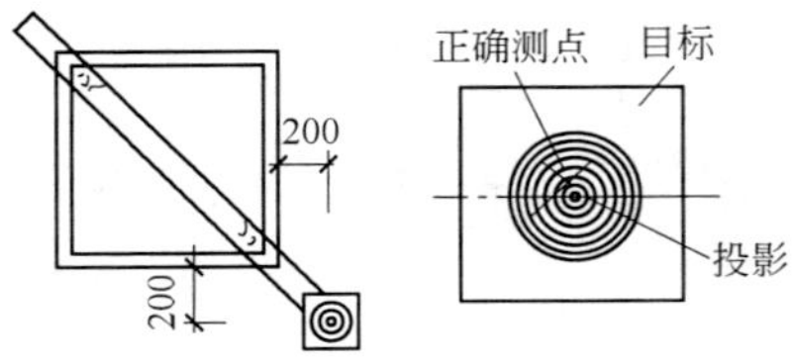

图 10-23 柱顶的激光测量目标

为了利用激光仪量测柱的安装误差，在柱顶部固定有测量目标（靶标）如图 10-23 所示。为了使激光束通过，在激光仪上方的各楼面板上留置 ϕ100mm 孔。激光经纬仪设置在基准点处。

进行钢柱校正时，采用激光经纬仪以基准点为依据对框架标准柱进行竖直观测，对钢柱顶部进行竖直度校正，使其在允许范围内。

柱间距的校正，对于较小间距的柱，可用油压千斤顶或钢楔进行校正，如图 10-24a 所示；对于较大间距的柱，则用钢丝绳和神仙葫芦进行校正，如图 10-24b 所示。

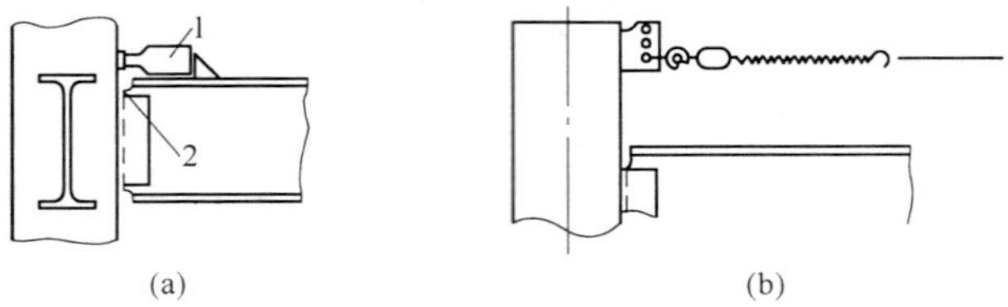

图 10-24 柱子间距校正

（a）用油压千斤顶或钢楔校正；（b）用神仙葫芦校正

1—油压千斤顶；2—钢楔

为了便于边线柱的校正，可在角柱上沿柱外侧拉设钢丝绳，如图 10-25 所示。

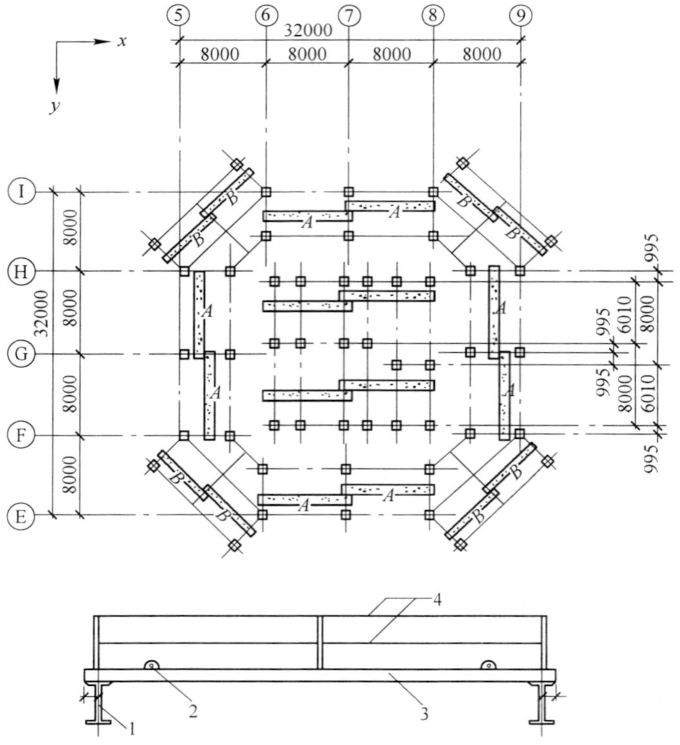

图 10-25 走道板

1—钢梁；2—吊耳；3—走道板；4—扶手绳

10.4.4　安全施工措施

钢结构高层和超高层建筑施工、应采取有效措施保证施工安全。

在柱、梁安装后而未设置浇筑楼板用的压型钢板时，为便于施工，需在钢梁上铺设适当数量的走道板。图 10-26 所示为上海锦江饭店钢结构吊装时采用的走道板布置和构造。

在钢结构吊装时，为防止人员、物料和工具坠落或飞出造成安全事故，需铺设安全网。安全网分平面网和竖网，如图 10-27 所示。

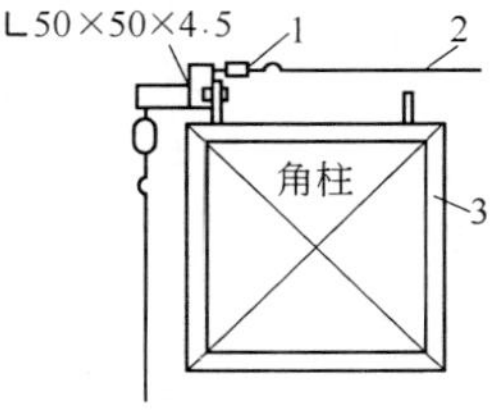

图 10-26　校正用钢丝

1—花篮螺丝；2—钢丝；3—角柱

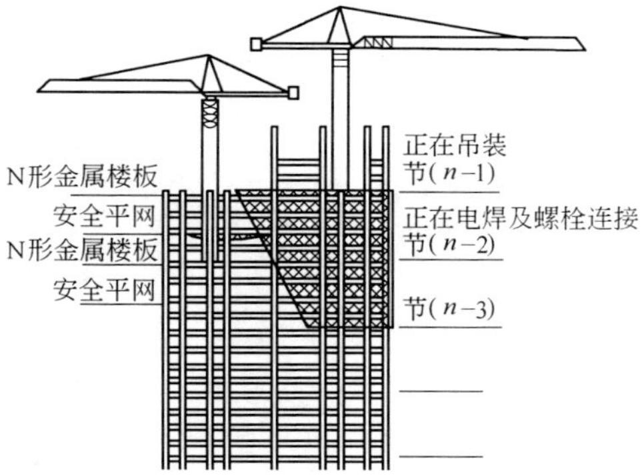

图 10-27　安全平网和竖网

安全网设置在梁面以上 2m 处，当楼层高度小于 4.5m 时，安全平网可隔层设置。安全平网要求在建筑平面范围内满铺。

安全网铺设在建筑物外围，防止人和物飞出造成安全事故，竖网铺设的高度一般为两节柱的高度。

为便于接柱施工，在接柱处要设操作平台，平台固定在下节柱的顶部。

钢结构施工时所需用的设备需随结构安装而逐渐升高，为此需在刚安装的钢梁上设置存放设备的平台。设置平台的钢梁必须将紧固螺栓全部投入并加以拧紧。

为便于施工登高，吊装柱子前要先将登高钢梯固定在钢柱上，为便于进行柱梁节点紧固高强螺栓和焊接，需在柱梁节点下安装挂篮脚手。

施工用的电动机械和设备均须接地，绝对不允许使用破损的电线和电缆，严防设备漏电。施工用电器设备和机械的电缆，须集中在一起，并随楼层的施工而逐节升高。每层楼面须分别设置配电箱，供每层楼面施工用电需要。

高空施工，当风速为 10m/s 时，吊装工作应该停止，当风速达到 15m/s 时，所有工作均须停止。

施工时尚应注意防火并配备必要的灭火设备和消防人员。

10.5　钢网架结构吊装

钢网架结构根据其结构形式和施工条件的不同，可选用高空拼装法、整体安装法或高空滑移法进行安装。

10.5.1　高空拼装法

钢网架采用高空拼装法进行安装，是先在设计位置搭设拼装支架，然后用起重机把网架构件分件(或分块)吊至空中的设计位置,在支架上进行拼装。其优点是可以采用简易的运输设备,有时不需大型起重设备;其缺点是拼装支架用量大,高空作业多。

高空拼装法适用于非焊接连接(螺栓球节点或高强度螺栓连接)的网架。

拼装支架是在拼装网架时支承网架、控制标高和作为操作平台之用。支架的数量和布置方式,取决于安装单元的尺寸和刚度。

高空拼装法分全支架法(即架设满堂脚手架)和悬挑法两种。全支架法可以一根杆件、一个节点的散件在支架上总拼或以一个网格为小拼单元在设计标高进行总拼。为了节省支架,总拼时可以部分网架悬挑。图 10-28 所示是首都体育馆的拼装方法,预先用角钢焊三种小拼单元,如图 10-28a 所示。然后在支架上悬挑拼装,如图 10-28b 所示。高空拼装采用高强螺栓连接。

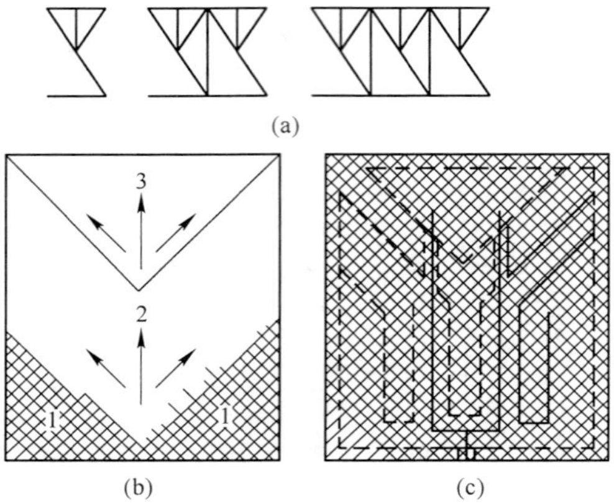

图 10-28 首都体育馆网架屋盖高空散装法施工

(a)三种小拼单元;(b)总拼顺序(其中 1 ~3 为分区及拼装顺序编号);
(c)拼装支架平面布置(虚线部分为支架范围,粗黑线为塔式起重机轨道)

10.5.2 整体安装法

整体安装法就是先将网架在地面上拼装成整体,然后用起重设备将其整体提升到设计位置上加以固定。这种施工方法不需要高大的拼装支架,高空作业少,易保证焊接质量,但需要起重量大的起重设备,技术较复杂。

整体安装法较适宜于球节点的钢管网架,尤其是三向网架等构件较多的网架的安装。根据所用设备的不同,整体安装法又分为多机抬吊法、拔杆提升法、千斤顶提升法与千斤顶顶升法等。

10.5.2.1 多机抬吊法

多机抬吊法适用于高度及重量都不大的中、小型网架结构。安装前先在地面上对网架进行错位拼装(即拼装位置与安装轴线错开一定距离,以避开柱子的位置),然后用多台起重机(多采用履带式起重机或汽车式起重机)将拼装好的网架整体提升到柱顶以上,在空中移位后落下就位固定,如图 10-29 所示。

网架拼装的关键是控制好网架框架轴线支座的尺寸和起拱要求。

多机抬吊的关键是各台起重机的起吊速度须一致,否则有的起重机会超负荷致使网架受扭,焊缝开裂。为此,起吊前要测量各台起重机的起吊速度,以便起吊时掌握,或每两台起重机的吊索用滑轮穿通,如图 10-29c 所示。

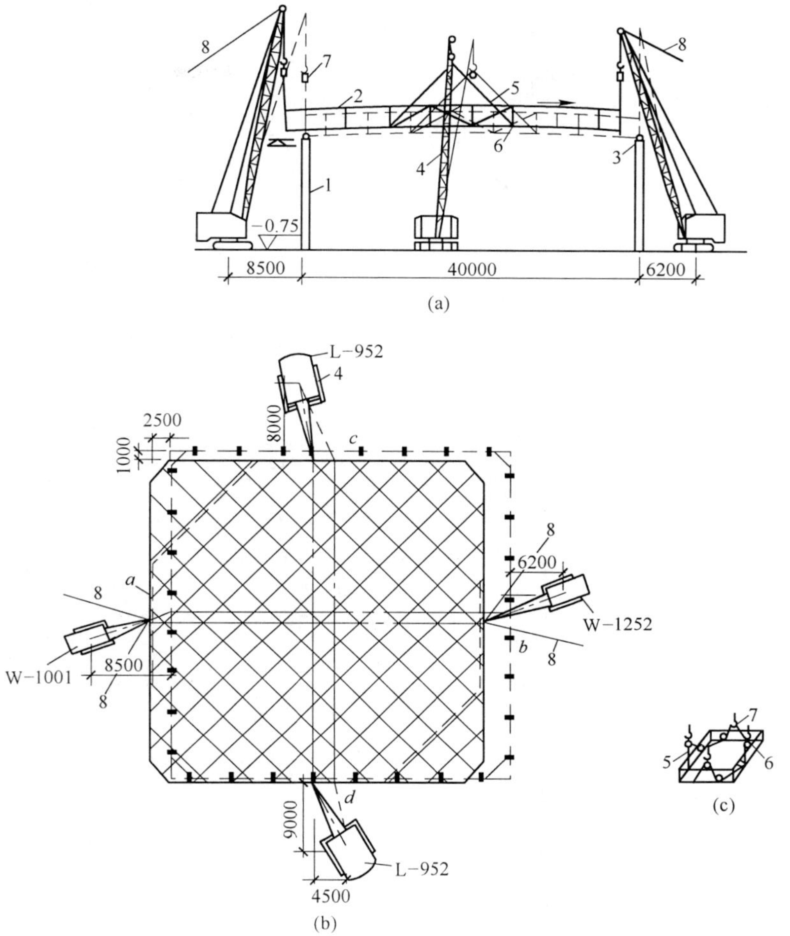

图 10-29　多机抬吊钢网架

(a)立面图;(b)平面图;(c)吊装吊索穿通方法

1—柱子;2—网架;3—弧形铰支座;4—起重机;5—吊索;6—吊点;7—滑轮;8—缆风绳

10.5.2.2　拔杆提升法

球节点的大型钢管网架的安装多采用拔杆提升法,用此法施工时,网架先在地面上错位拼装,然后用多根独脚拔杆将网架整体提升到柱顶以上,空中移位,落位安装。

起重设备的选择与布置是网架拔杆提升施工中的一个重要问题,包括:拔杆选择与吊点布置,缆风绳与地锚布置,起重滑轮组与吊点索具的穿法,卷扬机布置等。图 10-30 所示为某体育馆直径 124.6m 的钢网架采用 6 根拔杆整体提升时的起重设备布置图。

10.5.2.3　电动螺杆提升法

电动螺杆提升法是利用升板工程施工使用的电动螺杆提升机,将在地面上拼装好的钢网架整体提升至设计标高,其优点是不需大型吊装设备,施工简便。

用电动螺杆提升机提升钢网架,只能垂直提升不能水平移动,为此,设计时要考虑在两柱之间设托梁,网架的支点坐落在托梁上。由于网架提升时不进行水平移动,所以网架拼装不需错位,可在原位进行拼装。

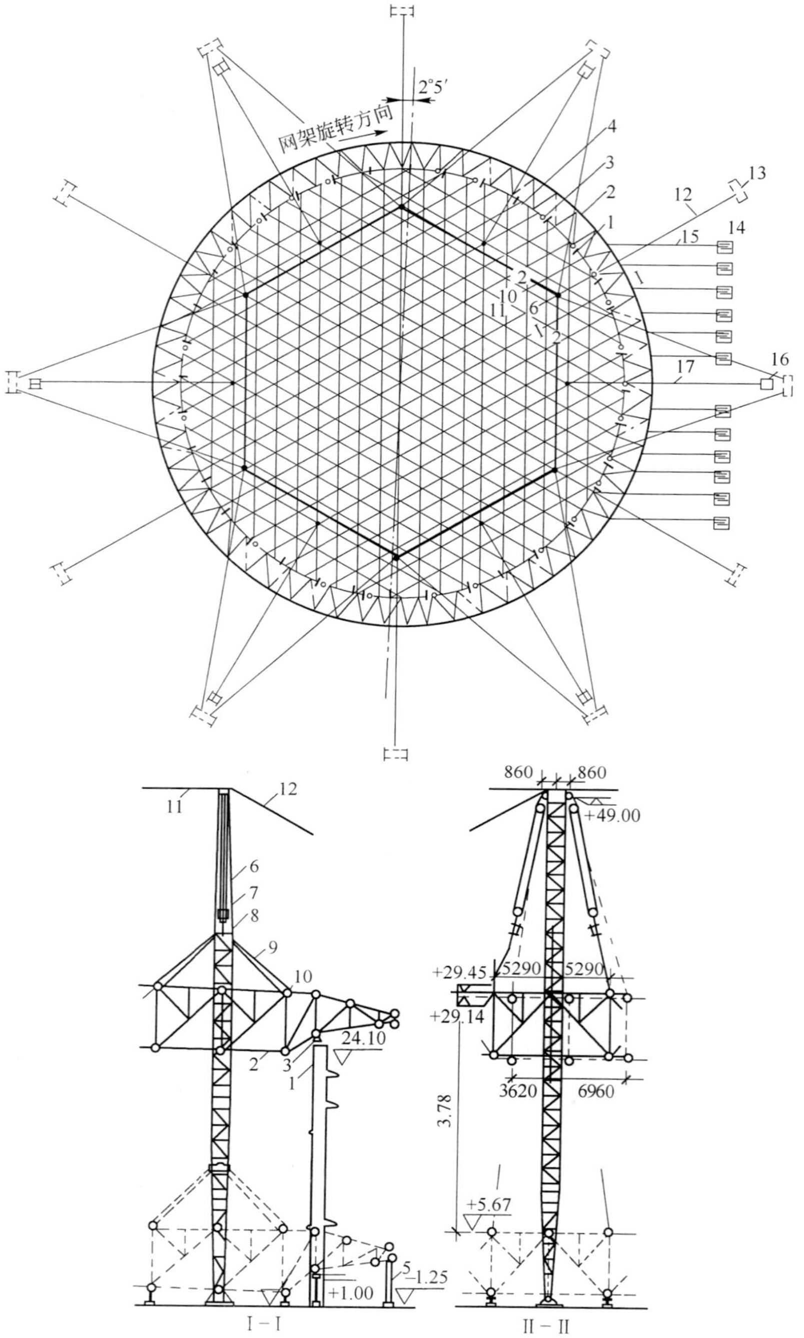

图 10-30　圆形网架屋盖拔杆吊升示意图

1—柱；2—网架；3—摇摆支座；4—留待提升以后再焊的杆件；5—拼装用小钢柱；6—独脚桅杆；7—8 门滑轮组；8—铁扁担；9—吊索；10—吊点；11—平缆风绳；12—斜缆风绳；13—地锚；14—起重卷扬机；15—起重钢丝绳；16—校正用的卷扬机；17—校正用的钢丝绳

提升梁安装在支承网架的柱子上，提升网架时的一切荷载均由柱子承担，因此，保证结构在施工时的稳定性很重要。图 10-31 及图 10-32 所示为某体育馆网架用电动螺杆提升法整体提升的工程实例。

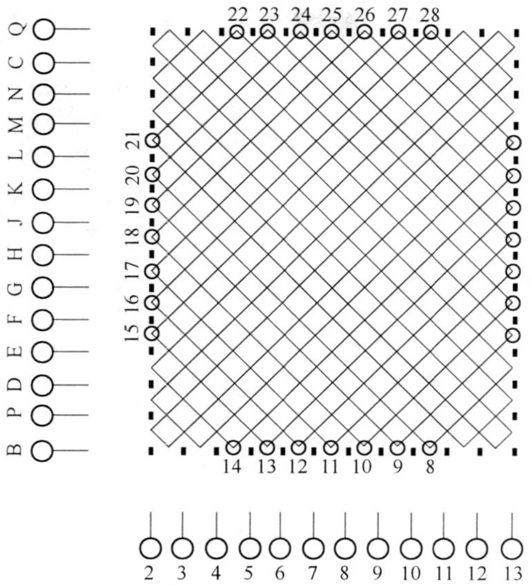

图 10-31 钢架提升时吊点位置
○—吊点位置

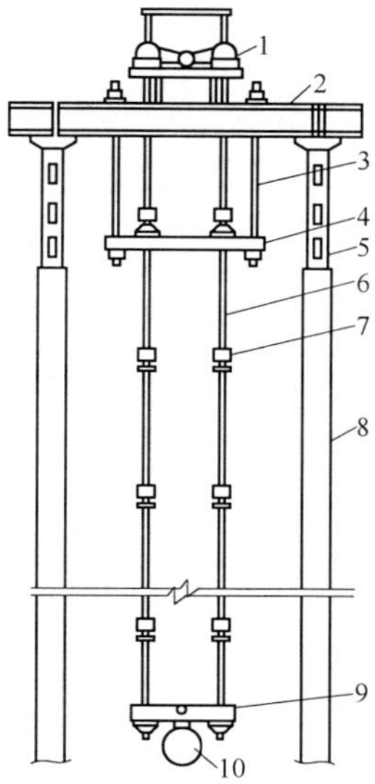

图 10-32 网架提升设备
1—提升机;2—上横梁;3—螺杆;4—下横梁;
5—短钢柱;6—吊杆;7—接头;8—框架柱子;
9—横吊梁;10—支座钢球

提升网架时要注意同步控制,提升过程中随时纠正提升差异,待网架提升到托梁以上时安装托梁,待托梁固定后网架就可下落就位。

10.5.3 高空滑移法

高空滑移法是将待滑的网架条状单元在地面或在设于建筑物一端的高空支架上拼装,滑移时将网架条状单元吊放至滑移轨道上,用牵引设备通过滑轮组由一端滑向另一端。

高空滑移有下列两种方法:

(1) 单条滑移法。将网架条状单元一条条地分别从一端滑到另一端就位安装,各条之间分别在高空再行连接,即逐条滑移,逐条连成整体,如图 10-33a 所示。

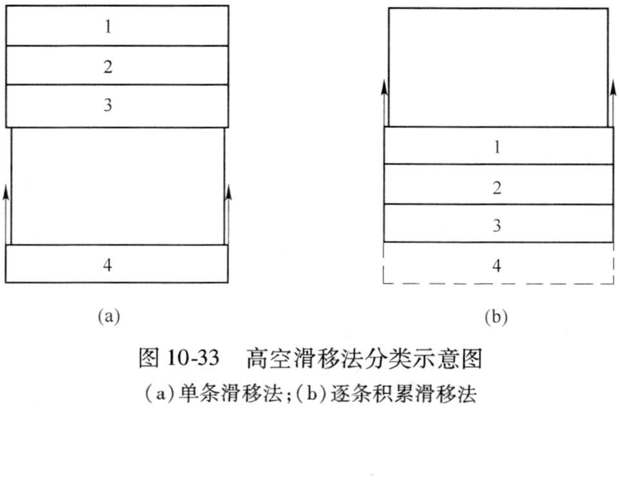

图 10-33 高空滑移法分类示意图
(a)单条滑移法;(b)逐条积累滑移法

（2）逐条积累滑移法。先将网架条状单元滑移一段距离（能连接上第一条单元的宽度即可），连接上第二条单元后，两条再滑移一段距离（宽度同上），再接第三条。如此循环操作，直至接上最后一条单元为止，如图 10-33b 所示。

图 10-34 所示为某体育馆网架屋盖的空中滑移施工示意图，网架结构采用平面尺寸为 45m×55m的斜放四角锥体系，下弦网格尺寸为 3.93m×3.57m，网架高 3.2m，短跨方向起拱 450mm，单向弧形起拱，网架总质量约 106t，网架沿长度方向分为 7 条，沿跨度方向又分为 2 条。每条的尺寸为 22.5m×7.86m，质量为 7～9t，单元在空中直接拼装。

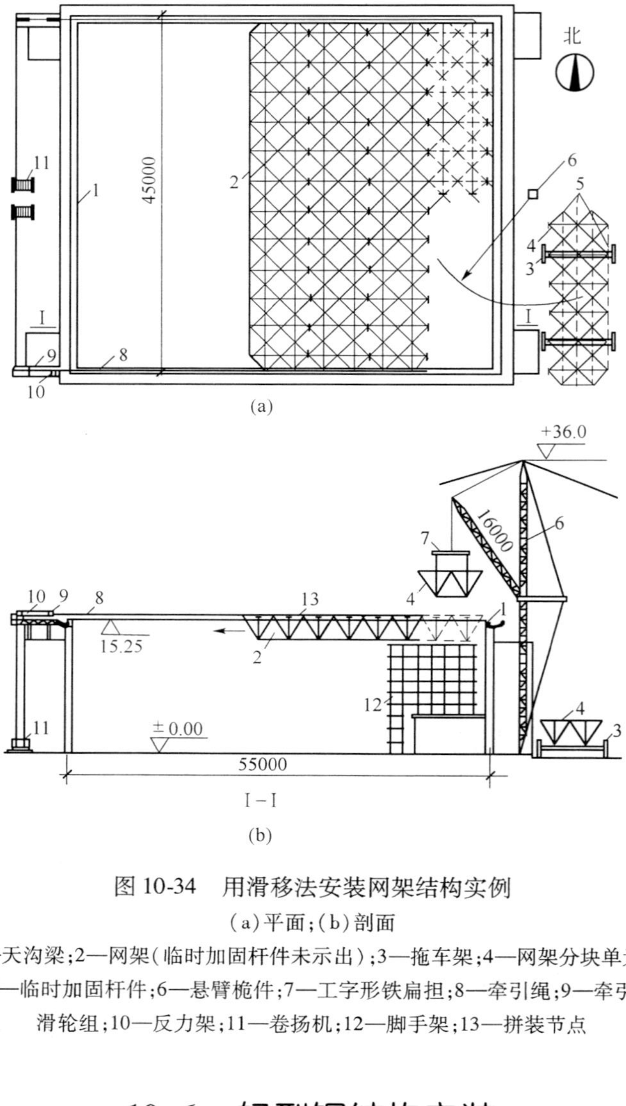

图 10-34 用滑移法安装网架结构实例

（a）平面；（b）剖面

1—天沟梁；2—网架（临时加固杆件未示出）；3—拖车架；4—网架分块单元；5—临时加固杆件；6—悬臂桅件；7—工字形铁扁担；8—牵引绳；9—牵引滑轮组；10—反力架；11—卷扬机；12—脚手架；13—拼装节点

10.6 轻型钢结构安装

轻型钢结构主要指由圆钢、小角钢和冷弯薄壁型钢组成的结构。其适用范围一般是檩条、屋架、刚架、网架、施工用托架等。

轻型钢结构分为两类，一类是由圆钢和小角钢组成的轻型钢结构；另一类是由薄壁型钢组成的轻型钢结构。目前后一类发展迅速，也是轻型钢结构发展的方向。

10.6.1　圆钢、小角钢组成的轻钢结构

轻钢结构主要是指屋架、檩条和托架。

屋架的形式主要有：三角形屋架、三铰拱屋架和梭形屋架，见图 10-35。

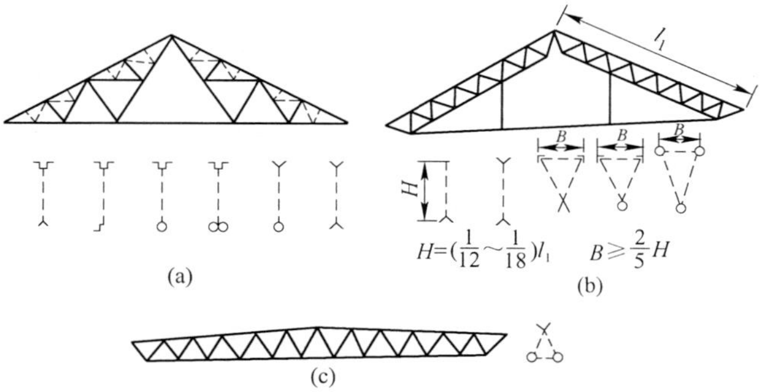

图 10-35　由圆钢与小角钢组成的轻型钢屋架

(a)三角形屋架；(b)三铰拱屋架；(c)梭形屋架

三角形屋架用钢量较省，节点构造简单；制作、运输、安装方便，适用于跨度和吊车吨位不太大的中、小型工业建筑。

三铰拱屋架用钢量与三角形屋架相近，能充分利用圆钢和小角钢，但节点构造复杂，制作较费工，由于刚度较差，不宜用于有桥式吊车和跨度超过 18m 的工业建筑中。

梭形屋架是由角钢和圆钢组成的空间桁架，属于小坡度的无檩屋盖结构体系。截面重心低，空间刚度较好，但点构造复杂，制作费工。多用于跨度 9 ~ 15m、柱距 3.0 ~ 4.2m 的民用建筑中。

檩条的形式有实腹式、空腹式和桁架式等。桁架式檩条制作比较麻烦，宜用于荷载和檩距较大的情况。

轻型钢结构的桁架，应使杆件重心线在节点处会交于一点，否则计算时应考虑偏心影响。轻型钢结构的杆件比较柔细，节点构造偏心对结构承载力影响较大，制作时应注意。

常用的节点构造如图 10-36 所示。

10.6.2　冷弯薄壁型钢组成的轻钢结构

冷弯薄壁型钢是指厚度 2 ~ 6mm 的钢板或带钢经冷弯或冷拔等方式弯曲而成的型钢，其截面形状分开口和闭口两类。钢厂生产的闭口截面是圆管和矩形截面，是冷弯的开口截面用高频焊焊接而成。

冷弯薄壁型钢可用来制作檩条、屋架、刚架等轻型钢结构，能有效地节约钢材，制作、运输和安装也较方便。目前在单层结构中应用日趋广泛。

薄壁型钢结构的放样与一般钢结构相同。常用的薄壁型钢屋架，不论用圆钢管或方钢管，其节点多不用节点板，构造都比普通钢结构要求高，因此放样和号料应具有足够的精度。常用的节点构造如图 10-37 所示。

矩形和圆形管端部的划线，可先制成斜切的样板，直接覆盖在杆件上进行划线。圆钢管端部有弧形断口时，最好用展开的方法放样制成样板。小圆管也可用硬纸板按管径和角度逐步凑出近似的弧线，然后覆于圆管上划线。

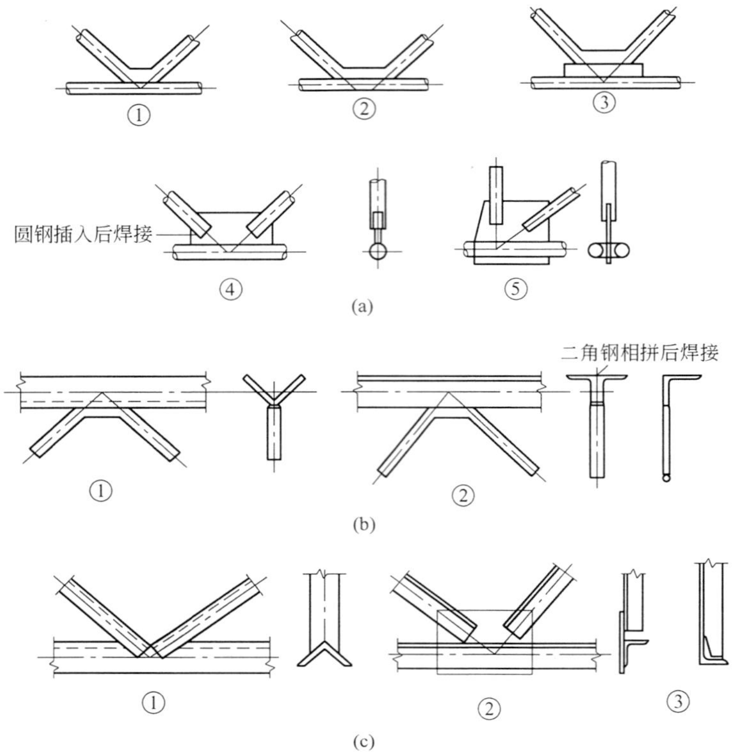

图 10-36　节点构造

(a)圆钢和圆钢的连接构造;(b)圆钢与角钢的连接构造;(c)单肢角钢的连接构造

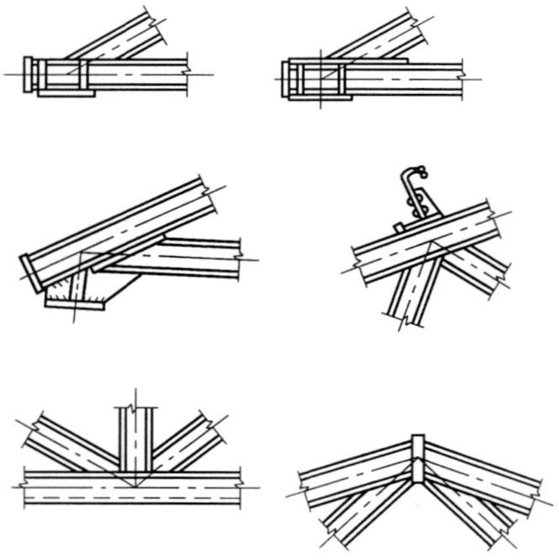

图 10-37　薄壁型钢屋架常用节点构造

切割薄壁型钢最好用摩擦锯,效率高,锯口平整。如无摩擦锯,可用氧气、乙炔焰切割。要求用小口径喷嘴,切割后用砂轮、风铲整修,清除毛刺、熔渣等。

10.6.2.1　冷弯薄壁型刚结构的装配和焊接

冷弯薄壁型刚屋架的装配一般用一次装配法,其装配过程见图 10-38。装配平台必须稳固,使构件重心线在同一水平面上,高差不大于 3mm。装配时一般先拼弦杆,保证其位置正确,使弦杆与檩条、支撑连接处的位置正确。腹杆在节点上可略有偏差,但在构件表面的中心线不宜超过 3mm。杆件搭接和对接时的错缝或错位,均不得大于 0.5mm。三角形屋架由三个运输单元组成时,应注意三个单元间连接螺孔位置的正确,以免安装时连接困难。

薄壁杆件装配点焊应严格控制壁厚方向的错位,不得超过板厚的 1/4 或 0.5mm。

薄壁型钢结构的焊接,应严格控制质量。焊前应熟悉焊接工艺、焊接程序和技术措施。

为保证焊接质量,对薄壁截面焊接处附近的铁锈、污垢和积水要清除干净,焊条应烘干,并不得在非焊缝处的构件表面起弧或灭弧。

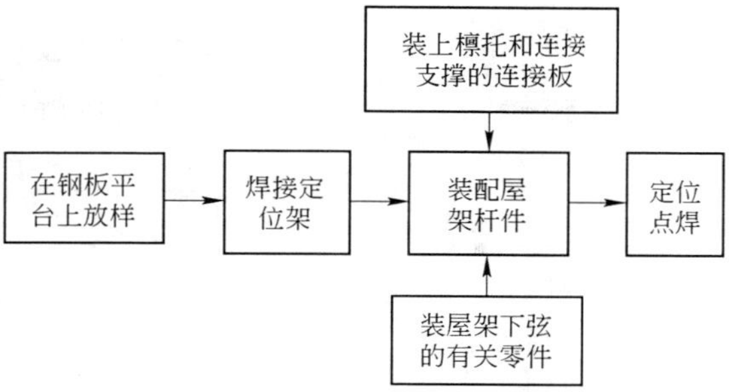

图 10-38　薄壁型钢屋架的装配过程

薄壁型钢屋架节点的焊接，常因装配间隙不均匀使一次焊成的焊缝质量较差，故可采用两层焊，尤其对冷弯型钢，因弯角附近的冷加工变形较大，焊后热影响区的塑性较差，对主要受力节点宜用两层焊，先焊第一层，待冷却后再焊第二层，不使其过热，以提高焊缝质量。

10.6.2.2　冷弯薄壁型钢结构安装

冷弯薄壁型钢结构安装前要检查和校正构件相互之间的关系尺寸、标高和构件安装孔的关系尺寸，检查构件的局部变形，如发现问题，应在地面预先矫正或妥善解决。

吊装时要采取适当措施防止产生过大的弯扭变形，应垫好吊索与构件的接触部位，以免损伤构件。

不宜利用已安装就位的冷弯薄壁型钢构件起吊其他重物，以免引起局部变形，不得在主要受力部位加焊其他物件。

安装屋面板之前，应采取措施保证拉条拉紧和檩条的正确位置，檩条的扭角不得大于 3°。

轻钢结构单层房屋（见图 10-39）主要由钢柱、屋盖细梁、檩条、墙梁（檩条）、屋盖和柱间支撑、屋面和墙面的彩钢板等组成。钢柱一般为 H 型钢，通过地脚螺栓与混凝土基础连接，通过高强螺栓与屋盖连接，连接形式有直面连接（见图 10-40）或斜面连接。屋盖梁为 I 字形截面，根据内力情况可呈变截面，各段由高强螺栓连接。屋面檩条和墙梁多采用高强镀锌彩色钢板辊压成型的 C 形或 Z 形檩条。檩条可由高强螺栓直接与屋盖梁的翼缘连接。屋面和墙面多用彩钢板，是优质高强薄钢卷板（镀锌钢板、镀铝锌钢板）经热浸合金镀层和烘涂彩色涂层经机器辊压而成。其厚度有 0.5mm，0.7mm，0.8mm，1.2mm 几种，其表面涂层材料有普通双性聚酯、高分子聚酯、硅双性聚酯、金属 PVDF、PVF 贴膜、乙烯溶液等。

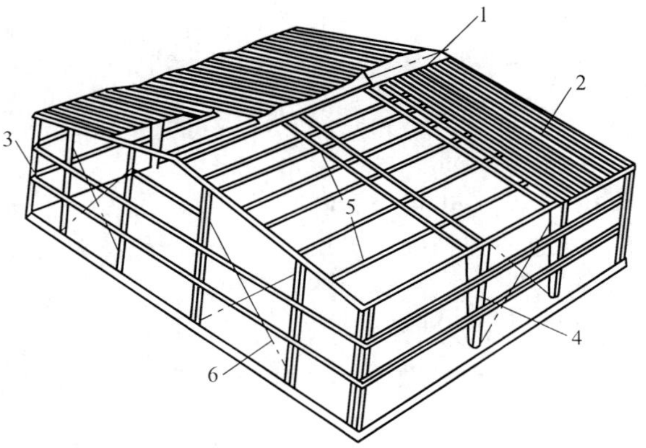

图 10-39　轻钢结构单层房屋构造示意图

1—屋脊盖板；2—彩色屋面板；3—墙筋；4—钢刚架；5—C 形檩条；6—钢支撑

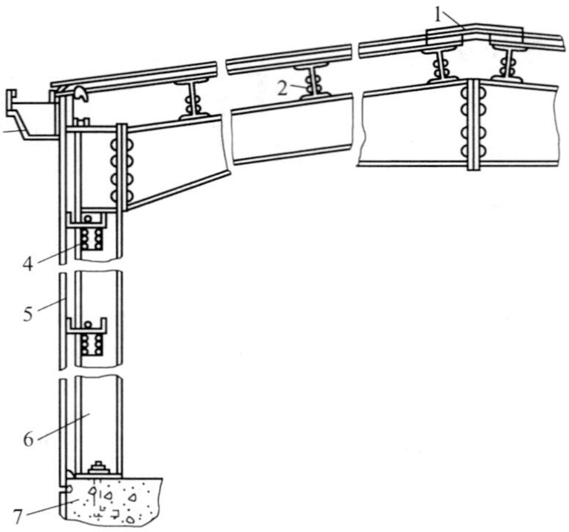

图 10-40 轻钢构件连接图

1—屋脊盖板;2—檩条;3—天沟;4—墙筋托板;5—墙面板;6—钢柱;7—基础

安装前与普通钢结构一样,也需对基础的轴线、标高、地脚螺栓位置及构件尺寸偏差等进行检查。轻钢结构单层房屋由于构件自重轻,安装高度不大,多利用自行式(履带式、汽车式)起重机安装。刚架梁如跨度大、稳定性差,为防止吊装时出现下挠和侧向失稳,可将刚架梁分成两段,一次吊装半榀,在空中对接。在有支撑的跨间,也可将相邻两个半榀刚架梁在地面拼成刚性单元进行一次吊装。

轻钢结构单层房屋安装,可采用综合吊装法或个件吊装法。采用综合吊装法时,先吊装一个节间的钢柱,经校正固定后立即吊装刚架梁和檩条等。屋面彩钢板由于重量轻可在轻钢结构全部或部分安装完成后进行。

10.6.2.3 冷弯薄壁型钢结构防腐蚀

防腐蚀是冷弯薄壁型钢加工中的重量环节,它影响维修和使用年限。事实证明,如制造时除锈彻底、底漆质量好,一般的厂房冷弯薄壁型钢结构可 8 ~ 10 年维修一次,与普通钢结构相同。否则,容易腐蚀,并影响结构的耐久性。闭口截面构件经焊接封闭后,其内壁可不作防腐处理。

冷弯薄壁型钢结构必须进行表面处理,要求彻底清除铁锈、污垢及其他附着物。

喷砂、喷丸除锈,应除至露出金属灰白色为止,并应注意喷匀,不得有局部黄色存在。

酸洗除锈,应除至钢材表面全面部呈铁灰色为止,并应清除干净,保证钢材表面无残余酸存在,酸洗后宜作磷化处理或涂磷化底漆。

手工或半机械化除锈,应除去露出钢材表面为止。

冷弯薄壁型钢结构,应根据具体情况选用相适应的防护措施:

(1) 金属保护层。表面合金化镀锌、镀锌等。

(2) 防腐涂料。无侵蚀性或弱侵蚀性条件下,可采用油性漆、酚醛漆或醇酸漆。中等侵蚀性条件下,宜采用环氧酯漆、过氯乙烯漆、氯化橡胶漆或氯醋漆。防腐涂料的底漆和面漆应相互配套。

(3) 复合保护。用镀锌钢板制作的构件,涂漆前应进行除油、磷化、纯化处理(或除油后涂磷化底漆)。表面合金化镀锌钢板、镀锌钢板(如压型钢板、瓦楞铁等)的表面不宜涂红丹防锈漆,宜漆 H06-2 锌黄环氧酯底漆(或其他专用涂料)进行维护。

复习思考题

10-1　钢结构构件的放样和号料应注意什么问题?
10-2　钢结构材料有哪几种切割方法?
10-3　试比较火焰矫正与机械矫正的特点。
10-4　试述焊缝的形式及其特点。
10-5　什么叫焊缝缺陷,焊接过程可能出现哪些焊接缺陷,如何避免,如何检查焊缝质量?
10-6　普通螺栓的连接应注意哪些问题?
10-7　试述高强度螺栓安装前的准备工作与技术要求。
10-8　试述扭剪型高强度螺栓连接的特点。
10-9　试述钢结构单层厂房吊装前基础的准备工作。
10-10　试述钢桁架的吊装工艺。
10-11　试述高层钢结构钢柱梁吊装工艺及校正方法。
10-12　钢网架吊装有几种方法,各有什么特点?
10-13　高层钢结构施工过程应采取哪些措施保证施工安全?
10-14　试述轻型钢结构的结构特点及安装要点。

参考文献

[1]《建筑施工手册》编写组. 建筑施工手册[M]. 4 版. 北京:中国建筑工业出版社,2003.
[2] 李继业,等. 建筑工程施工实用技术手册[M]. 北京:中国建材工业出版社,2007.
[3] 王士川. 建筑施工技术[M]. 北京:冶金工业出版社,2006.
[4] 王士川. 施工技术[M]. 北京:冶金工业出版社,2001.
[5] 刘宗仁. 土木工程施工[M]. 北京:高等教育出版社,2003.
[6] 重庆大学等合编. 土木工程施工(上册)[M]. 北京:中国建筑工业出版社,2003.
[7] 徐占发. 建筑施工[M]. 北京:机械工业出版社,2001.
[8] 姚谨英. 建筑施工技术[M]. 北京:中国建筑工业出版社,2000.
[9] 王洪建,等. 建筑施工技术[M]. 哈尔滨:黑龙江科学技术出版社,2000.
[10] 方承训. 建筑施工[M]. 北京:中国建筑工业出版社,2002.
[11] 卢盾. 建筑施工技术[M]. 上海:同济大学出版社,1999.

冶金工业出版社部分图书推荐

书名	作者		定价(元)
冶金建设工程	李慧民	主编	35.00
土木工程安全检测、鉴定、加固修复案例分析	孟　海	等著	68.00
历史老城区保护传承规划设计	李　勤	等著	79.00
岩土工程测试技术(第2版)(本科教材)	沈　扬	主编	68.50
现代建筑设备工程(第2版)(本科教材)	郑庆红	等编	59.00
土木工程材料(第2版)(本科教材)	廖国胜	主编	43.00
混凝土及砌体结构(本科教材)	王社良	主编	41.00
工程结构抗震(本科教材)	王社良	主编	45.00
工程地质学(本科教材)	张　荫	主编	32.00
建筑结构(本科教材)	高向玲	编著	39.00
建设工程监理概论(本科教材)	杨会东	主编	33.00
土力学地基基础(本科教材)	韩晓雷	主编	36.00
建筑安装工程造价(本科教材)	肖作义	主编	45.00
高层建筑结构设计(第2版)(本科教材)	谭文辉	主编	39.00
土木工程施工组织(本科教材)	蒋红妍	主编	26.00
施工企业会计(第2版)(国规教材)	朱宾梅	主编	46.00
工程荷载与可靠度设计原理(本科教材)	郝圣旺	主编	28.00
流体力学及输配管网(本科教材)	马庆元	主编	49.00
土木工程概论(第2版)(本科教材)	胡长明	主编	32.00
土力学与基础工程(本科教材)	冯志焱	主编	28.00
建筑装饰工程概预算(本科教材)	卢成江	主编	32.00
建筑施工实训指南(本科教材)	韩玉文	主编	28.00
支挡结构设计(本科教材)	汪班桥	主编	30.00
建筑概论(本科教材)	张　亮	主编	35.00
Soil Mechanics(土力学)(本科教材)	缪林昌	主编	25.00
SAP2000结构工程案例分析	陈昌宏	主编	25.00
理论力学(本科教材)	刘俊卿	主编	35.00
岩石力学(高职高专教材)	杨建中	主编	26.00
建筑设备(高职高专教材)	郑敏丽	主编	25.00
岩土材料的环境效应	陈四利	等编著	26.00
建筑施工企业安全评价操作实务	张　超	主编	56.00
现行冶金工程施工标准汇编(上册)			248.00
现行冶金工程施工标准汇编(下册)			248.00